画法几何及土木工程制图

主　编　谢春娟　涂晓斌

西南交通大学出版社
·成　都·

内容简介

本书为高等院校土木类专业工程制图课程教材，共计 14 章，包括画法几何、制图基础、土建工程制图。主要内容有：绪论，投影基本知识，制图基本知识和技能，点、直线和平面的投影，投影变换，立体的投影，工程曲面，轴测投影，标高投影，工程形体的表达方法，建筑施工图，结构施工图，设备施工图，路桥工程图。

本书与余翠英等主编的《画法几何及土木工程制图习题集》配套使用，可作为高等院校土木工程、建筑工程、工程管理、环境工程、给水排水工程、采暖通风工程、建筑电气工程、测绘工程、桥梁工程、道路与铁道工程等专业的工程制图课程教材，也可供其他相关专业及工程技术人员参考。

图书在版编目（CIP）数据

画法几何及土木工程制图 / 谢春娟，涂晓斌主编
. —成都：西南交通大学出版社，2023.7
ISBN 978-7-5643-9416-5

Ⅰ. ①画… Ⅱ. ①谢… ②涂… Ⅲ. ①画法几何－高等学校－教材②土木工程－建筑制图－高等学校－教材
Ⅳ. ①TU204

中国国家版本馆 CIP 数据核字（2023）第 142214 号

Huafa Jihe ji Tumu Gongcheng Zhitu
画法几何及土木工程制图

主编 谢春娟 涂晓斌

责任编辑 黄淑文
封面设计 原谋书装

出 版 发 行	西南交通大学出版社 （四川省成都市二环路北一段 111 号 西南交通大学创新大厦 21 楼）
发 行 电 话	028-87600564 028-87600533
网 址	http://www.xnjdcbs.com
印 刷	四川煤田地质制图印务有限责任公司
成 品 尺 寸	185 mm × 260 mm
印 张	23.75
字 数	560 千
版 次	2023 年 7 月第 1 版
印 次	2023 年 7 月第 1 次
书 号	ISBN 978-7-5643-9416-5
定 价	59.00 元

课件咨询电话：028-81435775

前　言

本书是编者在深入学习领会二十大精神的基础上，依据教育部工程图学教学指导委员会制定的高等学校“画法几何及土木建筑制图课程教学基本要求”以及21世纪对工程技术人才基本素质的要求，结合教学实践编写而成的。

本书在内容上力求理论系统、语言精练、内容充实、结构合理，且理论基础教学内容以满足工程应用实际需要为目的。本书参考了现行的最新制图规范，包括《房屋建筑制图统一标准》（GB/T 50001—2017）、《建筑结构制图标准》（GB/T 50105—2010）、《建筑给水排水制图标准》（GB/T 50106—2010）、《暖通空调制图标准》（GB/T 50114—2010）、《建筑电气制图标准》（GB/T 50786—2012）、《道路工程制图标准》（GB 50162—1992）以及《混凝土结构施工图平面、表示方法制图规则和构造详图》（16G101）。

本书由华东交通大学谢春娟、涂晓斌主编。参与本书编写工作的有华东交通大学谢平（绪论、第1章）、谢春娟（第2、3、4章）、王树森（第5章）、温清清（第6章）、涂晓斌（第7、10章）、罗文俊（第8章）、吴神花（第9章）、刘志红（第11章）、周慧芳（第12章）、余翠英（第13章）、谢瑞春（第14章）。

本书在编写过程中得到了许多教师的帮助和支持，在此表示衷心的感谢。由于编者水平有限，书中疏漏和不足之处在所难免，恳请读者提出宝贵意见和建议。

编　者

2023年6月

目　录

绪　论

0.1　本课程的性质和任务

工程图样被喻为“工程技术界的语言”，是进行工程规划、设计和施工不可缺少的工具之一。在建筑工程施工过程中，无论是建造高楼大厦还是道路桥梁，都需要根据设计完善的图纸进行施工，这是因为建筑物的形状、大小、结构、设备、装修等，只用语言或文字无法描述清楚，而图纸可以借助一系列图样和必要的文字说明，将建筑物的艺术造型、外表形状、内部布置、结构构造、各种设备施工要求以及周围地理环境等，准确而详尽地表达出来，作为施工的依据。图纸是任何工程不可缺少的重要技术资料，不会画图，就无法表达自己的构思；不会读图，就无法理解别人的设计意图。因此，土建类专业的工程技术人员都必须能够熟练地绘制和阅读本专业的工程图样。

本课程是研究工程图样绘制和阅读规律的一门学科，它研究解决空间几何问题以及绘制、阅读土木工程图样的理论和方法，是工科院校土木类专业必修的技术基础课。同时，它也是学生学习后续课程和完成课程设计、毕业设计不可缺少的基础。

本课程的主要任务是：

（1）帮助学生掌握用正投影的原理图示空间物体的基本理论和方法；

（2）培养学生绘制和阅读本专业的工程图样的基本能力；

（3）培养学生空间想象力、思维能力以及绘图技能；

（4）培养学生贯彻执行国家标准及有关规定的意识；

（5）培养学生认真细致的工作作风和一丝不苟的工作态度。

0.2　工程制图发展史概述

我国是世界文明古国之一，在工程图学方面有着悠久的历史。它是伴随着生产的发展和劳动人民生活水平的提高而产生和日趋完善的。据考古证实，远在战国时期我国人民就已运用设计图（有确定的绘图比例，酷似用正投影法画出的建筑规划平面图）来指导工程建设，距今已有 2 400 多年的历史。“图”在人类社会的文明进步以及推动现代科学技术的发展中起了重要作用。

从出土文物中考证，我国在新石器时代（约 10 000 年前），就能绘制一些几何图形、花纹，具有简单的图示能力。在春秋时期的一部技术著作《周礼·考工记》中，有画图工具“规、矩、绳、墨、悬、水”的记载。自秦汉起，我国已出现图样的史料记载，并能根据图样建筑宫室。宋代李诫（仲明）所著《营造法式》一书，总结了我国之前两千多年的建筑技术成就，是我国历史上一部著名的讲述建筑技术、艺术和制图的建筑典籍。全书 36 卷，内有工程图样 6 卷之多（包括平面图、轴测图、透视图），图上运用投影法表达了复杂的建筑结构，这在当时是极为先进的。

中华人民共和国成立前，由于我国较长时期处于半封建、半殖民地社会，生产力的发展受到阻碍，工业落后，在建筑工程制图方面没有统一标准。中华人民共和国成立后，为了适应社会主义建设的需要，1956 年国家建设委员会批准了《单色建筑制图标准》，建筑工程部设计总局发布了《建筑工程制图暂行标准》。在此基础上，建筑工程部于 1965 年批准颁布了《建筑制图标准》，后来由国家基本建设委员会将它修订成《建筑制图标准》，使全国建筑工程图样标准得到了统一，标志着我国工程图学进入了一个崭新的阶段。随着改革开放和工程建设的需要，自 1986 年以来，国家相关部门陆续批准颁布了《房屋建筑制图统一标准》《总图制图标准》《建筑结构制图标准》《给水排水制图标准》《采暖通风与空气调节制图标准》《水利工程制图标准》《道路工程制图标准》等一系列工程制图标准，并且不断修订、补充和完善。近几年国家技术监督局陆续发布了一些对机械、电气、建筑和土木工程图样都适用的国家标准《技术制图》。除了在制图标准方面得到迅速发展外，随着我国社会主义建设和工农业的发展，工程制图科学领域里的理论图学、应用图学、计算机图学、制图技术、图学教育等各个方面都得到了相应的发展。

20 世纪 40 年代，世界上第一台计算机问世后，计算机技术以惊人的速度发展。我国从 1967 年开始计算机绘图的研制工作，计算机绘图技术已在很多部门用于生产、设计、科研和管理工作。特别是近年来，一系列绘图软件的不断研制成功，给计算机绘图提供了极大的方便，计算机绘图技术日益普及，目前我国基本上已在设计部门和大、中型企事业单位实现了工程图样制图技术的自动化。随着我国改革开放的不断推进，工程图学定能在更加广泛的领域得到更大、更迅速的发展。

0.3 本课程的学习方法

（1）扎实掌握投影的基本理论，注意空间形体与其投影之间的联系，“从空间到平面，再从平面到空间”进行反复研究与思索，注意抽象概念的形象化，经常进行物体与图形的相互转化训练，逐步提高空间逻辑思维能力和形象思维能力。

（2）本课程的特点是既有系统理论又有较强的实践性。因此，在学习中不能仅满足于对理论的理解，而是必须通过作图实践，以图为中心，围绕图进行学习和练习，更多地注意如何在解题时运用这些理论，要多看、多画。

（3）适当的课前预习对学好本课程是十分必要的，可提高听课效率。上课时一定要认真听讲，并在听课时积极主动地思考，听课后及时进行练习，独立完成作业，作业中应很好地运用形体分析等方法解决看图和画图的问题。只有通过大量的作图实践，才能不断提高看图与画图的能力。

（4）随时运用所学的知识和方法，观察、分析所能见到的物体，并用于分析解决实际问题，以实现理论知识向能力的转化。进入专业图学习阶段后，在可能的条件下，应尽量多地阅读和绘制一些专业图，必须在读懂已有图纸的基础上进行制图，切忌似懂非懂地抄图，要将制图和读图训练紧密地结合起来。在绘制专业图时，仍必须严格地进行绘图技能的操作训练，遵守和综合运用各有关专业制图标准的各项规定，进一步提高空间想象力，以达到培养绘制和阅读本专业工程图样的基本能力。

（5）工程图样在工程施工中起着很重要的作用，出现任何一点差错都会给工程带来不应有的损失。因此，作图时要有认真严谨的态度，严格遵守工程制图国家标准及相关规定，培养良好的工作作风。

第 1 章　投影的基本知识

光线照射到物体上，在平面上会投下影子，受此自然现象的启示，创造了用投射线通过物体，向选定的面投影，并在该面上得到图形的方法，这种方法称为投影法。由投影法所得到的图形，称为投影或投影图；在投影图中，投影所在的面称为投影面。投影法分为中心投影法和平行投影法两类，其中平行投影法又分为正投影法和斜投影法。

1.1　投影的概念与投影法的分类

1.1.1　投影法的概念

工程图样都是用投影的方法绘制的。如图 1-1 所示，设定一个空间点 S，点 S 称为投影中心，设定一个平面 P，平面 P 称为投影面，在点 S 和平面 P 之间给定一个空间点 A，约定空间点都用大写字母表示，SA 的连线称为投射线，投射线 SA 与投影面的交点 a 即为空间点 A 在投影面 P 上的投影，点的投影用空间点相应的小写字母表示。可以看到，在投影面与投影中心确定的条件下，空间点在投影面的投影是唯一的。反之，如果仅仅根据点在一个投影面上的投影，是不能确定点在空间的位置的，如图 1-1 中点 A 和 A_1 的投影均为 a，但无法根据投影 a 来确定点 A 或 A_1 的空间位置。

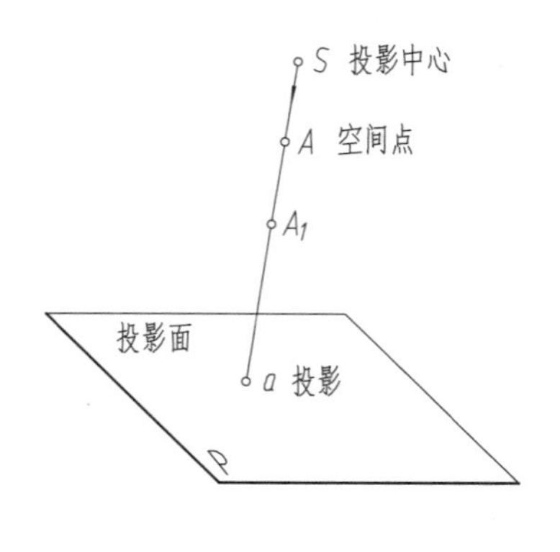

图 1-1　投影法的基本概念

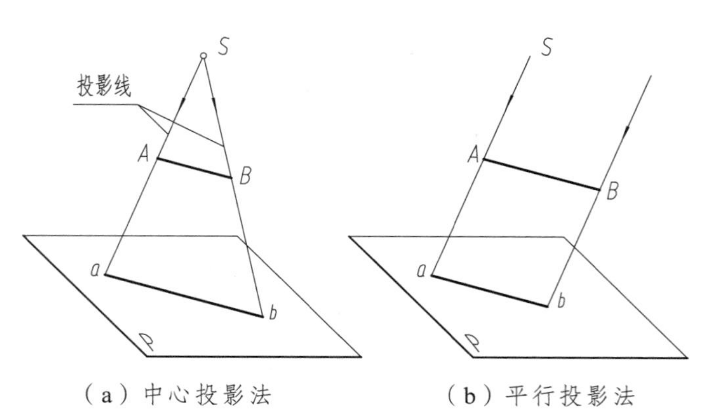

（a）中心投影法　（b）平行投影法

图 1-2　两种投影法

1.1.2 投影法的种类

1. 中心投影法

当投影中心 S 位于投影面有限远处时，所有投影线都由投影中心点 S 发出，这种投影法称为中心投影法，如图 1-2（a）所示。中心投影法的特点是当空间直线 AB 相对投影面的距离发生变化后，直线的投影长度 ab 也随之发生变化，直线的投影不能反映直线的真实长度，即投影的度量性差，因此中心投影法在绘制工程图样时很少采用，一般用来画建筑物的透视图。

2. 平行投影法

当投影中心 S 距投影面 P 无限远时，投射线可认为是相互平行的，这种投影法称为平行投影法，如图 1-2（b）所示。

平行投影法按投射线是否与投影面垂直，又分为两种：

（1）斜投影法，又称为斜角投影法，投影线与投影面倾斜，如图 1-3（a）所示。

（2）正投影法，又称为直角投影法，投影线与投影面垂直，如图 1-3（b）所示。

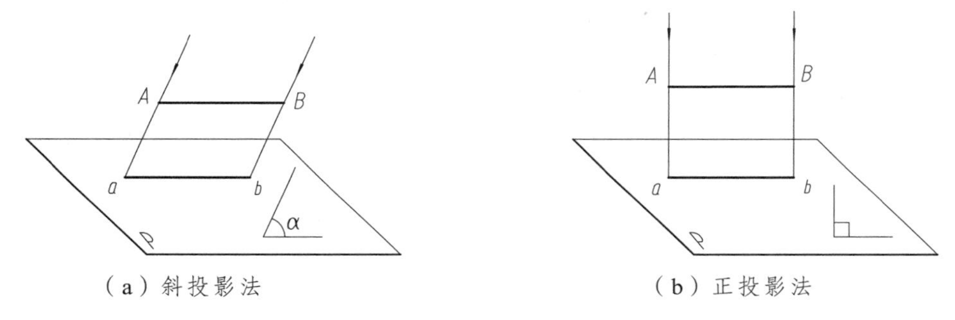

（a）斜投影法　　（b）正投影法

图 1-3　平行投影法分类

与中心投影法不同，平行投影法的特点是当直线与投影面平行时，改变直线与投影面的距离，其投影长度不发生变化，投影往往能反映直线的真实长度，即投影度量性好。

工程图样主要是应用正投影法来绘制，所以本课程主要学习正投影法，在第 6 章的轴测图中也会介绍用斜投影法绘制轴测图。

为讲述方便，后文对“正投影”常常简称为“投影”，如讲到斜投影法则会另作说明。

1.2 正投影法

1.2.1 正投影法的投影特性

1. 实形性

当直线或平面与投影面平行时，投影反映直线的真实长度或平面的真实形状大小，这种性质称为实形性，如图 1-4 所示。

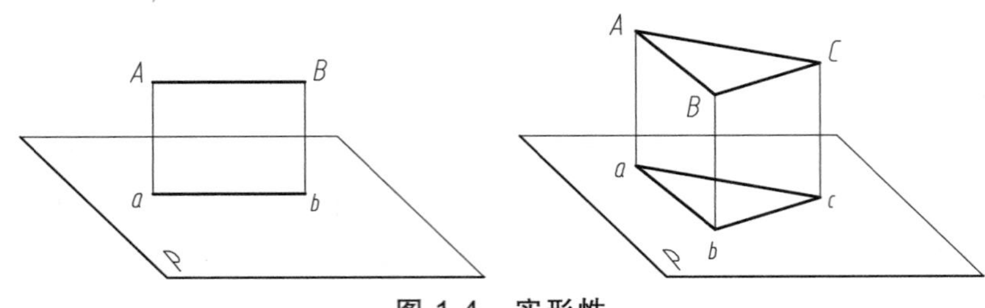

图 1-4　实形性

2. 类似性

当直线或平面与投影面倾斜时，直线的投影长度要小于真实长度，平面的投影是边数不变但形状小于实形的图形，这种性质称为类似性，如图 1-5 所示。

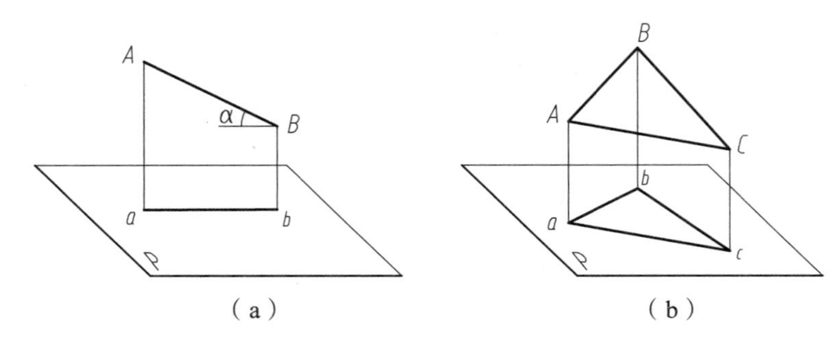

图 1-5　类似性

3. 积聚性

当直线或平面与投影面垂直时，直线的投影积聚成一点，平面的投影积聚成一直线，这种性质称为积聚性，如图 1-6 所示。

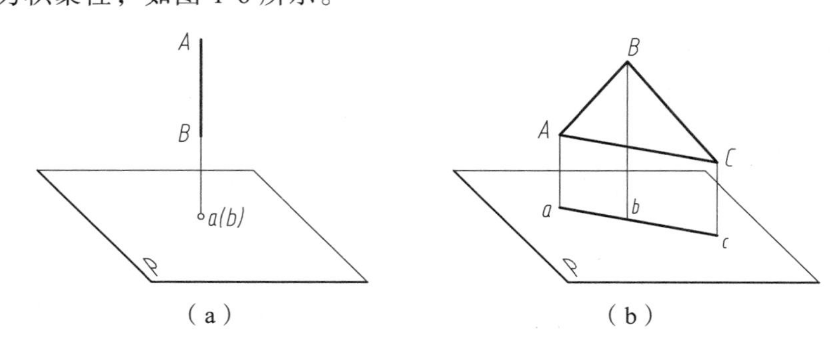

图 1-6　积聚性

4. 平行性

空间两条平行的直线，其同面投影也一定平行（同一个投影面上的投影称同面投影），这种性质称为平行性，如图 1-7 所示。

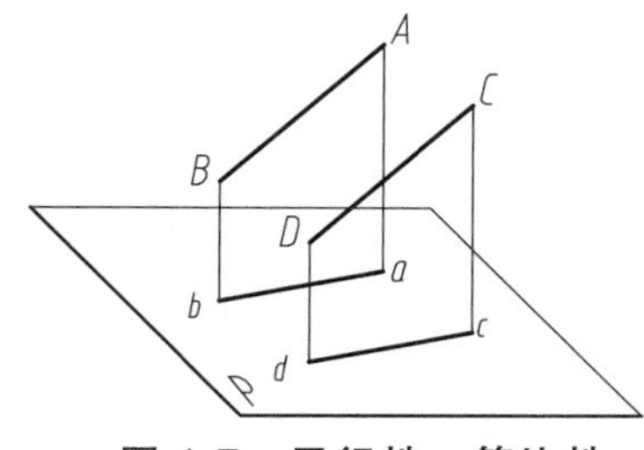

图 1-7　平行性、等比性

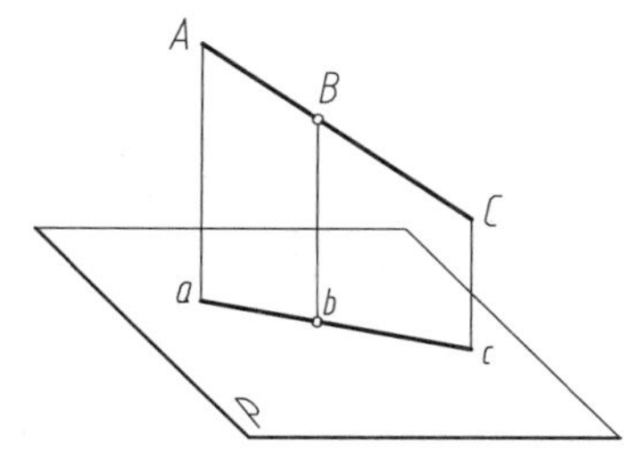

图 1-8　从属性、等比性

5. 从属性

直线上的点，其投影必定位于直线的同面投影上，这种性质称为从属性。如图 1-8 所示，直线 AC 上的点 B，其在 P 平面上的投影 b 应位于直线 AC 的同面投影 ac 上。

6. 等比性

如图 1-7 所示，两平行直线的实际长度之比与其相应的同面投影长度之比相等，即有 $AB : CD = ab : cd$；如图 1-8 所示，直线段上的点将直线段分为两线段，这两线段的实际长度之比与其投影长度之比相等，即有 $AB : BC = ab : bc$；这种性质称为等比性。

1.2.2　工程上常用的两种投影图

1. 多面投影图

由于正投影图度量性好且作图简便，所以工程图样主要用正投影法来绘制。但仅仅根据物体的单面投影，不能唯一地确定物体的空间形状，如图 1-9 所示，因此，在工程上常采用多面投影图，如图 1-10（a）表示将物体向三个互相垂直的投影面上作正投影，图 1-10（b）则为该物体的三面投影图。本课程主要学习多面正投影图的绘制和读图方法。

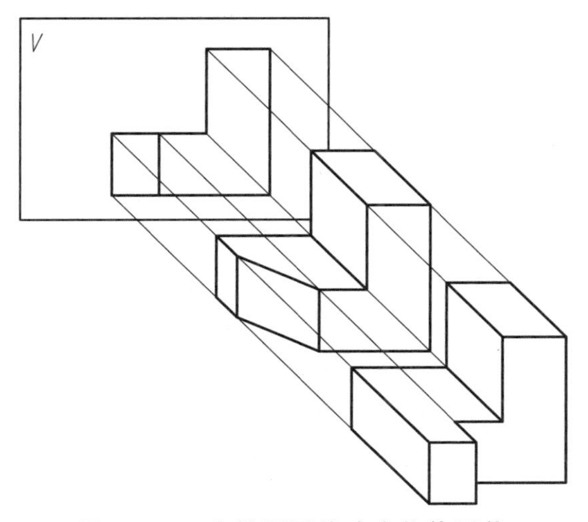

图 1-9　一个投影不能确定物体形状

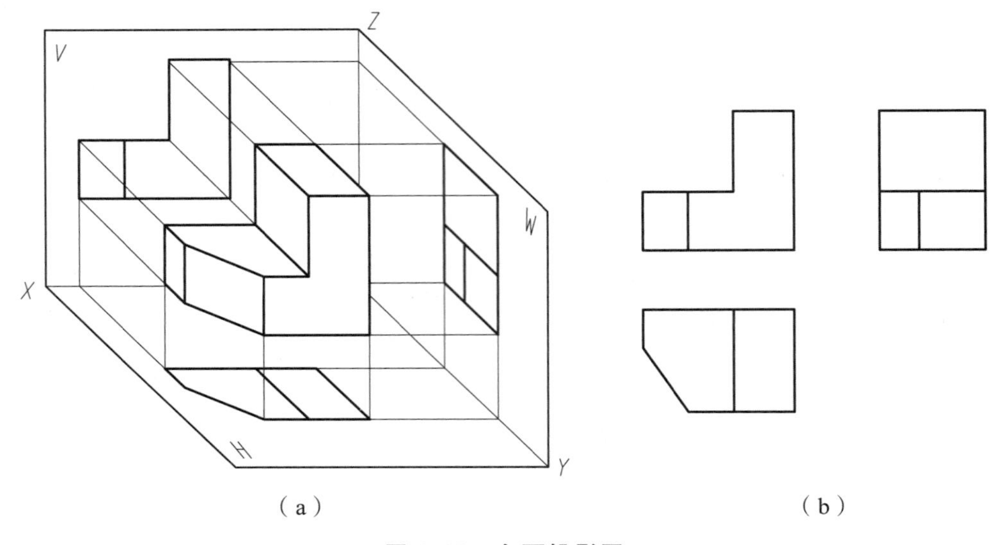

（a）　　（b）

图 1-10　多面投影图

2. 轴测投影图

多面投影图的不足之处在于投影图形缺乏立体感，只有掌握了一定读图能力的人才能看懂。有时为了帮助人们看图，工程上也常用轴测投影图，简称轴测图。

轴测图也是采用平行投影法绘制，但只将物体向一个投影面作正投影或作斜投影。图 1-11 为物体的轴测图。这种图具有较强的立体感，但作图相对比较繁杂，且投影通常不能反映物体表面的真实形状，所以轴测图在工程中通常作为一种辅助性图样。

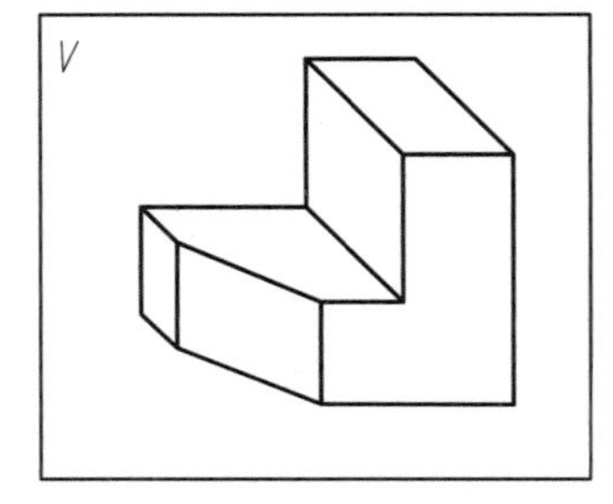

图 1-11　轴测投影

1.3　三面投影图

1.3.1　三面投影图的形成

工程上一般采用多面正投影图来表达物体的结构形状及大小，为此需要建立多投影面体系。常用的三投影面体系如图 1-12（a）所示，其中正面直立的投影面简称为 V 面，水平投影面简称为 H 面，侧立投影面简称为 W 面，将物体向这三个投影面进行投影，得到的正投影分别称为正面投影、水平投影、侧面投影。

为使物体的三面投影图能画在一张平面图纸上，其正立投影面 V 保持不动，水平投影面 H 向下旋转 90°、侧投影面 W 向右旋转 90°，使它们与 V 面共面，即得到物体的三面投影图，如图 1-12（b）所示。由于在工程图上，投影图主要用来表达物体的形状，而没有必要表达物体与投影面间的距离，因此在绘制投影图时不必画出投影轴；为了使图形清晰，也不必画出投影间的连线。通常，投影图间的距离可根据图纸幅面、尺寸标注等因素来确定。

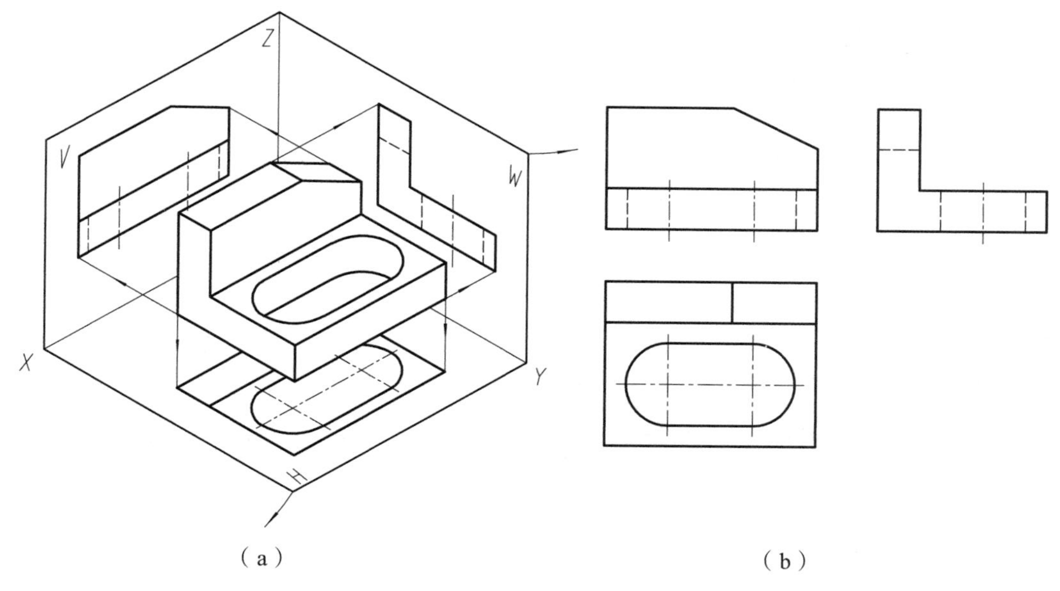

（a）　　（b）

图 1-12　物体的三视图

1.3.2　三面投影图的位置关系和投影规律

虽然在画三面投影图时不必画出投影轴和投影间的连线，但三面投影图间仍保持着一定的位置关系和投影规律。三面投影图的位置关系为：水平投影图在正面投影图的下方，侧面投影图在正面投影图的右方。按照这种位置配置视图时，国家标准规定一律不标注投影图的名称。

对照图 1-12（a）和图 1-13，还可以看出以下规律：

（1）正面投影反映了物体上下、左右的位置关系，即反映了物体的高度和长度；

（2）水平投影反映了物体左右、前后的位置关系，即反映了物体的长度和宽度；

（3）侧面投影反映了物体上下、前后的位置关系，即反映了物体的高度和宽度。

由此可得出三面投影图之间的投影规律为：

正面投影与水平投影长对正；

正面投影与侧面投影高平齐；

水平投影与侧面投影宽相等。

“长对正、高平齐、宽相等”是画图和阅图必须遵循的最基本的投影规律。不仅整个物体的投影要符合这个规律，物体局部结构的投影亦必须符合这个规律。在应用这个投影规律作图时，要注意物体的上下、左右、前后六个部位与投影图的关系，如图 1-13 所示。特别是在水平投影图和侧面投影图中，远离正面投影图的一侧为物体的前端面，靠近正面投影图的一侧为物体的后端面。因此在水平投影图、侧面投影图上量取宽度时，不但要注意量取的起点，还要注意量取的方向。

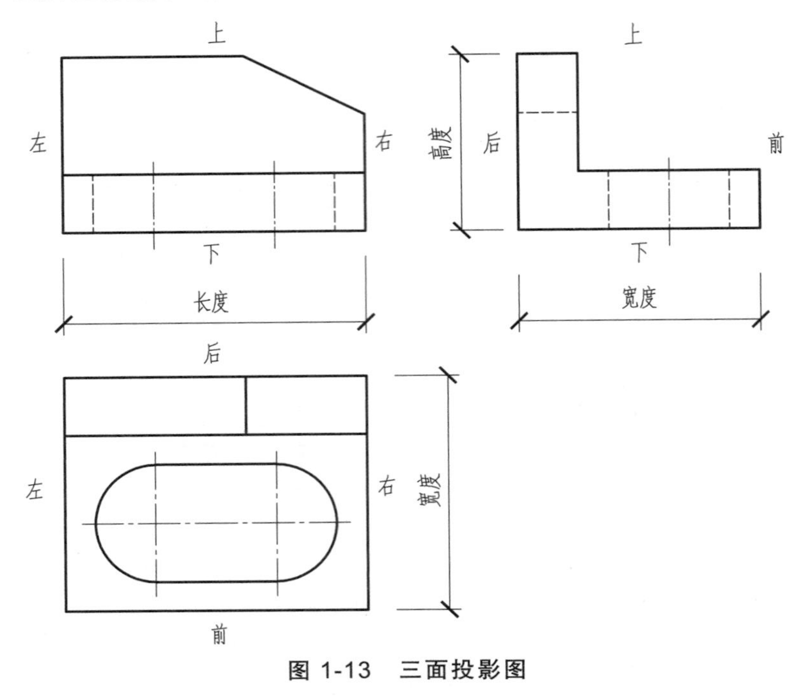

图 1-13　三面投影图

第 2 章　点、直线、平面的投影

2.1　点的投影

2.1.1　点的三面投影

如图 2-1 所示，由空间点 A 向 H 面作投射线，与 H 面交于 a，即为 A 点的水平投影，也是唯一的一个投影。反之，如图 2-2 所示，由点 A 在 H 面上的投影 a 作垂直于 H 面的投射线，则在该投射线上所有的点，如点 A_1、A_2、A_3 等，它们的 H 面投影均与 a 重合。因此，点的一个投影不能确定该点的空间位置。工程上常采用多面投影方式来确定其空间位置。

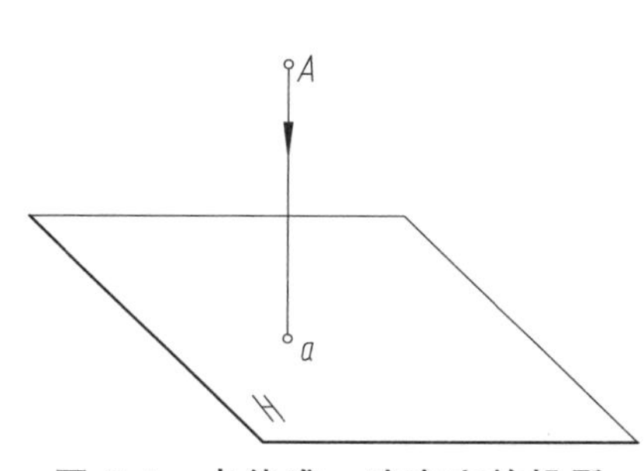

图 2-1　点能唯一确定它的投影

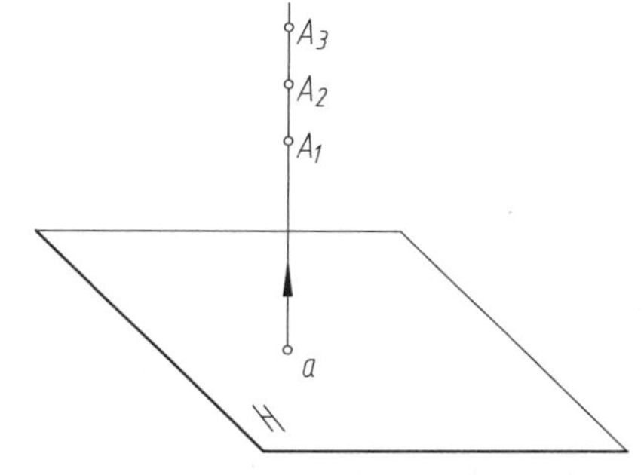

图 2-2　由点的一个投影不能确定其位置

如图 2-3 所示，设立相互垂直的两个投影面，正立投影面简称正面或 V 面，水平投影面简称水平面或 H 面。两个投影面的交线称为投影轴，V、H 两投影面的交线称 OX 轴。这样就建立了两投影面体系，简称两面体系。这两个投影面将空间划分成四个区域，如图 2-3 所示的第一、二、三、四分角。将物体置于第一分角内，并使其处于观察者与投影面之间而得到正投影的方法，称为第一角画法。将物体置于第三分角内，并使投影面处于观察者与物体之间而得到正投影的方法，称为第三角画法。我国采用第一角画法，《技术制图投影法》（GB/T 14692—2008）规定：必要时可采用第三角画法。

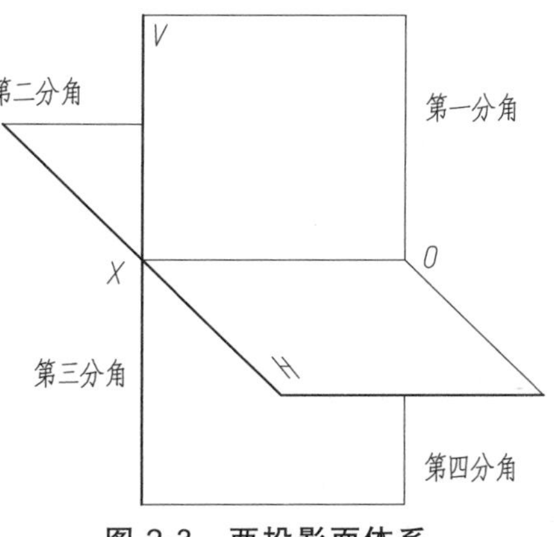

图 2-3　两投影面体系

如图 2-4 所示，将点 A 置于第一分角内，过空间点 A 分别向 H 面、V 面作投射线，在

H 面上得到水平投影，标记为 a；在 V 面上得到正面投影，标记为 a'。在画法几何中规定：空间点采用大写字母标记，其投影采用对应的小写字母标记。如空间点标记 A，则其水平投影标记为 a，正面投影标记 a'，侧面投影标记为 a''。根据点的两面投影，可以唯一确定该点的空间位置。如图 2-5 所示，由点 A 的正面投影 a'作 V 面的垂线，由点 A 的水平投影 a 作 H 面的垂线，两条垂线的交点即为 A 的空间位置。

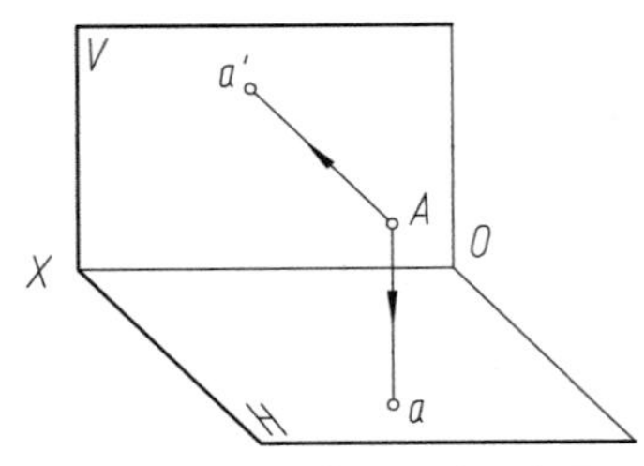

图 2-4　点的两面投影图

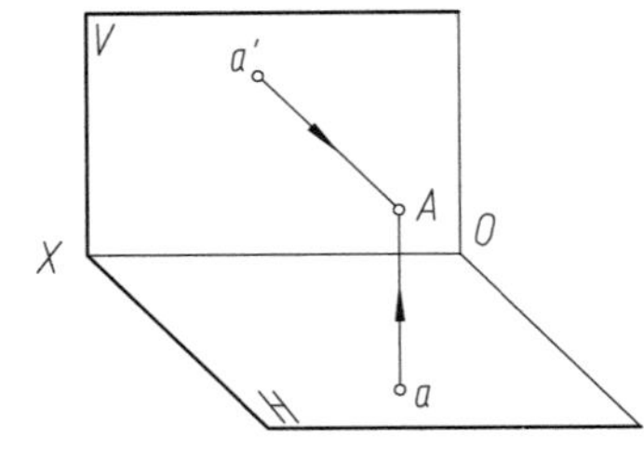

图 2-5　由点的两面投影能确定其位置

对于一些较复杂的形体，只有两个投影往往不能确定其形状，因而常常需再设置与 V 面、H 面都垂直的侧立投影面（简称侧面或 W 面）。如图 2-6（a）所示，这三个相互垂直的 V 面、H 面、W 面就组成一个三投影面体系。H 面、W 面的交线称为 OY 投影轴，简称 Y 轴；V 面、W 面的交线称为 OZ 投影轴，简称 Z 轴；三根相互垂直的投影轴的交点 O 称为原点。

将空间点 A 分别向 V 面、H 面、W 面作投影，得 a'、a、a''，如图 2-6（a）所示。

为使点的三面投影能画在一个平面上，可保持 V 面不动，H 面、W 面分别按图示箭头方向旋转，使之与 V 面共面，即得点的三面投影面，如图 2-6（b）所示。其中，Y 轴随 H 面旋转时，用 Y_H 表示；随 W 面旋转时，用 Y_W 表示。

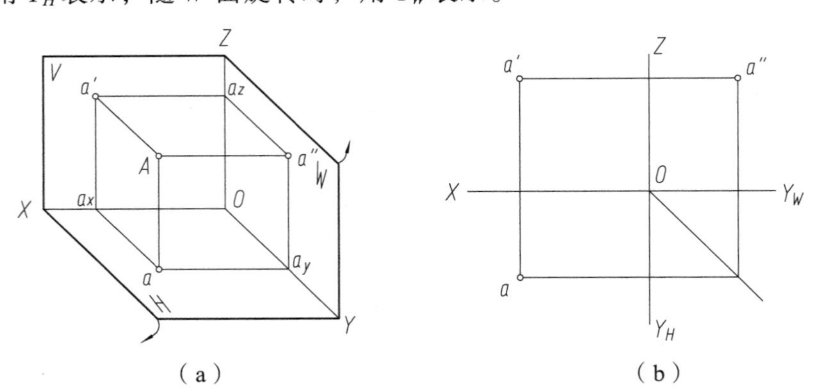

图 2-6　点在三面投影体系中的投影

2.1.2　点的投影与坐标关系

如果把三投影面体系看作空间直角坐标体系，则三个投影面相当于三个坐标平面，三条投影轴相当于三条坐标轴，投影原点 O 即为坐标原点。由图 2-6（a）可知，点 A 的三个直角坐标 X_A、Y_A、Z_A 即为点 A 到三个投影面的距离。则点 A 的坐标与其投影有如下关系：

X 坐标 X_A（Oa_X）$=a'a_Z=aa_Y=$ 点 A 到 W 面的距离 Aa''；

Y 坐标 Y_A（Oa_Y）$=aa_X=a''a_Z=$ 点 A 到 V 面的距离 Aa'；

Z 坐标 Z_A（Oa_Z）$=a'a_X=a''a_Y=$ 点 A 到 H 面的距离 Aa。

由投影图可见：点 A 的水平投影 a 由 X_A、Y_A 两坐标确定；正面投影 a' 由 X_A、Z_A 两坐标确定；侧面投影 a'' 由 Y_A、Z_A 两坐标确定。因此，根据点的三面投影可确定点的空间坐标值；反之，根据点的坐标值也可以画出点的三面投影图。

根据以上分析以及两面投影体系中点的投影特性，可得到点的三面投影特性：

（1）点的正面投影与水平投影连线垂直 OX 轴，即 $a'a\perp OX$；

（2）点的正面投影与侧面投影的连线垂直 OZ 轴，即 $a'a''\perp OZ$；

（3）点的水平投影到 OX 轴的距离等于该点的侧面投影到 OZ 轴的距离，即 $aa_X=a''a_Z$。

点的两面投影可以确定点的空间位置。根据点的两面投影或点的直角坐标，可作出点的第三投影。实际作图时，应注意 H 面、W 面两投影 Y 坐标相等的关系。为作图方便，如图 2-6（b）所示，可添加过点 O 的 45°辅助线或直接量取 $aa_X=a''a_Z$。

特殊位置点的三面投影，如图 2-7 所示 V 面上的点 B、H 面上的点 C、W 面上的点 D、OX 轴上的点 E 的立体图和投影图，从图中可以看到这些处于特殊位置的点的三面投影，仍符合点的三面投影特性。

例如：H 面上点 C，其 Z 坐标为零，因此 H 面投影 c 与该点重合，V 面投影 c' 在 OX 轴上，且 $c'c\perp OX$，W 面投影 c'' 在 OY 轴上。需要注意，$c'c''\perp OZ$，在投影图中，c'' 必须画在 W 面的 OY_W 轴上，并与 c 保持相等的 Y 坐标。

又如：OX 轴上的点 E，其 Y、Z 坐标为零，因此，V 面、H 面投影 e'、e 与该点重合在 OX 轴上，W 面投影 e'' 与 O 点重合。对于 OY 轴和 OZ 轴上的点，读者可自行分析，画出其三面投影图。

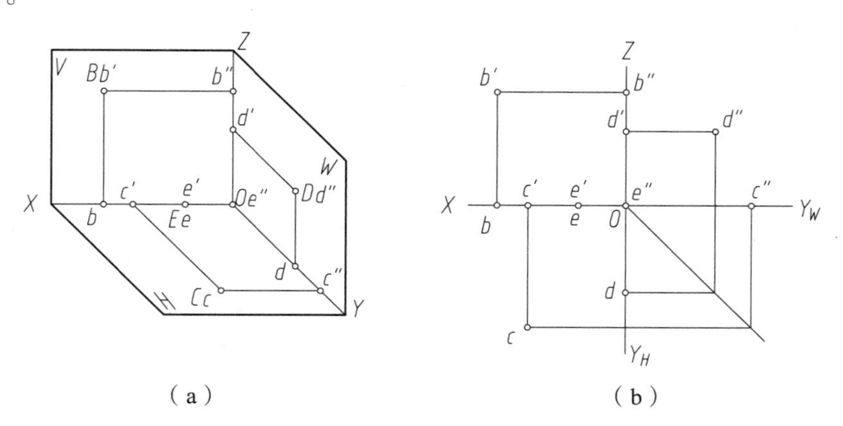

（a）　　　　　　（b）

图 2-7　特殊位置点的三面投影

2.1.3　两点的相对位置与重影点

空间点的位置可以用点的绝对坐标（即点对坐标原点 O 的坐标）来确定，也可以用点相对另一已知点的相对坐标来确定。两点的相对坐标即两点的坐标差。

如图 2-8 所示，分析点 B 相对点 A 的位置：在 X 方向的相对坐标为 $X_B - X_A$，即两点对 W 面的距离差，点 B 在点 A 的左方。X 坐标方向，通常称为左右方向，X 坐标增大方向为左方。Y 方向的坐标差为 $Y_B - Y_A$，即两点相对 V 面的距离差，点 B 在点 A 的后方。Y 坐标方向，通常称为前后方向，Y 坐标增大方向为前方。Z 方向的坐标差为 $Z_B - Z_A$，即两点相对 H 面的距离差，点 B 在点 A 的下方。Z 坐标方向，通常称为上下方向，Z 轴增大方向为上方。

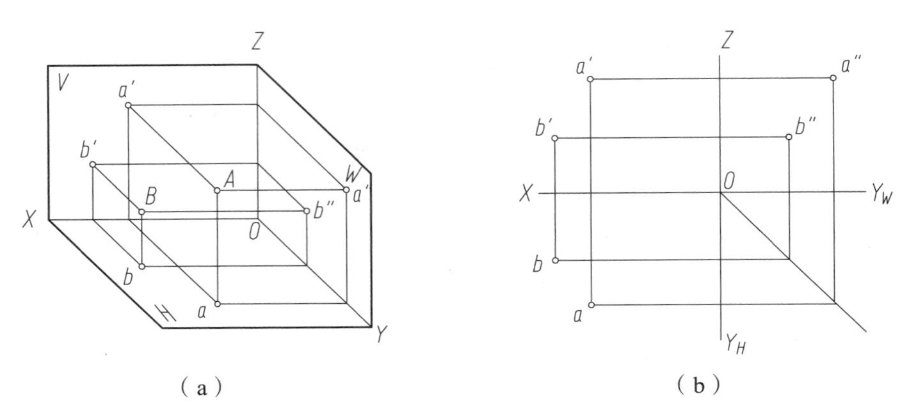

（a）　　　　　　（b）

图 2-8　两点相对位置

显然，根据空间两点的投影沿左右、前后、上下三个方向所反映的坐标差，能够确定两点的相对位置；反之，若已知两点相对位置以及其中一个点的投影，也能够作出另一个点的投影。

当空间两点的某两个坐标值相同时，在同时反映这两个坐标的投影面上，这两点的投影重合。这两点称为该投影面的重影点。

如图 2-9（a）所示，由于 $X_A = X_B$，$Z_A = Z_B$，因此它们的正面投影重合，A、B 两点称为正面投影的重影点。由于 $Y_A > Y_B$，所以从前向后垂直 V 面看时，点 A 可见，点 B 不可见。通常规定，不可见的点的投影打上括号表示，如（b'）。

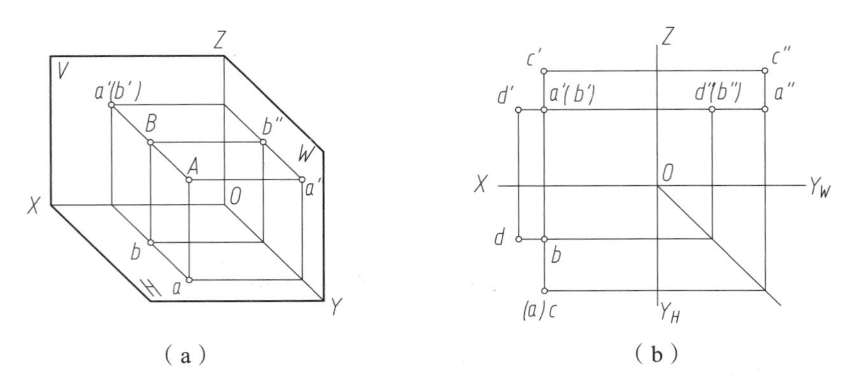

（a）　　　　　　（b）

图 2-9　重影点的投影

如图 2-9（b）所示 A、C 两点，由于 $X_A = X_C$，$Y_A = Y_C$，它们的水平投影重合，A、C 两点称为水平投影的重影点。由于 $Z_C > Z_A$，所以从上向下垂直于 H 面看时，点 C 可见，点 A

不可见。又如 B、D 两点，由于 $Y_D = Y_B$，$Z_D = Z_B$，它们的侧面投影重合，B、D 两点称为侧面投影的重影点。由于 $X_D>X_B$，所以从左向右垂直于 W 面看时，点 D 可见，点 B 不可见。由此可见，对 V 面、H 面、W 面的重影点，它们的可见性应分别是前遮后、上遮下、左遮右。

2.2 直线的投影

如图 2-10 所示，直线 AB 不垂直于 H 面，则通过直线 AB 上各点的投射线所形成的平面与 H 面的交线，就是直线 AB 的水平投影 ab；直线 CD 垂直于 H 面，则通过 CD 上各点的投射线都与 CD 共线，它与 H 面的交点，就是直线 CD 的水平投影 $c(d)$，即 CD 的正面投影积聚为一点，这时称直线 CD 的正面投影具有积聚性。

由此可见：不垂直于投影面的直线，在该投影面上的投影仍为直线；垂直于投影面的直线，在该投影面上的投影，积聚为一点。

空间直线与它的水平投影、正面投影、侧面投影的夹角，分别称为该直线对 H 面、V 面、W 面的倾角，用 α、β、γ 表示。当直线平行某投影面时，直线对该投影面的倾角为 0°，直线在该投影面上的投影反映实长；直线垂直某投影面时，对该投影面的倾角为 90°，直线在该投影面上的投影积聚为一点；直线倾斜某投影面时，对该投影面的倾角大于 0°、小于 90°，直线在该投影面上的投影长度缩短。

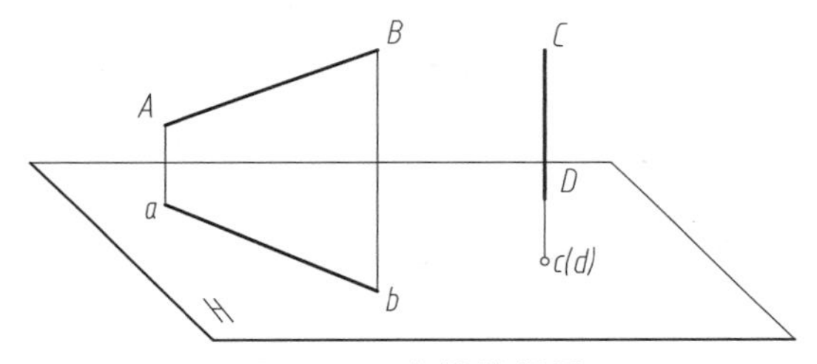

图 2-10 直线的投影

如图 2-11 所示，作直线投影时，可先作出直线上两个端点的三面投影，然后将两端点在同一投影面上的投影（简称同面投影）用粗实线相连即得直线的三面投影图。

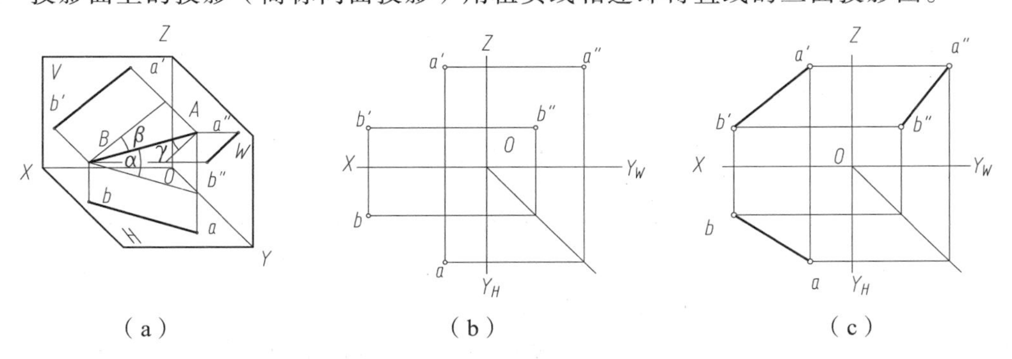

图 2-11 直线的投影画法

2.2.1 特殊位置的直线

根据直线在投影面体系中的位置不同，可将直线分为投影面倾斜线、投影面平行线和投影面垂直线三类。投影面倾斜线也称为一般位置直线，后两类直线称为特殊位置直线。它们具有不同的投影特性。

1. 投影面平行线

平行于一个投影面而与另外两个投影面倾斜的直线称投影面平行线。其中平行于 V 面的直线称为正平线；平行于 H 面的直线称为水平线；平行于 W 面的直线称为侧平线。表 2-1 给出了这三种投影面平行线的立体图、投影图和投影特性。

表 2-1　投影面平行线的特性

名称	正平线（$//V$ 面，对 H 面、W 面倾斜）	水平线（$//H$ 面，对 V 面、W 面倾斜）	侧平线（$//W$ 面，对 V 面、H 面倾斜）
立体图	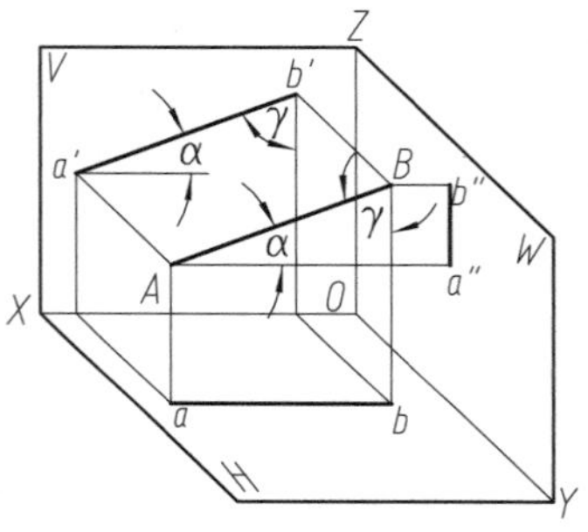	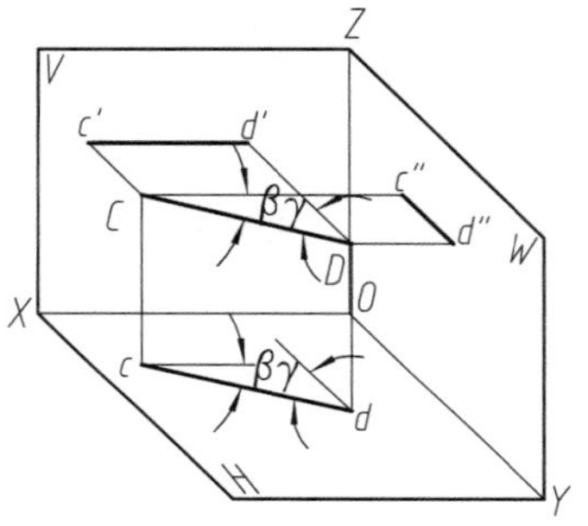	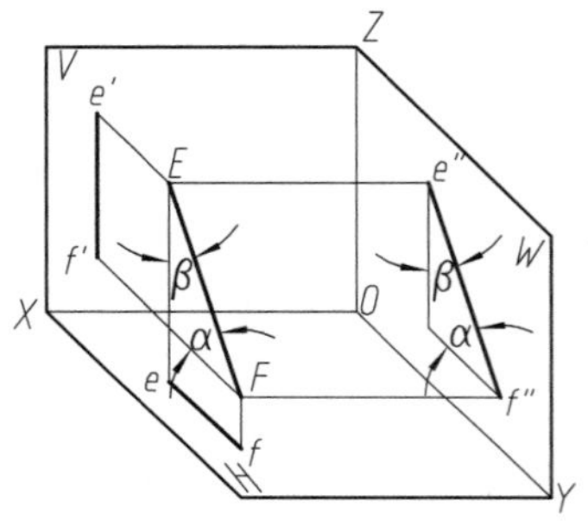
投影图	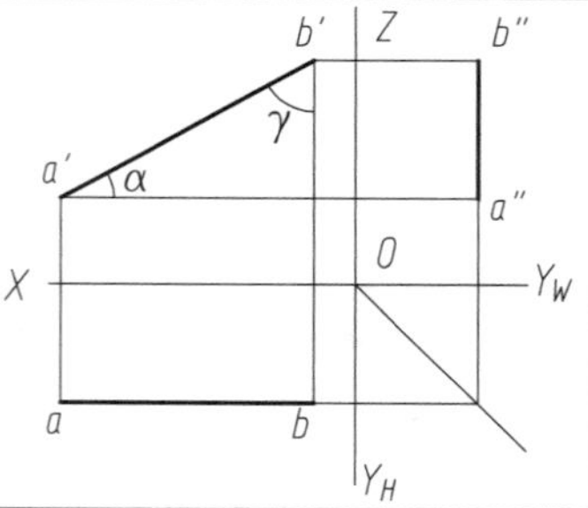	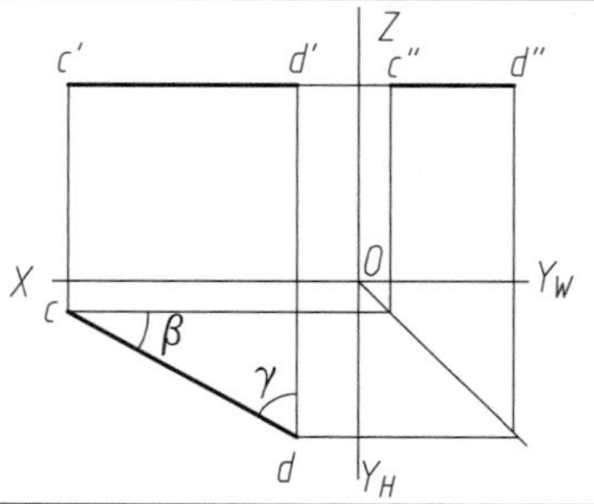	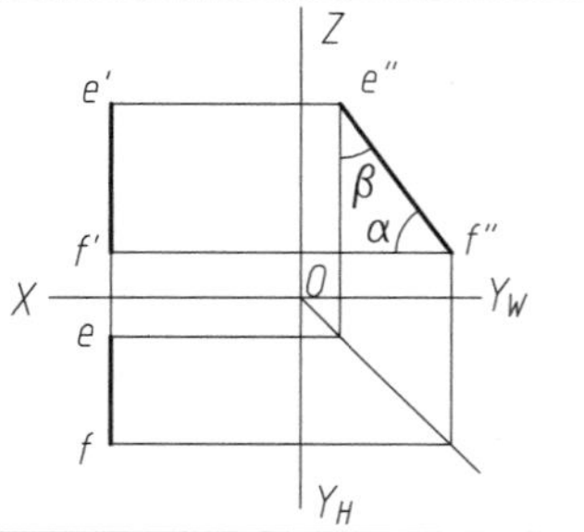
投影特性	1. 正面投影 $a'b'$ 反映实长和真实倾角 α,γ； 2. $ab//OX, a''b''//OZ$，长度缩短	1. 水平投影 cd 反映实长和真实倾角 β、γ； 2. $c'd'//OX$，$c''d''//OY_W$，长度缩短	1. 侧面投影 $e''f''$ 反映实长和真实倾角 α、β； 2. $e'f'//OZ$，$ef//OY_H$，长度缩短

由表 2-1 中正平线的立体图可知：$AB//V$ 面，故 $a'b'//AB$ 且 $a'b' = AB$；由于正平线 AB 上各点的 Y 坐标都相等，故 $ab//OX$，$a''b''//OZ$。

由于 $AB//a'b'$，所以 $a'b'$ 与 OX 轴、OZ 轴的夹角分别反映了直线 AB 对 H 面、W 面的真实倾角 α、γ。

可以看出：$ab = AB\cos\alpha < AB$，$a''b'' = AB\cos\gamma < AB$。

由此可归纳出投影面平行线的投影特性：

（1）在直线所平行的投影面上的投影，反映实长，该投影与投影轴的夹角，分别反映直线对另外两个投影面的真实倾角。

（2）在直线所倾斜的另外两个投影面上的投影，平行于相应的投影轴，长度缩短。

2. 投影面垂直线

垂直于一个投影面的直线称为投影面垂直线。其中，垂直于 V 面的直线称为正垂线；垂直于 H 面的直线称为铅垂线；垂直于 W 面的直线称为侧垂线。表 2-2 给出了这三种投影面垂直线的立体图、投影图和投影特性。

表 2-2　投影面垂直线的特性

名称	正垂线	铅垂线	侧垂线
立体图	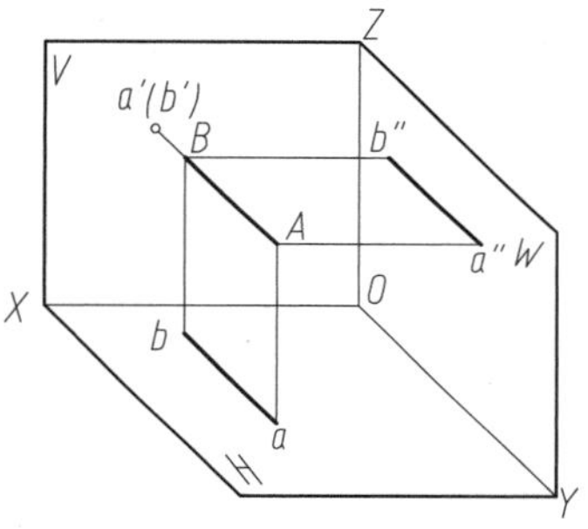	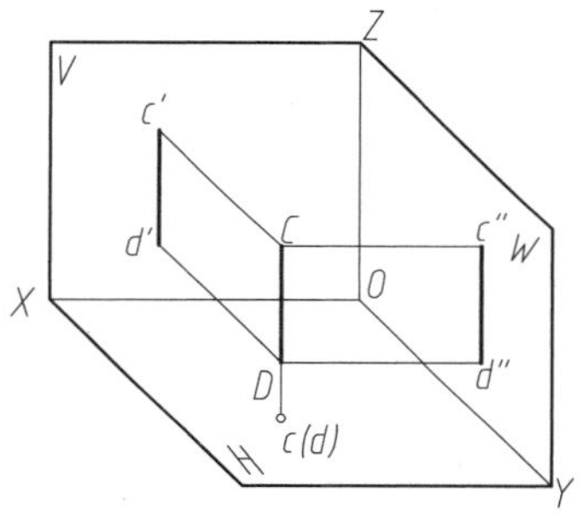	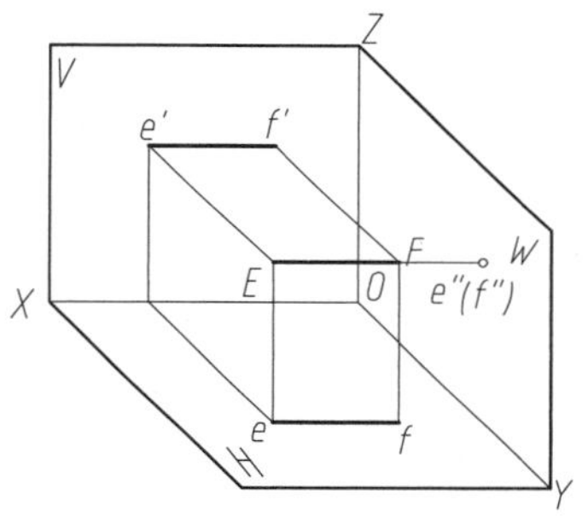
投影图	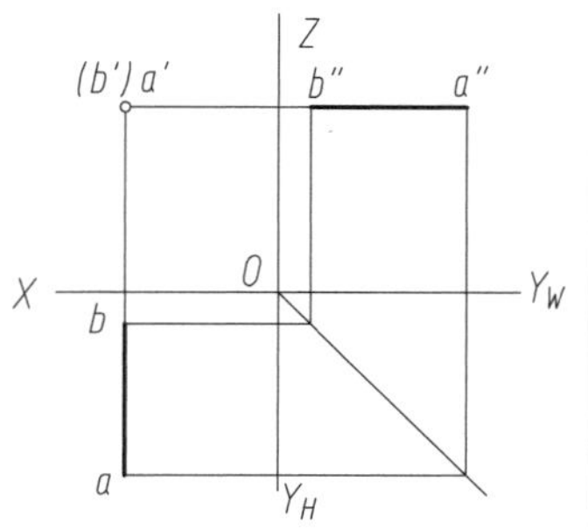	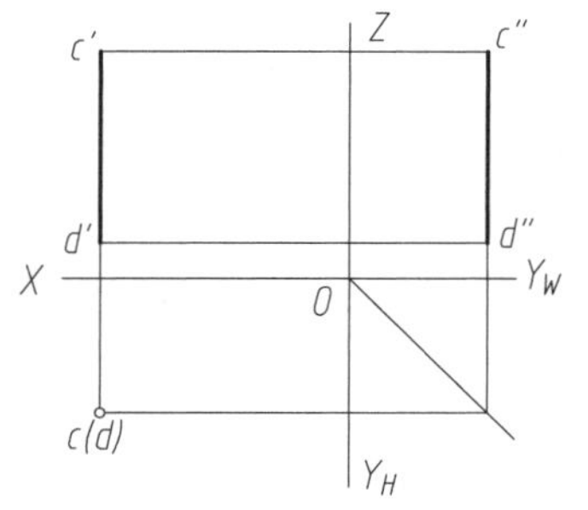	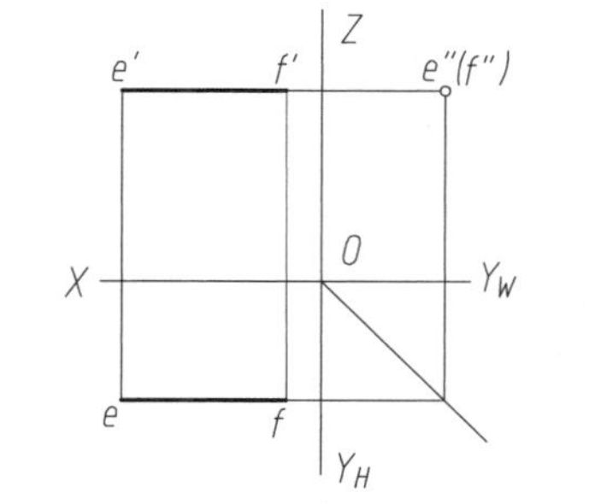
投影特性	1. 正面投影 $a'b'$ 积聚成一点； 2. $ab // OY_H$，$a''b'' // OY_W$，反映实长	1. 水平投影 cd 积聚成一点； 2. $c'd' // OZ$，$c''d'' // OZ$，反映实长	1. 侧面投影 $e''f''$ 积聚成一点； 2. $e'f' // OX$，$ef // OX$，反映实长

由表 2-2 中正垂线 AB 的立体图可知：由于直线 $AB \perp V$ 面，故 AB 正面投影积聚成一点 a'（b'）。因为 $AB // H$ 面，$AB // W$ 面，AB 上各点的 Z 坐标、X 坐标都相等，所以 $ab // OY_H$、$a''b'' // OY_W$，且 $ab = a''b'' = AB$。

由此可归纳出投影面垂直线的投影特性：

（1）在直线所垂直的投影面上的投影，积聚成一点。

（2）在直线所平行的另外两个投影面上的投影平行于相应的投影轴且反映实长。

2.2.2 一般位置直线的投影、实长与倾角

1. 一般位置直线的投影

与三个投影面都倾斜的直线称为一般位置直线。如图 2-12 所示，直线 AB 对三个投影面都倾斜，其两端点分别沿前后、上下、左右方向对 V 面、H 面、W 面有距离差，所以一般位置直线 AB 的三个投影都倾斜于投影轴。

由图 2-12（a）可看出：

$$ab = AB\cos\alpha < AB;\quad a'b' = AB\cos\beta < AB;\quad a''b'' = AB\cos\gamma < AB$$

同时还可看出：直线 AB 的各个投影与投影轴的夹角都不等于 AB 对投影面的倾角。

由此可得出一般位置直线的投影特性：三个投影都倾斜于投影轴；各个投影长度都小于直线的实长；各投影与投影轴的夹角，都不能反映直线对投影面的倾角。

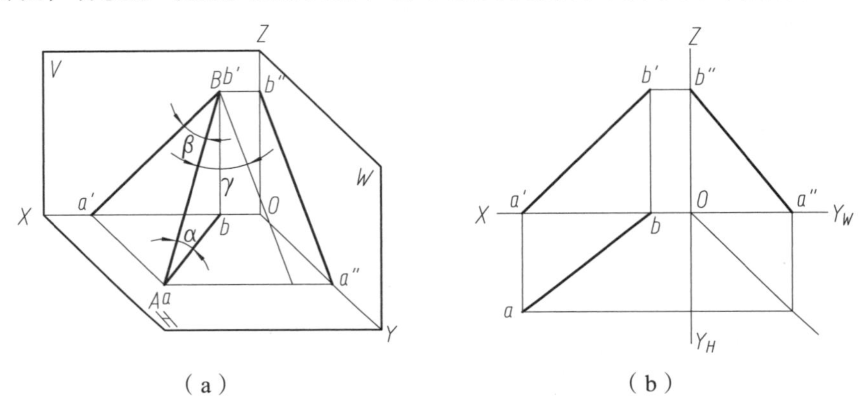

图 2-12 投影面的一般位置直线

2. 求直线段的实长及对投影面的倾角

在工程上，经常会遇到需要用作图方法求一般位置直线的实长和倾角这类度量问题。

分析：如图 2-13（a）所示，过直线上点 A 作 $AB_1//ab$ 与投射线 Bb 交于 B_1，得直角三角形 $\triangle AB_1B$。显然，在这个直角三角形中，一直角边 $AB_1 = ab$；另一直角边 $BB_1 = Bb - Aa$，即直线 AB 两端点与 H 面的距离差；其斜边即为直线 AB 的实长；AB 与 AB_1 的夹角，就是 AB 对 H 面的倾角 α。

由此可见，已知一般位置直线 AB 的投影，求其实长和对 H 面的倾角，可归结为求直角三角形 $\triangle AB_1B$ 的实形。这种求直线实长和倾角的方法，称为直角三角形法。

作图求直线 AB 的实长和对 H 面的倾角 α，可应用下列两种方法，如图 2-13（b）所示：

（1）过 b 作 ab 的垂线 bB_0，在此垂线上量取 $bB_0 = Z_B - Z_A$，则 aB_0 即为所求直线 AB 的实长（用 $T.L$ 标记），而 $\angle B_0ab$ 即为所求角 α。

（2）过 a' 作 X 轴的平行线，与 bb' 投影连线相交于 b_0（$b'b_0 = Z_B - Z_A$），量取 $b_0A_0 = ab$，则 $b'A_0$ 即为所求直线 AB 的实长，$\angle b'A_0b_0$ 即为所求角 α。

按照上述的作图原理和方法，也可以取 $a'b'$ 或 $a''b''$ 为一直角边，取直线 AB 的两端点

与 V 面或 W 面的距离差为另一直角边，从而作出两直角三角形，求得 AB 的实长及其对 V 面的倾角β或对 W 面的倾角γ。

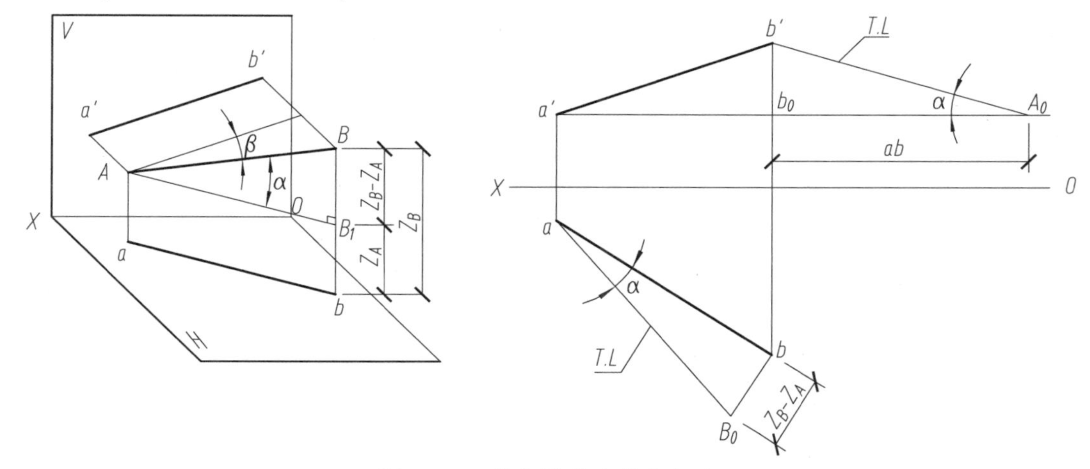

图 2-13　求直线的实长和倾角

由此可归纳出用直角三角形法求直线实长和倾角的方法：以直线在某一投影面上的投影长度作为一条直角边，直线两端点与该投影面的距离差为另一直角边，所形成的直角三角形斜边即为所求直线的实长，斜边与投影长度的夹角即为直线对该投影面的倾角。

【例 2-1】 如图 2-14（a）所示，已知直线 AB 的实长 $T.L$ 和 $a'b'$及α，补全其水平投影。

分析： 对直角三角形，其两条直角边、斜边和夹角这 4 个参数中，只要给定其中任意两个参数，就能作出该直角三角形真形，并求解另外两参数。根据题意，已知实长和 $a'b'$，故可作出该直角三角形。

作图过程如下：

方法一，如图 2-14（b）所示：

（1）过 b'作 $b'B_0 \perp a'b'$。

（2）以 a'为圆心、实长 $T.L$ 为半径画圆弧，与 $b'B_0$相交于 B_0，则 $b'B_0$为直线 AB 的两端点对 V 面的距离差 Y_B-Y_A。

（3）过 a 作 ab_0//X 轴，过 b'作 $b'b_0 \perp X$ 轴，ab_0与 $b'b_0$相交于 b_0。在 b_0的前、后两侧，以 Y_B-Y_A 为距离定出 b 点的位置，连接 a、b 即得所求直线 AB 的水平投影（有两解）。

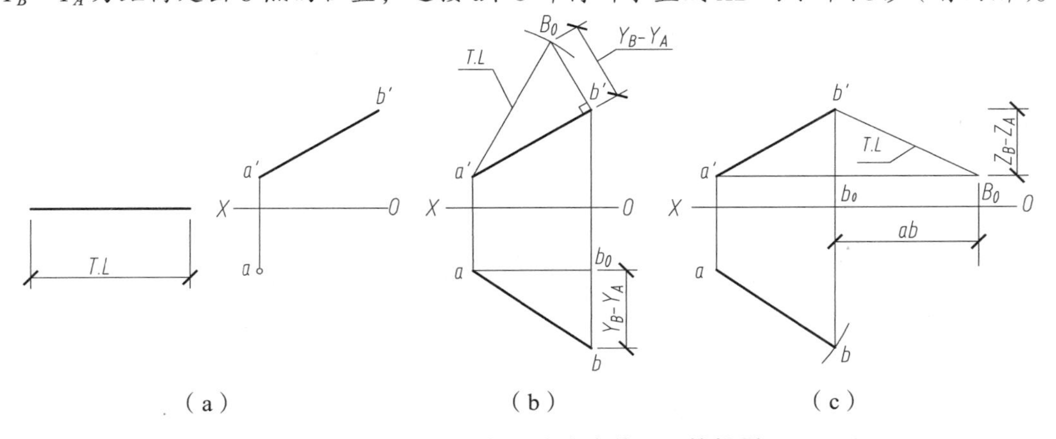

图 2-14　直角三角形法求直线 AB 的投影

图中给出了直线 AB 在第Ⅰ分角的解，另一解则由于 ab 中有部分在 X 轴上方，说明直线 AB 已穿过 V 面，点 B 处于第Ⅱ分角中。

方法二，如图 2-14（c）所示：

（1）过 a' 作 $a'b_0//X$ 轴，过 b' 作 $b'b_0 \perp X$ 轴，两直线相交于 b_0，$b'b_0$ 为直线两端点对 H 面的距离差（$Z_B - Z_A$）。

（2）以 b' 为圆心、实长 $T.L$ 为半径画圆弧，与 $a'b_0$ 的延长线相交于 B_0，b_0B_0 即为所求 H 面投影 ab 的长度。

（3）以 a 为圆心、b_0B_0 为半径画圆弧，与 $b'b_0$ 的延长线相交于 b（有两解）。

（4）连接 a、b，即得所求直线 AB 的水平投影。

2.2.3 直线上点的投影

1. 直线上点的投影

点在直线上，则点的各个投影必定在该直线的同面投影上；反之，点的各个投影在直线的同面投影上，则该点一定在直线上。

如图 2-15 所示，过 AB 上点 C 的投射线 Cc'，必位于平面 $ABb'a'$ 上，故 Cc' 与 V 面的交点 c'，也必位于平面 $ABb'a'$ 与 V 面的交线 $a'b'$ 上。同理，直线上 C 点的水平投影 c 也必位于 AB 的水平投影 ab 上，C 点的侧面投影 c'' 必位于 AB 的侧面投影 $a''b''$ 上。

2. 点分割线段成定比

直线上点将直线段分割成两段，则这两线段的空间长度之比等于其各个同面投影的长度之比。如图 2-15 所示，在平面 $ABb'a'$ 上，$Aa'//Cc'//Bb'$，所以 $AC : CB = a'c' : c'b'$；同理，有 $AC : CB = a''c'' : c''b'' = ac : cb$。

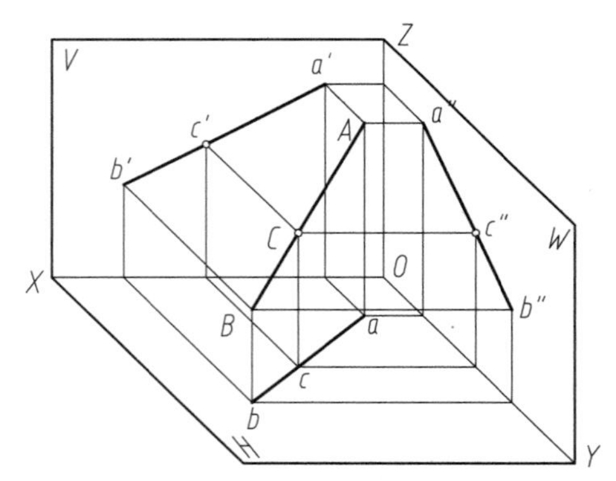

图 2-15 直线上点的投影

【例 2-2】如图 2-16（a）所示，已知侧平线 AB 的两面投影和直线上点 K 的正面投影 k'，求点 K 的水平投影 k。

方法一，如图 2-16（b）所示。

分析：AB 为侧平线，不能直接由 k' 求出 k。依据直线上点的投影性质，可知 k'' 在 $a''b''$ 上。

作图过程如下：

（1）根据直线的 V 面、H 面投影作出其 W 面投影 $a''b''$，同时由 k' 作出 k''。

（2）根据 k'' 在 ab 上作出 k。

方法二，如图 2-16（c）所示。

分析：因为点 K 在直线 AB 上，因此有 $a'k':k'b'=ak:kb$。

作图过程如下：

（1）过 b 作任意辅助线，在辅助线上量取 $bk_0=b'k'$，$k_0a_0=k'a'$。

（2）连接 a_0a，并由 k_0 作 $k_0k//a_0a$ 交 ab 于 k，即得所求的水平投影 k。

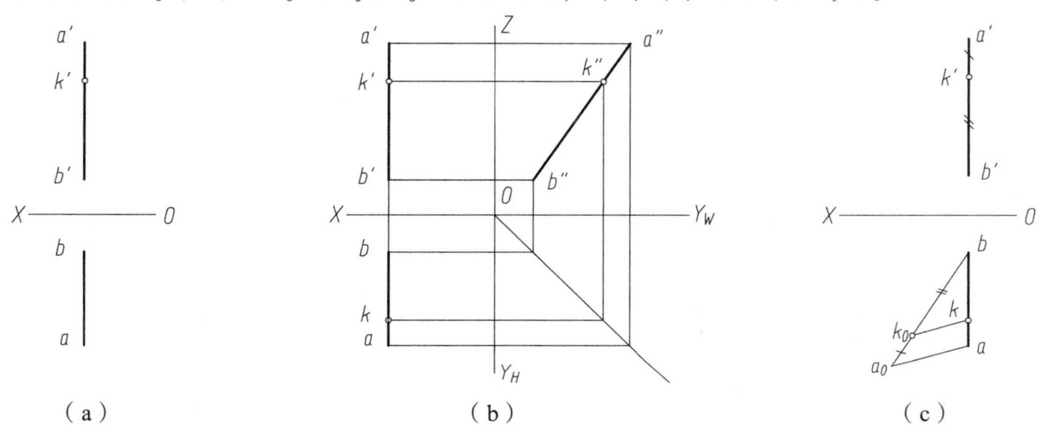

图 2-16　求直线 AB 上点 K 的投影

2.2.4　两直线投影的相对位置

空间两条直线的相对位置有三种情况：平行、相交和交叉。平行、相交的两直线位于同一平面上，亦称同面直线；交叉的两直线不位于同一平面上，亦称异面直线。

1. 平行两直线投影的相对位置

空间两平行直线的投影必定互相平行，如图 2-17（a）所示，因此空间两平行直线在投影图上的各组同面投影必定互相平行，如图 2-17（b）所示。

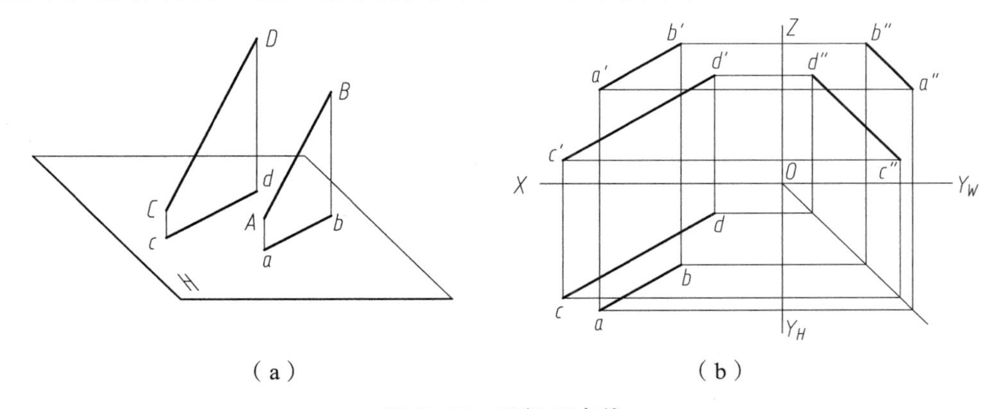

图 2-17　平行两直线

由于 $AB//CD$，则必定有 $ab//cd$，$a'b'//c'd'$，$a''b''//c''d''$。反之，如果两直线在投影图上的各组同面投影都互相平行，则两直线在空间必定互相平行。

平行两直线的各同面投影的长度比相等。如图 2-17（a）所示，直线 $AB//CD$，则两直线对 H 面倾角相同。同理可得：$ab = AB\cos\alpha$，$cd = CD\cos\alpha$，则有 $ab : cd = AB : CD$。同理可得：$a'b' : c'd' = AB : CD$，$a''b'' : c''d'' = AB : CD$。

对于两条一般位置直线，若有两组同面投影互相平行，则空间两直线平行；若两条直线为投影面平行线，且在直线所平行的投影面上投影平行，则空间两直线一定平行。

2. 相交两直线投影的相对位置

空间相交两直线的投影必定相交，且两直线交点的投影必定为两直线投影的交点，如图 2-18（a）所示。因此，相交两直线的同面投影必定相交，且同面投影的交点必定符合点的投影规律。如图 2-18（b）所示，由于 AB 与 CD 相交，交点为 K，则 ab 与 cd、$a'b'$ 与 $c'd'$、$a''b''$与 $c''d''$必定分别相交于 k、k'、k''，且符合交点 K 的投影规律。

反之，若两直线在投影图上的各组同面投影都相交，且各组投影的交点符合空间一点的投影规律，则两直线在空间必定相交。

对于一般位置直线而言，若两组同面投影都相交，且两组投影交点符合点的投影规律，则空间两直线相交。但若两直线中有一直线为投影面平行线，则两组同面投影中必定有该直线所平行的投影面的投影。

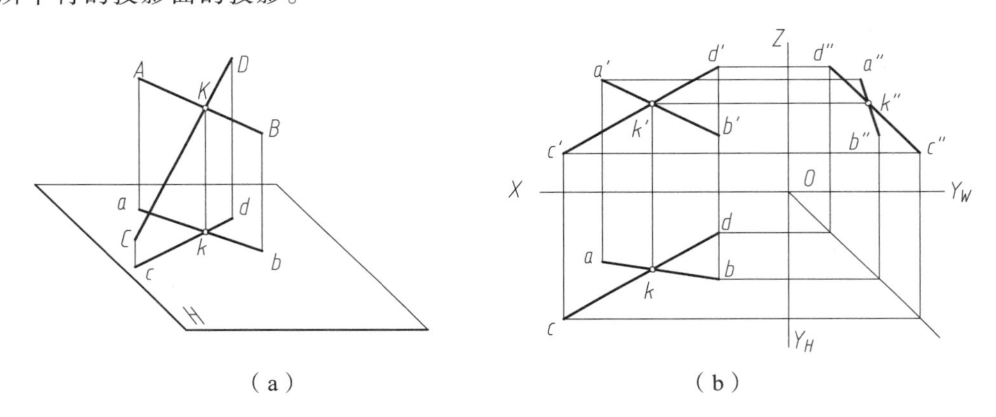

图 2-18 相交两直线

3. 交叉两直线投影的相对位置

既不平行又不相交的两直线称为交叉两直线。如图 2-19 所示，交叉两直线的投影可能会有一组或两组互相平行，但决不会三组同面投影都互相平行。两交叉线投影的交点实质上是两交叉线上对应点对投影面的一对重影点。

如图 2-20 所示，交叉两直线的各组投影也可以是相交的，但各组投影的交点不符合点的投影规律。从图中可看出，AB、CD 两直线是交叉两直线，因为两直线的投影交点不符合点的投影规律，ab 和 cd 的交点实际上是 AB、CD 上对 H 面投影的重影点Ⅰ、Ⅱ的投影

1（2），由于Ⅰ在Ⅱ的上方，所以 1 可见，（2）不可见。同理，*a′b′*和 *c′d′*的交点是 *AB*、*CD* 上对 *V* 面投影的重影点Ⅲ、Ⅳ的投影 3′（4′），由于Ⅲ在Ⅳ的前方，所以 3′可见，（4′）不可见。*a″b″*和 *c″d″*交点是 *AB*、*CD* 对 *W* 投影面的重影点的投影，其可见性请自行判别。

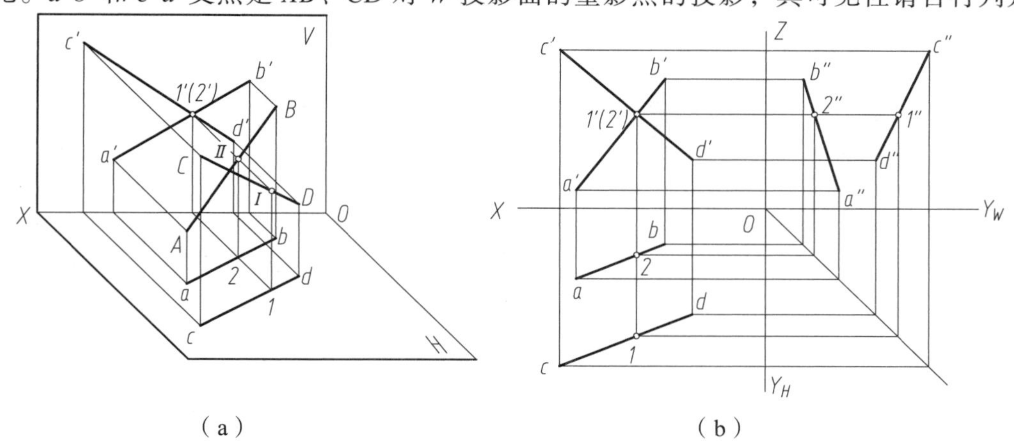

（a）　　　　（b）

图 2-19　交叉两直线（一）

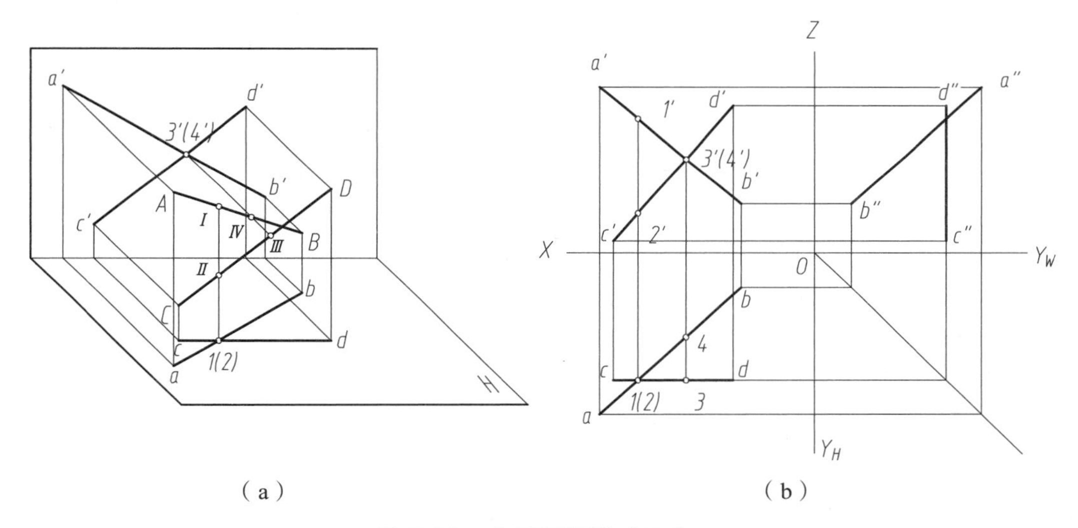

（a）　　　　（b）

图 2-20　交叉两直线（二）

【**例 2-3**】如图 2-21（a）所示，判断两侧平线 *AB*、*CD* 的相对位置。

方法一，如图 2-21（b）所示。

根据直线 *AB*、*CD* 的 *V* 面、*H* 面投影作出其 *W* 面投影，若 *a″b″//c″d″*，则 *AB//CD*；反之，则 *AB* 和 *CD* 交叉。

方法二，如图 2-21（c）所示。

分析：如果两侧平线平行，则两直线的各同面投影长度比相等；但须注意，仅仅各同面投影长度比相等还不能说明两直线一定平行，因为与 *V* 面、*H* 面呈相同倾角的侧平线可以有两个方向，它们能得到同样比例的投影长度，所以还必须检查两直线是否同方向才能确定两侧平线是否平行。

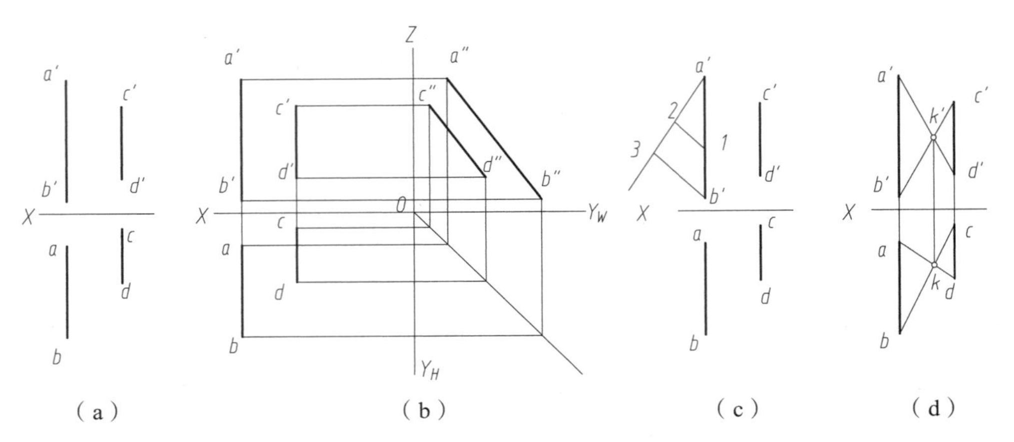

图 2-21　判断两直线的相对位置

作图过程如下：

由投影图可看出 AB、CD 两直线是同方向的。在 $a'b'$上取点 1，使 $a'1=c'd'$，过 a'作任一辅助线，并在该辅助线上取点 2 使 $a'2=cd$，取点 3 使 $a'3=ab$，连接 21 和 $3b'$，因为 $21//3b'$，所以有 $a'b':c'd'=ab:cd$。因此两侧平线是平行两直线。

方法三，如图 2-21（d）所示。

分析：如果两侧平线为平行两直线，则可根据平行两直线决定一平面这一性质来判别。

作图过程如下：

连接 $a'd'$、$b'c'$得交点 k'，连接 ad、bc 得交点 k，因为 $k'k$ 符合两相交直线 AD、BC 的交点 K 的投影规律，所以两侧平线是平行两直线。

2.2.5　一边平行于投影面的直角投影

若相交的两直线互相垂直，且其中有一条直线为某投影面平行线，则两直线在该投影面上的投影必定互相垂直，此投影特性称为直角投影定理。

如图 2-22 所示，$AB\perp BC$，其中 $AB//H$ 面，BC 倾斜于 H 面。因 $AB\perp BC$，$AB\perp Bb$，则 $AB\perp BbcC$ 平面。因为 $ab//AB$，所以 $ab\perp BbcC$ 平面，故 $ab\perp bc$。

反之，如果相交两直线在某一投影面上的投影互相垂直，且其中有一条直线为该投影面的平行线，则这两条直线在空间也必定互相垂直。

可以看出，当两直线是交叉垂直时，也同样符合上述投影特性。

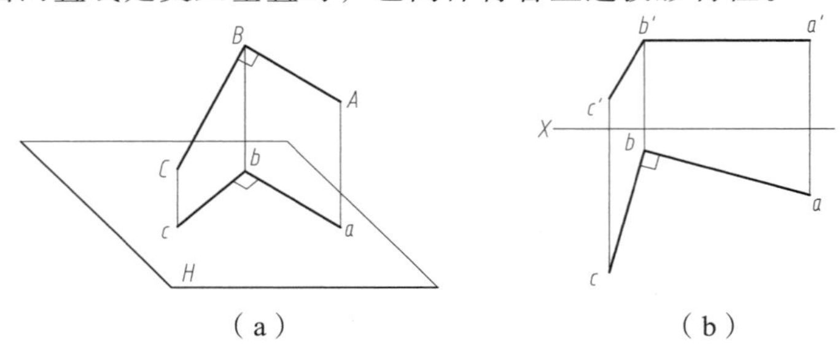

图 2-22　直线 CD 与 AB 垂直

【例 2-4】如图 2-23（a）所示，过 C 点作直线 CD 使之与直线 AB 垂直相交于 D 点。

分析： 因为 AB 是正平线，要作直线 CD 与 AB 垂直，依据一边平行于投影面的直角投影规律，则 $c'd' \perp a'b'$。

作图过程如图 2-23（b）所示：

（1）过 c' 作 $c'd' \perp a'b'$ 与 $a'b'$ 交于 d'。

（2）过 d' 作投影连线，与 ab 交于 d，连接 c 和 d，即得 CD 的两面投影。

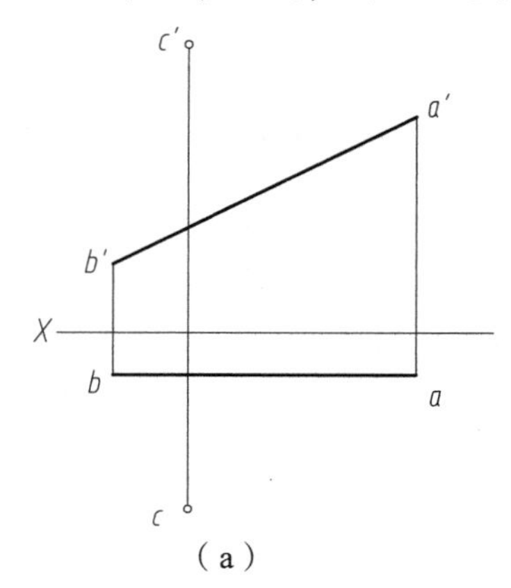

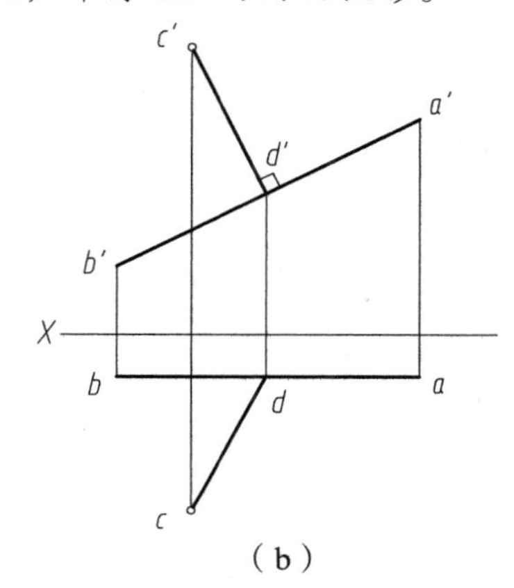

图 2-23　作直线 CD 与 AB 相交

【例 2-5】求作 AB、CD 两直线的公垂线 EF，如图 2-24（a）所示。

分析：直线 AB 是铅垂线，CD 是一般位置直线，所以它们的公垂线 EF 一定是一条水平线，且有 $cd \perp ef$。

作图过程如图 2-24（b）所示：

（1）在 AB 的有积聚性的投影 ab 上定出 e，并过 e 作 $ef \perp cd$，交 cd 于 f。

（2）利用直线上点的从属性，作出 F 点的正面投影 f'。

（3）因为 EF 是水平线，所以 $e'f'//OX$。故可由 f' 作 X 轴的平行线 $e'f'$，交 $a'b'$ 于 e'，ef 和 $e'f'$ 即为两直线的公垂线 EF 的两面投影。

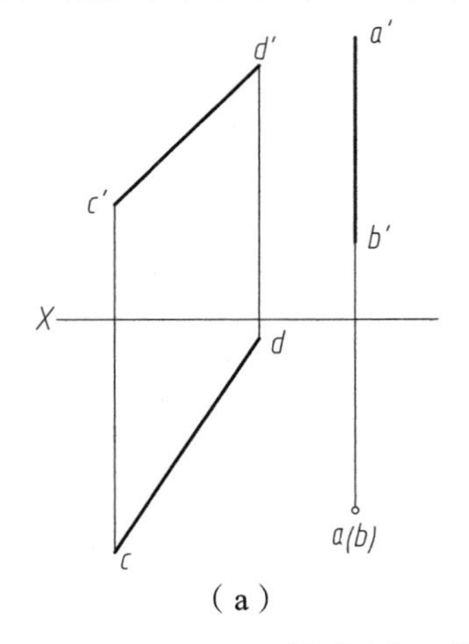

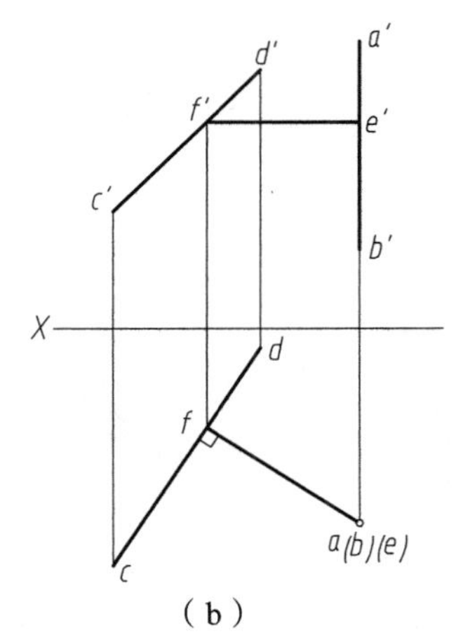

图 2-24　求 AB、CD 两直线的公垂线

2.3 平面的投影

2.3.1 平面表示法

1. 用几何元素表示

平面可用确定该平面的点、直线或平面图形等几何元素的投影表示，如图 2-25 所示。显然，表示平面的各组几何元素是可以互相转换的，如连接 *A*、*B* 两点即可由图 2-25（a）转换成图 2-25（b），再连接 *B*、*C*，又可转换成图 2-25（c），将 *A*、*B*、*C* 三点彼此相连又可转换成图 2-25（e）等。

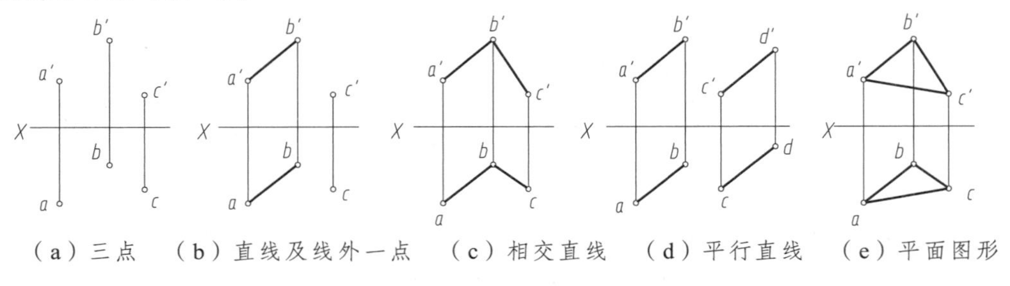

（a）三点 （b）直线及线外一点 （c）相交直线 （d）平行直线 （e）平面图形

图 2-25 用几何元素表示平面

2. 用迹线表示

平面与投影面的交线，称为平面的迹线，平面也可以用迹线来表示。如图 2-26 所示，用迹线表示的平面称为迹线平面。

平面与 *V* 面、*H* 面、*W* 面的交线，分别称为平面的正面迹线（*V* 面迹线）、水平迹线（*H* 面迹线）、侧面迹线（*W* 面迹线）。迹线的符号用平面名称的大写字母附加投影面名称的注脚表示，如图 2-26 中的 P_V、P_H、P_W。迹线也是投影面上的直线，它在该投影面上的投影与自身重合，用粗实线表示，并标注上述符号；它在另外两个投影面上的投影，分别位于相应的投影轴上，不需任何表示和标注。工程图样中常用平面图形来表示平面；而对于一些特殊位置面，用迹线平面表示比较简便。

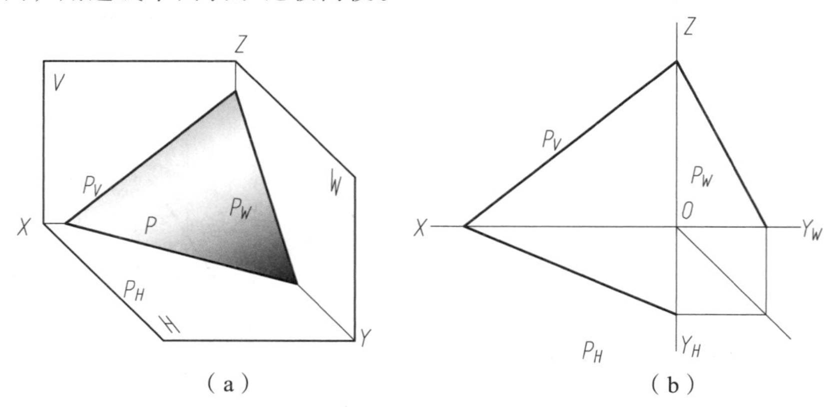

（a） （b）

图 2-26 用迹线表示平面

2.3.2 平面的投影与特性

根据平面在三面投影体系中的位置不同，可将平面分为投影面垂直面、投影面平行面和一般位置平面三类，前两类平面也称为特殊位置平面。

1. 投影面垂直面

垂直于一个投影面且与另两个投影面成倾斜的平面，称为投影面垂直面。其中，垂直于 V 面的称为正垂面；垂直于 H 面的称为铅垂面；垂直于 W 面的称为侧垂面。表 2-3 列出了这三种投影面垂直面的立体图、投影图和投影特性。

表 2-3 投影面垂直面的特性

名称	正垂面 （⊥V 面，对 H 面、W 面倾斜）	铅垂面 （⊥H 面，对 V 面、W 面倾斜）	侧垂面 （⊥W 面，对 V 面、H 面倾斜）
立体图	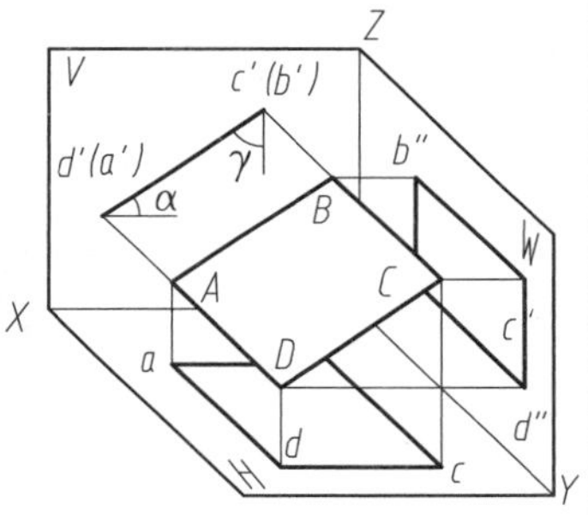	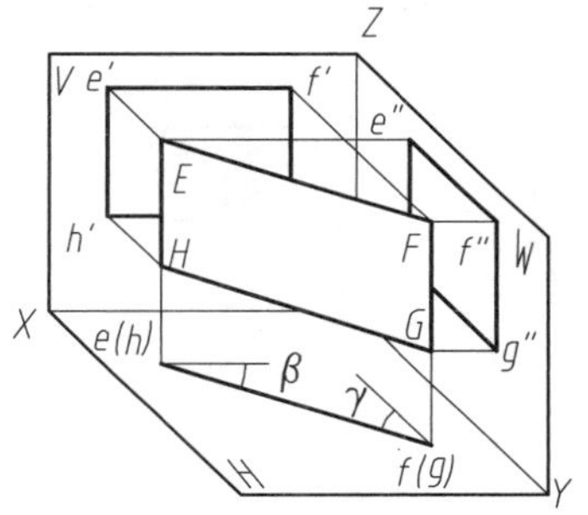	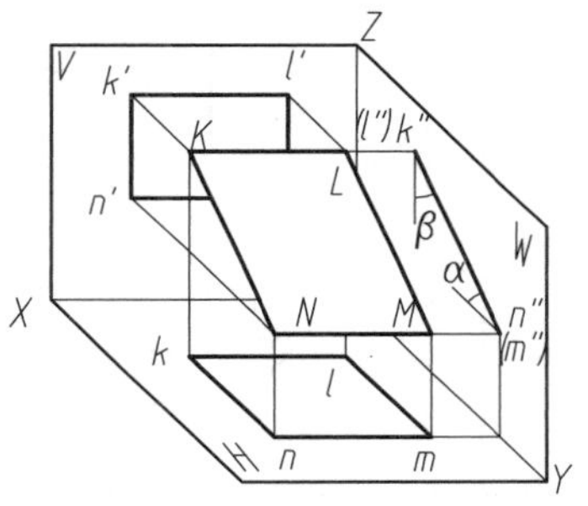
投影图	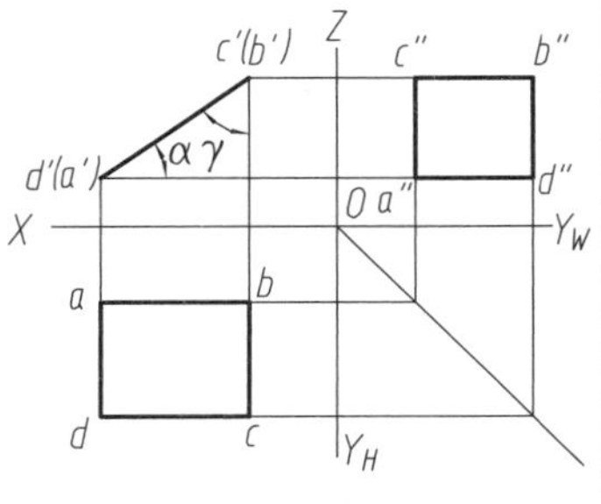	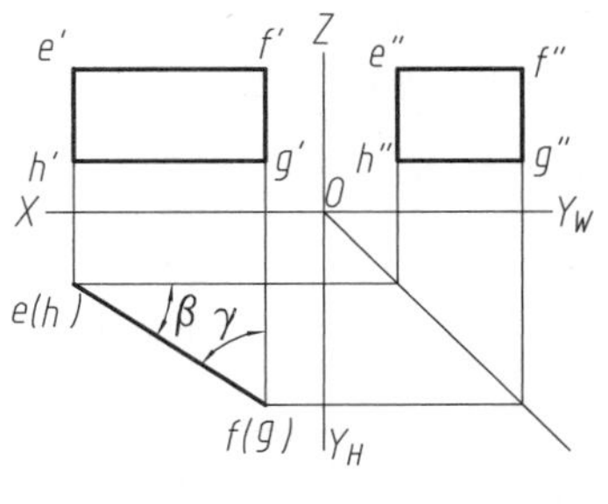	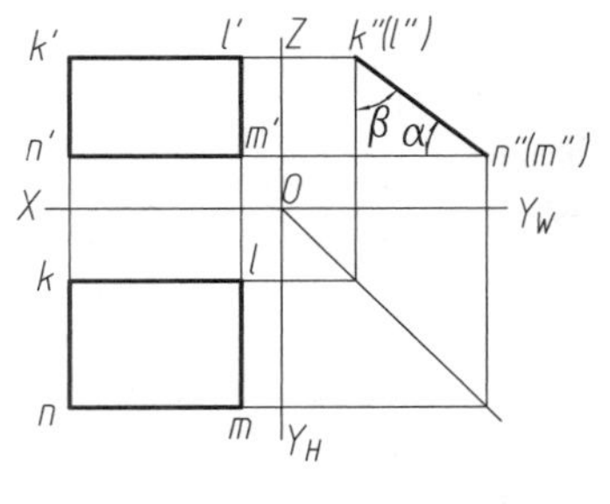
投影特性	1. 正面投影积聚成一条直线，并反映实长和真实倾角 α、γ； 2. 水平投影、侧面投影反映平面的类似形	1. 水平投影积聚成一条直线，并反映实长和真实倾角 β、γ； 2. 正面投影、侧面投影反映平面的类似形	1. 侧面投影积聚成一条直线，并反映实长和真实倾角 α、β； 2. 水平投影，正面投影反映平面的类似形

由表 2-3 中正垂面 $ABCD$ 的立体图可知：平面 $ABCD \perp V$ 面，故平面 $ABCD$ 的正面投影积聚成一直线，积聚线 $a'b'c'd'$ 与投影轴 OX、OZ 的夹角，分别反映平面 $ABCD$ 与 H 面和 W 面的倾角 α、γ；由于平面 $ABCD$ 倾斜于 H、W 面，故其水平投影 $abcd$ 及侧面投影 $a''b''c''d''$ 仍为平面图形，但面积缩小，反映平面的类似形。

由此可归纳出投影面垂直面的投影特性：

（1）在平面所垂直的投影面上，平面的投影积聚成直线；它与投影轴的夹角，分别反映平面对另外两投影面的倾角。

（2）平面的另外两个投影，反映该平面的类似形。

2. 投影面平行面

平行于一个投影面而与另外两个投影面垂直的平面，称为投影面平行面。其中，平行于 V 面的称为正平面；平行于 H 面的称为水平面；平行于 W 面的称为侧平面。表 2-4 列出了这三种投影面平行面的立体图、投影图和投影特性。

表 2-4　投影面平行面的特性

名称	正平面（//V 面）	水平面（//H 面）	侧平面（//W 面）
立体图	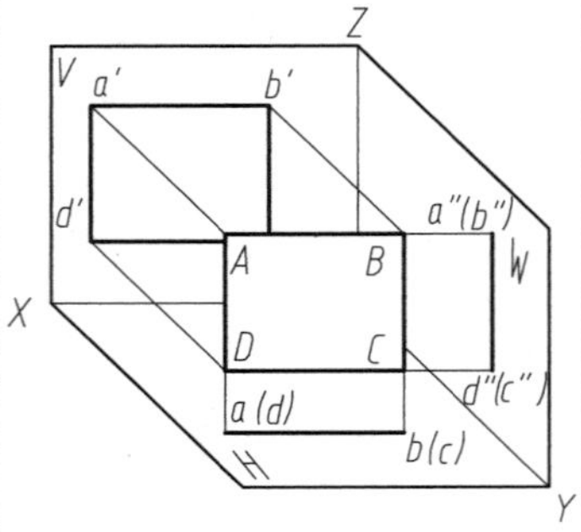	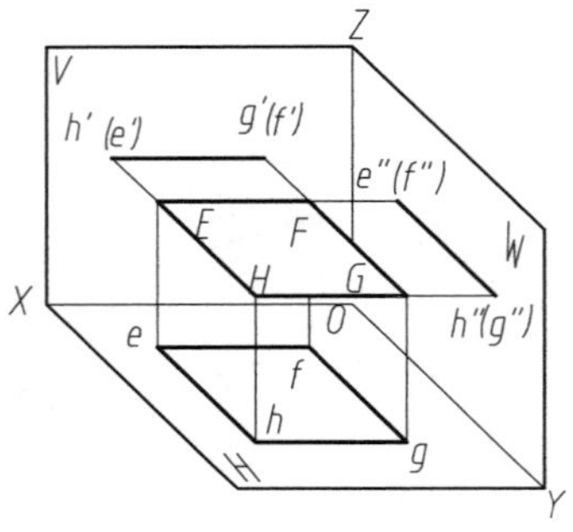	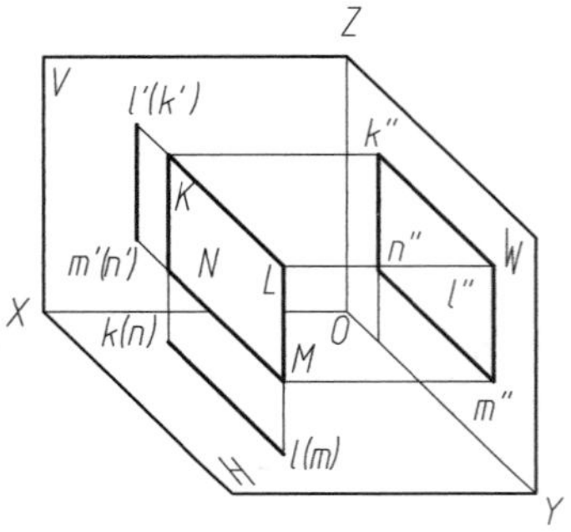
投影图	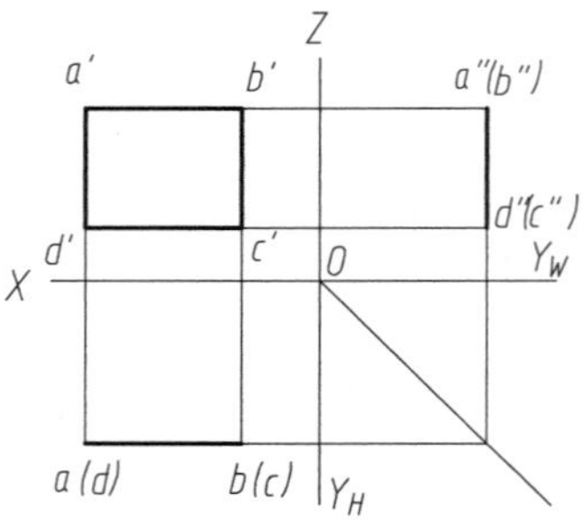	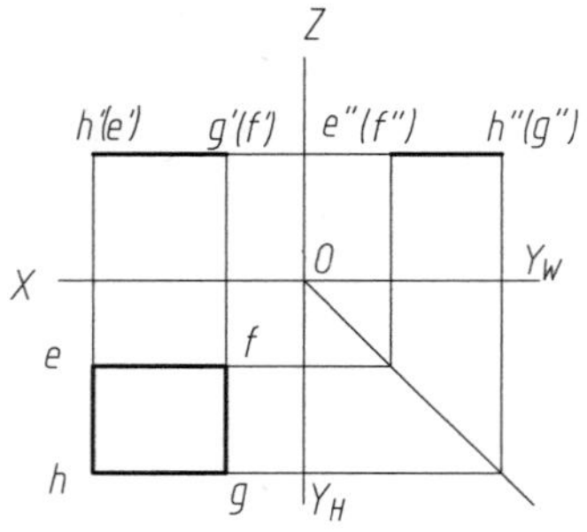	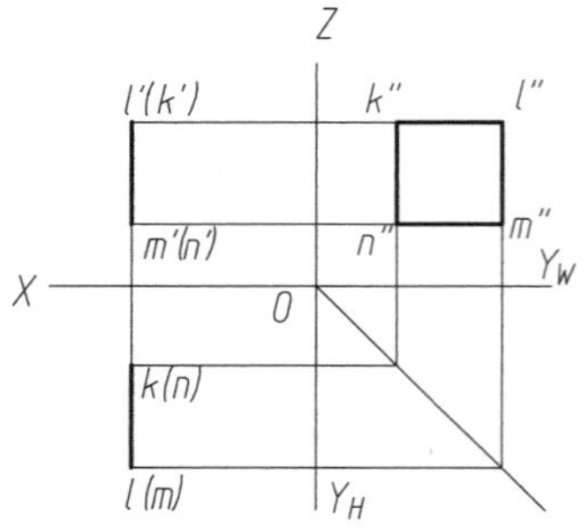
投影特性	1. 正面投影反映实形； 2. 水平投影 //OX、侧面投影 //OZ，分别积聚成直线	1. 水平投影反映实形； 2. 正面投影 //OX、侧面投影 //OY_W、分别积聚成直线	1. 侧面投影反映实形； 2. 水平投影 //OZ、侧面投影 //OY_H，分别积聚成直线

由表 2-4 中正平面的立体图可知：平面 $ABCD$//V 面，故平面 $ABCD$ 的正面投影 $a'b'c'd'$ 反映实形；由于平面 $ABCD$//V 面，必定垂直于 H 面和 W 面，且平面上各点的 Y 坐标都相等，故水平投影 $abcd$//OX，侧面投影 $a''b''c''d''$//OZ，分别积聚成直线。

由此可归纳出投影面平行面的投影特性：

（1）在平面所平行的投影面上的投影反映实形。

（2）在另外两个所垂直的投影面上的投影，分别积聚成直线且平行于相应的投影轴。

3. 一般位置平面

与三个投影面都倾斜的平面称为一般位置平面。如图 2-27 所示，$\triangle ABC$ 与三个投影面都倾斜，因此它的三个投影 $\triangle abc$、$\triangle a'b'c'$、$\triangle a''b''c''$ 均为类似形，不反映 $\triangle ABC$ 的实形，也不反映该平面与三个投影面的倾角 α、β、γ 的真实大小。

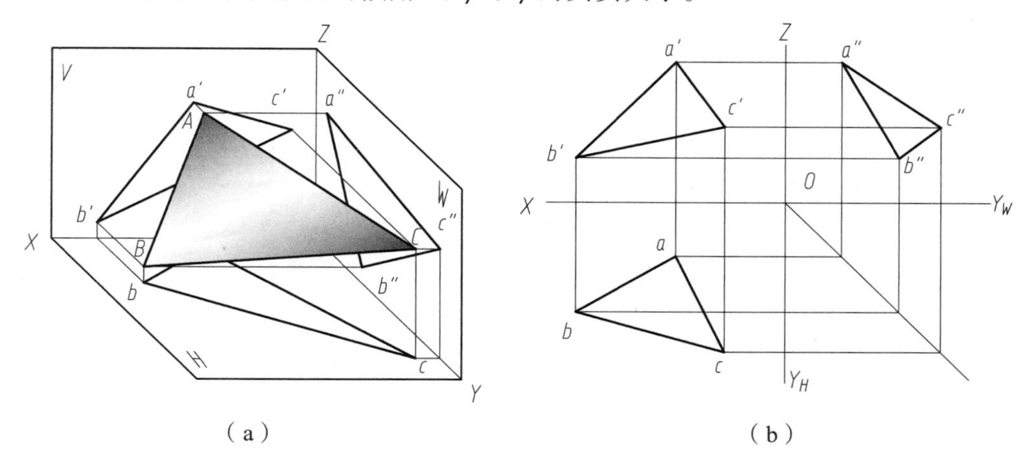

图 2-27 一般位置平面

2.3.3 平面上的点和直线

1. 平面上取点和直线

点和直线在平面上的几何条件：

（1）点在平面上，则该点必定在这个平面上的一条直线上。

（2）直线在平面上，则直线必定通过该平面上的两个点，或通过该平面上的一个点且平行于该平面上的另一直线。

根据上述条件，如图 2-28 所示，点 D 和直线 DE 位于相交两直线 AB、BC 所确定的 $\triangle ABC$ 上。

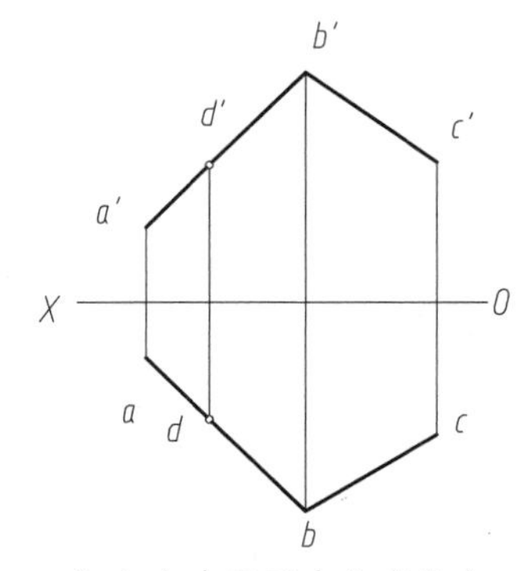

（a）点在平面内的直线上

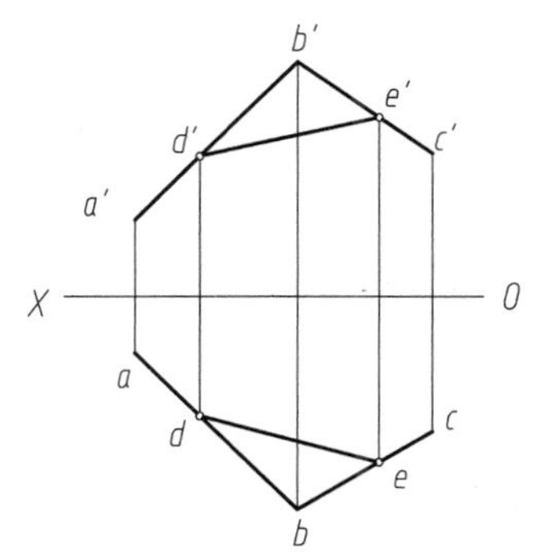

（b）直线通过平面内的两点

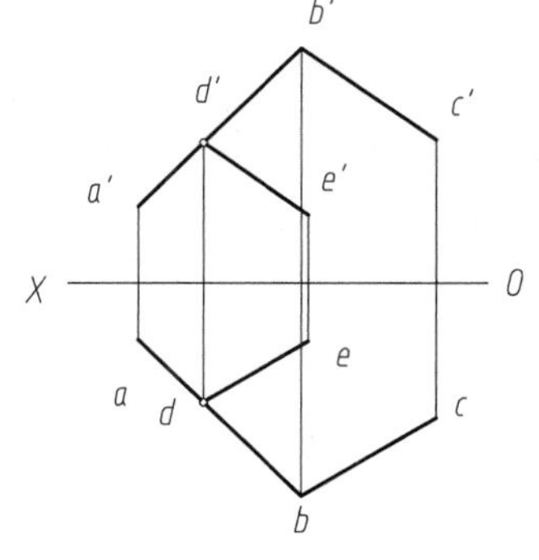

（c）通过面内一点且平行面内一条直线

图 2-28 平面上的点和直线

【例 2-6】如图 2-29（a）所示，已知△ABC：（1）判别 K 点是否在平面上；（2）已知平面上一点 E 的正面投影 e'，作出其水平投影 e。

分析：判别一点是否在平面上以及在平面上取点，都必须在平面上取直线。作图过程如图 2-29（b）所示。

作图过程如下：

（1）连接 $a'k'$ 并延长与 $b'c'$ 交于 f'，由 $a'f'$ 求出其水平投影 af，则 AF 是△ABC 上的一条直线，如果 K 点在 AF 上，则 k'、k 应分别在 $a'f'$ 和 af 上。作图可知 k 在 af 上，所以 K 点在△ABC 上。

（2）连接 c'、e' 与 $a'b'$ 交于 g'，由 $c'g'$ 求出其水平投影 cg，则 CG 是平面上的一条直线。因点 E 在平面上，则必在平面中的直线 CG 上，过 e' 作投影连线与 cg 延长线的交点 e 即为所求 E 点的水平投影。

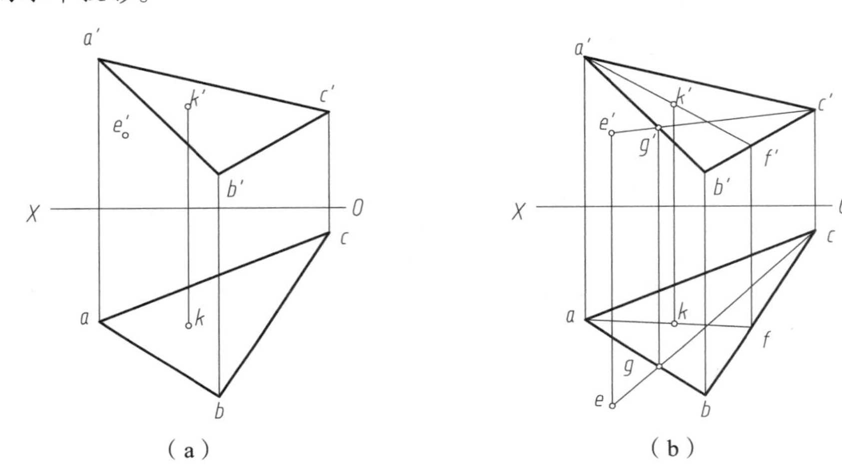

（a）　　（b）

图 2-29　平面上的点

2. 平面上的特殊位置直线

平面上有各种不同位置的直线，它们对投影面的倾角大小各不相同，其中有两种位置直线的倾角较特殊，一种是倾角最小（等于零度），另一种是倾角最大。前者即为平面上的投影面平行线，后者称为平面上的最大斜度线。

（1）平面上的投影面平行线。

如图 2-30 所示，在△ABC 平面上作水平线和正平线。如过点 A 在平面上作一水平线 AD，可先过 a' 作 $a'd'$//OX 轴，并与 $b'c'$ 交于 d'，由 d' 在 bc 上作出 d，连接 ad，$a'd'$ 和 ad 即为平面上水平线 AD 的两面投影。

如过 C 点在平面上作一正平线 CE，可先过 c 作 ce//OX 轴，并与 ab 交于 e，由 e 在 $a'b'$ 上作出 e'，连接 $c'e'$，$c'e'$ 和 ce 即为平面上正平线 CE 的两面投影。

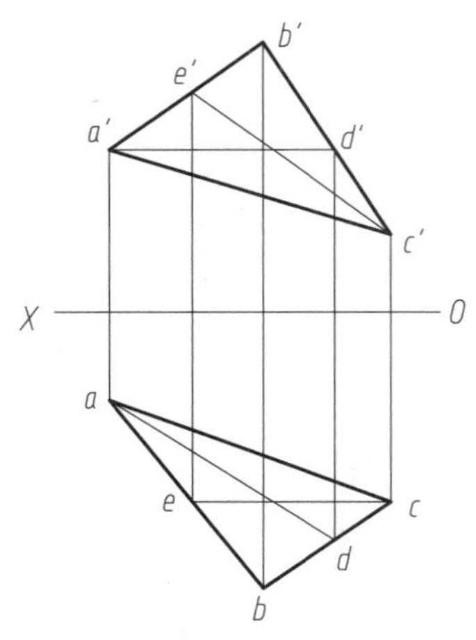

图 2-30　平面上的投影面平行线

【例 2-7】如图 2-31（a）所示，已知△ABC的两面投影，在平面上取一点 K，使 K 点在 H 面之上 10 mm，在 V 面之前 15 mm。

分析：水平线上各点与 H 面距离相等，正平线上各点与 V 面距离相等。因此，只要在平面△ABC 上作一条在 H 面上方 10 mm 的水平线和作一条在 V 面前方 15 mm 的正平线，这两条直线的交点即为所求 K 点。注意：同一平面中各水平线互相平行，则各正平线也互相平行。作图过程如图 2-31（b）所示。

作图过程如下：

（1）在 OX 轴上方 10 mm 作 $1'2'//OX$ 轴，使与 $a'b'$ 交于点 $1'$，与 $b'c'$ 交于点 $2'$，过点 $1'$ 作投影连线与 ab 交于点 1。过点 1 作 $12//ac$，$1'2'$ 和 12 即为平面上距 H 面为 10 mm 的水平线。

（2）在 OX 轴下方 15 mm 作 $34//OX$ 轴，34 为平面上在 V 面之前 15 mm 的正平线的水平投影。得 12 与 34 的交点 k，过 k 作投影连线与 $1'2'$ 交于 k'，k'、k 即为所求点 K 的两面投影。

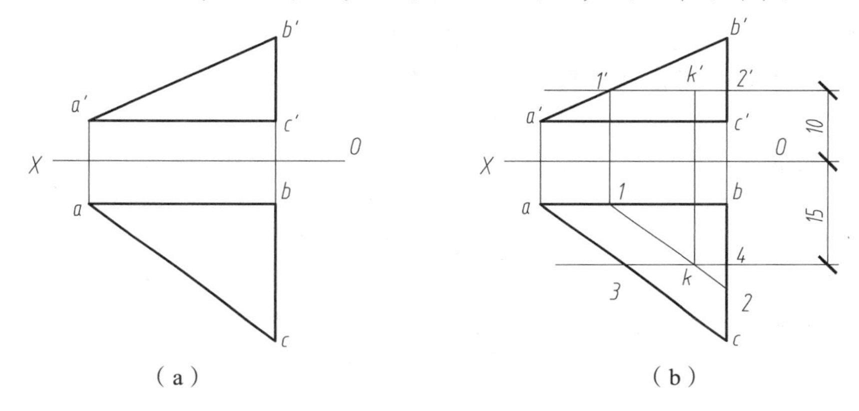

图 2-31　在△ABC 上取离两投影面为已知距离的点 K

（2）平面上的最大斜度线。

平面上对某一投影面成倾角最大的直线，称为平面上对该投影面的最大斜度线。因此，平面上的最大斜度线分对 H 面的最大斜度线、对 V 面的最大斜度线和对 W 面的最大斜度线三种。可以证明，平面上对某投影面的最大斜度线垂直于平面上对该投影面的平行线。

如图 2-32 所示，直线 MN 是平面 P 上的一条水平线，直线 AB 是平面 P 上对 H 面的最大斜度线，$AB \perp MN$（也必 $\perp P_H$），$aB \perp P_H$。如过点 A 在平面 P 上再任作一直线 AB_1，假定 AB 对 H 面的倾角为 α，AB_1 对 H 面的倾角为 α_1，则在直角三角形△ABa 中 $\sin\alpha = Aa/AB$，而在直角三角形△AB_1a 中，$\sin\alpha_1 = Aa/AB_1$，又由于在直角三角形△ABB_1 中，$AB \perp P_H$ 为一直角边，AB_1 为斜边，故 $AB_1>AB$，所以 $\alpha>\alpha_1$。

由此可知，平面上对 H 面的最大斜度线必定与平面内的水平线垂直。

从图 2-32 中也可见，△ABa 垂直于 P 平面与 H 面的交线 P_H。因此∠ABa 即为 P、H 两平面的两面角。由此可知平面 P 对 H 面的倾角等于平面 P 上对 H 面的最大斜度线与 H 面的倾角。

同样可以证明，平面上对 V 面的最大斜度线垂直于该平面内的正平线，其与 V 面的倾角等于该平面对 V 面的倾角。平面上对 W 面的最大斜度线垂直于该平面内的侧平线，其与 W 面的倾角等于该平面对 W 面的倾角。

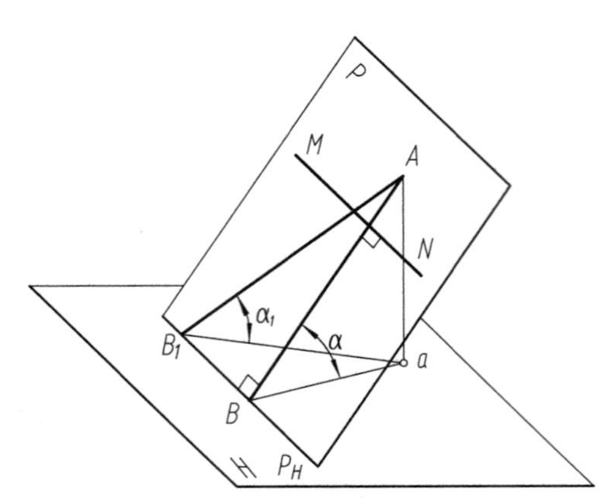

图 2-32　平面上的最大斜度线图

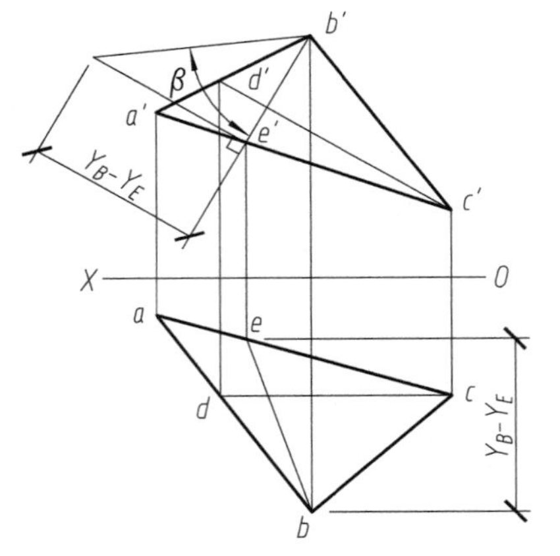

图 2-33　求△*ABC* 平面对 *V* 面的倾角

【例 2-8】求平面△*ABC* 对 *V* 面的倾角*β*。

分析：如图 2-33 所示，平面对 *V* 面的倾角，即为平面上对 *V* 面的最大斜度线对 *V* 面的倾角。

作图过程如下：

（1）先过平面上任一点，如 *C* 点，作平面上的正平线 *cd*、*c'd'*的两面投影。

（2）过 *B* 点的正面投影 *b'*作 *b'e'*⊥*c'd'*，再作出 *be*，*BE* 即为平面上过 *B* 点的对 *V* 面的最大斜度线。

（3）用直角三角形法求出 *BE* 对 *V* 面的倾角*β*，即为所求△*ABC* 对 *V* 面的倾角。

2.4　直线、平面间的相对位置

直线与平面、两平面间的相对位置有平行和相交两种。垂直是相交的一种特殊情况。

2.4.1　平行问题

1. 直线和平面平行

若一直线平行于平面内任意一条直线，则直线与该平面平行。如图 2-34 所示，直线 *AB* 平行于 *P* 平面内的一直线 *CD*，则 *AB* 必与 *P* 平面平行。

【例 2-9】如图 2-35（a）所示，过已知点 *K*，作水平线 *KM* 平行于已知平面△*ABC*。

分析：平面△*ABC* 内的水平线有无数条，但其方向是一定的。因此，过 *K* 点作平行于平面 *ABC* 的水平线是唯一的。作图过程如图 2-35（b）所示。

作图过程如下：

（1）在△*ABC* 内作水平线 *AD*。即过 *a'*作 *a'b'*平行于 *X* 轴，交 *b'c'*于 *d'*，由 *d'*作 *d'd*⊥*X* 轴交 *bc* 于 *d*，连接 *ad*。

（2）过 K 点作 $KM//AD$，即 $km//ad$、$k'm'//a'd'$，则 KM 为一水平线且平行于△ABC。

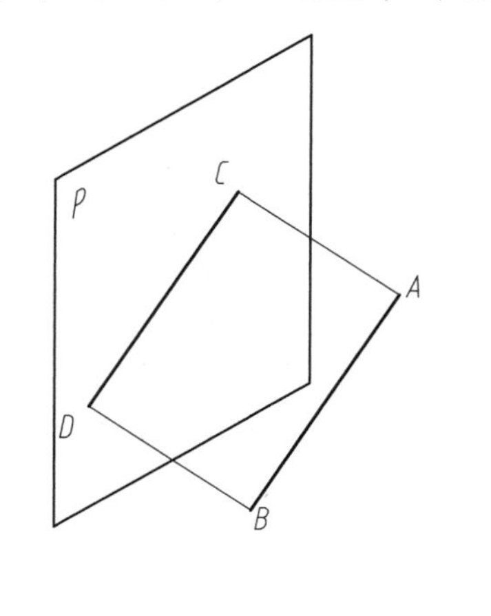

图 2-34　直线平行平面的示意图

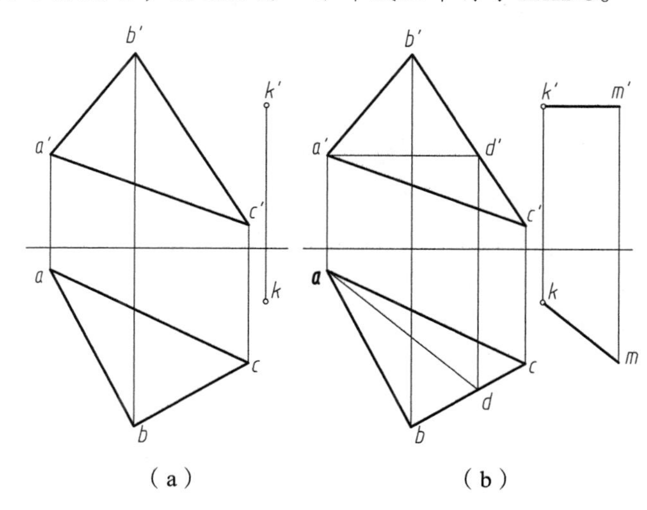

图 2-35　作直线平行于已知平面

2. 两平面平行

若一平面内两条相交直线对应平行于另一平面内的两条相交直线，则这两个平面相互平行。如图 2-36 所示，两对相交直线 AB、BC 和 DE、EF 分别属于平面 P 和平面 Q，若 $AB//DE$，$BC//EF$，则平面 P 与平面 Q 平行。

【例 2–10】如图 2-37 所示，判断两已知平面△ABC 和平面 $DEFG$ 是否平行。

分析：可在任一平面上作两相交直线，如在另一平面上能找到与它对应平行的两条相交直线，则该两平面相互平行。

作图过程如下：

（1）在平面 $DEFG$ 中，过 D 点作两条相交直线 DM、DN，使 $d'm'//a'c'$、$d'n'//a'b'$。

（2）求出 DM、DN 的水平投影 dm、dn，由于 $dm//ac$、$dn//ab$，即 $DM//AC$、$DN//AB$，故可判定两平面平行。

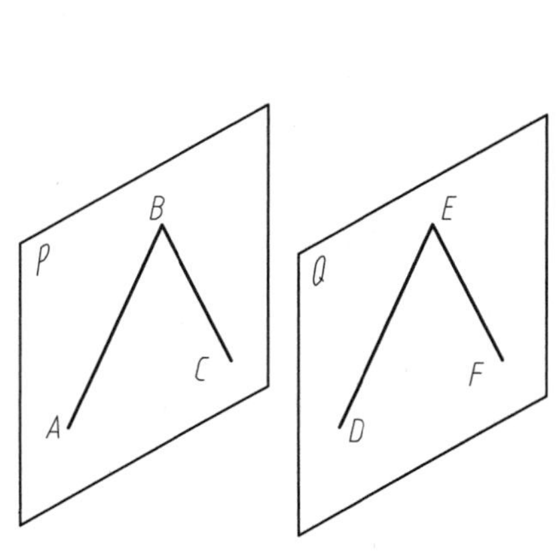

图 2-36　两平面平行的示意图

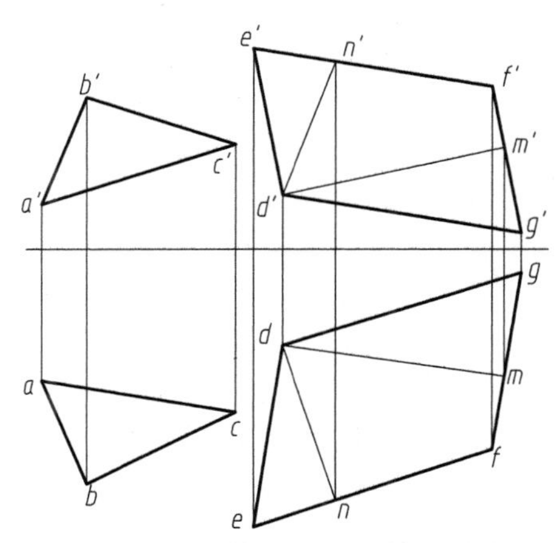

图 2-37　判断两平面是否平行

【例 2-11】 如图 2-38 所示，已知平面由两平行直线 *AB*、*CD* 给定，试过定点 *K* 作一平面与已知平面平行。

分析： 只要过定点 *K* 作一对相交直线对应平行于已知平面内的一对相交直线，所作的这对相交直线即为所求平面。而定平面是由两平行直线给定的，因此，必须在定平面内先作一对相交直线。

作图过程如下：

（1）在给定平面内过 *A* 点作任意直线 *AE*，*AB*、*AE* 即为定平面内的一对相交直线。

（2）过 *K* 点作直线 *KM*、*KN* 分别平行于 *AB*、*AE*，即 $k'm'//a'b'$、$km//ab$、$k'n'//a'e'$、$km//ae$，则△*KMN* 平行于已知定平面。

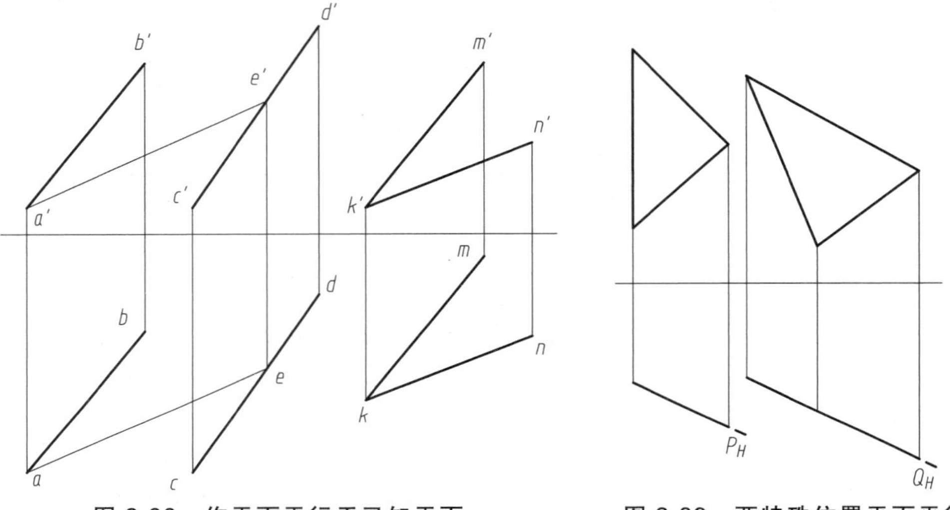

图 2-38　作平面平行于已知平面　　　图 2-39　两特殊位置平面平行

若两平行面同时垂直于某一投影面，则只需要检查具有积聚性的投影是否平行即可。如图 2-39 所示，平面 *P*、*Q* 均为铅垂面，若水平积聚性投影平行，则平面 *P*、*Q* 在空间也平行。

2.4.2　相交问题

直线与平面不平行时，则必交于点，交点是直线与平面的共有点。两平面不平行时，则必交于线，其交线是两平面的共有线。由于直线与平面、平面与平面投影的重叠而相互遮挡，规定用虚线表示直线或平面的被遮挡部分，交点或交线是可见部分与不可见部分的分界点或线，如图 2-40、图 2-41 所示。

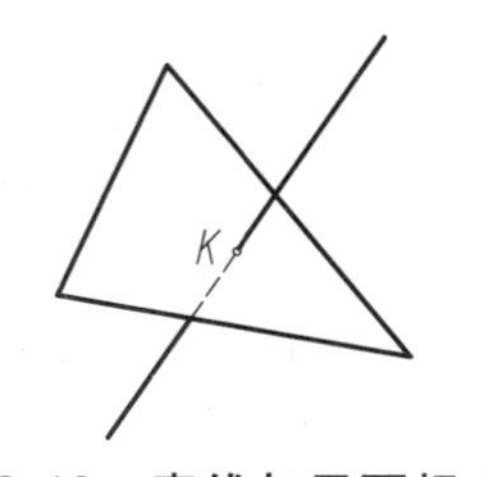

图 2-40　直线与平面相交

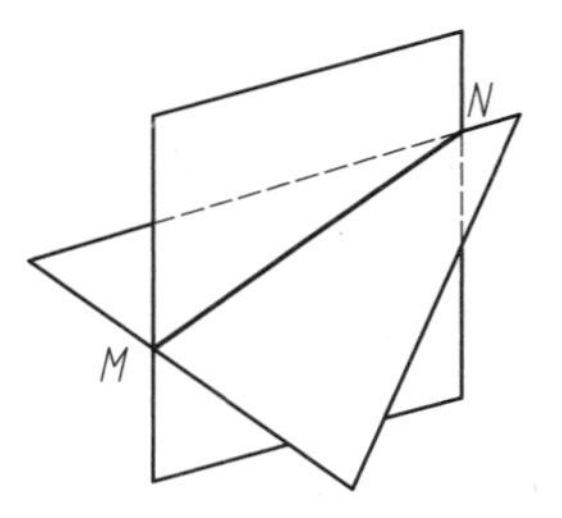

图 2-41　两平面相交

下面分别讨论交点、交线的求法及其可见性判别。

1. 直线与特殊位置平面相交

由于特殊位置平面的投影具有积聚性，根据交点的共有性可以直接在具有积聚性的投影上确定交点的一个投影，然后按点的从属关系求出交点的另一投影。

如图 2-42（a）所示，求直线 MN 与铅垂面 $\triangle ABC$ 的交点 K 并判别可见性。

分析：由于交点 K 是直线 MN 与铅垂面 $\triangle ABC$ 的公有点，交点 K 应位于平面的积聚性投影上，且又要在直线同面投影上，故交点 K 的水平投影 k 就是直线水平投影 mn 与铅垂面 $\triangle ABC$ 的积聚性投影 abc 的交点，交点的正面投影 k' 可依据从属关系求得。

利用重影点判别可见性：水平投影中除交点 k 外无投影重叠，故不需要判别可见性。但在正面投影中，k' 是直线 MN 的正面投影 $m'n'$ 可见部分与不可见部分的分界点，故需要判别正面投影的可见性。取直线 BC 与 MN 的正面重影点 $1'$、$2'$，分别作出其水平投影 1、2，显然点 2 在前，点 1 在后，所以正面投影 $2'$ 可见，$1'$ 不可见，由此可推出 $n'k'$ 可见，过 k' 而被平面度遮住的直线部分画成虚线，如图 2-42（b）所示。

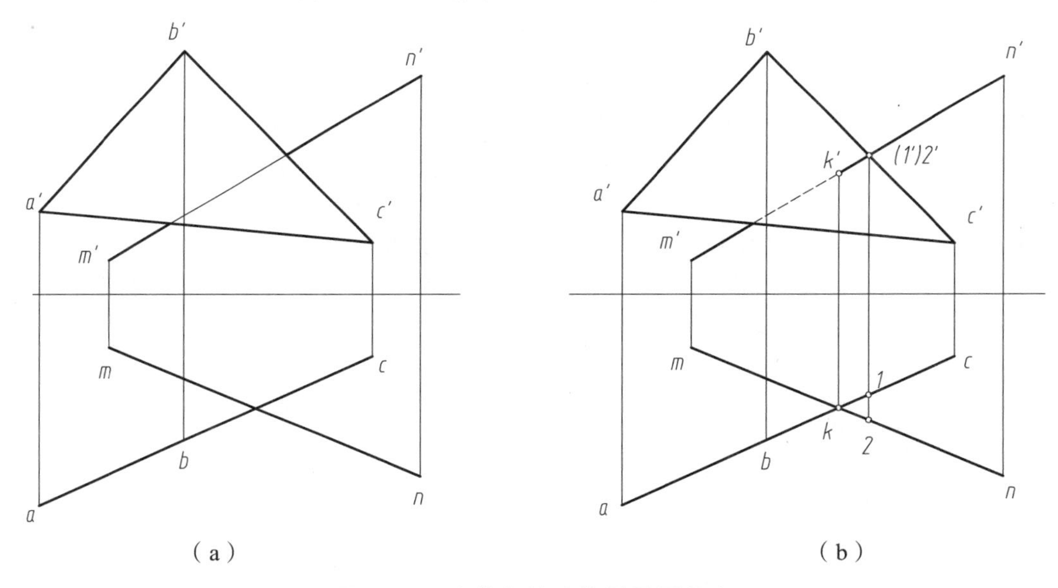

图 2-42 直线与特殊位置平面相交

2. 平面与特殊位置直线相交

如图 2-43（a）所示，已知平面 $\triangle ABC$ 与铅垂线 DE 相交，求交点 K 并判别可见性。

分析：由于铅垂线 DE 的水平投影 de 有积聚性，故交点 K 的水平投影 k 必与之重合。又因为 K 在 $\triangle ABC$ 上，可利用平面上取点的方法求得 k'。

正面投影可见性的判别：由水平投影可以看出，ac 在 de 之前，所以 $a'c'$ 上的 $1'$ 可见，$d'e'$ 上的 z' 不可见，即 $k'z'$ 用虚线画出，以交点 k' 为界的另一侧 $k'd'$ 可见，用粗实线画出，如图 2-43（b）所示。

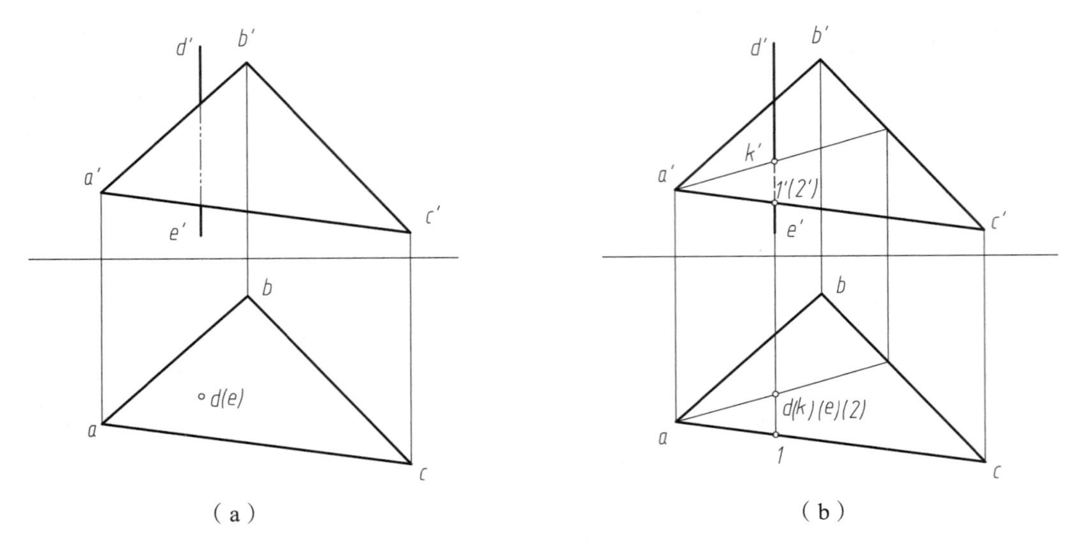

图 2-43　平面与特殊位置直线相交

3. 一般位置平面与特殊位置平面相交

如图 2-44（a）所示，求一般位置平面△*ABC* 与铅垂面 *DEFG* 的交线并判别可见性。

分析：由于 *DEFG* 是铅垂面，其水平投影 *defg* 具有积聚性。依据交线的共有性，交线 *MN* 的水平投影 *mn* 可直接得出。又根据点线的从属性，可求出 *MN* 的正面投影 *m'n'*。

正面投影可见性的判别：由水平投影可知，*mnb* 部分在铅垂面之前，故该部分的正面投影 *m'n'b'*可见，被遮挡的矩形部分不可见。作图结果如图 2-44（b）所示。

综上所述，当相交两要素之一为特殊位置时，应利用其投影的积聚性明确交点或交线的一个投影，另一投影可依据从属性或面上取点的方法确定。

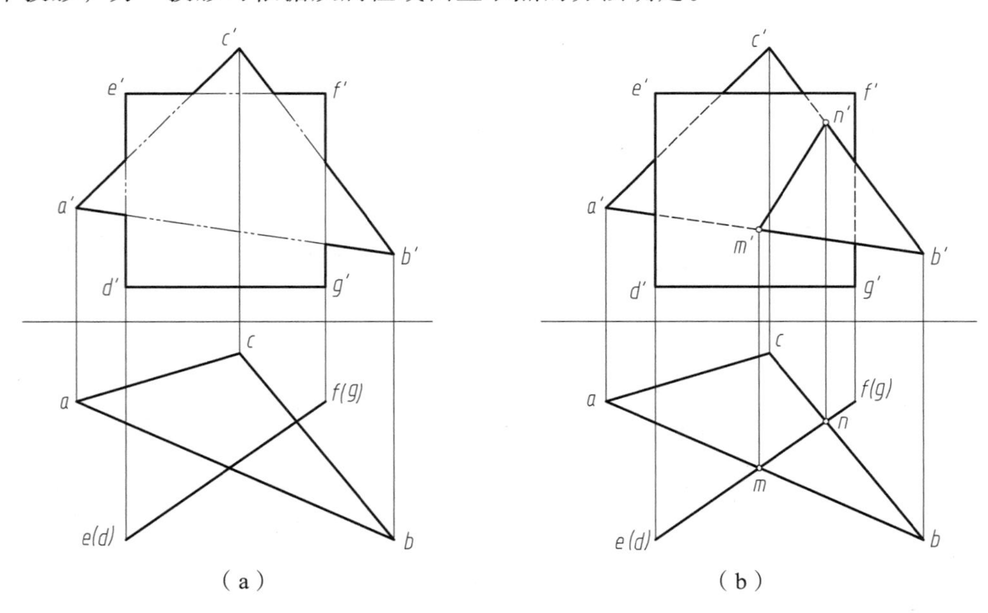

图 2-44　一般位置平面与特殊位置平面相交

4. 一般位置直线与一般位置平面相交

（1）辅助平面法。如图 2-45 所示，欲求直线 *DE* 与△*ABC* 的交点，须过直线 *DE* 作一辅助平面 *S*，求出平面 *S* 与△*ABC* 的交线 *MN*，则 *MN* 与 *DE* 的交点即为所求的交点 *K*（*MN* 与 *DE* 同属于辅助平面 *S* 上）。如何作辅助平面 *S* 使交线 *MN* 容易求得是问题的关键。如果所作辅助平面 *S* 为特殊位置平面，那么问题就转化为相交两要素之一为特殊位置的情况，即可采用前述方法求出交线 *MN*。

（2）换面法。利用投影变换的原理，把相交两要素之一由一般位置变换成与投影面垂直的情况，就可以利用投影的积聚性求交点或交线。作图方法不再赘述。

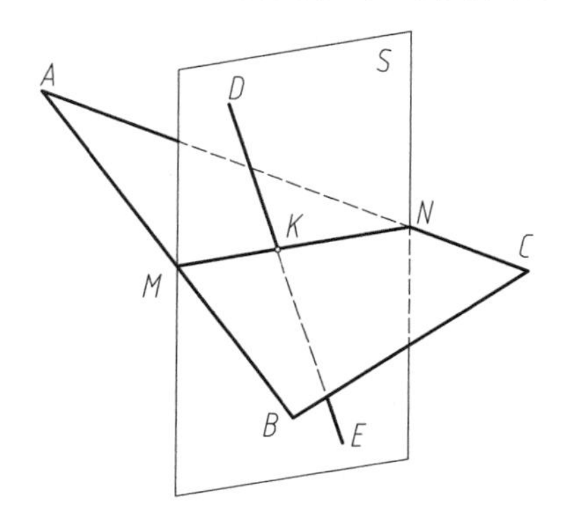

图 2-45　辅助平面法求交点

（a）　（b）

图 2-46　平面相交的两种情况

5. 两个一般位置平面相交

两个一般位置平面相交有两种情况：一种是一个平面全部穿过另一个平面，称为全交，如图 2-46（a）所示；另一种是两个平面的棱边互相穿过，称为互交，把图 2-46（a）中的△*ABC* 向右侧平移，即成为图 2-46（b）所示的互交情况。可见，仅仅是由于表示平面的图形有一定的范围，才使相交部分也有一定的范围，而相交的实质是相同的。因此求解方法也相同。

相交两平面的交线是两平面的共有线，欲求交线，只需求出交线上任意两点，连线即可。

（1）用直线与平面求交点的方法求两平面的交线。在相交两平面之一上任取两直线，分别作出两直线与另一平面的交点，连接两交点即得两平面的交线。

（2）用三面共点法求两平面的交线。图 2-47（a）是用三面共点法求两平面交线的示意图，图中所给平面 *R*、*S* 的轮廓部分不直接相交，因此不便于应用线面求交点的方法作图。可作任意辅助平面 *P*，使平面 *P* 与 *R*、*S* 分别相交于直线 *Ⅰ Ⅱ*、*Ⅲ Ⅳ*，而 *Ⅰ Ⅱ*、*Ⅲ Ⅳ*的交点 *K* 为三面所共有，当然 *K* 是平面 *R*、*S* 的一个共有点。同理，再作辅助平面 *Q* 可以找到另一个共有点 *L*，*KL* 即为平面 *R*、*S* 的交线。

（3）换面法。利用投影变换的原理，利用一次变换把相交两要素之一由一般位置面变换成投影面的垂直面，就可以利用投影的积聚性求出交线，作图方法在此不再叙述。

【例 2–12】求两平面△*ABC* 和 *DEFG* 的交线，如图 2-47（b）所示。

分析：为作图方便和便于检查，辅助平面 P、Q 为水平面，分别求出平面 P、Q 与平面△ABC 和四边形 $DEFG$ 的交线（交线是相互平行的水平线），再求出两交线的交点 K、L。由于两平面的轮廓相分离，因此无可见性问题。作图过程如图 2-47（b）所示。

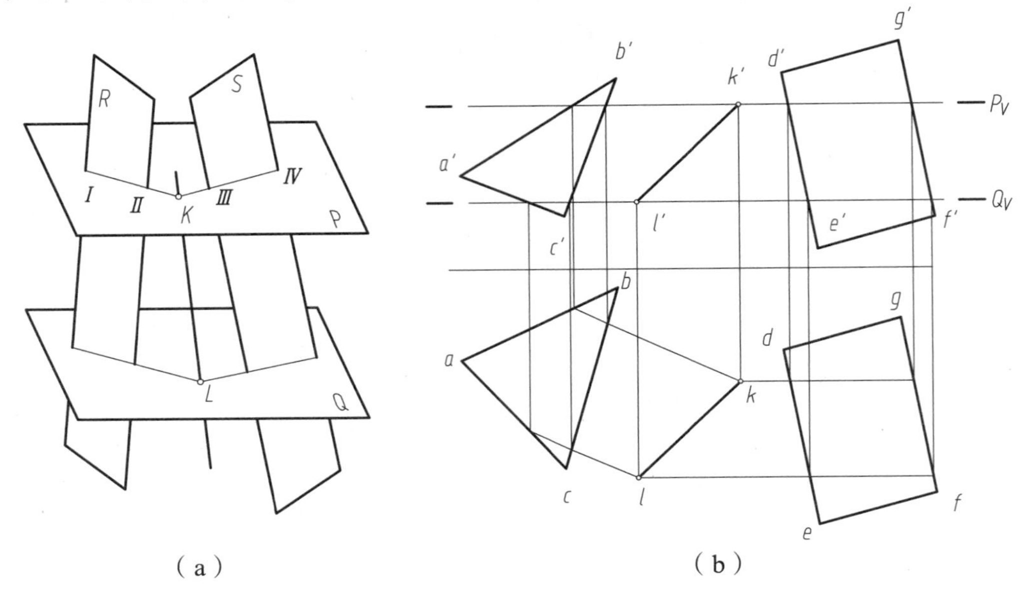

（a）　　（b）

图 2-47　用三面共点法求两平面的交线

作图过程如下：

（1）作水平辅助平面 P、Q，P_V、Q_V 分别为其正面迹线。

（2）分别求出平面 P 与平面△ABC 和 $DEFG$ 的交线，并求出两交线的交点 K。

（3）求出平面 Q 与平面△ABC 和 $DEFG$ 的交线，并求出两交线的交点 L。KL 即为所求的交线。

2.4.3　垂直问题

1. 直线与平面垂直

直线与平面垂直，则直线垂直于平面上的任意直线；反之，如果直线垂直于平面上的任意两条相交直线，则直线垂直于该平面。如图 2-48（a）所示，直线 MN 垂直于平面 P 上的水平线 AB 和正平线 CD，则直线垂直于该平面。根据直角投影定理，则直线 MN 的水平投影垂直于水平线 AB 的水平投影（$mn \perp ab$），直线 MN 的正面投影垂直于正平线 CD 的正面投影（$m'n' \perp c'd'$），如图 2-48（b）所示。

若一直线垂直于一平面，则直线的水平投影必垂直于该平面内水平线的水平投影；直线的正面投影必垂直于该平面内正平线的正面投影。

反之，若一直线的水平投影垂直于给定平面内水平线的水平投影，直线的正面投影垂直于该平面内正平线的正面投影，则直线必垂直于该平面。

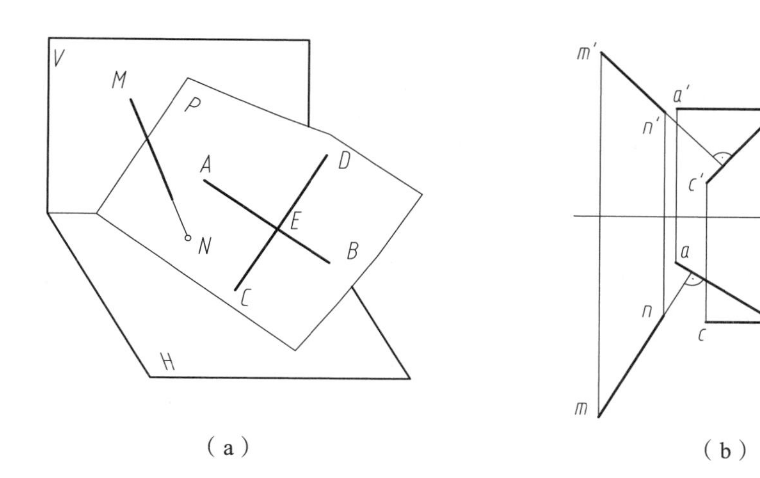

（a）　　　　　　　　　　（b）

图 2-48　直线与平面垂直

（1）作已知平面的垂线。

【例 2-13】已知△*ABC* 及空间点 *M*，过 *M* 点求作△*ABC* 的垂线，如图 2-49（a）所示。

分析：根据直线与平面垂直的定理，即可定出垂线 *MN* 的各投影方向。作图过程如图 2-49（b）所示。

作图过程如下：

（1）在△*ABC* 内作水平线 *A Ⅰ*和正平线 *D Ⅱ*。

（2）作 $m'n' \perp d'2'$、$mn \perp a1$，*MN* 即为所求。

此例只作出垂线 *MN* 的方向，并没作出垂足。若求垂足，还需进一步求直线 *MN* 与△*ABC* 的交点。

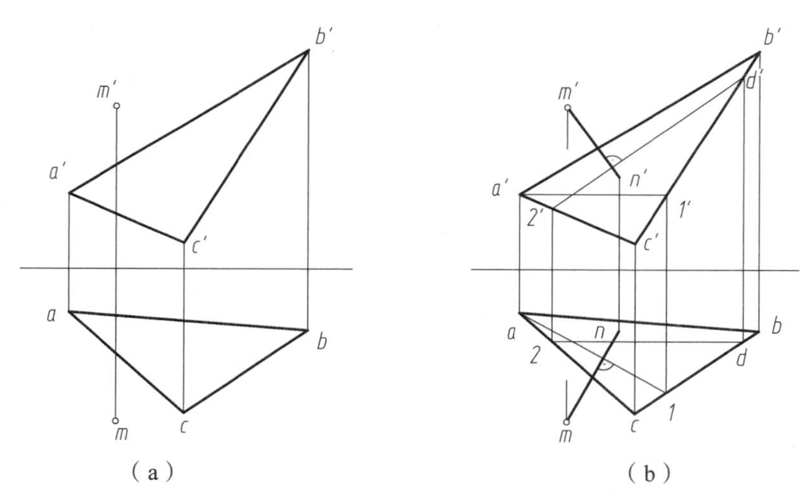

（a）　　　　　　　　　　（b）

图 2-49　作已知平面的垂线

（2）作已知直线的垂面。

【例 2-14】已知直线 *MN* 及空间点 *K*，过点 *K* 求作 *MN* 的垂面，如图 2-50（a）所示。

分析：若过点 *K* 作 *MN* 的垂面，则需过点 *K* 作一对相交直线均与 *MN* 垂直。根据直线与平面垂直的逆定理可知，可作一对相交的正平线和水平线。作图过程如图 2-50（b）所示。

作图过程如下：

（1）作水平线 KA，使 $KA \perp MN$，即 $ka \perp mn$。

（2）作正平线 KB，使 $KB \perp MN$，即 $k'b' \perp m'n'$。相交直线 KA、KB 所形成的面即为所求垂面。

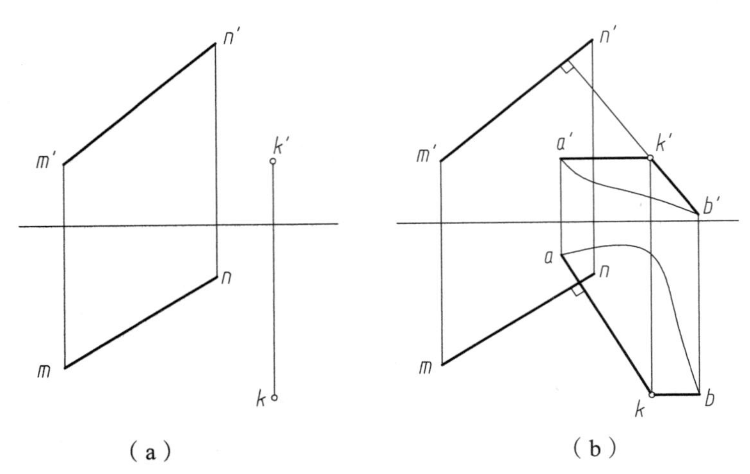

图 2-50　作已知直线的垂面

（3）直线与平面垂直的特殊情况讨论。

相互垂直的直线与平面，当直线或平面之一为特殊位置时，另一几何要素也一定为特殊位置，如图 2-51 所示。

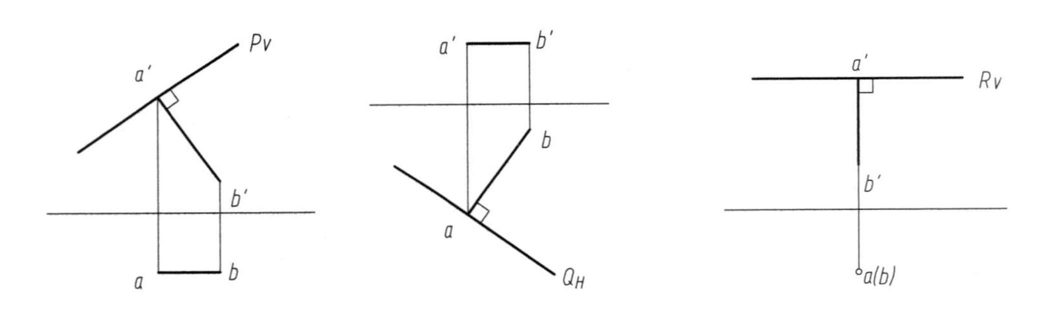

（a）正垂面与正平线垂直　（b）铅垂面与水平线垂直　（c）水平面与铅垂线垂直

图 2-51　直线与平面垂直的特殊情况

2. 两平面垂直

若一直线垂直于给定平面，则过该直线的所有平面都垂直于该平面；反之，若两平面互相垂直，则从第一平面上的任意一点向第二平面所作的垂线必定在第一个平面上。如图 2-52 所示，C 点是第一平面上的任意一点，CD 是第二平面的垂线。图 2-52（a）中直线 CD 属于第一平面，所以两平面相互垂直；图 2-52（b）中直线 CD 不属于第一平面，所以两平面不垂直。

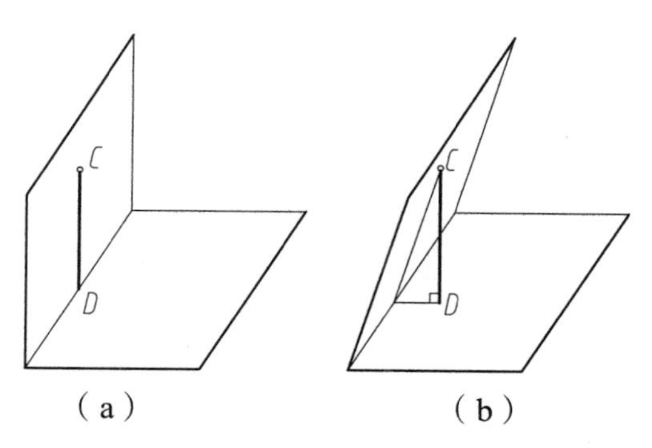

（a）　　（b）

图 2-52　两平面是否垂直的示意图

【例 2–15】过定点 S 作平面垂直于已知△ABC，如图 2-53 所示。

分析：过点 S 作已知平面△ABC 的垂线，包含该垂线的所有平面均垂直于△ABC。所以本题有无穷多解。

作图过程如下：

（1）在△ABC 中作水平线 C Ⅰ、正平线 A Ⅱ。

（2）过点 S 作△ABC 的垂线 SF，即 $s'f' \perp a'2'$，$sf \perp c1$。

（3）过点 S 作任意直线 SN，△SFN 即为所求的垂面。

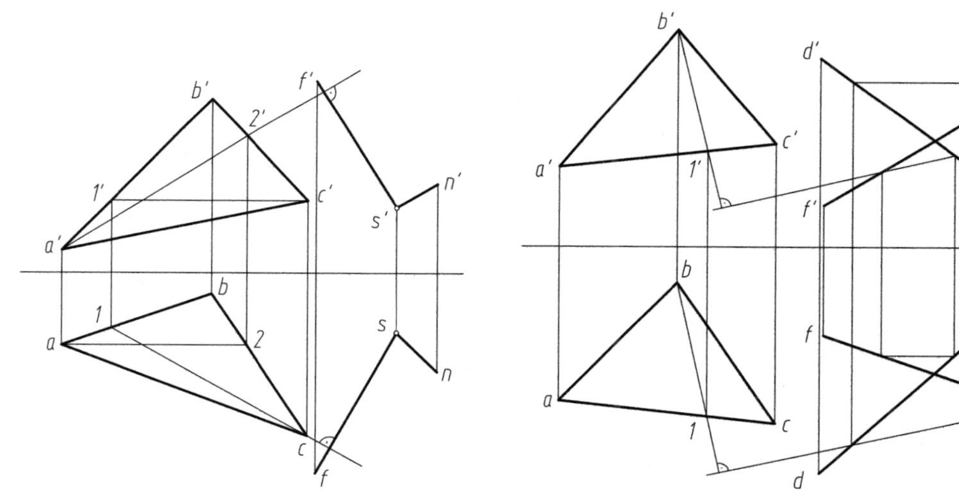

图 2-53　作平面与已知平面垂直　　图 2-54　判断两平面是否垂直

【例 2–16】判断△ABC 与平面 $DEFG$ 是否垂直，如图 2-54 所示。

分析：在△ABC 中任取一点，由该点作平面 $DEFG$ 的垂线，看垂线是否属于△ABC，由此判断两平面是否垂直。

作图过程如下：

（1）在平面 $DEFG$ 中作一对正平线和水平线。

（2）过点 B 作平面 $DEFG$ 的垂线 $B1$。

（3）判断 $B1$ 是否属于△ABC。因 $B1$ 属于△ABC，故△ABC 与平面 $DEFG$ 相互垂直。

第 3 章　投影变换

本章主要介绍投影变换的目的、方法，以及如何利用投影变换解决点、直线、平面在一般位置情况下的度量问题和定位问题。

3.1　投影变换的目的与方法

当点、直线、平面在投影体系中处于特殊位置时，它们的投影能直接反映一些度量关系，也便于解决一些定位问题。表 3-1 列举了空间几何元素在投影体系中处于特殊位置时，便于求解几何元素的真长、真形、距离、夹角等情况。

表 3-1　空间几何要素对投影面处于特殊位置时的度量情况

真长（形）问题		距离问题		
线段真长	平面的真形	点与直线的距离		两平行直线的距离
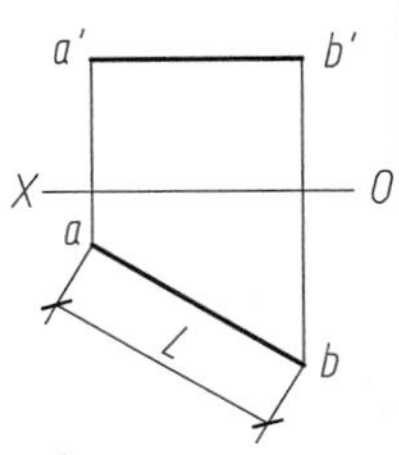	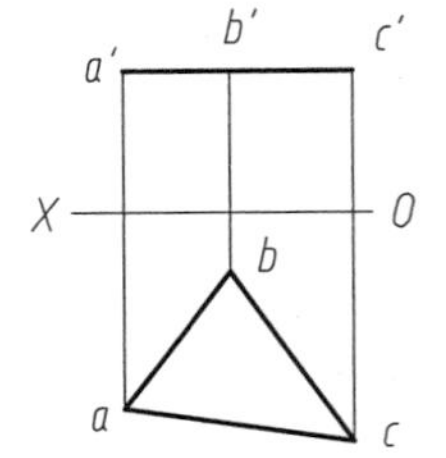	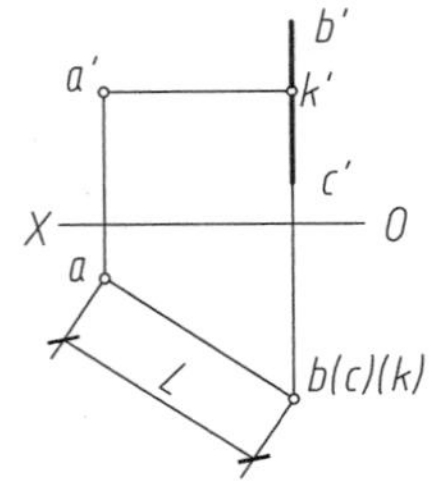	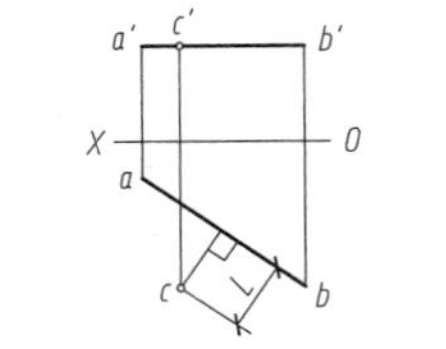	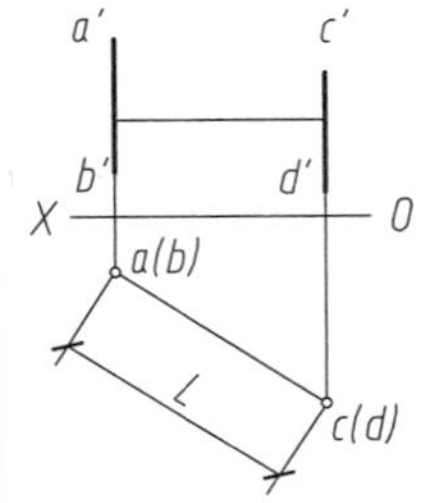
距离问题				
两平行直线的距离	两交叉直线的距离		点与平面的距离	平行的直线与平面的距离
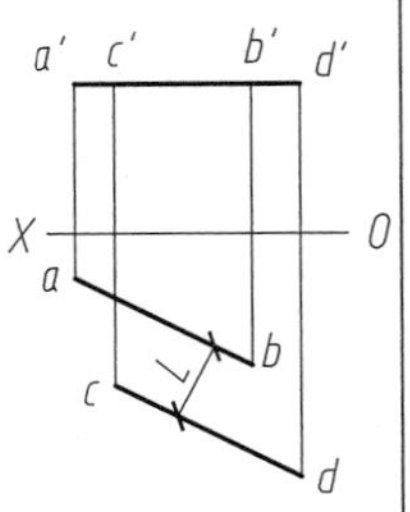	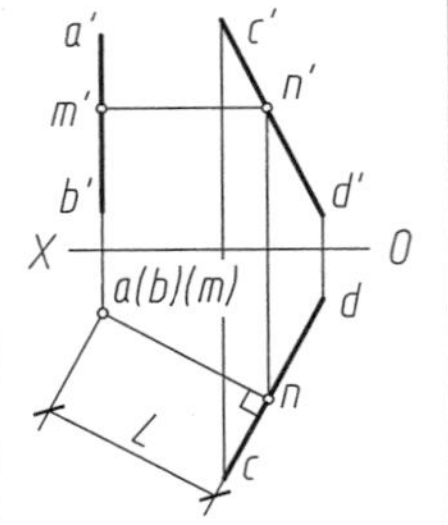	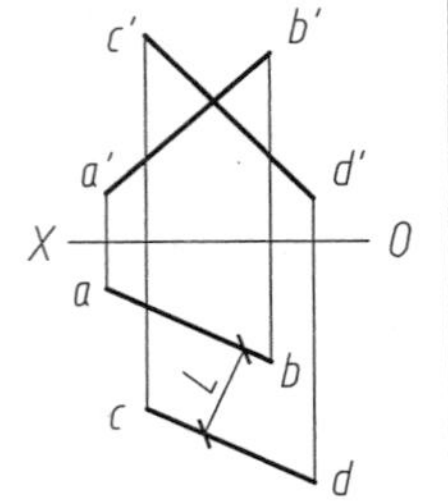	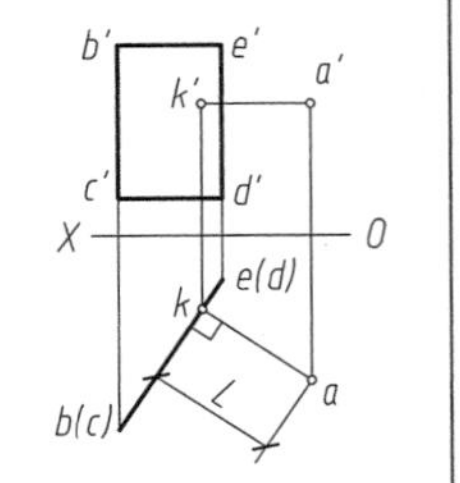	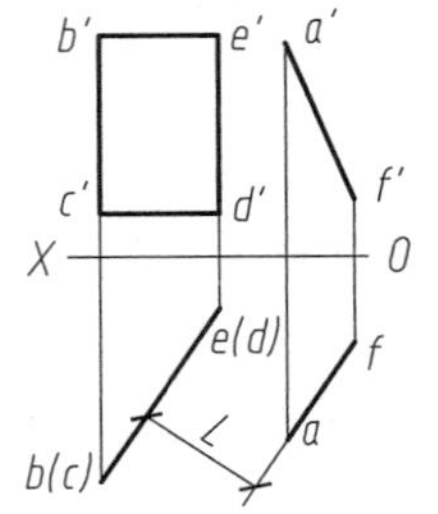

续表 3-1

距离问题	角度问题			
两平行平面的距离	两直线的夹角	两交叉直线的夹角	直线与平面的夹角	两相关平面的夹角
a' d' e' h'' b' c' f' g' X O d(c) h(g) L a(b) e(f)	a' b' c' X O b θ a c	a' b' c' d' X O c b θ a d	c' f' a' b' d' e' X O f(e) a θ c(d) b	b' e' a' c' d' X O b(c) θ a e(d)

当空间几何元素相对投影面不处于上述位置时，可以利用投影变换法将空间几何元素变换到上述特殊位置，使空间问题的解决得到简化。

改变空间几何元素对投影面的相对位置或改变投影方向的方法，称为投影变换。投影变换的目的就是将点、直线、平面等几何元素由对解题不利的一般位置状况变换到对解题有利的特殊位置。

常用的投影变换方法有变换投影面法（简称换面法）和旋转法两种。

3.2 换面法

3.2.1 换面法的基本概念

换面法：保持空间几何元素不动，用新的投影体系取代原有旧的投影体系，使几何元素在新的投影体系中处于特殊位置或有利于解题的位置。

如图 3-1 所示，在 H、V 投影体系中，平面△ABC 为铅垂面，若设一新投影面 V_1 垂直于原投影体系中的 H 面（称为保留投影面），由 V_1、H 组成一个新的投影体系取代原有的 V、H 投影体系。在新投影体系中，由于 $V_1 /\!/ \triangle ABC$，则△ABC 在 V_1 投影面上的投影△$a_1'b_1'c_1'$反映真形。

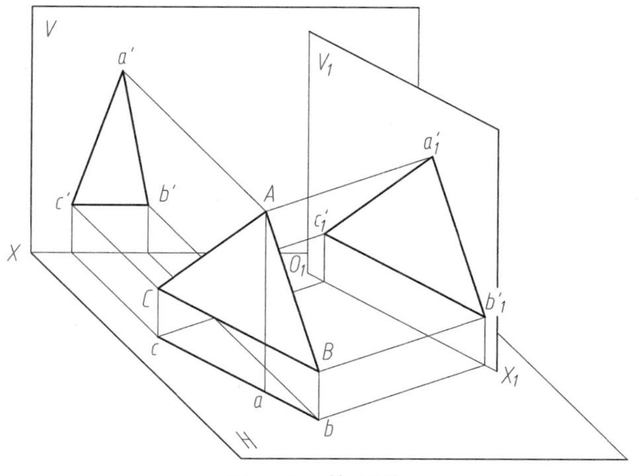

图 3-1 换面法

在换面法中，新投影面的位置选择必须满足两个基本条件：

（1）新投影面必须垂直原投影体系中的一个投影面。

（2）新投影面对空间几何元素应处于方便解题的位置。

3.2.2 点的投影变换规律

点是最基本的几何元素，掌握点的换面规律，是进行其他几何元素换面的基础。

1. 点的一次换面

（1）换 V 面。如图 3-2（a）所示，在原有 V/H 投影体系中，空间点 A 的投影为 a'和 a，现在取一铅垂面 V_1 替换 V 面，与 H 面构成新的两面投影体系 V_1/H，V_1 和 H 两面的交线 O_1X_1 为新投影轴。在新投影体系中，由点 A 作垂直于 V_1 面的投影线，在 V_1 面得到新投影 a_1'，将 V_1 面绕新轴 O_1X_1 旋转到与 H 面重合的位置，得到的投影图如图 3-2（b）所示。

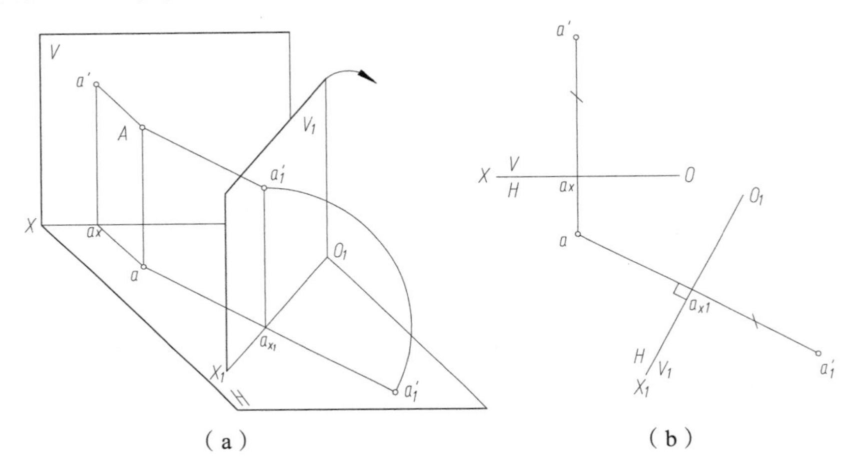

（a）　　　　（b）

图 3-2　点的一次换面（换 V 面）

由于 V_1 面和 H 面是互相垂直的，点 A 的投影应符合点的投影规律，则有 $aa_1' \perp O_1X_1$，$a'a_X = Aa = a_1'a_{X_1}$。

根据上述投影变换规律，若已知点 A 的两面投影 a、a'以及新投影轴 O_1X_1 的位置，就可以作出点 A 的新投影 a_1'。作图步骤如下：

① 确定新投影轴 O_1X_1。

② 过 a 点作 $aa_{X1} \perp O_1X_1$。

③ 截取 $a_1'a_{X_1} = a'a_X$，即得新投影 a_1'。

（2）换 H 面。若用 H_1 面替换 H 面，$H_1 \perp V$，组成了新的 V/H_1 投影体系，如图 3-3 所示。同理有 $a'a_1 \perp O_1X_1$，$a_1a_{X_1} = Aa' = aa_X$。作图步骤如下：

① 确定新投影轴 O_1X_1。

② 过 a'点作 $a'a_1 \perp O_1X_1$。

③ 取 $a_1a_{X_1} = aa_X$，即得新投影 a_1。

综上所述，得到点的投影变换规律如下：

（1）点的新投影与保留投影的连线垂直于新投影轴。

（2）点的新投影到新投影轴的距离等于被替换的旧投影到旧投影轴的距离。

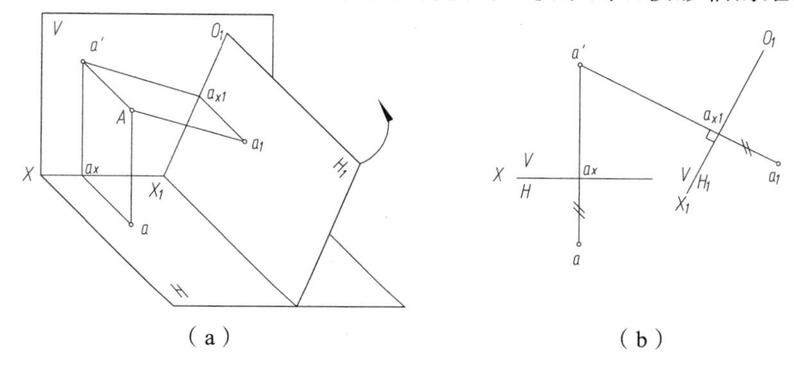

（a）（b）

图 3-3　点的一次换面（换 H 面）

2. 点的二次换面

在解题的过程中，有时一次换面还不能解决问题，需要二次换面或者多次换面才能达到解题目的。二次换面是在一次换面的基础上进行的，其原理和作图方法与一次换面相同。要注意的是：投影面要交替变换，不能同时变换两个投影面。如图 3-4（a）所示，换面顺序为 V/H 体系→V_1/H 体系→V_1/H_2 体系（根据需要也可以 V/H→V/H_1→V_2/H_1）。如图 3-4（b）所示，作图步骤如下：

（1）确定新投影轴 O_1X_1。

（2）根据点的投影变换规律，求出第一次换面的新投影 a_1'。

（3）确定新投影轴 O_2X_2。

（4）过 a_1' 作 $a_1'a_2 \perp O_2X_2$，取 $a_2'a_{X_2} = aa_{X_1}$，求出的 a_2 即为点 A 二次换面后的新投影。

为了区别多次变换的投影关系，规定在相应的字母旁加注下标数字，以表示是第几次变换。例如：a_1'是第一次换面后的投影，a_2是第二次换面后的投影，等等。

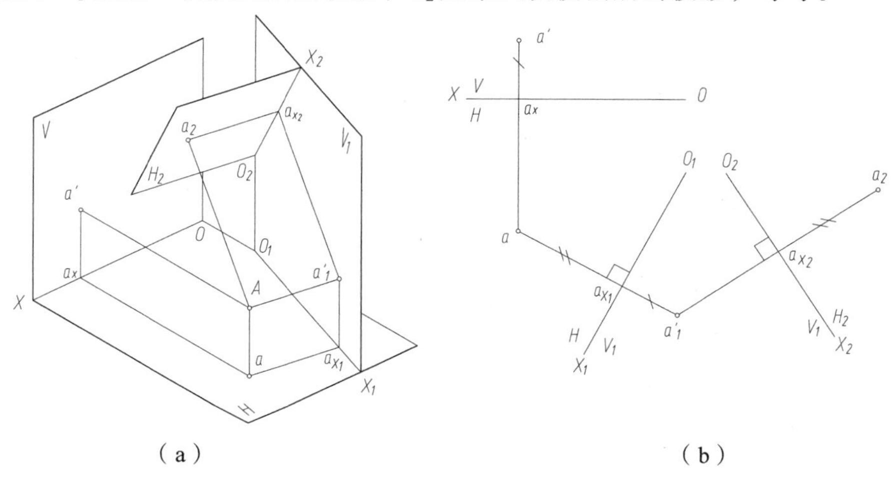

（a）（b）

图 3-4　点的二次换面

3.2.3 六个基本作图问题

在解题过程中，经常需要将一般位置直线或一般位置平面变为特殊位置状态，此时涉及六个基本作图问题。

1. 将一般位置线变换为新投影面平行线

将一般位置线变换为新投影面平行线，可设新投影面平行于该直线，则新投影面的新轴 O_1X_1 与该直线的同面投影平行。如图 3-5（a）所示，用 V_1 面替换 V 面，作 V_1 面 $/\!/ AB$，且 $V_1 \perp H$，在 V_1/H 投影体系中，新轴 $O_1X_1 /\!/ ab$，则 $a_1'b_1'$ 反映真长。如图 3-5（b）所示，其投影作图步骤如下：

（1）在适当的位置作新轴 $O_1X_1 /\!/ ab$（空开适当距离）。

（2）根据点的变换规律求出 a_1'、b_1'。

（3）连接 $a_1'b_1'$，即得 AB 在 V_1 面上的投影，且 $a_1'b_1'$ 反映 AB 的真长，$a_1'b_1'$ 与 O_1X_1 轴的夹角 α 为 AB 与 H 面的夹角。

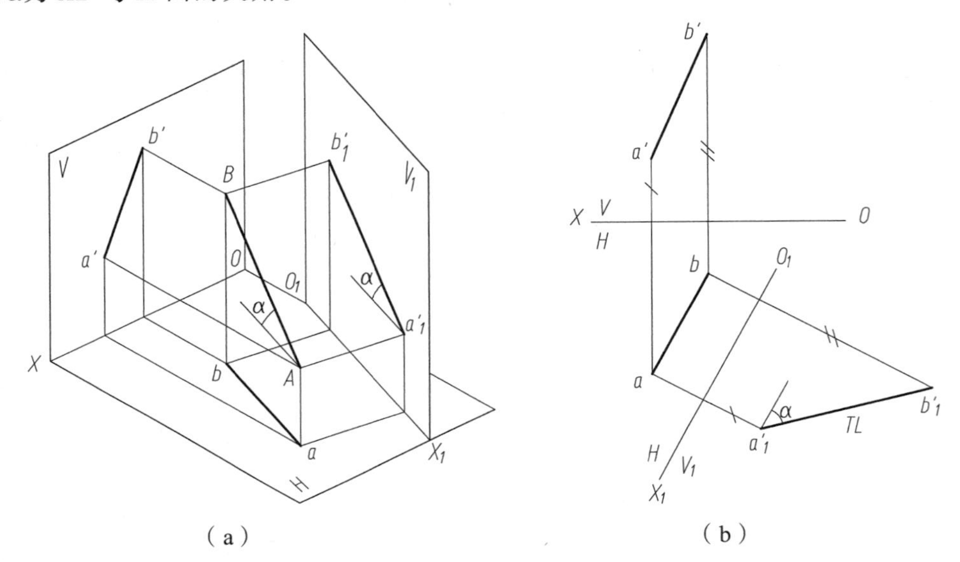

图 3-5 换 V 面求真长和 α 角

图 3-6 所示为求线段 AB 的真长和 β 角的作图方法。需用 H_1 投影面替换 H 面，其投影作图步骤如下：

（1）作新轴 $O_1X_1 /\!/ a'b'$。

（2）根据点的变换规律求出 a_1、b_1。

（3）连接 a_1b_1，即得 AB 在 H_1 面上的新投影，此时 a_1b_1 反映 AB 的真长，且 a_1b_1 与 O_1X_1 轴的夹角 β 为 AB 与 V 面的夹角。

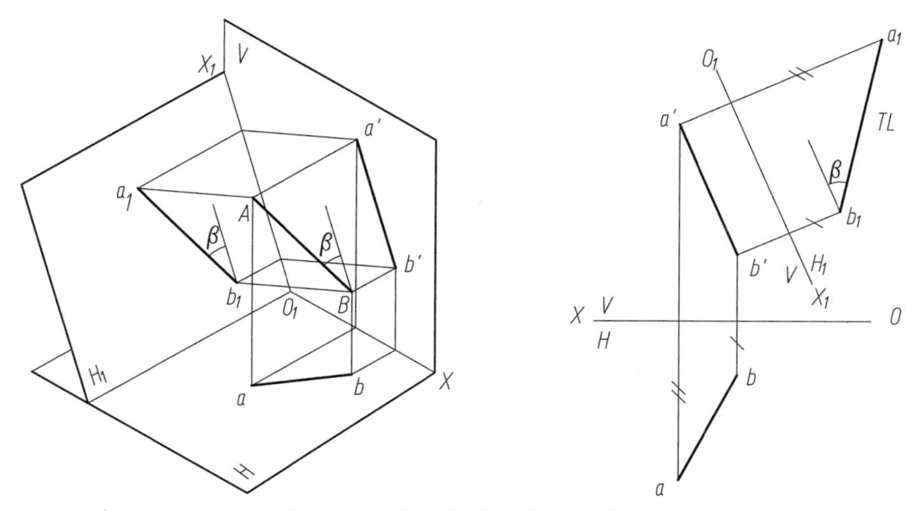

图 3-6　换 H 面求真长和 β 角

2. 将投影面平行线变换为新投影面垂直线

该直线必须垂直于新投影面，且在新投影面上的投影积聚为一点。如图 3-7（a）所示，AB 为水平线，用 V_1 面替换 V 面，V_1 面 $\perp AB$，且 $V_1 \perp H$，则 $O_1X_1 \perp ab$，作出 AB 在 V_1 面的投影 $a_1'b_1'$，则积聚为一点。如图 3-7（b）所示，其投影作图步骤如下：

（1）作新轴 $O_1X_1 \perp ab$。

（2）根据点的变换规律求出 a_1'、b_1'。

（3）a_1'（b_1'）即为直线 AB 在新投影面的积聚投影。

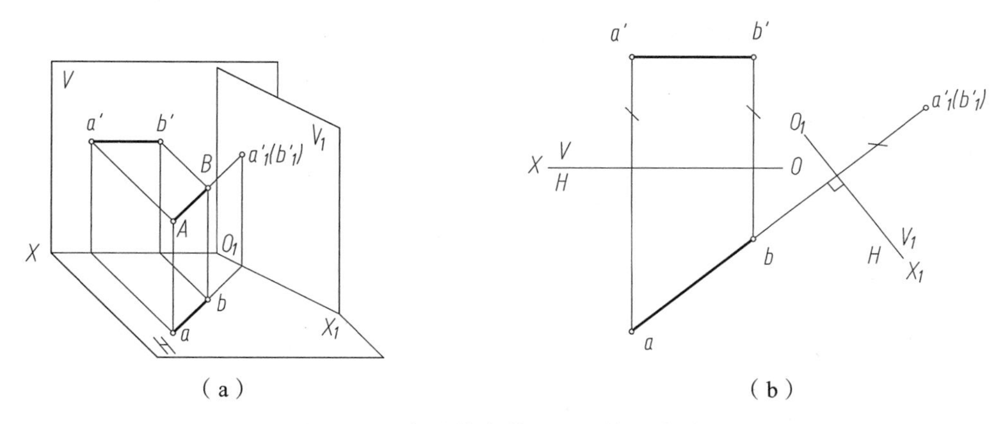

图 3-7　水平线变换为 $V1$ 的垂直线

如图 3-8（a）所示，AB 为正平线，用 H_1 投影面替换 H 面，H_1 面 $\perp AB$，且 $H_1 \perp V$，则 $O_1X_1 \perp a'b'$，作出 AB 在 H_1 面的投影 a_1b_1，则积聚为一点。如图 3-8b 所示，其作图步骤如下：

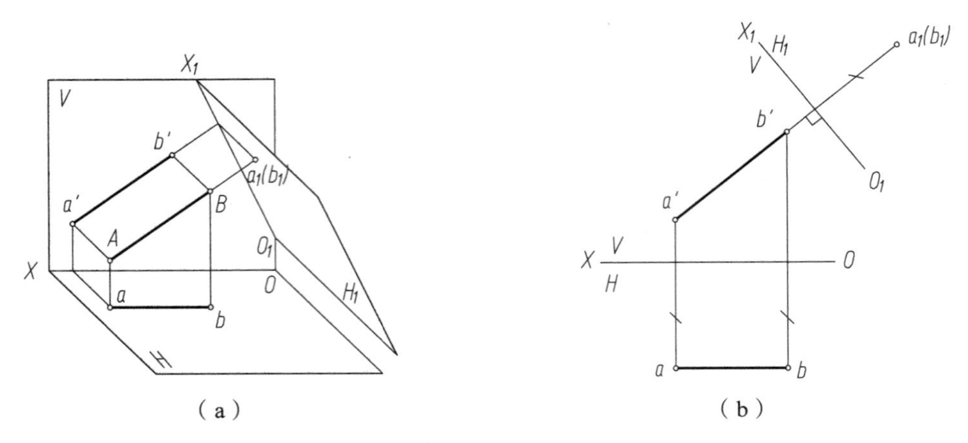

（a）　　　　　　　　　　（b）

图 3-8　正平线变换为 $H1$ 的垂直线

（1）作新轴 $O_1X_1 \perp a'b'$。

（2）根据点的变换规律求出 a_1、b_1，a_1（b_1）即为直线 AB 在新投影面上的积聚性投影。

3. 将一般位置线变换为新投影面垂直线

将一般位置直线变换为新投影面垂直线，须经过二次换面，首先将一般位置直线变换为投影面平行线，然后再将投影面平行线变换成投影面垂直线，如图 3-9 所示。

作图步骤如下：

（1）作新轴 $O_1X_1 /\!/ ab$，求得 AB 在 V_1/H 体系中的新投影 $a_1'b_1'$。

（2）再作新轴 $O_2X_2 \perp a_1'b_1'$，求得 AB 在 V_1/H_2 体系中的新投影 a_2（b_2）。

同理，若第一次用 H_1 面来替换 H 面，第二次则用 V_2 面替换 V 面，使 AB 在 V_2 面上的投影积聚为一点。读者可按此次序自行作图。

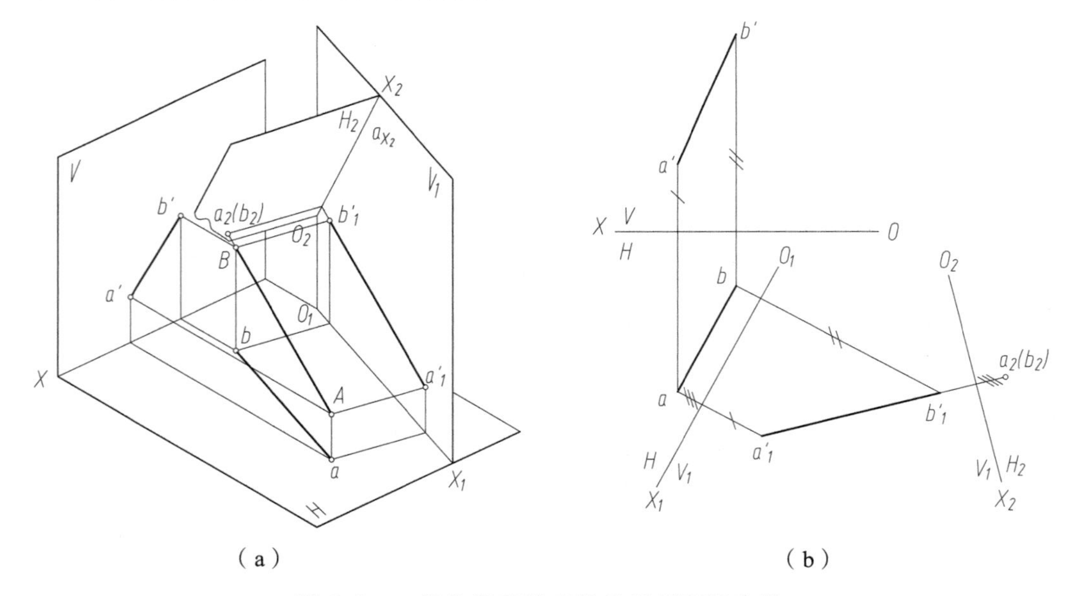

（a）　　　　　　　　　　（b）

图 3-9　一般位置直线变换为投影面垂直线

4. 将一般位置平面变换为新投影面垂直面

要将一般位置面变换为新投影面垂直面，则新投影面必须垂直于该平面上的一条直线。依据直角投影规律，平面上的投影面平行线与新投影面垂直，则新投影面的新轴 O_1X_1 必须与平面上的投影面平行线的真长投影方向垂直。

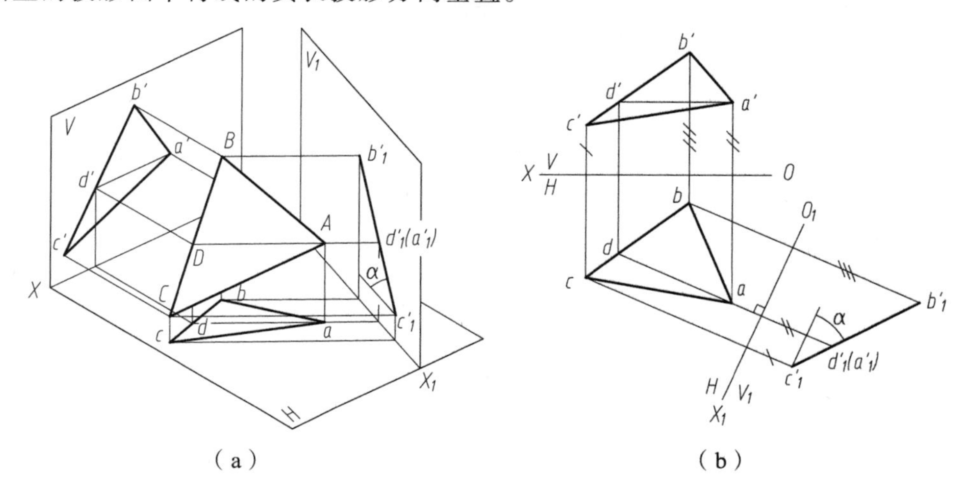

图 3-10 一般位置平面变换为投影面垂直面（求 α 角）

如图 3-10（a）所示，平面△ABC 内选取一水平线段 AD，新投影面 V_1 的新轴 O_1X_1 应与面内水平线 AD 的水平投影 ad 方向垂直。经一次变换即可将水平线 AD 变换成投影面垂直线，过水平线 AD 的平面△ABC 则垂直于新投影面 V_1，其在 V_1 面上的投影积聚成一直线，积聚线与新轴 O_1X_1 的夹角即为△ABC 与 H 面的倾角 α。如图 3-10（b）所示，其投影作图步骤如下：

（1）在△ABC 内作一条水平线 AD，其投影为 $a'd'$ 和 ad。

（2）作新轴 $O_1X_1 \perp ad$。

（3）根据点的变换规律，作出△ABC 的新投影 $a_1'b_1'c_1'$，其投影必定积聚为一直线段，积聚线与 O_1X_1 轴的夹角 α，即为△ABC 对 H 面的倾角。

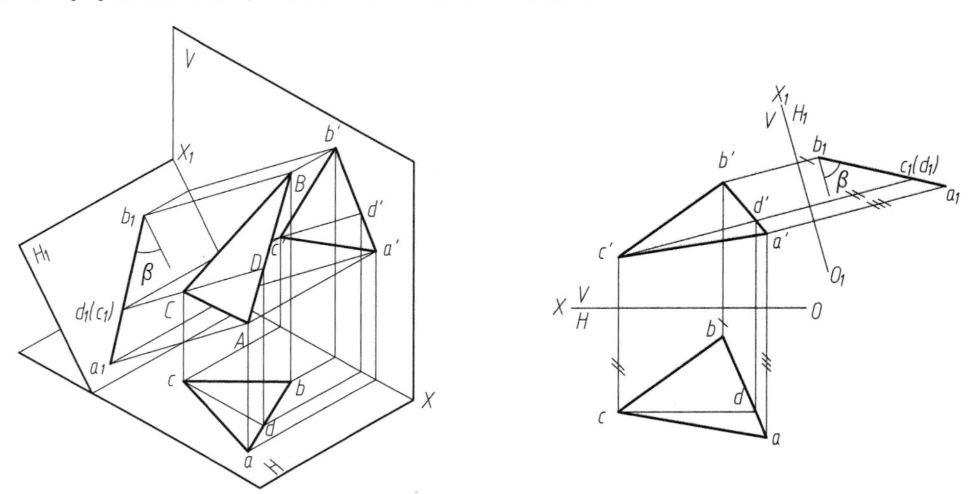

图 3-11 一般位置平面变换为投影面垂直面（求 β 角）

如图 3-11 所示，若需要求解△ABC 对 V 面的倾角β，则在平面内应作一条正平线 CD（cd，$c'd'$），用 H_1 面替换 H 面，△ABC 在 H_1 面的投影 $a_1b_1c_1$ 积聚为一直线，该直线与 O_1X_1 轴的夹角即为△ABC 对 V 面的倾角β。

5. 将投影面垂直面变换为新投影面平行面

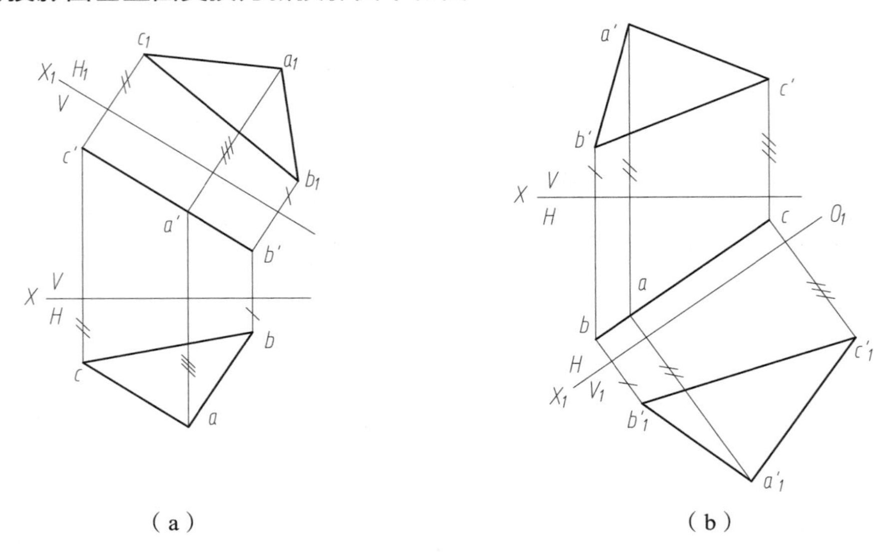

（a）　　　　　　　　　　　　（b）

图 3-12　垂直面变换为投影面平行面（求真形）

如图 3-12（a）所示，△ABC 为一正垂面，要将其变换为新投影面的平行面，只需使新投影面 H_1 平行于△ABC，即新轴 0_1X_1 与积聚性投影 $a'b'c'$平行，则△ABC 在 H_1 面上的投影 $a_1b_1c_1$ 反映真形。其投影作图步骤如下：

（1）作新轴 $O_1X_1 /\!/ a'b'c'$。

（2）求出 A、B、C 三点在 H_1 面的新投影 a_1、b_1、c_1。

（3）连接 a_1、b_1、c_1，即得△ABC 的真形。

图 3-12（b）表示了把铅垂面△ABC 变换成平行面的作图过程，在 H/V_1 体系中，新轴 O_1X_1 应与积聚性投影 abc 平行，则△$a_1'b_1'c_1'$即为△ABC 的真形。

6. 将一般位置平面变换为新投影面平行面

将一般位置平面变换为新投影面平行面，一次变换是不行的，需要二次变换才能实现。首先将一般位置面变换成新投影面的垂直面，然后再将投影面垂直面变换成新投影面的平行面，如图 3-13（a）所示。先将△ABC 变成 H_1 的垂直面，再将其变成 V_2 的平行面。作图步骤如下：

（1）在△ABC 上作正平线 AD，其投影为 $a'd'$和 ad。

（2）作新轴 $O_1X_1 \perp a'd'$。

（3）作出△ABC 在 H_1 面上的积聚投影 $a_1b_1c_1$。

（4）作新轴 $O_2X_2 // a_1b_1c_1$，求出△ABC 在 H_2 面上的新投影△$a_2b_2c_2$，即为△ABC 的真形。

若仅求真形，与换面顺序无关；但如果要求 β 角，换面顺序为：$V/H \rightarrow V/H_1 \rightarrow V_2/H_1$；如果要求 α 角，则换面顺序为 $V/H \rightarrow V_1/H \rightarrow V_1/H_2$。作图步骤如图 3-13（b）所示。

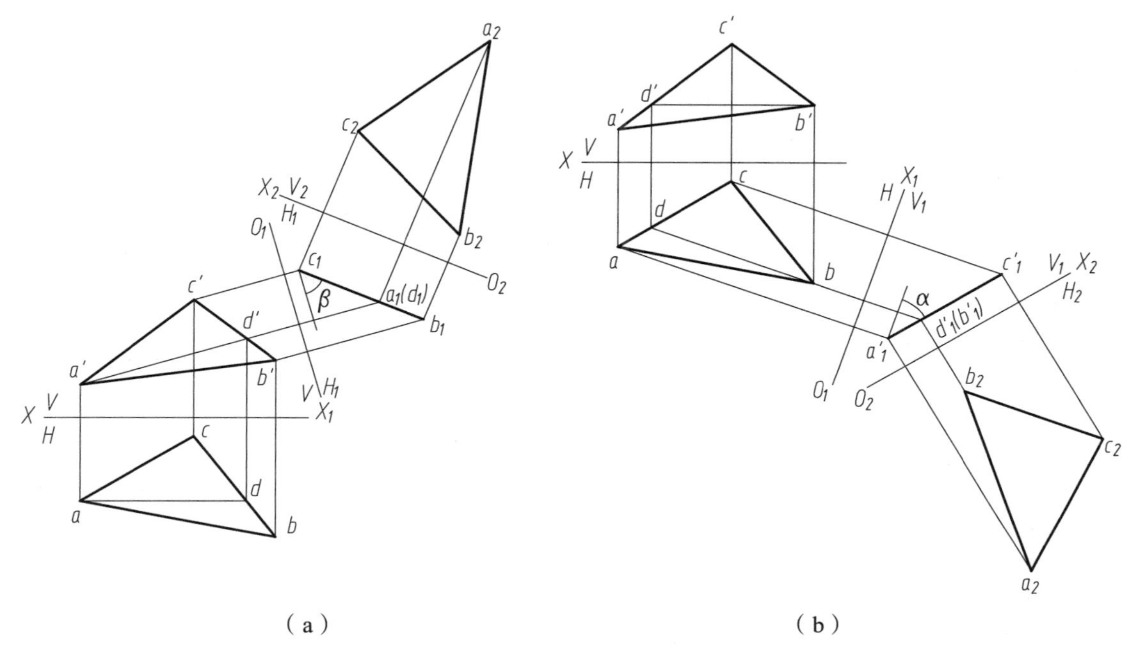

图 3-13 一般位置面变换为投影面平行面

3.2.4 换面法应用举例

在应用换面法解题时，首先要分析空间已知元素和未知元素的相互关系，再分析空间几何元素与投影面处于何种相对位置，然后根据题目要求分析需要换几次面以及先换哪个投影面，只有在分析到位的情况下，才可运用上述的基本作图方法进行解题。

【例 3-1】过点 A 作直线 AK 与直线 BC 正交，如图 3-14（a）所示。

解 空间分析：由直角投影定理可知，当直线 BC 平行于某一投影面时，则在该投影面内反映 AK 与 BC 的垂直相交。因此，将直线 BC 由一般位置线变换成新投影面的平行线即可。本题将直线 BC 变成 H_1 面的水平线（变为 V_1 面的正平线也可解题）。如图 3-14（b）所示。

作图步骤如下：

（1）作新轴 $O_1X_1 // b'c'$，根据点的投影变换规律求出 b_1c_1。

（2）点 A 随同一起变换得 a_1。

（3）作 $a_1k_1 \perp b_1c_1$，交于 b_1c_1 于 k_1，k_1 即为两直线正交后的交点在 H_1 面上的投影。

（4）由 k_1 返回 V/H 体系中求出 k'、k，连接 ak、$a'k'$，即得所求直线 AK 的投影。

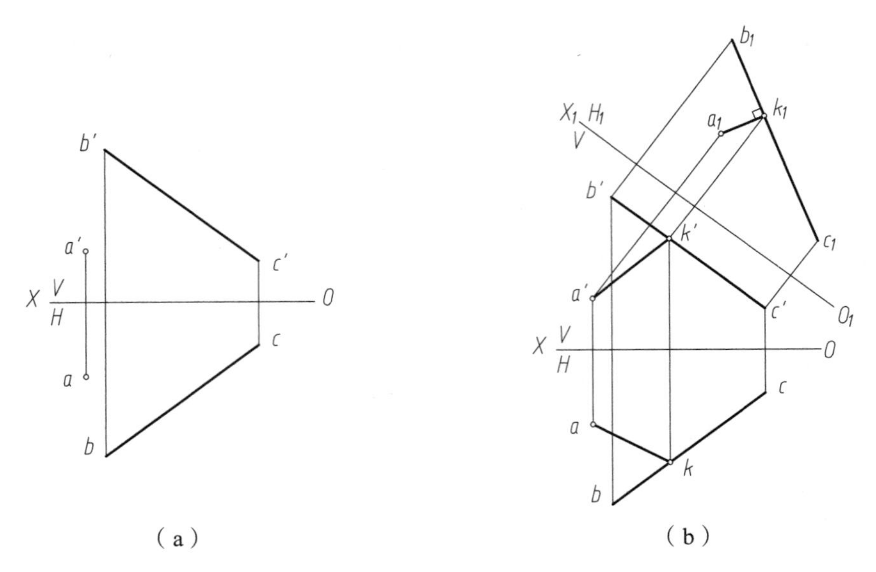

图 3-14　过点 A 作直线 AK 与直线 BC 正交

【例 3–2】如图 3-15（a）所示，已知矩形的一边 AB 的投影 ab、$a'b'$以及邻边 BC 的 H 面投影 bc，试补全矩形 $ABCD$ 的投影。

解　空间分析：矩形的邻边相互垂直，即 $AB\perp BC$，只要将 AB 变换为投影面平行线，根据直角投影定理求出 BC，然后依据平行性完成整个矩形的投影。

作图步骤如下：

（1）作新轴 $O_1X_1/\!/ab$，求出 $a_1'b_1'$。

（2）过 b_1'作 $a_1'b_1'$的垂线，与过 c 点的投影连线相交于 c_1'，如图 3-15（b）所示。

（3）由 c_1'返回到 V 面求出 c'，连接 $b'c'$，如图 3-15（b）所示。

（4）作 $ad/\!/bc$、$cd/\!/ab$、$a'd'/\!/b'c'$、$c'd'/\!/a'b'$，完成矩形 $ABCD$ 的投影，如图 3-15（c）所示。

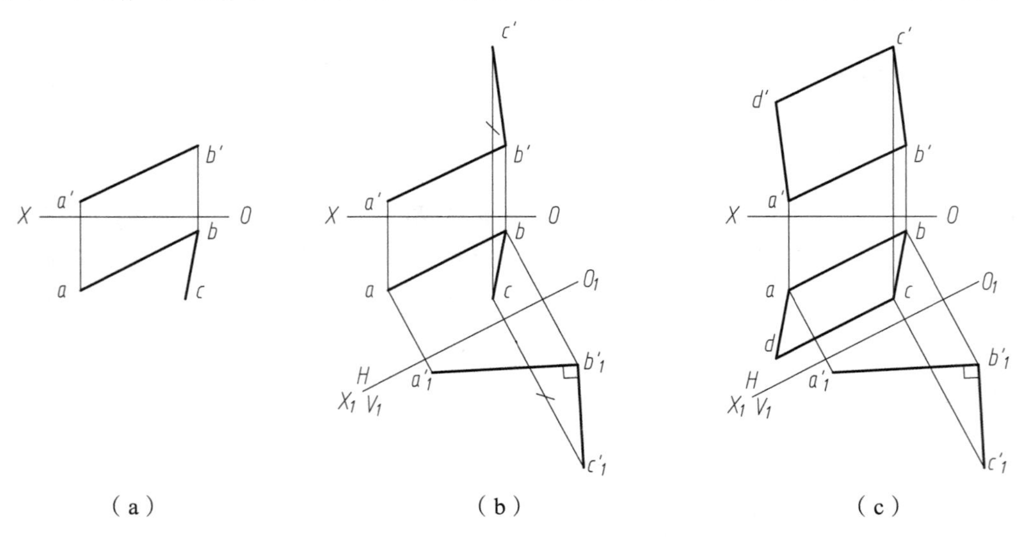

图 3-15　补全矩形 $ABCD$ 的投影

【例 3-3】如图 3-16（a）所示，已知△ABC，试过点 A 在△ABC 平面内作一直线 AK，使 AK 与 BC 相交成 60°角。

解 空间分析：要在△ABC 平面内作出所求的直线，必须先求出该平面的真形。已知△ABC 是一般位置平面，因此可以通过两次换面，先将平面变换成投影面的垂直面，然后再变换成投影面的平行面，从而求得△ABC 的真形。如图 3-16（b）所示。

作图步骤如下：

（1）在△ABC 平面上作水平线 CD，即 cd、$c'd'$。

（2）第一次换面，作新轴 $O_1X_1 \perp cd$，求出△ABC 的积聚投影 $a_1'b_1'c_1'$。

（3）第二次换面，作新轴 $O_2X_2 /\!/ a_1'b_1'c_1'$，求出△$a_2b_2c_2$，即得△ABC 的真形。

（4）在△$a_2b_2c_2$ 平面内，作一直线 a_2k_2 与 b_2c_2 成 60°交角，k_2 即为点 K 在 H_2 面的投影。

（5）由 k_2 依次返回到 V_1 面、H 面、V 面，分别求出 k_1'、k、k'。

（6）连接 ak、$a'k'$，即得所求的直线 AK。

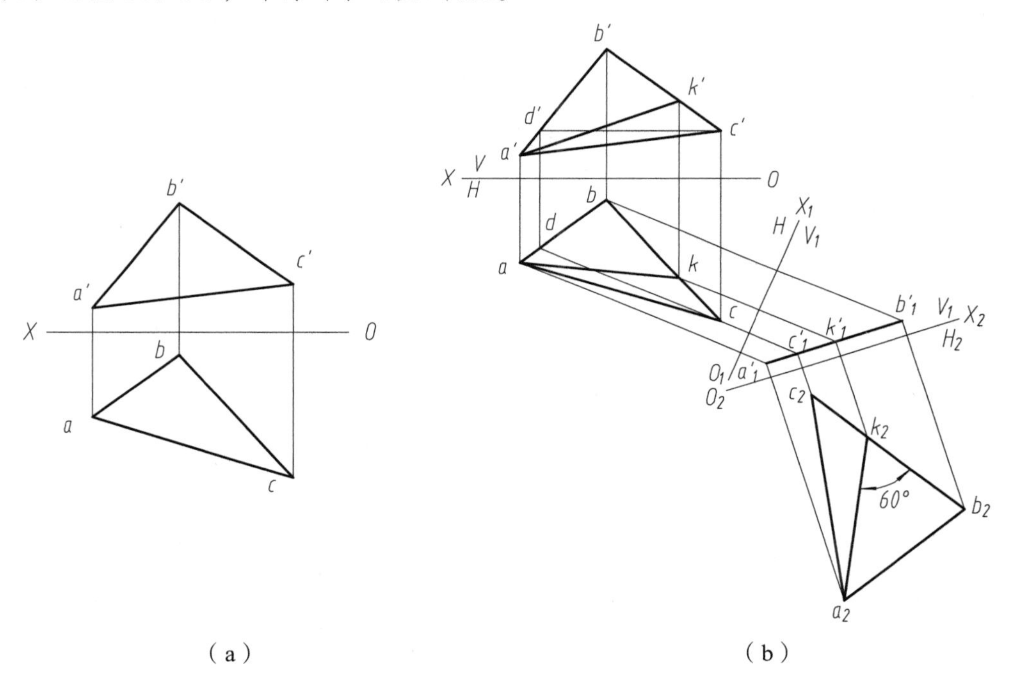

图 3-16　在平面上作与 BC 相交成 60°的直线 AK

【例 3-4】如图 3-17（a）所示，求两交叉直线 AB 和 CD 的公垂线 MN 及距离。

解 空间分析：公垂线 MN 与 AB 和 CD 均垂直，其真长即为所求的距离。由于 AB 和 CD 均为一般位置直线，无法直接求出公垂线的投影，要把其中某一直线变换为投影面的垂直线，就可以根据其积聚投影作出公垂线和距离，因此需要经过两次变换。如图 3-17（b）、（c）所示。

作图步骤如下：

（1）用 V_1 面替换 V 面，作新轴 $O_1X_1 /\!/ ab$，求出 $a_1'b_1'$和 $c_1'd_1'$。

（2）用 H_2 面替换 H 面，作新轴 $O_2X_2 \perp a_1'b_1'$，求出 a_2b_2 和 c_2d_2。

（3）由于 a_2b_2 积聚为一点，公垂线的 M 点的投影也重合于此点，过此点作 $m_2n_2 \perp c_2d_2$，得垂足 n_2，m_2n_2 即为 MN 的投影，且反映真长即距离。

（4）由 n_2 返回到 V_1 面交 $c_1'd_1'$ 于 n_1'，然后作 $m_1'n_1' /\!/ O_2X_2$，交 $a_1'b_1'$ 于 m_1'。

（5）分别将 m_1'、n_1' 返回到 H 面和 V 面，依次作出 mn 和 $m'n'$，即得所求公垂线 MN 的投影。

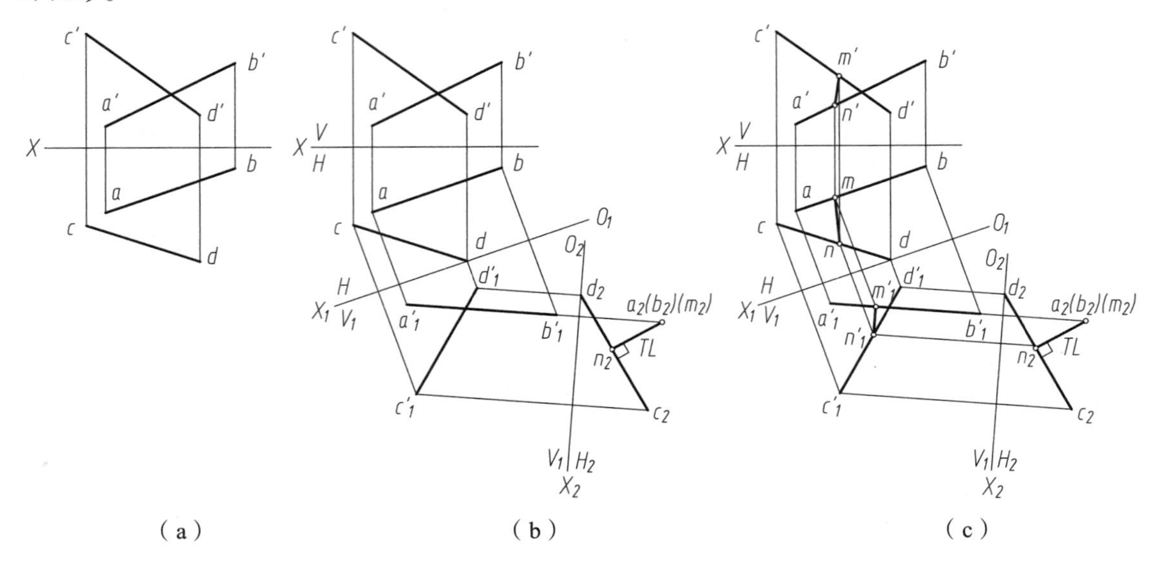

图 3-17　求两交叉直线的公垂线及距离

3.3　旋转法

旋转法：保持原投影体系不变，将所有几何元素同时绕某一轴线旋转至特殊位置或对解题有利的位置。

按旋转轴与投影面的位置不同，旋转法分两类：旋转轴垂直于某投影面时，称为绕垂直轴旋转；旋转轴平行于某投影面时，称为绕平行轴旋转。本节只介绍绕垂直轴旋转的方法。

如图 3-18 所示，在 H、V 两面体系中有一般位置直线 AB，为了求出它的真长和与 H 面的倾角 α，可以过端点 A 选取一条铅垂线 AC 为轴线，使 AB 绕 AC 旋转到平行于 V 面的新位置 AB_1，则 AB_1 就成为了正平线，AB_1 的正面投影 $a'b_1'$ 即反映真长，$a'b_1'$ 与 OX 的夹角就反映了直线 AB 对 H 面的倾角 α。

旋转法必须遵守以下规定：

（1）旋转轴必须垂直于两面体系中的任一投影面，所有的几何元素都必须绕旋转轴按同一方向旋转同一角度。

（2）旋转轴应选择在使几何元素能旋转到有利于解题的位置。

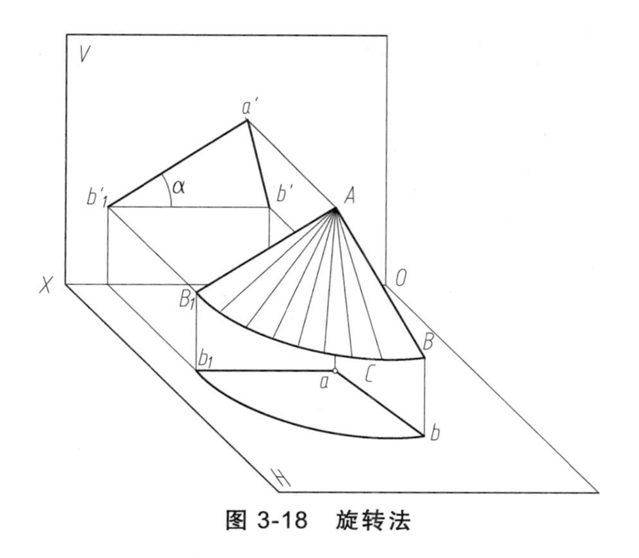

图 3-18　旋转法

3.3.1　点的旋转规律

图 3-19（a）所示为空间点 A 绕铅垂轴 O 旋转的情况。点 A 的运动轨迹是一个水平圆，圆的半径等于点到旋转轴的距离。水平圆平行于 H 面，在 H 面上的投影反映真形，在 V 面上的投影为平行于 OX 轴的直线，长度等于圆的直径。当 A 点旋转时，a 在 H 投影的圆周上转动，a'在 V 投影的直线上移动，无论 A 点旋转到任何位置，投影连线 aa'始终垂直于 OX 轴。

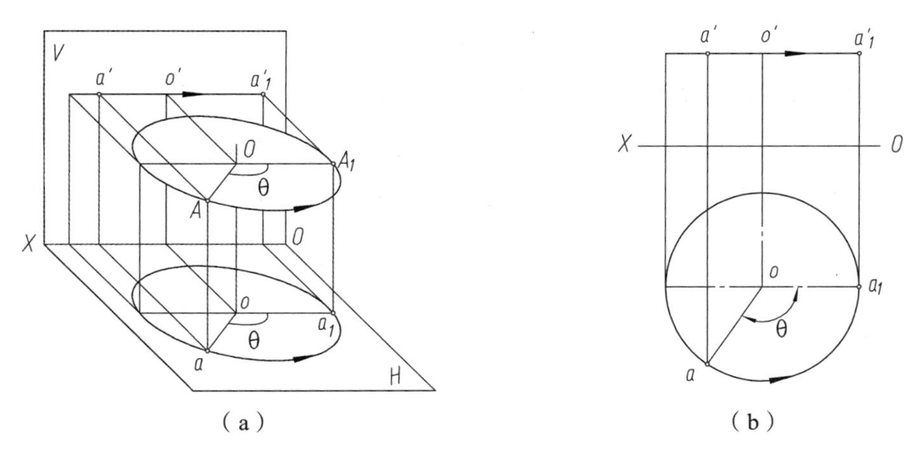

图 3-19　点绕铅垂轴旋转

若点 A 逆时针旋转 θ角到 A_1 位置，求作新投影 a_1 和 a_1'。如图 3-19（b）所示，投影作图方法如下：

（1）以 o 为圆心，oa 为半径，逆时针作圆弧 aa_1，使$\angle aoa_1=\theta$，得 a_1；

（2）过 a_1 作投影连线垂直于 OX 轴，过 a'作直线平行于 OX 轴，两线的交点即为 a_1'。

如图 3-20 所示，当 B 点绕正垂轴旋转时，其运动轨迹在 V 面的投影为圆，在 H 面的

投影为平行于 OX 轴的直线，当 B 点逆时针旋转θ角到 B_1 位置时，同样可作出新投影 b_1 和 b_1'。

由此得出点的旋转规律：当点绕垂直于某投影面的轴线旋转时，此点在该投影面上的投影作圆周转动，另一投影则平行于投影轴做直线运动。

点的旋转规律是旋转法作图的基础。

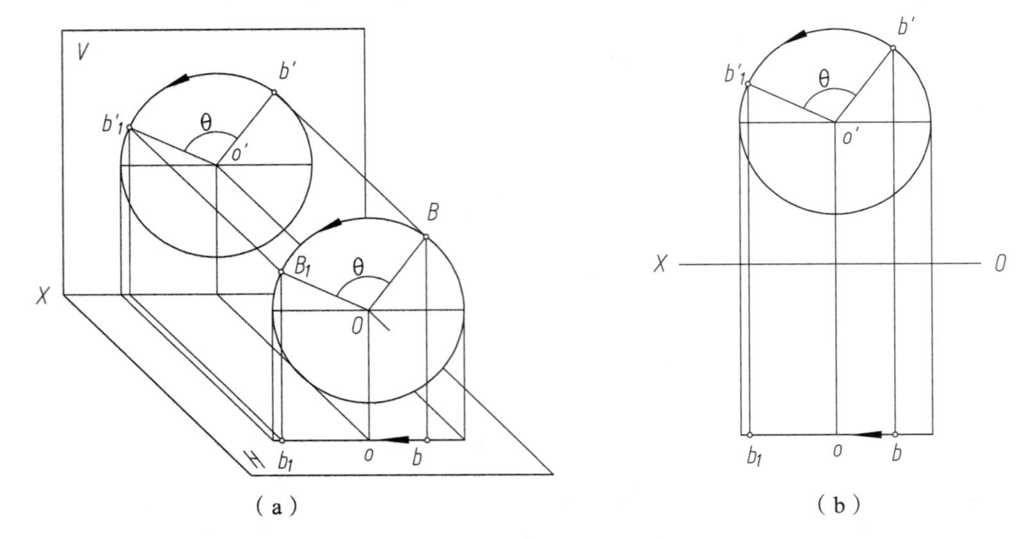

（a）　　（b）

图 3-20　点绕正垂轴旋转

3.3.2　旋转法的应用

1. 将一般位置线旋转成某一投影面的平行线

将一般位置线旋转成某一投影面的平行线，可以获得直线的真长及对投影面的倾角。以铅垂轴为旋转轴，可将一般位置直线旋转成正平线，V 面投影反映真长和 α 角。

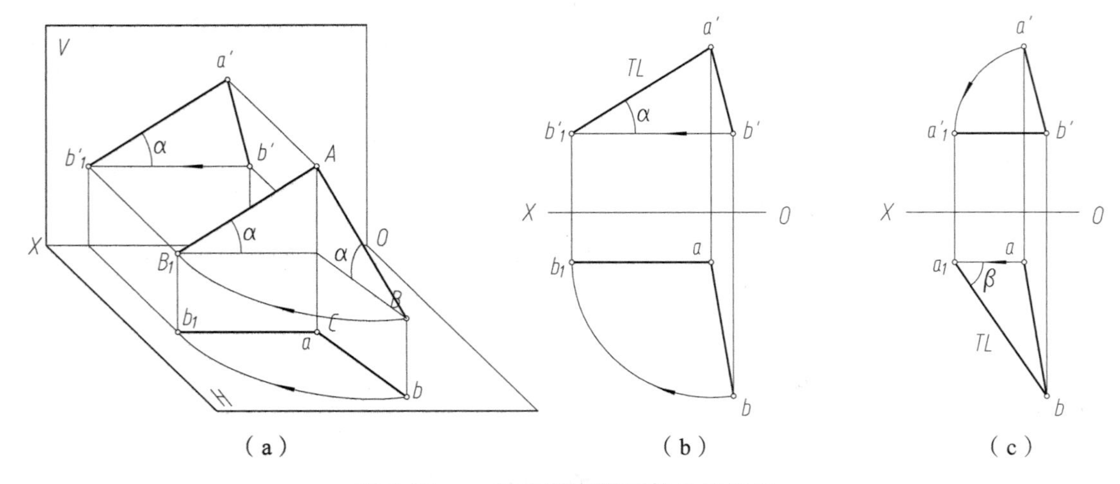

（a）　　（b）　　（c）

图 3-21　一般位置直线旋转为平行线

如图 3-21（a）所示，一般位置线 AB 绕铅垂轴旋转，为了作图简便，可使旋转轴通过 A 点，旋转时 A 点位置不变，其投影也不变，将 AB 旋转到正平线 AB_1 的位置，只需作出 B_1 点的投影即可。如图 3-21（b）所示，投影作图步骤如下：

（1）以 a 点为圆心，ab 为半径画圆弧（两个方向都可以）；

（2）过 a 点作 OX 轴的平行线，与圆弧的交点即为 b_1；

（3）过 b' 作 OX 轴的平行线，与 b_1 的投影连线的交点即为 b_1'；

（4）连接 $a'b_1'$，即为直线 AB 的真长，$a'b_1'$ 与 OX 轴的夹角即为 α 角。

同理，以正垂线为旋转轴，可将一般位置直线旋转成水平线，H 面投影反映真长和 β 角，如图 3-21（c）所示。

2. 将投影面的垂直面旋转成投影面平行面

将投影面垂直面旋转成投影面平行面，可以获得平面的真形。以正垂线为旋转轴，将正垂面旋转为水平面，如图 3-22（a）所示，$\triangle ABC$ 为正垂面，绕通过 C 点的正垂轴旋转，使其变换为水平面 $\triangle A_1B_1C$，其 H 面的投影反映真形。投影作图步骤如下：

（1）分别以 c' 点为圆心，$a'c'$、$b'c'$ 为半径画圆弧；

（2）过 c' 点作 OX 轴的平行线，分别交于两个圆弧于 a_1' 和 b_1'；

（3）过 a 和 b 点作 OX 轴的平行线，分别与 a_1' 和 b_1' 的投影连线的交点即为 a_1 和 b_1；

（4）连接 $\triangle a_1b_1c$，即为平面 $\triangle ABC$ 的真形。

同理，以铅垂线为旋转轴，可将铅垂面旋转为正平面，如图 3-22（b）所示。

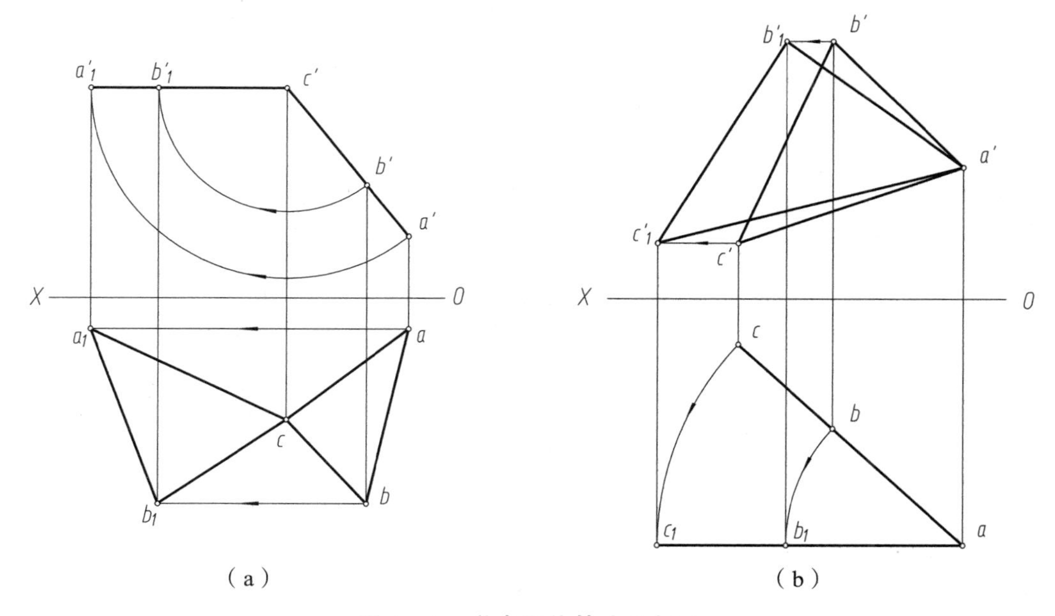

图 3-22　垂直面旋转为平行面

第 4 章　立体的投影

本章主要介绍立体的投影和立体表面上取点、取线的投影作图，平面与立体相交的截交线、两立体表面相贯线的投影画法，以及组合形体投影图的绘制与阅读方法。

4.1　平面立体的投影

平面立体是指立体表面由多个平面所围成的立体。因此，平面立体的投影也就是平面立体各表面投影的集合。其投影是由直线段组成的封闭图形。平面立体的形状有多种，最常见的有棱柱和棱锥。

4.1.1　棱　柱

棱柱的表面是由棱面和上、下两个底面组成。底面通常为多边形，相邻两棱面的交线为棱线，且棱线互相平行。按棱线的数目可分为三棱柱、四棱柱等。棱线垂直于底面的棱柱称为直棱柱，棱线倾斜于底面的棱柱称为斜棱柱。

1. 棱柱的投影

如图 4-1（a）所示为直三棱柱的直观图。三棱柱的左、右底面为两互相平行的三角形，其三个棱面均为矩形，三条棱线相互平行且垂直于底面，其长度等于棱柱的高度。

在直三棱柱的三面投影中，如图 4-1（b）所示，直三棱柱的左、右底面△*ABC* 和△*DEF* 均为侧平面，其侧面投影△*a″b″c″*和△*d″e″f ″*重影，且反映底面的实形，其正面投影及水平投影均积聚成竖直方向的直线段。三个棱面的侧面投影具有积聚性，其中棱面 *ACFD* 和 *BCFE* 为侧垂面，其正面投影 *a′c′f′d′*、*b′c′f ′e′*和水平投影 *acfd*、*bcfe* 均为类似形；棱面 *ABED* 为水平面，其正面投影 *a′b′e′d′*积聚为一水平直线段，而水平投影 *abed* 反映实形。三条棱线 *AD*、*BE*、*CF* 均为侧垂线，其侧面投影落在三角形的三个顶点上，正面投影 *a′d′*、*b′e′*、*c′f′*和水平投影 *ad*、*be*、*cf* 均为棱柱高度的直线段。

作图步骤如下：

（1）作左、右底面的投影。先作侧面投影△*a″b″c″*和△（*d″*）（*e″*）（*f″*），为反映实形的三角形。再作其正面投影 *a′*（*b′*）*c′*、*d′*（*e′*）*f′*和水平投影 *abc*、*def*，均为竖直方向直线段（三角形的积聚性投影）。

（2）作棱柱棱面的投影。将左、右底面上对应顶点的同面投影连线，即为三条棱线的投影，其与底面上对应边构成三个棱面的投影。

用投影图表示立体，主要表达立体的形状和大小，而对立体与投影面的距离则无关紧要。因此，在绘制立体的三面投影图时，通常省略投影轴，但应保证各投影图之间的投影关系，即“长对正，高平齐，宽相等”的“三等”原则。

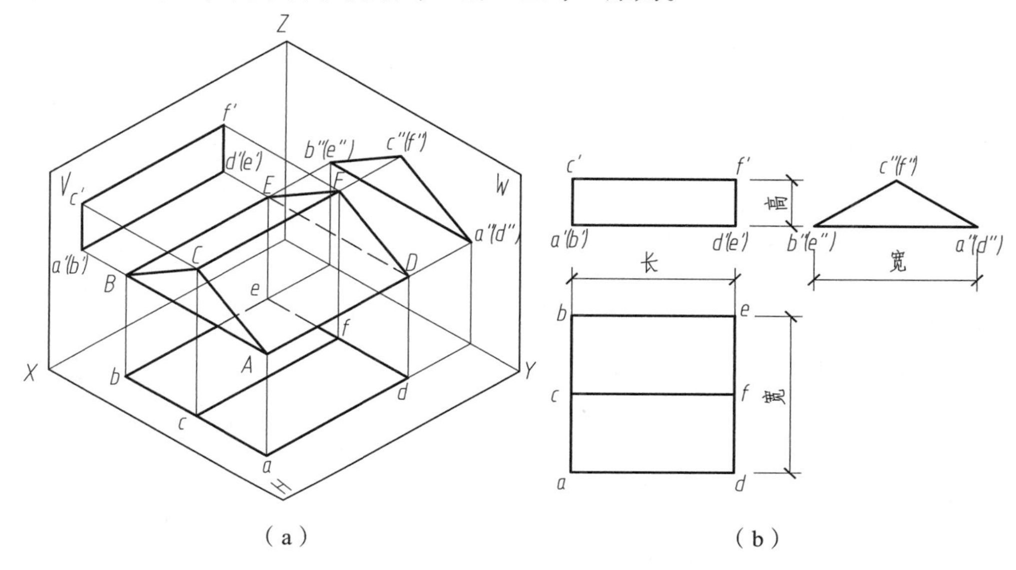

图 4-1　直三棱柱的投影

2. 棱柱表面上的点

由于棱柱体的表面均为平面，所以在棱柱体表面上取点的方法与平面上取点的方法相同。立体表面上点的可见性取决于点所在面的投影的可见性，判别可见性的原则为：若点所在的面的投影可见（或积聚为一条可见的实线），则点的投影亦可见。

【例 4–1】如图 4-2（a）所示，已知直三棱柱表面上的点 M 的水平投影 m，求作其正面投影 m'和侧面投影 m''。

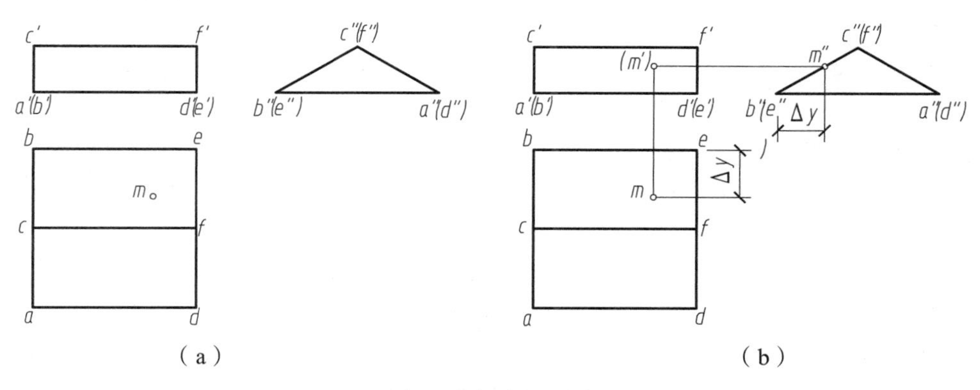

图 4-2　直三棱柱表面上点的投影

解：如图 4-2（b）所示，由于点 M 的水平投影可见，说明点 M 位于直三棱柱的侧垂面 BEFC 上。可运用平面上定点的方法，在棱面 BEFC 上作出点的 m'和 m''。

作图步骤如下：

（1）确定点所在的立体表面。由于点 M 的水平投影可见，故点 M 位于棱面 BEFC 上。

（2）利用Δy 和棱面 BEFC 的侧面投影的积聚性，作侧面投影 m''。

（3）依据点 M 的水平投影 m 和侧面投影 m''，利用点的投影规律，作正面投影 m'。

（4）可见性判别。由于点 M 位于棱面 BEFC 上，其正面投影不可见，因此，点 M 的正面投影 m'不可见，应标记为（m'）；由于棱面 BEFC 的侧面投影积聚为直线，故其上 M 点的侧面投影 m''可见。如图 4-2（b）所示。

如图 4-3（a）所示为斜三棱柱的直观图。斜三棱柱的上、下两个底面为互相平行的水平面，三个棱面均为一般位置面，三条棱线为正平线，与上、下底面倾斜。

如图 4-3（b）所示为斜三棱柱的两面投影。斜三棱柱的上、下两底面$\triangle ABC$ 和$\triangle A_1B_1C_1$ 均为水平面，其水平投影$\triangle abc$、$\triangle a_1b_1c_1$ 分别反映上、下底面的实形，其正面投影均积聚成水平方向的直线段。三个棱面 AA_1B_1B、BB_1C_1C、AA_1C_1C 均为一般位置平面，其 V、H 投影均为类似形。三条棱线均为正平线。

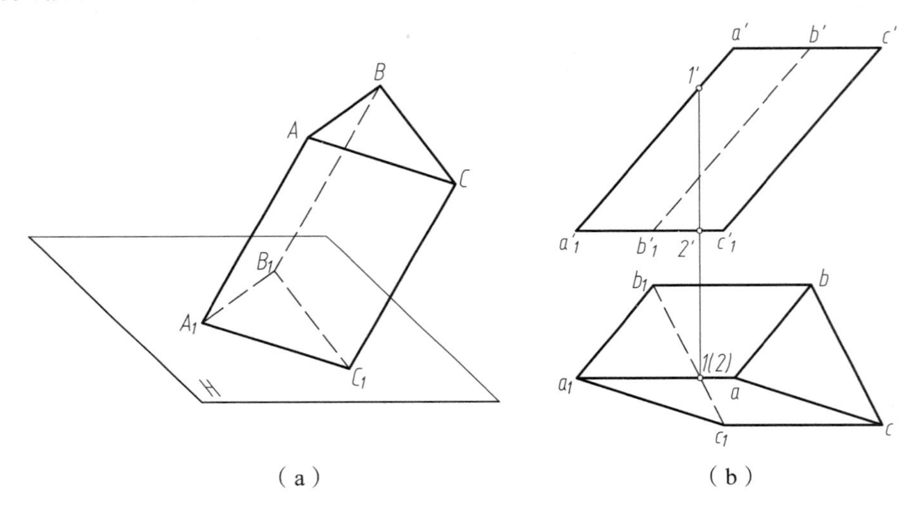

（a）　　　　（b）

图 4-3　斜三棱柱的投影

作图步骤如下：

（1）作出上、下两底面的投影。

（2）作出斜三棱柱的三条棱线的投影。连接上、下底面对应顶点的同面投影，即为三条棱线的投影，其与上、下底面对应边构成三个棱面的投影。

（3）判别可见性：

斜三棱柱的正面投影外形轮廓可见，画实线；棱面 AA_1B_1B 和 BB_1C_1C 的正面投影不可见，因而棱线 BB_1 的正面投影 $b'b_1'$不可见，应画虚线。

斜三棱柱的水平投影的外形轮廓线可见，画实线；外形轮廓线内部交叉线段投影 aa_1 与 b_1c_1 的可见性，可利用重影点来判别，在水平投影上，取重影点 1（2），由正面投影 1′、2′的 Z 坐标（$Z_1 > Z_2$）可看出，线段 aa_1 可见，画实线，而线段 b_1c_1 不可见，画虚线。

综上分析，平面立体投影的可见性遵循下述规律：

① 在平面立体的各投影中，其外形轮廓线均为可见。

② 在平面立体的各投影中，其外形轮廓线内的交叉线段的可见性，可利用交叉两直线的重影点来判别，如图 4-3（b）所示的水平投影 aa_1 与 b_1c_1 的可见性。

③ 在平面立体的各投影中，其外形轮廓线内，两可见面的交线可见，两不可见面的交线不可见，如图 4-3（b）所示的正面投影 $b'b_1'$ 的可见性。

④ 在平面立体的各投影中，其外形轮廓线内，多条棱线交于一点，若交点可见，则这些棱线均可见，反之则均不可见。如图 4-3（b）所示的水平投影顶点 a 可见，故线段水平投影 aa_1、ab、ac 均可见。

【例 4-2】 如图 4-4（a）所示，已知斜三棱柱表面上折线 $EFGH$ 的正面投影，完成立体表面折线的水平投影。

解： 已知折线 $EFGH$ 的正面投影，如图 4-4（a）所示。折线由三条直线段 EF、FG 和 GH 组成，分别位于 AA_1C_1C、CC_1B_1B、BB_1A_1A 三个棱面上，其四个顶点为 E、F、G、H。其中，顶点 F、G 分别位于棱线 CC_1、BB_1 上；顶点 E、H 分别位于棱面 AA_1C_1C、AA_1B_1B 上；求出各顶点后，将对应顶点的水平投影连线并判别可见性。

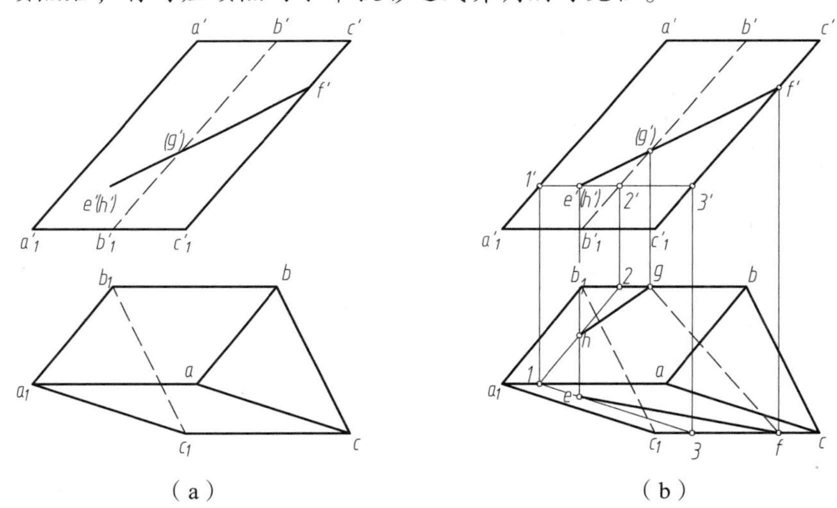

图 4-4　斜三棱柱表面上线段的投影

作图步骤如下：

（1）作顶点 F、G 的水平投影。可利用直线上点的从属性，过 f' 向下作投影线交 cc_1 于 f，过 g' 向下作投影线交 bb_1 于 g，如图 4-4（b）所示。

（2）作顶点 E、H 的水平投影。顶点 E、H 分别位于棱面 AA_1C_1C、AA_1B_1B 上，由于棱面为一般位置平面，可在相应棱面上分别过 e'、h' 作水平辅助线投影（$1'2'$、12 和 $1'3'$、13）来确定其水平投影 e 和 h，如图 4-4（b）所示。

（3）连线并判别可见性。由于棱面 AA_1C_1C、BB_1A_1A 的水平投影可见，故 ef、gh 画实线；而棱面 CC_1B_1B 的水平投影不可见，故 fg 画虚线，如图 4-4（b）所示。

4.1.2 棱 锥

棱锥只有一个底面，且所有棱线交于一点，此点称为锥顶点。按棱锥棱线的条数多少可分为三棱锥、四棱锥等。

1. 棱锥的投影

如图 4-5（a）所示为三棱锥的直观图。三棱锥的底面为水平面，三个棱面为一般位置平面，其三面投影如图 4-5（b）所示。三棱锥底面的水平投影 *abc* 反映实形，其正面投影 *a'b'c'* 和侧面投影 *a"b"c"* 均积聚成水平方向直线段；三个棱面的水平投影（*sab*、*sbc*、*sca*）、正面投影（*s'a'b'*、*s'b'c'*、*s'c'a'*）和侧面投影（*s"a"b"*、*s"b"c"*、*s"c"a"*）均为类似形，三条棱线 *SA*、*SB*、*SC* 均为一般位置线。

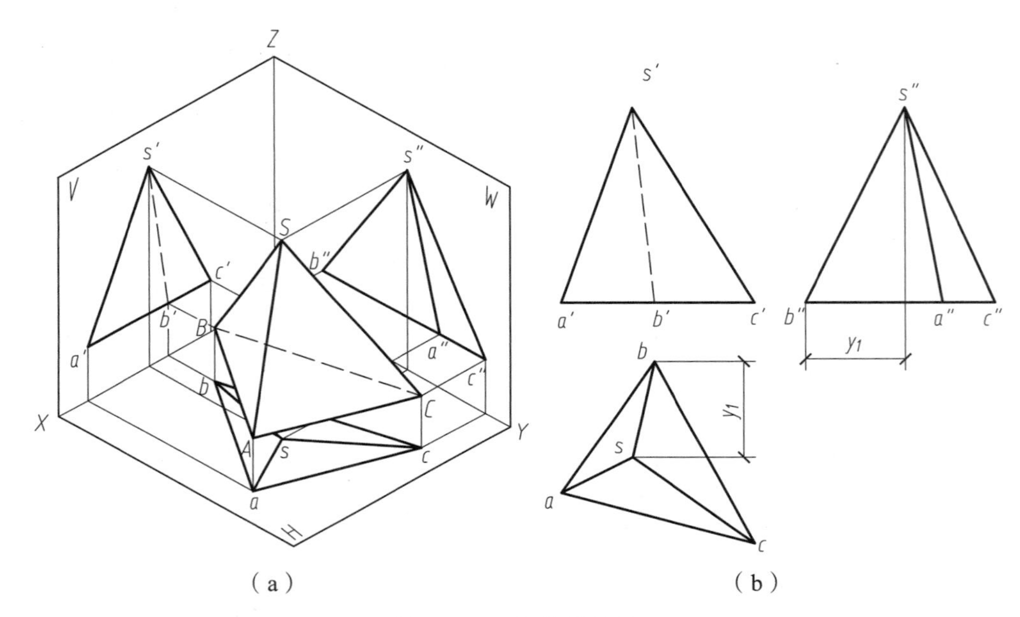

图 4-5　三棱锥的投影

作图步骤如下：

（1）作出三棱锥底面 *ABC* 的投影。先作其水平投影△*abc*（反映实形），再作正面投影 *a'b'c'* 和侧面投影 *a"b"c"* 积聚线段。

（2）作锥顶点 *S* 的投影。可利用 *S* 点的坐标及与其他顶点的坐标差。作投影时，应注意 *s*、*s'*、*s"* 的投影关系，如图 4-5（b）所示。

（3）将锥顶点与底面各顶点同面投影相连，并判别其可见性，如图 4-5（b）所示。

2. 棱锥表面上取点

棱锥的表面均由平面组成，其棱面通常为一般位置平面，其表面上点的投影可利用一般位置平面上定点作图来确定。

【例 4–3】如图 4-6（a）所示，已知三棱锥表面上点 M 的正面投影 m'，求作其水平投影 m 和侧面投影 m''。

解：已知三棱锥表面 M 点的正面投影可见，故 M 点位于三棱锥的棱面 SAC 上，由于该棱面为一般位置平面，因而可用在一般位置平面上定点的方法，即利用面内作辅助线方法作出点 M 的水平投影和侧面投影。

作图步骤如下：

（1）如图 4-6（b）所示，过 M 作水平辅助线平行于底边 AC，利用两直线平行的投影特性，则有正面投影 $1'2' /\!/ a'c'$，水平投影 $12 /\!/ ac$。

（2）利用直线上点的从属性，过 m' 向下作投影线交 12 于 m，即得 M 点的水平投影。

（3）依据 M 点的 m'、m 投影，利用点的投影规律求作 m''。可利用相对坐标差 Δy 来确定点 M 在宽度方向的位置，如图 4-6（b）所示。

（4）判别可见性。M 点所在的棱面 SAC，其水平投影和侧面投影均可见，故点 M 的水平投影 m 和侧面投影 m'' 均可见，如图 4-6（b）所示。

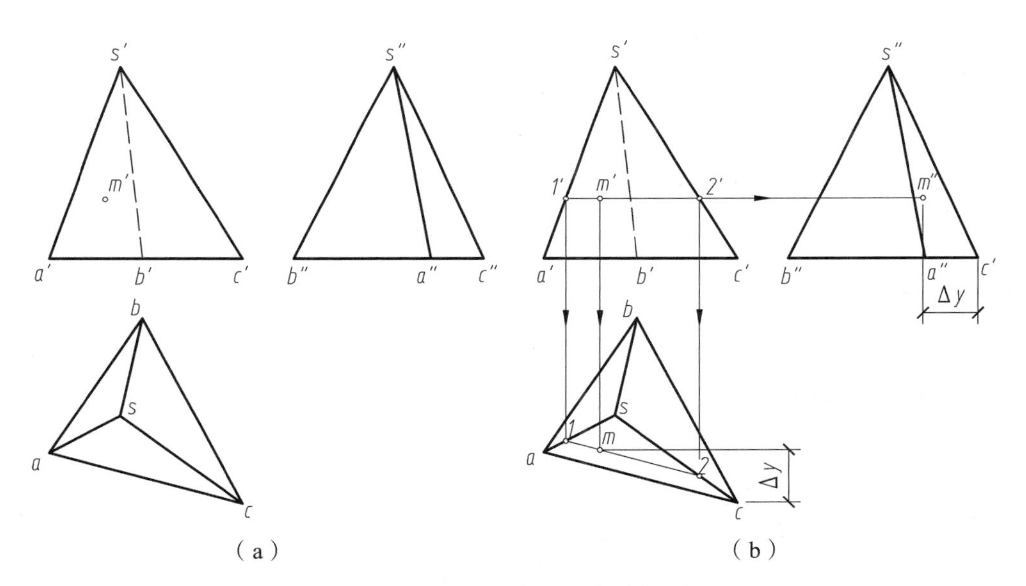

图 4-6　三棱锥表面上点的投影

平面立体的投影实质上是围成平面立体各表面的投影。作投影时，应先作出平面立体的底面的投影，然后作出各棱面的投影。由于各棱面又是由棱线与底边组成，而这些棱线和底边是分别交于棱柱体的不同顶点的，因此棱面的投影也就是棱柱体上顶点对应的连线。

平面立体表面上取点、取线方法与在平面上取点、取线方法完全相同，但应当注意的是要分析清楚这些点、线是在平面立体的哪个表面上，然后运用平面上取点、取线方法进行作图求解，其可见性取决于点、线所在立体表面的可见性。

4.2 曲面立体的投影

曲面立体是指立体表面由曲面或曲面和平面所围成的立体。而曲面是由一条线（直线或曲线）在空间连续运动所形成的轨迹。这条运动的线称为母线，母线在曲面上的任一位置称为素线。因此，曲面是所有素线的集合。母线有规律地运动形成规则曲面，不规则运动形成不规则曲面。按母线的形状，曲面可分为直线面（如圆柱面、圆锥面等）和曲线面（如球面、圆环面等）；按母线的运动方式，曲面可分为回转曲面和非回转曲面。回转曲面是指母线绕一条固定直线旋转所形成的曲面，如圆柱面、圆锥面、球面等；非回转曲面是指母线通过非旋转的其他运动方式（如沿曲线移动等）运动所形成的曲面，如双曲抛物面、平螺旋面等。

工程中常见的曲面立体是回转体，如圆柱、圆锥、球和环等。回转体是指完全由回转曲面或回转曲面和平面所围成的立体。本节讨论常见回转体的形成、回转体的投影以及回转体表面取点方法，以便为求解立体表面交线、表达复杂立体的投影打下基础。

4.2.1 圆　柱

圆柱是由圆柱面和两个圆平面所围成的立体。圆柱面可看成是由一条直母线绕与其平行的轴线旋转一周所形成的，母线上两端点的运动轨迹为两个等径的圆，即为圆柱上、下两底面圆的圆周。

1. 圆柱的投影

如图 4-7（a）所示为圆柱的直观图，圆柱的轴线为铅垂线，圆柱上、下两底面圆均为水平面，圆柱面上所有素线与其轴线平行，均为铅垂线。圆柱的三面投影如图 4-7（b）所示。

如图 4-7（b）所示，圆柱的水平投影是一个圆，圆周是圆柱面的积聚性投影，此圆也是圆柱上、下底面的实形投影。画投影时用垂直相交的单点长画线表示圆的中心线。圆柱面的正面投影和侧面投影均为矩形，矩形的上、下两条边为圆柱上、下底面的积聚性投影，其长度等于圆柱的直径。图中单点长画线表示圆柱轴线的投影。

如图 4-7（b）所示，正面投影矩形的左、右两条边 $a'a_1'$、$b'b_1'$为圆柱面上最左素线、最右素线（也称为正面转向轮廓素线）AA_1、BB_1 的正面投影，它们将圆柱面分成前、后两部分，前半部分圆柱面的正面投影可见，后半部分圆柱面的正面投影不可见，且与前半部分圆柱面的正面投影重合。最左素线 AA_1、最右素线 BB_1 的水平投影积聚在圆周的最左 a（a_1）、最右点 b（b_1），其侧面投影与轴线重合，此时只画轴线。

如图 4-7（b）所示，侧面投影矩形前、后两条边 $c'c_1'$、$d'd_1'$为圆柱面上最前、最后素线（也称侧面转向轮廓素线）CC_1、DD_1 的投影，它们将圆柱面分成左、右两部分，左半部分圆柱面的侧面投影可见，右半部分圆柱面的侧面投影不可见，且与左半部分圆柱面的侧面投影重合。最前素线 CC_1、最后素线 DD_1 的水平投影积聚在圆周的最前点 c（c_1）、最后点 d（d_1），其正面投影与轴线重合，此时只画轴线。

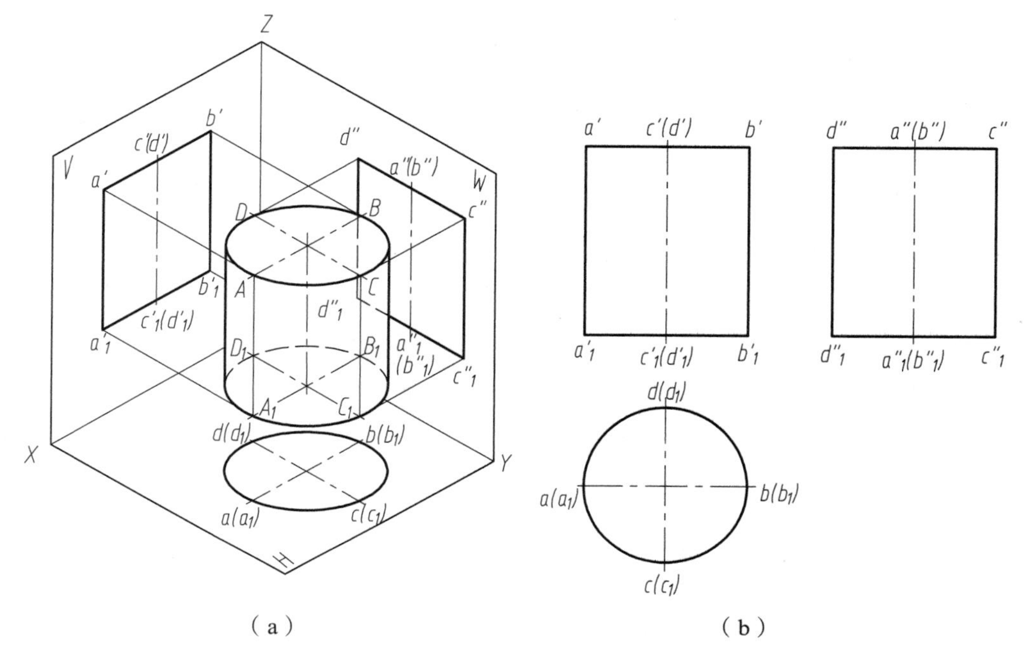

图 4-7　圆柱的投影

作图步骤如下：

（1）用单点长画线绘制圆柱的中心线和轴线；

（2）绘制圆柱底圆的投影；

（3）绘制圆柱转向轮廓素线的投影。

2. 圆柱体表面取点

当圆柱轴线为投影面的垂直线时，圆柱面在与其轴线垂直的投影面内投影积聚为圆。因此在圆柱面上取点时，在点的投影中，点的一个投影必定落在圆柱面的积聚性投影圆周上。利用这一特性和点的投影规律进行作图求解，完成立体表面点的投影。

【例 4-4】如图 4-8（a）所示，已知圆柱表面上点 A、B、C 的一个投影，试完成其另外两个投影。

解：如图 4-8（a）所示，点 A 的侧面投影 a''可见，故位于左后圆柱面上，其水平投影位于水平投影圆周上，利用其侧面投影 a''到圆柱轴线距离 y_1，作出 a；其正面投影可利用点的投影规律作出（a'），正面投影不可见。

由点 B 的侧面投影 b''可知，B 点位于圆柱面最前素线上，故其正面投影 b'落在圆柱轴线的正面投影上，且正面投影可见；而水平投影 b 落在水平投影圆的最前点上。

由点 C 的水平投影 c 可知，C 点位于圆柱的上底面，其正面投影 c'和侧面投影 c''位于上底面的积聚性投影上，过 c 向上作投影线交上底面积聚性投影于 c'，利用 C 点水平投影 c 到中心线的距离 y_2 作出其侧面投影 c''。

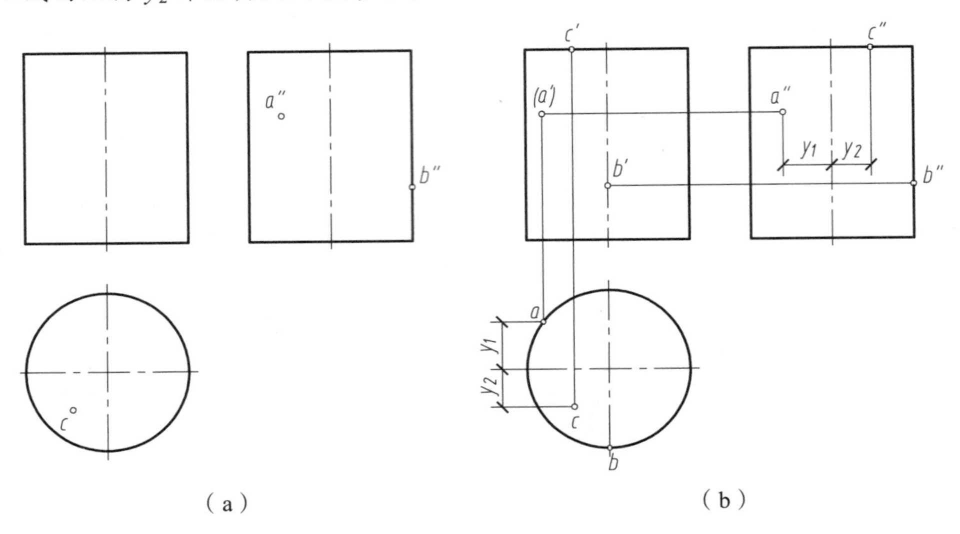

图 4-8　圆柱表面上取点

【例 4-5】如图 4-9（a）所示，已知前半个圆柱面上折线段的正面投影 $a'b'c'$、$c'd'$和 $d'e'g'$，完成折线段的水平投影和侧面投影。

解：在曲面立体表面上，投影为一直线段，其空间通常为平面曲线，在特殊情况下可以为直线段。在本例中，由于线段 ABC 的正面投影 $a'b'c'$与圆柱轴线垂直，故 ABC 线段为圆弧；而线段 CD 的正面投影 $c'd'$平行于圆柱轴线，故 CD 线段为直线段；线段 DEG 的正面投影 $d'e'g'$与圆柱轴线倾斜，故 DEG 线段为平面曲线。

作图步骤如下：

（1）作圆弧 ABC 的投影。圆弧 ABC 在前半个圆柱面上，而圆柱面的侧面投影具有积聚性，故圆弧 ABC 的侧面投影反映圆弧实形 $a''b''c''$，且落在圆柱面的积聚性投影前半个圆周上。其水平投影为直线段 abc，其中 AB 位于上半圆柱面上，水平投影 ab 可见，画实线；BC 位于下半圆柱面上，水平投影 bc 不可见，与 ab 重合，如图 4-9（b）所示。

（2）作直线段 CD 的投影。直线段 CD 为侧垂线且在前半个圆柱面上，其侧面投影积聚为前半个圆周上一点 d''（c''），其水平投影 cd 平行于圆柱轴线，到圆柱轴线的距离 y 等于其侧面投影 d''（c''）到中心线的距离，如图 4-9（b）所示。由于 CD 位于下半圆柱面上，因此水平投影 cd 不可见，画虚线。

（3）作平面曲线 DEG 的投影。平面曲线的侧面投影 $d''e''g''$落在圆柱面积聚性投影前半个圆周上，其水平投影为曲线的类似形。在平面曲线上取一系列点 C、E、F、G（其中 F 点为插入的一般点），作出这些点的水平投影 c、e、f、g（作图方法见例题 2-4），然后用光滑曲线连接各点的水平投影。其中，曲线 efg 位于上半圆柱面上，用实线连接；曲线 de 位于下半圆柱面上，用虚线连接，如图 4-9（b）所示。

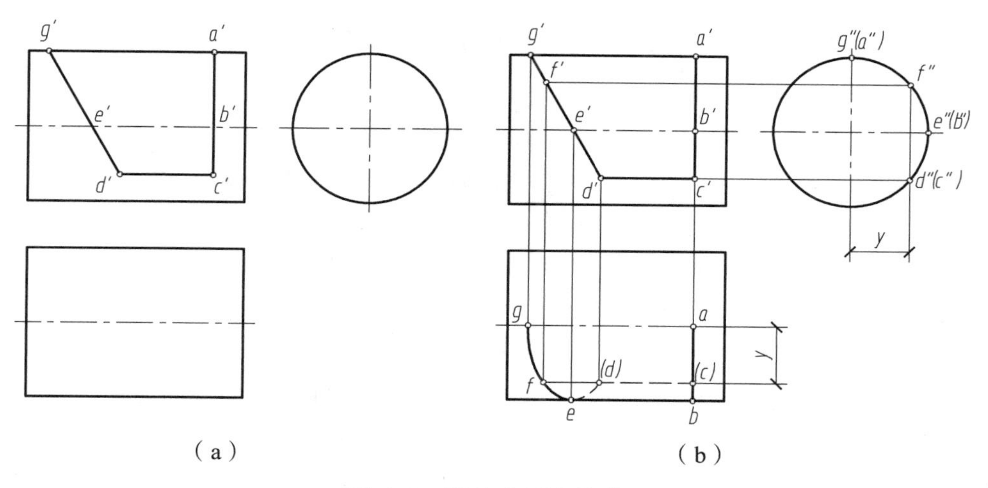

（a）　　　　（b）

图 4-9　圆柱表面上取线

4.2.2　圆　锥

圆锥是由圆锥面和一个底面圆围成的立体。圆锥面可看成是一条直母线绕与其相交的轴线旋转所形成的曲面。母线与轴线的相交点即为圆锥面顶点，母线另一端运动轨迹为圆锥底面圆的圆周。

1. 圆锥的投影

如图 4-10（a）所示为圆锥的直观图，圆锥的轴线铅垂放置，则圆锥的底面为水平面，圆锥面上所有素线与水平面的倾角均相等。

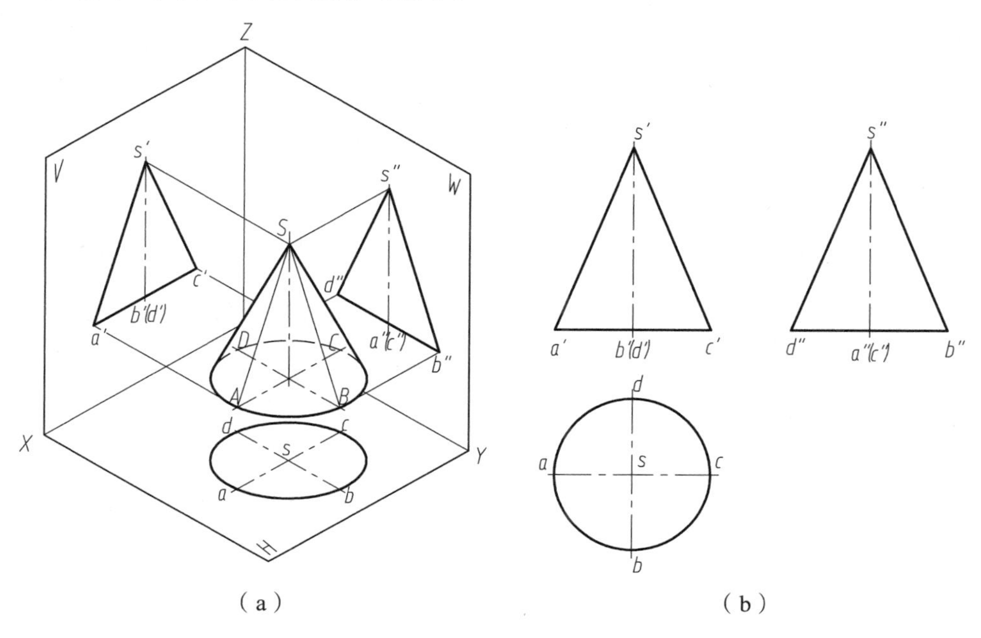

（a）　　　　（b）

图 4-10　圆锥的投影

圆锥的三面投影如图 4-10（b）所示，其水平投影为一个圆，圆域内为可见的圆锥面投影，也是不可见底面圆的实形投影。

圆锥面的正面投影为等腰三角形△$s'a'c'$，其底边为圆锥底面圆的积聚性投影，长度等于圆锥底圆直径；两个腰 $s'a'$、$s'c'$分别为圆锥面上最左素线 SA、最右素线 SC 的正面投影（也称为正面转向轮廓素线），它们将圆锥面分为前、后两部分，其中前半部圆锥面正面投影可见，后半部分圆锥面正面投影不可见，前、后两部分圆锥面的正面投影重合。最左、最右素线的水平投影 sa、sc 与投影圆的水平方向中心线重合，此处只画中心线；而侧面投影 $s''a''$、$s''c''$均与圆锥轴线重合，此处只画轴线。

圆锥的侧面投影也为等腰三角形△$s''d''b''$，其底边为圆锥底面圆的积聚性投影，长度等于圆锥底圆直径；两个腰 $s''b''$、$s''d''$分别为圆锥面最前素线 SB、最后素线 SD 的侧面投影（也称为侧面转向轮廓素线），它们将圆锥面分为左、右两部分，其中左半部分圆锥面的侧面投影可见，右半部分圆锥面的侧面投影不可见，左、右两部分圆锥面的侧面投影重合。最前、最后素线的水平投影 sb、sd 与投影圆的竖直方向中心线重合，此处只画中心线；而正面投影 $s'b'$、$s'd'$均与圆锥轴线重合，此处只画轴线。

作图步骤如下：

（1）绘制圆锥的中心线和轴线；

（2）绘制圆锥底圆的三面投影；

（3）作圆锥顶点及圆锥转向轮廓素线的投影。

2. 圆锥面上取点

如图 4-11（a）所示，圆锥面上取点有两种方法：一种为素线法，指在圆锥面上作一条素线，使其通过已知点 K，利用线上取点的方法；另一种为纬圆法，指在圆锥面上作一个与圆锥轴线方向垂直的圆（称为纬圆），使纬圆通过已知点 K，利用纬圆上取点的方法。

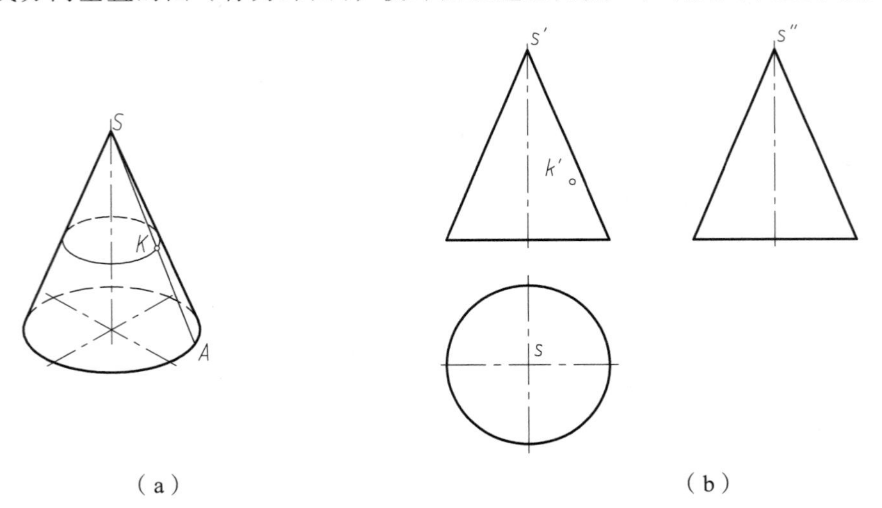

图 4-11　圆锥面上取点

【例 4–6】如图 4-11（b）所示，已知圆锥面上点 K 的正面投影 k'，求作 k'和 k''。

解法一：（素线法取点）

作图步骤如下：

（1）过点 K 作素线 SA 的投影。如图 4-12（a）所示，由于 K 点的正面投影可见，故 K 点位于前半圆锥面上。过 k'作素线 $s'a'$，并求出 sa 和 $s''a''$（a''可利用 y 坐标差求出）。

（2）作出 K 点的投影。利用直线上点的从属性和点的投影规律，作出 k、k''。

（3）判别 K 点的可见性。由于 K 点位于右、前圆锥面上，故 k 可见，k''不可见。

解法二：（纬圆法取点）

作图步骤如下：

（1）过点 K 作水平纬圆的投影。如图 4-12（b）所示，过 k'作纬圆的正面投影 $1'2'$，其水平投影为底圆的同心圆，其直径等于 $1'2'$。

（2）作出 K 点的投影。由于 K 点位于右、前圆锥面上，过 k'向下作投影线交纬圆水平投影于 k，利用 k 到中心线的距离 y，作出侧面投影 k''，如图 4-12（b）所示。

（3）判别 K 点可见性。由于 K 点位于右、前圆锥面上，故 k 可见，k''不可见。

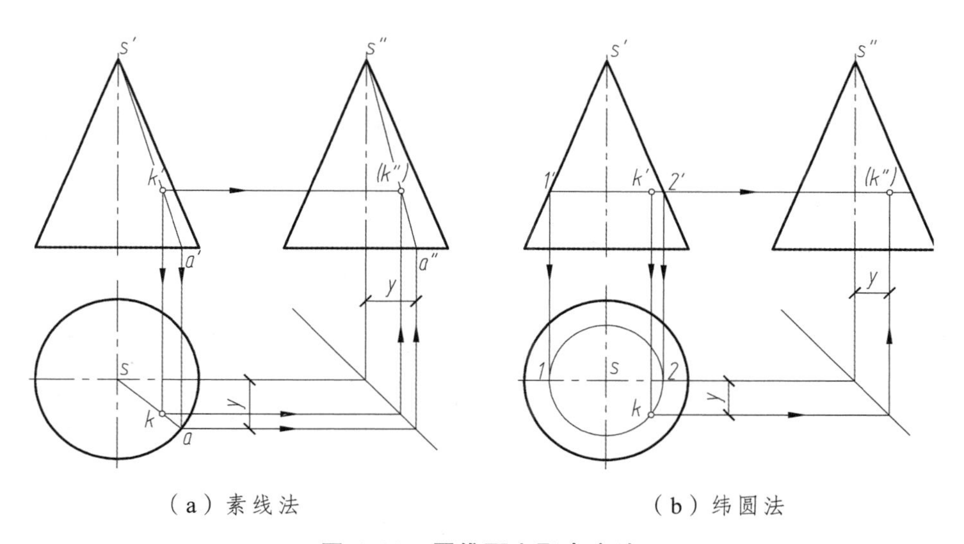

（a）素线法　　　　（b）纬圆法

图 4-12　圆锥面上取点方法

【例 4–7】如图 4-13 所示，已知圆锥表面上闭合线段的正面投影 $a'b'c'd'e'f'$，试完成其水平投影和侧面投影。

解：在曲面立体表面上，投影为一直线段，其空间通常为平面曲线，在特殊情况下可以为直线段。在本例中，线段 ABC 的正面投影 $a'b'$（c'）与底面圆平行，故 ABC 为圆弧，其水平投影反映圆弧的实形；而线段 $DEFBC$ 的正面投影 $d'e'$（f'）b'（c'）与圆锥轴线倾斜，且未通过锥顶点，故为平面曲线。通常在曲线上取一系列点，作出这些点的投影，并用光滑曲线将它们的同面投影依次连接，即得平面曲线的投影。

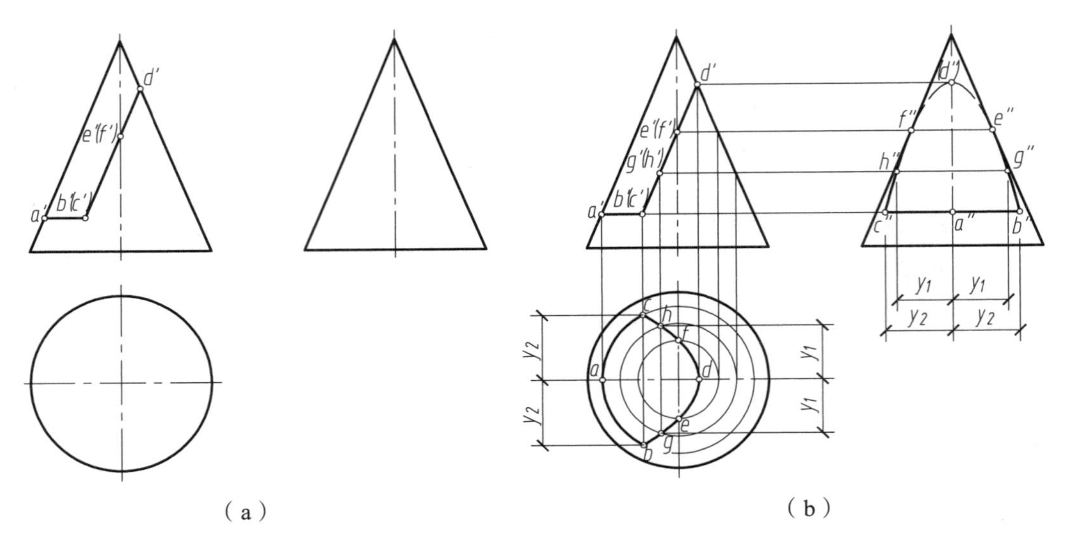

（a）　　　　　　（b）

图 4-13　圆锥表面取线

作图步骤如下：

（1）作 *ABC* 圆弧的投影。如图 4-13（b）所示，圆弧的水平投影 *abc* 反映圆弧的实形，其圆心与底面圆同心，半径为 *a*′到轴线的距离，侧面投影 *b*″*a*″*c*″为水平方向直线段，投影长度等于圆弧端点 *B*、*C* 的 *y* 坐标差 *bc*，其水平投影和侧面投影均可见，画实线。

（2）作 *DEFBC* 平面曲线的投影。如图 4-13（b）所示，在曲线上取一系列点 *D*、*E*、*F*、*G*、*H*、*B*、*C*（*G*、*H* 为插入的一般点，目的是提高曲线投影的准确性），其中 *D*、*E*、*F* 点分别位于圆锥面的最右、最前、最后素线上，可利用点的从属性作出其水平投影和侧面投影，点 *G*、*H* 可运用素线法或纬圆法作出这些点的投影（本例采用纬圆法），然后用光滑曲线依次连接这些点的同面投影。

（3）可见性判别：圆锥面水平投影可见，故曲线水平投影 *bgedfhc* 可见，用粗实线连接；左半锥面的侧面投影可见，故曲线侧面投影 *b*″*g*″*e*″和 *c*″*h*″*f*″可见，用粗实线连接；右半锥面的侧面投影不可见，故曲线侧面投影 *e*″*d*″*f*″不可见，用虚线连接，如图 4-13（b）所示。

4.2.3　圆　球

圆球是由圆球面围成的立体。圆球面可看成是母线圆绕其直径旋转所形成的曲面。

1. 圆球的投影

图 4-14（a）所示为圆球的直观图，圆球的三个投影均为等径的圆，是圆球在三个投影方向上球面转向轮廓线的投影。

圆球的三面投影如图 4-14（b）所示，转向轮廓线 c_h 为圆球上平行于 *H* 面的最大纬圆 C_H 的水平投影，也是上、下半球面的分界线，上半球面的水平投影可见，下半球面的水平投影不可见，上、下半球面的水平投影重合；水平转向轮廓线 C_H 的正面投影 c_h' 和侧面投影 c_h'' 与水平方向中心线重合，此处只画中心线。

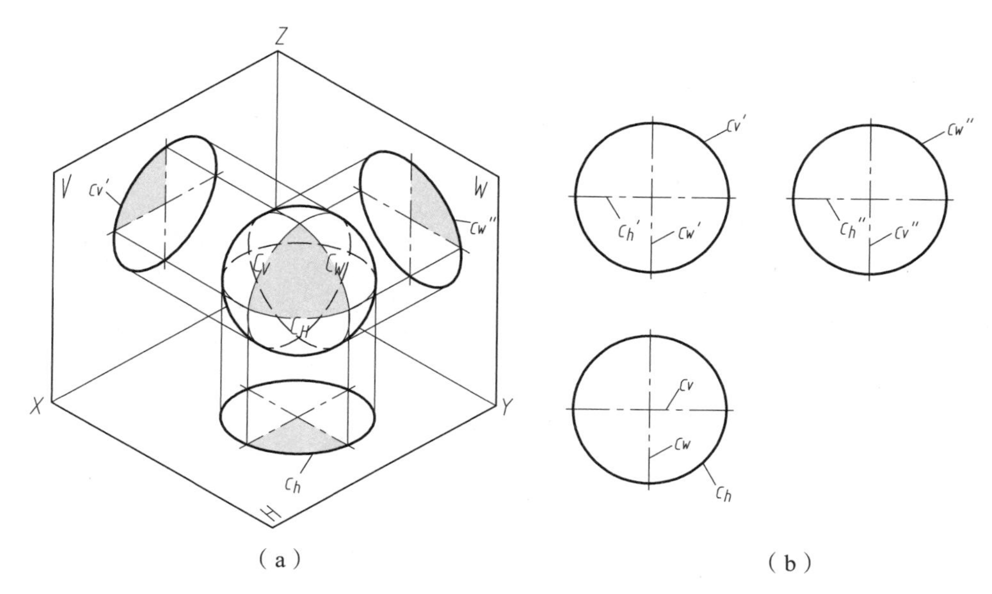

（a）（b）

图 4-14 圆球的投影

如图 4-14（b）所示，转向轮廓线 c_v'为圆球上平行于 V 面的最大纬圆 C_V 的正面投影，也是前、后半球面的分界线，前半球面的正面投影可见，后半球面的正面投影不可见，前、后半球面的正面投影重合；正面转向轮廓线 C_V 的水平投影 c_v 与水平投影中的水平中心线重合，侧面投影 c_v''与侧面投影中的竖向中心线重合，此处只画中心线。

如图 4-14（b）所示，转向轮廓线 c_w''为圆球上平行于 W 面的最大纬圆 C_W 的侧面投影，也是左、右半球面的分界线，左半球面的侧面投影可见，右半球面的侧面投影不可见，左、右半球面的侧面投影重合；侧面转向轮廓线 C_W 的正面投影 c_w'和侧面投影 c_w''与竖向中心线重合，此处只画中心线。

作图步骤如下：

（1）绘制圆球的中心线；

（2）绘制球面转向轮廓线的投影，其投影圆的直径等于球的直径。

2. 球面上取点

由于球面上的素线为圆，母线上点的运动轨迹为圆，球面上取点只能采用纬圆法。

【例 4–8】 如图 4-15（a）所示，已知点球面上点 M、N、K 的一个投影，求作相应的另外两个投影。

解：

（1）作点 M 的投影。已知点 M 的正面投影（m'）不可见，如图 4-15（a）所示，且位于后半圆球面的水平转向轮廓线上，利用点的从属性，过（m'）作投影线交后半水平投影圆于 m，再利用坐标差 y_1 和点的投影规律作出侧面投影 m''。

（2）作点 K 的投影。已知点 K 的侧面投影 k''位于侧面转向轮廓线最高点处，如图 4－15*b* 所示，其正面投影 k'位于正面转向轮廓线的最高点处，水平投影 k 位于水平投影中心线的交点上。

（3）作点 N 的投影。已知点 N 的水平投影 n 可见，故 N 点位于右、前、上球面上。过 n 作平行于 V 面的纬圆，纬圆半径为 *12*，如图 4-15（b）所示，过 n 作投影线交纬圆于 n'，其侧面投影 n'' 可利用坐标差 y_2 和点的投影规律求得。正面投影 n' 可见，侧面投影 n'' 不可见。

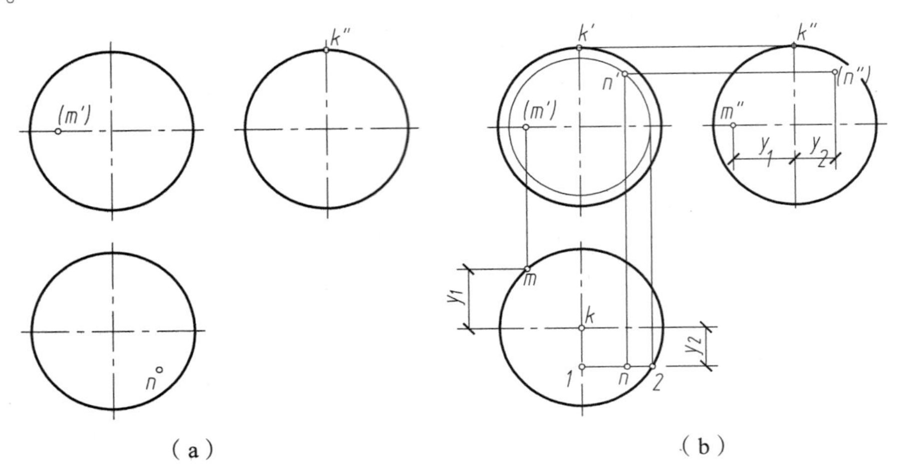

（a）　　　　（b）

图 4-15　球面上取点

4.2.4　圆　环

圆环是由圆环面围成的。圆环面可看成是母线圆绕圆外且与圆平面共面的轴线旋转所形成的曲面。

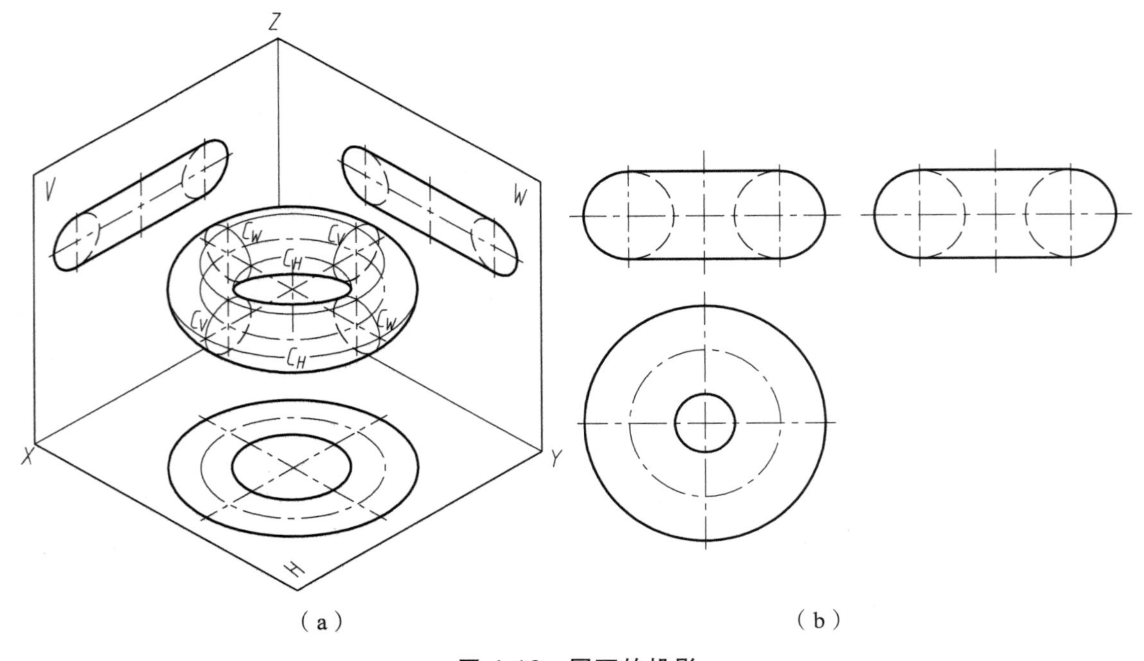

（a）　　　　（b）

图 4-16　圆环的投影

1. 圆环的投影

如图 4-16（a）所示为圆环的直观图，圆环的轴线为铅垂线，母线圆上外半圆弧绕轴线旋转形成外环面，内半圆弧绕轴线旋转形成外环面。母线的上半圆弧、下半圆弧旋转形成上半环面、下半环面。

图 4-16（b）为圆环的三面投影。在水平投影中，最大圆和最小圆为圆环面水平转向轮廓线（上半环面与下半环面分界线圆）的投影。它们将圆环面分为两部分，上半圆环面可见，下半圆环面不可见。单点长画线圆为母线圆中心轨迹的水平投影，也是内、外环面水平投影的分界线。

在正面投影中，如图 4-16（b）所示，左、右两个圆和与两圆相切的两直线段是圆环面正面转向轮廓线的投影，其中左、右两个圆为圆环面上最左、最右素线圆的投影，粗实线半圆在外环面上，虚线半圆在内环面上。上、下两水平直线段为内、外环面分界线圆的投影。在正面投影中，前半外环面可见，内环面和后半外环面不可见。

在侧面投影中，如图 4-16（b）所示，前、后两个圆与两圆相切的两直线段是圆环面侧面转向轮廓线的投影，其中前、后两个圆为圆环面上最前、最后素线圆的投影，粗实线半圆在外环面上，虚线半圆在内环面上。上、下两水平直线段为内、外环面分界线圆的投影。在侧面投影中，左半外环面可见，内环面和右半外环面不可见。

作图步骤如下：

（1）用单点长画线绘制圆环的中心线和轴线。

（2）绘制圆环正面转向轮廓线投影，利用投影关系作出圆环水平投影和侧面投影。

2. 圆环表面上取点

圆环面的素线为圆，母线上点的运动轨迹为圆，其表面取点，只能采用纬圆法。

【例 4–9】 如图 4-17（a）所示，已知圆环面上点 K、N、E 的一个投影，求作点的另外两个投影。

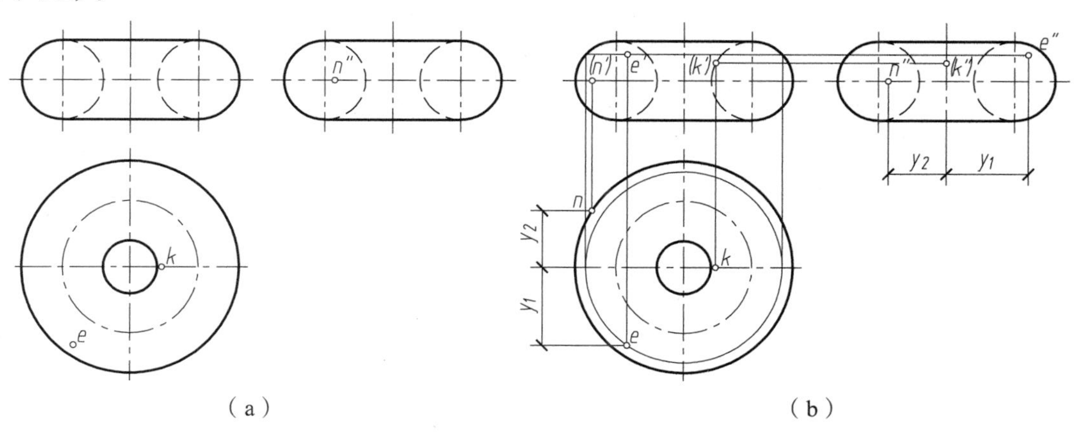

图 4-17　圆环面上取点

解：

（1）作 K 点的投影。如图 4-17（a）所示，由 K 点的水平投影可知，点 K 位于上半内环面的正面转向轮廓素线圆上。过 k 作投影线交正面转向轮廓素线圆于 k'，其侧面投影 k'' 位于圆环轴线的侧面投影上，由于内环面的正面投影和侧面投影不可见，故 k' 和 k'' 不可见。

（2）作 N 点的投影。由点 N 的侧面投影可知，点 N 位于外环面的水平转向轮廓素线圆上。利用坐标差 y_2 作出水平投影 n，其正面投影 n' 位于上下环面分界线上且不可见。

（3）作 E 的投影。由点 E 的水平投影可知，E 点位于左半、上半外环面上。过 e 作纬圆的水平投影和正面投影，利用点的从属性作出 e'，其侧面投影 e'' 可利用坐标差 y_1 作出，且 e' 和 e'' 可见。

曲面立体的表面是由曲面或曲面和平面组成的，曲面可看成是母线运动形成的轨迹，也是曲面上所有素线的集合。曲面立体的投影实质上是曲面立体表面上曲面轮廓素线或曲面轮廓素线和平面的投影。

曲面立体表面上取点方法，通常有：利用积聚性投影、素线法或纬圆法。立体表面是直线面，可以用素线法进行曲表面取点；立体表面是回转面，可以用纬圆法进行曲表面取点。曲面体表面上的线段通常为曲线，特殊情况下，可以为直线段。曲表面上点、线段的可见性取决于点、线段所在曲表面的可见性。

4.3 平面与平面立体相交

建筑形体及构件的结构形状是多种多样的，在工程中，经常看到平面立体和曲面立体的结构，而这些形体有时并非单一和完整的，通常是立体的某部分被平面截切，或者是立体的某部位被开槽、挖洞等情况。

用平面与立体相交截去立体的一部分，称为截切，与立体相交的平面称为截平面，截平面与立体表面的交线称为截交线。立体截交线的形状取决于立体表面的性质和截平面与立体间的相对位置，如图 4-18 所示。

立体的截交线按立体表面形状的不同，可分为平面立体截交线和曲面立体截交线。本节介绍平面立体截交线的投影作图问题。

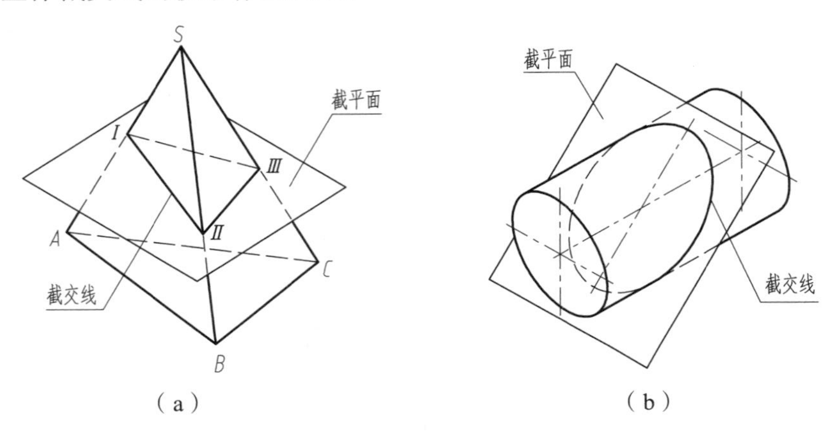

图 4-18　立体的截交线

平面立体截交线的形状是由直线段组成的平面多边形的形状所决定的。多边形的顶点为平面立体上棱线（或底边）与截平面的交点，而多边形的各条边为平面立体上参与相交的各棱面（或底面）与截平面的交线。多边形的边数取决于平面立体上参与相交的立体表面的数量。

4.3.1　平面立体截交线性质

（1）截交线是截平面与立体表面的公有线，即截交线既在截平面上，又在立体表面上；

（2）平面立体表面是由平面围成的，故截交线为封闭的平面多边形。

4.3.2　平面立体截交线投影的作图方法

求解平面与平面立体的截交线问题，实质上是求平面与平面立体上各表面的交线或求平面与平面立体上各棱线交点的集合问题。

1. 线面交点法

将平面立体上参与相交的棱线（或底边）与截平面求交点，然后将位于平面立体同一表面上两个交点的同面投影连接起来，即得所求平面立体截交线的投影。

2. 面面交线法

将平面立体上参与相交的棱面（或底面）与截平面求交线，这些交线的集合即为所求平面立体的截交线。

实际应用中，通常采用线面交点法求解，当所求截交线上的线段为特殊位置线或已知其方向时，可用面面交线法直接求解。

【例 4-10】如图 4-19（a）所示，试求五棱柱被正垂面 P 截切后的水平投影和侧面投影。

解：由题意可知，五棱柱被截平面 P 所截，有一条截交线，如图 4-19（a）所示，求此截交线的投影。由于截平面与五棱柱的（四个棱面和一个上底面）五个面相交，故截交线为平面五边形。由于截平面 P 为正垂面，对 V 面具有积聚性，故截交线的正面投影落在截平面的正面积聚性投影上，又由于五棱柱的棱面对 H 面具有积聚性，故截交线的四条边ⅡⅢ、ⅢⅣ、ⅣⅤ、ⅤⅠ的水平投影落在棱面的水平积聚性投影上，另一条边ⅠⅡ为截平面与上底面的交线，为一条正垂线，因此水平投影可用面面交线法作出ⅠⅡ交线的投影。所要求解的主要是侧面投影。可使用线面交点法作出棱线与截平面的交点Ⅲ、Ⅳ、Ⅴ的侧面投影，并将同一立体表面上的两点的侧面投影依次连接即可。

作图步骤如下：

（1）用底稿线作出五棱柱的侧面投影，作图时应注意投影关系。

（2）作出上底面与截平面 P 的交线的投影 *12* 和 *1″2″*，如图 4-19（b）所示。

（3）利用积聚性和点的从属性，作出 *3*、*4*、*5* 和 *3″*、*4″*、*5″*。

（4）依次连接截交线上顶点的侧面投影（位于同一棱面上的两点投影）。

（5）整理棱线。擦除被截切掉的棱线，用粗实线绘制可见棱线和上、下底面投影，用中虚线绘制不可见棱线。

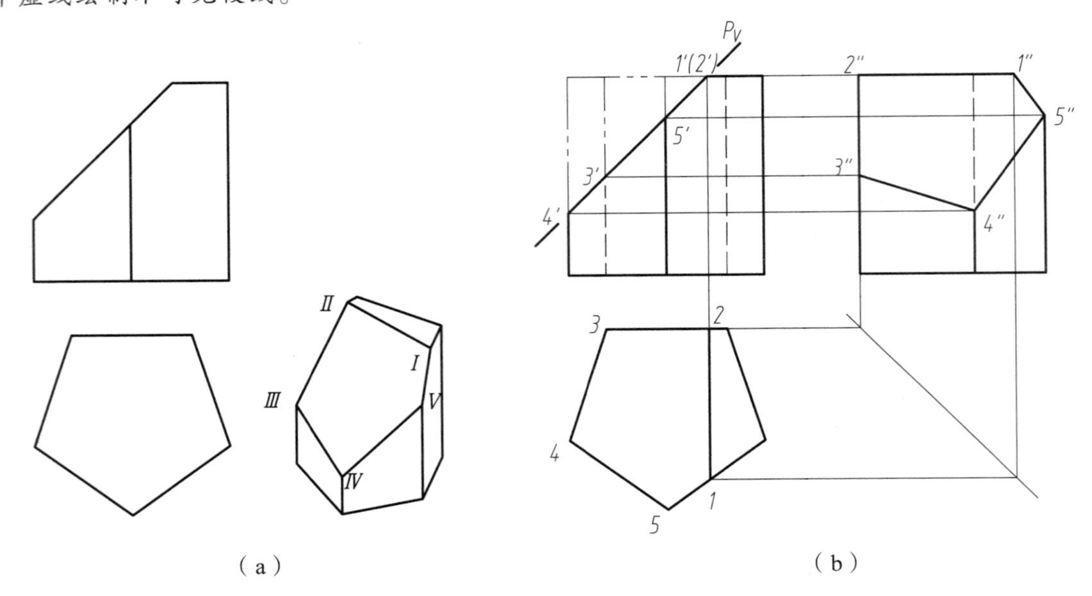

（a）　　　　（b）

图 4-19　平面截切五棱柱

【例 4–11】 如图 4-20（a）所示，完成正四棱锥被平面 P、Q、R 截切后的水平投影和侧面投影。

解： 截平面 Q 与四棱锥的四个棱面相交，截平面 R 与两个棱面相交，截平面 P 与四个棱面相交，故四棱锥表面截交线为空间十边形。三个截平面之间有两条交线，均为正垂线。由于三个截平面对 V 面具有积聚性，故截交线的正面投影落在截平面正面积聚性投影上，要求解的是水平投影和侧面投影。由于截平面 Q 为水平面，截切的四条交线为水平线，与四棱锥对应底边平行；截平面 R 为侧平面，截切的两条交线为侧平线，与四棱锥前、后棱线平行。这些交线均可用面面交线法求解。而截平面 P 为正垂面，截切的四条交线为一般位置线，其三个顶点位于四棱锥的三条棱线上，只能用线面交点法求解。

作图步骤如下：

（1）用底稿线作出正四棱锥的侧面投影。

（2）用面面交线法求解截平面 Q 的交线投影。为方便作图说明，本例对截交线的各顶点进行了编号，如图 4-20（b）所示，过棱线 $s'a'$ 上点 $1'$ 作投影线交 sa 于点 1，利用两直线平行投影特性，作出四条交线的水平投影 12、24、13、35，其侧面投影落在截平面 Q 的侧面积聚性投影上，其中点 $4''$、$5''$ 可利用其水平投影与对称线的距离来确定。

（3）用面面交线法求解截平面 R 的交线投影。由于前、后两条交线与四棱锥前、后棱线平行，则作 $4''6'' /\!/ s''b''$，$5''7'' /\!/ s''c''$，其水平投影顶点 6、7 可利用其侧面投影到对称线的距离来确定。

（4）用线面交点法求解截平面 P 的交线投影。利用直线上点的从属性作出顶点 $8''$、$9''$、

*10″*和 *8*、*9*、*10*，并连线（同一棱面上两点同面投影连线）。

（5）作出截平面之间的交线（*45*、*4″5″*）和（*78*、*7″8″*）。交线的水平投影不可见，画虚线；侧面投影可见，画实线。

（6）整理棱线。分析棱线被截切情况，将截切掉的棱线擦除，可见棱线（或底边）用粗实线加深，不可见棱线用中虚线绘制，如图 4-20（a）所示。

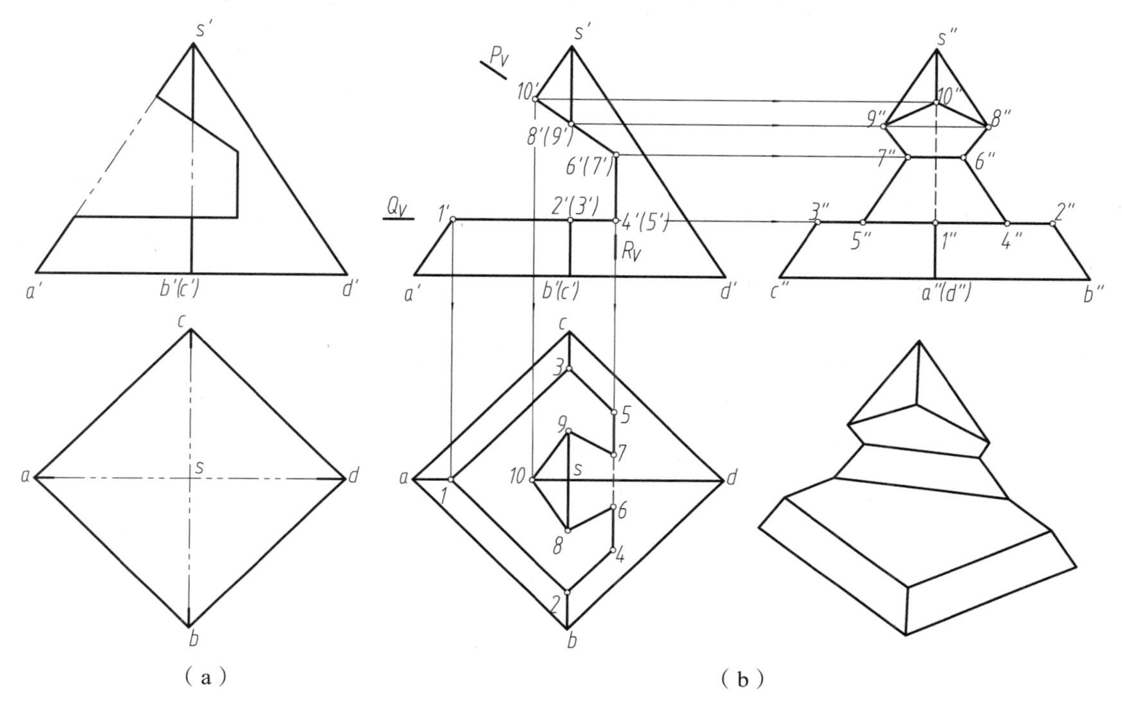

图 4-20　三个平面截切正四棱锥的截交线

4.4　平面与曲面立体相交

平面与曲面的相交线通常为平面曲线，因此平面截切曲面立体所得的截交线通常由平面曲线组成。曲面立体截交线的形状取决于曲面立体的表面形状以及截平面与曲面立体之间的相对位置。

4.4.1　曲面立体截交线的性质

（1）截交线是截平面与曲面立体表面的公有线，即截交线既在截平面上，又在曲面立体表面上，截交线上的点是截平面与曲面立体表面的公有点。

（2）截交线的形状通常为闭合的平面曲线，在特殊情况下，可以由直线段和平面曲线组成或完全由直线段组成。

4.4.2 曲面立体截交线投影的作图方法

曲面立体截交线的投影，实质上是截平面与曲面立体表面公有点投影的集合。

当截交线由直线段或圆弧组成时，利用积聚性、素线法或纬圆法直接作出交线。

当截交线为非圆曲线时，应作出截交线上足够多的公有点，然后用光滑曲线连接各点同面投影即可。公有点包括所有的特殊点（平面曲线上的顶点、端点以及曲面立体转向轮廓素线上的点）和一般点，公有点可利用曲面上取点的方法获得。

曲面立体截交线的求解方法如下：

（1）分析截交线的形状。截交线的形状取决于曲面的形状和截平面与曲面立体的相对位置。解题前应依据所给曲面立体的形状以及截平面与曲面立体的相对位置，分析清楚所求截交线的形状。

还要注意分析截平面与投影面的相对位置，明确截交线的投影特性，如积聚性、类似性等，解题前明确截交线的哪个投影是已知的，哪个投影是所要求解的。

（2）绘制截交线的投影。

运用曲面上取点、取线的方法，求解截平面与曲面立体表面的公有点，在判别这些点可见性的基础上用光滑曲线依次连接所求各点的同面投影。

（3）整理曲面立体的轮廓素线。

分析曲面立体轮廓素线的截切状况，对曲面立体上被截去的轮廓素线，在投影图中应擦除该部分轮廓素线的投影，对没有截去的曲面立体轮廓素线，在投影图中应用粗实线加粗。

4.4.3 常见曲面立体截交线投影

下面分别介绍常见曲面立体如圆柱、圆锥、圆球等截交线的投影作图。

1. 圆柱的截交线

圆柱表面上截交线的形状有三种，其形状取决于截平面与圆柱轴线的相对位置，如表4-1所示。

当截平面与圆柱轴线平行时，截交线形状为矩形。其中，截平面与圆柱面相交于两根直素线，与圆柱上、下底面相交于两条直线段。

当截平面与圆柱轴线垂直时，截交线形状为与圆柱等径的圆；若部分截切，则为圆弧。

当截平面与圆柱轴线倾斜时，截交线的形状为椭圆，椭圆的长、短轴的交点（即椭圆中心）位于圆柱的轴线上。

表 4-1　圆柱的三种截交线

截平面位置	与轴线平行	与轴线垂直	与轴线倾斜
立体图	P	P	P
投影图	P_H	P_V	P_V

【**例 4-12**】如图 4-21（a）所示，完成平面 *P* 截切圆柱后的水平投影。

解：如图 4-21（a）所示，截平面 *P* 与圆柱轴线倾斜，故截交线为椭圆。由于截平面为正垂面，截交线的正面投影位于截平面的正面积聚性投影上，又由于圆柱面的侧面投影具有积聚性，故所求截交线椭圆的侧面投影落在圆柱面的侧面积聚性投影上。因此，只需作出截交线的水平投影。

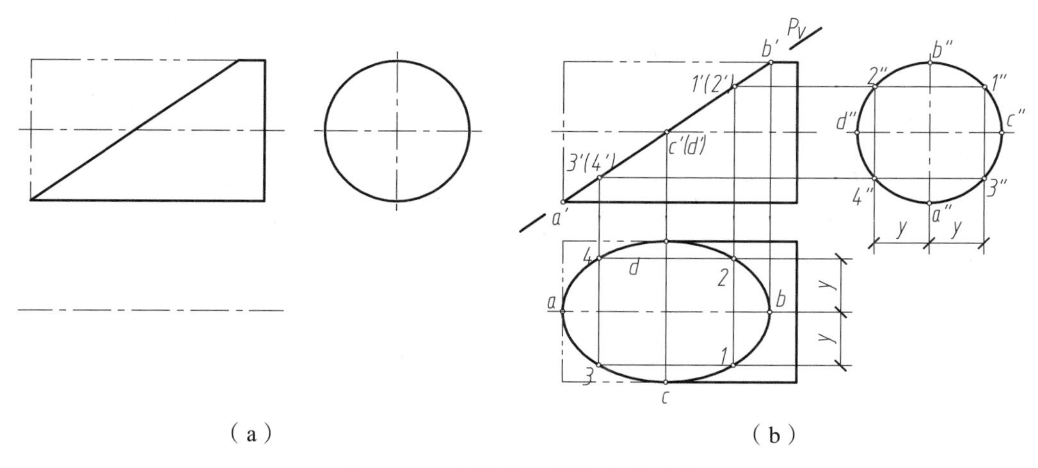

图 4-21　平面截切圆柱的截交线

作图步骤如下：

（1）用底稿线绘制圆柱的水平投影。

（2）求截交线椭圆上长短轴端点 *A*、*B*、*C*、*D* 的投影。椭圆长轴端点 *A*、*B* 位于圆柱面最高、最低素线上；短轴的端点位于圆柱面的最前、最后素线上。如图 4-21（b）所示，已知 a'、b'、c'、d'，利用点的从属性，作出其水平投影 a、b、c、d 和侧面投影 a''、b''、c''、d''。

（3）求截交线椭圆上一般点Ⅰ、Ⅱ、Ⅲ、Ⅳ的投影。一般点是特殊点之间的插补点，可利用圆柱面上取点方法。已知点正面投影 $1'$、$2'$、$3'$、$4'$（可在截交线的正面投影上任意取点），如图 4-21（b）所示，首先作出这些点的侧面投影 $1''$、$2''$、$3''$、$4''$，然后利用点的投影规律，作出其水平投影 1、2、3、4。

（4）绘制截交线椭圆的投影。将上述特殊点和插补的一般点的同面投影用光滑曲线连接即得截交线椭圆的投影（此投影不反映椭圆的实形）。如要作出截交线椭圆的实形，可利用投影变换方法作图求解，读者可自行作图，此处不再赘述。

（5）整理圆柱轮廓线投影。在圆柱的水平投影中，圆柱的最前、最后素线经截切后余下的只有从椭圆端点 C、D 至右端面的部分轮廓素线，用粗实线加粗，切除掉的轮廓线不再画出，应擦除。

【例 4–13】在例题 4-12 中，设截平面与圆柱轴线的倾角为 θ，当 θ 角变化时，分析截交线椭圆投影的变化。

解：只要截平面与圆柱轴线倾斜，并将圆柱完全截断，其截交线的形状必定为椭圆。截交线椭圆的投影形状将随其倾角 θ 变化而变化。分析如下：

当 $0 < \theta < 45°$ 时，椭圆长短轴投影后，仍然为投影椭圆的长短轴，如图 4-22（a）所示。

当 $45° < \theta < 90°$ 时，椭圆长轴投影后，成为投影椭圆的短轴；而椭圆短轴投影后，成为投影椭圆的长轴，如图 4-22（c）所示。

当 $\theta = 45°$ 时，椭圆的长、短轴投影后长度相等，椭圆的投影为圆。此时，作椭圆投影时应使用圆规作图，投影圆的直径等于圆柱的直径，投影圆的圆心位于圆柱轴线上，如图 4-22（b）所示。

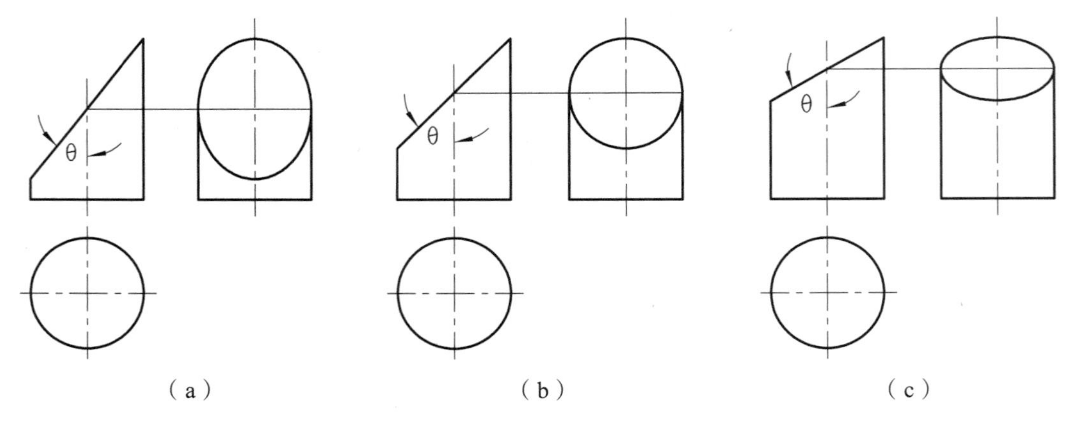

图 4-22　截交线椭圆投影的变化

【例 4–14】如图 4-23（a）所示，圆柱上部有切口，完成其水平投影和侧面投影。

解：如图 4-23（b）所示，将圆柱上部矩形槽切口可看成是由两个侧平面 Q、P 和水平面截切而形成的。求此切口的投影，就是依次作出各截平面的交线的投影。截平面 Q、P

与圆柱轴线平行，其交线为铅垂的直线段ⅠⅢ、ⅡⅣ、ⅤⅦ、ⅥⅧ；截平面 R 与圆柱轴线垂直，交线为水平圆弧ⅢⅨⅦ和ⅣⅩⅧ。

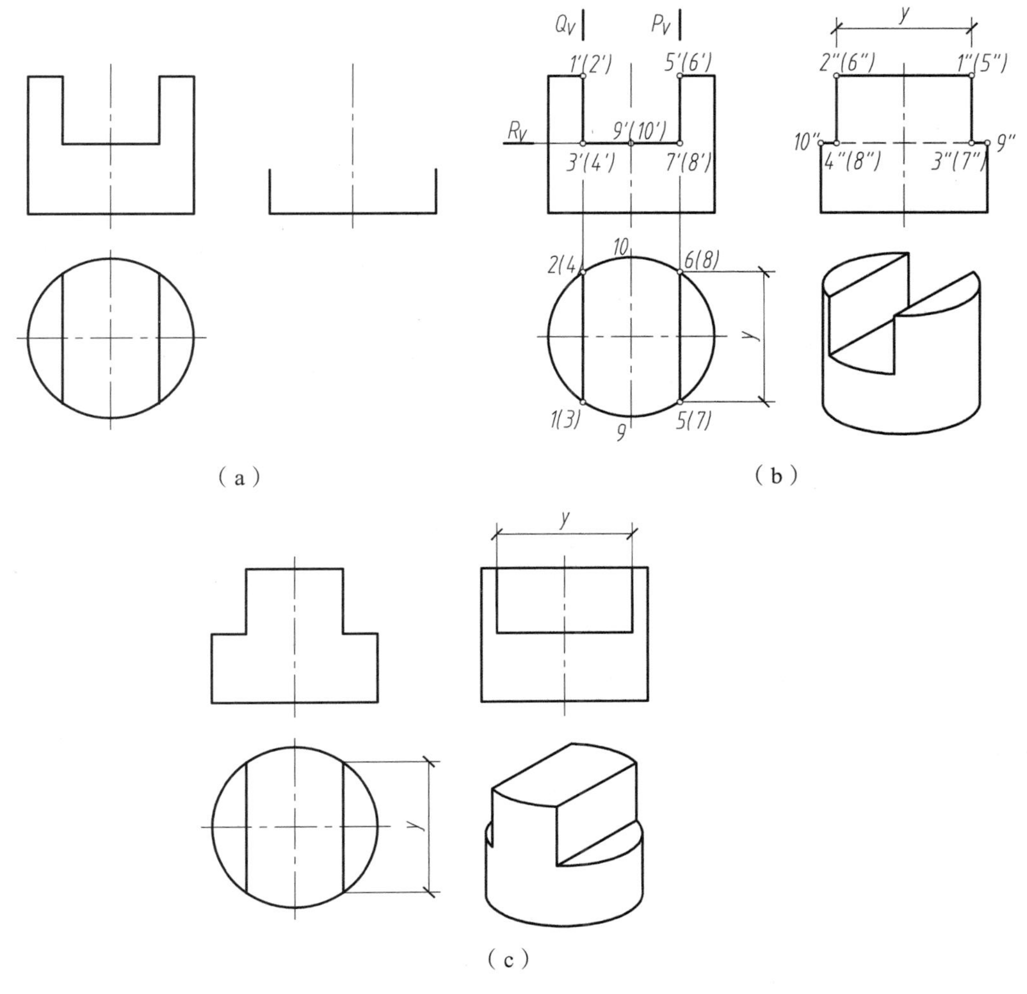

图 4-23　圆柱上切口的投影

作图步骤如下：

（1）用底稿线作出圆柱的侧面投影。

（2）作截平面 R 与圆柱面的交线。交线圆弧ⅢⅨⅦ和ⅣⅩⅧ的水平投影 *397*、*4108* 落在圆柱面的水平积聚性投影上，其侧面投影 *3"9"7"*和 *4"10"8"*为水平直线段，如图 4-23（b）所示，其中 *3"9"*与 *7"9"*、*4"10"*与 *8"10"*重合，画实线。

（3）作截平面 Q、P 与圆柱面的交线。截平面 Q 与圆柱面的交线为直线段，其正面投影 *1'3'*、*2'4'*重合，落在截平面 Q 的正面积聚性投影上；其水平投影积聚为点 *1*（*3*）、*2*（*4*），落在圆柱面水平积聚性投影上；其侧面投影 *1"3"*和 *2"4"*可利用坐标差 y 作出，长度与正面投影长度相等，如图 4-23（b）所示。用同样方法可作出 P 与圆柱面交线的投影。由于截平面 Q、P 左右对称，故它们的交线侧面投影重合。

（4）作截平面 Q、P 与截平面 R 的交线。交线为正垂线，其水平投影 34 和 78 分别落在截平面 Q、P 的水平积聚性投影上；侧面投影 $3''4''$ 和 $7''8''$ 为水平直线段，落在截平面 R 的侧面积聚性投影上，交线不可见，应画虚线，如图 4-23（b）所示。

（5）整理轮廓线。圆柱最前、最后素线上部分被截切掉，故其侧面投影的（点 $9''$、$10''$ 上部）上部分应擦除。如图 4-23（b）所示。

图 4-23（b）与图 4-23（c）所示的圆柱上部切口，前者切除圆柱上部中间部分，后者切除圆柱上部两侧部分。由于两者的截平面 Q、P 的截切位置相同，故它们截交线投影完全相同，作图方法一样。截平面 R 的位置不同，前者交线圆弧位于前后圆柱面上，后者交线圆弧位于左右圆柱面上且侧面投影重合；前者截平面间的交线侧面投影不可见，而后者可见；前者位于 R 截平面上部的侧面投影轮廓线（圆柱最前、最后素线）被截切去除，如图 4-23（b）所示，而后者侧面轮廓素线（圆柱最前、最后素线）没有被截切，其侧面投影是完整的，如图 4-23（c）所示。

2. 圆锥的截交线

圆锥体表面上截交线的形状有五种，截交线的形状取决于截平面与圆锥的相对位置，如表 4-2 所示。

表 4-2 圆锥的五种截交线

截平面位置	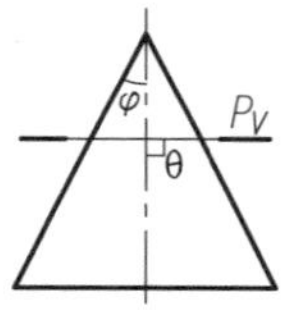 $\theta = 90°$	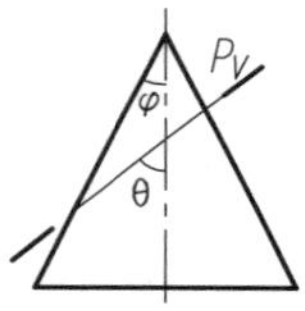 $\theta > \varphi$	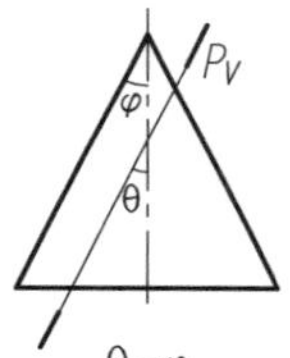 $\theta = \varphi$	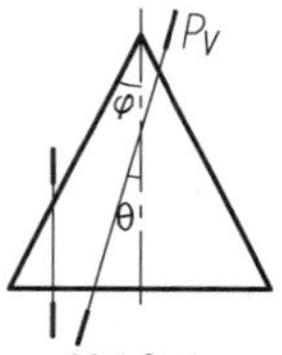 $0° \leqslant \theta < \varphi$	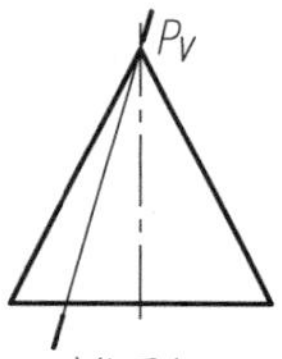 过锥顶点
截交线形状	圆	椭圆	抛物线	双曲线	三角形
立体图	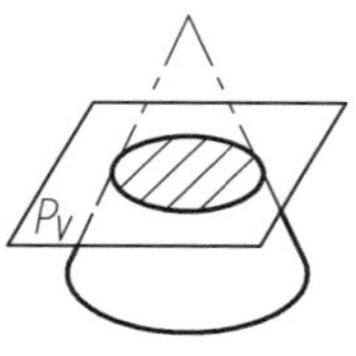	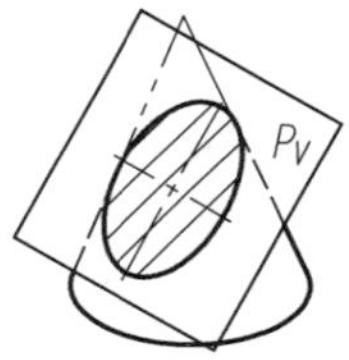	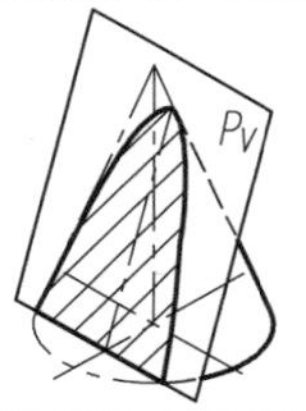	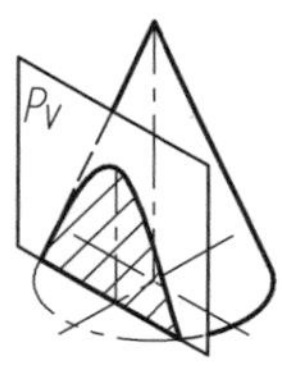	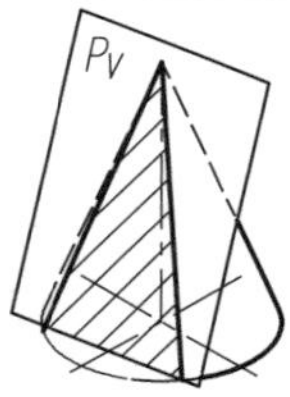
投影图	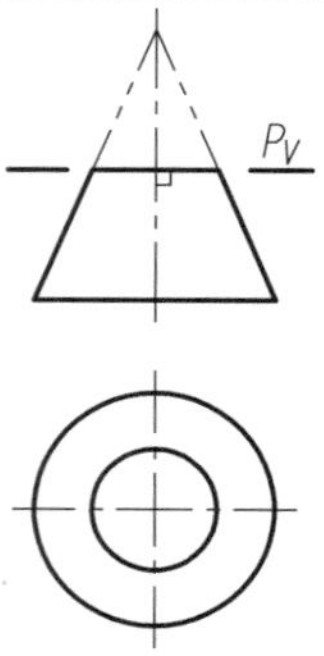	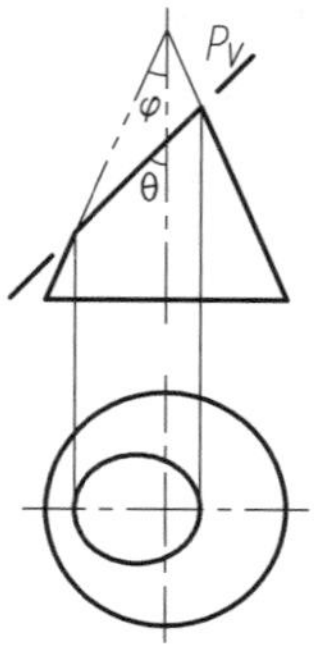	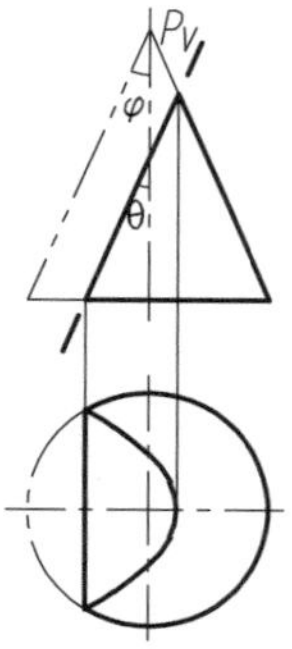	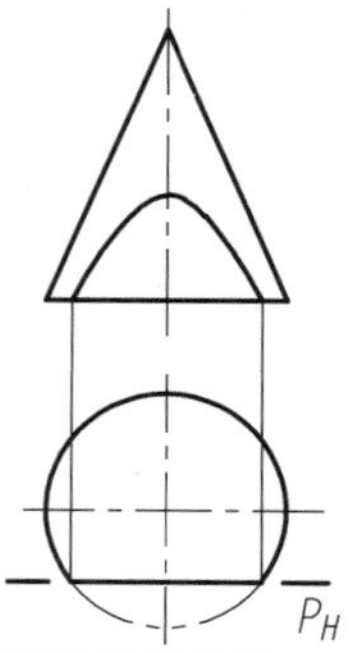	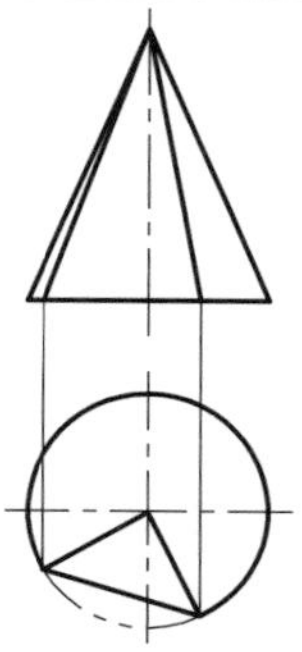

当截平面与圆锥轴线垂直时（$\theta=90°$），截交线为圆；

当截平面与圆锥面所有素线均相交时（$\theta>\varphi$），截交线为椭圆；

当截平面与圆锥面上一条素线平行时（$\theta=\varphi$），截交线为抛物线；

当截平面与圆锥面上两条素线平行时（$0\leqslant\theta<\varphi$），截交线为双曲线；

当截平面通过圆锥顶点时，截交线为三角形。

【例 4-15】如图 4-24（a）所示，完成圆锥被平面 Q 截切后的水平投影和侧面投影。

解：截平面 Q 为正垂面，且与圆锥轴线倾角大于圆锥半顶角，截交线为椭圆。截交线椭圆的正面投影落在截平面的正面积聚性投影上，所要求解的是截交线的水平投影和侧面投影。

作图步骤如下：

（1）作出截交线上特殊点的投影。如图 4-24（b）所示，椭圆长轴端点 A、B 位于圆锥面最左、最右素线上，已知正面投影 a'、b'，作出其水平投影 a、b 和侧面投影 a''、b''；由于短轴 CD 与长轴 AB 互相垂直平分，短轴 CD 为正垂线，其正面投影 c'（d'）位于长轴正面投影 $a'b'$的中点上，利用圆锥面取点（纬圆法或素线法）作出短轴端点的 c、d 和 c''、d''；取圆锥面上侧面转向轮廓线上点 Ⅰ、Ⅱ的正面投影 $1'$、$2'$，作出其 1、2 和 $1''$、$2''$。

（2）作出截交线上一般点的投影。在截交线上任意取点Ⅲ、Ⅳ的正面投影 $3'$、$4'$，如图 4-24（b）所示，利用在圆锥面上取点的方法（纬圆法或素线法），作出 3、4 和 $3''$、$4''$。

（3）整理轮廓线。位于截平面 Q 上部的圆锥面最前、最后素线被截去，其侧面投影应擦除，如图 4-24（b）所示。

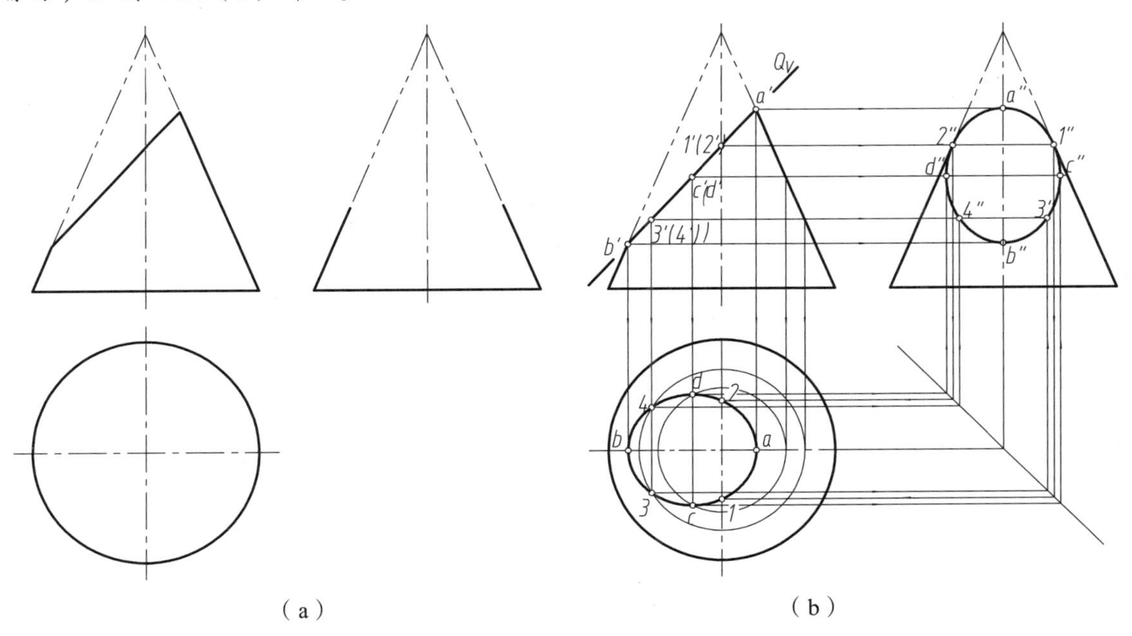

（a）　　　　　　　　　　（b）

图 4-24　平面截切圆锥的截交线

【例 4-16】如图 4-25（a）所示，完成圆锥切口的水平投影和侧面投影。

解：如图 4-25（b）所示，已知三个平面截切圆锥，截平面 P 与圆锥轴线垂直，截交线为圆弧，其正面投影和侧面投影为水平直线段，水平投影反映圆弧的实形；截平面 Q 通过圆锥顶点，截交线为两条直素线，其正面投影在截平面的正面积聚性投影上，要求解的是水平投影和侧面投影；截平面 R 与圆锥面上最前、最后素线平行（截平面与圆锥轴线倾角为 0°），截交线为双曲线，其正面投影和水平投影均落在截平面的积聚性投影上，要求解的是侧面投影。截平面之间的交线为正垂线。

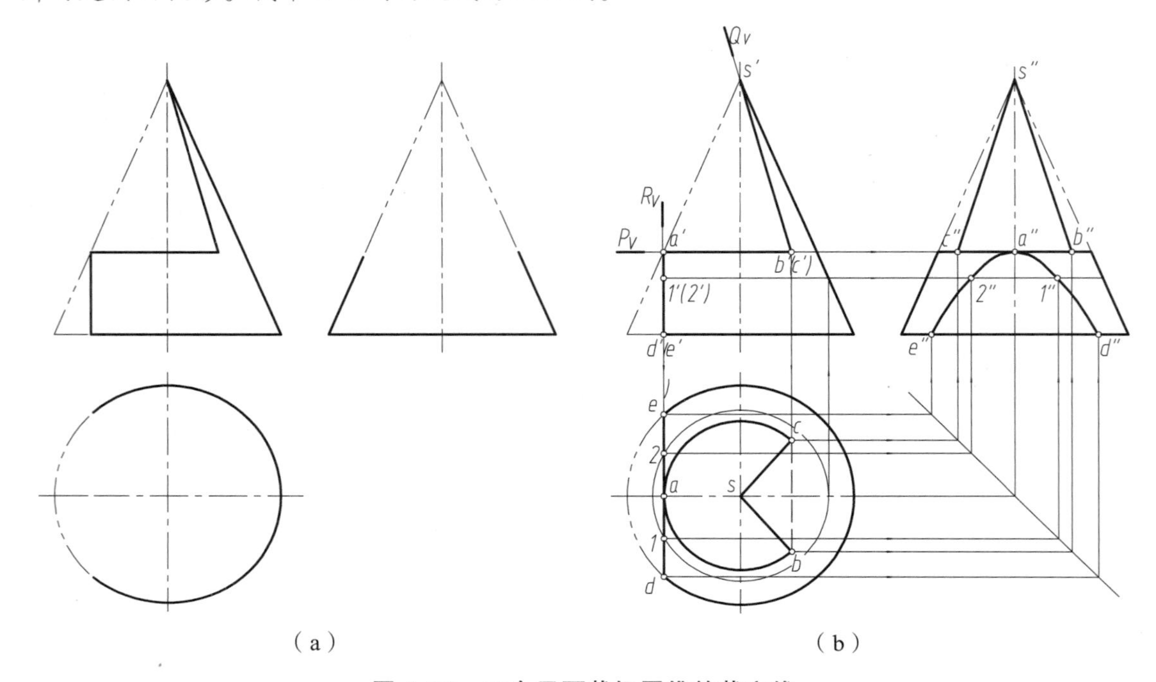

图 4-25　三个平面截切圆锥的截交线

作图步骤如下：

（1）作截平面 P 与圆锥面交线的投影。交线为圆弧，水平投影圆弧的半径等于 a' 到轴线的距离，侧面投影为直线段，其长度为圆弧的直径。圆弧端点 B、C 的水平投影为 b、c 和侧面投影 b''、c''，如图 4-25（b）所示。

（2）作截平面 Q 与圆锥面的交线的投影。交线为通过圆锥顶点的直线段，将圆锥顶点与圆弧（截平面 P 与圆锥面的交线）端点 B、C 的同面投影连线，即为 SB（sb、$s''b''$）和 SC（sc、$s''c''$）的投影，如图 4-25（b）所示。

（3）作截平面 R 与圆锥面的交线的投影。交线为双曲线，其水平投影为竖向直线段，取双曲线上特殊点：双曲线顶点 A（a、a'、a''）、底端点 D（d、d'、d''）和 E（e、e'、e''），取双曲线上一般点：运用圆锥面上取点方法作出 Ⅰ（1、$1'$、$1''$）、Ⅱ（2、$2'$、$2''$），用光滑曲线连接各点，如图 4-25（b）所示。

（4）作出截平面间的交线的投影。交线 BC 的水平投影 bc 不可见，画虚线；侧面投影 $b''c''$ 落在截平面 P 的侧面积聚性投影上，如图 4-25（b）所示。

（5）整理圆锥轮廓线。侧面投影轮廓线中，位于截平面 P 上部的最前、最后素线被截掉，故应擦除此部分转向轮廓线，如图 4-25（b）所示。

3. 圆球的截交线

平面截切圆球的截交线只有一种，其交线的形状为圆，如图 4-26 所示，交线圆的半径取决于截平面到球心距离，交线圆的投影取决于截平面的相对位置。

当截平面与某投影面平行，则交线圆在该投影面的投影反映实形；

当截平面与某投影面倾斜，则交线圆在该投影面的投影为椭圆，投影椭圆的长轴等于交线圆的直径；

当截平面与某投影面垂直，则交线圆在该投影面的投影为直线段，直线段的长度等于交线圆的直径。

【例 4–17】 如图 4-27 所示，已知平面截切圆球，完成其水平投影和侧面投影。

解： 截平面为正垂面，截交线为圆，其正面投影落在截平面的正面积聚性投影上。由于截平面与 *H*、*W* 面倾斜，故截交线圆的 *H*、*W* 投影均为椭圆。

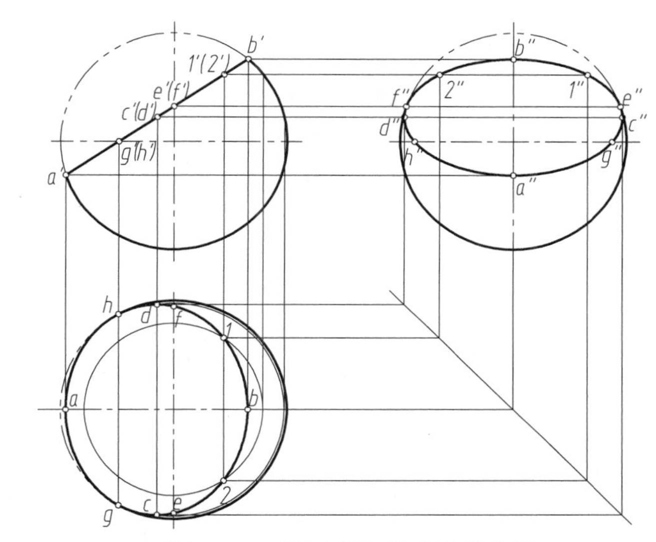

图 4-26　圆球的截交线

图 4-27　平面截切圆球的截交线

作图步骤如下：

（1）作出截交线圆上特殊点的投影。点 *A*、*B*、*C* 和 *D*（在 *H*、*W* 投影中，分别为椭圆长、短轴的端点）：点 *A*、*B* 位于圆球正面转向轮廓线上，其投影 *A*（*a*、*a*′、*a*″）、*B*（*b*、*b*′、*b*″）如图 4-27 所示；点 *C*、*D* 的正面投影（*c*′、*d*′）位于 *a*′*b*′的中点上，可利用纬圆法取点作图得到其水平投影和侧面投影（*c*、*c*″）、（*d*、*d*″）；水平转向轮廓线上点 *G*（*g*、*g*′、*g*″）、*H*（*h*、*h*′、*h*″）和侧面转向轮廓线上点 *E*（*e*、*e*′、*e*″）、*F*（*f*、*f*′、*f*″），如图 4-27 所示。

（2）作出截交线圆上一般点的投影。在截交线正面投影适当位置处取点 *Ⅰ*、*Ⅱ*的正面投影 *1*′、*2*′，利用纬圆法作出其水平投影和侧面投影（*1*、*1*″）、（*2*、*2*″），如图 4-27 所示，并用光滑曲线依次连接各点的同面投影（应注意的是，截交线的投影椭圆在经过转向轮廓线上点时，应与对应转向轮廓线相切于此点）。

（3）整理圆球轮廓线。位于截平面左侧的圆球水平轮廓线被截切掉，在水平投影中应擦除该部分水平转向轮廓线；同样，位于截平面上部的圆球侧面转向轮廓线被截切掉，其侧面投影中应去除该部分转向轮廓线。

【例 4–18】如图 4-28（a）所示，已知半球缺口的 V 投影，完成其 H 和 W 投影。

解：如图 4-28（b）所示，半球上的缺口是由截平面 P 和截平面 Q 截切而形成，截平面 P 与球面的交线为圆弧，其正面和侧面投影均为水平方向直线段，水平投影为反映实形的圆弧；截平面 Q 与球面的交线为圆弧，其正面和水平投影为竖向直线段，侧面投影为反映实形的圆弧。

作图步骤如下：

（1）作截平面 P 与球面交线的投影。交线圆弧的侧面投影为水平方向直线段，其长度等于交线圆弧的直径，交线圆弧的水平投影反映实形，其半径等于 a' 至半球正面竖向中心线的距离，如图 4-28（b）所示。

（2）作截平面 Q 与半球交线的投影。交线圆弧的水平投影为竖向直线段，长度等于水平交线圆弧端点的水平投影连线 cd；交线圆弧的侧面投影反映实形，其半径等于 d' 至半球正面水平方向中心线的距离，如图 4-28（b）所示。

（3）整理半球转向轮廓素线。半球的水平转向轮廓素线没有被截切，是完整的，而位于截平面 P 上部的侧面转向轮廓素线被截切掉，在其侧面投影中应擦除该部分的轮廓线，如图 4-28（b）所示。

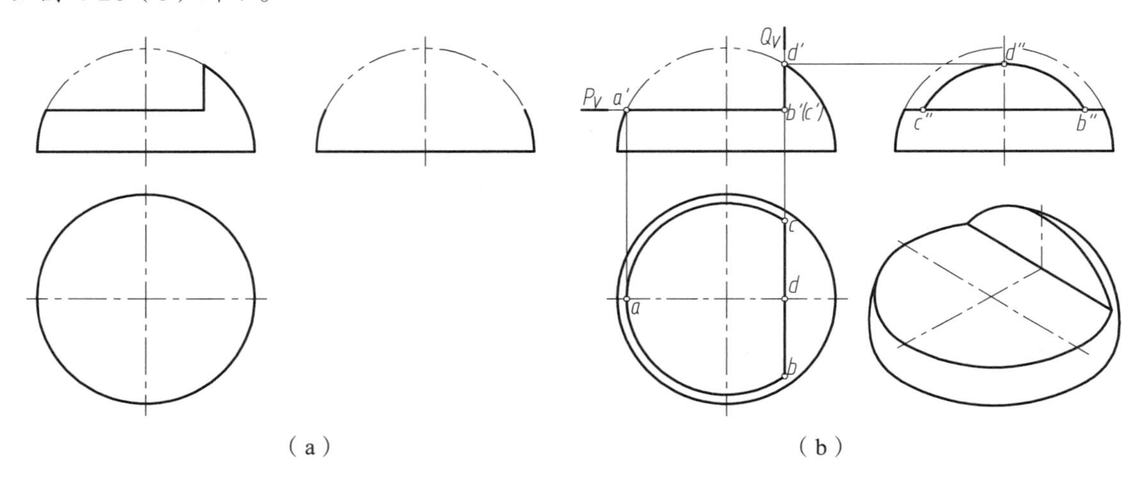

图 4-28　两平面截切半球的截交线

立体的截交线是截平面与立体表面的公有线，求公有线的本质就是求公有点。截交线的形状取决于立体表面的形状和截平面与立体间的相对位置，平面立体的截交线为平面多边形，曲面立体的截交线通常为平面曲线，在特殊情况下，可以含有直线段。截交线的作图方法通常有以下两种类型：

（1）依据截平面或立体表面的积聚性，已知截交线的两个投影，求第三投影，可利用投影关系直接求出。

（2）依据截平面或立体表面的积聚性，已知截交线的一个投影，求其余两个投影，可利用立体表面取点、取线方法作出。

求解截交线时，首先应进行空间分析和投影分析，明确已知什么、要求解的是什么，并明确作图方法与作图步骤。当截交线为平面曲线时，应在截交线上作出足够多的公有点（所有的特殊点和一般点），判别可见性并用光滑曲线连接，最后整理立体棱线或曲面转向轮廓素线。

4.5 两平面立体相交

在建筑形体中，有些形体是由两个或两个以上的基本立体相交形成的。两立体相交，在两立体表面留有的交线，称为相贯线。两立体相贯线的形状取决于参与相交的两立体表面形状以及两立体之间的相对位置。当参与相交的两立体的形状、大小、相对位置相同时，实体与实体相交[两立体并集，见图 4-29（a）]、实体与虚体相交[两立体差集，见图 4-29（b）]，其表面相贯线是完全一样的。

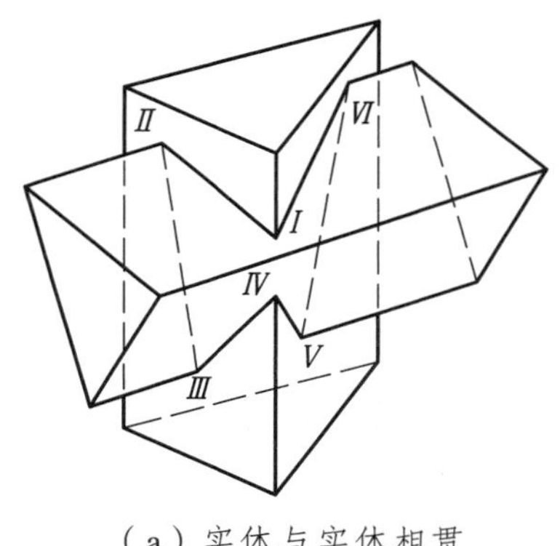

（a）实体与实体相贯

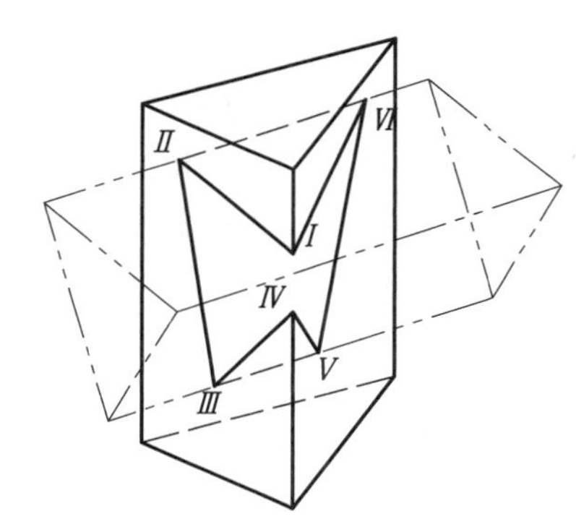

（b）实体与虚体相贯

图 4-29　立体的表面相贯线

按参与相交两立体的表面形状，相贯线可分为两平面立体相交[见图 4-30（a）]、平面立体与曲面立体相交[见图 4-30（b）]和两曲面立体相交[见图 4-30（c）]三种情况。本节主要介绍两平面立体相交。

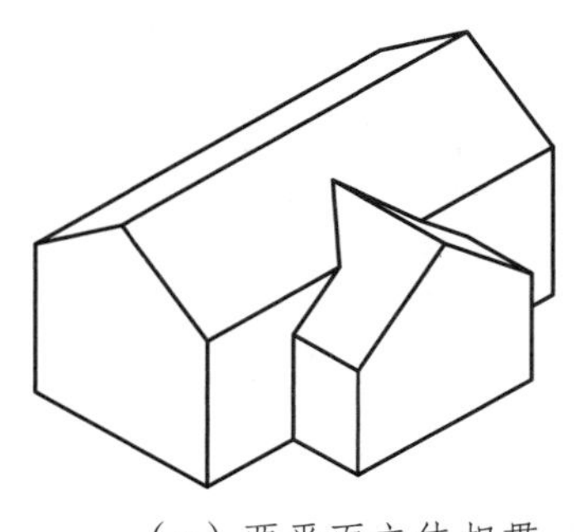
（a）两平面立体相贯

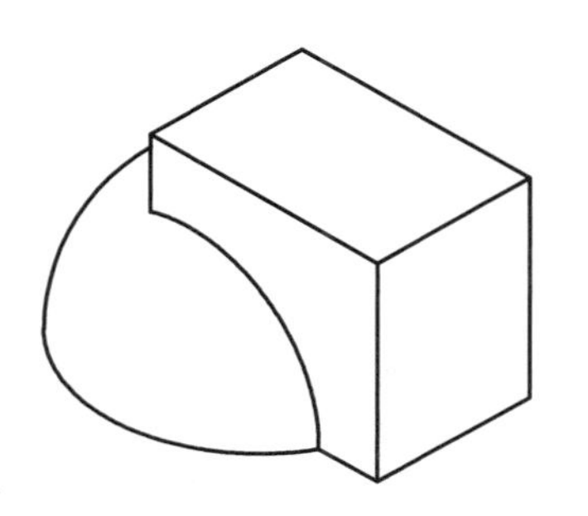
（b）平面立体与曲面立体相贯

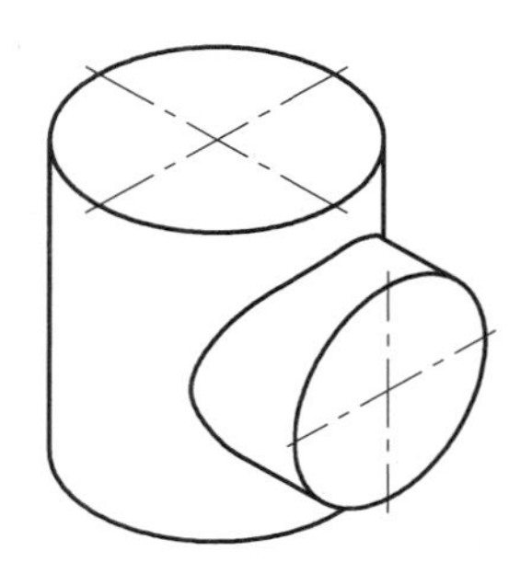
（c）两曲面立体相贯

图 4-30　相贯线的三种类型

参与相交的两个立体均为平面立体，其相贯线通常为由直线段组成的空间闭合折线；当两个立体有公共表面时，其相贯线为非闭合的空间折线。相贯线上的各条边实质上是两平面立体表面的交线，交线是两立体表面的公有线；而相贯线上转折点是一平面立体上参与相交的棱线（或底边）与另一平面立体上参与相交的棱面（或底面）的交点，交点是两立体表面的公有点。

两平面立体的相贯线投影作图，可归结为求两平面间交线或直线与平面求交点的问题。作图方法与平面立体截交线投影作图方法相同。

相贯线投影的可见性判别规则为：只有当相贯线位于两个同时可见的立体表面上时，其相贯线的投影可见，画粗实线；否则，相贯线投影均为不可见，画中虚线。

应当注意的是，两立体相交后就融为一体，形成一个新的形体，因而，在作相贯体的投影时，一个立体位于另一个立体内部的部分棱线不再画出（不能画虚线）。

【例 4–19】如图 4-31（a）所示，已知两三棱柱相交，完成其表面的交线。

解：如图 4-31（b）所示，已知竖直放置的三棱柱上左、右铅垂棱面均与侧立放置三棱柱的三个棱面相交，故相贯线为闭合的空间折线。相贯线的水平投影落在竖直放置三棱柱左、右铅垂棱面的水平积聚性投影上，相贯线的侧面投影落在侧立放置三棱柱的三个棱面的侧面积聚性投影上，所要求的是相贯线的正面投影。相贯线上的 6 个顶点，其中顶点 *Ⅱ*、*Ⅲ*、*Ⅴ*、*Ⅵ*为侧立放置三棱柱的两条棱线与竖直放置三棱柱左右两铅垂棱面的交点，顶点 *Ⅰ*、*Ⅳ*为竖直放置三棱柱最前棱线与侧立放置三棱柱前面的两个侧垂棱面的交点。本例可利用直线与平面求交点的方法作出相贯线上 6 个顶点的投影，并将同时位于两立体同一表面上两个顶点的同面投影依次连线即可。

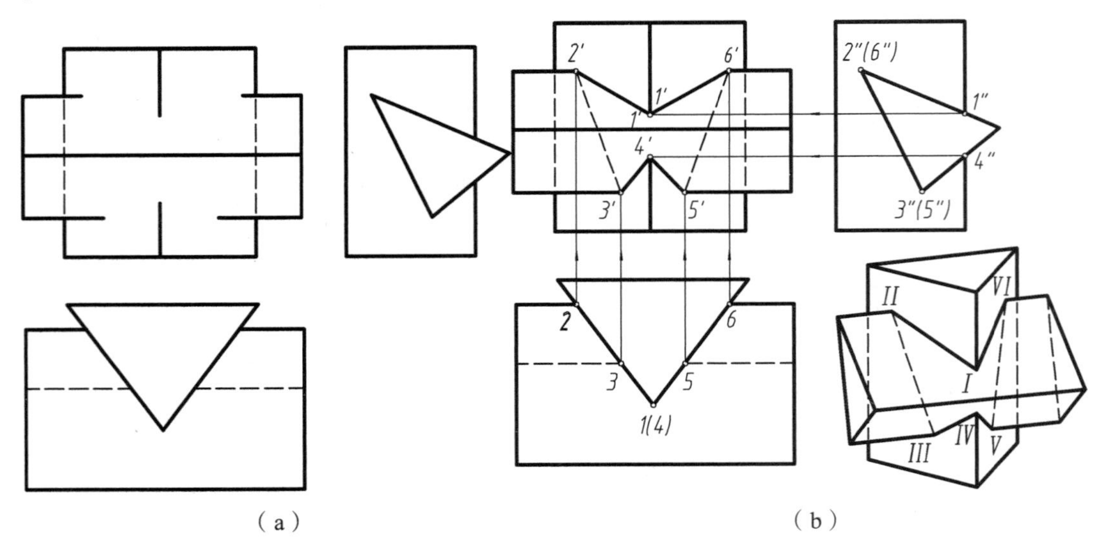

图 4-31　两三棱柱的相贯线

作图步骤如下：

（1）作出相贯线上各顶点的投影。顶点 *Ⅱ*、*Ⅲ*、*Ⅴ*、*Ⅵ*位于侧立放置的三棱柱的侧垂棱线上，已知它们的水平投影 *2*、*3*、*5*、*6*，利用从属性作出其正面投影 *2′*、*3′*、*5′*、*6′*，如图 4-31（b）所示；顶点 Ⅰ、Ⅳ位于竖直放置三棱柱的最前铅垂棱线上，已知其侧面投影 1″、4″，利用从属性作出其正面投影 1′、4′，如图 4-31（b）所示。

（2）判别可见性并连线。由于竖直三棱柱左、右铅垂棱面的正面投影可见，侧立三棱柱的前面两个侧垂棱面的正面投影也可见，故交线 ⅠⅡ、ⅠⅥ、ⅢⅣ、ⅣⅤ的正面投影 1′2′、1′6′、3′4′、4′5′可见，画粗实线；由于侧立三棱柱的后面的侧垂棱面的正面投影不可见，交线ⅡⅢ、ⅤⅥ的正面投影 2′3′、5′6′不可见，画中虚线，如图 4-31（b）所示。

（3）整理立体棱线。将两立体上参与相交的棱线延长至相贯线顶点；由于立体内部不存在棱线，故不能画虚线，如图 4-31（b）所示。

【例 4–20】如图 4-32（a）所示，已知房屋的正面投影和侧面投影，求房屋表面交线。

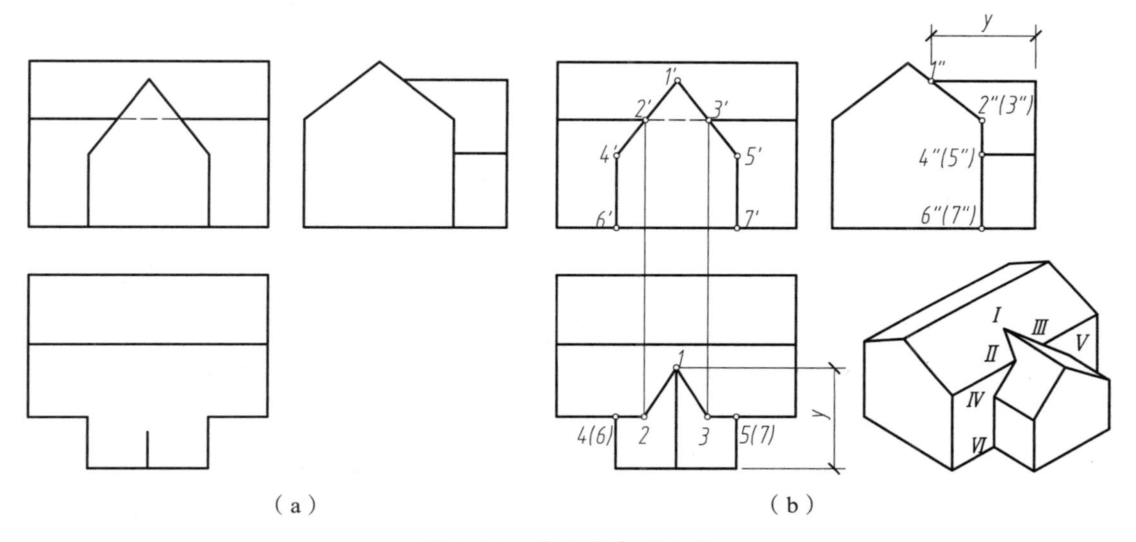

图 4-32 房屋的表面交线

解：如图 4-32（a）所示，房屋可看成是大五棱柱与小五棱柱相交。由正面投影可知，小五棱柱的左、右正垂面分别与大五棱柱两个棱面交于两条直线段 ⅠⅡ、ⅡⅣ和 ⅠⅢ、ⅢⅤ；小五棱柱的左、右两侧平面分别与大五棱柱交于一条直线段ⅣⅥ、ⅤⅦ，又由于两立体有一个公共面，故它们的相贯线为非闭合的空间折线。相贯线的正面投影落在小五棱柱棱面的积聚性投影上，其侧面投影落在大五棱柱棱面的积聚性投影上，所要求的是相贯线的水平投影。由于交线ⅣⅥ、ⅤⅦ为铅垂线，交线ⅡⅣ、ⅢⅤ为正平线，它们的水平投影落在大五棱柱前表面的水平积聚性投影上，故只需求出交线 ⅠⅡ、ⅢⅣ、ⅠⅢ、ⅢⅤ的水平投影即可。

作图步骤如下：

（1）作出顶点 Ⅰ、Ⅱ、Ⅲ、Ⅳ、Ⅴ的投影。已知顶点 1′、2′、3′、4′、5′和 1″、2″、3″、4″、5″，依据点的投影规律作出其水平投影 1、2、3、4、5，如图 4-32（b）所示。

（2）可见性判别并连线。交线所在的两个立体表面的水平投影均可见，故交线可见，连实线，如图 4-32（b）所示。

（3）整理立体棱线。将参与相交的各条棱线延长画至相贯线的顶点。

在建筑工程中，将屋顶的各个坡面与水平面的倾角相同、屋檐等高的屋面，称为同坡屋面。如图 4-33 所示，同坡屋面交线及其投影有如下规律：

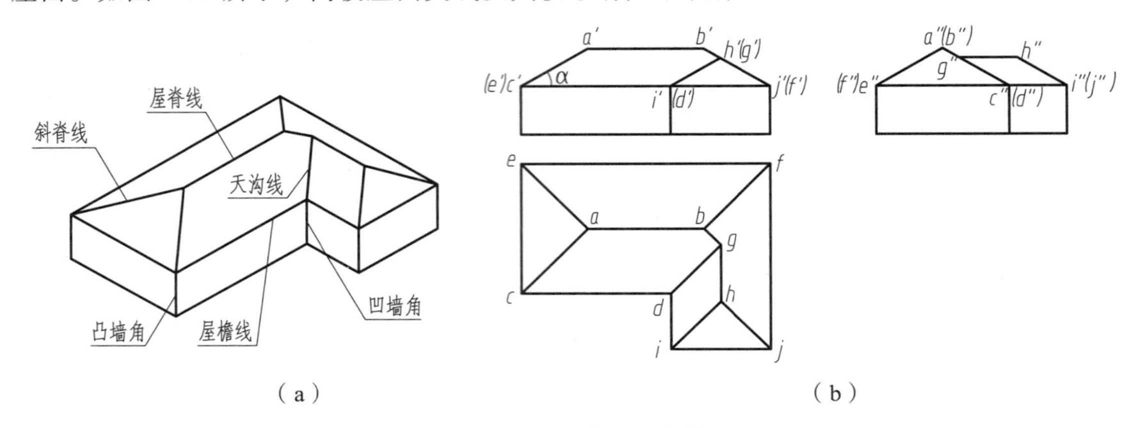

（a）　　　　　　　　　　　　　　　　（b）

图 4-33　同坡屋面交线

（1）屋檐线互相平行的两坡面必相交为水平屋脊线，其水平投影必平行于屋檐线的水平投影，且与两屋檐线的水平投影等距。如图 4-33（b）所示，*ab* 平行于 *cd*、*ef*，*gh* 平行于 *id*、*jf*。

（2）屋檐线相交的两坡面必相交成斜脊线或天沟线，其水平投影必为两屋檐线水平投影夹角的分角线。斜脊线位于凸墙角处，天沟线位于凹墙角处。如图 4-33（b）所示，*ac*、*ae* 等为斜脊线的水平投影，*dg* 为天沟线的水平投影。

（3）屋面上若有两条斜脊线或天沟线相交，则必有一条屋脊线通过该点，如图 4-33（b）中 *A*、*B*、*G*、*H* 各点。

【例 4–21】已知图 4-34（a）所示的四坡顶屋面的平面形状及坡面的倾角 α，求屋面交线。

解：利用同坡屋面交线的投影特性，首先作出四坡顶屋面的水平投影，依据屋顶坡面倾角 α，作出坡顶屋面的正面投影和侧面投影。

作图步骤如下：

（1）延长屋檐线的水平投影，使其成三个重叠的矩形 *1234*、*5678*、*59310*，如图 4-34（b）所示。

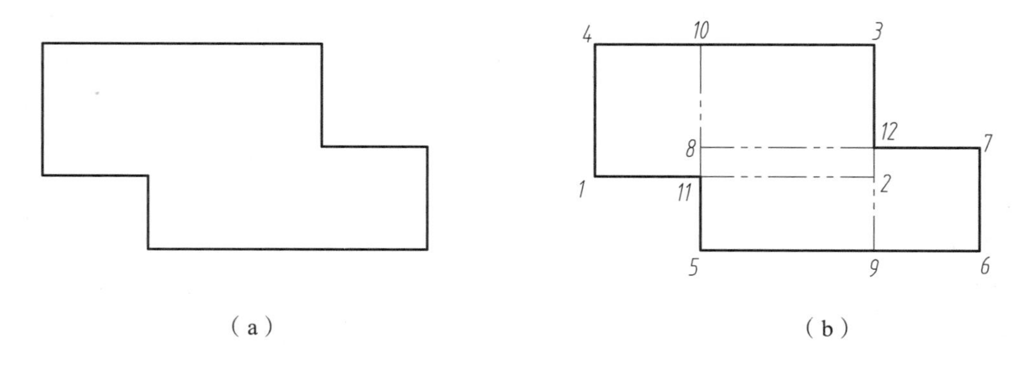

（a）　　　　　　　　　　　　　　　　（b）

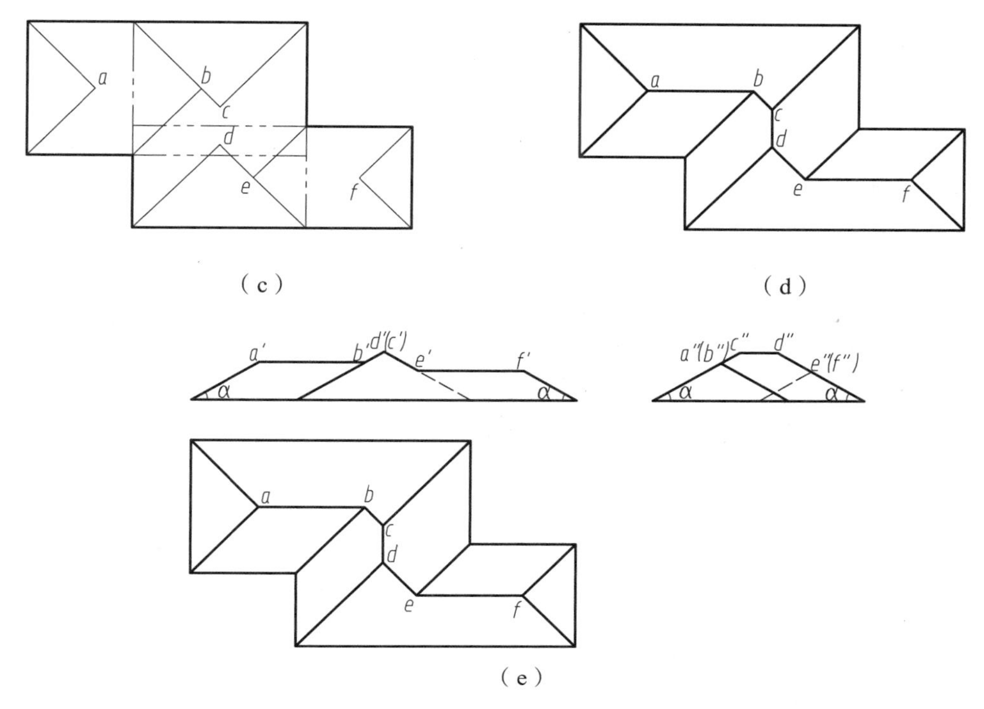

图 4-34　同坡屋面交线作图

（2）画出斜脊线和天沟线的水平投影。分别过矩形各顶点作 45°方向分角线，交于 a、b、c、d、e、f，如图 4-34（c）所示，凸角处是斜脊线，凹角处是天沟线。

（3）画出各屋脊线的水平投影，即连接 a、b、c、d、e、f，并擦除无墙角处的 45°线，因为这些部位实际无墙角，不存在屋面交线，如图 4-34（d）所示。

（4）根据屋顶坡面倾角 α 和投影作图规律，作出屋面的正面投影和侧面投影，如图 4-34（e）所示。

4.6　平面立体与曲面立体相交

平面立体与曲面立体相交，其相贯线是两立体表面的公有线，相贯线上的点是两立体表面的公有点。相贯线的形状通常为多条平面曲线（特殊情况下，可含有直线段）组成的空间曲线。每条平面曲线实质上是平面立体上参与相交的棱面（或底面）与曲面立体表面的交线，相贯线上的转折点实质上是平面立体的棱线（或底边）与曲面立体表面的交点。因此，平面立体与曲面立体相贯线的求解可归结为曲面立体截交线的求解问题。作图时，可依次作出平面立体上参与相交的棱面与曲面立体表面的截交线。

相贯线投影的可见性判别规则为：只有当相贯线位于两个同时可见的立体表面上时，其相贯线的投影可见，画粗实线；否则，相贯线投影均为不可见，画虚线。

【例 4-22】如图 4-35（a）所示，已知三棱柱与圆柱相交，求作相贯线的投影。

解：如图 4-35（a）所示，由侧面投影可知，三棱柱的三个棱面均与圆柱面相交。在三棱柱上与圆柱轴线垂直的棱面，其交线为两段圆弧；与圆柱轴线平行的棱面，其交线为两直线段；与圆柱轴线斜交的棱面，其交线为两段椭圆弧。两立体为全贯型，相贯线左右对称于圆柱轴线，每条相贯线均由圆弧、直线段和椭圆弧组成，相贯线上的转折点为三棱柱上三条棱线与圆柱面的交点。由于圆柱面的水平投影具有积聚性，故所求相贯线的水平投影与圆柱面的积聚性投影重合；又由于三棱柱的三个棱面的侧面投影具有积聚性，故相贯线的侧面投影与三个棱面的侧面积聚性投影重合，因此，只需作出相贯线的正面投影。依次作出三个棱面与圆柱的截交线，即得所求三棱柱与圆柱的相贯线投影。

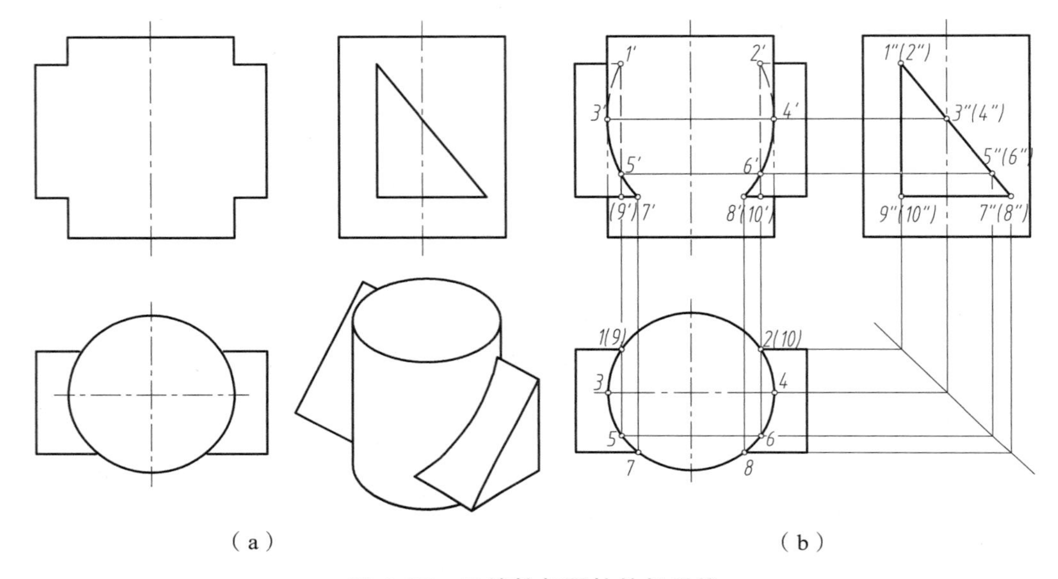

图 4-35　三棱柱与圆柱的相贯线

作图步骤如下：

（1）作直线段的投影。如图 4-35（b）所示，直线段的侧面投影 *1″9″*、*2″10″*位于棱面的侧面积聚性投影上，也在圆柱面上，利用圆柱面的水平积聚性投影，作出其水平投影 *1*（*9*）、*2*（*10*），然后作出正面投影（*1′*）（*9′*）、（*2′*）（*10′*）。

（2）作圆弧的投影。如图 4-35（b）所示，由于交线圆弧为水平圆弧，其正面投影 *7′*（*9′*）、*8′*（*10′*）为水平方向直线段。

（3）作椭圆弧的投影。如图 4-35（b）所示，在椭圆弧的侧面投影上取短轴端点 *3″*、（*4″*），此两点位于圆柱面最左、最右素线上，利用点的从属性作出其正面投影 *3′*、*4′*；在椭圆弧的在侧面投影上的适当位置处取一般点 *5″*、（*6″*），利用圆柱面上取点方法作出其正面投影 *5′*、*6′*。

（4）判别可见性并连线。两段直线段位于两个不可见的立体表面，用中虚线连接；两段圆弧位于前半圆柱面上的可见，后半圆柱面上的不可见，其正面投影重合，画实线；椭圆弧位于前半圆柱面上的 *3′5′7′*和 *4′6′8′*可见，画粗实线，位于后半圆柱面上的（*1′*）*3′*、（*2′*）*4′*的不可见，画中虚线。

（5）整理立体棱线和转向轮廓素线。三棱柱上三条棱线的正面投影延伸至表面相贯线上的顶点，应注意的是在圆柱内部不存在三棱柱棱线，故不能画虚线。同样在三棱柱内部也不存在圆柱正面转向轮廓素线，如图 4-35（b）所示。

【例 4–23】如图 4-36（a）所示，已知圆锥上穿三棱柱孔，完成其正面投影和侧面投影。

解：在圆锥上穿三棱柱孔，可看成是实体圆锥与虚体三棱柱相交。如图 4-36（a）所示，由侧面投影可知，三棱柱的三个棱面均与圆锥面相交，与圆锥轴线垂直的棱面，其交线为两段圆弧；与圆锥轴线斜交的棱面，其交线为两段椭圆弧；过锥顶点的棱面，其交线为两直线段。因此，相贯线由直线段、圆弧和椭圆弧组成。由于相贯体左右对称，相贯线也左右对称，即有相贯线的正面投影和水平投影左右对称。由于三棱柱孔的三个棱面的侧面投影具有积聚性，故相贯线的侧面投影与三个棱面的积聚性投影重合，要求作相贯线的正面投影和水平投影。三棱柱与圆锥的相贯线求解，可依次作出三个棱面与圆锥的截交线，这些截交线的投影构成所求相贯线的投影。

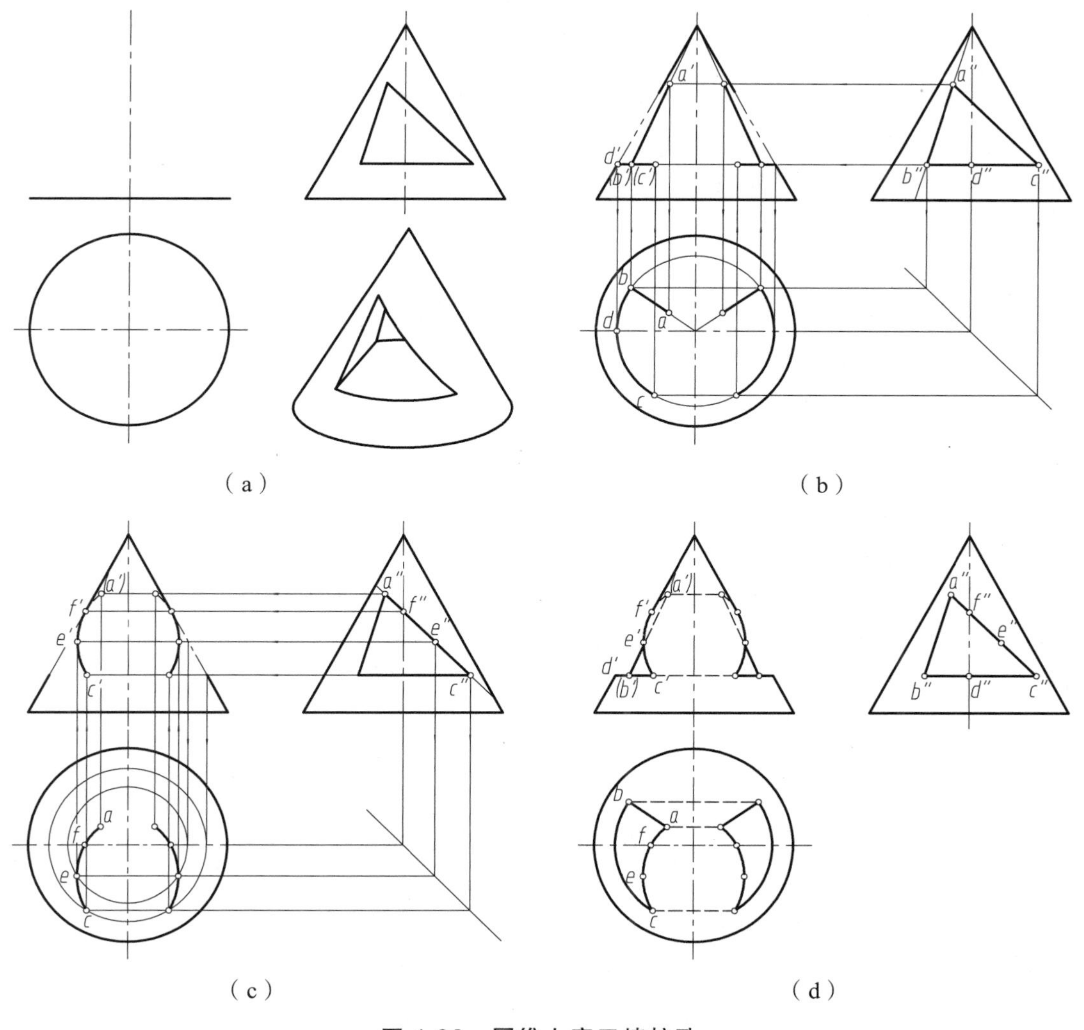

图 4-36　圆锥上穿三棱柱孔

作图步骤如下：

（1）用底稿线作出圆锥的正面投影。

（2）作圆弧的投影。如图 4-36（b）所示，圆弧的水平投影 *bdc* 反映其实形，半径为圆弧所在纬圆的半径（即 *d'* 至圆锥轴线正面投影的距离为半径），其正面投影 *b'd'c'* 为水平直线段。

（3）作直线段的投影。由于棱面过圆锥顶点，其交线为圆锥面上直素线，将圆弧端点 *B* 与圆锥顶点的同面投影连线，作出直线段的水平投影和正面投影 *ab*、*a'b'*，如图 4-36（b）所示。

（4）作椭圆弧的投影。在椭圆弧的侧面投影上取特殊点 *e''*（短轴端点）、*f''*（圆柱面正面转向轮廓线上点），利用纬圆法或素线法作出水平投影 *e*、*f* 和正面投影 *e'*、*f'*，如图 4-36（c）所示。

（5）判别可见性并连线。由于圆锥面水平投影可见，故相贯线的水平投影可见，用粗实线绘制；相贯线的正面投影可见性：位于前半圆锥面上的椭圆弧 *c'e'f'*、圆弧 *c'd'* 可见，画粗实线；位于后半圆锥面上椭圆弧 *f'*（*a'*）、圆弧 *d'*（*b'*）不可见，画中虚线；直线段正面投影（*a'*）（*b'*）位于椭圆弧正面投影内侧的不可见，画中虚线，外侧可见，画粗实线。

（6）整理棱线和锥面转向轮廓素线。三条棱线不可见，画虚线；圆锥正面转向轮廓素线上 *d'f'* 被挖切掉，故擦除此部分的正面转向轮廓素线。

以上作图步骤中仅说明左侧相贯线投影作图，右侧相贯线与左侧对称，作图方法相同。

4.7　两曲面立体相交

两个曲面立体相交，其相贯线是两曲面立体表面的公有线，相贯线上的点是两曲面立体表面的公有点。两曲面立体的相贯线形状通常为闭合的空间曲线；特殊情况下，也可以为平面曲线或直线段。其形状取决于两曲面立体表面的形状、大小和相对位置。

两曲面立体相贯线可归结为求两曲面立体表面的公有点问题。所求公有点包括特殊点（最前、最后、最左、最右、最高、最低以及曲面立体转向轮廓素线上的点）和一般点。求解相贯线上公有点的方法通常有两种：表面取点法和辅助面法。

4.7.1　表面取点法

表面取点法就是当参与相交的曲面立体表面具有积聚性，可由相贯线上若干公有点的已知投影，利用曲面取点方法作出这些公有点的其他投影，从而获得相贯线的投影。

【例 4-24】 如图 4-37（a）所示，两圆柱交叉垂直，求其相贯线的投影。

解： 相贯线为一条闭合的空间曲线。其水平投影与圆柱面水平积聚性投影重合，侧面投影与半圆柱的侧面积聚性投影重合，所要求的是相贯线的正面投影。相贯线上的公有点可运用曲面取点法获得，首先求出相贯线上所有特殊点和一般点的投影，然后判别相贯线的可见性，并用光滑曲线连接各点，即得所求相贯线的投影。

作图步骤如下：

（1）作相贯线上特殊点的投影。已知相贯线上最高点 E、F（也是半圆柱正面转向轮廓素线的点）、最前点 C、最后点 D、最左点 A、最右点 B 的水平投影和侧面投影，作出它们的正面投影 e'、f'、c'、d'、a'、b'，如图 4-37（b）所示。

（2）作出相贯线上一般点的投影。在相贯线上适当位置处取一般点 Ⅰ、Ⅱ的水平投影 1、2 和侧面投影 $1''$、$2''$，并作出其正面投影 $1'$、$2'$。

（3）判别可见性并连线。位于前半圆柱面上相贯线 $a'1'c'2'b'$ 可见，画粗实线；位于后半圆柱面上相贯线 $a'e'd'f'b'$ 不可见，画中虚线。

（4）整理圆柱面的正面轮廓素线。将两圆柱面的正面轮廓素线延长至相贯线，可见画实线，不可见则画中虚线。

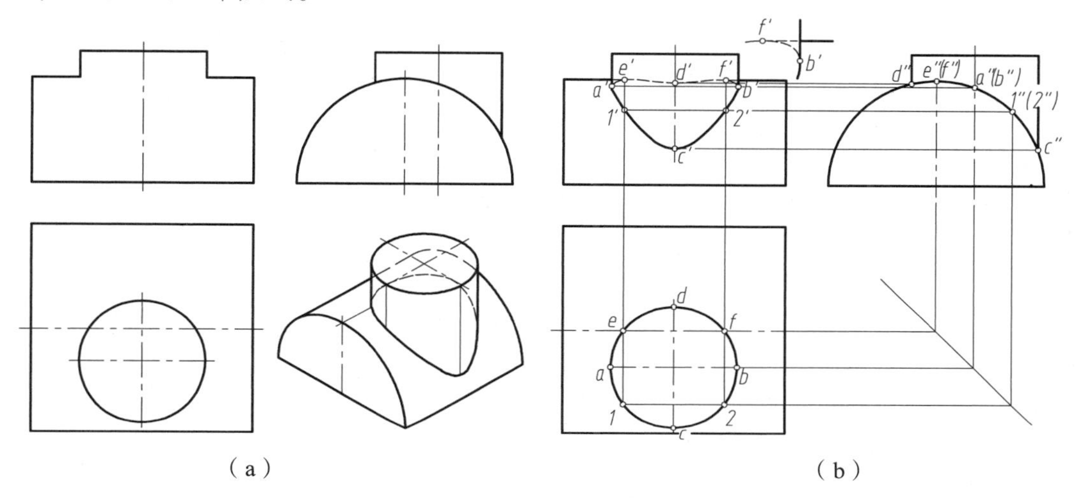

图 4-37　两交叉垂直圆柱的相贯线

在例 4-24 中，由于小圆柱的轴线与半圆柱的轴线交叉垂直，相贯体前后没有对称面，故其相贯线前后不对称，其相贯线的正面投影为闭合曲线。当小圆柱轴线与半圆柱的轴线垂直相交时，如图 4-38（b）所示，相贯体有前后对称面，故相贯线前后对称，因此前半相贯线与后半相贯线的正面投影重合，相贯线的正面投影为一条非闭合曲线。

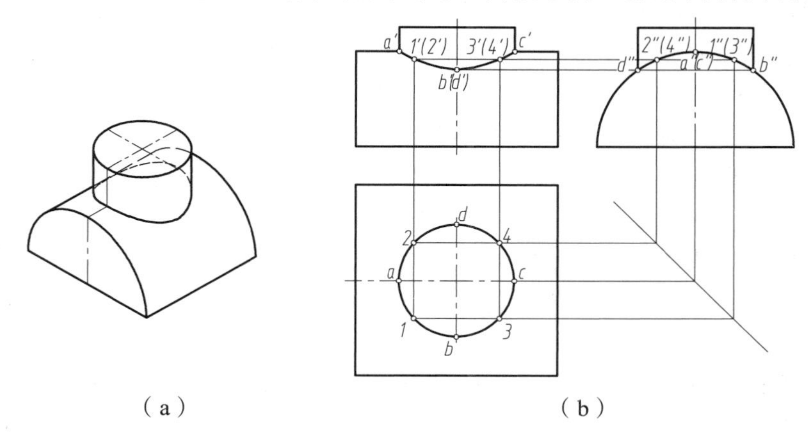

图 4-38　两垂直相交圆柱的相贯线

【例 4-25】如图 4-39（a）所示，已知圆锥上挖切圆柱槽，试完成其水平投影和侧面投影。

解： 如图 4-39（a）所示，圆锥上挖切圆柱槽，可看成是实体圆锥与虚体圆柱相贯，相贯线为一条闭合的空间曲线。由于圆柱轴线为正垂线，故相贯线的正面投影与圆柱面的正面积聚性投影重合，所要求解的是相贯线的水平投影和侧面投影。相贯线上的公有点可利用圆锥面上取点方法（素线法或纬圆法）获得。首先求出相贯线上所有特殊点和一般点的投影，然后判别相贯线的可见性，并用光滑曲线连接各点，即得所求相贯线的投影。

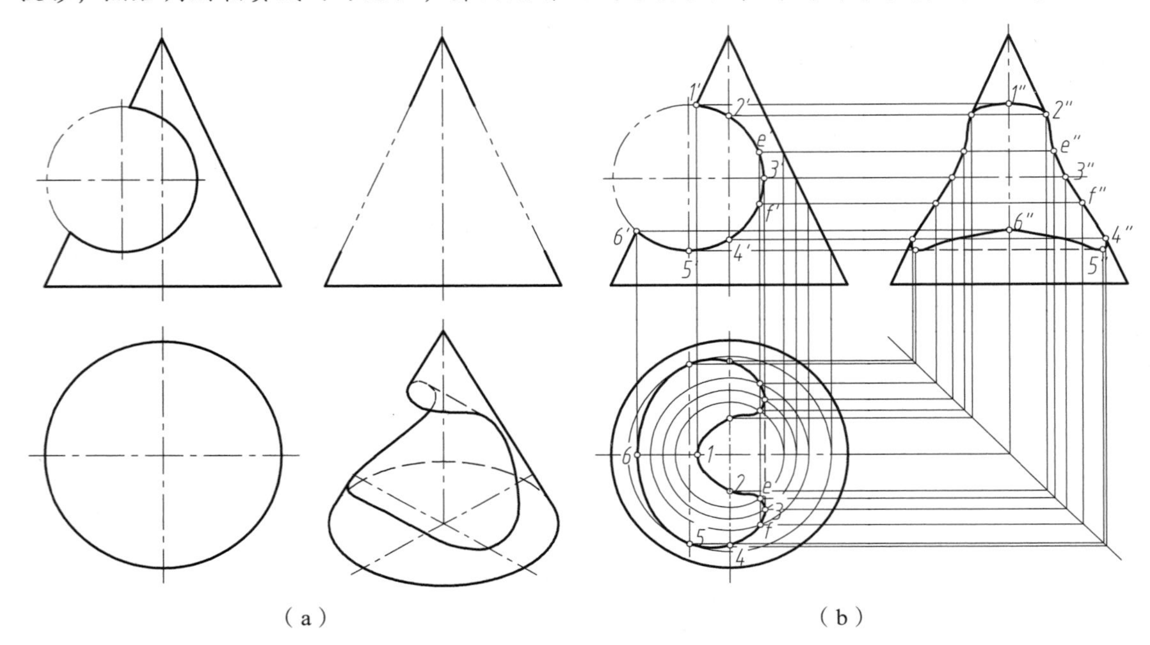

图 4-39　圆锥上挖切圆柱槽的相贯线

作图步骤如下：

（1）求作相贯线上的特殊点的投影。由于相贯体前后对称，故相贯线前后对称，为表述方便，故对前半相贯线上公有点进行编号。已知相贯线的正面投影，在其上取特殊点：最高点 $1'$、最低点 $5'$（也是最前点）、最左点 $6'$、最右点 $3'$（也是圆柱水平转向轮廓线上点）、圆锥侧面转向轮廓线上点 $2'$和 $4'$，利用圆锥面上取点方法（本例采用纬圆法）作出这些点的水平投影和侧面投影，如图 4-39（b）所示。

（2）求作相贯线上一般点的投影。在相贯线正面投影上取一般点 e'、f'，利用纬圆法作出水平投影 e、f和侧面投影 e''、f''，如图 4-39（b）所示。

（3）判别可见性并连线。由于圆锥面水平投影可见，故相贯线的水平投影可见，用粗实线连接各点。又由于圆柱为虚体，故相贯线的侧面投影也可见，用粗实线连接各点，如图 4-39（b）所示。

（4）整理圆柱、圆锥轮廓素线。圆柱面上最右水平转向轮廓素线不可见，画中虚线；圆柱槽上最低素线的侧面投影不可见，画中虚线。圆锥面上最前、最后素线被圆柱面截去中间部分，其侧面投影中应擦除该部分锥面轮廓线。

4.7.2 辅助平面法

辅助平面法就是利用作辅助平面，使其与给定的两曲面立体相交，则辅助平面与两曲面立体表面的交线的交点，即为两曲面立体表面的公有点，也就是相贯线上的点。利用辅助平面作出相贯线上足够多的公有点，从而获得相贯线的投影。

选择什么位置的辅助平面，应根据所给曲面立体的形状和相对位置来确定。辅助平面设置原则就是要使所设辅助平面与两曲面立体表面交线的投影为简单易画的直线或圆，如图 4-40 所示，不能为非圆曲线。通常情况下，辅助平面设置为投影面平行面。

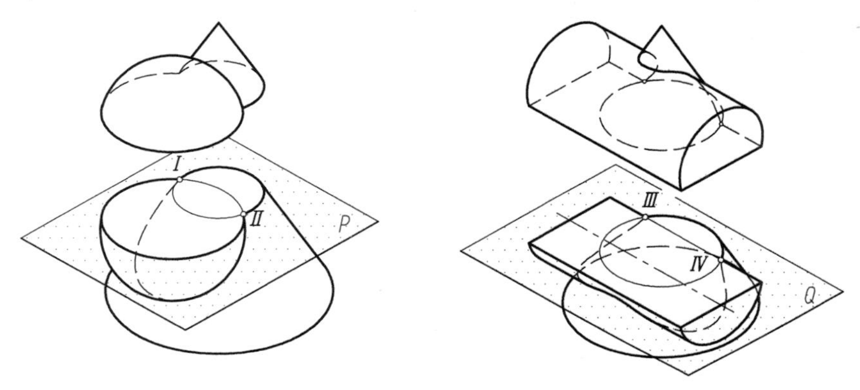

图 4-40 辅助平面法

【例 4–26】如图 4-41（a）所示，已知圆锥与圆球相交，求作其相贯线的投影。

解：如图 4-41（a）所示，参与相交的两曲面立体的相贯线为一条闭合的空间曲线。由于两曲面立体的表面对投影面均没有积聚性，因此，不知道所求相贯线的任一投影。要求解其相贯线的投影，可使用辅助平面法求出相贯线上足够多的公有点（特殊点和一般点），然后判别相贯线的可见性并用光滑曲线连接各点。根据辅助平面的设置原则，辅助平面可设置为水平面，这样辅助平面与圆锥、圆球的交线的水平投影均为圆。

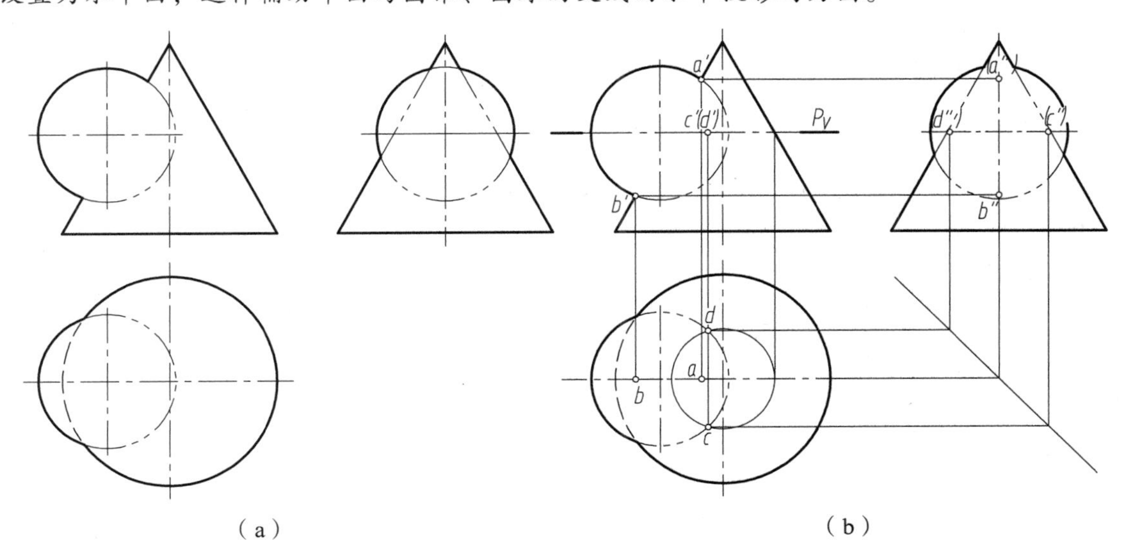

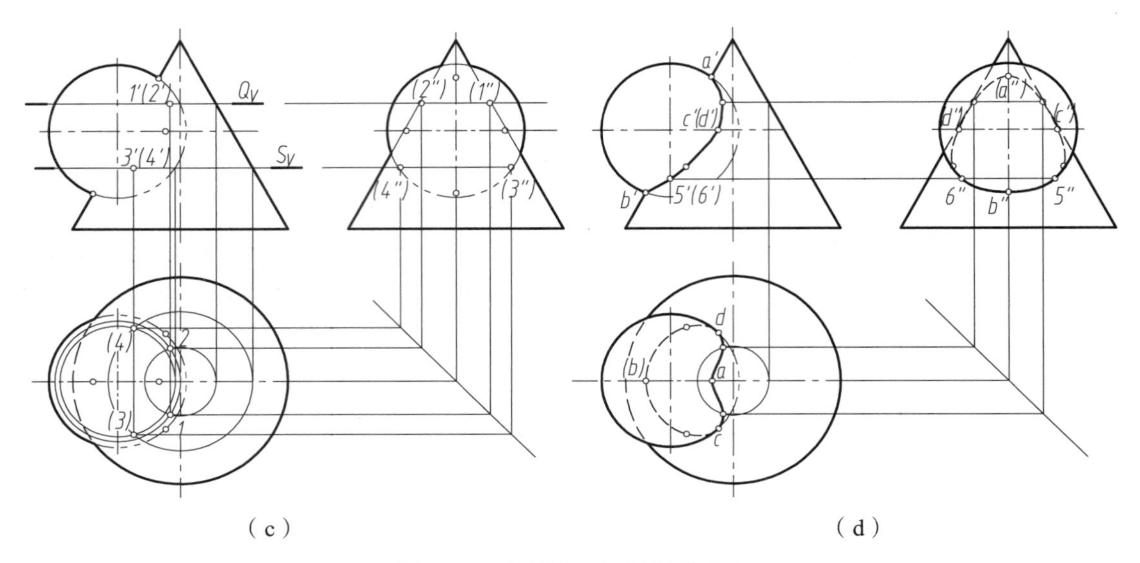

图 4-41 圆锥与圆球的相贯线

作图步骤如下：

（1）求作相贯线上特殊点的投影。由于相贯体前后对称，圆锥和圆球的正面投影轮廓线的交点即为相贯线上最高点 *a'*和最低点 *b'*，作出其水平投影 *a*、*b* 和侧面投影 *a"*、*b"*；圆球水平转向轮廓线上点 *c'*、*d'*，其水平投影 *c*、*d* 可利用辅助平面法作出。

辅助平面法求公有点 *C*、*D*：过球心作水平辅助平面 *P*，与圆球的交线为圆（即为圆球水平转向轮廓线），与圆锥的交线也是圆（半径等于辅助面 *P* 与圆锥正面轮廓素线的交点至轴线的距离），两交线圆水平投影的交点即为 *c*、*d*，其正面投影 *c'*、*d'*位于截平面的正面积聚性投影上，其侧面投影 *c"*、*d"*可利用点的投影规律求得，如图 4-41（b）所示。

（2）求作相贯线上一般点的投影。利用辅助平面法作出 *Ⅰ*、*Ⅲ*、*Ⅳ*的三面投影，如图 4-41（c）所示。

（3）判别可见性并连线。如图 4-41（d）所示，相贯线正面投影可见性：由于相贯线前后对称，前半相贯线可见，画实线；后半相贯线不可见，其投影与前半相贯线重合。相贯线的水平投影可见性：位于上半球面的相贯线 *cad* 可见，画实线；位于下半球的相贯线 *d*（*b*）*c* 不可见，画虚线。相贯线侧面投影的可见性：位于左半球上相贯线 *5"b"6"*可见，位于右半球上相贯线 *5"*（*c"*）（*a"*）（*d"*）*6"*不可见，画虚线。其中，球面上侧面转向轮廓线上点 *Ⅴ*、*Ⅵ*，是通过作出相贯线的正面投影后，其与圆球竖向中心线的交点 *5'*、*6'*，求得其侧面投影 *5"*、*6"*。

（4）整理圆球、圆锥轮廓素线的投影。所有曲面轮廓素线画至相贯线，可见则画实线，不可见则画虚线，如图 4-41（d）所示。

4.7.3 相贯线的特殊情况

两曲面立体的相贯线，通常为空间曲线，特殊情况下可以为平面曲线或直线段。

（1）当两个二次曲面外切或内切于第三个二次曲面，则这两个曲面交于两条平面曲线。

如图 4-42 所示，外切于同一球面的圆柱与圆柱、圆柱与圆锥相交，其相贯线为平面曲线——椭圆。则这两个曲面立体轴线必定相交，在两轴线所平行的投影面内，椭圆的投影为两相交直线段，其余投影为圆或椭圆。

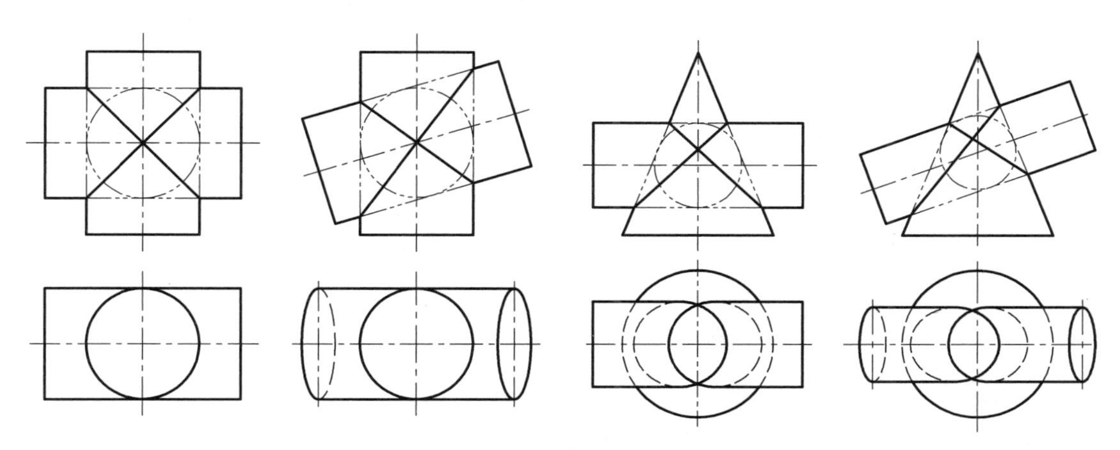

图 4-42 外切于同一球面的两个二次曲面相交

（2）当两个具有公共轴线的回转体相交或回转体轴线通过球心时，其相贯线为圆。

如图 4-43 所示，圆柱与圆球、圆锥与圆球、圆球与圆球的相贯线均为圆，圆所在的平面与回转体轴线垂直。

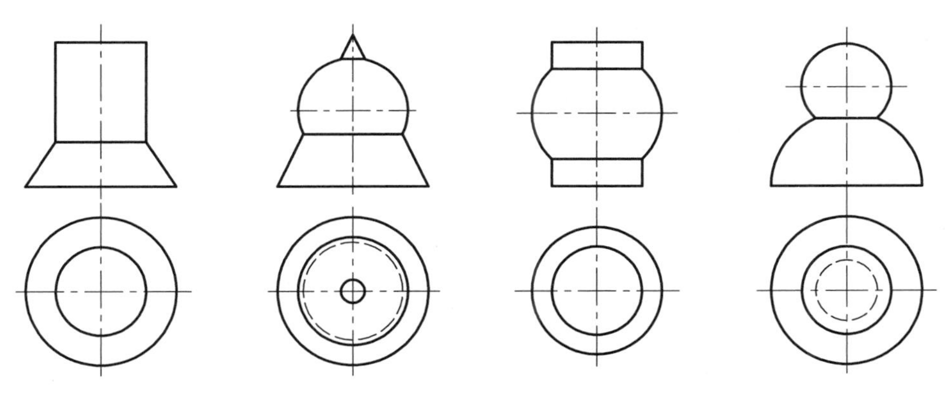

图 4-43 同轴回转体的相贯线

（3）两个轴线相互平行的圆柱相交或两个共顶点的圆锥相交时，其相贯线为直线段，如图 4－44 所示。

两立体的相贯线是两立体表面的公有线，求公有线的本质就是求公有点。相贯线的形状取决于立体表面的形状和两立体间的相对位置。两平面立体的相贯线为空间折线；平面立体与曲面立体的相贯线为多段平面曲线组合而成；两曲面立体的相贯线通常为空间曲线，特殊情况下可为平面曲线或直线段。相贯线的作图方法通常有以下三种：

（1）当两立体表面具有积聚性，即已知相贯线的两个投影，求第三投影，可利用投影关系直接求出。

（2）当其中一个立体表面具有积聚性，即已知相贯线的一个投影，求其余两个投影，可利用立体表面取点、取线方法作出。

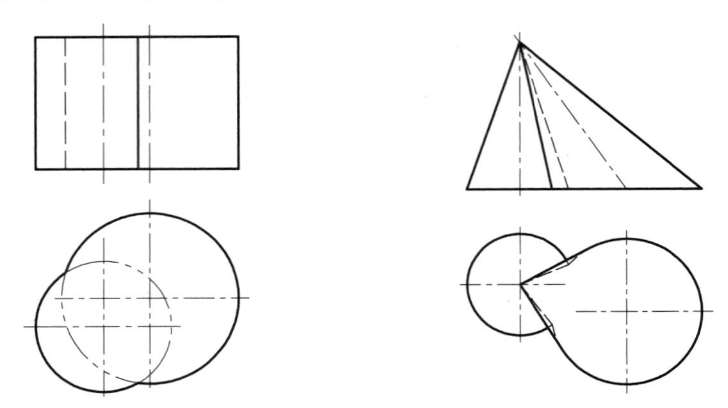

图 4-44 轴线平行的两圆柱及共顶点两圆锥的相贯线

（3）两立体表面均无积聚性，可利用辅助平面法作出。

求解相贯线时，首先应进行空间分析和投影分析，明确已知什么、要求解的是什么，并明确作图方法与作图步骤。当相贯线为空间曲线时，应作出相贯线上足够多的公有点（所有的特殊点和一般点），判别可见性并用光滑曲线连接，最后整理立体棱线或曲面转向轮廓素线。

第 5 章　工程曲面

5.1 概　述

在建筑工程中，经常会遇到各种复杂的曲面，有些建筑物表面就是由某些特殊的曲面构成的，这些曲面称为工程曲面。图 5-1 为武汉火车站建筑造型。

图 5-1　武汉火车站

曲面可看成是由直线或曲线在一定的约束条件下运动后所形成的，这种运动着的线称为母线。控制母线运动的点、线或平面称为导点、导线和导平面。母线、导点、导线、导平面是构成曲面的几何要素。

由直母线运动所形成的曲面称为直纹曲面；由曲母线运动所形成的曲面称为非直纹曲面。母线在运动过程中的每一个位置都是曲面上的线，这种线也称为曲面的素线。因此，曲面可看成是所有素线的集合。

图 5-1 所示，直母线 L 沿曲导线 ABC 滑动时，始终平行于直导线 K，形成了一个直纹曲面，曲面上存在的许许多多的直线即为直纹曲面素线。

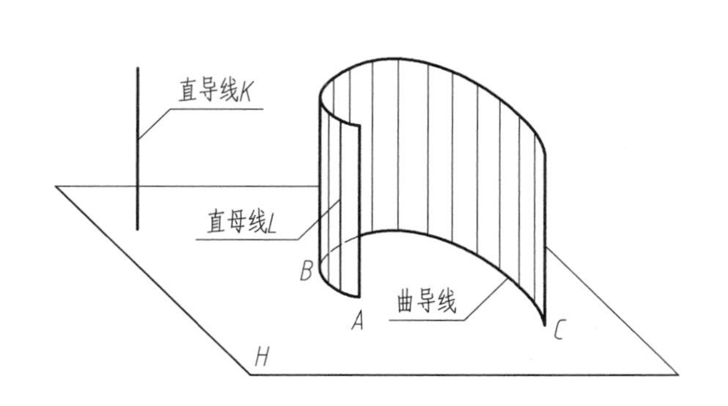

图 5-2　曲面的形成与构成要素

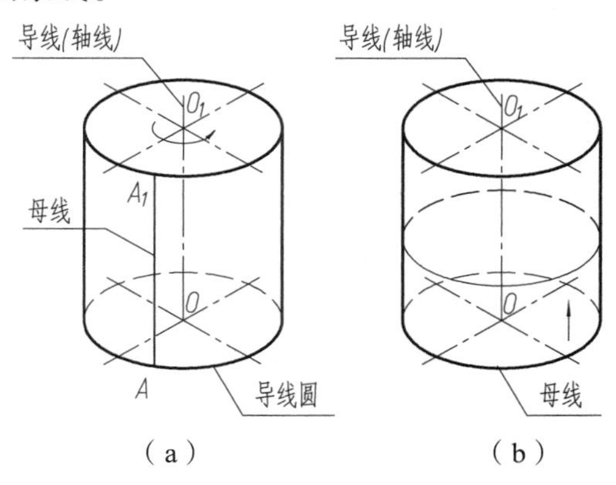

图 5-3　正圆柱面形成的不同方式

同一个曲面可以通过不同的运动方式形成。例如：正圆柱面的形成，可用一直母线 L 绕与其平行的直导线 OO_1（轴线）做旋转运动而形成，如图 5-2（a）所示；同样也可用一曲母线圆沿直导线 OO_1 向上平行移动而形成，如图 5-2（b）所示。

5.2 柱面和柱状面

5.2.1 柱 面

如图 5-4（a）所示，一直母线 AA_1 沿着曲导线 $ABCD$ 滑动，并始终平行于一直导线 L，这样所形成的曲面称为柱面。

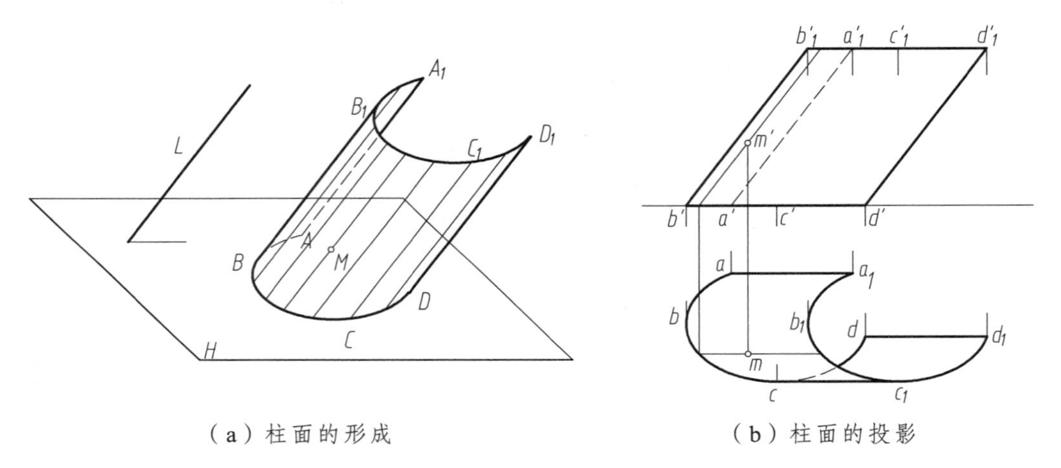

（a）柱面的形成　　（b）柱面的投影

图 5-4 柱面的形成及其投影

在画柱面投影图时，应画出曲导线及柱面轮廓边界的投影。如图 5-4（b）中直线 AA_1、DD_1 和曲线 $ABCD$、$A_1B_1C_1D_1$ 都是柱面的边界线，均应作出其投影。此外，BB_1 是柱面正面投影轮廓线，只需画出其正面投影；而 CC_1 是柱面水平投影轮廓线，只需画出其水平投影。直导线 L 的投影通常不画。

柱面上点的投影作图方法，可采用素线法进行取点。在图 5-4 中，如果已知柱面上点 M 的正面投影，求作 M 点的水平投影。则可过 m' 在柱面上作一素线平行于 $b'b_1'$，并作出素线的水平投影，以确定 m。

图 5-5 列出了常见的由柱面围成的三种柱体。按其底面形状的不同分别称为正圆柱、正椭圆柱和斜圆柱，其中斜圆柱的正截面是椭圆。

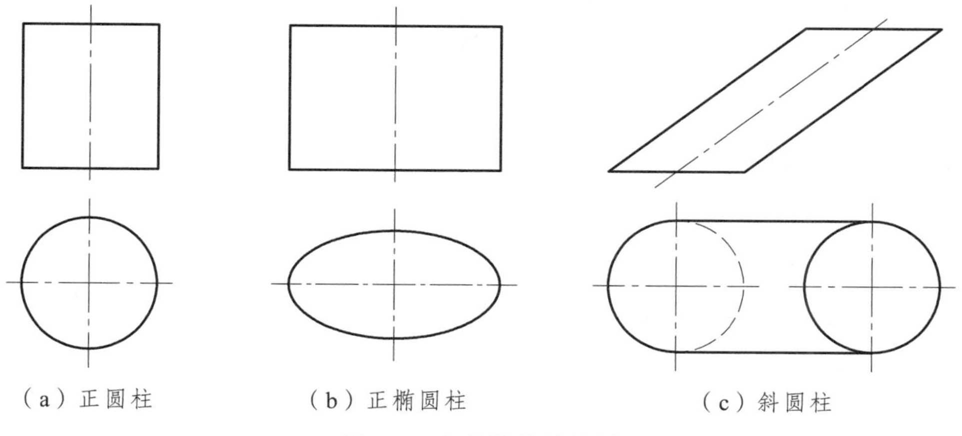

图 5-5　各种柱体的投影

5.2.2　柱状面

如图 5-6（a）所示，一直母线 *AC* 沿着两根曲导线 *AB* 和 *CD* 滑动，且始终平行于一个导平面 *P* 所形成的曲面称为柱状面。柱状面上其相邻两根素线为交叉直线。

画柱状面投影图时，应画出两条曲导线 *AB*、*CD* 的投影，柱状面的轮廓边界线 *AC*、*BD* 的投影，以及柱状面的转向轮廓素线的侧面投影，如图 5-6（b）所示。

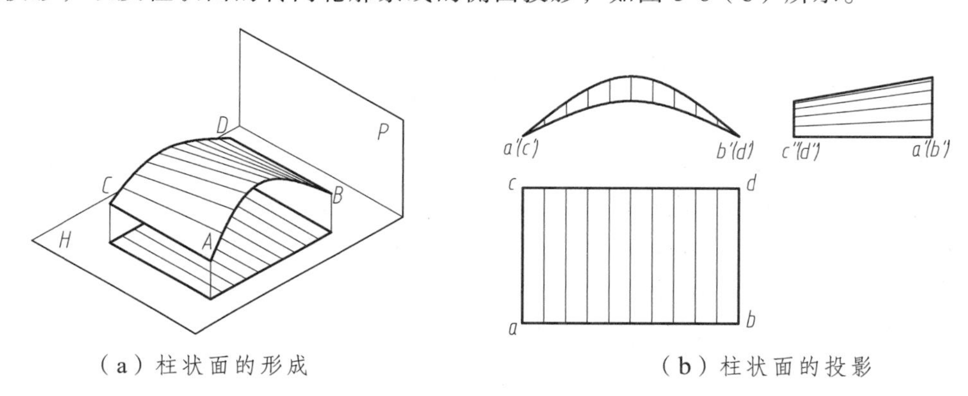

图 5-6　柱状面的形成及其投影

在工程中柱面、柱状面的应用如图 5-7 所示。

图 5-7　柱面、柱状面在建筑上的应用

5.3 锥面和锥状面

5.3.1 锥　面

如图 5-8（a）所示，一直母线 *SM* 沿着一曲导线 *ABCDE* 移动，并始终通过一导点 *S*，所形成的曲面称为锥面。导点 *S* 称为锥顶。曲导线可以是平面曲线，也可以是空间曲线；可以是闭合的，也可以是不闭合的。锥面相邻两根素线为相交直线。

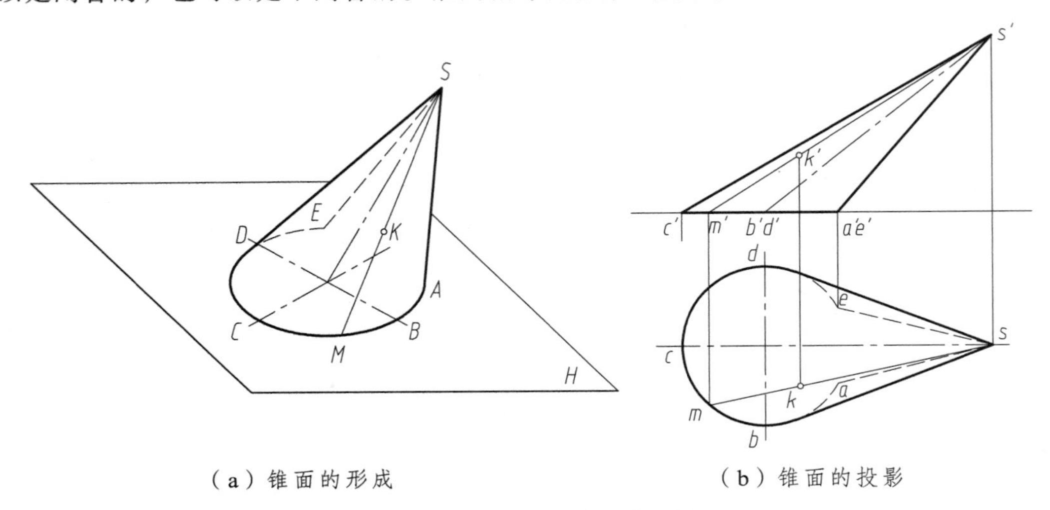

（a）锥面的形成　　（b）锥面的投影

图 5-8　锥面的形成及其投影

画锥面投影图时，如图 5-8（b）所示。需画出曲导线 *ABCDE*、锥顶点 *S* 的投影以及锥面的边界线 *SA*、*SE*，并应画出锥面上正面投影和水平投影的转向轮廓线。

锥面上点的投影，可采用素线法作图取点，如图 5-8（b）中点 *K* 的投影作图，由于锥面上的素线均通过锥顶 *S*，利用作出过点 *K* 的素线 *AM* 的投影，来确定 *K* 点的投影。

常见的由锥面构建的三种锥体，如图 5-9 所示。

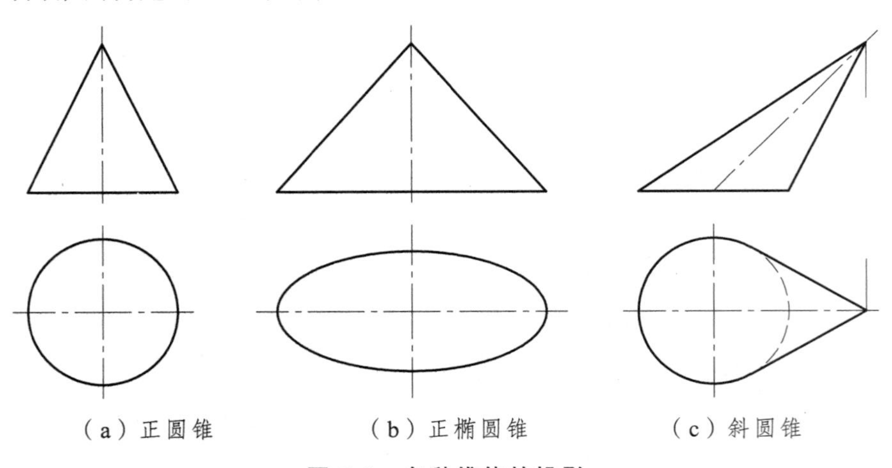

（a）正圆锥　　（b）正椭圆锥　　（c）斜圆锥

图 5-9　各种锥体的投影

5.3.2 锥状面

如图 5-10（a）所示，一直母线 *AC* 沿着一根直导线 *CD* 和一根曲导线 *AB* 滑动，并始终平行于一个导平面 *P* 所形成曲面称为锥状面。锥状面上相邻两素线为交叉直线。

画锥状面投影图时，如图 5-10（b）所示，应作出直导线 *CD*、曲导线 *AB* 的投影和锥状面的边界线 *AC*、*BD* 的投影以及锥状面曲面转向轮廓素线的侧面投影。通常，导平面 *P* 在投影图中不画出。锥状面上点的投影作图方法，同样可使用素线法来确定，读者可自行练习。

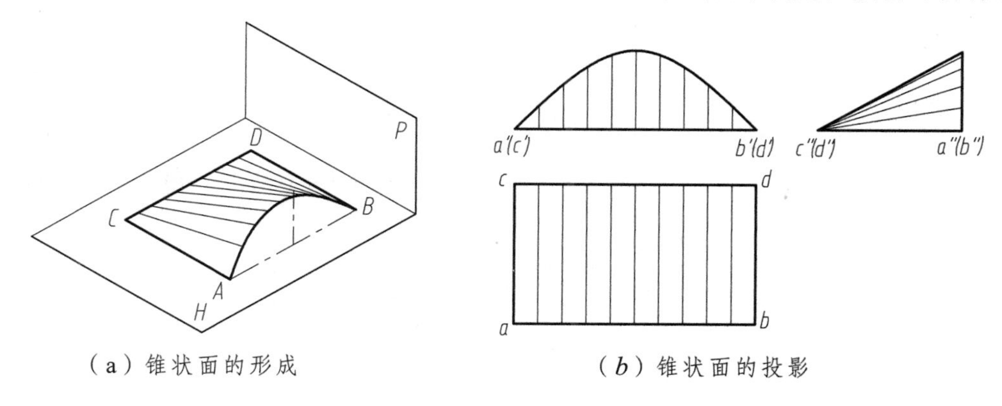

（a）锥状面的形成　　（b）锥状面的投影

图 5-10　锥状面的形成及其投影

5.4 单叶双曲回转面

如图 5-11（a）所示，一条直母线 *MN* 绕着与其成交叉的轴 OO_1 旋转，所形成的曲面称为单叶回转双曲面。单叶回转双曲面上相邻两根素线为交叉直线。

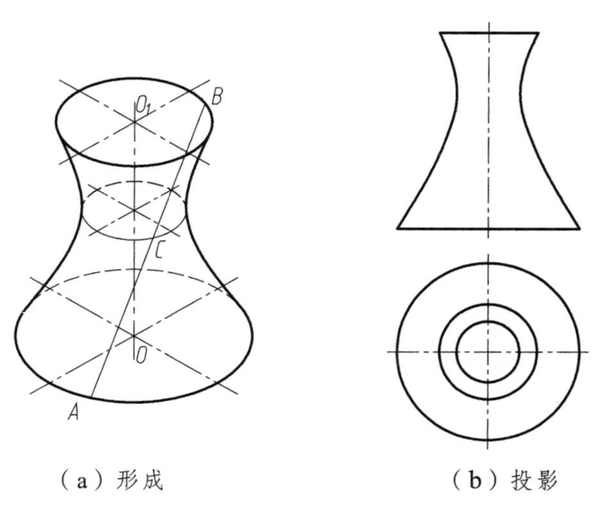

（a）形成　　（b）投影

图 5-11　单叶双曲回转面

1. 单叶回转双曲面投影的画法——素线法

（1）画出单叶双曲回转面的母线 MN 和回转轴 OO_1 的两面投影，如图 5-12（a）所示。

（2）画出母线上两端点绕回转轴旋转形成的两个边界圆的两面投影，如图 5-12（b）所示。

（3）在水平投影图中，自母线端点的水平投影 m 和 n 起，将上下两个圆周等分相同等分（本图中等分 12 等分），并将等分点上引至两圆的正面投影上，如图 5-12（b）所示。

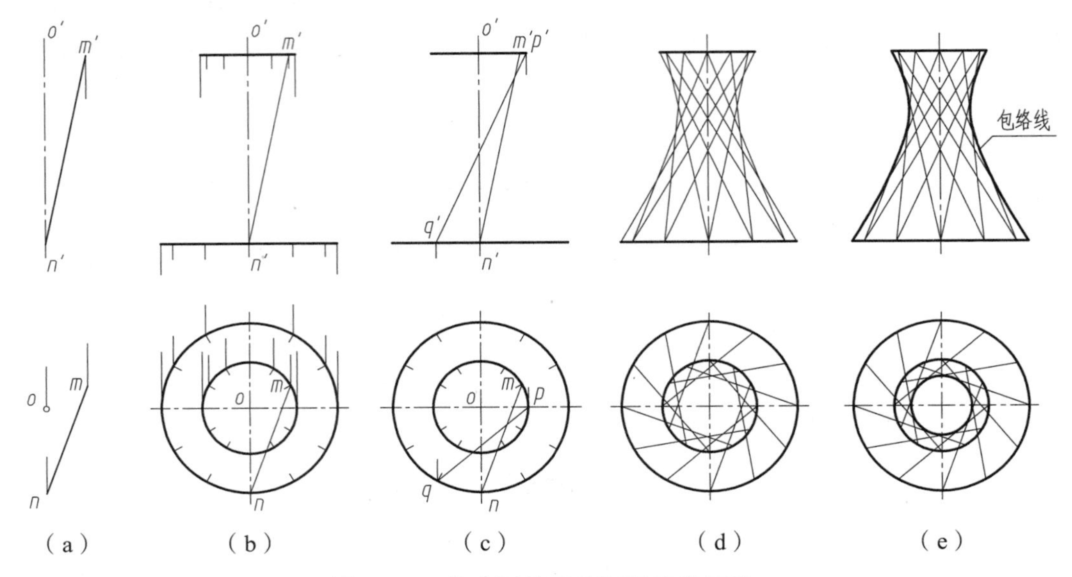

图 5-12　单叶回转双曲面投影的画法

（4）母线 MN 绕 OO_1 转过 1/12 角时，画出第 2 根素线的两面投影 pq、$p'q'$，如图 5-12（c）所示。

（5）与 QP 素线画法相同，依次作出全部的 12 根素线的两面投影，如图 5-12（d）所示。

（6）作出各条素线正面投影的切线，称为包络线。其正面投影的包络线为双曲线；作出各条素线水平投影的包络线。其水平投影包络线为圆，也称颈圆，如图 5-12（e）所示。单叶双曲回转面上条直素线的水平投影，均于此颈圆相切。

2. 单叶双曲回转面投影的画法——纬圆法

整个曲面也可以看成是由双曲线绕其虚对称轴线旋转而形成。这时，该双曲线成为单叶双曲回转面的母线。母线上与回转轴的最近旋转一周形成的圆，即单叶双曲回转面的颈圆。

3. 单叶双曲回转面上点的投影作图方法

单叶双曲回转面属于直纹曲面，故可采用素线法进行曲面取点，应注意的是曲面上的素线应与颈圆相切。如图 5-13（b）所示，过曲面上 k 点作素线 mn 的水平投影，并作出素线 $m'n'$，以确定 k'。单叶双曲回转面也属于回转曲面，故也可采用纬圆法取点，如图 5-13（b）所示。

单叶双曲回转面在工程中的应用如图 5-14 所示。

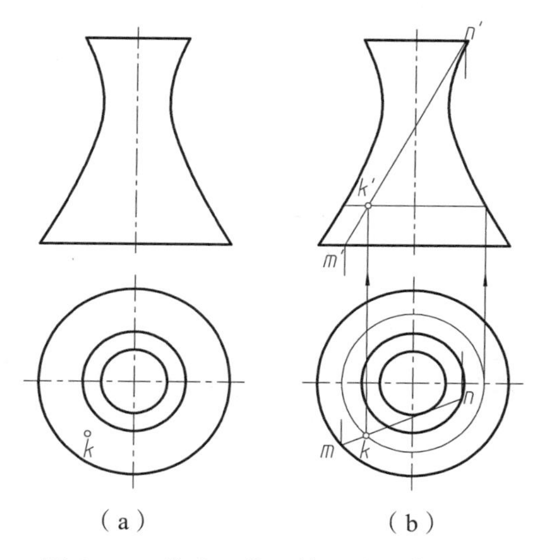

(a)　　(b)

图 5-13　单叶双曲回转面上取点

冷凝塔

图 5-14　单叶双曲回转面的应用

5.5　双曲抛物面

如图 5-14 所示，一直母线 *AC* 沿两交叉直导线 *AB*、*CD* 滑动，且始终平行于一导平面 *P*，所形成的曲面称为双曲抛物面。

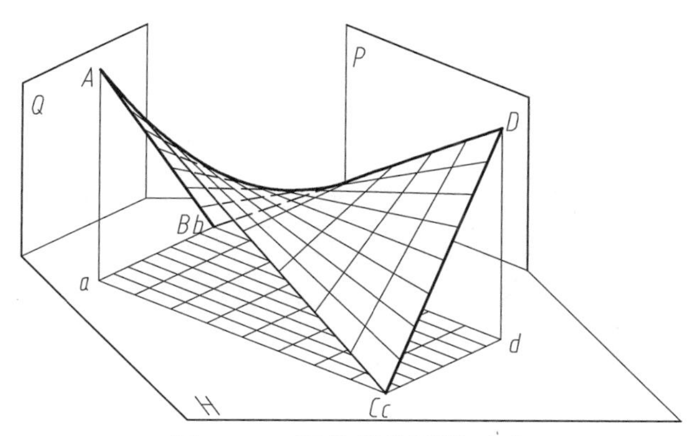

图 5-15　双曲抛物面的形成

若以 *CD* 直线为母线，*AD*、*BD* 两交叉线为导线，铅垂面 *Q* 为导平面，同样可以形成一个双曲抛物面，显然这个双曲抛物面与前面所述双曲抛物面是同一个曲面。即在双曲抛物面上存在两族素线，同族素线相互交叉，不同族素线相互相交。

双曲抛物面投影图的画法与步骤如下：

（1）画出两交叉导线 *AB*、*CD* 的两面投影，*ab*、*cd*（$ab /\!/ cd$，$ab = cd$）和 $a'b'$、$c'd'$，如图 5-15（a）所示。

（2）画出导平面 P 的水平投影 P_H 以及母线 AC 的两面投影 ac、$a'c'$，且 $ac//P_H$，如图 5-15（a）所示。

（3）等分导线 AB、CD 的水平投影 1、2、……，并将对应等分点引向其正面投影 $1'$、$2'$、…，如图 5-15（b）所示。

（4）将对应的等分点用细线连接起来，画出曲面上各条素线的两面投影，如图 5-15（b）所示。

（5）作与所有素线正面投影均切线的包络线，包络线的形状为抛物线，完成曲面轮廓线的投影，如图 5-15（c）所示。

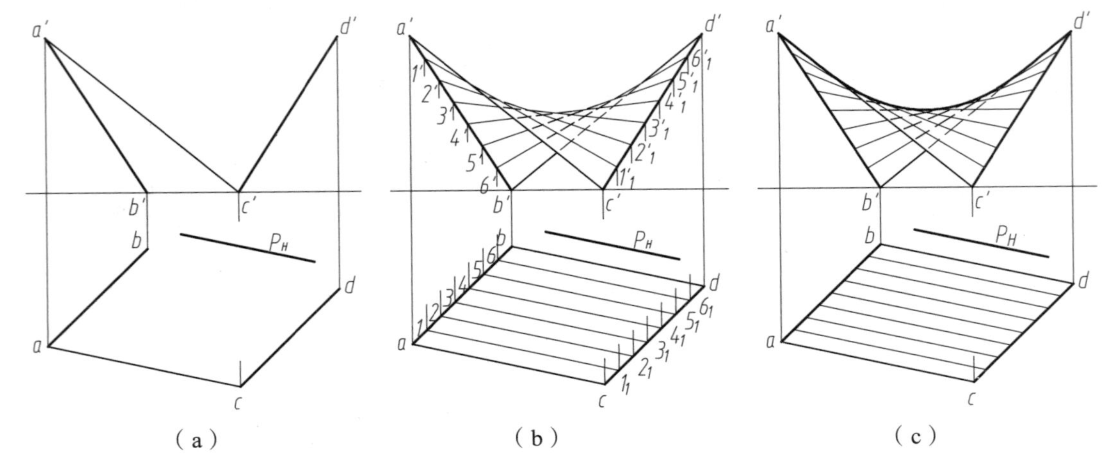

图 5-16　双曲抛物面的画法

图 5-17 是双曲抛物面在建筑中的应用实例。

图 5-17　双曲抛物面在建筑物上的应用

5.6　圆柱螺旋线和平螺旋面

5.6.1　圆柱螺旋线

如图 5-18（a）所示，一个动点 M 沿着圆柱表面素线 AA_1 方向做等速移动，同时又绕

着轴线 OO_1 做等速旋转，则动点 M 的运动轨迹是一条圆柱螺旋线。这个圆柱叫导圆柱，圆柱的半径 R 叫螺旋半径，动点旋转一周沿轴方向移动的距离 T 叫导程。动点 M 绕 OO_1 轴右旋上升形成的轨迹，称为右螺旋线；绕 OO_1 轴左旋上升形成的轨迹，称为左螺旋线。确定圆柱螺旋线的要素是螺旋半径 R、导程 T 和旋向。

如图 5-18（b）所示，圆柱螺旋线投影的画法与步骤如下：

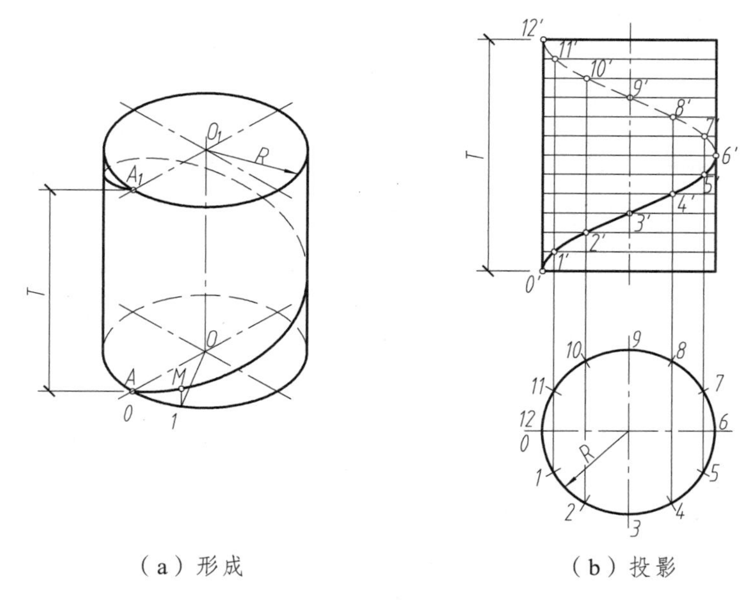

（a）形成　　（b）投影

图 5-18　圆柱螺旋线的形成及其投影

（1）画出导圆柱的两面投影，圆柱的半径即为螺旋半径 R，圆柱的高度即为导程 T，如图 5-18（b）所示。

（2）将导圆柱的底圆进行等分（本图中做了 12 等分），并按右螺旋线方向顺序编号为 0，1，2，⋯，12。

（3）将导程 T 也作同样的等分，画出等分水平线。

（4）将水平投影中的 *0*，*1*，*2*，⋯，*12* 向上至正面投影对应的等分线交点，确定 *0′*，*1′*，*2′*，⋯，*12′*。

（5）将正面投影中 *0′*，*1′*，*2′*，⋯，*12′* 依次连接成光滑曲线，即得圆柱螺旋线的正面投影。圆柱螺旋线的正面投影形状为正弦曲线，其水平投影为圆。

5.6.2　平螺旋面

如图 5-19（a）所示，一直母线沿着一条圆柱螺旋线和一条圆柱螺旋线的轴线移动，且始终与轴线垂直的水平面 H 平行，所形成的曲面称为平螺旋面。平螺旋面实质上是一种锥状面。

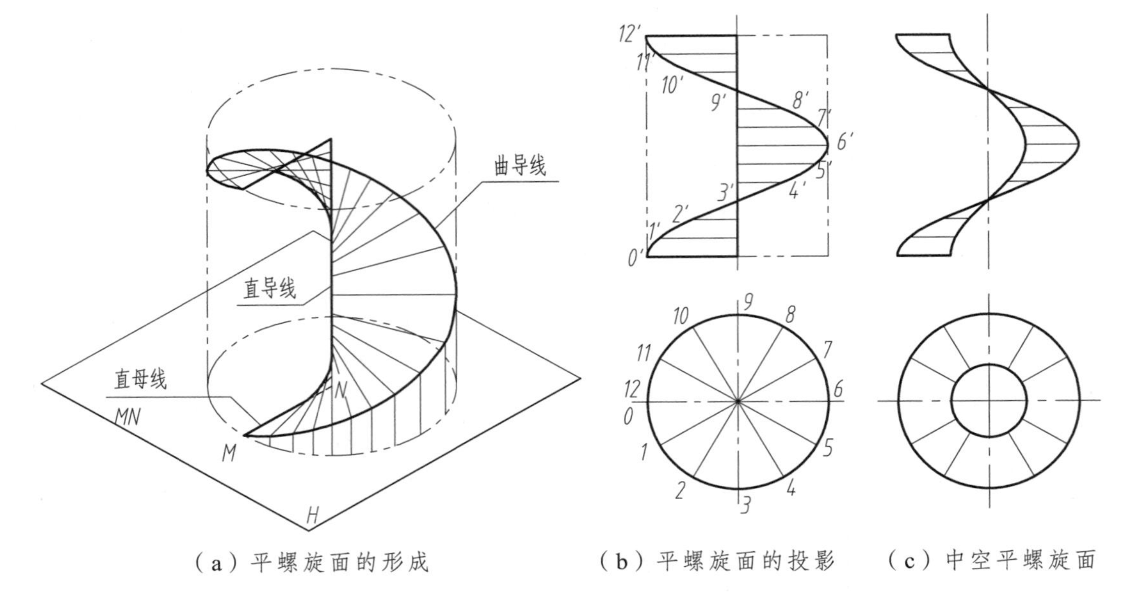

（a）平螺旋面的形成　　（b）平螺旋面的投影　　（c）中空平螺旋面

图 5-19　平螺旋面的形成及其投影

平螺旋面投影的画法及步骤如下：

（1）依据螺旋半径、导程螺旋方向，画出导圆柱的轴线和圆柱螺旋线的投影。

（2）在螺旋线和轴线间，画出各条水平素线的投影，其正面投影与轴线垂直相交，平螺旋面的投影如图 5-19（b）所示。

中空平螺旋面就是在大的平螺旋面内挖去一个小的平螺旋面，中空平螺旋面的投影如图 5-19（c）所示。

在建筑工程中，螺旋楼梯就是在中空平螺旋板上制作台阶。中空平螺旋板就是在中空平螺旋面的基础上，给其一定的厚度即可。螺旋楼梯投影的画法如下：

（1）画出中空平螺旋面，如图 5-20（a）所示。

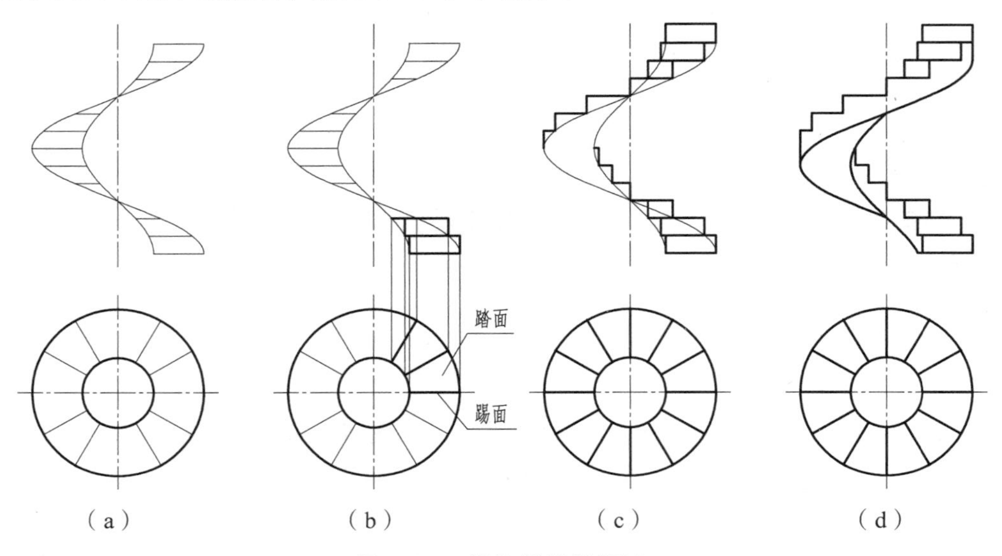

（a）　　（b）　　（c）　　（d）

图 5-20　螺旋楼梯的画法

（2）画楼梯步级，设步级的踢面高为 $T/12$（T 为导程），踢面为铅垂面，步级的踢面为水平面，第 1、第 2 步级的投影作图，如图 5-20（b）所示。

（3）依次画出全部的步级（不可见的部分可不画出），如图 5-20（c）所示。

（4）画出螺旋板的轮廓，假设板厚为 $T/12$，则将原中空平螺旋面降低 $T/12$，即为中空平螺旋板的外轮廓线，将不可见轮廓去除，整理轮廓后，即为螺旋楼梯的投影图，如图 5-20（d）所示。

第 6 章　轴测投影

多面正投影图能够完整准确地表达工程体的形状和大小，度量性好，且作图简便，因此在工程制图中被广泛采用。但这样的图缺乏立体感，要有一定的读图能力才能看懂。如图 6-1（a）所示形体的三面投影图中，形体的每个投影仅反映长、宽、高方向的两个维度，因而缺乏立体感。图 6-1（b）所示的轴测投影，具有较好的立体感，基本上反映了形体的构造。按规定轴测投影仅画出形体的可见部分，而形体上不可见部分是不画出的。因此，轴测投影在表达上是不完整的，在工程上一般仅作为辅助图样。

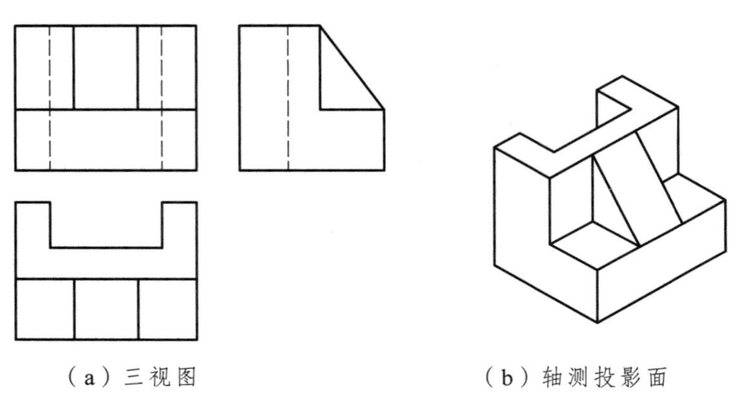

（a）三视图　　（b）轴测投影面

图 6-1　三面投影和轴测投影的比较

6.1　轴测投影的基本知识

6.1.1　轴测投影图的形成

将物体连同确定物体的三条坐标轴，用平行投影法将其向与三条坐标轴均倾斜的一个投影面（称为轴测投影面）进行投射，所得的投影称为轴测投影，简称轴测图，如图 6-2 所示。

轴测投影属于平行投影，当投射线与轴测投影面垂直时为正轴测投影，投射线与轴测投影面倾斜时为斜轴测投影。

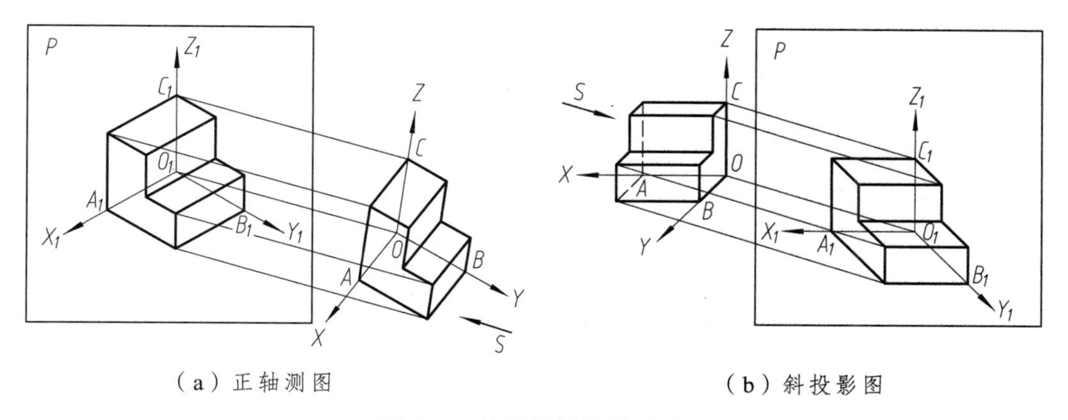

图 6-2　轴测投影图的形成

6.1.2　轴测图的基本术语

（1）轴测轴：确定物体的三条坐标轴 OX、OY、OZ，在轴测投影面上的投影 O_1X_1、O_1Y_1、O_1Z_1，称为轴侧轴。

（2）轴间角：轴测轴之间的夹角 $\angle X_1O_1Y_1$、$\angle X_1O_1Z_1$、$\angle Y_1O_1Z_1$，称为轴间角。

（3）轴倾角：轴测轴 O_1Z_1 竖向放置时，轴测轴 O_1X_1、O_1Y_1 与水平线之间的倾角，称为轴倾角。

（4）轴向伸缩系数：轴测轴上的单位长度与对应坐标轴上的单位长度之比，称为轴向伸缩系数。分别用 p_1、q_1、r_1 表示 X_1、Y_1、Z_1 轴三个方向的伸缩系数，则

$$p_1 = O_1A_1/OA;\quad q_1 = O_1B_1/OB;\quad r_1 = O_1C_1/OC$$

6.1.3　轴测投影的分类

按照投影的方法不同，轴测图分为正轴测图和斜轴测图两大类。用正投影法得到的轴测图为正轴测图，如图 6-2（a）所示；用斜投影法得到的轴测图为斜轴测图，如图 6-2（b）所示。

根据轴向伸缩系数的不同，正轴测图可分为正等测、正二测和正三测；斜轴测图可分为斜等测、斜二测和斜三测。其中，正三测和斜三测因其作图较为烦琐，工程中基本不使用。

6.1.4 常用的轴测投影

表 6-1 常用的轴测投影

轴测投影类型	正等测	正二测	斜等测	斜二测
伸缩系数	$p_1 = q_1 = r_1 = 0.82$	$p_1 = r_1 = 0.94$，$q_1 = 0.47$	$p_1 = q_1 = r_1 = 1$	$p_1 = r_1 = 1$，$q_1 = 0.5$
简化系数	$p = q = r = 1$	$p = r = 1$，$q = 0.5$	$p = q = r = 1$	$p = r = 1$，$q = 0.5$
轴间角	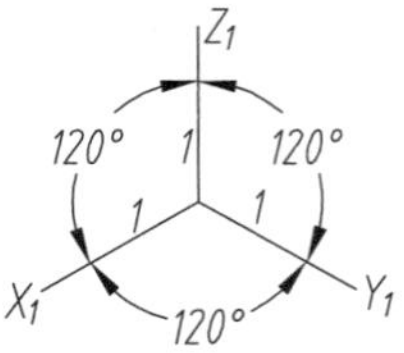	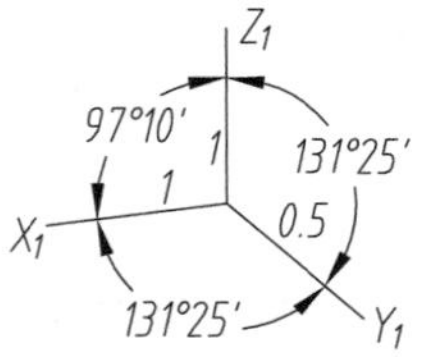	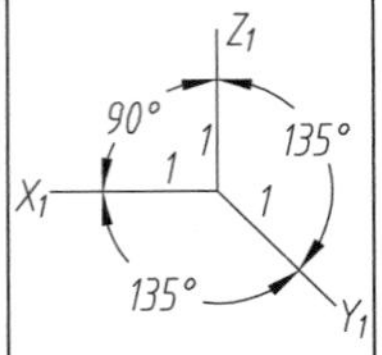	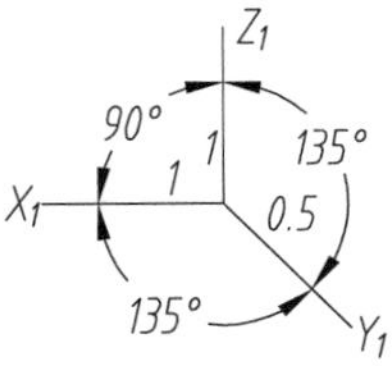
例图	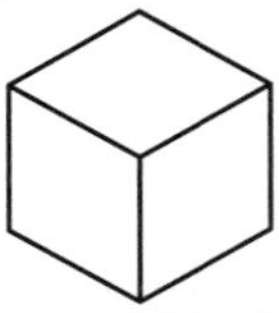	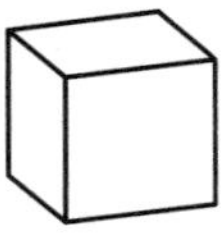	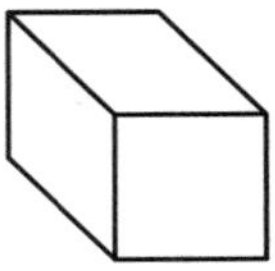	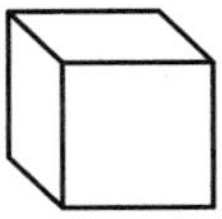
说明			Z_1 轴保持铅垂位置，X_1 与 Z_1 的轴间角为 90°，Y_1 与 Z_1 的轴间角可为 120°、135°、150°，常用 135°	

6.1.5 轴测投影的特性

由于轴测投影属于平行投影，因此轴测投影具有平行投影的特性：

（1）平行性保持不变，即物体上相互平行的线段，其轴测投影仍相互平行；物体上平行于坐标轴的线段，其轴测投影与对应轴测轴平行。

（2）物体上与坐标轴平行的线段，其轴向伸缩系数与对应坐标轴的轴向伸缩系数相同。

（3）平行于轴测投影面的直线和平面，其轴测投影反映该直线的真长和平面的真形，该方向上轴向伸缩系数为 1。

6.2 正等轴测图

6.2.1 正等测的轴间角和轴向伸缩系数

如图 6-3 所示，正等测轴的三个轴间角相等，均为 120°，通常 O_1Z_1 轴保持铅垂位置，O_1X_1、O_1Y_1 轴与水平线成 30°角。轴向伸缩系数 $p_1 = q_1 = r_1 = 0.82$，为了作图简便，将伸缩系数简化为 $p = q = r = 1$，即沿着各轴向的所有尺寸均按形体的实际长度画图，只是轴测图的大小比实际物体放大了 1.22 倍。

6.2.2 平面立体的正等轴测图

画平面立体的轴测图的基本方法有坐标法、叠加法、切割法。画图时，应先选好适当的坐标轴，再画出相应的轴测轴，然后根据以下方法画出轴测图。

1. 坐标法

根据平面立体每个顶点的坐标，逐个画出每个顶点的轴测投影，然后连线而得到图形。

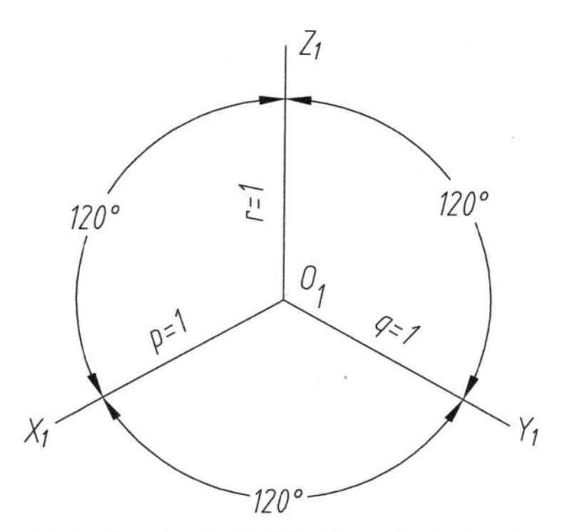

图 6-3 正等测的轴间角和轴向伸缩系数

【例 6–1】如图 6-4（a）所示，已知正六棱柱的两面投影，求作正等轴测图。

分析：由于上、下底面是处于水平位置的正六边形，且前后左右均对称，因此可取上底面的对称中心为坐标原点建立轴测轴，如图 6-4（a）所示。作图时，首先根据上底面各顶点的坐标画出各顶点的轴测投影，依次连接即得上底面的轴测图。再根据棱高，由顶点垂直向下画出各可见棱线，确定下底面各顶点的轴测投影，最后依次连接各可见点，即得正六棱柱的正等轴测图。

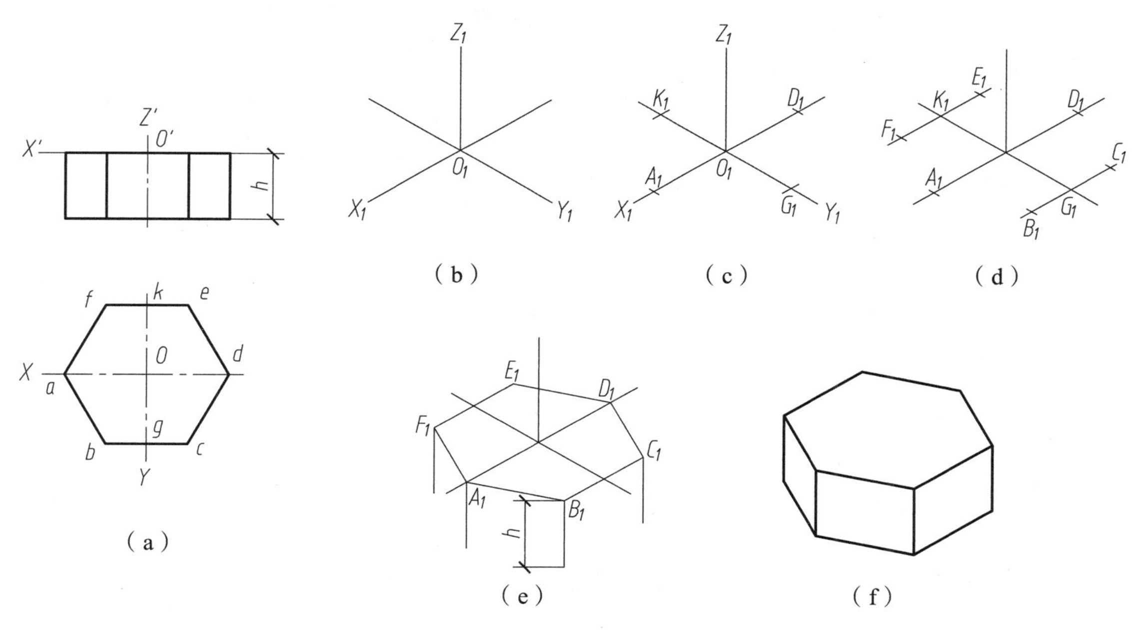

图 6-4 正六棱柱的正等轴测图

作图步骤如下：

（1）以正六棱柱上底面的中心为原点建立直角坐标系，如图 6-4（a）所示。

（2）画出正等测的轴测轴，如图 6-4（b）所示。

（3）以 O_1 为中点，在 X_1 轴上量取 $A_1D_1=ad$，在 Y_1 轴上量取 $G_1K_1=gk$，如图 6-4（c）所示。

（4）过 G_1、K_1 点作 X_1 轴的平行线，分别以 G_1、K_1 为中点，量取 $B_1C_1=bc$，$E_1F_1=ef$，如图 6-4（d）所示。

（5）依次连接 A_1、B_1、C_1、D_1、E_1、F_1 点，得到上底面轴测图，由各顶点沿 Z_1 轴向下画出棱线，并截取尺寸 h，得到下底面各顶点的投影（仅画出可见点），如图 6-4（e）所示。

（6）连接下底面各点和棱线，擦去多余图线，加深描粗完成作图，如图 6-4（f）所示。

2. 叠加法

利用形体分析法，将组合体分解成若干个基本体，逐个画出基本体的轴测投影，然后根据相对位置关系擦去多余的图线而得到图形。

【例 6–2】如图 6-5（a）所示，根据形体的三面投影图，作出其正等轴测图。

分析：该形体由底板、竖板和三棱柱三部分叠加而成，底板是由四棱柱被一铅垂面切去左前角形成的。

作图步骤如下：

（1）以形体的后右下的点为坐标原点，画出正等测的轴测轴。根据底板的尺寸 a、b、c，画出底板四棱柱的轴测图，如图 6-5（b）所示。

（2）根据尺寸 g、j，切去底板的左前角，如图 6-5（c）所示。

（3）在底板之上，根据尺寸 i、f-c，画出竖板的轴测图。注意竖板与底板后面平齐，左、右端面也平齐，如图 6-5（d）所示。

（4）三棱柱位于底板之上、竖板之前，三块板右面平齐。根据三棱柱的尺寸 e、d、h，作出轴测图，如图 6-5（e）所示。

（5）擦去多余的图线，加深描粗完成作图，如图 6-5（f）所示。

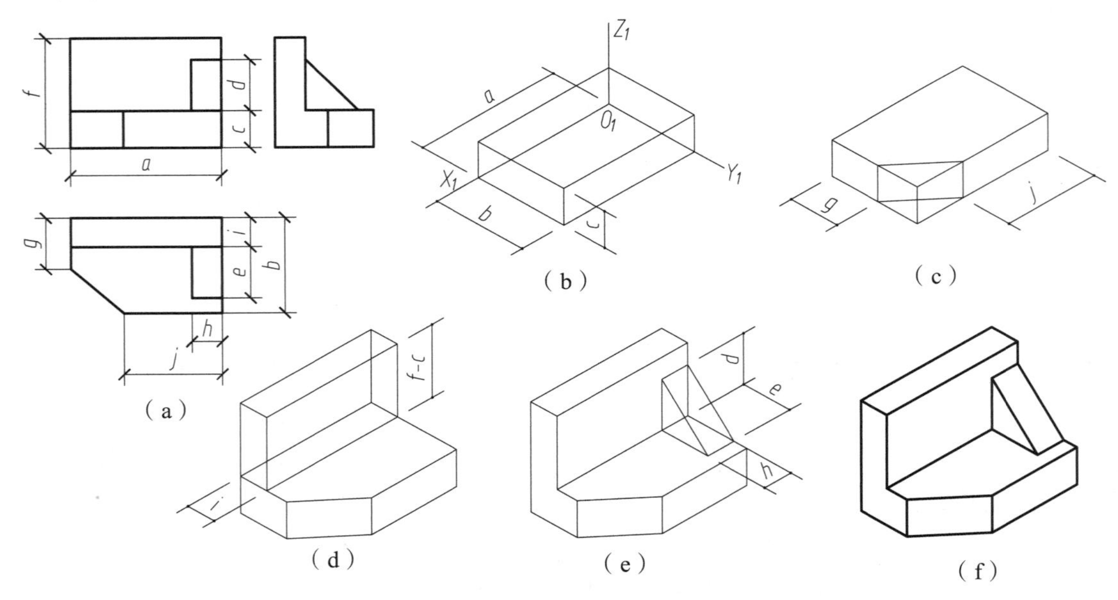

图 6-5　用叠加法画正等轴测图

3. 切割法

先画出基本体的轴测图，然后用形体分析法，逐一切除多余部分而得到图。

【例 6–3】如图 6-6（a）所示，作出形体的正等轴测图。

分析：该物体可看成是一横置的四棱柱在左上方开一缺口，再挖一矩形孔而形成的。

作图步骤如下：

（1）在投影图上确定坐标轴，原点在右下中点上，如图 6-6（a）所示。

（2）画正等测的轴测轴，根据等腰梯形的上底、下底和高，画出形体右端面的轴测图，如图 6-6（b）所示。

（3）根据形体的总长，画出左端面的轴测图，连接可见部分，得出四棱柱的轴测图，如图 6-6（c）所示。

（4）根据 a、b、c 的尺寸，画出左上方的缺口，如图 6-6（d）所示。

（5）根据矩形孔的位置和大小尺寸，画出矩形孔上端面的位置，如图 6-6（e）所示。

（6）画出矩形孔可见轮廓线，擦去多余图线，加深描粗完成作图，如图 6-6（f）所示。

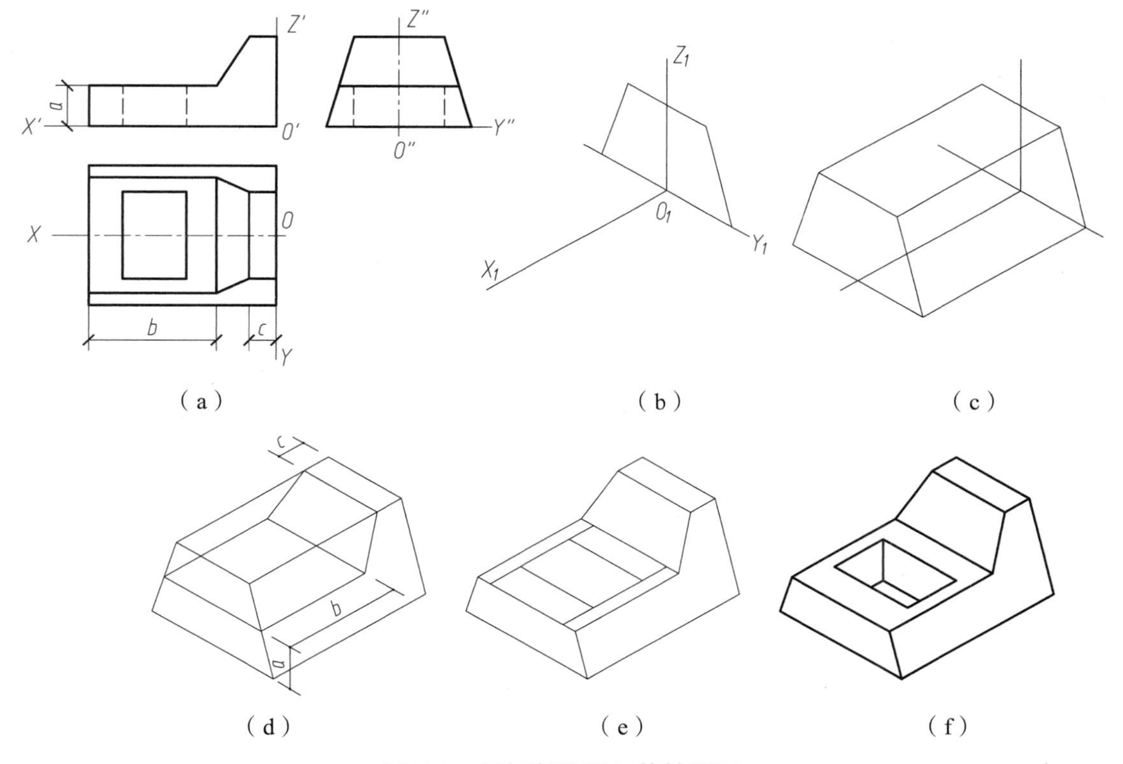

图 6-6　用切割法画正等轴测图

由以上例子可以看出，正等测图通常是由形体从左向右、从前向后、从上向下的投影方向绘制的。但有些形体结构按照这样的投影方向作图时，很多重要结构部分将被遮挡，使得图形不清晰，因此就要由从左向右、从前向后、从下向上的投影方向绘制，称为仰视正等测图。仰视正等测轴测轴的方向、轴间角、伸缩系数均不变，将 X_1、Y_1 两轴互换即可。

【例 6-4】如图 6-7（a）所示，由楼板、主梁、次梁和柱组成的楼盖节点三面投影，作出其仰视正等测图。

作图步骤如下：

（1）以楼板下表面对称中心为坐标原点建立坐标轴，画出正等测的轴测轴。根据楼板的尺寸先画出楼板的轴测图，然后根据主梁、次梁、柱的尺寸，在楼板的下底面画出主梁、次梁和柱的位置。如图 6-7（b）所示。

（2）根据柱的高，画出柱的轴测图，如图 6-7（c）所示。

（3）根据主梁、次梁的高，画出主梁和次梁的轴测图，如图 6-7（d）所示。

（4）擦去多余图线，加深描粗完成作图，如图 6-7（e）所示。

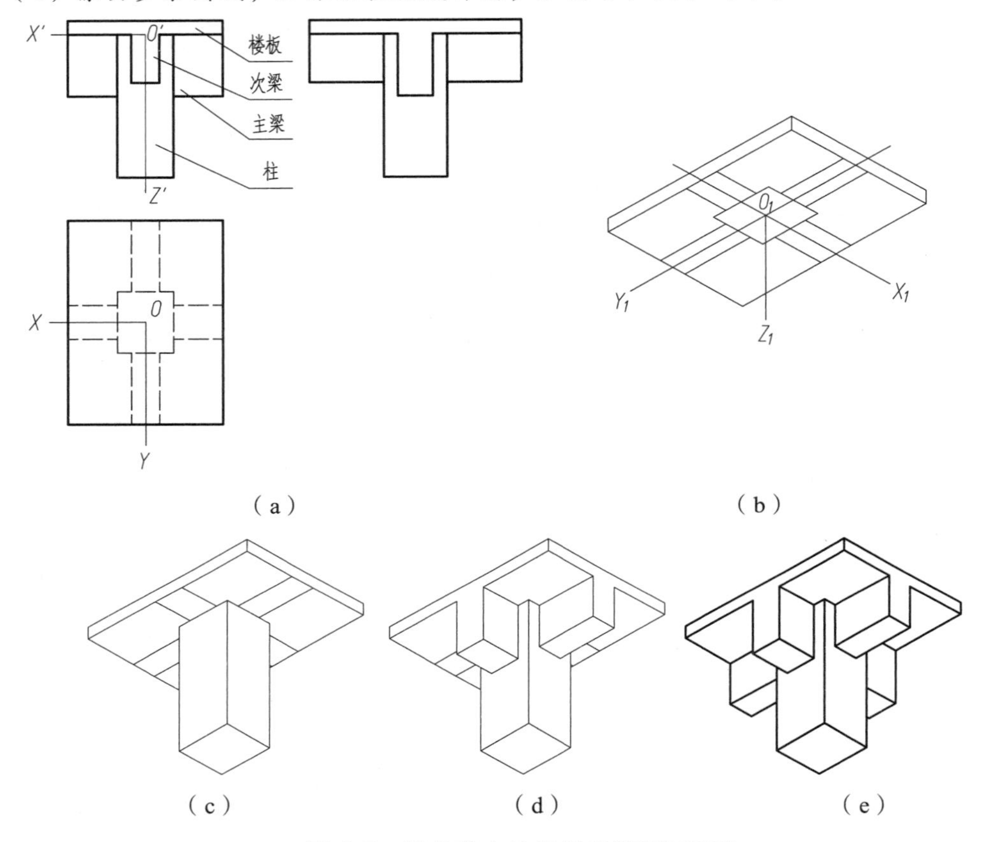

图 6-7　楼盖节点的仰视正等测图画法

6.2.3　回转体的正等轴测图

1. 圆的正等轴测图

在正等测投影中，由于三个坐标面均倾斜于轴测投影面，因此平行于三个坐标面的圆，其轴测投影均为椭圆，且三个椭圆大小相等。

由于画椭圆的步骤比较烦琐，因此在工程应用中，圆的正等测图可以采用四心法近似画椭圆，即用四段圆的步骤弧的连接近似地代替椭圆，使作图简单。下面以平行于 *XOY* 坐标面的圆的正等测投影的画法为例，说明四心法近似画椭圆的方法。步骤如下：

（1）确定直角坐标系的原点及坐标轴，作圆的外切正方形 $mnpq$，与圆相切于 a、b、c、d，如图 6-8（b）所示。

（2）作轴测轴 O_1X_1、O_1Y_1，从原点 O_1 沿轴向按半径量取切点 A_1、B_1、C_1、D_1，如图 6-8（c）所示。

（3）分别过 A_1、C_1 作 Y_1 轴的平行线，过 B_1、D_1 作 X_1 轴的平行线，得到外切正方形的正等测投影——菱形 $M_1N_1P_1Q_1$，菱形的对角线即为椭圆的长、短轴方向，如图 6-8（d）所示。

（4）连接 P_1B_1、M_1D_1，分别与 N_1Q_1 相交于 O_2、O_3，如图 6-8（e）所示。

（5）分别以 O_2、O_3 为圆心，O_2C_1、O_3A_1 为半径画圆弧 B_1C_1、A_1D_1，再分别以 M_1、P_1 为圆心，M_1D_1、P_1B_1 为半径画圆弧 C_1D_1、A_1B_1。四段圆弧光滑连接，即得水平圆的正等测投影，如图 6-8（f）所示。

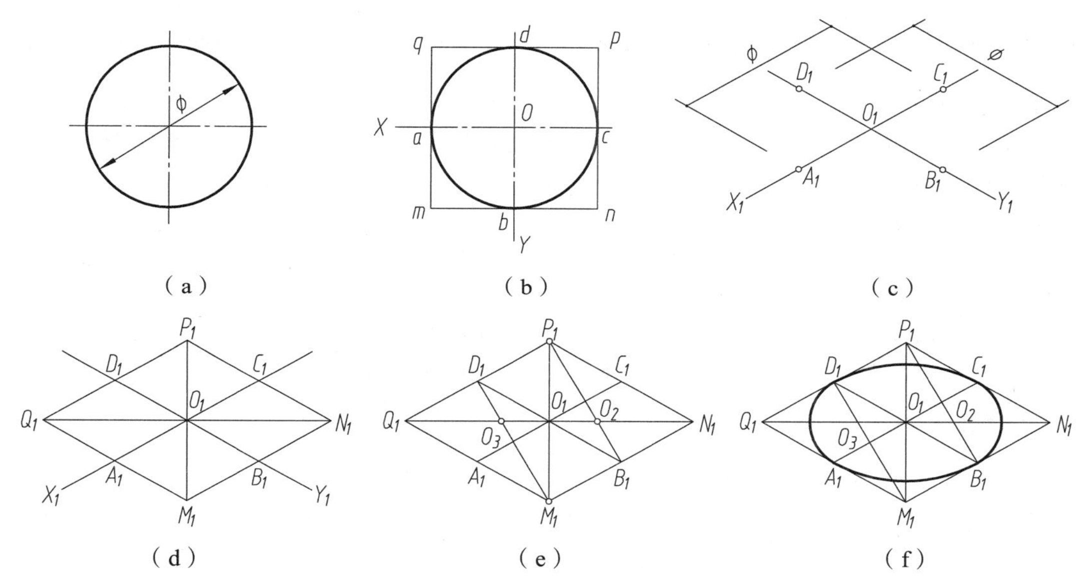

图 6-8　平行于 *XOY* 坐标面圆的正等轴测图的四心法

从以上作图过程中可以看出，用四心法近似画椭圆，关键是要确定 A_1、M_1、B_1、C_1、P_1、D_1 六个点的位置，而这六个点正好在已知直径的圆上，因此可以直接通过圆确定这六个点的位置，使作图更为简单快捷。如图 6-9 所示，首先画出正等测轴测轴 O_1X_1、O_1Y_1，根据直径画圆，圆与 O_1X_1、O_1Y_1 的交点即为 A_1、B_1、C_1、D_1 点，圆与竖直线的交点即为 M_1、P_1 点，连接 P_1B_1、M_1D_1，与水平直线的交点分别为 O_2、O_3 点，最后根据确定的四心和半径画出四段圆弧，即得水平圆的正等测投影。

2. 平行于各坐标面的圆的正等测图

平行于各坐标面的圆，其正等测投影均为大小相等的椭圆，只是长、短轴的方向不同而已。尽管椭圆的长、短轴存在种种变化，但在作图时只要弄清圆所处的坐标面，根据轴测轴的方向即可画出平行于该坐标面圆的正等测图，如图 6-10 所示。

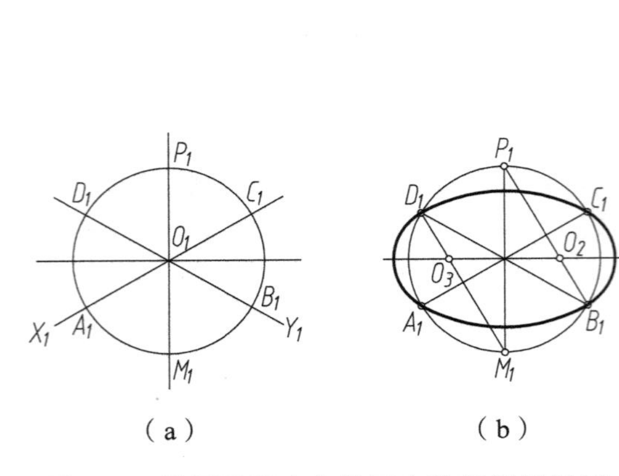

图 6-9　利用圆周确定的四心法近似画椭圆

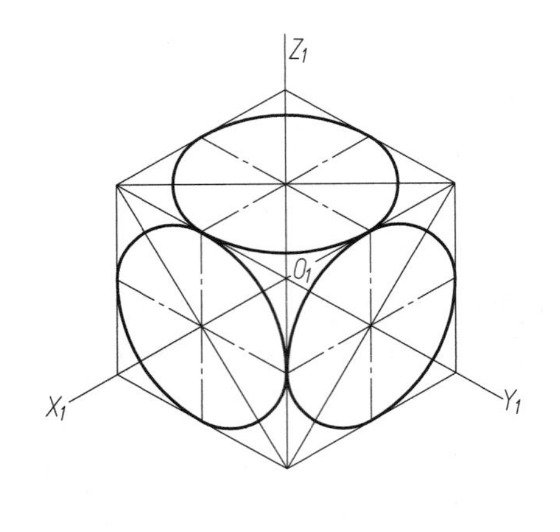

图 6-10　平行于各坐标面的圆的正等测图

【例 6-5】如图 6-11（a）所示，作出圆柱的正等测图。

分析：圆柱的上、下底圆的投影为水平圆，因此先作出两水平圆的轴测投影，再作切线即可完成作图。

作图步骤如下：

（1）以上底圆的圆心为坐标原点建立坐标系，画出水平圆的轴测轴 O_1X_1、O_1Y_1，然后利用四心法画出上底圆的轴测投影——椭圆，如图 6-11（b）所示。

（2）将椭圆向下平移 h 距离，得到下底圆的轴测投影，如图 6-11（c）所示。

（3）作两椭圆的公切线，擦去不可见部分，加深描粗完成作图，如图 6-11（d）所示。

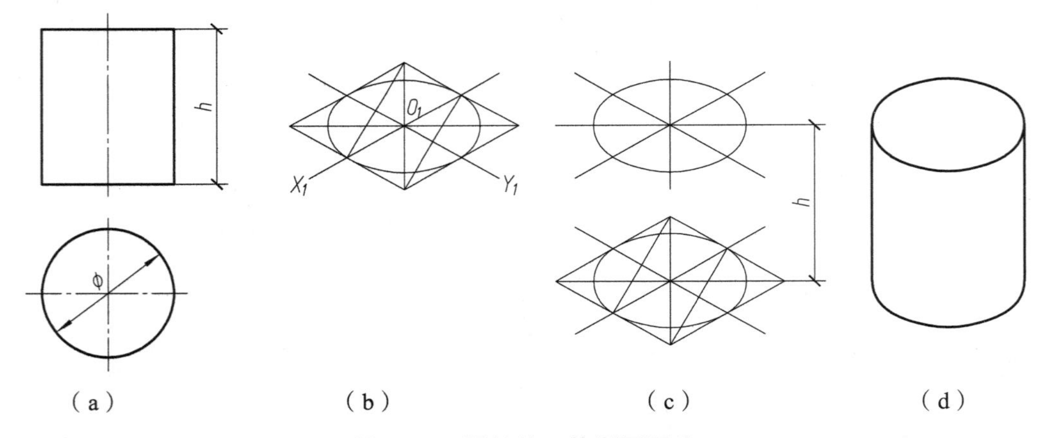

图 6-11　圆柱的正等测图画法

【例 6-6】如图 6-12（a）所示，作出圆柱切割后的正等测图。

分析：先作出圆柱的轴测图，然后用切割法作出圆柱切割后的轴测图。作图步骤如下：

（1）根据圆柱的直径和高，先作出圆柱体的正等测图，然后从上底面向下量取尺寸 b，作出距上底面为 b 处的椭圆，即得截切圆柱的水平面，如图 6-12（b）所示。

（2）以上底面的中心为对称中心，在上底面平行于轴测轴的方向作两条距离为 a 的平行线，与上底面椭圆相交，过交点向下作垂线，与下面的椭圆相交，如图 6-12（c）所示。

（3）连接可见部分，擦去多余的图线，描粗加深完成作图，如图 6-12（d）所示。

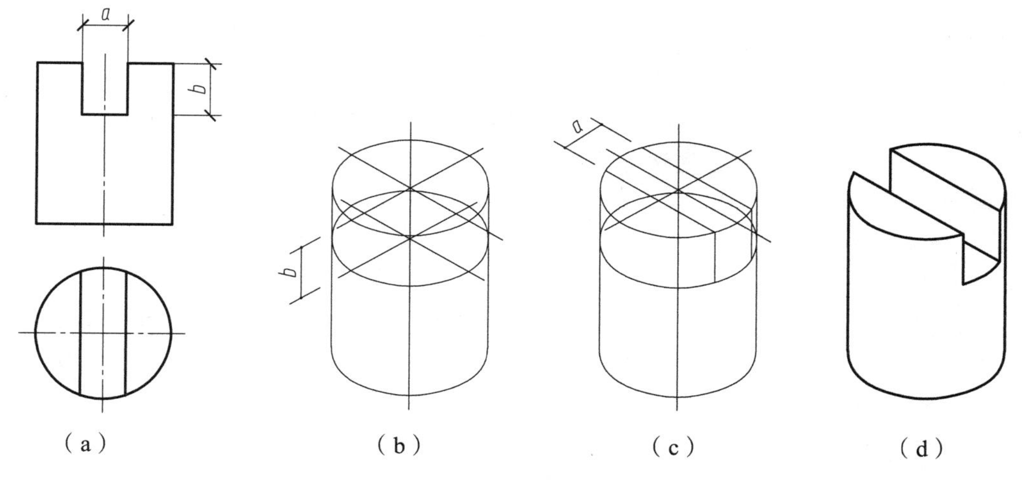

图 6-12　圆柱切割后的正等测图画法

在组合体当中，底板或竖板常常带有圆角，如图 6-13（a）所示为前端带有两个圆角的底板，其轴测图作图步骤如下：

（1）画出底板没有圆角之处的轴测图，沿着角的两边量取圆角半径 *R* 得 *1*、*2*、*3*、*4* 四个点，如图 6-13（b）所示。

（2）分别过点 *1*、*2*、*3*、*4* 作所在边的垂线，得到两个交点 O_1、O_2，如图 6-13（c）所示。

（3）分别以 O_1、O_2 为圆心，O_11、O_23 为半径画圆弧，即得底板上底面圆角的轴测图，如图 6-13（d）所示。

（4）将圆心 O_1、O_2 分别下移高度 *h*，在下底面分别画出与上底面相同的圆弧，即得下底面圆角的轴测图，并画出右边两圆弧的公切线，如图 6-13（e）所示。

（5）擦去多余的图线，加粗描深可见轮廓线完成作图，如图 6-13（f）所示。

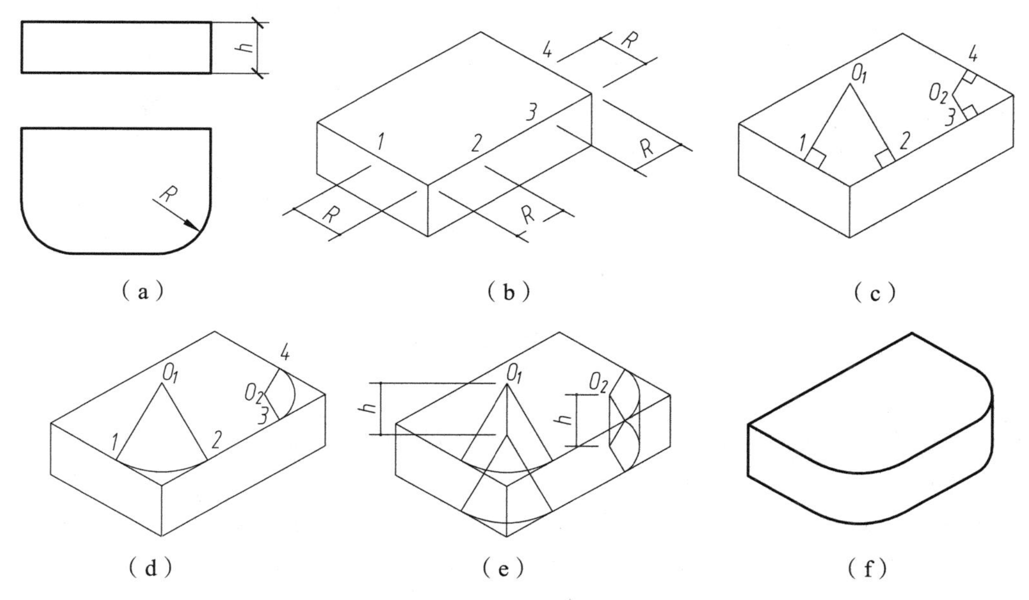

图 6-13　圆角的正等测图画法

【**例 6-7**】绘制如图 6-14（a）所示的组合体的正等测图。

分析：该组合体可看成由底板和竖板两部分组成，底板为长方体，有两个圆角和两个圆柱通孔，竖板上半部为半圆柱体，下半部为长方体，中间有一圆柱通孔。按照叠加法，底板和立板先按长方体画出，然后再画出圆角和圆孔等部分，即可得到组合体的轴测图。

作图步骤如下：

（1）以底板上底面与后端面的交线中点为坐标原点建立坐标轴，画出正等测的轴测轴。根据长方体的尺寸，分别画出底板与立板的轴测图，如图 6-14（b）所示。

（2）画出竖板上半部分的圆柱体，用圆角法画出两段圆弧，组成的半个椭圆即为竖板前表面的半个椭圆，再沿着 Y_1 的方向向后移动圆心画出后表面的半个椭圆，然后作两椭圆右侧的公切线，如图 6-14（c）所示。

（3）分别画出竖板圆孔、底板圆角的轴测图，如图 6-14（d）所示。

（4）画出底板两个圆孔的轴测图，如图 6-14（e）所示。

（5）擦去多余的图线，加深描粗可见轮廓线完成作图，如图 6-14（f）所示。

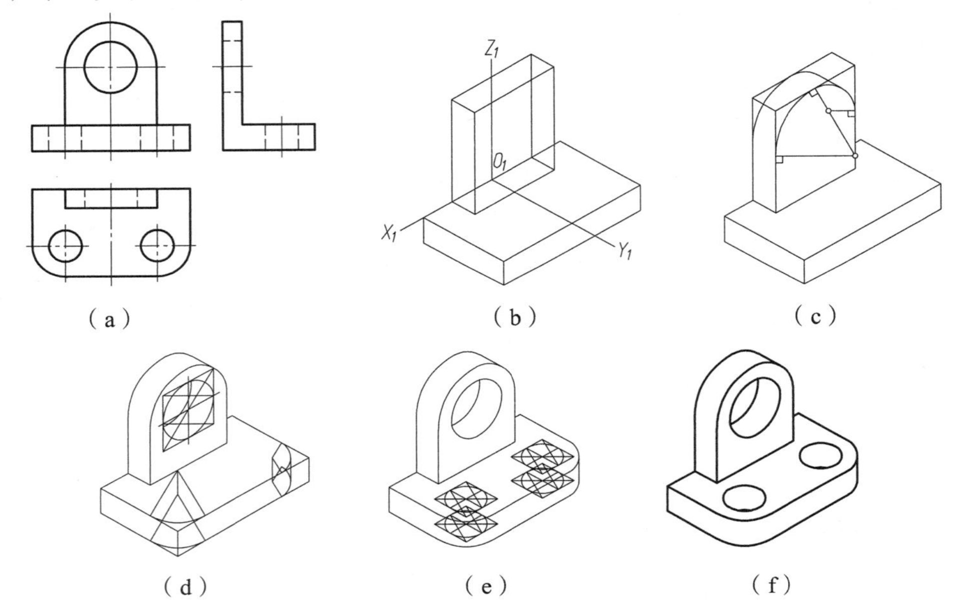

图 6-14　组合体的正等测图画法

6.3　斜轴测图

形体保持原来三面正投影时的位置不动，用倾斜于某一投影面的平行投射线将形体投射到该投影面上，就得到斜轴测投影图。

由于在平行于坐标面上的投影反映真形，因此当形体上有较多的圆平行于坐标面时，采用斜轴测作图就比较方便，其作图方法与正等测作图方向基本相同。

常用的斜轴测投影有斜等测和斜二测。

6.3.1 斜等测

在形成斜等测投影时，由于轴测投影面与形体的 XOZ 坐标面平行，则 XOZ 在轴测投影面上的投影保持真形。轴测轴的设置：O_1Z_1 轴保持铅垂位置，$\angle X_1O_1Z_1 = 90°$，O_1Y_1 轴与 O_1Z_1 轴形成 135°的夹角，轴向伸缩系数 $p = q = r = 1$。如图 6-15 所示。

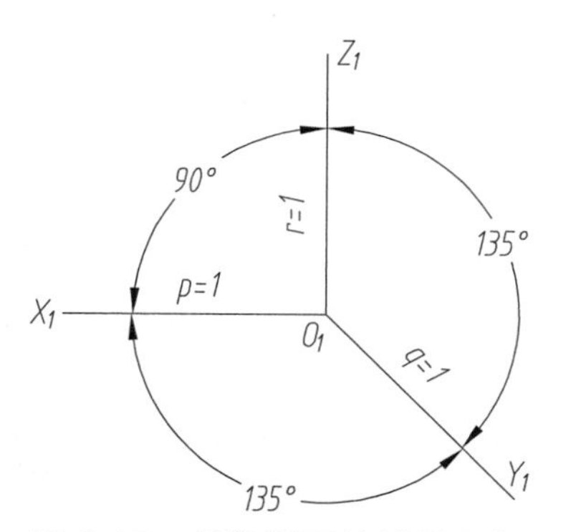

图 6-15 斜等测图的轴间角与轴向伸缩系数

【例 6–8】画出如图 6-16（a）所示形体的斜等测投影。

作图步骤如下：

（1）确定坐标轴。由于所有圆弧都平行于 XOZ 坐标面，采用正面斜等轴测轴作图较为简便，如图 6-16（a）所示。

（2）画出正面斜等测的轴测轴，画出形体前端面的投影（反映真形），如图 6-16（b）所示。

（3）沿着 Y_1 轴的方向向后量取 a 距离，画出形体后端面的轮廓投影，如图 6-16（c）所示。

（4）画出相关两圆的公切线，画出其他可见部分并作相应的连接，如图 6-16（d）所示。

（5）擦去多余的图线，加深描粗完成作图，如图 6-16（e）所示。

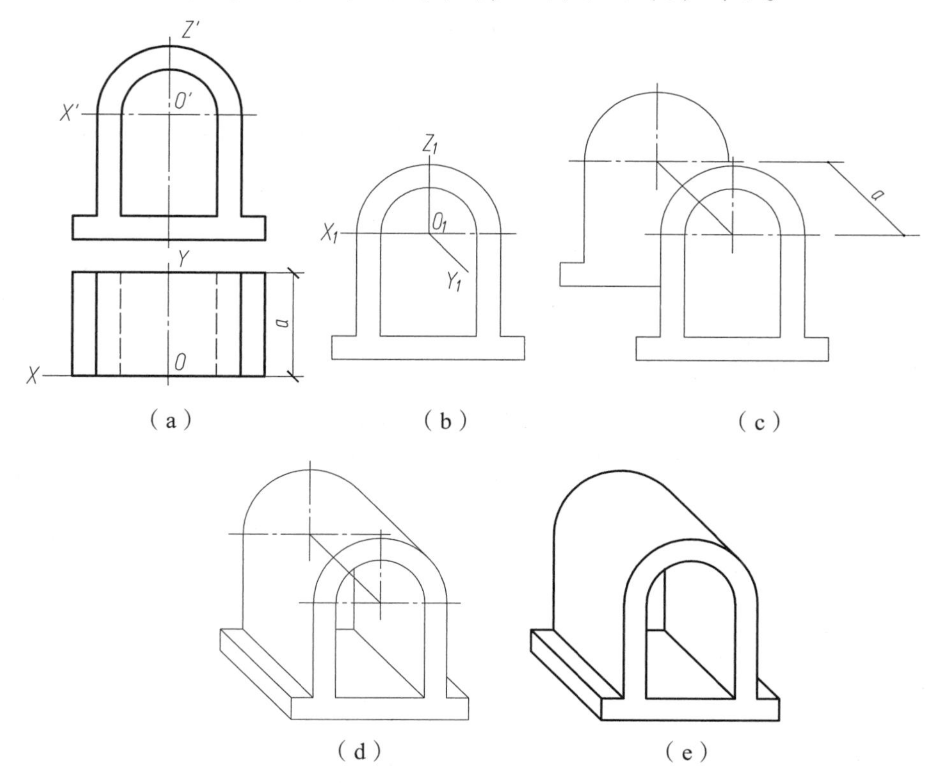

图 6-16 正面斜等测图的画法

【例 6-9】如图 6-17（a）所示，已知建筑平面图和正立面图，在图示位置采用水平面作为剖切平面，将建筑的下部分画成水平斜等测图。

作图步骤如下：

（1）画出水平斜等测轴测轴。其中 Z_1 轴为铅垂方向，X_1 轴与 Y_1 轴的夹角为 90°，X_1 轴与水平线的夹角为 30°，Y_1 轴与水平线的夹角为 60°。如图 6-17（b）所示。

（2）画出水平断面图，即将水平面投影图旋转 30°后画出，如图 6-17（c）所示。

（3）过每个角点向下画出高度线，并画出建筑内、外墙角线，如图 6-17（d）所示。

（4）画出门、窗、窗台和台阶，加深完成作图，如图 6-17（e）所示。

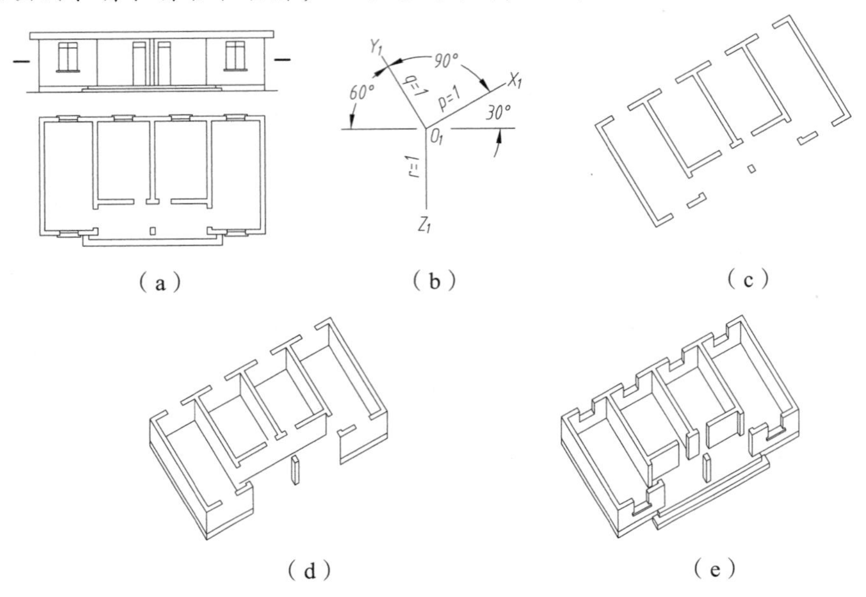

图 6-17　建筑水平斜等测图的画法（剖切）

6.3.2　斜二测

斜二测轴测轴与斜等测轴测轴方向一致，伸缩系数 $p = r = 1$，$q = 0.5$，如图 6-18（a）所示。

平行于各坐标面的圆的正面斜二测图如图 6-18（b）所示，其中平行于 XOZ 坐标面的圆的投影仍然是圆，平行于 XOY、YOZ 坐标面的圆的投影是椭圆。

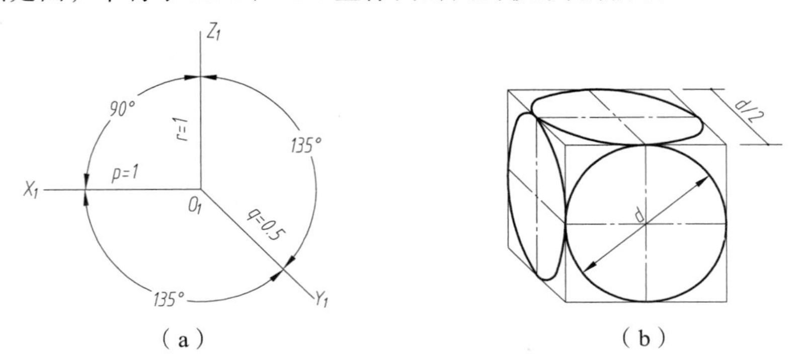

图 6-18　斜二测图的轴间角和轴向伸缩系数以及平行于各坐标面的圆的正面斜二测图

【例 6–10】画出如图 6-19（a）所示形体的斜轴测投影。

作图步骤如下：

（1）确定坐标轴。由于所有圆弧都平行于 *XOZ* 坐标面，故以前端面圆心为坐标原点，*Y* 轴向后建立坐标轴，如图 6-19（a）所示。

（2）画出正面斜二测的轴测轴。

（3）画出形体前端面的投影（反映真形），如图 6-19（b）所示。

（4）沿 Y_1 轴的方向向后量取 $a/2$ 距离，画出形体后端面的轮廓投影，如图 6-19（c）所示。

（5）画出相关两圆的公切线，画出后端面圆孔的可见部分，如图 6-19（d）所示。

（6）检查描粗加深，完成作图，如图 6-19（e）所示。

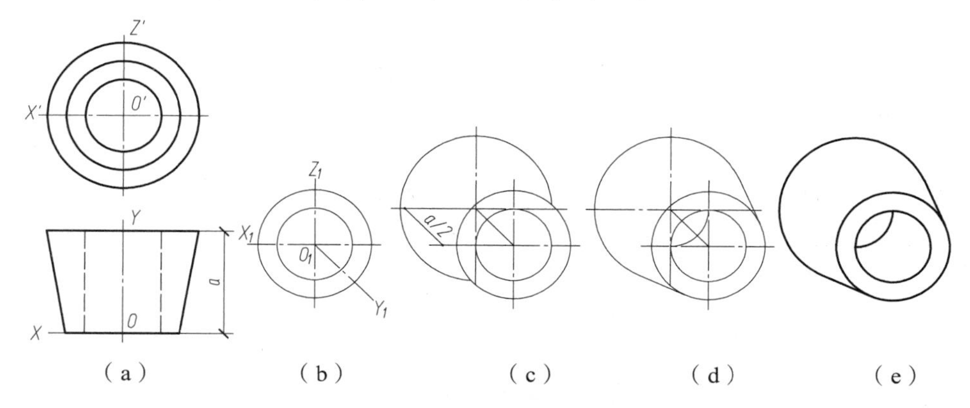

图 6-19　正面斜二测图的画法

6.4　轴测投影类型的选择

绘制轴测图时可选择的类型较多，但选择哪种轴测图来表达物体，会直接影响到轴测图的效果。轴测图类型确定后还要选择好投影方向，尽量使物体的主要结构特征表达得更清楚。因此需考虑两方面的原则：一是直观性好，立体感强；二是作图要简便。

6.4.1　轴测图类型的选择

从人的视觉效果来看，正轴测图优于斜轴测图，正二测图优于正等测图和斜二测图。但斜二测图中平行于轴测投影面的几何图形，其轴测投影反映实形，因此对于形状复杂或圆弧较多的物体，选择斜二测图可使作图简便。而正二测图的轴测轴不能利用三角板直接画出，作图较为烦琐，故选择较少。一般情况下，正二测图的直观性和立体感最好，正等测图和斜二测图次之，斜等测图最差。从作图的简便性来看，斜等测图最简便，斜二测图和正等测图次之，正二测图最烦琐。综合考虑，工程中常用的是正等测图和斜二测图，某些情况下采用斜等测图和正二测图。

另外，在选择轴测图类型时，还应考虑的问题如下：

1. 避免物体某些表面投影积聚成直线

图 6-20（b）是图 6-20（a）所示物体的正等测图，由于上部正四棱柱的左后棱面和右前棱面的轴测投影分别积聚成一直线，使得物体的正等测图的直观性和立体感很差，严重影响绘图效果。如果选择图 6-20（c）所示的正二测图或者选择图 6-20（d）所示的斜二测图，则各个表面的轴测投影都无积聚性，直观性和立体感就比正等测图好很多。但正二测的画图比斜二测图要烦琐，因此可以选择斜二测图，立体效果好而且作图简便。

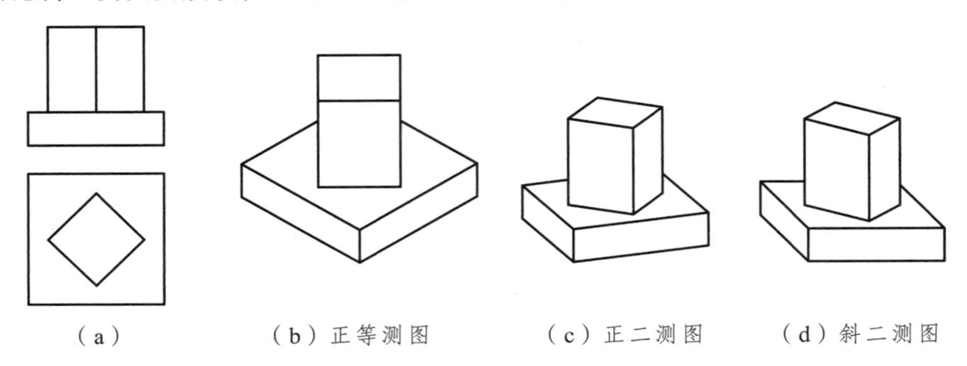

图 6-20　避免物体表面在轴测投影中积聚成直线

2. 避免物体转角处的不同交线在轴测图中共线

图 6-21（b）是图 6-21（a）所示物体的正等测图，由于上部正四棱柱、中部正四棱台和下部正四棱柱的左棱面与前棱面的交线都共线，使得物体的正等测图的直观性和立体感比较差。如果选择图 6-21（c）所示的正二测图或者选择图 6-21（d）所示的斜二测图，则这三条棱线的投影都不共线，直观性和立体感就好了很多。同样正二测的画图比斜二测图要烦琐，因此可以选择斜二测图，立体效果好而且作图简便。

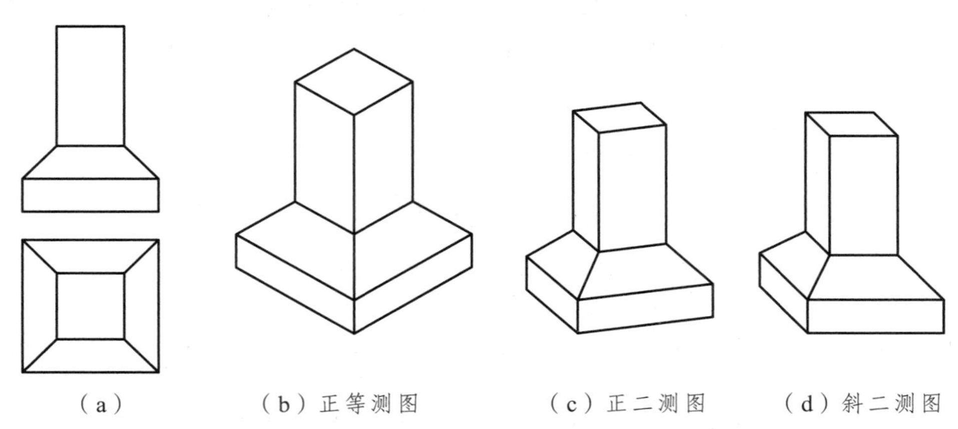

图 6-21　避免物体转角处的不同交线在轴测投影中共线

6.4.2 投影方向的选择

选择好轴测图的类型以后，还需要根据物体的形状特征选择适当的投影方向，使得轴测图能够清楚地反映物体的结构特征。如图 6-22 所示，图 6-22（b）是从物体的左、前、上方向右、后、下方投影得到的轴测图，图 6-22（c）是从物体的右、前、上方向左、后、下方投影得到的轴测图，图 6-22（d）是从物体的左、前、下方向右、后、上方投影得到的轴测图，图 6-22（e）是从物体的右、前、下方向左、后、上方投影得到的轴测图。通过比较，该物体选择图 6-22（c）的投影方向绘制的轴测图的效果是最好的。

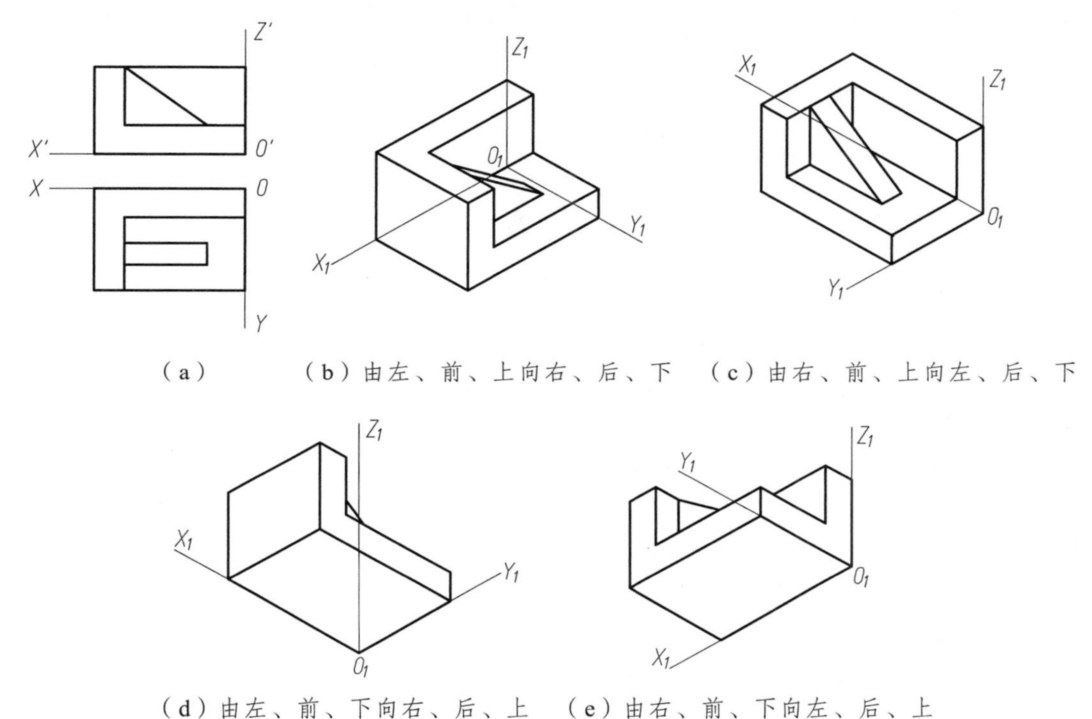

（a）　（b）由左、前、上向右、后、下　（c）由右、前、上向左、后、下

（d）由左、前、下向右、后、上　（e）由右、前、下向左、后、上

图 6-22　不同投影方向的选择效果

第 7 章 标高投影

工程形体一般都修建在地面上或者地面下，地面的形状对建筑的布置、房屋的施工及设备的安装等都有很大的影响。有时还要对原有的地形进行改造，如修建广场、庭院及道路等。所以，常常需要绘制地形图，以便于在图纸上解决相关问题。标高投影就是表达地面及复杂曲面的常用投影方法。

7.1 概 述

假想用一组相互平行且等距的水平面截切地面，所得的每条截交线都为水平曲线，其上每一点距水平基准面 H 的高度都相等，这些水平曲线称为等高线。一组标有高度数字的地形等高线的水平投影，能清楚地表达地面起伏变化的形状。将所有等高线向水平基准面 H 作正投影，并注写相应的高程数值，所得的投影图称为标高投影，如图 7-1 所示。

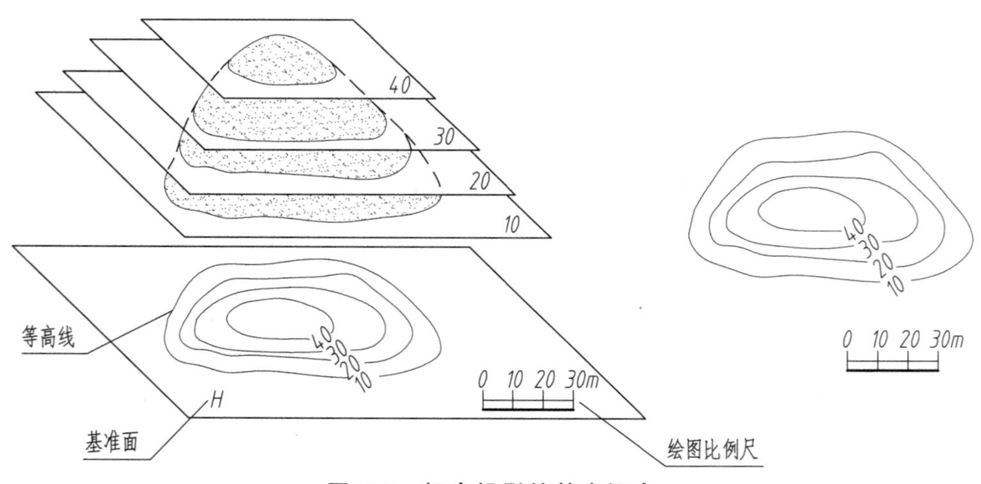

图 7-1 标高投影的基本概念

标高投影图中的基准面一般为水平面，高程以“m”为单位，在图中不需要注明，但必须注明绘图比例或画出绘图比例尺。在实际工作中，通常以我国黄海平均海平面作为基准面（高程为零），所得的高程称为绝对高程，否则称为相对高程。

7.2　点、直线和平面的标高投影

7.2.1　点的标高投影

如图 7-2 所示，设有三个空间点 A、B、C，作出它们在高程为零的水平基准面 H 上的投影 a、b、c，然后用绘图比例尺量出各点到基准面的距离，基准面以上的高程为正，基准面以下的高程为负。空间点 A 在 H 上方 5 m 处，其标高投影记为 a_5；空间点 B 在 H 上，其标高投影记为 b_0；空间点 C 在 H 面下方 4 m 处，其标高投影记为 c_{-4}。

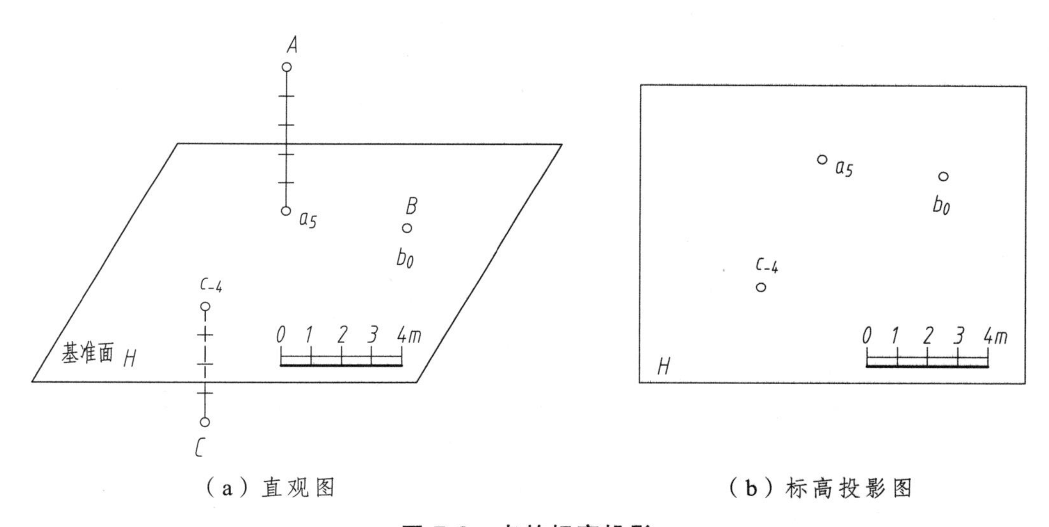

（a）直观图　　（b）标高投影图

图 7-2　点的标高投影

7.2.2　直线的标高投影

1. 直线的标高投影的一般表示法

直线的标高投影一般由它的水平投影并标注两个端点的高程表示。如图 7-3（a）所示，空间有三条直线：铅垂线 AB、水平线 CD、与基准面 H 倾斜的直线 EF，并作出了它们的标高投影 a_7b_2、c_4d_4、e_5f_2。图 7-3（b）是这三条直线的标高投影图。由于水平线上各点的高程都相同，所以称为等高线。

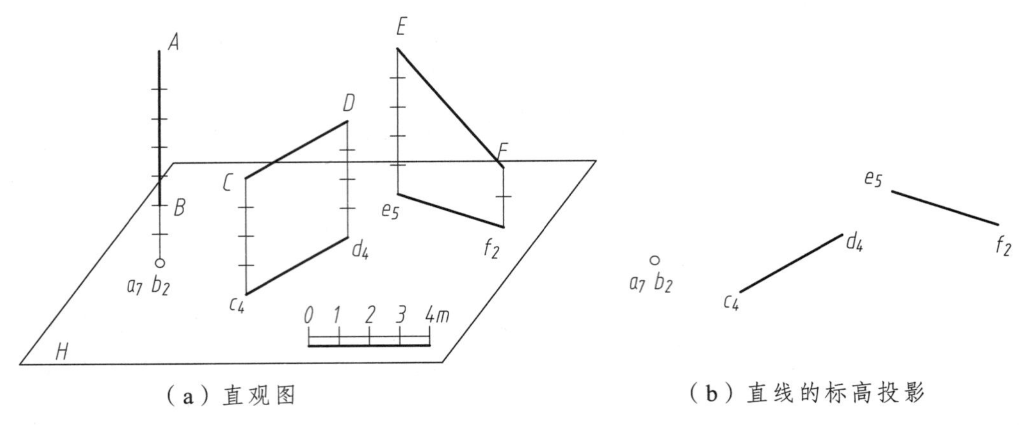

（a）直观图　　　　（b）直线的标高投影

图 7-3　直线的标高投影的一般表示法

2. 直线的坡度、平距和刻度

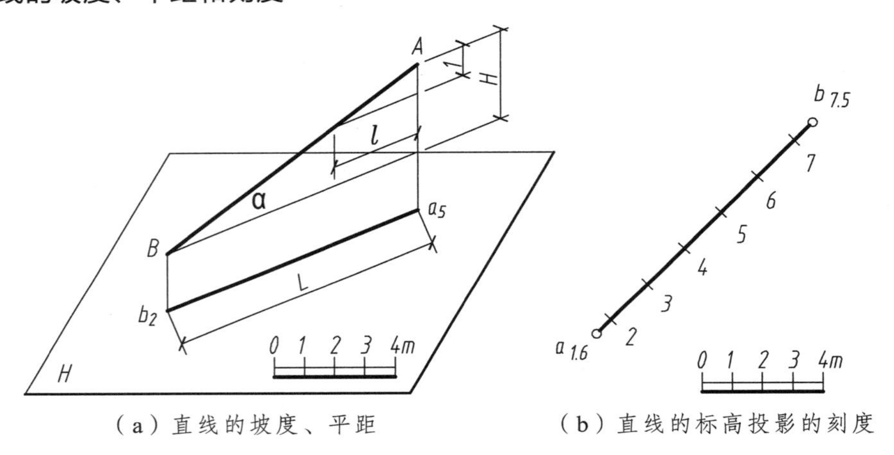

（a）直线的坡度、平距　　　　（b）直线的标高投影的刻度

图 7-4　直线的坡度、平距和刻度

（1）直线的坡度。

直线上任意两点的高度差 H 和它们的水平距离 L（即该两点间直线的水平投影长度）之比称为直线的坡度，如图 7-4（a），用符号 i 表示。若直线与水平基准面 H 的倾角为 α，则直线的坡度也就表示直线对水平基准面 H 的倾角大小，即

$$\text{坡度 } i = \text{高度差}/\text{水平距离} = H/L = \tan\alpha$$

上式表明，当两点间的水平距离为 1 m 时，则该两点间的高度差即等于坡度。

（2）直线的平距。

直线上任意两点间的高度差为 1 m 时，两点间的水平距离称为平距，用符号 l 表示，即

$$\text{平距 } l = \text{水平距离}/\text{高度差} = L/H = \cot\alpha = 1/i$$

由于直线的坡度 i 与平距 l 为倒数，所以坡度 $i = 1/l$，通常写成 $i = 1:l$。

由此可见，直线的坡度大则平距小，直线的坡度小则平距大。

（3）直线的刻度。

在实际工作中，直线两端点的标高常常不是整数，如图 7-4（b）所示。如有需要，可在直线的标高投影上定出各整数标高点，并标注出高程数值，这就是直线的标高投影的刻度。

【例 7–1】如图 7-5（a）中，已知某直线段 AB 及直线上 C 点的标高投影，求 AB 的坡度、平距、刻度、真长、与 H 面的倾角α及 C 点的高程。

解：AB 直线的坡度：根据绘图比例尺量出 AB 两点间的水平距离为 $L_{AB}=10$ m，则 AB 的坡度 $i=H_{AB}/L_{AB}=(7-3)/10=1:2.5$。

AB 直线的平距：平距 $l=1/i=2.5$

C 点高程：用绘图比例尺量出 $L_{AC}=6$ m，则 AC 的高差 $H_{AC}=i\times L_{AC}=2.4$ m。C 点的高程 $H_C=H_A-H_{AC}=7-2.4=4.6$ m。

求 AB 直线的刻度、真长及对 H 面的倾角，可用图解法作图，如图 7-5（b）所示。

（1）过 a_7、b_3 两端点作 a_7b_3 的垂线。

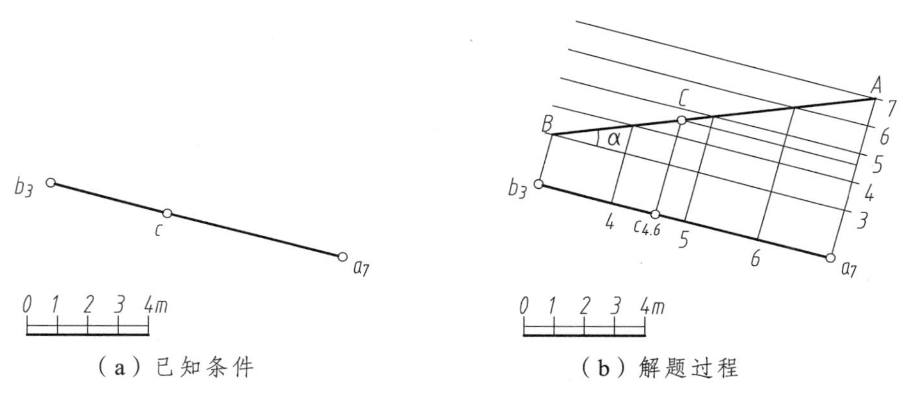

（a）已知条件　　（b）解题过程

图 7-5　求直线的真长、刻度、倾角α及 C 点高程

（2）在距直线 a_7b_3 的合适位置作一条 a_7b_3 的平行线，高程为 3 m。

（3）在绘图比例尺上量取 1 m 的距离，从高程为 3 m 的等高线开始，在 a_7b_3 的垂线上截取 4 m、5 m、6 m、7 m 等高线上的点，过截取点作 3 m 等高线的平行线，得到 4 m、5 m、6 m、7 m 等高线。

（4）在 7 m 的等高线上得 A 点，在 3 m 的等高线上得 B 点，连接 AB 即得直线的真长。

（5）过真长与 4 m、5 m、6 m 等高线的交点作直线 a_7b_3 的垂线，所得垂足即为直线 a_7b_3 上的 4 m、5 m、6 m 的整数高程，即 AB 直线上的刻度。

（6）真长与等高线的夹角即为 AB 直线对基准面 H 的倾角α。

（7）C 点的高程也可从图解中读出：过 c 点作等高线的垂线，与 AB 的真长交于 C 点，量出 C 点在两等高线中的位置，从而确定其高程数值。

3. 直线的标高投影的其他表示法

直线的标高投影除了用前面所述的一般表示法外，还常用以下两种表示法：

（1）用等高线的水平投影加注一个标高数值来表示，如图 7-6（a）所示。

（2）与基准面倾斜的直线也可用直线上的一个点的标高投影并加注直线的坡度和方向来表示，如图 7-6（b）所示。坡度符号用一端带箭头的细实线和加注坡度大小来表示，箭头的方向即为下坡的方向。

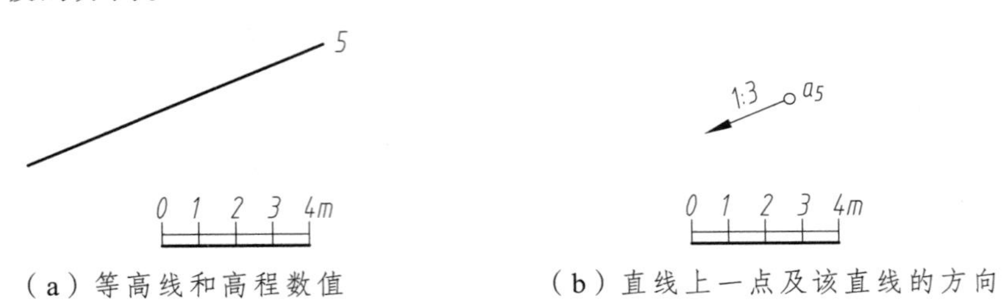

（a）等高线和高程数值　　（b）直线上一点及该直线的方向

图 7-6　直线标高投影的另外两种表示法

【例 7–2】 如图 7-7（a）所示，已知直线上 A 点的高程及该直线的坡度，求该直线上高程为 1.5 m 的点 B 的标高投影。

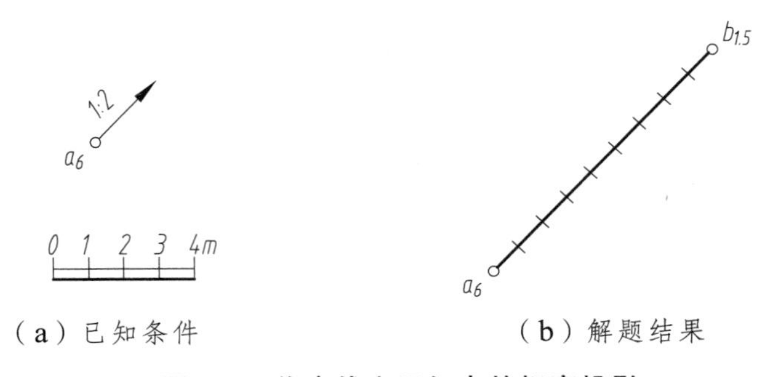

（a）已知条件　　（b）解题结果

图 7-7　作直线上已知点的标高投影

解： A、B 两点的水平距离 $L = H \times l = (6 - 1.5) \times 2 = 9$ m，根据绘图比例尺沿着坡度方向量取水平距离 9 m，即为高程 1.5 m 的 B 点，如图 7-7（b）所示。

7.2.3　平面的标高投影

1. 平面上的等高线

在标高投影中，平面上的水平线称为平面上的等高线，它们是一组相互平行的直线，如图 7-8（a）所示。

平面上的等高线具有以下特征：

（1）等高线上的各点高程均相等。

（2）等高线为直线且互相平行。

（3）当等高线的高差相等时，其水平距离也相等。当高差为 1 m 时，水平距离即为平距 l，如图 7-8（b）所示。

在实际应用中常采用平面上整数标高的水平线作为等高线，平面与基准面 H 的交线，即平面的水平迹线 P_H，是高程为零的等高线。

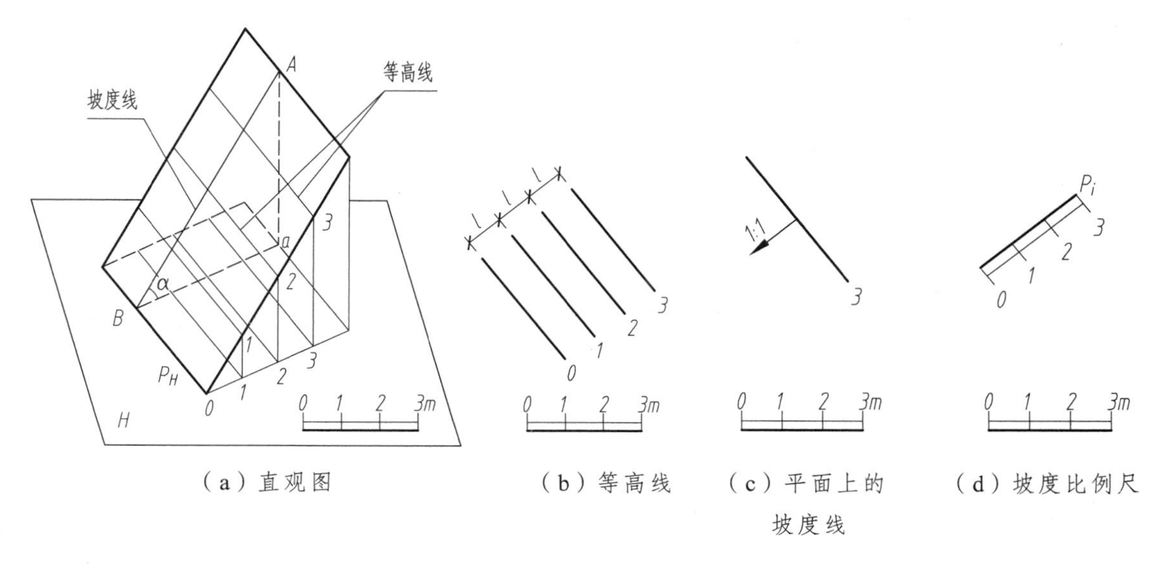

（a）直观图 （b）等高线 （c）平面上的坡度线 （d）坡度比例尺

图 7-8 平面的标高投影

2. 平面上的坡度线

平面上，与该平面上的等高线相垂直的直线称为平面上的坡度线，如图 7-8（a）中的 *AB* 直线。

平面上的坡度线具有以下特性：

（1）平面上的坡度线与等高线垂直，根据直角投影定理，它们的水平投影也互相垂直，即 $AB \perp P_H$、$aB \perp P_H$。

（2）因为平面上的坡度线 *AB* 和它的标高投影 *aB* 同时垂直于 P_H，所以平面上的坡度线的坡度，也就是该平面的坡度，坡度线与基准面 *H* 的倾角就是该平面与基准面 *H* 倾角 α。

在实际应用中，平面上的坡度线常用带箭头（箭头表示坡度的下降方向）的细实线表示，并标注出坡度，如图 7-8（c）所示。

3. 平面的坡度比例尺

平面上带有刻度的坡度线的水平投影，称为平面的坡度比例尺，用一粗一细的双线表示，并标注带有下标 *i* 的平面名称的大写字母，如图 7-8（d）所示。

4. 平面的标高投影表示法

平面的标高投影有五种形式：

（1）用确定平面的几何元素表示平面。

确定平面的几何元素表示法有：不在同一直线上的三个点、直线及直线外一点、平行两直线、相交两直线、一个简单的平面图形。图 7-9（a）中取用了平面图形表示平面。

（2）用平面上的一组等高线表示平面。

平面可以用两条或两条以上的平行的等高线表示，如图 7-9（b）所示。

（3）用平面上的一条等高线和平面的坡度线表示平面。

如图 7-9（c）所示，坡度线的下坡方向也就是平面的下坡方向，坡度线的坡度也就是平面的坡度。

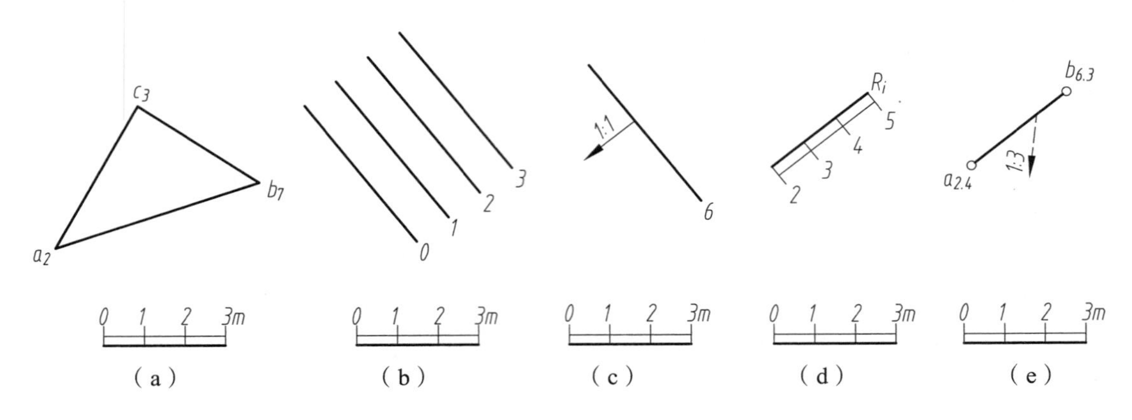

（a）　（b）　（c）　（d）　（e）

图 7-9　平面的标高投影表示法

（4）用平面的坡度比例尺表示平面。

如图 7-9（d）中的 R 面，用它的坡度比例尺 R_i 表示。坡度比例尺是平面上的坡度线的标高投影，过坡度比例尺的任一刻度都可唯一地确定平面上该刻度所示的等高线，两直线相交可确定一平面，所以用坡度比例尺就可确定平面。

（5）用平面上的一条倾斜直线、平面的坡度和在直线一侧的大致下降方向表示平面。

图 7-9（e）所示为平面上的坡度、平面坡度的下降方向（也就是平面上的坡度线的坡度）、平面上的坡度线的下降方向。由于平面上的坡度线的下降方向，不是准确方向，而是大致方向，为了与准确的方向有所区别，因而画成带箭头的虚线。

【例 7-3】如图 7-10（a）所示，已知平面 P 由三点确定，试求作该平面的坡度比例尺及该平面对 H 面的倾角 α。

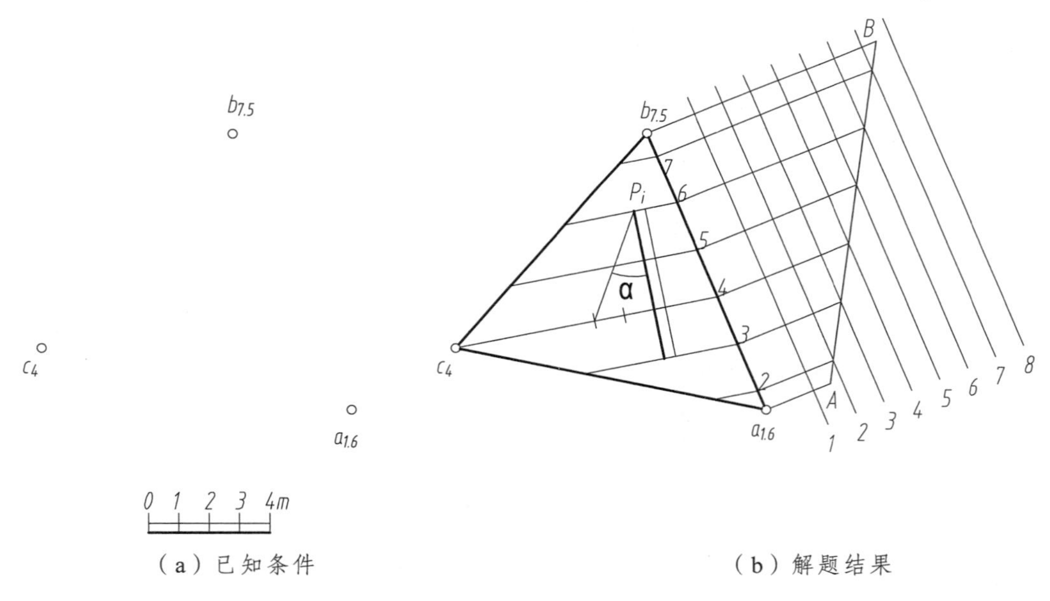

（a）已知条件　　（b）解题结果

图 7-10　作平面的坡度比例尺及对 H 面的倾角 α

解：先作出平面上的等高线，与等高线垂直的直线即为坡度比例尺；再求出坡度比例尺与 H 面的倾角，即为该平面对 H 面的倾角 α，如图 7-10（b）所示。

（1）求该平面的坡度比例尺。

连接各点形成三角形平面，因为 C 点的高程为整数，运用【例 7-1】中求作刻度的方法定出 $a_{1.6}b_{7.5}$ 直线的上的刻度 2、3、4、5、6、7，将刻度 4 与 c_4 点相连，即得平面上 4 m 的等高线。根据平面上等高线相互平行的特征，过直线 $a_{1.6}b_{7.5}$ 上的刻度作 4 m 等高线的平行线，即为平面上 2 m、3 m、4 m、5 m、6 m、7 m 的等高线。作等高线的垂线，画出一粗一细的双线，即为 P 平面的坡度比例尺，并标注 P_i。

（2）求平面 P 面对 H 面的倾角。

用直角三角形法求出坡度比例尺对 H 面的倾角：若取两个平距为一直角边，则根据绘图比例尺量取两个单位的高差为另一直角边，斜边与绘图比例尺所夹的角即为坡度比例尺对 H 面的倾角 α，也就是平面 P 对 H 面的倾角 α。

【例 7-4】如图 7-11（a）所示，已知平面上一条高程为 6 m 的等高线及平面的坡度 $i=1:1.5$，求作平面上高程为 5 m、4 m、3 m、2 m、1 m 的等高线。

解：已知坡度 $i=1:1.5$，则平距 $l=1.5$ m。在绘图比例尺上量取 1.5 m 的距离，从坡度线与 6 m 等高线的交点开始，沿着坡度线截取 5 个平距，过这 5 个截取点作 6 m 等高线的平行线，即得平面上高程为 5 m、4 m、3 m、2 m、1 m 的等高线，如图 7-11（b）所示。

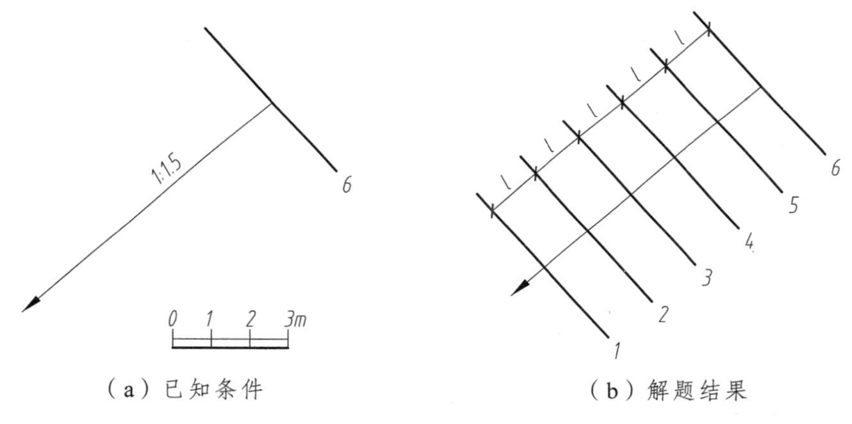

（a）已知条件　　（b）解题结果

图 7-11　已知平面上的一条等高线和坡度作平面上的等高线

【例 7-5】如图 7-12（a）所示，已知平面上一条斜线、平面的坡度 $i=1:0.5$ 以及坡度线的大致下降方向，求作平面上高程为 4 m、3 m、2 m、1 m 的等高线。

解：先求出平面上高程为零的等高线，以此就可作出其他等高线。

作图原理如 7-12（c）所示：过 AB 直线作一平面与锥顶为 B、素线坡度为 $i=1:0.5$ 的正圆锥面相切，切线 BC（是圆锥面上的一条素线）就是该平面的坡度线。已知高差 $H=5$ m，平面坡度 $i=1:0.5$，则水平距离 $L=H\times l=5\times 0.5=2.5$ m。因此，正圆锥的高为 $H=5$ m，底圆半径 $R=L=2.5$ m。那么过标高为零的 A 点作圆锥底圆的切线 AC，就是平面上标高为零的等高线。

解题过程如 7-12（d）所示：以 b_5 为圆心，$R=L=2.5$ m 为半径（2.5 m 到绘图比例尺上截取）画出圆锥底圆，过 a_0 作底圆的切线 a_0c_0，即为平面上标高为零的等高线。连接 b_5c_0，即为平面上的坡度线。五等分坡度线 b_5c_0，过各等分点作零等高线 a_0c_0 的平行线，即得 4 m、3 m、2 m、1 m 的等高线。

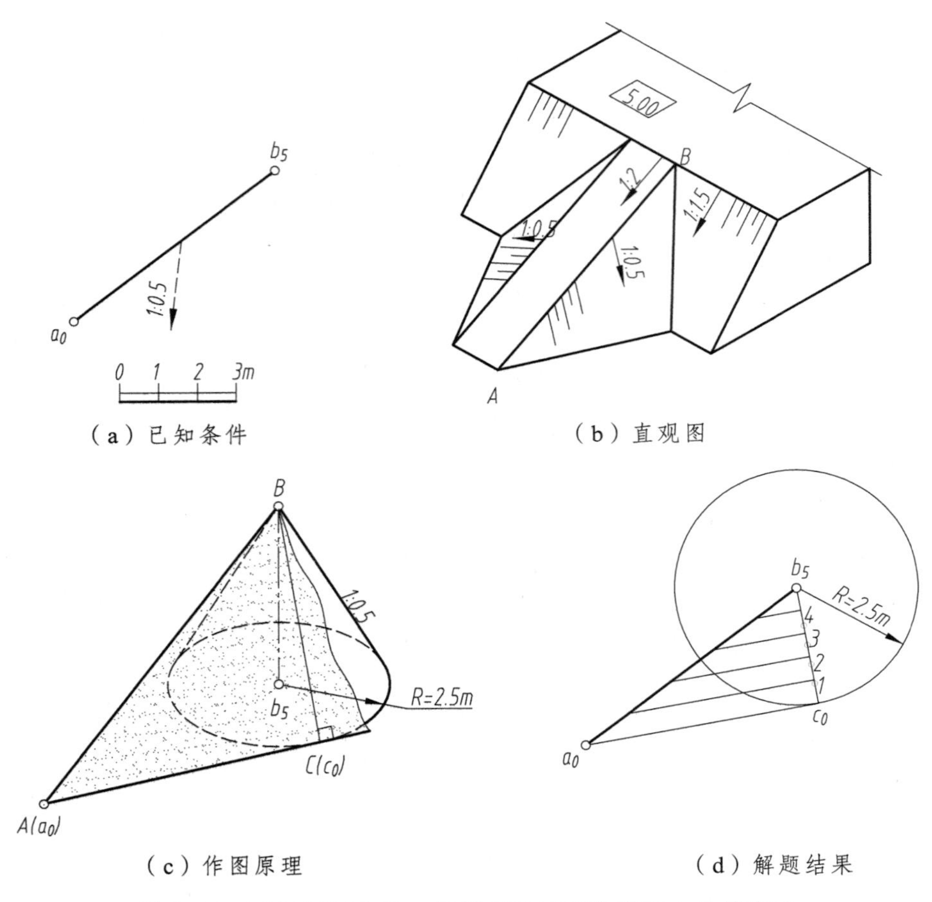

（a）已知条件　　（b）直观图

（c）作图原理　　（d）解题结果

图 7-12　已知平面上的一条斜线和坡度作平面上的等高线

5. 两平面交线的标高投影

两平面相交一定会产生交线，而交线是两平面的共有线，所以只要有两平面的两个共有点就可连出它们的交线。在标高投影中，常用两平面同高程的等高线的交点作为它们的共有点。

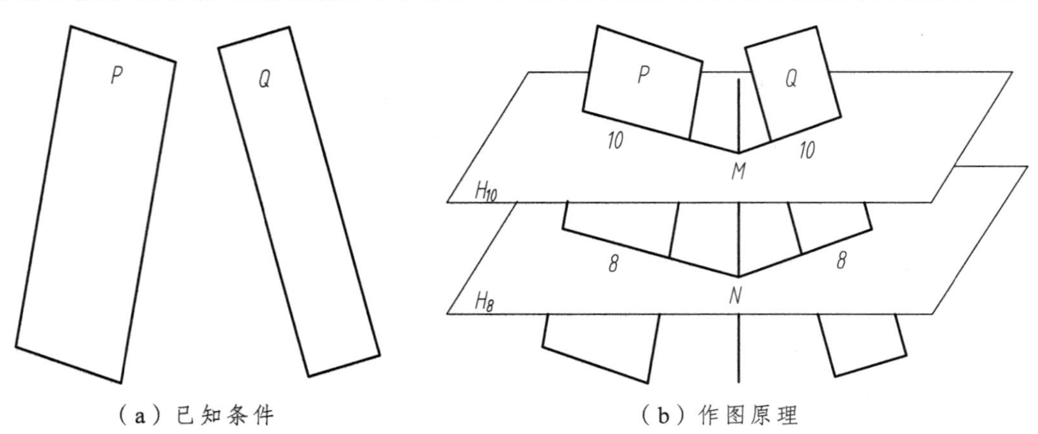

（a）已知条件　　（b）作图原理

图 7-13　两平面交线的求法

如图 7-13 所示，求作 P 面与 Q 面的交线时，先作一高程为 10 m 的水平面，得到 P、Q 两平面上 10 m 等高线的交点 M，再作一高程为 8 m 的水平面，得到 P、Q 两平面上 8 m 等高线的交点 N，连接 M、N 两点，即得 P、Q 两面的交线。

【例 7-6】如图 7-14（a）所示，已知一平面上一条 6 m 的等高线和平面的坡度为 $i=1:1.5$，另一平面的坡度比例尺 P_i，求作两平面的交线。

解：只要作出这两个平面上的两对同高程等高线的交点，连接这两个交点，就得到了这两个平面的交线。

（1）过 P_i 上的刻度为 6 的点作 P_i 的垂线，即为平面 P 上的高程为 6 m 的等高线，与另一平面的 6 m 等高线相交，得交点 M。

（2）过 P_i 上的刻度为 4 的点作 P_i 的垂线，即为平面 P 上的高程为 4 m 的等高线。

作另一平面上高程为 4 m 的等高线：已知这个平面的坡度为 $i=1:1.5$，则平距 $l=1.5$ m，可算出 6 m 等高线与 4 m 等高线高差间的水平距离 $L=H\times l=2\times1.5=3$ m。从绘图比例尺上量取 3 m 的长度，沿着平面上的下坡方向线从 6 m 等高线开始截取，过截取点作 6 m 等高线的平行线，即为该平面上 4 m 等高线。它与 P 面上的 4 m 的等高线的交点为 N。

（3）连接 MN，即得这两平面的交线。

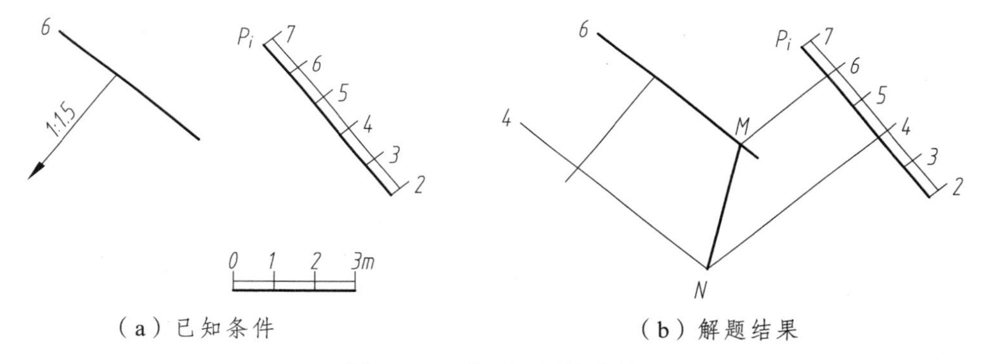

（a）已知条件　　（b）解题结果

图 7-14　求两平面的交线

在实际工程中，相邻两坡面的交线称为坡面交线，坡面与地面的交线称为坡边线。坡边线分为开挖坡边线（简称开挖线）和填筑坡边线（简称坡脚线）。

【例 7-7】在高程为 5 m 的地面上挖一基坑，坑底高程为 2 m，坑底的形状、大小以及各坡面坡度如图 7-15（a）所示。求作开挖线和坡面交线，并在坡面上画出示坡线。

解：只要作出两坡面上的两对同高程等高线的交点，连接这两个交点，就得到了这两个坡面的交线。

（1）作开挖线。

地面高程为 5 m，因此开挖线就是各坡面上高程为 5 m 的等高线，它们分别与坑底相应的边线平行。不同坡度的坡面开挖线与坑底边线的水平距离如下：

坡度 $i=1:1$，$L=H\times l=(5-2)\times1=3$ m

坡度 $i=1:1.5$，$L=H\times l=(5-2)\times1.5=4.5$ m

坡度 $i=1:2$，$L=H\times l=(5-2)\times2=6$ m

如图 7-15（b）所示，由此即可画出各开挖线。

（2）作坡面交线。

相邻坡面上标高相同的两等高线的交点，就是两坡面交线上的点。分别连接开挖线（高程为 5 m 的等高线）的交点与坡底边线（高程为 2 m 的等高线）的交点，即得四条坡面交线。

（3）作示坡线。

为了在标高投影中加强图形的明显性，在坡面上加绘示坡线。示坡线按坡度线方向用长短相间的细线从坡顶画向低处。长线可画至坡脚，也可只画短线的 2 倍长；可在坡面上全部画出，也可只画一段，如图 7-15（b）所示。

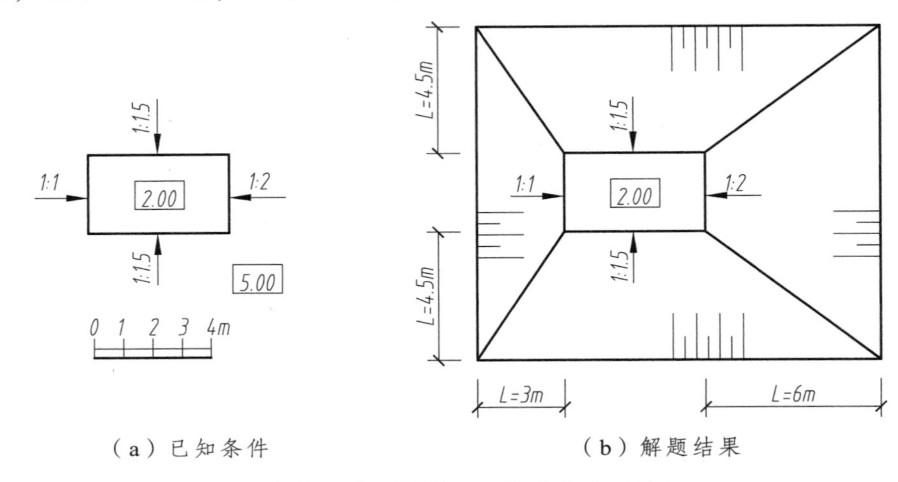

（a）已知条件　　　　（b）解题结果

图 7-15　作开挖线、坡面交线和示坡线

【例 7–8】在地面上修建一平台和一条自地面通到平台顶面的斜坡引道，平台顶面高程为 4 m，地面高程为 2 m，它们的形状和各坡面坡度如图 7-16（a）所示。求作坡脚线和坡面交线，并在坡面上画出示坡线。

解：（1）求坡脚线。因地面的高程为 2 m，各坡面的坡脚线就是各坡面内高程为 2 m 的等高线。

坡面的坡脚线分别与相应的平台边平行，要画出各坡面上 2 m 的等高线，先求出各坡面高差为 2 m 的水平距离：

坡度 $i=1:1$，$L=H=2\times1=2$ m

坡度 $i=1:1.5$，$L=H\times l=2\times1.5=3$ m

斜坡引道两侧的坡脚线做法与【例 7-5】相同，这里仅说明作图顺序：以 a_4 为圆心，$R=L=H\times l=2\times1=2$ m 为半径画圆弧，再自 d_2 向圆弧作切线，即得所求坡脚线。另一侧坡脚线的画法相同。

（2）求坡面交线。连接相邻两坡面上高程为 2 m 的等高线的交点和高程为 4 m 的等高线的交点，即得平台两坡面的交线。

平台坡面坡脚线与引道两侧坡脚线的交点 e_2、f_2 是相邻两坡面的共有点，a_4、b_4 也是平台坡面和引道两侧坡面的共有点，分别连接 a_4、e_2和 b_4、f_2即得所求坡面交线。

（3）画出各坡面的示坡线，其方向与等高线垂直。

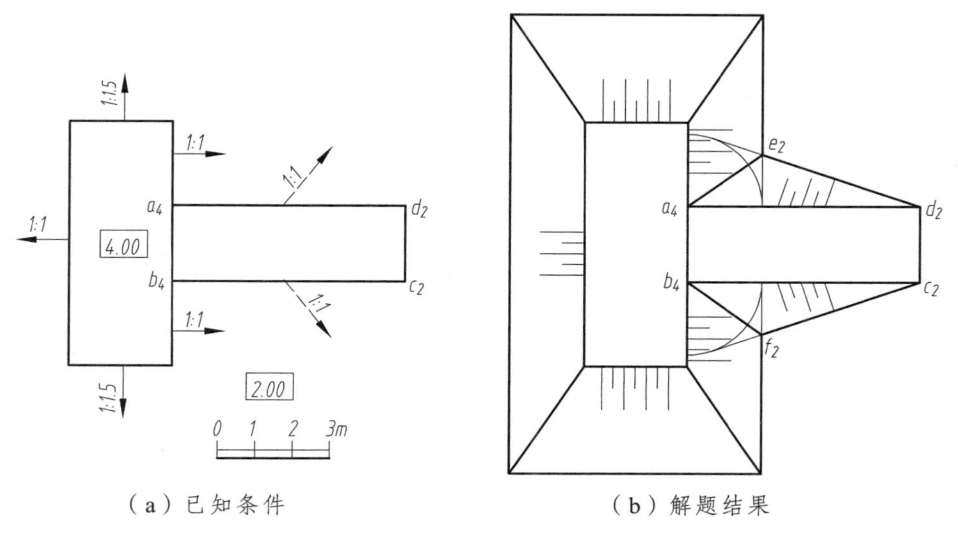

（a）已知条件　　（b）解题结果

图 7-16　作坡脚线、坡面交线和示坡线

7.3　曲面和地面的表示法

在标高投影中表示曲面，常用的方法是假想用一系列高差相等的水平面截切曲面，画出这些截交线（即等高线）的水平投影，并标明各等高线的高程。工程上常见的曲面有锥面、同坡曲面和地形面等。

7.3.1　正圆锥面的标高投影

如图 7-17 所示，如果正圆锥面的轴线垂直于水平面，假想用一组水平面截切正圆锥面，其截交线的水平投影是同心圆，这些圆就是正圆锥面上的等高线。等高线的高差相等，其水平距离亦相等。在这些圆上分别加注它们的高程，即为正圆锥面的标高投影。高程数字的字头规定朝向高处。由图中可见，正圆锥面正立时，等高线越靠近圆心，其高程数字越大，所以是中间高、四周低的曲面；正圆锥面倒立时，等高线越靠近圆心，其高程数字越小，所以是中间低、四周高的曲面。从圆心出发所画的直线，都是正圆锥面上的素线的水平投影，也就是正圆锥面在各处的坡度线。正圆锥面上的坡度处处相等，所以正圆锥面是同坡曲面。

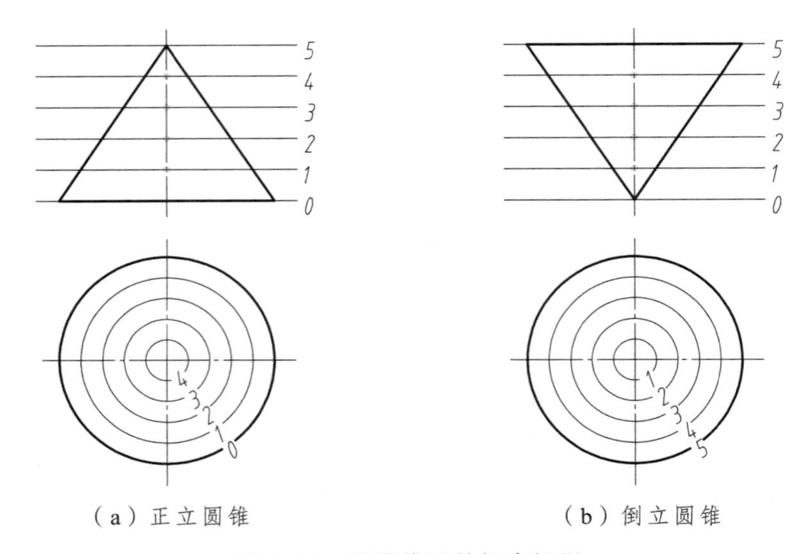

（a）正立圆锥　　（b）倒立圆锥

图 7-17　正圆锥面的标高投影

在土石方工程中，常在两坡面的转角处采用与坡面坡度相同的锥面过渡，如图 7-18 所示。

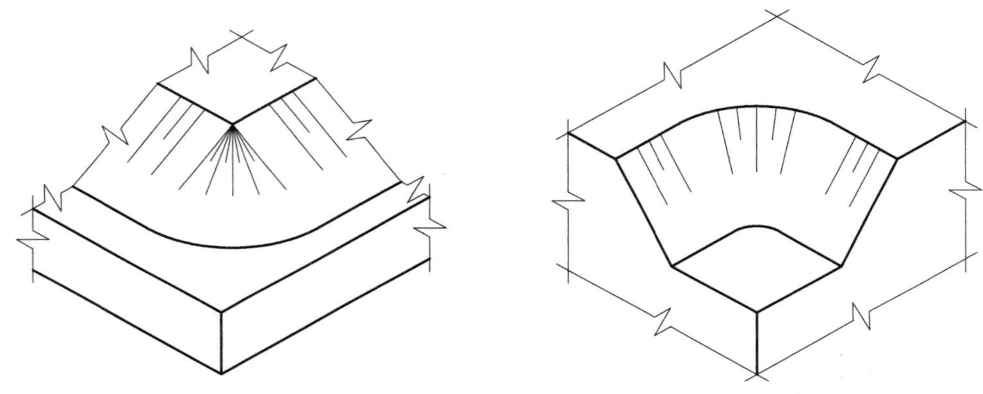

图 7-18　转角处采用锥面过渡

【例 7–9】在高程为 3 m 的地面上，修筑一高程为 7 m 的平台，台顶形状及边坡的坡度如图 7-19（a）所示，求其坡脚线和坡面交线。

解：（1）作坡脚线。

平台两边的坡面为平面，其坡脚线就是地面上高程为 3 m 的等高线，且与平台顶边平行，水平距离 $L=H\times l=(7-3)\times 1=4$ m。平台中间的边界线是半圆，其坡面是正圆锥面，故其坡脚线与平台顶面的边界线为同心圆，它们的水平距离 $L=H\times l=(7-3)\times 0.8=3.2$ m，由此可作出平台中间的正圆锥面的坡脚线。

（2）作坡面交线。

坡面交线是由平台两边的平面坡面与中间的正圆锥面坡面相交而成的，因平面的坡度小于圆锥的坡度，所以坡面交线是两段椭圆曲线。两侧坡面的等高线是一组平行线，它们的平距为 $l=1$ m；中间正锥面的等高线是一组同心圆，其平距（即半径差）为 $l=0.8$ m，由此可作出高程为 6 m、5 m、4 m 的等高线。相邻两坡面上同高程的等高线的交点，就是坡面交线上的点。用光滑的线连接各点，即得坡面交线。

（3）画示坡线。

正圆锥面上的示坡线应过锥顶，它是圆锥面上的素线。平面斜坡的示坡线是各坡面等高线的垂线。

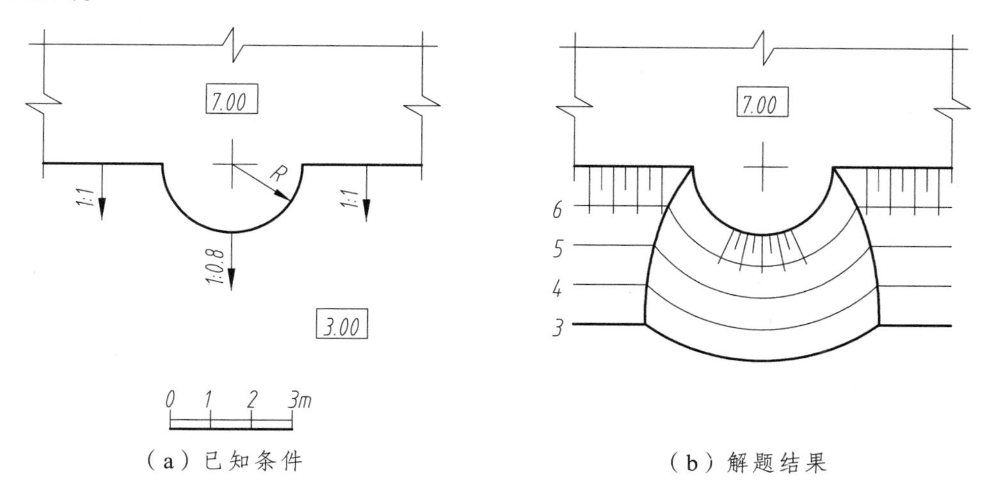

（a）已知条件　　　（b）解题结果

图 7-19　作坡脚线与坡面交线

7.3.2　同坡曲面

各处坡度都相等的曲面称为同坡曲面。正圆锥面、弯曲的路堤或路堑的边坡面，都是同坡曲面，如图 7-20（a）所示。

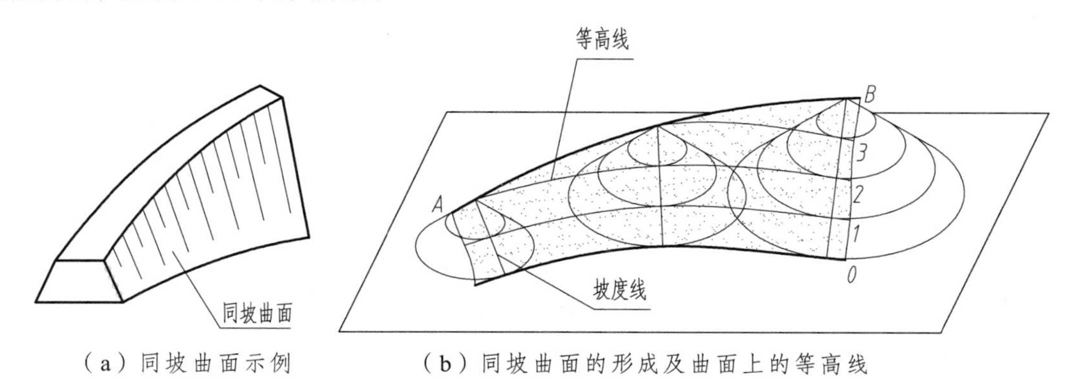

（a）同坡曲面示例　　　（b）同坡曲面的形成及曲面上的等高线

图 7-20　同坡曲面的形成

同坡曲面的形成如图 7-20（b）所示：一轴线为铅垂线、坡度为同坡曲面坡度的正圆锥面的锥顶沿空间曲导线 AB 运动，则这些正圆锥面的包络面就是同坡曲面。

【例 7–10】如图 7-21（a）所示，地面的标高为 4 m，用一条弯曲的匝道与标高为 10 m 的主干道相连，所有坡面的坡度均为 1 : 1，求作匝道边坡与地面的交线（坡脚线）、主干道边坡与地面的交线（坡脚线）以及匝道边坡与主干道边坡的交线（坡面交线）。

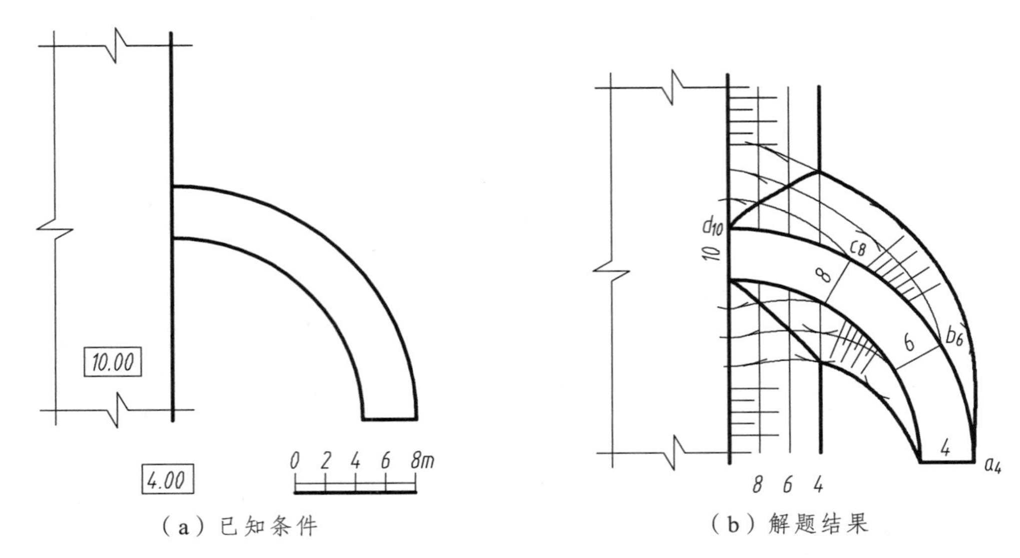

（a）已知条件　　（b）解题结果

图 7-21　作坡脚线和坡面交线

解：从图 7-21（a）中可以看出，主干道只取用了右边一部分，所以只需作出主干道右坡面与地面的交线。

（1）作坡脚线。

主干道坡面为平面，坡脚线与主干道边线平行，水平距离 $L=H\times l=6\times 1=6$ m。从绘图比例尺上量取 6 m，作主干道边线的平行线，即为主干道的坡脚线。

弯道两侧边坡为同坡曲面，在匝道上定出等高线 4 m、6 m、8 m、10 m，得到等高线与匝道外侧边线的交点 a_4、b_6、c_8、d_{10}。以交点 b_6、c_8、d_{10} 为圆心，分别以 $R=L=H\times l=2\times 1=2$ m、$R=L=H\times l=4\times 1=4$ m、$R=L=H\times l=6\times 1=6$ m 为半径画同心圆（正圆锥面上等高线的标高投影），自 a_4 作各圆锥面上 4 m 高程等高线的公切线，即得匝道外侧同坡曲面的坡脚线。同理，可作出内侧同坡曲面的坡脚线。

（2）作坡面交线。

主干道边坡为平面，匝道边坡是同坡曲面，故两坡面的交线为非圆曲线，所以需求出两坡面上同高程等高线的交点，依次连接即为两坡面的交线。具体做法如下：先画出主干道边坡上高程为 6 m、8 m 的等高线。再自 b_6、c_8 作各圆锥面上 6 m、8 m 高程等高线的公切线，即得同坡曲面上高程为 6 m、8 m 的等高线，连接同高程等高线的交点，即得主干道与匝道的坡面交线。内侧做法相同。

（3）画出各坡面的示坡线。

主干道边坡的示坡线与等高线垂直，匝道坡面的示坡线与同坡曲面上的等高线垂直。

7.3.3　地形面

1. 地形等高线

工程中常把起伏不平、形状复杂的地面称为地形面。地形面的标高投影仍然用一系列等高线来表示。用等高线表示地面形状的图称为地形图。如图 7-22 所示，地形图能反映出地面的形状地势和起伏变化及坡向等。

地形图上的等高线具有以下特征：

（1）山丘与盆地。等高线一般是封闭的不规则曲线。等高线的高程中间高、外面低，表示山丘；等高线的高程中间低、外面高，表示盆地。

（2）山脊与山谷。高于两侧并连续延伸的高地称为山脊，山脊上各个最高点的连线称为山脊线，山脊处的等高线凸向下坡方向。低于两侧并连续延伸的谷地称为山谷，山谷中各个最低点的连线称为山谷线或集水线，山谷处的等高线凸向上坡方向。

（3）鞍部地形。在相连的两山峰之间的低洼处，地面呈马鞍形，两侧等高线高程基本上呈对称分布。

（4）在同一张地形图中，等高线越密，地势越陡；反之，等高线稀疏，地势越平坦。

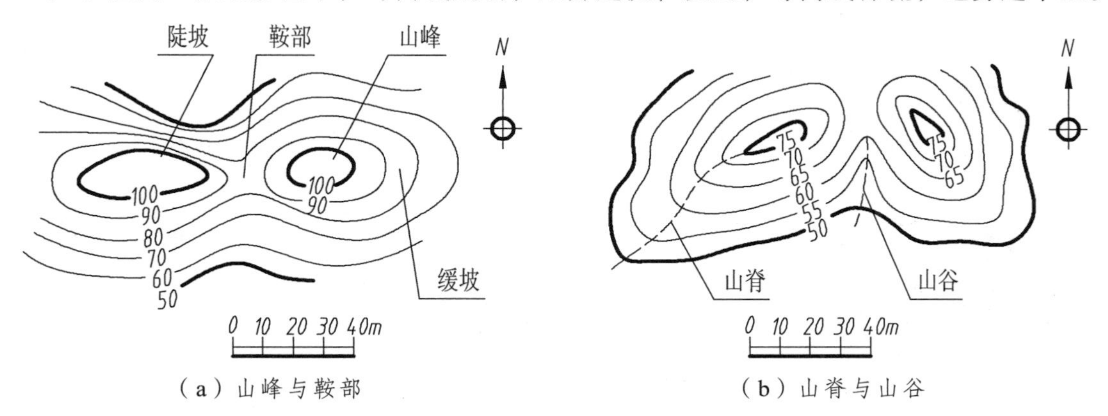

图 7-22　基本地形的等高线特征

地形图一般应符合下述规定：

（1）地形图上等高线高程数字的字头按规定指向上坡方向。

（2）每隔四条等高线应有一条画得较粗并注有单位为“m”的标高数字的等高线，称为计曲线。两条计曲线之间的四条高差相等的细等高线，可以注出标高数字，也可以不标注。

（3）地形图中除了等高线外，还应画出绘图比例尺和指北针。

2. 地形断面图

如有需要，除了用标高投影图画出地形图外，还可画出地形断面图。用铅垂面剖切地形面，画出地面截交线的真形，称为地形断面图。

地形断面图的画法如图 7-23 所示，下面以图 7-23（a）为例介绍山丘断面图的具体画法：

（1）过地形图上的剖切位置线作铅垂面，用阿拉伯数字注出编号 1—1，编号一侧为剖视方向。将剖切位置线连成细实线，得到剖切面与地形等高线的交点。

（2）在适当位置作一系列剖切位置线的平行线，平行线之间的间距以相邻等高线之间的高差按绘图比例尺量取后画出，并在一侧注写高程数值。从剖切位置线与诸等高线的交点作剖切位置线的垂线，与标注了相同高程的等高线相交得到诸交点，将交得的诸点顺次连接成光滑曲线，即得地面截交线的真形。

连接曲线时，50 m的等高线只有两个交点，不能连成直线，应顺着曲线的弯曲趋势连成光滑的曲线。

（3）将连接出的截交线真形用粗实线画出，并在土地一侧画上自然土壤的材料图例，即得到地形断面图，最后在地形断面图的下方注写断面图的图名。

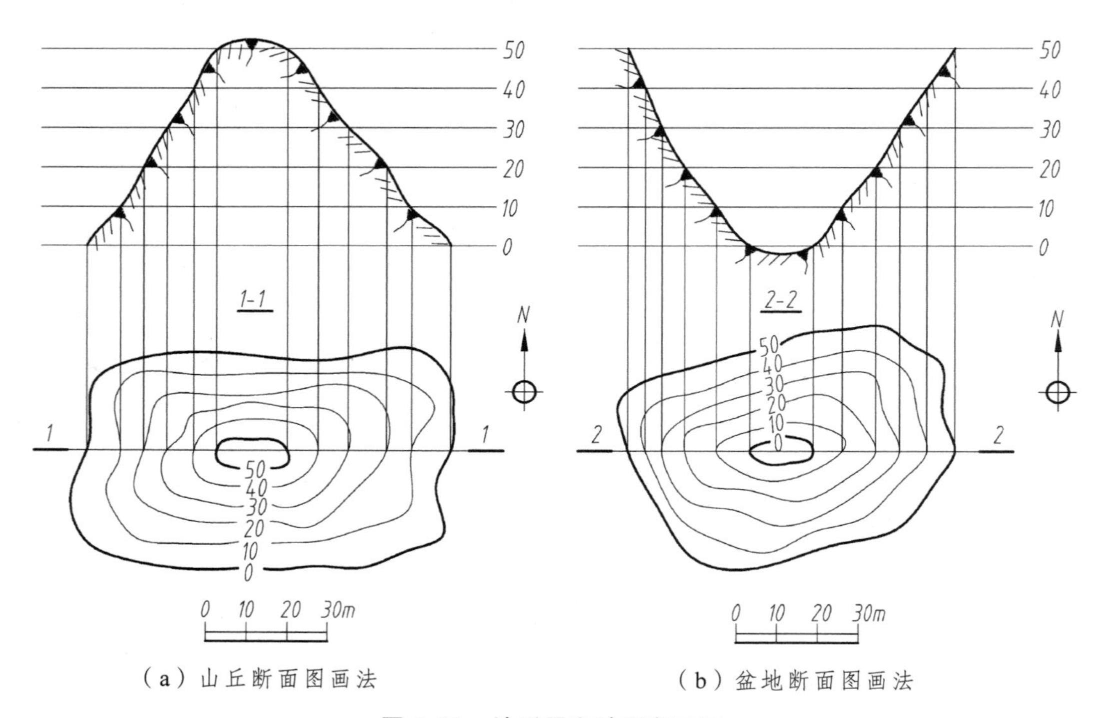

（a）山丘断面图画法　　（b）盆地断面图画法

图 7-23　地形图和地形断面图

【例 7-11】 如图 7-24（a）所示，已知以管道中心线 $a_{70}b_{40}$ 表示的一条管道穿过一个小山峰，求作管道穿过山峰的两个贯穿点。

解：（1）作山峰断面图，方法如图 7-23（a）所示。

（2）作管道的真长，方法如图 7-4（b）所示。

（3）山峰截交线的真形与管道真长的交点即为管道穿过山峰的两个贯穿点 E、F。

（4）过贯穿点 E、F 作剖切位置线的垂线与管道中心线交于 $e_{63.5}$、f_{45} 两点，即得两贯穿点的标高投影。两贯穿点之间的管道埋在山峰中，不可见，用中虚线表示；露在山峰外的管道可见，用粗实线表示。

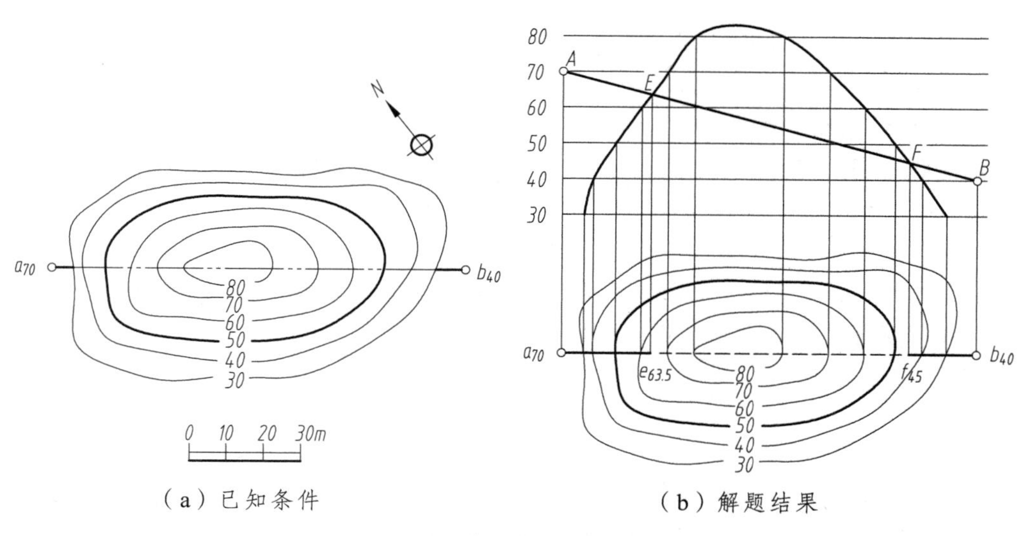

（a）已知条件　　（b）解题结果

图 7-24　作管道与山峰的贯穿点

7.4　标高投影的应用

掌握了标高投影的基本原理和作图方法，就可以解决土石方工程中求交线（坡脚线或开挖线）的问题，以便在图样中表达坡面的范围和坡面间的相互位置关系，或在工程造价中计算填（挖）土石方工程量。

【例 7–12】如图 7-25 所示，在河道上修筑一土坝，已知河道的地形图、土坝的轴线位置以及土坝的横断面图（土坝的垂直于轴线的断面图），试完成土坝的标高投影（平面图）。

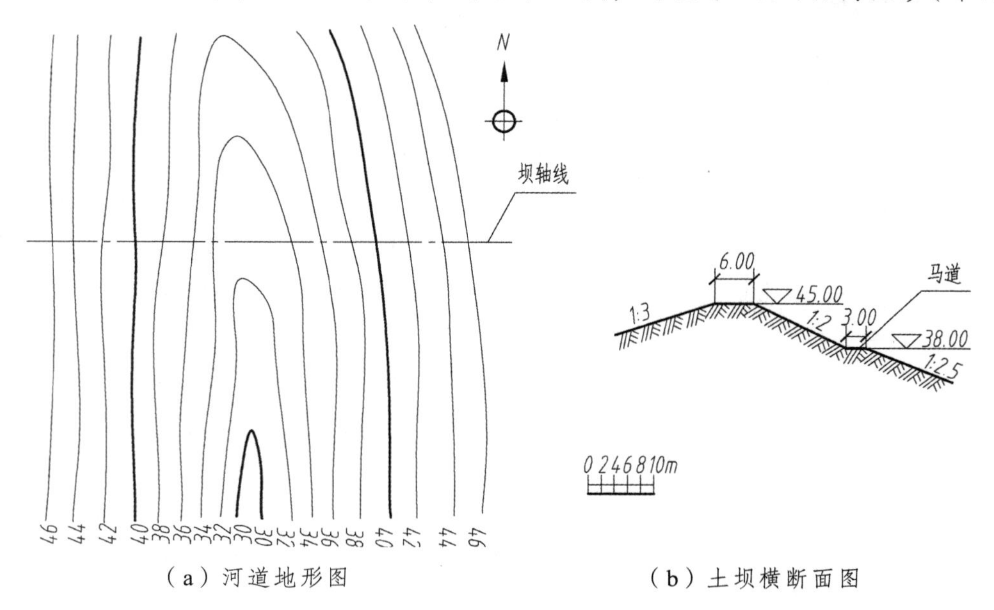

（a）河道地形图　　（b）土坝横断面图

图 7-25　已知河道的地形图和土坝横断面图

解：在河道中筑坝属于填方。土坝顶面、马道和上下游坡面都与地面有交线，即坡脚线。由于地面是不规则曲面，因此坡脚线是不规则的平面曲线。坝顶、马道是水平面，它们与地面的交线是地面上同高程线上的一段。上、下游坡脚线上的点，是上、下游坡面与地面上同高程等高线的交点。

解题过程如图 7-26（a）所示。

（1）画坝顶。

坝顶宽 6 m，由土坝轴线向两边按绘图比例尺各量取 3 m，画出与土坝轴线平行的两条直线，即得坝顶边线。坝顶的高程是 45 m，用内插法在地形图上画出 45 m 高程的等高线，求出坝顶面与地面的交线。

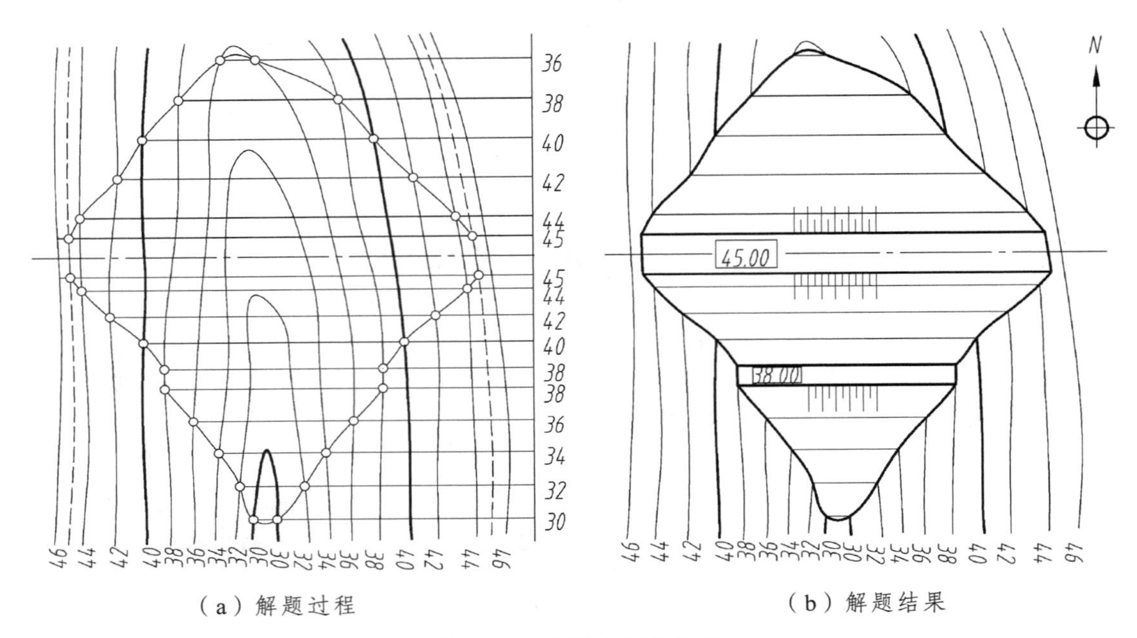

（a）解题过程　　（b）解题结果

图 7-26　土坝的标高投影

（2）作上游的坡脚线。

土坝上游的坡面坡度为 1∶3，地面上给出的相邻两等高线的高差为 2 m，计算得到高差 2 m 的水平距离 $L = H \times l = 2 \times 3 = 6$ m，按绘图比例尺画出与坝顶边线平行的等高线 44 m、42 m、40 m、38 m、36 m，与地面上同高程等高线的交点，即为上游坡脚线上的点，依次用曲线光滑连接各点，即得上游坡脚线。

连接曲线时，注意上游高程为 36 m 的等高线与地面上高程为 36 m 的等高线只有两个交点，不能连成直线，应顺着曲线的弯曲趋势连成光滑的曲线。

（3）作马道边线。

马道顶面与土坝顶面的高差为 $H = 45 - 38 = 7$ m，它们内侧的水平距离 $L = H \times l = 7 \times 2 = 14$ m，按绘图比例尺画出马道的边线，再根据马道宽 3 m，画出另一条马道边线。两边线与地面 38 m 等高线的交点，组成马道的顶面。

（4）作下游坡脚线。

下游坡脚线的画法与上游相同，但须注意的是：土坝与马道间的坡度为 $i=1:2$，其水平距离为 $L=H\times l=2\times 2=4$ m，而马道下游的坡度为 $i=1:2.5$，其水平距离为 $L=H\times l=2\times 2.5=5$ m。

（5）完成全图。

画出各坡面上的示坡线，完成全图，如图 7-26（b）所示。

【例 7–13】 如图 7-27 所示，在山坡上修筑一水平广场，已知广场的平面图及高程为 27 m，挖方边坡的坡度为 1∶1，填方边坡的坡度为 1∶1.5。求作开挖线、坡脚线及坡面交线。

解： 因水平广场的高程为 27 m，所以地面上高程为 27 m 的等高线就是填方与挖方的分界线，它与水平广场轮廓线的交点就是填、挖边界线的分界点。

地形面上比 27 m 高的北侧是挖方区，广场平面轮廓为半圆及与其相切的两条直线，所以其周围坡面是半个圆锥面和两个与其相切的斜面，其等高线分别是同心圆和平行直线。因坡度相同，$i=1:1.5$，所以相同高程的等高线相切。

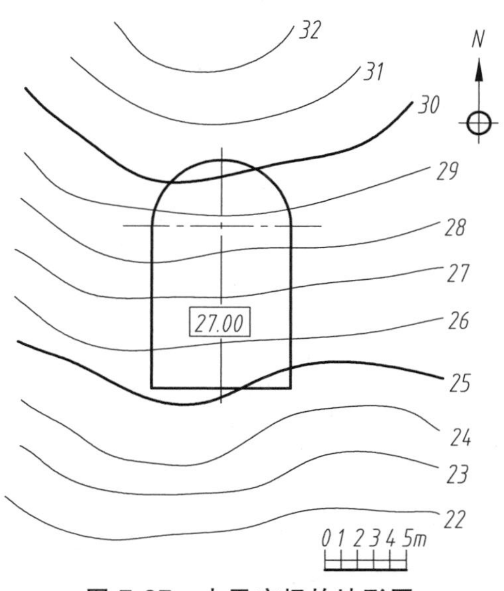

图 7-27　水平广场的地形图

地形面上比 27 m 低的南侧是填方区，广场平面轮廓是三条垂直相交的直线，其周围的坡面就是三个斜面，等高线为一组平行线。三个坡面的坡度相同，$i=1:1$，故其坡面交线是同高程等高线夹角的角平分线。

解题过程如图 7-28（a）所示。

（1）作开挖线。

因地形图上等高线的高差为 1 m，所以各坡面的等高线高差也取 1 m。

挖方坡度为 1∶1，等高线的平距 $l=1$ m，按绘图比例尺画出各坡面的等高线 28 m、29 m、30 m、31 m。各坡面的等高线与地面同高程的等高线相交得若干交点，依次连接成光滑曲线即得开挖线。

（2）作坡脚线和坡面交线。

填方的广场边线都是直线，所以它们的坡面都是平面。由于各坡面的坡度都相同，所以两坡面交线是两坡面间的角平分线。

填方坡度为 1∶1.5，等高线的平距 $l=1.5$ m，以此作等高线与地面上同高程等高线相交得交点。广场西边若只求出 23 m 等高线的交点，坡脚线就不能与坡面交线相交。因此可假想把填方扩大，求出 22 m 等高线的交点，画出的坡脚线与坡面交线相交得 a 点，a 点即为两个坡面坡脚线的交点，两坡面交线到 a 点为止。广场东边，同理可得 b 点；广场南边的坡脚线则从 a 点通过等高线的交点连到 b 点。

（3）画出各坡面的示坡线。

画出各坡面的示坡线即完成全图，如图 7-28（b）所示。

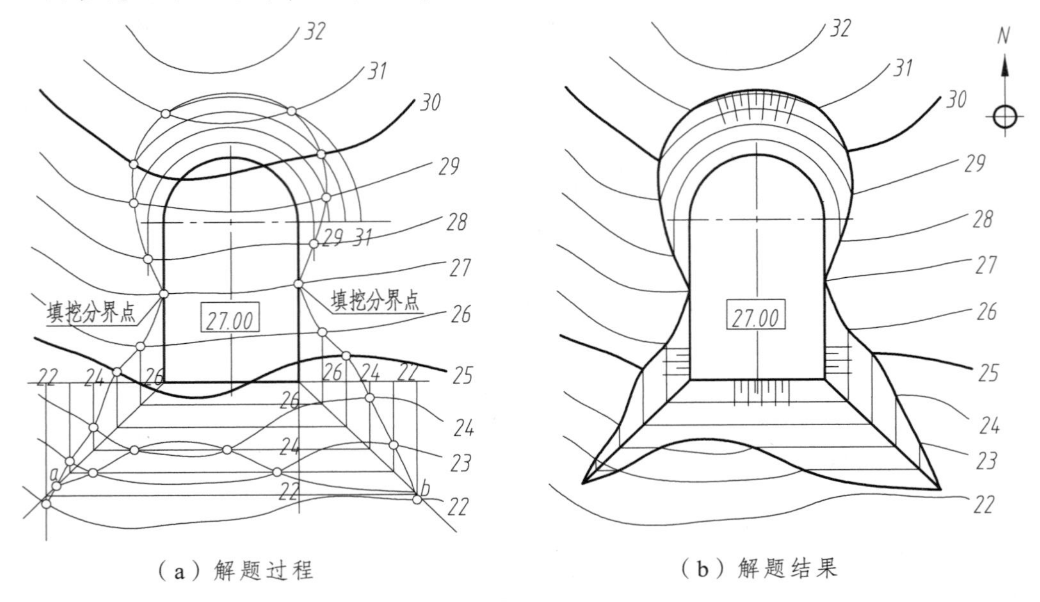

（a）解题过程　　　　（b）解题结果

图 7-28　水平广场的标高投影②作坡脚线和坡面交线

【例 7–14】如图 7-29（a）所示，已知地面和一段斜坡道路路面的标高投影，填、挖方边坡的坡度都是 1∶2，求作这段斜坡道路的坡脚线和开挖线。

解：对照路面与地面高程可以看出，道路北边比地面高，应为挖方；道路南边的地面低，应为填方。道路东侧的填挖分界点正好落在路边线高程 24 m 处；路西侧的填挖分界点在高程 23 m 与 24 m 之间，准确位置由作图确定。

作图过程如图 7-29（b）所示，作图原理参阅【例 7-5】。

（1）作挖方两侧的坡面等高线。

挖方时所作的圆锥面是倒立的正圆锥面，顶点在低处。以路边线上高程为 24 m 的点为圆心，$R=L=H\times l=1\times 2=2$ m 为半径画圆弧，自路边线上高程为 25 m 的点作圆弧的切线，即得到挖方坡面上高程为 25 m 的等高线。26 m 等高线的交点的作法：可假想把路面向上延伸，得到路面上 26 m 的等高线。过路边线上高程 26 m 的点作 25 m 等高线的平行线与地面上 26 m 等高线相交，即得 26 m 等高线的交点。

（2）作填方两侧的坡面等高线。

填方时所作的圆锥面为正立的正圆锥面，顶点在高处。由于填挖方的坡度相同，所以可通过路边线上高程为 23 m 的点作圆弧的切线，即得填方坡面上高程为 23 m 的等高线；再通过路边线上高程为 22 m、21 m 的点作 23 m 等高线的平行线，20 m 等高线的交点求法与 26 m 等高线上求交点的原理相同。

（3）路边西侧填挖方分界点的确定。

假想扩大路面西侧填方的坡面到高程 24 m，则自路边线高程为 24 m 的点作填方坡面上高程为 24 m 的等高线（图中用虚线表示），与 24 m 地面等高线得到交点 n。若填方 23 m 上的交点为 m 点，则填方坡脚线就应通过 m 点连到 n 点。mn 连线与路边线的交点 k 点就是路边西侧的填挖分界点，路边西侧的开挖线就要画到填挖分界点 k 点。

（4）画出开挖线和坡脚线，并画上示坡线，完成全图，如图 7-29（c）所示。

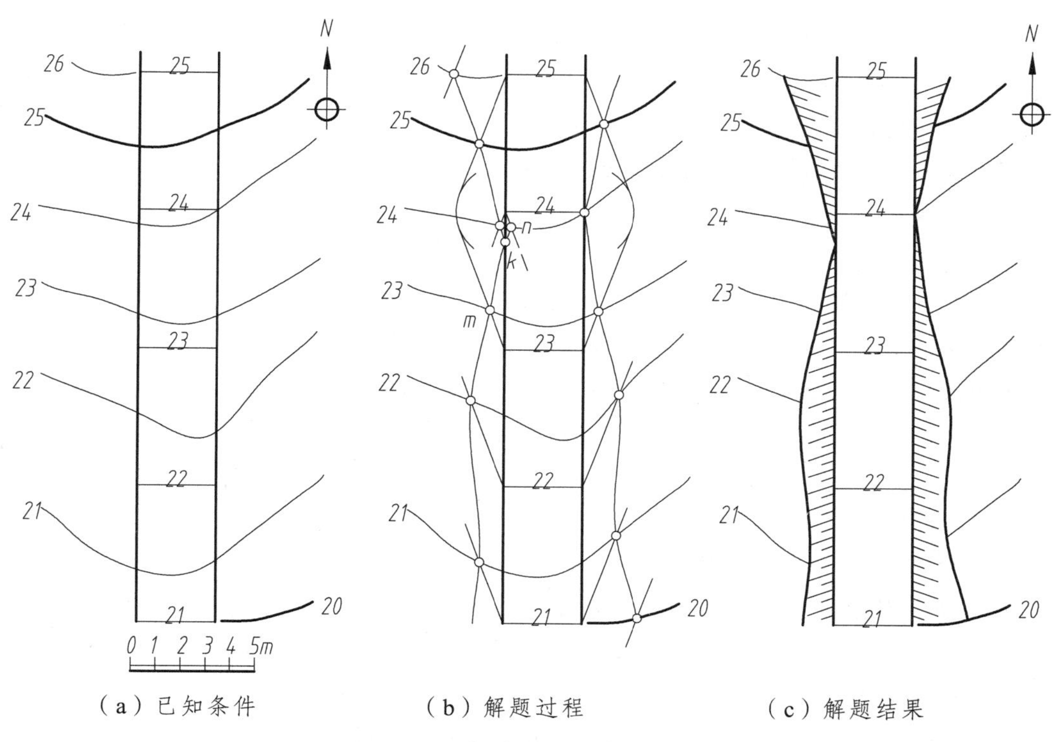

（a）已知条件　（b）解题过程　（c）解题结果

图 7-29　斜坡道的标高投影

【**例 7-15**】如图 7-30 所示，已知地面和一段水平弯道处路面的标高投影以及道路的标准断面，求作这段水平弯道的坡脚线和开挖线。

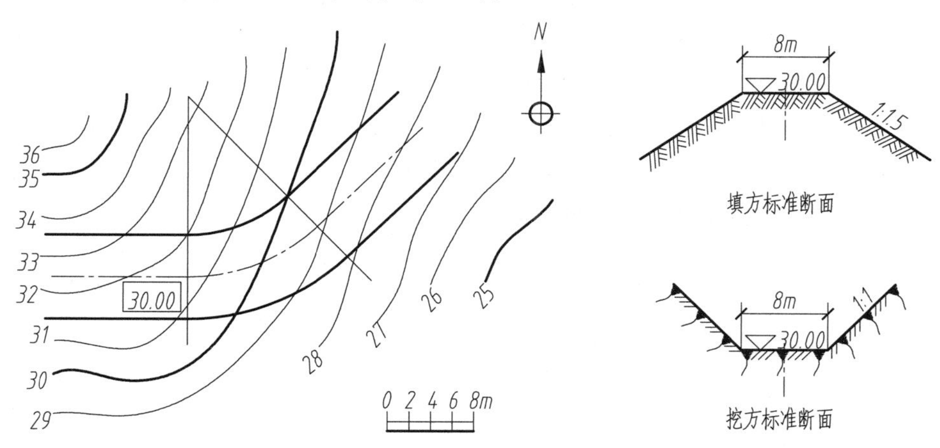

图 7-30　已知水平弯道、地面的标高投影及标准断面

解： 图 7-30 中所示的弯道的填方标准断面和挖方标准断面，是分别在填方区和挖方区用垂直于路面中心线的铅垂面剖切道路所得到的断面，在填方区和挖方区内，各处的断面都分别相同，故称为填方标准断面和挖方标准断面。

本例采用地形断面法求作这段水平弯道两侧的坡边线，作图过程如图 7-31（a）所示。具体作图步骤如下：

（1）作填、挖分界点和四个断面的剖切位置线。

高程 30 m 的地形等高线与路面南、北两侧边线的交点 *q*、*p*，即为填、挖分界点。在填挖分界点的西侧为挖方区，东侧为填方区。

在这段水平弯道的西、东两端以及直路段与弯曲路段相接处，作四个断面的剖切位置线，顺次编注断面编号 1、2、3、4，并用细实线将剖切位置线连接起来，使其与地面等高线、路面边线相交。

（2）作四个地形断面。

1—1 断面图的方法如下：由图 7-30 中得知，地形的等高线高差为 1 m。从绘图比例尺中量取 1 m 的距离，在图纸的合适位置画若干条水平线，由下向上标注高程数值。

如图 7-31（*a*）所示，*1—1* 剖切位置线与地形高程为 29 m，30 m，…，36 m 的等高线相交，得交点 *a*，*b*，…，*h*。把 *a*，*b*，…，*h* 各点等距离依次量到 *1—1* 断面图上，过 *1—1* 断面图上 *a*，*b*，…，*h* 各点作垂线与高程为 29 m，30 m，…，36 m 的水平线相交，连接这些交点即得 *1—1* 地形断面图。

1—1 剖切位置处于挖方区，把挖方标准断面画到 *1—1* 地形断面图中，地形断面轮廓线与挖方标准断面轮廓线的交点 *K*、*L* 就是开挖线上的点。过 *K*、*L* 两点作垂线，得到 *k*、*l* 两点。根据 *k*、*l* 两点到道路中心线的距离量回到标高投影图中。

同理，可作出 *2—2* 断面，得开挖线上的 *m*、*n* 点。再作 *3—3* 断面，得坡脚线上的 *u*；作 *4—4* 断面，得坡脚线的 *r*、*s* 点。

道路断面图应由左至右、由下向上布置。

（3）在标高投影中画出坡脚线和开挖线。

在标高投影中，用粗实线连接 *ps*、*qur* 得坡脚线，连接 *gnp*、*kmq* 得开挖线。

（4）画出断面图上的图例和标高投影中的示坡线。

1—1、*2—2* 断面在挖方区，修筑道路的地面被挖去了一部分，所以原地面的断面轮廓线用细实线画出，留存地面的轮廓线和道路断面的轮廓线用粗实线画出，并画出自然土壤的图例。*3—3*、*4—4* 断面在填方区，道路地面用土壤填筑后要夯实，所以画夯实土壤的图例，完成的标高投影图，如图 7-31（b）所示。

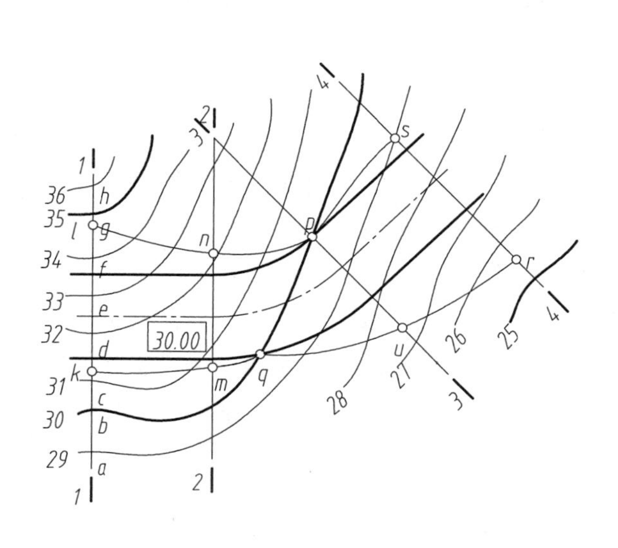

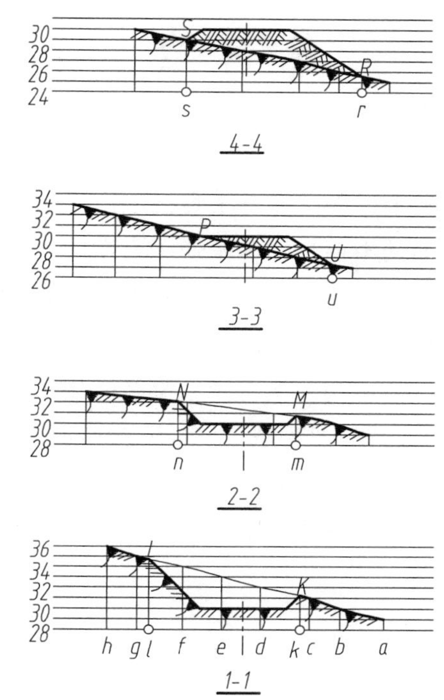

（a）解题过程

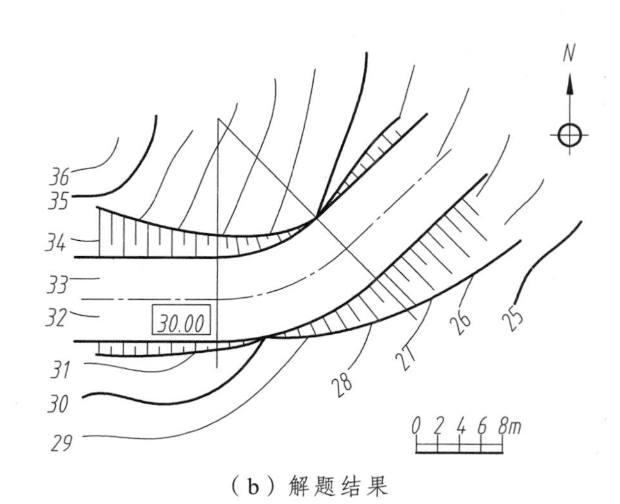

（b）解题结果

图 7-31　用断面法求作水平弯道的坡脚线和开挖线

第 8 章　制图基本知识与技能

土木工程图样是工程技术人员用来表达设计意图、交流设计思想的技术文件，是指导施工的基本依据。为了便于方案的比较和审查，设计人员常用建筑图来形象地表达设计构思。技术设计阶段，需要设计人员绘制施工图，将建筑物各部分的形状、大小、内部布置、细部构造、材料及施工要求，准确而详尽地在图纸上表达出来，作为施工的依据。无论是设计、方案还是施工图，都是运用工程制图的基本理论和基本方法来绘制，都必须符合国家统一的相关行业标准的规定。制图的基本知识是工程技术人员准确、快速绘制工程图样所必备的。本章主要介绍国家制图标准中关于图幅、比例、字体和线型等基本规定，常用制图工具的使用方法，以及平面图形的绘制方法与一般步骤。

8.1　制图工具、仪器及使用方法

正确使用绘图工具和仪器，是保证绘图质量和加快绘图速度的一个重要方面，尽管随着科技的发展，计算机绘图已普遍应用于设计领域，但手工绘图仍是工程技术人员所必须掌握的技能。为此，常用手工绘图工具及其使用方法介绍如下：

8.1.1　图板、丁字尺和三角板

图板是铺贴图纸用的，四周为硬木镶边。图板的左侧为丁字尺上下移动的导边，导边应平直，板面由稍有弹性、平坦无节、不易变形的软木材制成。图板的尺寸有不同规格，可根据实际需要选用。

固定图纸时，一般应将图纸置于图板的左下方，并注意留出放置丁字尺的空位（一般不小于丁字尺尺身宽度）。图纸用丁字尺对正后，用胶带纸将四个角处粘牢使图纸固定在图板上，如图 8-1 所示。

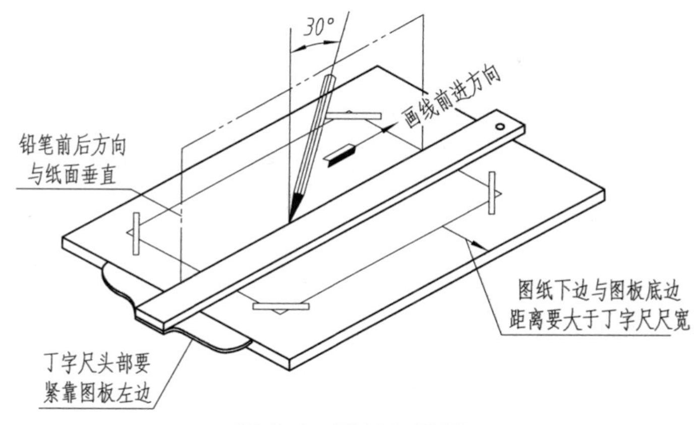

图 8-1　图纸与图板

丁字尺由尺头和尺身两部分组成，主要用以画水平线。画图时，左手扶住尺头，使尺头始终紧靠图板左侧的导边，画水平线应自左向右画，如图 8-2（a）所示。三角板与丁字尺配合使用，可画垂直线。画垂直线时，应将三角板一直角边紧贴在丁字尺上，从下向上画，如图 8-2（b）所示。

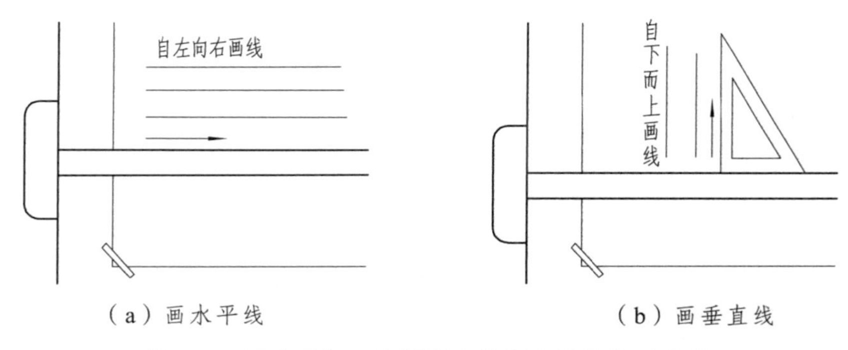

（a）画水平线　　　　（b）画垂直线

图 8-2　丁字尺与三角板配合绘制水平线和垂直线

三角板有两种形状：一种是 45°等腰三角形，另一种是 30°/60°直角三角形，尺身背面的尺寸刻度有小的沟槽，便于将分规的针尖卡住以量取尺寸。两块三角板与丁字尺配合，可以画铅垂线及 15°倍角的斜线，或用两块三角板配合画任意角度的平行线，如图 8-3 所示。

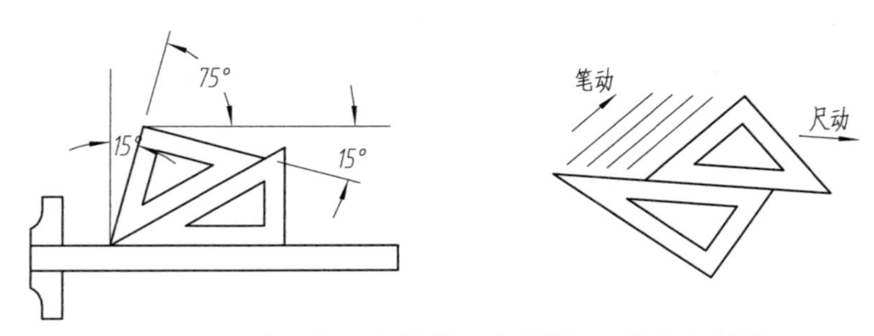

图 8-3　丁字尺与三角板的配合绘制 15°倍角各斜线

8.1.2 铅　笔

绘图一般使用木质绘图铅笔。在铅笔的一端印有表示铅芯软硬程度的符号，即用数字、H、B 的组合来表示（H 表示硬，B 表示软），H 和 B 前的数字越大表示越硬或越软，常用的有 H、HB、B 等几种。一般用 H 笔画底稿或写字，用 HB 笔加深细线条，用 B 笔加深粗线或中粗线条。

绘图时，用铅笔画的各种图线应符合国标规定。图线宽度应符合要求，色度上要深浅一致。根据不同用途，铅笔可削成两种不同的形状：一种是圆锥形，用于打底稿，画细线或写字；另一种是扁平的楔形并使其宽度等于粗线的宽度，以用于加深粗线，如图 8-4 所示。

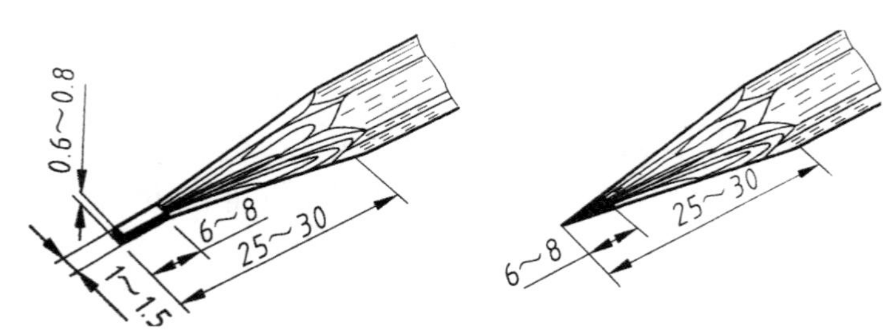

图 8-4　铅芯的形状图

8.1.3 圆规和分规

圆规用以画圆或圆弧。圆规常有大圆规、弹簧圆规和点圆规等。使用大圆规时应注意以下几点：

（1）应准备软硬不同的几种圆规铅芯。画各类细线圆时，用 HB 铅芯，并磨成铲形，如图 8-5（a）所示。

画粗线圆时，为了与粗直线的深浅一致，圆规的铅芯应比画粗直线的铅芯软一个等级，一般可用 2B，并磨成矩形截面，如图 8-5（b）所示。

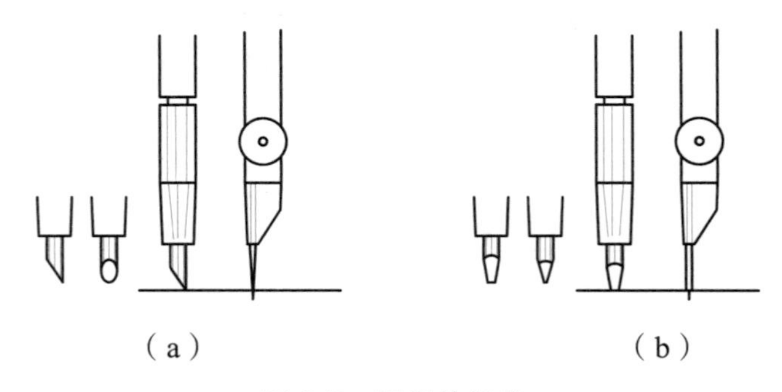

图 8-5　圆规的铅芯

（2）圆规的一脚装有带台阶的小钢针，称为针脚，用以确定圆心；圆规的另一脚可装上铅芯，称为笔脚，用以作图线。

（3）画图时，要注意调整针脚的位置，使铅芯与针尖台阶平齐（针尖略长于铅芯）。画圆时针脚与铅心均应保持与纸面垂直，沿顺时针方向旋转，圆规稍向前倾斜，如图 8-6 所示。

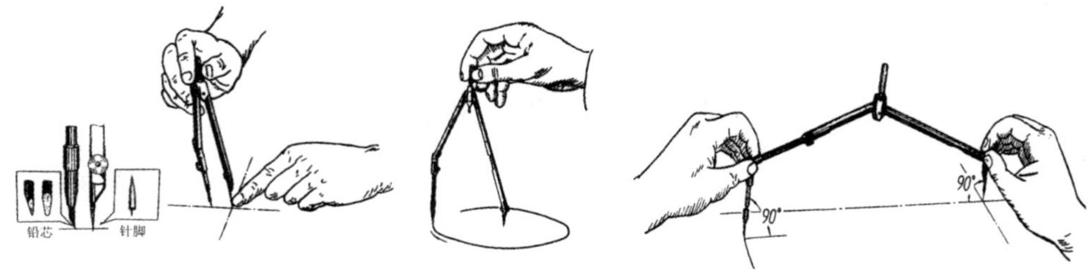

图 8-6　圆规的用法

（4）画大圆时，可以用加长杆；画小圆时，可以用点圆规或弹簧圆规。如图 8-6 所示。

分规的形状像圆规，但两脚都为钢针，主要用以等分和量取线段。使用前，应检查分规两脚的针尖并拢后是否平齐。用分规截取若干等长线段时，应以分规的两腿交替为轴。具体操作如图 8-7 所示。

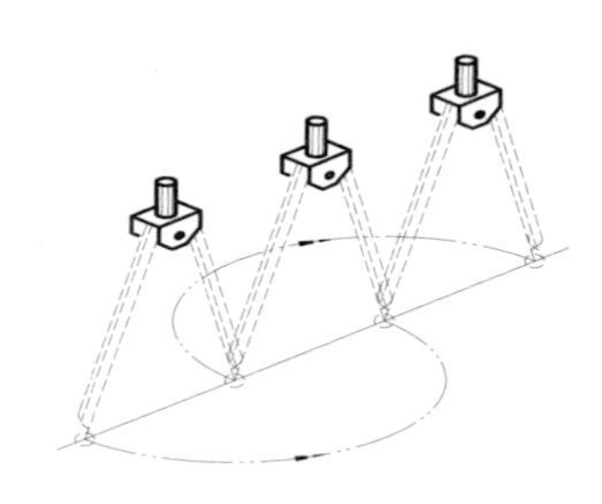

图 8-7　分规的用法

8.1.4　曲线板

曲线板是用来描绘非圆曲线的工具。使用时，应先将需要连接成曲线的各已知点徒手用细线轻轻地勾画出一条曲线轮廓，然后从曲线的一端开始找出曲线板上与曲线相吻合的线段，一般应不少于 4 个点，用铅笔沿曲线板轮廓画出点 1、2、3 之间的曲线，留出 3、4 两点之间的曲线不画，然后从点 3 开始再找出后面连续的 4 个点，连接 3 个点，如此重复直至画完，如图 8-8 所示。

图 8-8　曲线板的使用

8.1.5　其他绘图工具

除了上述绘图工具之外，有时还要用到比例尺。比例尺供绘制不同比例的图样时量取尺寸用，尺面上有各种不同比例刻度。有了比例尺，在画不同比例的图形时，从尺上可直接得出某一尺寸应画的大小，省去计算的麻烦。绘图前，还需准备削笔刀、橡皮、固定图纸用的透明胶带纸、量角器、砂纸等。

为了提高绘图质量，加快绘图速度，市场上相继出现了一些专用化、量画结合、多功能的绘图工具，如一字尺、多用三角板、绘图机和模板等。

8.2 建筑制图国家标准的基本规定

为了做到工程图样表述统一，满足工程设计、施工、管理和技术交流的需要，制图时必须严格遵守国家制图标准。

本节主要介绍2010年颁布实施的《房屋建筑制图统一标准》（GB/T 50001—2017）中有关工程制图方面的基本规定，内容涉及图幅、比例、图线、字体、尺寸标注等。

8.2.1 图纸幅面及格式（GB/T 50001—2017）

1. 图纸幅面尺寸

图纸的幅面是指图纸本身的大小规格，是图纸宽度与长度组成的图面。图纸幅面的大小是用幅面代号表示的，基本幅面的代号有A0、A1、A2、A3、A4，表8-1中规定了基本幅面的尺寸以及装订边、保护边的尺寸。

表8-1 基本幅面尺寸（mm）

幅面代号 尺寸代号	A0	A1	A2	A3	A4
$b \times l$	841×1 189	594×841	420×594	297×420	210×297
c	10			5	
a	25				

必要时允许按规定加长量加宽幅面，图纸的短边尺寸不应加长，A0 ~ A3 幅面的长边尺寸可加长，但应符合表8-2的规定。

表8-2 图纸长边加长尺寸（mm）

幅面代号	长边尺寸	长边加长后的尺寸				
A0	1 189	1486(A0+1/4l) 2230(A0+7/8l)	1635(A0+3/8l) 2378(A0+l)	1783(A0+1/2l)	1932(A0+5/8l)	2080(A0+3/4l)
A1	841	1051(A1+1/4l) 2102(A1+3/2l)	1261(A1+1/2l)	1471(A1+3/4l)	1682(A1+l)	1892(A1+5/4l)
A2	594	743(A2+1/4l) 1486(A2+3/2l)	891(A2+1/2l) 1635(A2+7/4l)	1041(A2+3/4l) 1783(A2+2l)	1189(A2+l) 1932(A2+9/4l)	1338(A2+5/4l) 2080(A2+5/2l)
A3	420	630(A3+1/2l) 1682(A3+3l)	841(A3+l) 1892(A3+7/2l)	1051(A3+3/2l)	1261(A3+2l)	1470(A3+5/2l)

2. 图幅格式

图框是图纸上绘图范围的边线。绘制工程图样时，应用粗实线画出图框。图框格式如图 8-9、8-10 所示，其尺寸按表 8-1 来确定。图纸一般有横式幅面和立式幅面。以短边作为垂直边的为横式幅面，如图 8-9 所示；以短边作为水平边的为立式幅面，如图 8-10 所示。

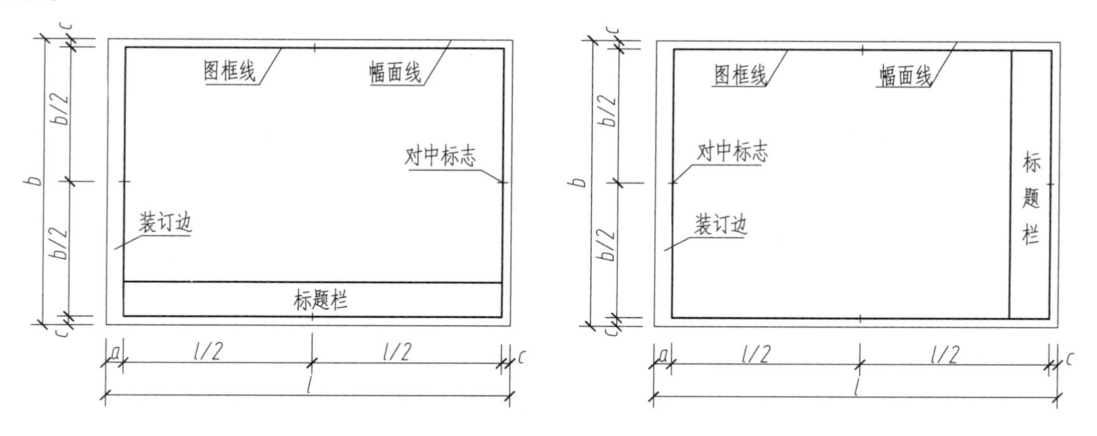

图 8-9　A0～A3 横式幅面

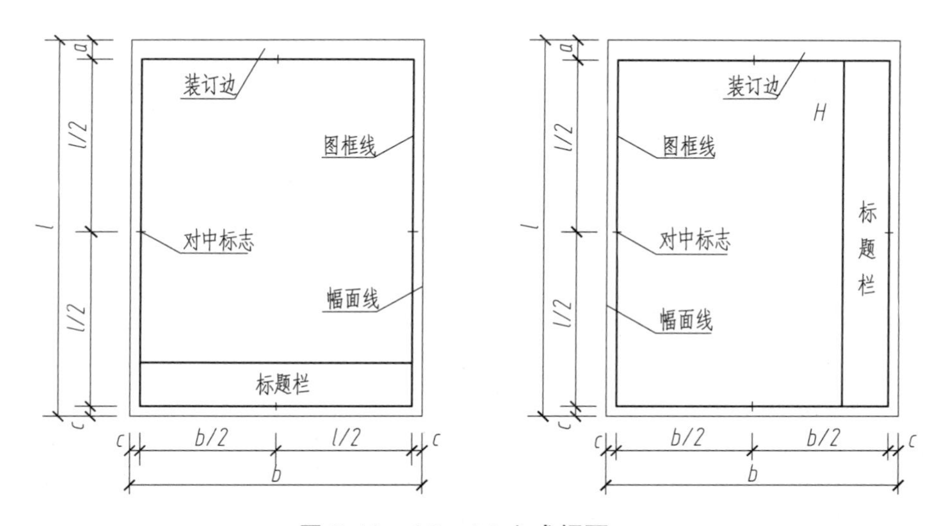

图 8-10　A0～A4 立式幅面

3. 标题栏与会签栏

为了便于图样的管理及查阅，图纸应设有标题栏。标题栏主要用于填写设计单位、工程名称、图名、图纸编号、比例、设计者和审核者等内容，标题栏中的文字方向为看图方向；对于学生在学习阶段的制图作业，建议采用图 8-11 所示的标题栏格式。

会签栏是工程图纸上填写会签人员的姓名、会签人员所代表的专业、签字日期等的一个表格，不需会签的图纸，可不设会签栏。学生作业无须画出会签栏。

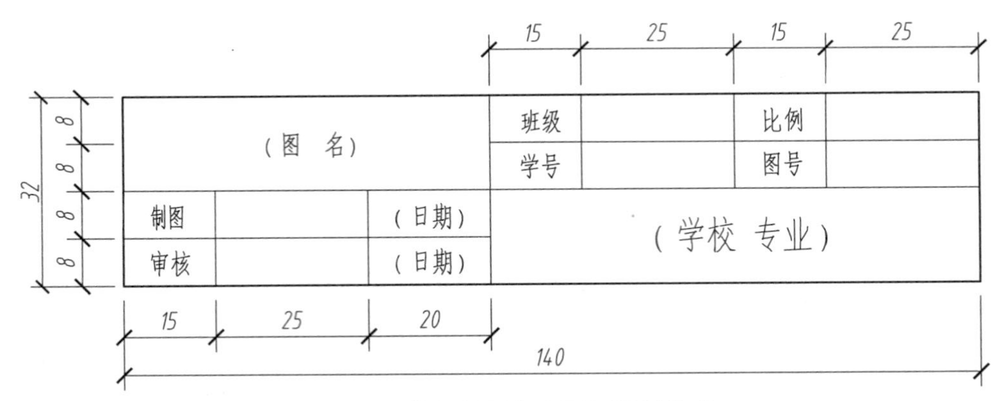

图 8-11　学生制图作业用标题栏格式

8.2.2　图　线

1. 线宽与线型

工程图样是由不同线型、不同线宽的图线所组成。绘图时，应根据图样的复杂程度与比例大小，先确定基本线宽 b，再选用表 8-3 中适当的线宽组。图线的宽度 b，宜从 0.13 mm、0.18 mm、0.25 mm、0.35 mm、0.5 mm、0.7 mm、1 mm、1.4 mm、2 mm 线宽系列中选取。

各种线型、线宽及其用途见表 8-4；图纸的图框线和标题栏线，可采用表 8-5 所列的线宽。其他用途见本书各有关章节和各专业制图标准。

表 8-3　线宽组（mm）

线宽比	线宽组			
b	1.4	1.0	0.7	0.5
$0.7b$	1.0	0.7	0.5	0.35
$0.5b$	0.7	0.5	0.35	0.25
$0.25b$	0.35	0.25	0.18	0.13

表 8-4　线型及其一般用途

名称		线型	线宽	一般用途
实线	粗		b	主要可见轮廓线
	中粗		$0.7b$	可见轮廓线
	中		$0.5b$	可见轮廓线、尺寸线、变更云线
	细		$0.25b$	图例填充线、家具线

续表 8-4

名称		线型	线宽	一般用途
虚线	粗		b	见各有关专业制图标准
	中粗		$0.7b$	不可见轮廓线
	中		$0.5b$	不可见轮廓线、图例线
	细		$0.25b$	图例填充线、家具线
波浪线	中		$0.5b$	单线表示的软管
	细		$0.25b$	断开界线
单点长画线			$0.25b$	中心线、对称线、轴线等
双点长画线			$0.25b$	假想轮廓线、成型前原始轮廓线
折断线			$0.25b$	断开界线

表 8-5　图框线和标题栏线的线宽（mm）

幅面代号	图框线	标题栏外框线	标题栏分格线
A0、A1	b	$0.5b$	$0.25b$
A2、A3、A4	b	$0.7b$	$0.35b$

2. 图线的画法和要求

（1）虚线短画线的长度应均匀一致，短画线的长度宜 3 ~ 6 mm，间距 0.5 ~ 1 mm。虚线与虚线交接或虚线与其他图线交接时，应确保在线段处交接。当虚线在实线的延长线上时，应空开一个间距，不得与实线直接连接，如图 8-12（a）所示。

（2）单点长画线或双点长画线的长画线宜 8 ~ 20 mm，短画线及间距 0.5 ~ 1 mm。单点长画线与单点长画线或其他图线相交应在长画线处交接；当单点长画线作为图形的中心线或圆心线时，应超出图形轮廓线 3 ~ 5 mm，且以长画线收笔；当图形较小，绘制单点长画线有困难时，单点长画线也可用细实线替代，如图 8-12（b）、（c）所示。

（3）图线不得与文字、数字或符号重叠。若不可避免时，图线在文字处断开，以确保文字清晰。

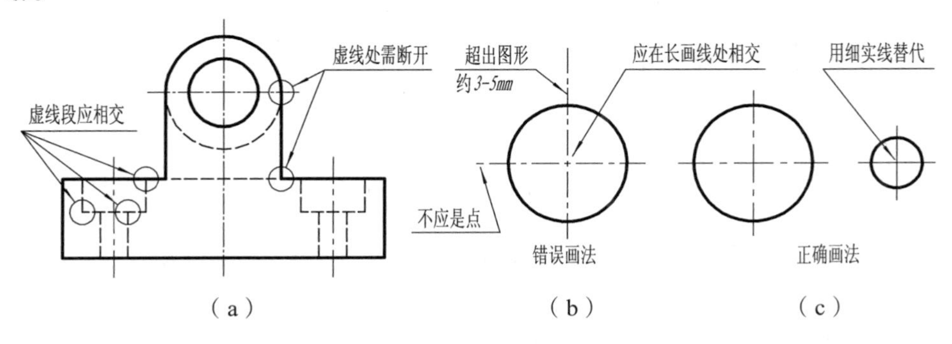

图 8-12　图线的画法

8.2.3 字　体

文字、数字、字母等是工程图纸的重要内容。国家标准规定了汉字、字母和数字的结构形式，图样上的字体基本要求是：

（1）字体书写应做到：字体端正、笔画清楚、排列整齐、间隔均匀。

（2）字体的大小以字号表示，字号就是字体的高度（单位为 mm），字体高度（用 h 表示）的公称尺寸系列为：1.8、2.5、3.5、5、7、10、14、20 八种。如需要书写大于 20 号的字，其字体高度应按 $\sqrt{2}$ 的比率递增。用作指数、分数、注脚的数字，一般采用小一号字体。

（3）汉字的字体为长仿宋，并采用国务院正式公布推行的简化字，汉字的高度 h 不应小于 3.5 mm，字宽为 $h/\sqrt{2}$。长仿宋字书写要领：横平竖直，注意起落，结构匀称，填满方格。

（4）字母和数字分 A 型和 B 型，字体的笔画宽度用 d 表示，A 型字体的笔画宽度 $d=h/14$，B 型字体笔画宽度 $d=h/10$。字母和数字可写成斜体或直体，斜体字字头向右倾斜，与水平基准线成 75°。绘图时，数字与字母一般用 B 型斜体字。

（5）工程上常用的数字有阿拉伯数字和罗马数字，字母有拉丁字母和希腊字母，字的高度 h 不应小于 2.5 mm。当数字或字母和汉字并列书写时，其字高宜比汉字的字高小一号。

图样上常见的书写示例如图 8-13 ~ 8-16 所示。为了写好汉字、数字和字母，应根据字体大小，先打好格子然后写字，要多看、多练习，才能练出一手好字。

7号字

字体工整　笔画清楚　间隔均匀　排列整齐

5号字

横平竖直　注意起落　结构均匀　填满方格

3.5号字

钢筋混凝土构件　建筑施工图　土木工程专业

图 8-13　长仿宋体汉字示例

1234567890　*1234567890*

Ⅰ Ⅱ Ⅲ Ⅳ Ⅴ　*Ⅵ Ⅶ Ⅷ Ⅸ Ⅹ*

图 8-14　数字书写示例

ABCDEFGHIJKLMNOPQRSTUVWXYZ

ABCDEFGHIJKLMNOPQRSTUVWXYZ

abcdefghijklmnopqrstuvwxyz αβγ

图 8-15　字母书写示例

8.2.4　比　例

1. 比例的概念

多数情况下，无法把图画成和实物一样大小。例如画房屋，必须将实物缩小后才能画在图纸上；而在画精密仪器的小零件时，必须将实物放大才能画清楚。画图时的这种缩放处理是按比例进行的。

图样的比例是指图样中线段的线性长度与实物上对应线段的线性长度之比。比例分原值比例、放大比例、缩小比例三种。绘图时尽量采用 1∶1 的原值比例。需要放大或缩小时，采用的比例应从表 8-6 中选用，并应优先选用表中的常用比例。

表 8-6　绘图选用的比例

常用比例	1∶1、1∶2、1∶5、1∶20、1∶30、1∶50、1∶100、1∶150、1∶200、1∶500、1∶1 000、1∶2 000、
可用比例	1∶3、1∶4、1∶6、1∶15、1∶25、1∶40、1∶60、1∶80、1∶250、1∶300、1∶400、1∶600、1∶5 000、1∶10 000、1∶20 000、1∶5 000、1∶100 000、1∶200 000、

2. 比例的有关规定

（1）当一张图纸中的各图只用一种比例时，则在标题栏内或附注中注出。

（2）若同一张图纸内，各图比例不同，则应分别注在各图图名的右侧，字的基准线应取平，字号应比图名的字号小一号或二号，如图 8-16 所示。

（3）特殊情况下也可自选比例，这时除应注出绘图比例外，还必须在适当位置绘制出相应的比例尺。

图 8-16　比例的注写

8.2.5　尺寸标注

图样可清楚表达工程形体的形状和构造，但其大小则需要通过尺寸标注来确定。下面介绍制图标准中常用尺寸的标注方法。

1. 基本规定

（1）物体的真实大小应以图样上所注的尺寸数值为依据，与图形的大小、比例及绘图的准确程度无关。

（2）图样中的尺寸以毫米为单位时，无须注明计量单位的代号或名称；如采用其他单位，则必须注明相应的计量单位的代号或名称。

（3）物体的每一尺寸，在图样中一般只标注一次，并标注在最能清晰反映该结构的图形上。

（4）图样中所注尺寸是该物体最后完工时的尺寸，否则应另加说明。

2. 尺寸的组成

一个完整的尺寸标注包括尺寸线、尺寸界线、尺寸起止符号和尺寸数字四个要素组成，如图 8-17 所示。

（1）尺寸界线。

尺寸界线用细实线绘制，并应由图形的轮廓线、轴线或对称中心线处引出。尺寸界线一般应与被注长度垂直，其一端与图形轮廓线的距离应不小于 2 mm，另一端宜超出尺寸线 2 ~ 3 mm，如图 8-17（a）所示。必要时，图形的轮廓线也可用作尺寸界线。

（2）尺寸线。

尺寸线用细实线绘制，应与被注长度平行，不能用其他图线代替，不得与其他图线重合或画在其延长线上。标注线性尺寸时，尺寸线必须与所标注的线段平行，且画在两尺寸界线之间，如图 8-17（a）所示。

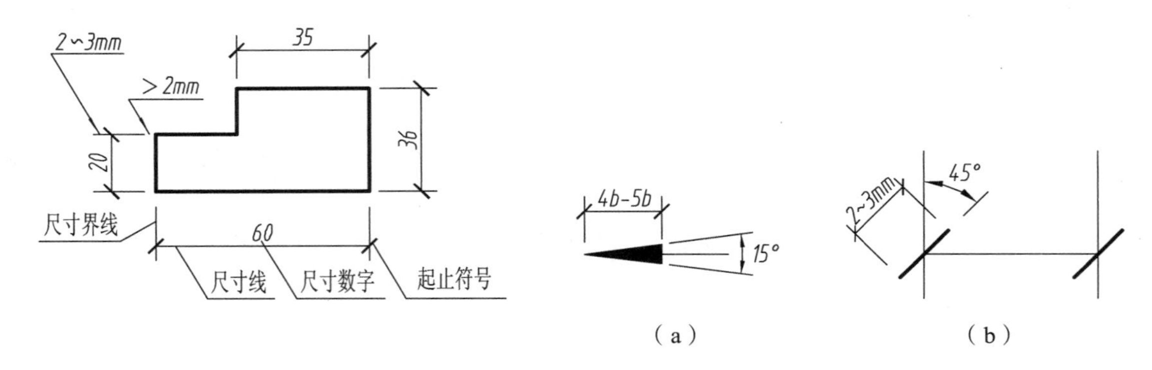

图 8-17　尺寸标注的组成　　**图 8-18　尺寸起止符号的画法**

（3）尺寸起止符号。

在尺寸线的两端与尺寸界线交接处，应画出尺寸起止符号。

对于线性尺寸，其起止符号宜采用与尺寸界线成顺时针 45°角的中实短画线表示，长度宜为 2 ~ 3 mm，如图 8-18（b）所示。

对半径、直径、角度、弧长的尺寸，其起止符号宜采用箭头表示，箭头的画法如图 8-18（a）所示，同一张图中箭头大小应保持一致。

（4）尺寸数字。

尺寸数字代表物体的真实大小，与画图用的比例无关。尺寸的单位，除标高及总平面图以米为单位外，其余均为毫米，且在数字后面无须注写单位。对某些专业图，也有采用厘米为单位的，通常在附注中加以说明。为使数字清晰可见，任何图线不得穿过数字，必要时可将其他图线断开，空出标注尺寸数字的区域，如图 8-19 中的尺寸“120”。

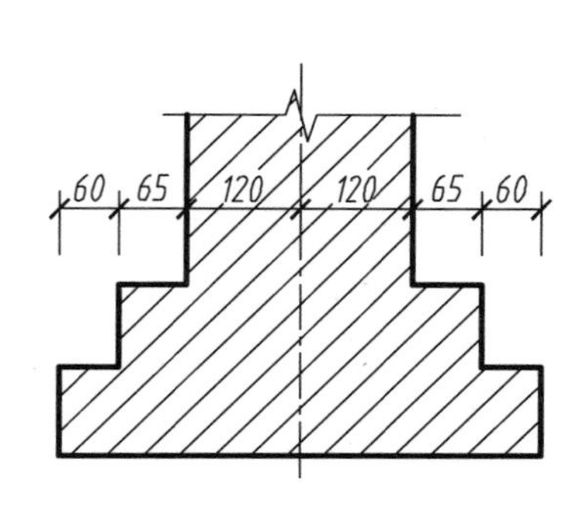

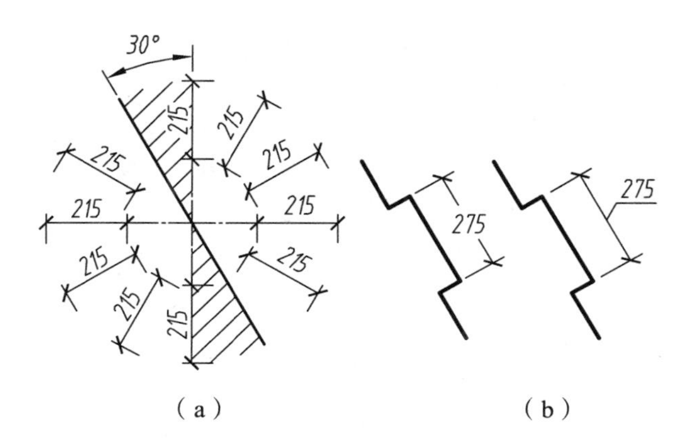

图 8-19　写数字处其他图线断开

图 8-20 尺寸数字的读数方向

尺寸数字的字头方向称为读数方向。水平尺寸数字写在尺寸线上方，字头向上；竖直尺寸数字写在尺寸线的左侧，字头向左；倾斜尺寸的数字应写在尺寸线的向上一侧，字头有向上的趋势，如图 8-20（a）所示。尺寸线的倾斜方向若位于图中所示的 30°阴影区内，尺寸数字宜用图 8-20（b）所示的形式注写。

3. 尺寸的排列与布置

布置尺寸应整齐、清晰，便于阅读。对于互相平行的尺寸线，应从被标注的图形轮廓线起由近向远整齐排列，小尺寸靠内，大尺寸靠外。内排尺寸与图形轮廓线的距离宜为 10 ~ 15 mm，平行排列的尺寸线之间距离宜为 7 ~ 10 mm，如图 8-21 所示。

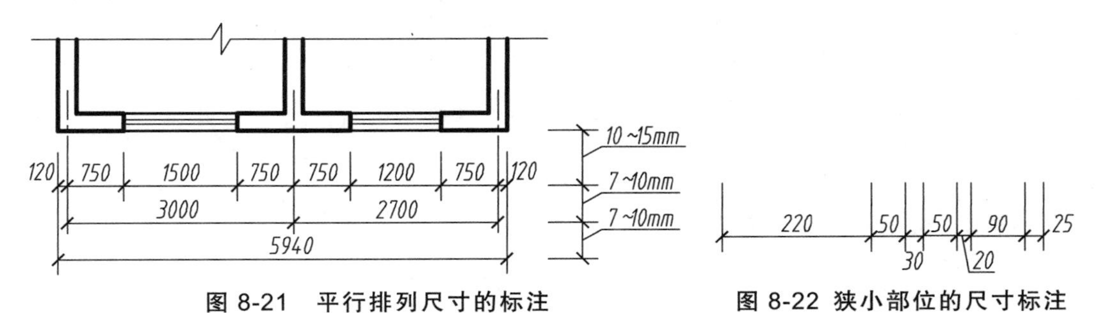

图 8-21　平行排列尺寸的标注

图 8-22 狭小部位的尺寸标注

线性尺寸的尺寸数字一般应顺着尺寸线的方向排列，并依据读数方向写在靠近尺寸线的上方中部。如遇没有足够的位置注写数字，则可以把数字写在尺寸界线的外侧。在连续出现小尺寸时，中间相邻的尺寸数字可错开注写，也可引出注写，如图 8-22 所示。

4. 直径尺寸的标注

对于圆或大于半圆的圆弧，应标注直径，并在直径数字前加注直径标识符“ϕ”。圆的尺寸线为通过圆心的一条直径线，并在其两端画箭头指至圆弧；较小圆的直径尺寸，可标注在圆外。各类大小不同的圆，直径尺寸的标注如图 8-23 所示。

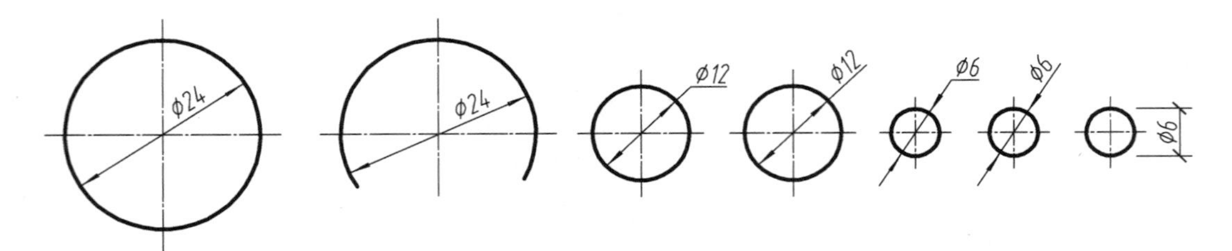

图 8-23 直径的标注

5. 半径尺寸的标注

对于半圆或小于半圆的圆弧，应标注圆弧的半径。半径的尺寸线应由圆心画至圆弧的一条半径线，并在靠近圆弧的一端画出箭头指向圆弧。半径数字前应加注半径标识符“R”。各种大小不同的圆弧，其半径尺寸标注方法如图 8-24 所示。

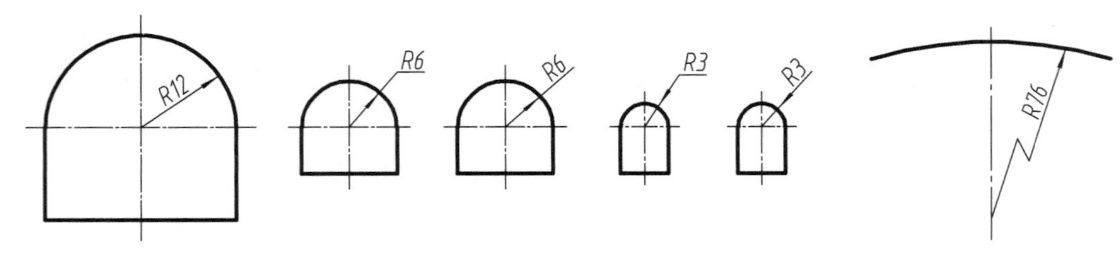

图 8-24 半径的标注

6. 球体的直径、半径的标注

对于球体，应标注球体的半径或直径，其标注方法类似于半径、直径的标注。球半径的标注，应在尺寸数值前加注球半径标识符“SR”；球直径的标注，应在尺寸数值前加注球直径标识符“$S\phi$”，如图 8-25 所示。

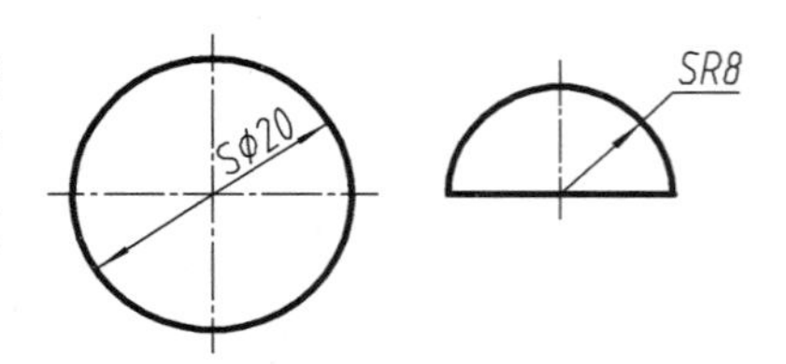

图 8-25 球直径、半径标注

7. 角度、弧度、弧长的标注

标注角度尺寸时，角度的尺寸线为大小适当的圆弧，其圆心即为两夹角线的交点，且在尺寸线两端添加箭头指向两夹角线，角度数值一律水平书写，如图 8-26（a）所示。

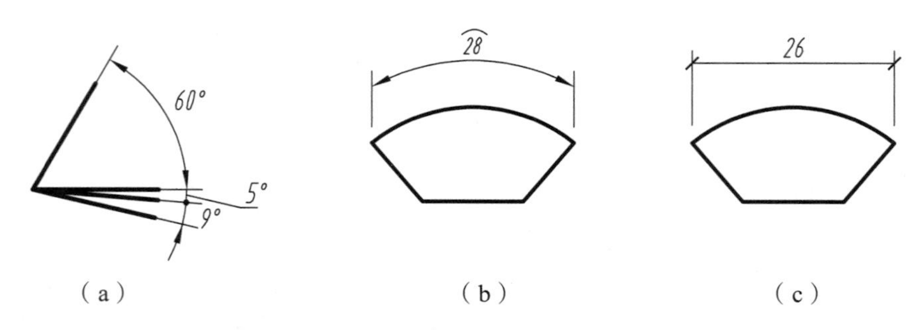

图 8-26 角度、弧长、弦长的标注方法

标注弧长尺寸时，尺寸线应以与该圆弧同心的圆弧线表示，尺寸界线应垂直于该圆弧的弦，起止符号应以箭头表示，弧长数字的上方应加注圆弧符号，如图 8-26（b）所示。

标注弦长尺寸时，尺寸线应以平行于该弦的直线表示，尺寸界线应垂直于该弦，起止符号应以中粗斜短线表示，如图 8-26（c）所示。

8. 坡度、薄板厚度、正方形的标注

标注坡度尺寸时，应沿坡度方向由上指向下坡的单面箭头，并在箭头的一侧注写坡度数字（百分数或比例），如图 8-27 所示。

在薄板板面标注厚度时，应在厚度数字前加注厚度符号“*t*”，如图 8-28 所示。

在标注正方形尺寸时，可用“边长 × 边长”形式，也可在边长数字前加注正方形符号“□”，如图 8-29 所示。

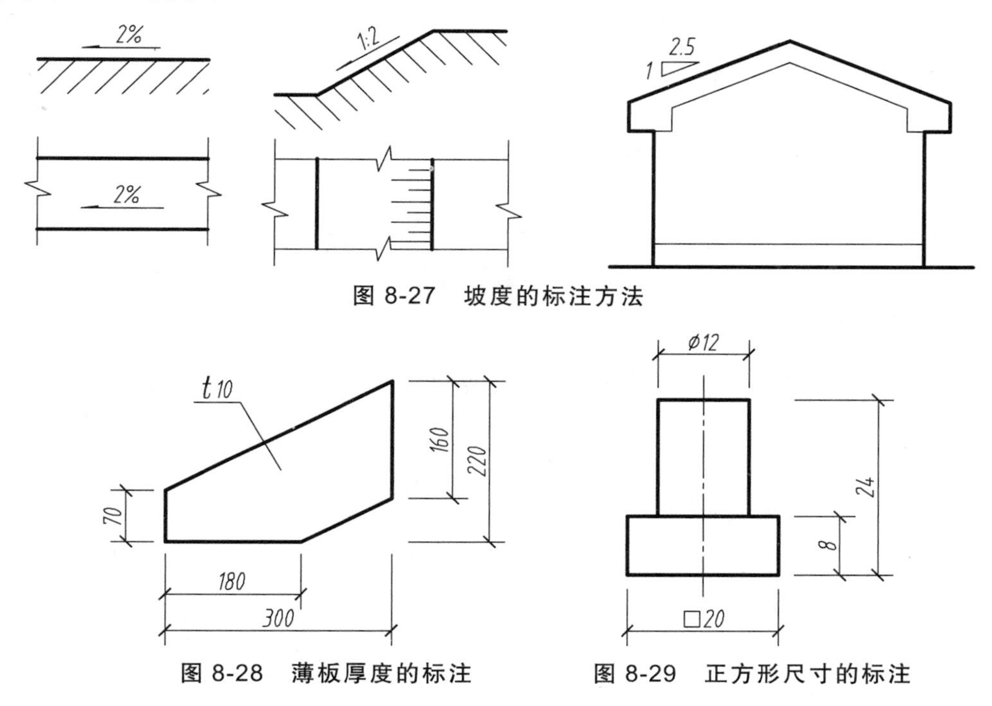

图 8-27 坡度的标注方法

图 8-28 薄板厚度的标注

图 8-29 正方形尺寸的标注

9. 尺寸的简化注法

（1）单线图的尺寸。对于杆件或管线的长度，可在单线图上直接将尺寸数字沿杆件或管线的一侧注写，如图 8-30 所示。

（2）对称构件尺寸。对于只画一半的对称构件，应在对称中心线上画出对称符号；当需要标注整体尺寸时，尺寸线只要一端画上尺寸起止符号，另一端略超过对称线，尺寸数字按整体尺寸注写，如图 8-31 所示。

（3）连续等长尺寸。对于较多等长结构的连续尺寸，可采用“个数 × 等长距离 = 总长”的乘积形式标注，如图 8-32 中圆孔中心距尺寸 5 × 12 = 60。

（4）相同要素尺寸。对于构件的相同要素，如相同的圆孔等，可采用“个数 ϕ 直径”的

形式注写，如图 8-32 中圆孔尺寸 6ϕ4。

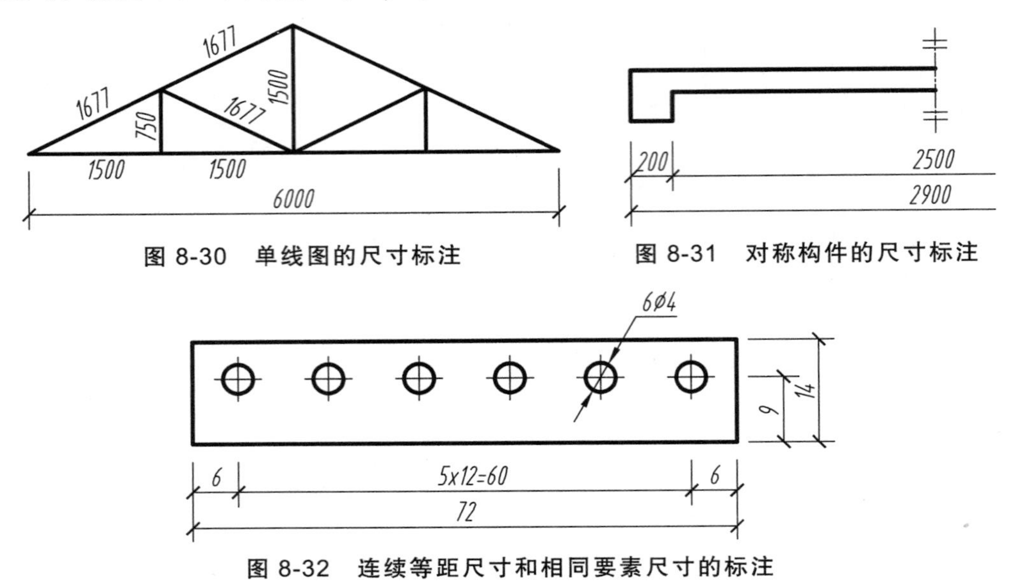

图 8-30　单线图的尺寸标注

图 8-31　对称构件的尺寸标注

图 8-32　连续等距尺寸和相同要素尺寸的标注

8.3　几何作图

在绘制图样的过程中，常会遇到等分线段或圆周、作正多边形、圆弧连接以及绘制非圆曲线等几何作图问题。下面分别介绍它们的作图方法。

8.3.1　等分直线段

作图步骤如下：

（1）已知直线 AB，如图 8-33（a）所示。

（2）过点 A 作任意直线 AC，用直尺在 AC 上从点 A 起截取 6 段单位长度，得点 1、2、3、4、5、6，如图 8-33（b）所示。

（3）连接 $B6$，过其余点分别作 $B6$ 的平行线，交 AB 于 5 个分点，即得所求，如图 8-33（c）所示。

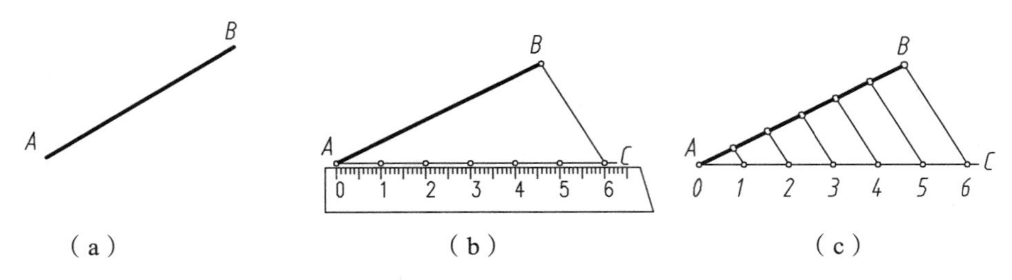

图 8-33　六等分线段 AB 的画法

8.3.2 等分圆周及内接正多边形

1. 圆内接正五边形

作图步骤如下：

（1）已知外接圆以及相互垂直的直径 *AB*、*CD*，作出半径 *OB* 的中点 *G*，即以 *B* 为圆心、*OB* 为半径作弧，交圆周于 *E*、*F* 两点，连接 *EF*，交 *OB* 于点 *G*，如图 8-34（a）所示。

（2）以 *G* 点为圆心、*GC* 为半径画弧，交 *OA* 于 *H* 点，如图 8-34（b）所示。

（3）连接 *C*、*H*，*CH* 即为正五边形的边长，如图 8-34（c）所示。

（4）以 *CH* 为边长，在外接圆上截分圆周为 5 等分，得到顶点 *C*、2、3、4、5，顺序连接各等分点完成正五边形，如图 8-34（d）所示。

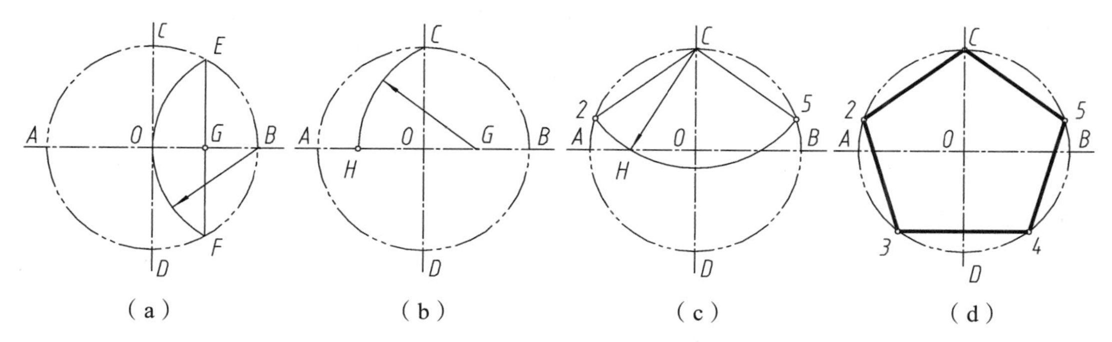

图 8-34 作圆的内接正五边形

2. 圆内接正 *n* 边形（以正七边形为例）

作图步骤如下：

（1）已知外接圆，将直径 *AB* 分成 7 等份，如图 8-35（a）所示。

（2）以 *B* 点为圆心、*AB* 为半径画弧，与 *DC* 的延长线交于 *M* 点，再自 *M* 引直线与 *AB* 上的偶数点连接，并延长与圆周交于 *F*、*G*、*H* 等各点，如图 8-35（b）所示。

（3）求出 *F*、*G* 和 *H* 对称的点 *K*、*J*、*I*，并按顺序连接 *F*、*G*、*H*、*I*、 *J*、*K*、*A* 等点，得到正七边形，如图 8-35（c）所示。

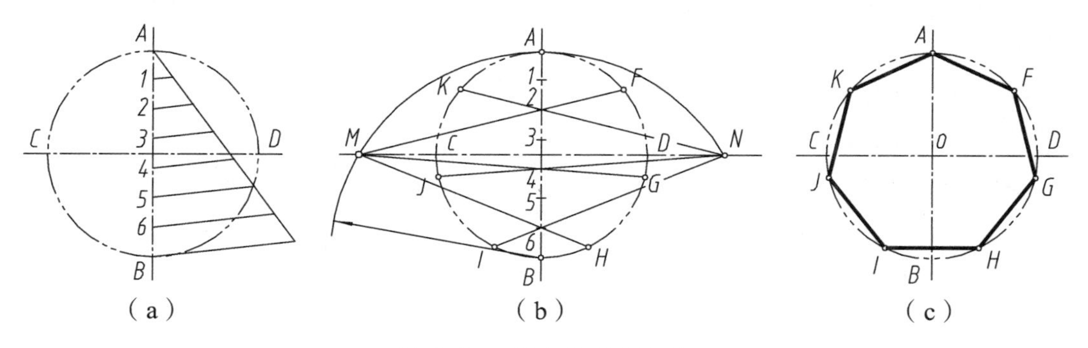

图 8-35 正七边形的画法

8.3.3 圆弧连接

绘图时，经常要用已知半径的圆弧将两已知线段光滑地连接起来，这类作图问题称为圆弧连接。圆弧连接也就是相切连接，为了保证相切，必须准确地找出连接圆弧的圆心和切点。

1. 用半径为 R 的圆弧光滑连接相交两直线

作图步骤如下：

（1）已知两相交直线及连接圆弧半径 R，如图 8-36（a）所示。

（2）求圆心：作两条与已知直线距离为 R 的平行线，交点即为圆心 O，如图 8-36（b）所示。

（3）求切点：从 O 点向两已知直线作垂线，垂足点 1、2 即为切点，如图 8-36（b）所示。

（4）以 O 为圆心、R 为半径，画连接点 1、2 的圆弧。整理图线后如图 8-36（c）所示。

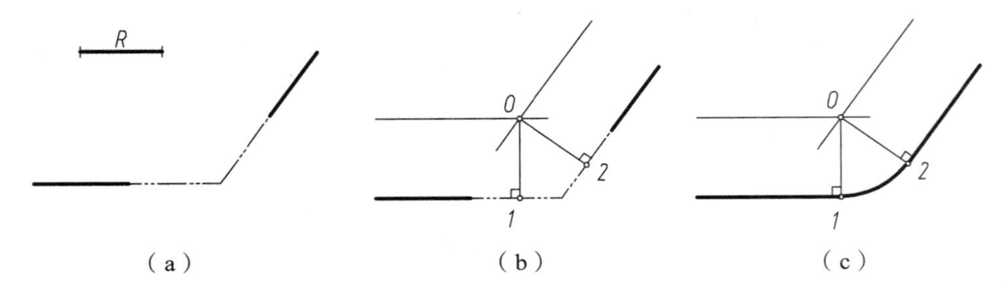

图 8-36 用半径为 R 的圆弧光滑连接相交两直线

2. 用半径为 R 的圆弧光滑连接直线与圆弧

作图步骤如下：

（1）已知圆弧 O_1（半径为 R_1）与直线及连接圆弧半径 R，如图 8-37（a）所示。

（2）求圆心：作与已知直线距离为 R 的平行线，以 O_1 为圆心、R_1+R 为半径画弧，交点 O 即为圆心，如图 8-37（b）所示。

（3）求切点：从 O 点向已知直线作垂线得垂足点 1，连线 OO_1 与已知圆弧交于点 2，点 1、2 即为切点，如图 8-37（b）所示。

（4）以 O 为圆心、R 为半径画连接点 1、2 的圆弧。整理图线后如图 8-37（c）所示。

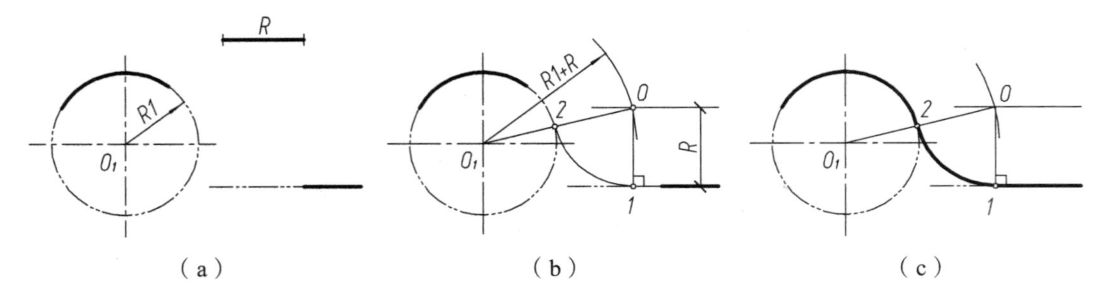

图 8-37 用半径为 R 的圆弧光滑连接直线与圆弧

3. 用半径为 R 的圆弧外切两圆弧

作图步骤如下：

（1）已知两圆弧 O_1（半径为 R_1）、O_2（半径为 R_2）及连接圆弧半径 R，如图 8-38（a）所示。

（2）以 O_1 为圆心、R_1+R 为半径画弧；以 O_2 为圆心、R_2+R 为半径画弧，两弧交点 O 即为圆心，如图 8-38（b）所示。

（3）求切点：连线 OO_1、OO_2 与已知圆弧的交点 1、2 即为切点，如图 8-38（b）所示。

（4）以 O 为圆心、R 为半径画连接点 1、2 的圆弧。整理图线后如图 8-38（c）所示。

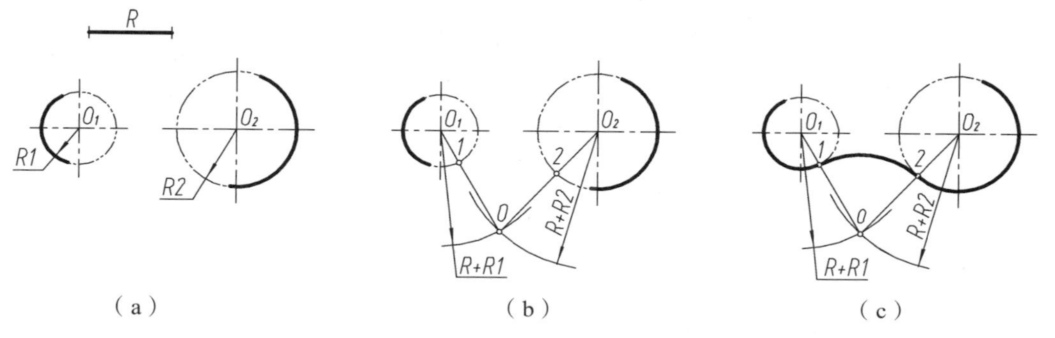

图 8-38 用半径 R 圆弧外切两已知圆弧

4. 用半径为 R 的圆弧内切两圆弧

作图步骤如下：

（1）已知两圆弧 O_1（半径为 R_1）、O_2（半径为 R_2）及连接圆弧半径 R，如图 8-39（a）所示。

（2）以 O_1 为圆心、$R-R_1$ 为半径画弧；以 O_2 为心、$R-R_2$ 为半径画弧，两弧交点 O 即为圆心，如图 8-39（b）所示。

（3）求切点：连线 OO_1、OO_2，并延长与已知圆弧交点 1、2 即为切点，如图 8-39（b）所示。

（4）以 O 为圆心、R 为半径画连接点 1、2 的圆弧。整理图线后如图 8-39（c）所示。

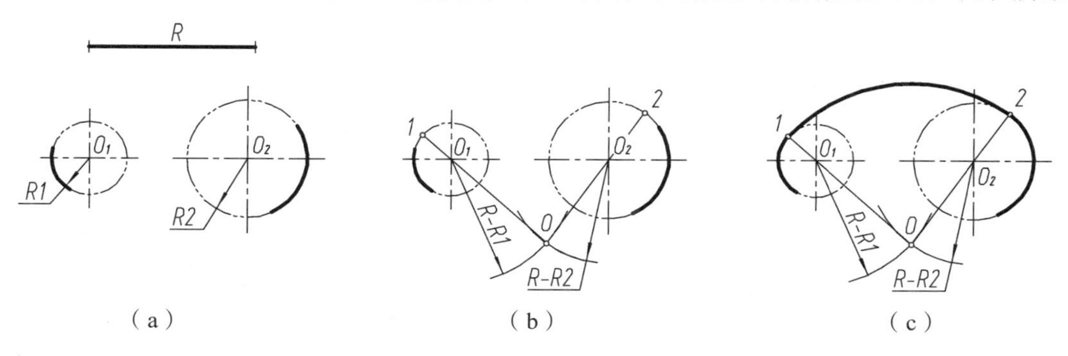

图 8-39 用半径为 R 的圆弧内切两圆弧

8.3.4 椭圆的画法

椭圆的画法通常有两种：同心圆法和四心法。同心圆法是椭圆的精确画法，四心法为椭圆的近似画法，两种画法都需要给出椭圆的长轴和短轴的尺寸。

1. 四心法近视画椭圆

作图步骤如下：

（1）画出长轴 *AB*、短轴 *CD*，连 *AC*；以 *O* 为圆心、*OA* 为半径画弧交 *CD* 延长线于 *E*；以 *C* 为圆心、*CE* 为半径画弧 *EF*。结果如图 8-40（a）所示。

（2）作 *AF* 的垂直平分线，与 *AB* 交于点 *K*，与 *CD* 交于点 *J*，如图 8-40（b）所示。

（3）在 *AB* 上确定 *K* 的对称点 *L*；在 *CD* 上确定 *J* 的对称点 *M*。以 *M*、*J* 为圆心，*MD*、*JC* 为半径画大弧；以 *L*、*K* 为圆心，*LB*、*KA* 为半径画小弧。如图 8-40（c）所示。

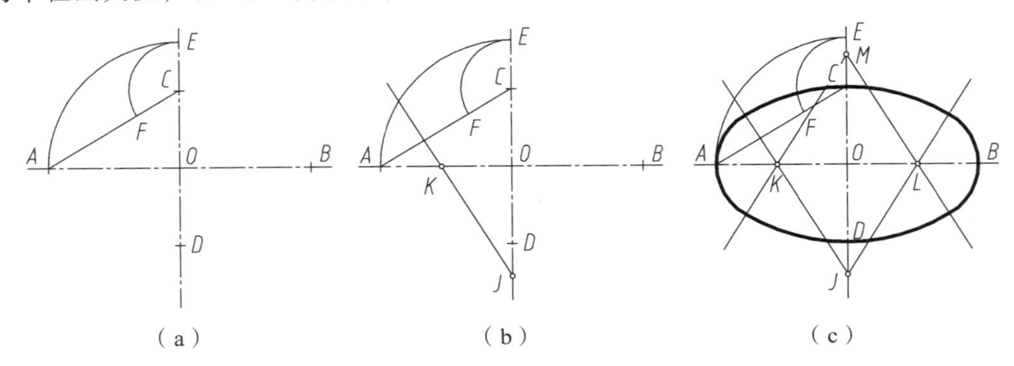

图 8-40 四心法近似画椭圆的画法

2. 同心圆法画椭圆

作图步骤如下：

（1）以 *O* 为圆心，以长轴 *AB*、短轴 *CD* 为直径画两个同心圆，如图 8-41（a）所示。

（2）将两同心圆周等分相同等份（本图为 12 等份），并依次过大圆上等分点作竖线，过小圆对应等分点作水平线，作出两者间的交点。这些交点即为椭圆上的点，如图 8-41（b）所示。

（3）用光滑曲线连接各点，构成所作求椭圆，如图 8-41（c）所示。

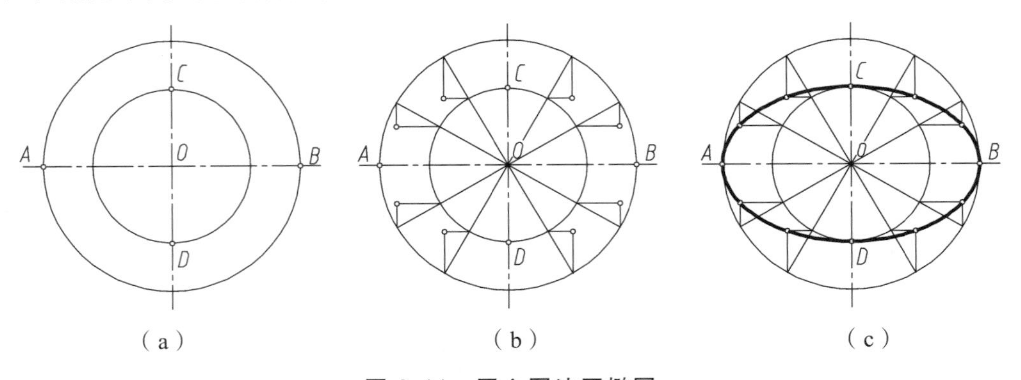

图 8-41 同心圆法画椭圆

8.4　平面图形的线段分析及画图步骤

8.4.1　平面图形的线段分析

平面图形由多条线段（线段包括直线段或圆弧段）连接而成，各条线段都有各自的尺寸、位置和连接关系。画图前，应先对平面图形中各线段进行分析，弄清哪些线段可以直接画出，哪些线段需通过与其他相邻的线段连接关系才能画出，从而明确画图步骤。

1. 尺寸分析

平面图形中的尺寸只有长度和高度两个方向尺寸。在每个方向上都有标注尺寸的起点，称为尺寸基准。通常选取图形的对称中心线、较大圆的中心线以及其他较长线段作为尺寸基准。

平面图形中的尺寸按其作用可分为两类：定形尺寸和定位尺寸。

（1）定形尺寸：确定平面图形中几何元素的大小的尺寸。例如直线的长度、圆的直径等。如图 8-42 中的尺寸 40、5、70、*R*16、*R*14、*R*17、*R*92。

（2）定位尺寸：确定平面图形中几何元素之间相对位置的尺寸。如圆心的位置、直线的位置，如图 8-42 中的尺寸 40、90、*R*92。有些尺寸既是定形尺寸又是定位尺寸，如图 8-42 中的尺寸 40、*R*92。

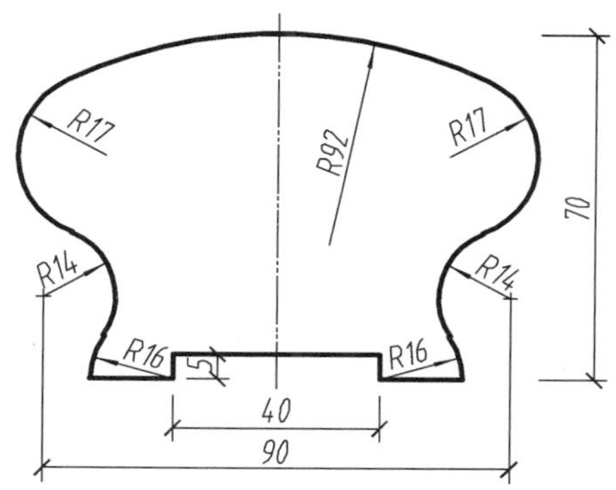

图 8-42　平面图形线段分析

2. 线段分析

依据平面图形各线段所注尺寸，可将平面图形中的线段分为三种线段：

（1）已知线段：定形、定位尺寸均全部标出，不需要依赖其他线段而能直接画出的线段。对直线来说，凡给出两已知点或一已知点并已知其方向及距离的直线均为已知线段；对于图或圆弧，凡给出圆弧半径（或圆直径）以及圆心两个方向的定位尺寸（*x*、*y* 坐标）均为已知圆弧。如图 8-42 中的五条直线段和 *R*16、*R*92 的圆弧为已知线段。

（2）中间线段：给出定形尺寸和一个定位尺寸，必须依靠与相邻线段间的连接关系才能画出的线段。对于圆和圆弧，凡给出圆的直径或圆弧的半径及圆心一个方向的定位尺寸（*x* 或 *y* 坐标）均为中间线段，如图 8-42 中的 *R*14 圆弧，圆心坐标由定位尺寸 90 给出了 *x* 方向坐标，*y* 方向必须利用其与 *R*16 圆弧的外切关系来确定，故 *R*14 圆弧为中间线段。

（3）连接线段：只有定形尺寸，没有定位尺寸，完全依赖与其两端相切的线段才能画出。如图 8-39 中的 *R*17 圆弧，必须利用其与 *R*16 和 *R*92 两圆弧相切的关系来确立其圆心，而后才能画出，故 *R*17 圆弧为连接线段。

3. 平面图形的画图步骤

确定平面图形的作图步骤，关键在于根据图形进行尺寸分析、线段分析和确定基准。画图时，应画出基准线与定位线，然后按已知线段、中间线段、连接线段的顺序依次画出，最后校核底稿，整理加深图线，标注尺寸。

绘制平面图形的作图步骤如下：

（1）画定位线，如图 8-43（a）所示。

（2）画已知线段，有五条直线段和 *R*16、*R*92 三个圆弧，如图 8-43（b）所示。

（3）画中间线段 *R*14 圆弧，如图 8-43（c）所示。

（4）画连接线段 *R*17 圆弧，如图 8-43（d）所示。

（5）整理并加深加粗平面图形，标注尺寸后如图 8-43（e）所示。

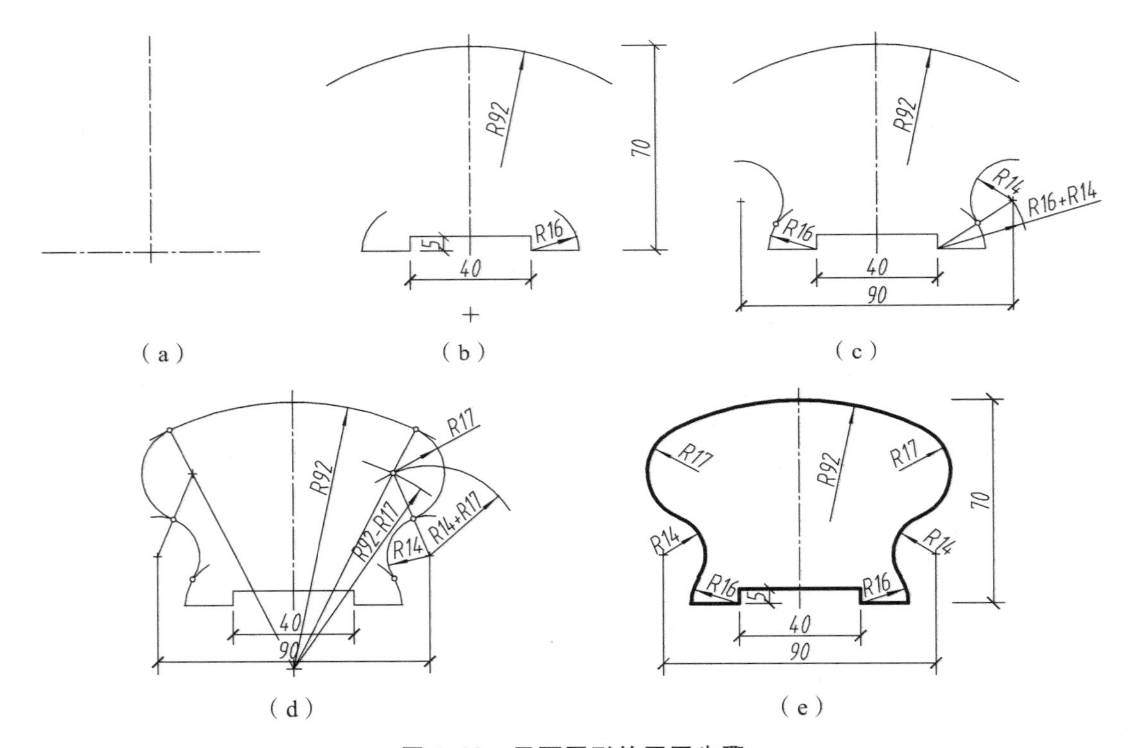

图 8-43 平面图形的画图步骤

8.4.2 绘图的一般步骤

1. 平面图形的画图步骤

（1）做好准备工作。

① 分析图形。

② 选定图幅、比例，并固定图纸。

③ 备齐绘图工具和仪器，削好铅笔。

（2）画底稿。

① 画底稿，一般用削尖的 H 或 2H 铅笔准确、轻轻地绘制。

② 画底稿的步骤是：先画图框、标题栏，后画图形。画图时，首先根据其尺寸布置好图形的位置，画出基准线、轴线、对称中心线；然后再画图形，并遵循先主体后细部的原则。

（3）检查无误后，按图线粗细要求，描深底稿。

① 描深前仔细校对所画的底稿，改正错误和缺点，擦去多余的线条。

② 描深图线时，应将铅笔和圆规的铅芯削磨成扁状。

③ 加深图线的顺序是：先粗后细、先实后虚、先小后大、先圆后直、先上后下、先左后右、先水平后垂直，最后描斜线。

（4）标注尺寸。

① 用削尖的 H 铅笔一次性画出尺寸线、尺寸界线，不再加深。

② 用削尖的 H 铅笔填写尺寸数字和标题栏等。

2. 绘平面图形应注意的事项

① 画底稿时，细线类图线可一次画好，不必描深。

② 描深前必须全面检查底稿，把错线、多余线和作图辅助线擦去。

③ 描深图线时，线型要遵守 GB/T 50001—2010 的规定，粗细分明，用力要均匀，以保证图线浓淡一致。

④ 擦净绘图工具，尽量减少三角板在已加深的图线上反复移动。

8.5 徒手绘图的方法

徒手图也称为草图，是不借助绘图工具，用目测物体的形状、大小而徒手绘制的图样。由于草图的绘制迅速简便，常用于测绘、讨论设计方案、技术交流、外出参观等场合。作为工程技术人员，必须具备徒手绘图的能力。

徒手图不是潦草的图，草图上的图线也要尽量符合国家标准中的规定，做到直线平直、曲线光滑、线型分明，图形要完整、清晰、各部分比例恰当，字体工整，图面质量较好。

要画好徒手图，需掌握徒手画图的一般方法：

1. 绘图笔

画草图应使用较软的铅笔，如 HB 或 B 绘图铅笔，削成圆锥形，笔尖不要过尖，要比较圆滑，初学时可以使用坐标纸，使图形比较规整。

2. 画直线

画直线时总的原则是从左向右、从上到下，画较短直线时，靠手指握笔移动；画较长直线时，先确定出直线段的两个端点，将笔放在左（上）侧端点，眼睛看着右（下）侧端点，移动手臂和手腕画线。图纸可以斜放，姿势可参阅图 8-44。

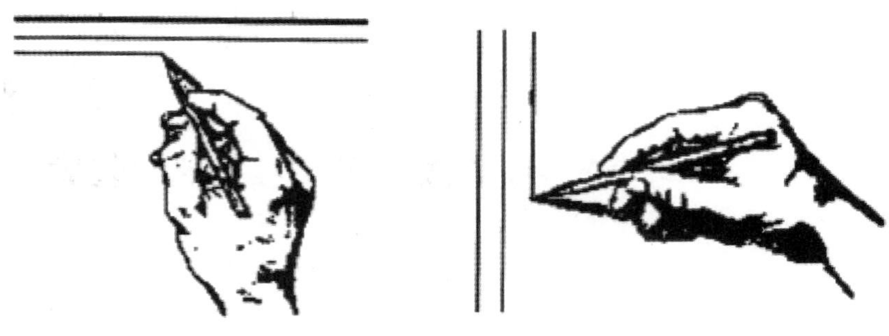

（a）移动手腕自左向右画水平线　　（b）移动手腕自上向下画垂直线

图 8-44　画直线

3. 徒手画圆及圆角

画圆时，应先确定圆心位置，并过圆心画出两条互相垂直的中心线。画小圆时，可根据半径大小在中心线上，目测确定距圆心为半径的四个端点，过四个端点可以一笔或分成两笔画圆，如图 8-45（a）所示；画中等圆时，应先画出中心线和两条 45°的斜线，根据半径在线上定出距圆心相等的 8 个点，再依次分段画出，如图 8-45（b）所示；画大圆时，可用转动纸板或转动图纸的方法画出。画圆弧和圆角的方法与画圆的方法相近。如图 8-46 所示。

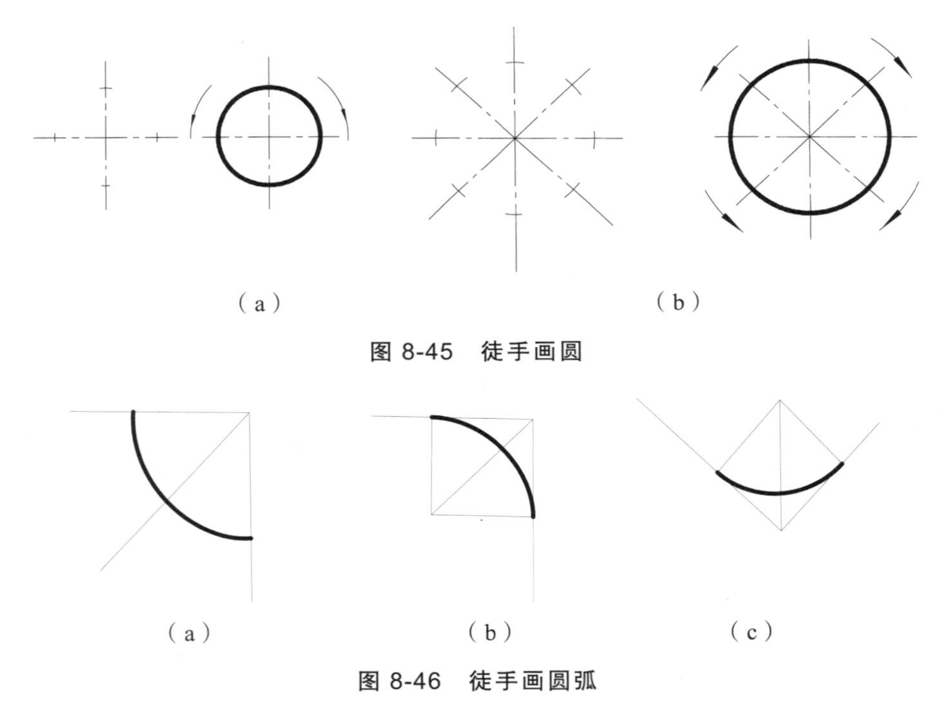

（a）　（b）

图 8-45　徒手画圆

（a）　（b）　（c）

图 8-46　徒手画圆弧

4. 徒手画椭圆

画出椭圆的长、短轴，用目测定出端点的位置，过四个端点画一个矩形，最后作出与矩形相切的椭圆，如图 8-47（a）所示。也可先画出椭圆的外接菱形，然后作出椭圆，如图 8-47（b）所示。

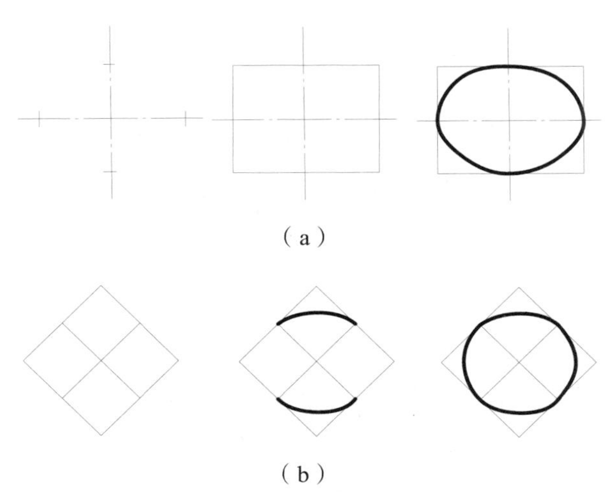

（a）

（b）

图 8-47　徒手画椭圆

徒手画时，不要急于画细部，要先考虑大局，即注意长宽高的比例以及图形整体与细部的比例关系，只有比例关系恰当，图形的真实感才强。

第 9 章　组合体的投影

建筑物的形状多种多样，有些结构比较复杂，但通过分析都可看作是由若干简单的几何形体（如棱柱、棱锥、圆柱、圆锥、球等）按照一定的方式组合而成，这种的物体称为组合体，其投影也就是由若干简单几何体的投影按一定方式组合而成。这样的分析方法称为形体分析法。用形体分析法画组合体投影图时，应先将它分解为基本几何体，并分析它们的相对位置和组成特点，然后画出组合体的投影图，最后标注尺寸。

9.1　组合体投影图的画法

9.1.1　组合体的组合方式

绘制组合体的投影时，首先要通过形体分析全面认识组合体的结构、形状特征，然后针对这些特征，选择一组投影来表达组合体的结构形状，通过合理的画图步骤准确无误地画出组合体的投影。

1. 组合体的构成方式

由基本形体构成组合体时，可以有叠加与切割（包括开槽与穿孔）两种基本形式。

叠加式组合体可以看成是由若干个基本形体叠加而成，如图 9-1 所示形体为叠加式组合体，该组合体可看成是由 4 种简单形体相互叠加而形成的一个整体，其中两个大小一样的六棱柱 *I* 位前、后两侧，中间是三个大小不一样的四棱柱 *II*、*III*、*IV*。组合体的叠加方式可以是叠加、相交和相切。

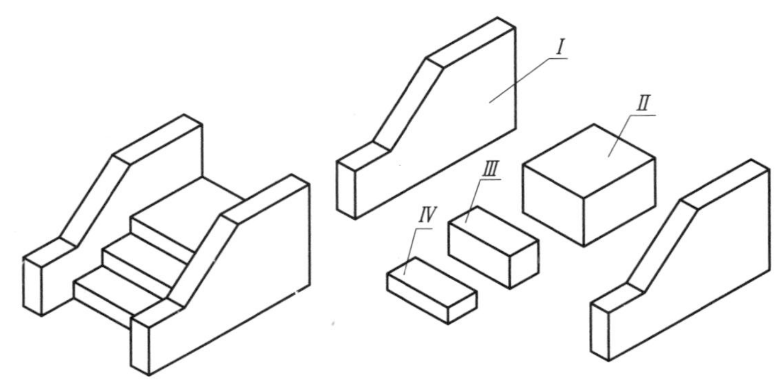

图 9-1　叠加式组合体

挖切式组合体是将一个完整的基本形体用平面或曲面切割掉某几个部分而形成的。如图 9-2 所示形体为切割式组合体，该组合体可看成是一个长方体经过四次挖切后形成的，左、右挖切的是两块狭长的三棱柱 *II*；在上方中部前、后方向挖切去除一个半圆柱体 *III*，形成半圆形槽；在上部左、右方向挖切去除两块四棱柱切块 *IV*，形成矩形通槽。组合体的切割方式通常有截切、开槽和穿孔。

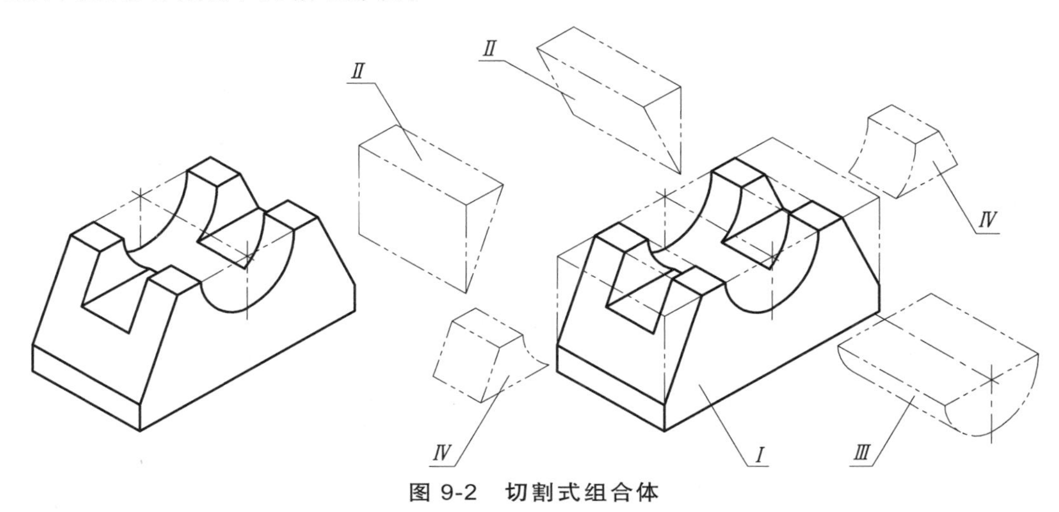

图 9-2　切割式组合体

而常见到的组合体的组成方式往往是既有叠加又有挖切的综合形式。如图 9-3 所示涵洞模型，它可以看作是由上、中、下三个简单几何体叠合形成的组合体，上方是个五棱柱 *I*，下方是四棱柱 *III*，中间的几何体 *II* 可以看成是在楔形块 *IV* 的中下部挖了一个倒“U”涵洞口 *V*。

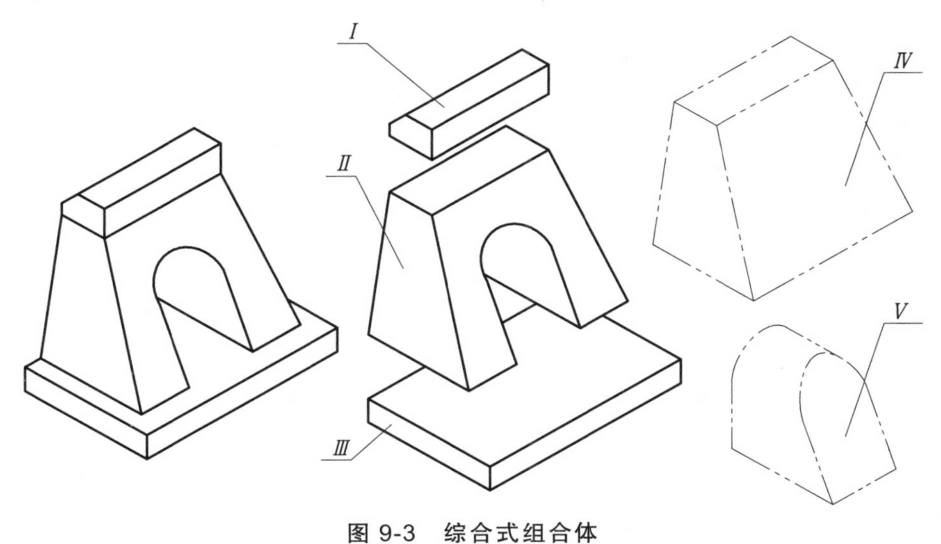

图 9-3　综合式组合体

2. 几何形体间的表面连接关系

基本几何体在相互叠加时，两个基本立体之间的相对位置不同，其表面连接关系也不相同，存在四种表面连接关系，即共面、不共面、相交和相切。在绘制投影图时是有区别的。在表 9-1 中列举了简单几何形体间的表面连接关系及其画法。

表 9-1　形体间的表面连接关系及其画法

组合方式		组合体示例	形体分析	注意画法
叠加式	叠合	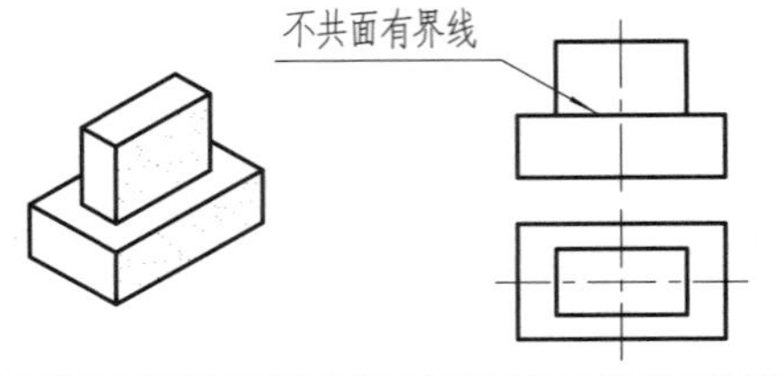 不共面有界线	两个四棱柱上下叠合，中间的水平面为结合面。 两个四棱柱前后棱面，左右棱面均不共面	不共面的两个平面之间有界线
		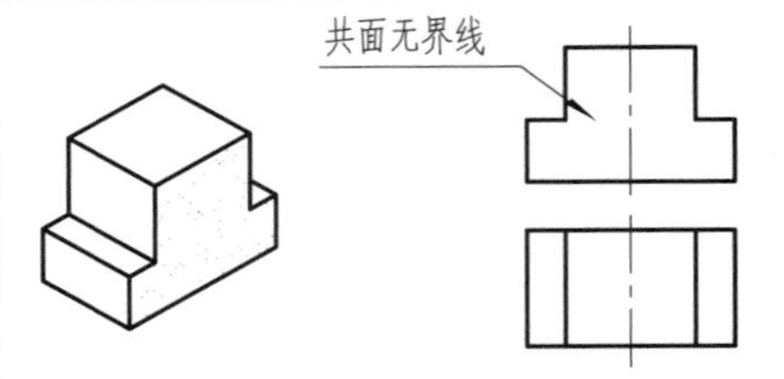 共面无界线	两个四棱柱上下叠合，中间的水平为结合面。 两个四棱柱左右棱面不共面，而前后棱面共面	共面的两个平面之间无界线
	相交	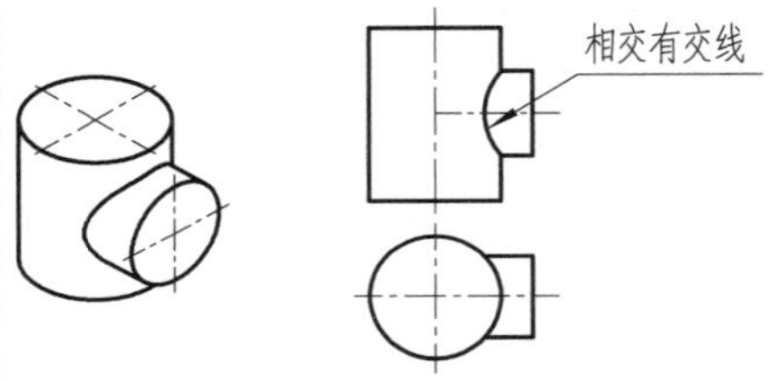 相交有交线	两直径不等的大、小圆柱垂直相交，表面有相贯线	两立体相贯，则应画出其表面交线（相贯线）
	相切	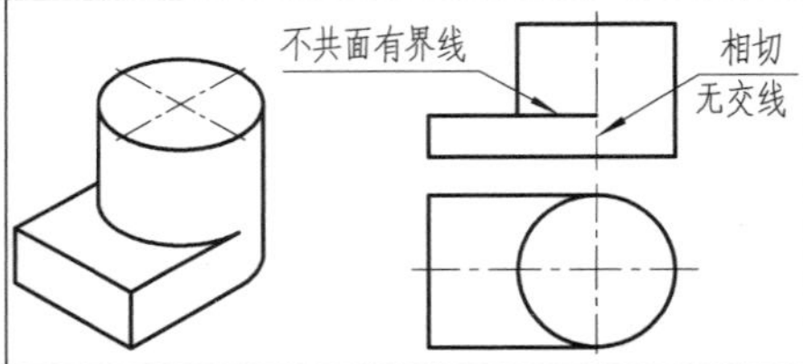 不共面有界线 相切无交线	四棱柱的前后棱面与圆柱相切。 四棱柱上部的左半圆柱面与四棱柱前后棱面不共面	圆柱与四棱柱不共面，则有界线；平面与圆柱面相切，则不画切线
切割式	截切	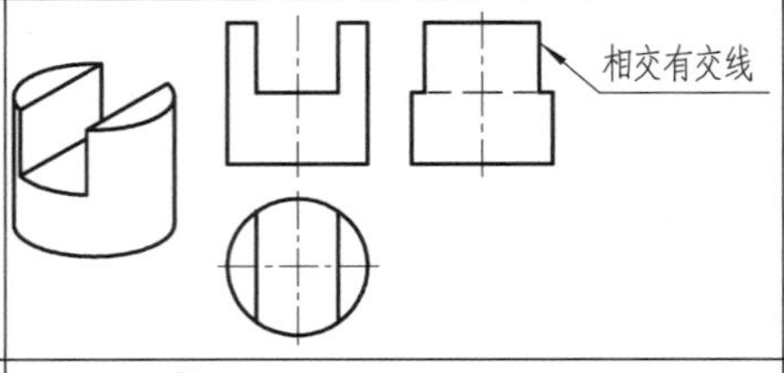 相交有交线	在圆柱体上由两个侧平面和一个水平面挖切矩形槽，表面有截交线	平面与立体相交，应画出其表面交线（截交线）
	穿孔	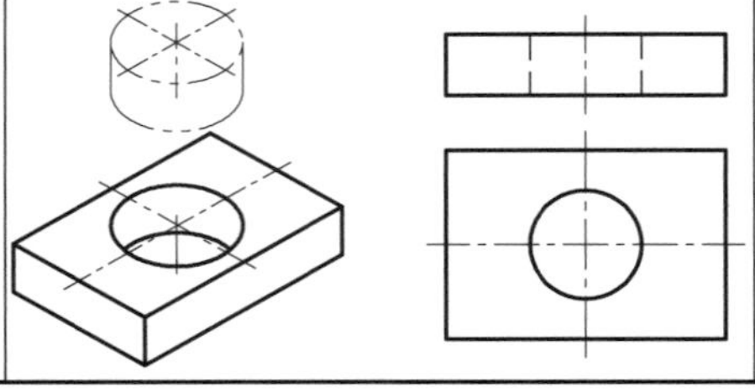	在长方形底板正中挖去一个圆柱后，形成一个圆孔	

9.1.2 组合体投影图的画法

画组合体的投影图时，首先要对其进行形体分析，在分析清楚各组成几何形体间的相对位置及其表面连接关系的基础上，确定一组投影图用于表达组合体的结构形状。形体分析法的过程，简单地说就是“先分解，后综合；分解时认识局部，综合时认识整体”。

在组合体的投影图中，正面投影是最主要的投影图，因此正面投影投射方向的选择甚为重要。通常是在组合体处于自然位置的状态下，使组合体的主要表面（或轴线）平行或垂直于投影面，让每个投影都能反映出组合体的部分表面的真形，尽量避免出现过多的虚线，并选择最能反映组合体结构形状特征以及各组成部分相对位置的方向作为正面投影的投射方向。作图时，首先作出主要形体的三面投影，依据各基本形体之间的相对位置及表面连接关系，依次作出其他基本形体的投影；最后经检查无误后，按规定线型、线宽加深图线，完成组合体的三面投影。下面通过举例详细说明画组合体三面投影的方法与步骤。

【例 9-1】绘制如图 9-4（a）所示组合体的三面投影。

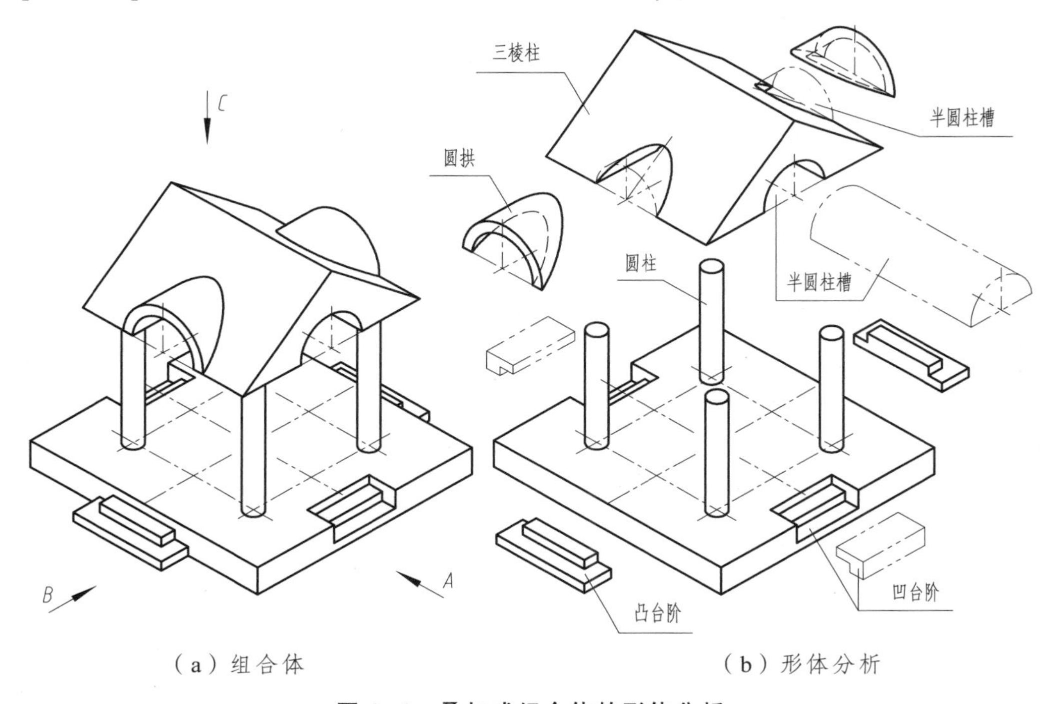

（a）组合体　　（b）形体分析

图 9-4　叠加式组合体的形体分析

解：

（1）形体分析。

运用形体分析可将组合体分解为 7 个简单形体：底座、凸台阶、凹台阶、圆柱、三棱柱、圆拱和半圆柱槽，其中四棱柱底座前后对称挖去由两个四棱柱叠合形成的凹台阶；在三棱柱上挖去正交的两个半圆柱体。在底座的左右两侧对称的位置叠合放置两个凸台阶，前后对称位置挖去两个凹台阶；在底座上部左右、前后对称位置竖直放置四根圆柱；在四根圆柱体上部对称位置叠合放置三棱柱；并在三棱柱的左右两侧对称位置处叠合两圆拱，在前后对称位置挖去半圆柱槽与左、右两侧的半圆柱槽垂直相交。整个形体前后、左右对称。

（2）选择正面投影。

正面投影主要由组合体的安放位置和投射方向两个因素确定。选择正面投影图时，应注意三条原则：

① 把物体向投影面进行投射时，应确定物体的安放位置。安放位置应该是物体在安放稳定状态下或工作状态下摆放的位置。如图 9-4（a）所示，它的安放位置是底座上、下底面。

② 正面投影应最能反映物体的形状特征和位置特征。在本例中，组合体为对称形体，现从 *A* 向[见图 9-5（a）]和 *B* 向[见图 9-5（b）]两个方向进行投影，以确定正面投影的投射方向。

比较 *A* 向、*B* 向投影可见，*A* 向投影更能反映物体的各组成部分的形状特征和相对位置特征，尤其是各基本形体的位置特征表达更为清楚。因此，选择 *A* 向作为正面投影方向。

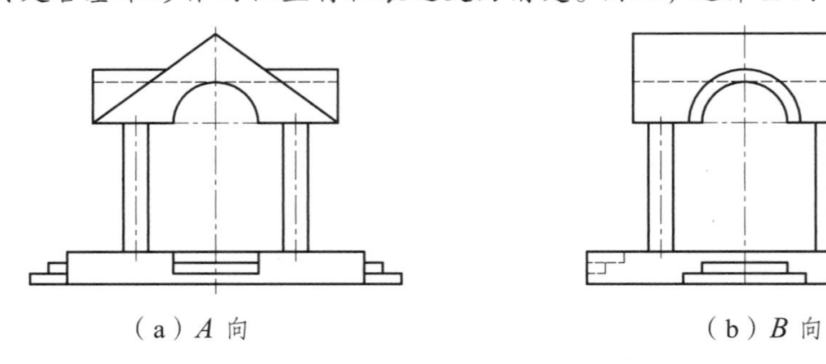

（a）*A* 向　　（b）*B* 向

图 9-5　正面投影的选择

③ 尽量减少各投影图中的虚线。

正面投影的投射方向确定后，其他投影的投影方向也随之确定。因此，在选择正面投影的投射方向时，除了考虑最能反映物体的形状特征和位置特征外，还应考虑尽可能地减少各投影图中虚线的出现。

（3）投影图数量的选择。

正面投影图选定后，还需配上其他几个投影图才能够将物体的整体形状表达清楚，投影图的数量到底需要多少合适，要根据物体本身的复杂程度而定。原则上说，在物体的形状能够表达清楚的前提下，投影图的数量越少越好。在本例中，*A* 向投影选定后，形体上的凸台阶、三棱柱及半圆形槽的形状特征可以表达清楚，而左右两侧的圆拱的形状特征则需要利用侧面投影图才能表达清楚，四根圆柱的形状特征需要利用水平投影图才能表达清楚。因而，该组合体需要三个投影才能把物体表达清楚。

（4）布置投影图。

依据各投影的最大轮廓尺寸，在图纸上均匀地布置这些投影，为此，应首先画出各投影的基线、对称线、回转体的轴线，如图 9-6（a）所示。

（5）画底稿图。

从反映每个基本形体的特征投影图出发，依据投影规律，用细线逐个画出各基本形体的三投影，如图 9-6（b）～（f）所示。画图时，一般先画主要部分，后画次要部分；先定位置，后定形状；先画整体形状，后画细部形状。

（6）检查投影、加深图线。

画完底稿后，要仔细检查有无错误，确认无误后，擦去多余图线，用规定的线型、线宽加深图线。

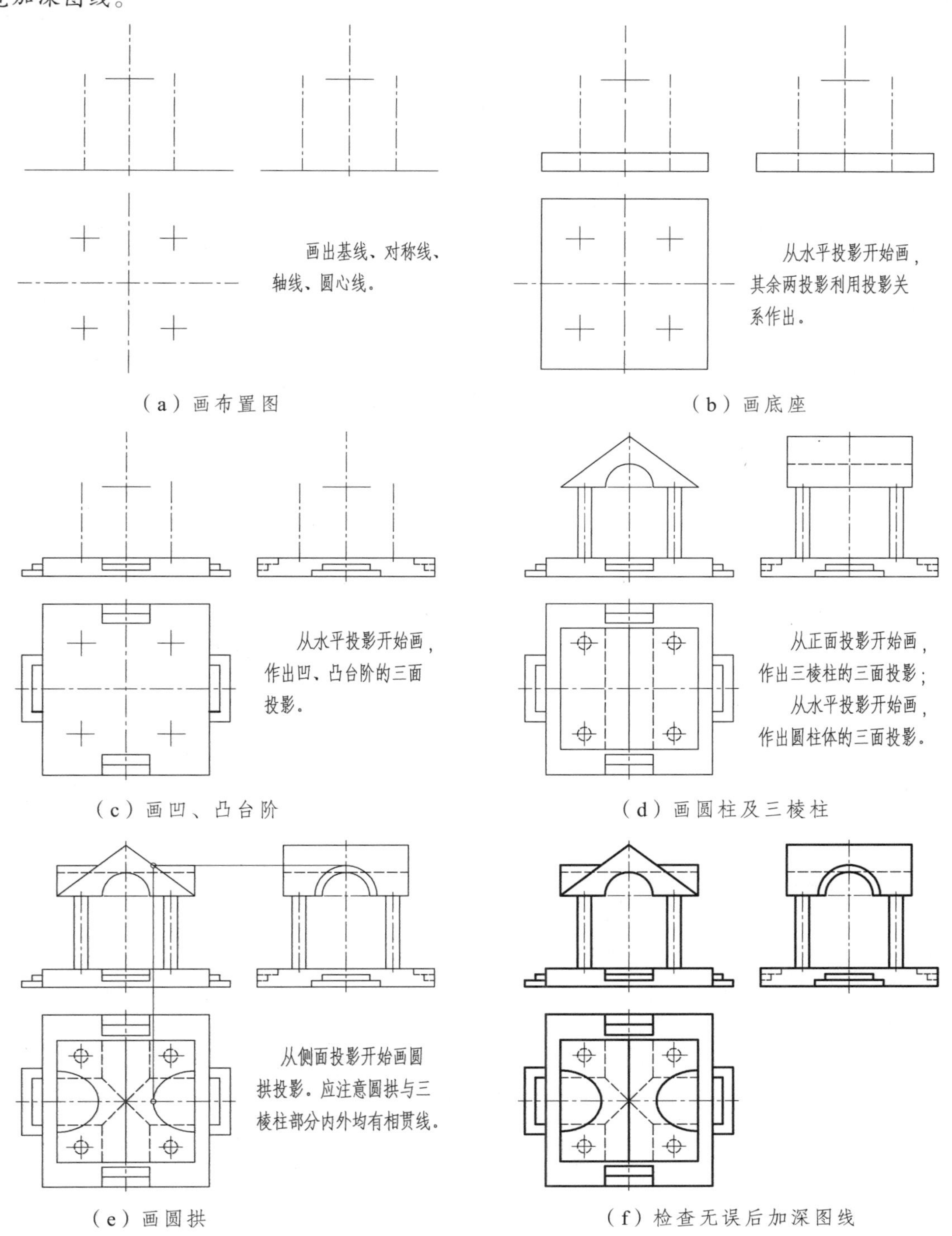

（a）画布置图

（b）画底座

（c）画凹、凸台阶

（d）画圆柱及三棱柱

（e）画圆拱

（f）检查无误后加深图线

图 9-6　叠加式组合体的画图步骤

画图时应注意的几个问题：

（1）要三个投影配合起来画。画图时，不要画完一个投影再画另一个投影，而是要三个投影配合起来画。从特征投影图开始画，其他投影利用投影间的对应关系作出，这样作图快捷、准确。

（2）应注意各基本形体之间的相对位置要正确。

（3）应注意各基本形体之间的表面连接关系要正确。

【例 9-2】画出如图 9-7（a）所示组合体的三面投影。

解：

（1）形体分析。

如图 9-7（a）所示的切割式组合体，可看成是一个长方体（基本形体）经过 4 次切割而形成。切割过程如图 9-7（b）所示，在长方体的前、后两侧分别截去一个狭长的三棱柱Ⅰ；在其左上方截去一个三棱柱楔体Ⅱ；在其上部中央截去一个梯形块Ⅲ，形成矩形通槽。整个形体前、后对称。

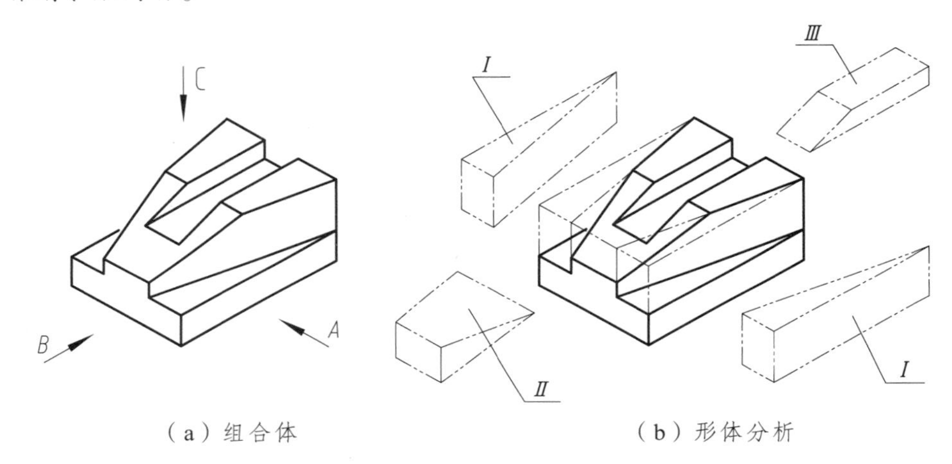

（a）组合体　　（b）形体分析

图 9-7　切割式组合体形体分析

（2）选择正面投影。

从稳定性角度考虑，将组合体底面水平放置。如图 9-7（a）所示，*A* 向投影可反映左上方三棱柱切口的特征；*B* 向投影可反映上部中央矩形槽切口的特征。考虑到合理使用图纸幅面，应使物体长度方向与正面平行，故选择 *A* 方向作为正面投影方向。

（3）投影图数量的选择。

如图 9-7（b）所示，截去的三棱柱Ⅰ的形状特征在 *C* 向投影中反映特征，截去的三棱柱楔体Ⅱ的形状特征在 *A* 向投影中反映特征，矩形槽切口的特征在 *B* 向投影中反映特征，因此需要三个投影才能将组合体的形状表达清楚。

（4）布置投影图。

依据长方体尺寸，在图纸上首先画出各投影的基线、对称线，如图 9-8（a）所示。

（5）画底稿图。

首先用细线条画出基本形体的三面投影，再按切割顺序依次画出切去每一部分后的三面投影。在作每个切割体的投影时，首先作出反映切割体特征的投影，其余两投影则依据投影关系画出。画图步骤如图 9-8（b）～（f）所示。

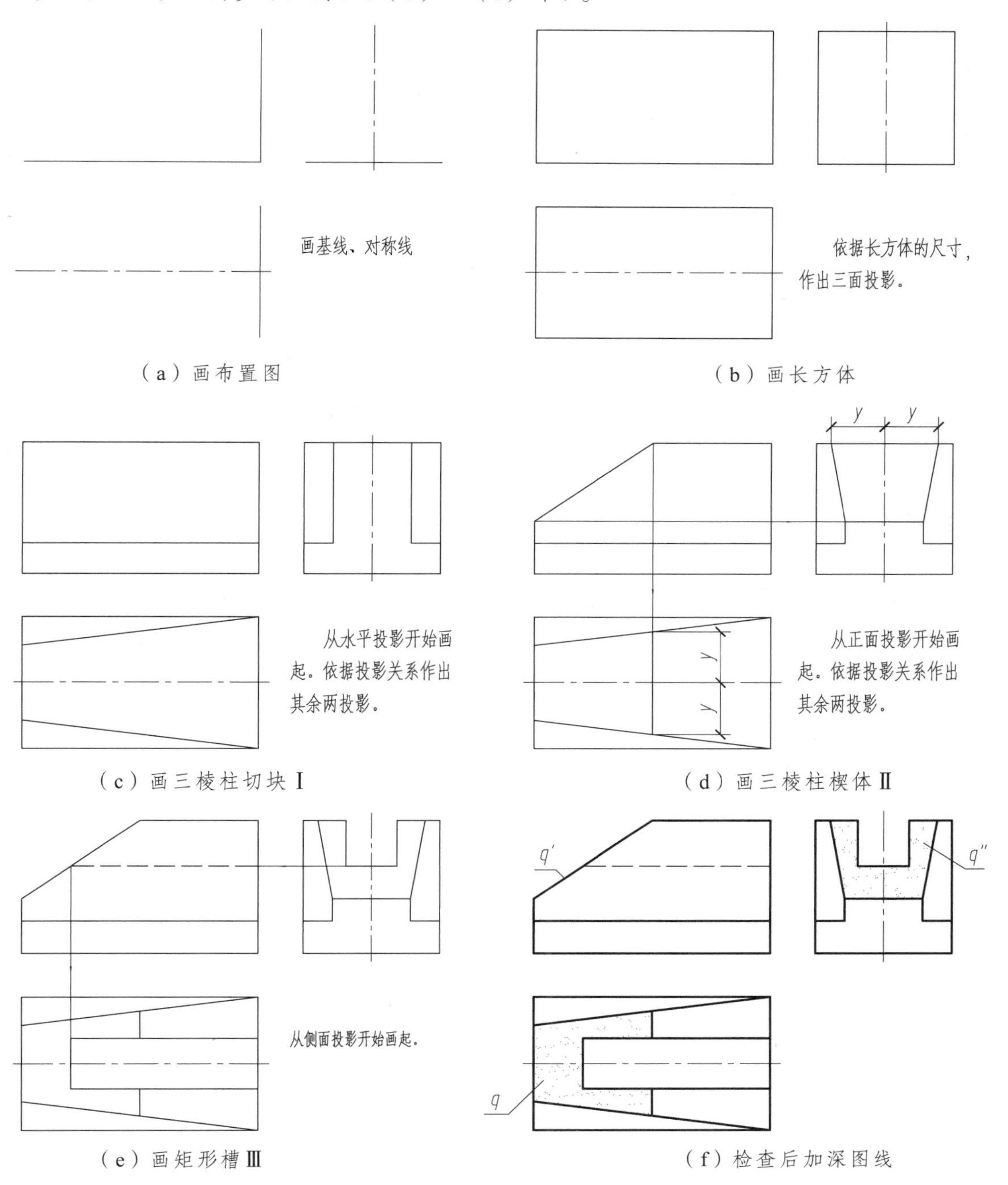

图 9-8　切割式组合体的画图步骤

（6）检查投影、加深图线。

画完底稿后，要仔细检查有无错误，确认无误后，擦去多余图线，用规定的线型、线宽加深图线。

画图时应注意的问题：

（1）对被切去的形体，应先画出反映形状特征的投影，其余投影利用投影关系作出。

（2）切割式组合体的特点是斜面较多，除了需进行形体分析外，还应对主要斜面进行面形分析。如图 9-8（f）中，Q 面为正垂面，正面投影积聚为一直线段，其水平投影和侧面投影均为类似形。

9.2 组合体投影图的尺寸注法

组合体的投影图虽然已经反映出组合体的形状，但是组合体的真实大小则是根据图上所标注的尺寸来确定的，也就是应在组合体投影图中清晰地标注出完整的尺寸，以确定组合体各组成几何体的大小、形状及几何体间的相对位置。

标注尺寸的基本要求：正确、完整、清晰。

正确：尺寸标注必须符合国家标准中有关尺寸注法的规定。

完整：标注的尺寸完全确定组合体的各形体的大小及相对位置，做到不遗漏，不重复。

清晰：尺寸布置合理、便于看图。

9.2.1 基本体的尺寸注法

组合体可以看作由若干简单几何体经过叠加和切割组合而成，因此，在标注组合体的尺寸前，必须先了解一些基本几何体的尺寸注法。

1. 平面立体的尺寸注法

如图 9-9 所示，平面立体的大小都是由长、宽、高三个方向的尺寸来确定，一般情况下，这三个尺寸均需标注。有些基本几何体的三个尺寸中有两个或三个互相关联，如六棱柱的正六边形的对边宽和对角距相关联，只需标对边宽（或对角距）。

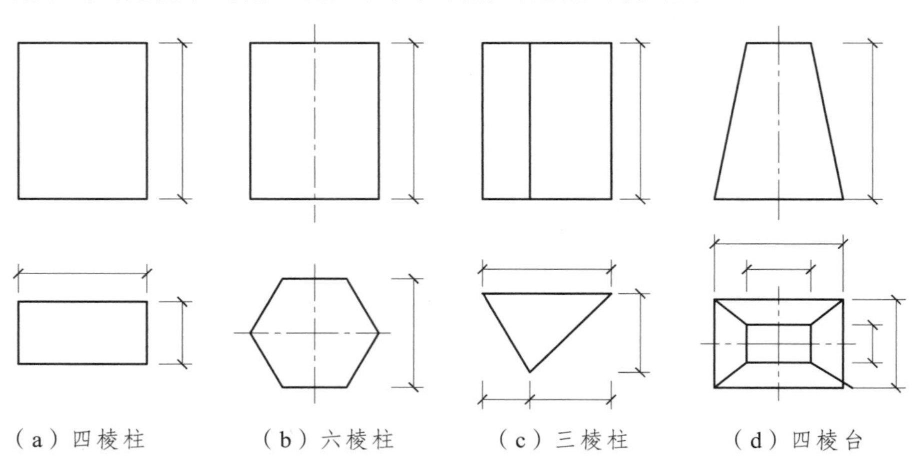

图 9-9 平面立体的尺寸标注

2. 回转体的尺寸注法

图 9-10（d）中标注的字母 S，是球的代号，由于明确了这个基本几何体是球体，只要标注了球的直径，用一个投影图就可以完整地表达出这个球。同样，如果图 9-10（a）、（b）、（c）中已明确表示的几何体分别是圆柱、圆锥、圆台，在正投影图中标注了图中所示的尺寸，则只要用一个正面投影图就可以完整地表达出这些几何体。所以，像这种类型的几何体一般在非圆的投影图上标注其底面的直径和高度尺寸，在其他投影图上不需要标注尺寸。

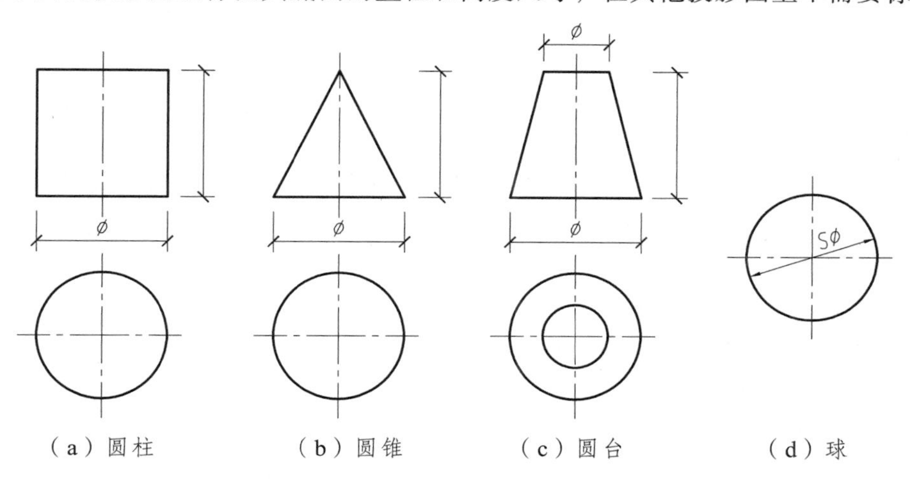

图 9-10　回转体的尺寸标注

3. 截切体、相贯体的尺寸注法

如图 9-11 所示，截切体的尺寸，除标注其基本几何体的尺寸外，还应标注截平面的位置尺寸。当截平面与基本形体的相对位置确定后，其截交线随之就确定了，因此截交线上不需标注尺寸。

同理，如果两个基本几何体相交，也只需要分别标注出两个基本几何体的尺寸以及两者之间的定位尺寸，相贯线上不需标注尺寸。

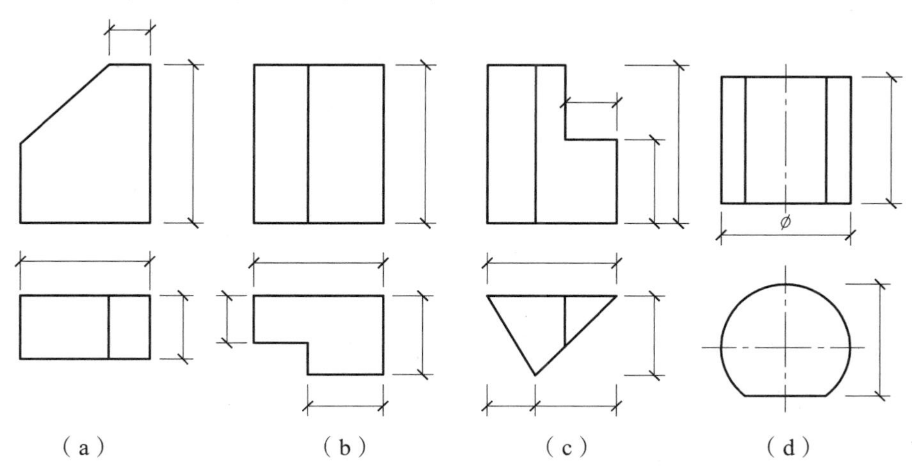

图 9-11　截切体的尺寸注法

9.2.2 组合体的尺寸注法

组合体尺寸标注最有效的方法仍然是形体分析法，即先将组合体分解为若干个基本形体，再注出表示各个基本形体大小的尺寸以及确定这些基本形体间相对位置的尺寸，前者称为定形尺寸，后者称为定位尺寸。

下面以涵洞口模型为例，说明尺寸标注过程中的分析方法。

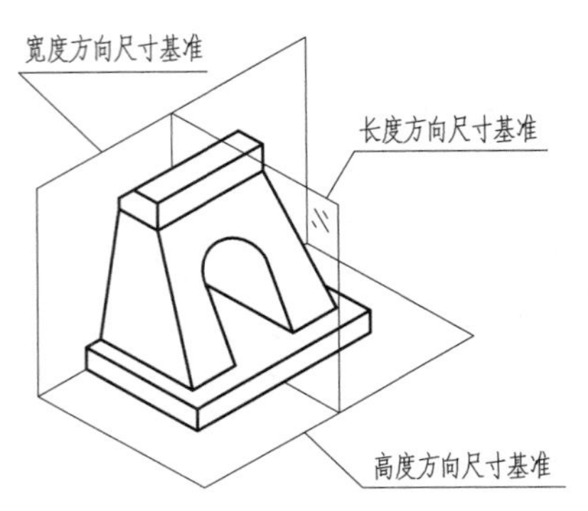

图 9-12 尺寸基准

1. 选择尺寸基准

组合体具有长、宽、高三个方向的尺寸，标注每一个方向的尺寸时都应先选择好基准。标注尺寸的起点称为尺寸基准。通常选择组合体的底面、端面、对称面、回转体轴线、对称中心线作为尺寸基准。如图 9-12 所示，因为涵洞口模型左右对称，长度方向尺寸以对称面为基准，涵洞口模型的长方体、楔形涵洞、五棱柱的后端面平齐，所以宽度方向尺寸的基准选择为后端面，有利于基准的一致性；长方体的底面是该模型的自然放置面，故高度方向尺寸以长方体的底面为基准。

2. 标注各基本形体的定形尺寸

组成涵洞口模型的各几何体的定形尺寸如图 9-13 所示。五棱柱的侧面投影反映其两个端面的实形，故其端面尺寸集中标注在侧面投影图上，长度标注在正面投影图上。楔形块上端面长为 22、宽为 8，下端面长为 30、宽为 19，高为 22；涵洞口开在左右对称面上，上部为半圆柱面，半径为 6，圆柱面的轴线距底面的高度为 11。长方体的长、宽、高分别为 36、23、4。

将图 9-13 所标注的五棱柱、楔形涵洞、长方体三个简单几何体的定形尺寸逐个标注在图 9-14（a）的三面投影图上。例如：先标注五棱柱；接着标注楔形涵洞，因为楔形涵洞顶面与五棱柱底面重合，其长和宽的尺寸 22 和 8 已经标出，不必重复标注；然后标注长方体，如图 9-14（b）所示。

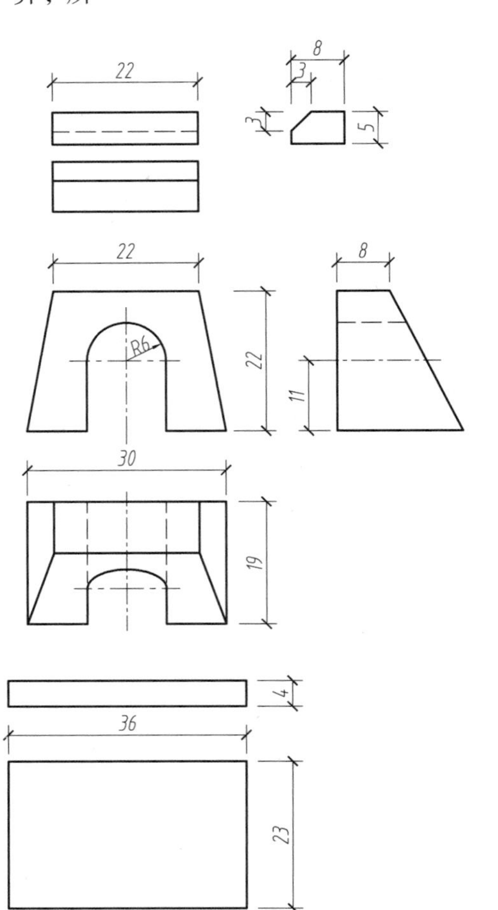

图 9-13 涵洞口模型中各几何体的定形尺寸

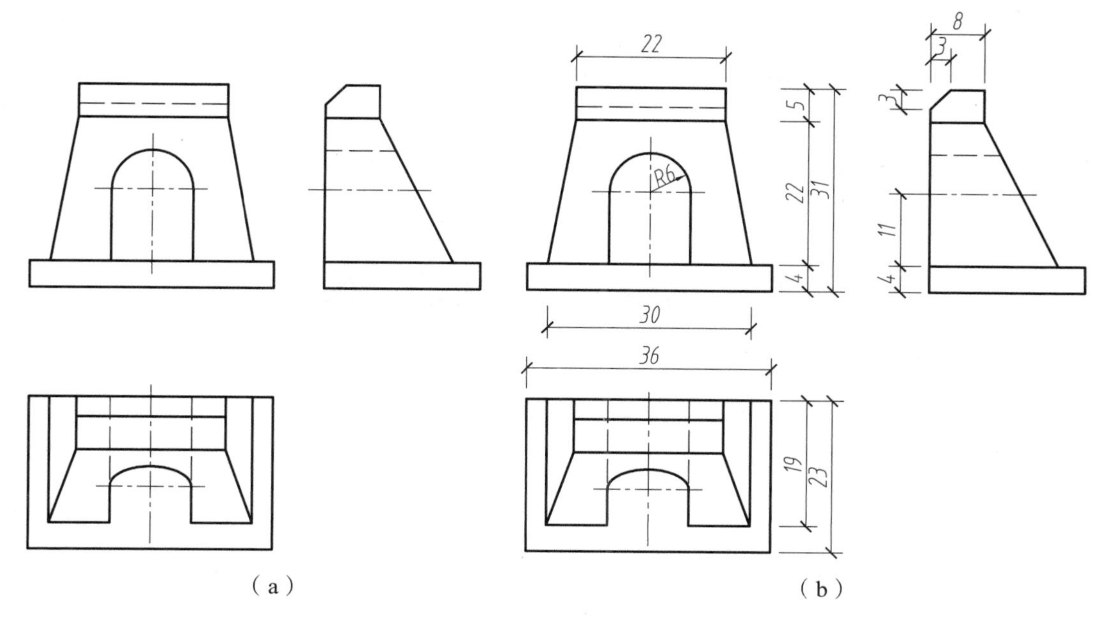

图 9-14　组合体尺寸标注示例

3. 标注各基本形体间的定位尺寸

组成涵洞口模型的三个基本几何体，左、右均是对称的，且其公共的对称面是长度方向的定位准基，故长度方向均不需要标注定位尺寸。这三个基本几何体的后端面共面，且该模型的后端面是其宽度方向的定位基准，故宽度方向上均不需要标注定位尺寸。长方体的底面涵洞口模型的高度方向的定位基准，楔形涵洞是叠加在长方体上，五棱柱又是叠加楔形涵洞，它们的高度方向的定形尺寸已标注，故在高度方向上不必再标注定位尺寸。

4. 标注总体尺寸

为了表示整个组合体的外形，一般需标出其总长、总宽、总高，这些尺寸称为组合体的总体尺寸。涵洞口模型的总长、总宽就是其下方长方体的长 36 和宽 23，不必另行标注；只标注涵洞口模型的总高尺寸，即三个简单几何体高度的总和 4+22+5 = 31，如图 9-14（b）所示。

5. 尺寸安排清晰

为了便于看图，尺寸的布置必须整齐、清晰，应注意如下几点：

（1）应将多数尺寸注在投影图外；与两投影图有关的尺寸，尽量标在两投影图之间，如图 9-14（b）中的尺寸 31；表示涵洞口模型的总高度的尺寸放在正面投影与侧面投影之间。

（2）尺寸应布置在反映形状特征最明显的投影图上，半径尺寸应标注在反映圆弧实形的投影图上。

（3）虚线上尽量不标注尺寸。

（4）尺寸线与尺寸线或尺寸界线不能相交，相互平行时的尺寸按“大尺寸在外、小尺寸在里面”的方法布置，如图 9-14（b）所示。

（5）回转体的直径尺寸，最好标注在非圆的投影图上。

（6）同一形体的尺寸尽量集中标注。如图 9-14（b）中，五棱柱的主要定形尺寸应集中标注在侧面投影图上。

兼顾以上各点时，有时会出现相互矛盾的尺寸标注，应根据具体情况统筹兼顾、合理布置。

9.3 组合体投影图的阅读

画图是把空间物体用一组投影图表示在图纸上；读图则是根据物体的一组投影图，想象出该物体的空间形状。读图的基本方法与画图方法相似，采用形体分析方法和线面分析法。

9.3.1 读图的基本方法

1. 形体分析法

采用形体分析法进行读图，就是在投影图上按照轮廓线构成的线框将投影图分割成几个平面图形，这些平面图形实质上是各个简单形体表面的投影；然后按照投影关系找出它们在其他投影图上对应的图形，根据这些简单形体的多个投影，想象出各简单形体的空间形状，并根据它们的相对位置、组合方式、表面连接关系，进行综合想象，从而在头脑中构造出物体的整体形状。

读图时应注意的几个问题：

（1）抓住形状特征投影图，分析组合体的组成。

利用分割线框、对投影方法，分析出组合体由哪些基本形体组成。读图时应从反映各基本形体的特征投影入手，利用投影关系找出其对应的投影，弄清基本形体的形状。所谓形状特征投影图，是指能够清晰反映物体形状特征的投影图，如图 9-15 所示的两个基本形体，它们的水平投影均反映了基本形体的形状特征。

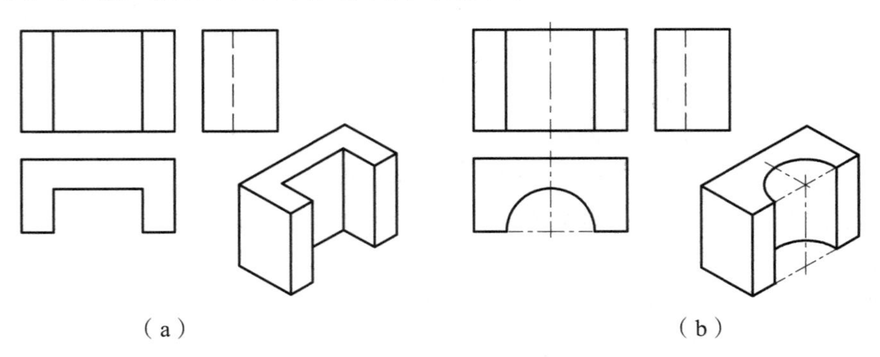

图 9-15 水平投影为形状特征图

（2）抓住位置特征投影图，分析组合体各部分的相对位置。

在分析清楚组合体各组成部分的形状后，进一步分析它们的相对位置。各基本形体之间的相对位置，可通过各基本形体的投影位置来反映。读图时应注意其位置特征图。如图 9-16 所示，两个物体的正面投影和水平投影相同，侧面投影不同。通过正面投影可以反映出各基本形体的形状特征，各基本形体的位置关系可从它们的侧面投影中清楚表达。如图 9-16（a）所示物体，在竖板的上部凸出一个半圆柱体，其下部则挖去一个四棱柱孔。如图 9-16（b）所示物体，竖板的上部挖去一个半圆柱孔，其下部则凸出一个四棱柱体。

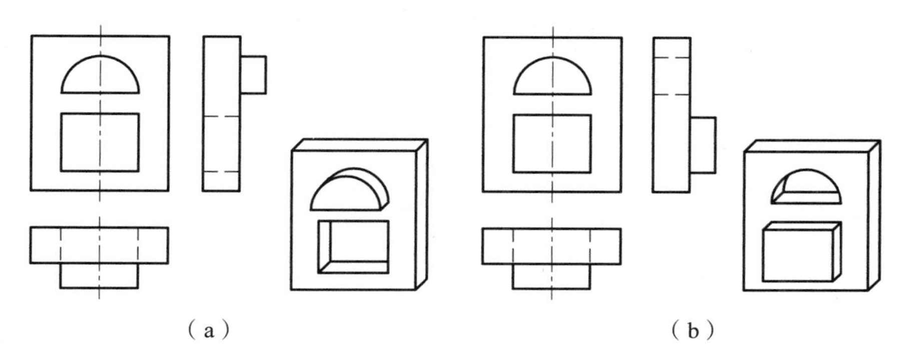

图 9-16　侧面投影为位置特征图

（3）运用表面连接关系，分析组合体各部分的相对位置。

在组合体的投影中，各组成部分的表面连接关系的改变将引起投影图中图线的改变。在如图 9-17（a）所示的正面投影图中，上部三棱柱与下部形体之间的连线为实线，说明上部三棱柱的前表面与底部形体的前表面不共面，三棱柱位于底部形体的中间。在图 9-17（b）所示的正面投影图中，上部三棱柱与下部形体之间的连线为虚线，说明上部三棱柱的前表面与底部形体的前表面共面，依据它们的水平投影可知，在底部形体的中部挖取了一个三棱柱。

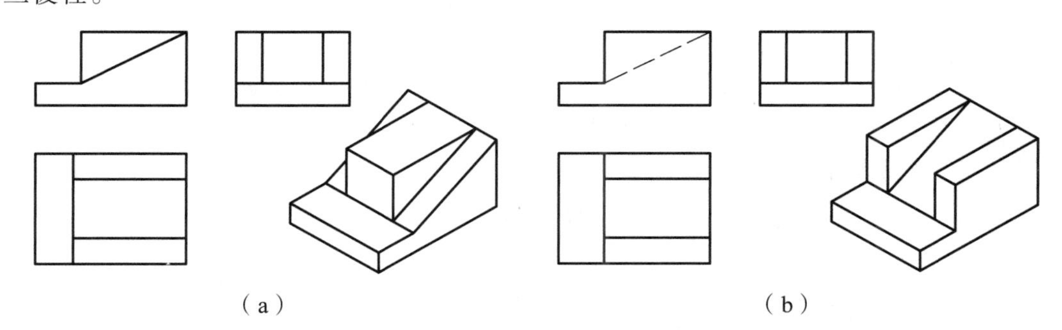

图 9-17　图线变化与形体的改变

2. 线面分析法

通常运用形体分析法阅读组合体，基本上可以想象出形体的整体形状。当组合体的某些部位的形状不能确认时，就需要对其表面的线、面的投影进行分析，弄清其表面交线的形状以及相对位置，从而确切想象出整个形体的空间形状。因此，线面分析法是形体分析法读图的补充，用以解决形体分析过程中难以看清的结构形状，常用于切割式组合形体的投影分析，特别是物体上面与面倾斜相交的地方。

（1）投影图中线段的含义。

① 可以表示为平面或曲面的积聚性投影。如图 9-18 所示，六棱柱的 6 个棱面均垂直于 H 面，它们的水平投影均积聚为直线段，而六棱柱的上、下底面为水平面，其正面投影积聚为水平直线段；又如圆柱体的圆柱面垂直于 H 面，其水平投影积聚为圆。

② 可以表示为表面交线的投影。如图 9-18 所示，六棱柱棱面的交线（棱线）为铅垂线，其正面投影为直线段，反映六棱柱的高度；上部圆台表面交线为圆，其水平投影反映圆的实形，而正面投影为水平直线段。

③ 可以表示为曲面转向轮廓素线的投影。如图 9-18 所示，圆柱面、圆锥面轮廓素线的正面投影为直线段。

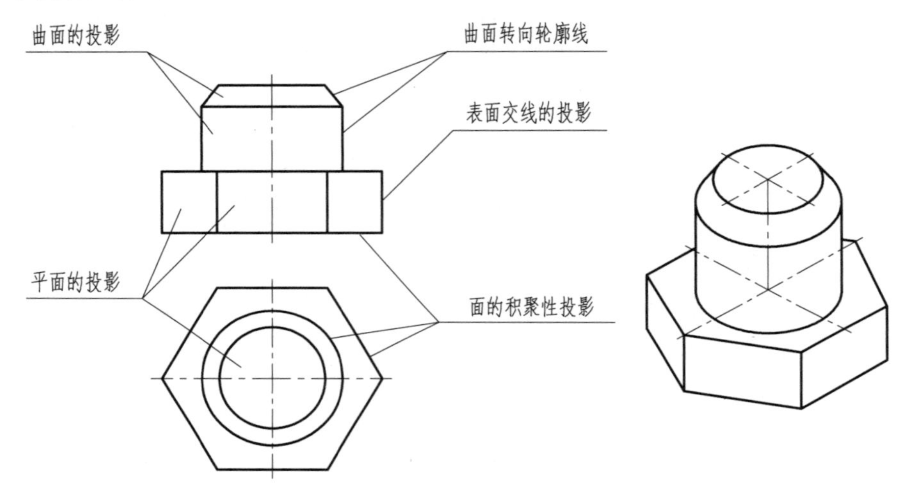

图 9-18　投影图中线段、线框的含义

（2）投影图中线框的含义。

① 可以表示为平面的投影。如图 9-18 所示，六棱柱左、右棱面为铅垂面，其正面投影为矩形，具有类似形，而前、后棱面为正平面，其正面投影为矩形，且反映前、后棱面的实形。又如上部圆台的上底面为水平面，其水平投影为圆形，反映上底面的实形。

② 可以表示为曲面的投影。如图 9-18 所示，圆柱面的正面投影为矩形，圆台面（锥面）的正面投影为梯形。

③ 可以表示为空洞的投影。如图 9-16（a）所示正面投影的矩形，又如图 9-16（b）所示正面投影的半圆形，由水平投影和侧面投影可知，它们分别为四棱柱孔和半圆柱孔。

【例 9-3】如图 9-19 所示，根据组合体的三面投影，想象出它的空间形状。

解：

（1）抓住特征分解形体。

以正面投影图为主，配合其他投影，抓住各组成部分的特征，将组合体的投影分解为三个部分。*Ⅰ*为底板，*Ⅱ*为三棱柱，*Ⅲ*为四棱柱挖切半圆柱槽，如图 9-19 所示。

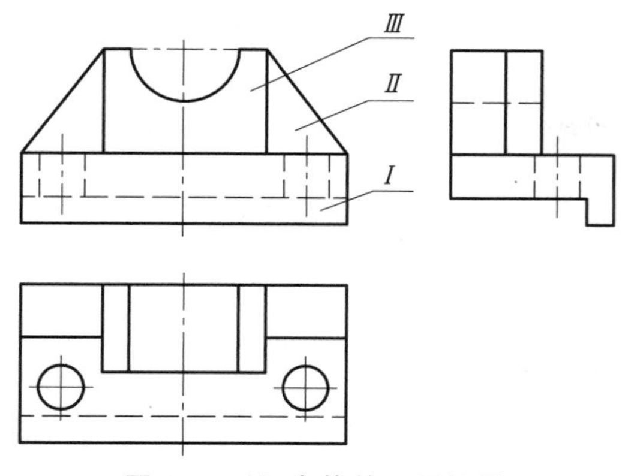

图 9-19　组合体的三面投影

（2）对投影，确定各组成部分的形状。

根据投影的“三等”对应关系，在投影图上划分出每个部分的三个投影，并想象出它们的空间形状。

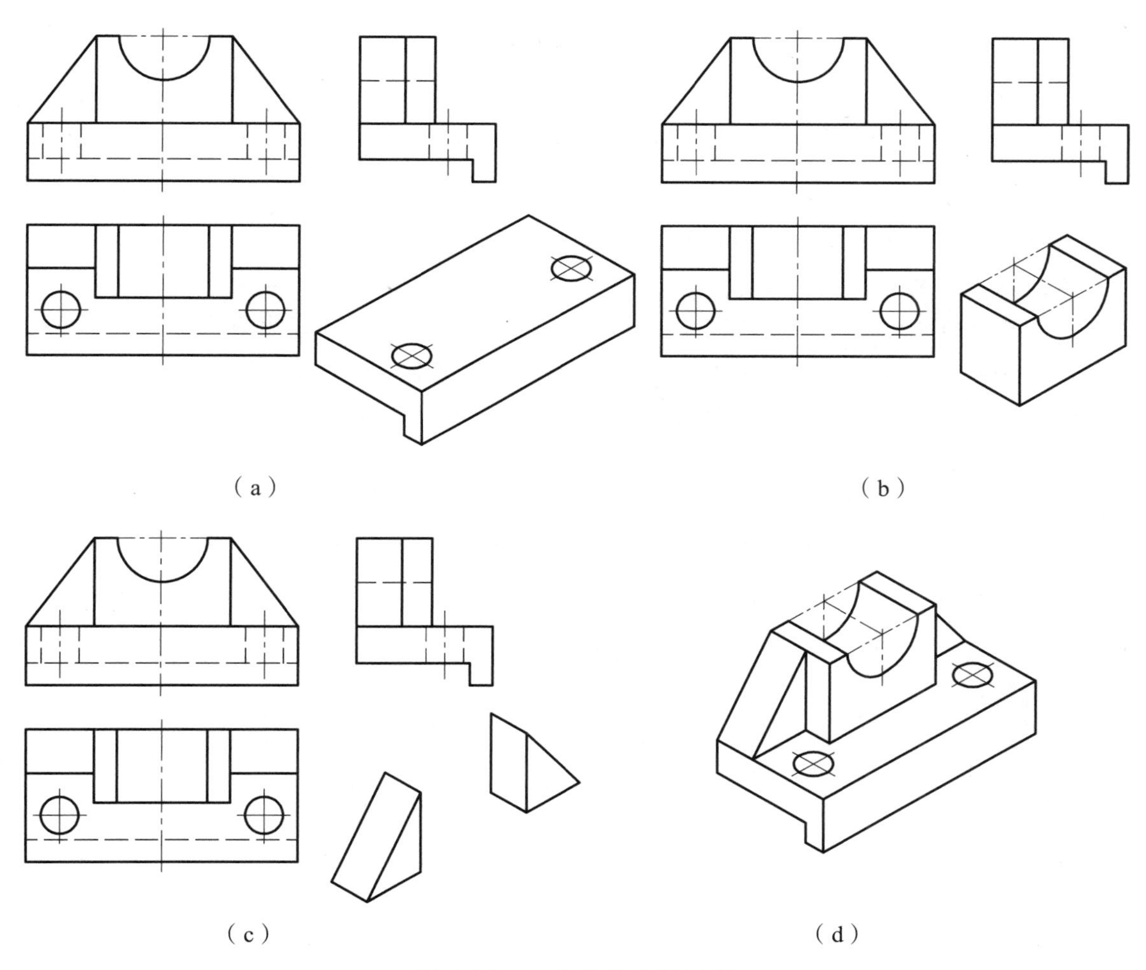

图 9-20　组合体的读图过程

如图 9-20（a）所示，依据投影对应关系，画出底板的三个投影，此形体可想象成是由一个四棱柱，在其后下方挖切一个小的四棱柱，并在底板上左、右挖切两个圆柱通孔。

如图 9-20（b）所示，依据投影对应关系，画出其对应的三个投影，此形体可想象成是一个四棱柱，在其上方中部挖去一个半圆柱槽。

如图 9-20（c）所示，依据投影对应关系，画出其对应的三个投影，此形体是两个三棱柱。

（3）综合想象物体的空间形状。

弄清组合体各个组成部分的空间形状后，依据各基本形体之间的相对位置以及表面连接关系，在头脑里综合想象组合体的整体形状。整个形体左右对称，切去半圆柱槽的四棱柱放置在底板的上方中部，两侧分别放置一个三棱柱，且它们的后表面与底板的后表面共面，该组合体整体空间形状如图 9-20（d）所示。

【例 9-4】如图 9-21 所示，已知组合体的三面投影，想象出其空间形状。

解：

（1）形体分析。

依据所给组合体的三面投影可知，该组合体可想象为一个长方体经多次切割而形成的，如图 9-22（d）所示。

（2）线面分析。

运用线面分析法对组合体表面进行分析，弄清其表面的形状及其对投影面的相对位置。在投影图中，一个封闭的线框通常代表物体上一个面的投影，若在其他投影图中对应的投影不是积聚成线段，则必定对应一个类似形。运用此投影特性划分出每个表面的三个投影，并弄清面的空间形状及其相对位置。

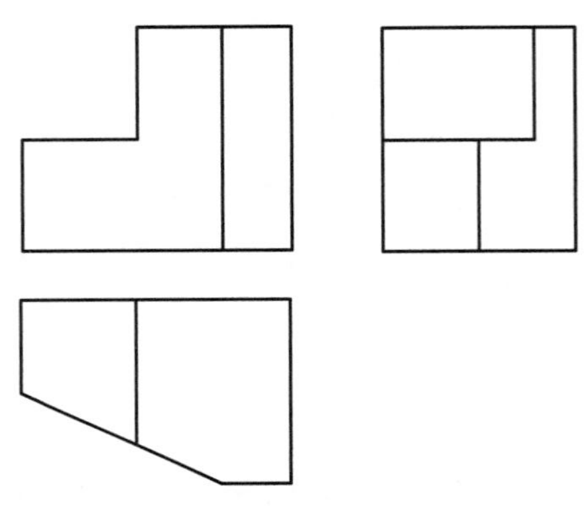

图 9-21　组合体的三面投影

如图 9-22（a）所示，正面投影图中封闭线框 p' 对应的水平投影为一条斜线，故 P 面为铅垂面，其正面投影 p' 和 p'' 侧面投影均为类似形，不反映面的实形，P 面的空间形状为六边形。

如图 9-22（b）所示，水平投影为封闭线框 q 对应的正面投影为一条水平直线段，故 Q 面为水平面，其水平投影 q 反映面的实形，其正面投影 q' 和侧面投影 q'' 均为水平直线段。

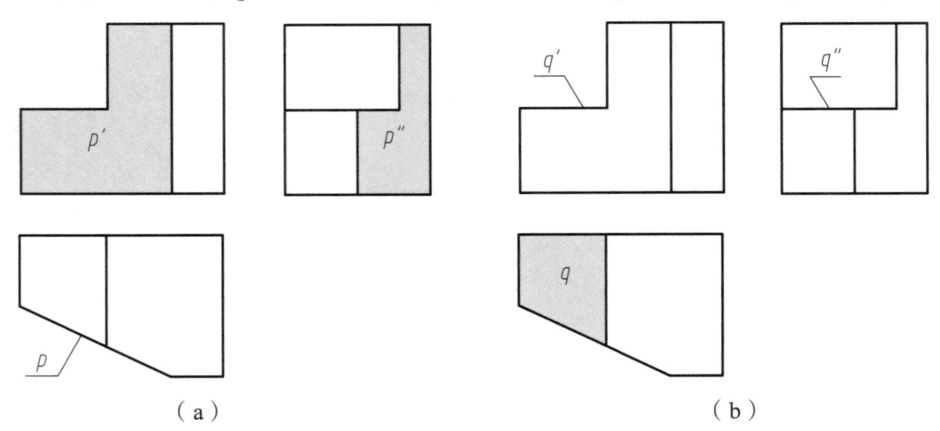

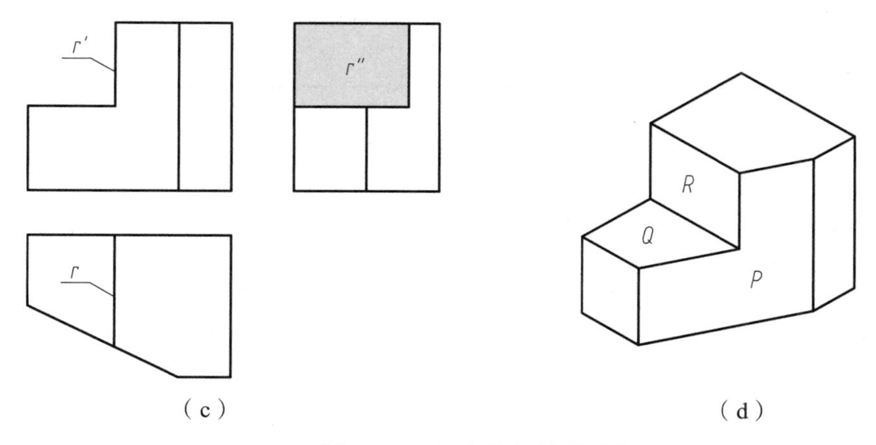

图 9-22　组合体的读图分析

如图 9-22（c）所示侧面投影封闭线框 r' 对应的正面投影为竖向直线段，故 R 面为侧平面，其侧面投影 r'' 反映面的实形，正面投影 r' 和水平投影 r 均为直线段。

通过形体分析和线面分析可知，该组合体的形成，是在长方体左上方，通过水平面 Q 和侧平面 R 截切，去除一个小的长方体，然后再由铅垂面 P 截切而形成的，如图 9-22（d）所示。

9.3.2　已知物体的两个投影，求作第三投影

已知物体的两个投影求作第三投影，是一种读图和画图相结合的训练方法。画图前，应先根据物体的已知投影想象出物体的空间形状，在读懂投影图的基础上，利用物体的投影对应关系画出第三投影。

【例 9–5】 如图 9-23 所示，已知组合体的正面投影和侧面投影，求作水平投影。

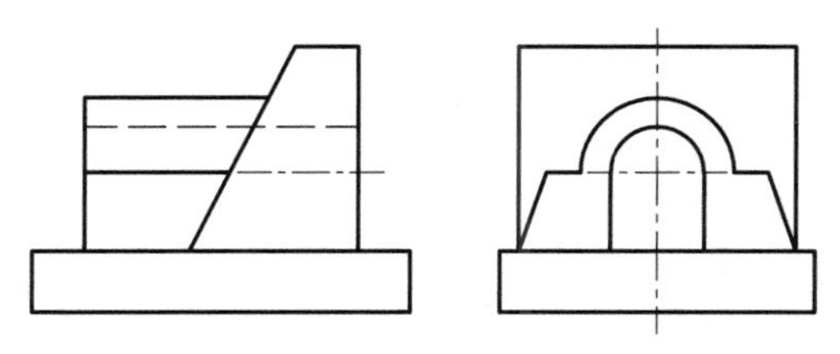

图 9-23　组合体的投影

解：

（1）运用形体分析法读图。

运用形体分析法将组合体分解为三个部分，并从其特征投影入手，利用投影对应关系找出其对应的其他投影，弄清各个组成部分的空间形状，读图过程如图 9-24（a）、（b）、（c）所示。依据各组成部分的相对位置及表面连接关系，综合想象出组合体的整体形状，如图 9-24（d）所示。

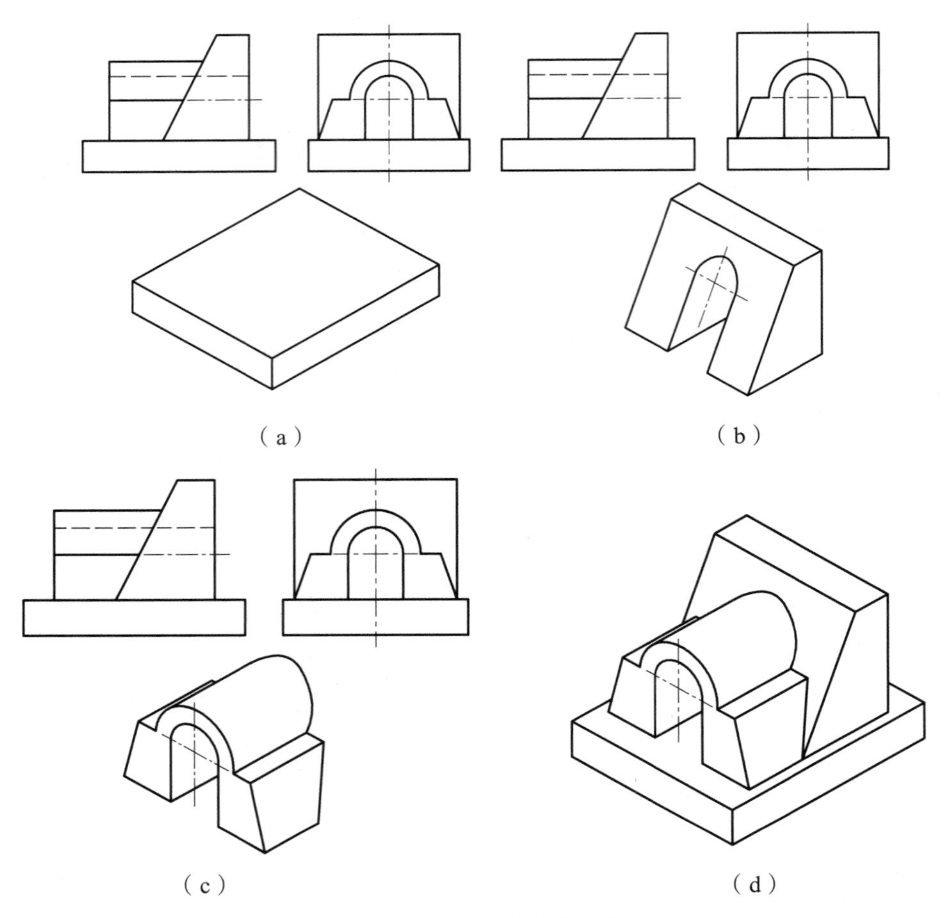

图 9-24 组合体读图分析

（2）补画水平投影。

在读懂组合体的空间形状后，利用投影对应关系，依次作出各组成部分的水平投影。作图步骤如图 9-25 所示。

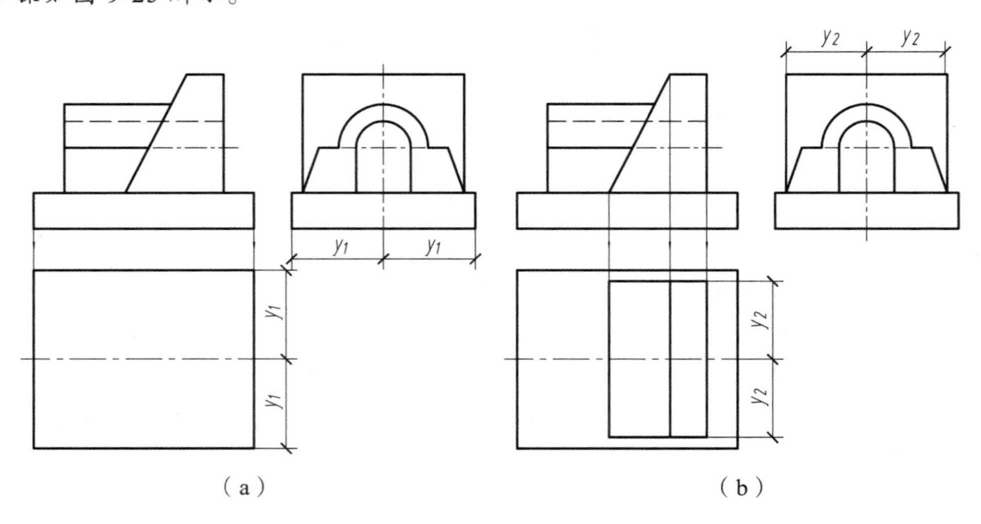

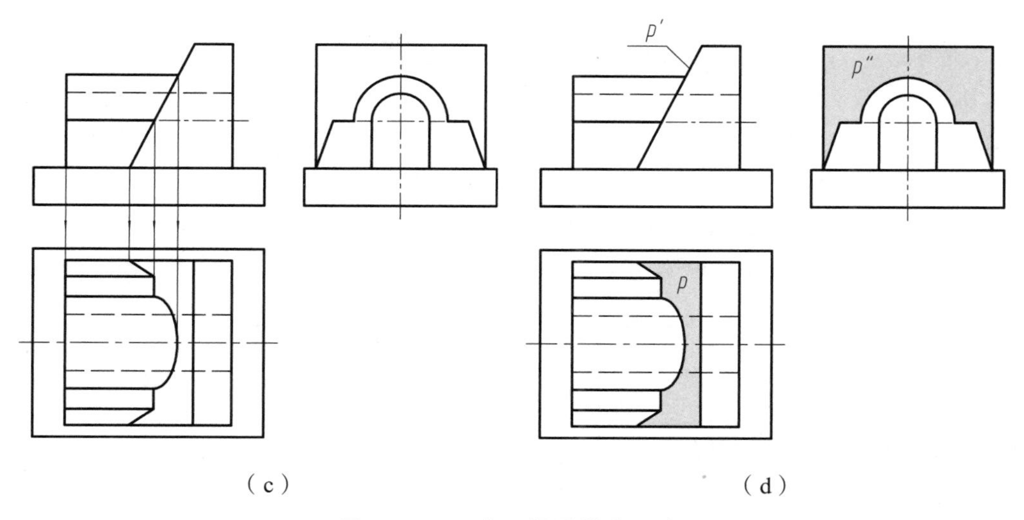

图 9-25　画水平投影的作图步骤

（3）检查、加深图线。

补画完组合体的水平投影后，应运用表面连接关系和面的投影特性进行检查。如图 9-25（d）所示，组合体上斜面 P 为正垂面，其侧面投影 p'和水平投影 p''均为类似形。另外还应注意形体表面交线是否遗漏、形体表面共面处是否多线等。

补画漏线也是一种读图训练，即根据已知投影图想象出组合体的形状并对组合体进行形体分析（形体组成、相对位置、表面间连接关系等），在此基础上仔细地审查各投影图是否漏线，并进行补画。

【例 9–6】如图 9-26 所示，试补画图 9-26（a）所示投影图中的漏线。

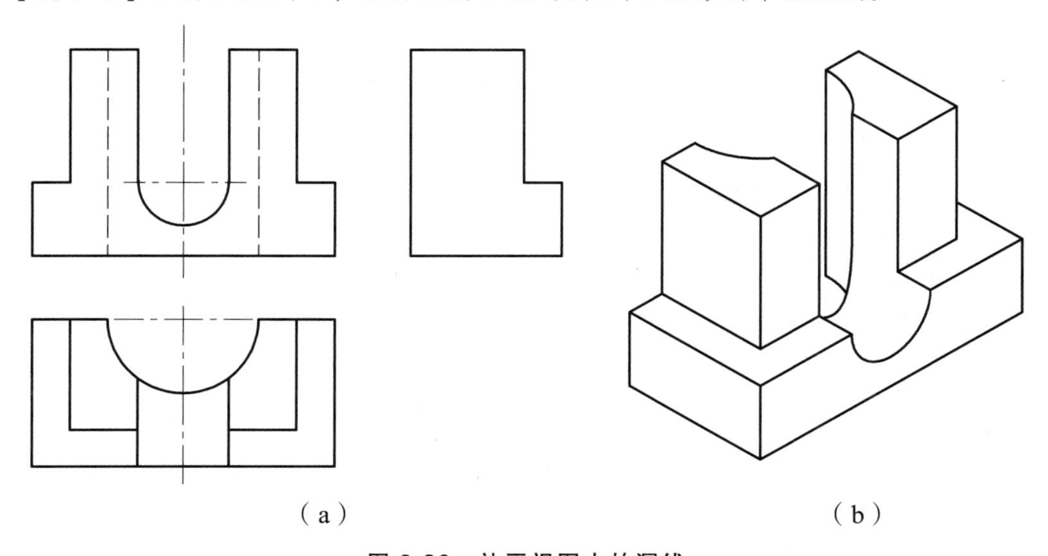

图 9-26　补画视图中的漏线

形体分析：该形体由上、下两个长方体叠加而成后，在后侧中间从上到下挖切一轴线垂直于 H 面的半圆柱孔；上面小的长方体由前向后挖切去了一个矩形槽，并与垂直于 H 面的半圆柱孔面相交；下面大长方体的上方由前向后挖切去了一个轴线垂直于 V 面半圆柱孔，该半圆柱孔面与垂直于 H 面的半圆柱孔面相贯。由此，可构思出该组合体的结构形状，如图 9-26（b）所示。

如图 9-27 所示，补画漏线的作图过程依次为：① 补画上、下两长方体在主、左视图中的分界线；② 补画挖去组合体后面半圆柱孔在左视图中的投影；③ 补画上方小长方体挖矩形槽在左视图中的投影；④ 补画大长方体上面由前向后挖水平半圆柱孔面在左视图中的投影（注意水平半圆孔面与垂直半圆孔面的相贯线的画法）。

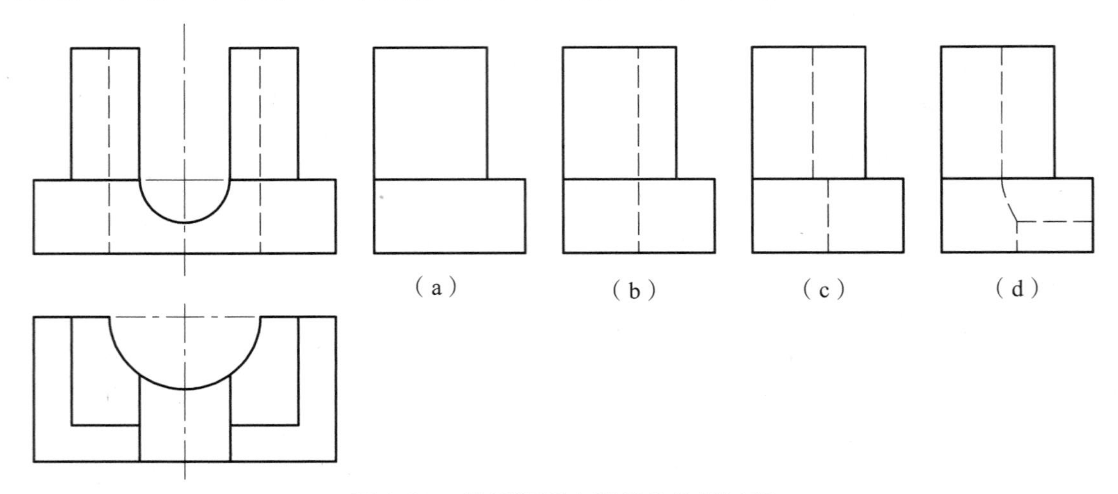

图 9-27 补画视图中漏线的作图过程

组合体的画图与读图是培养形体空间想象能力的重要环节，形体分析法和线面分析法是画图与读图的重要方法。

在画图与读图过程中，一般以形体分析法为主、线面分析法为辅，依据不同的组合体灵活运用，两者不能截然分开。通常运用形体分析法分析组合体各组成部分的形状及其相对位置，而线面分析法则分析组合体表面的线面投影特性，帮助构思组合体细部的形状。

应注意各投影图之间的投影对应关系（即长对正、高平齐、宽相等）。画图与读图应从投影关系入手。画图时按组合体的组成及其相对位置，首先从反映形状特征的投影出发，依据投影关系逐次完成三面投影。读图时应善于捕捉形体的特征投影，并结合其对应的其他投影，建立其空间形状。

应注意运用形体表面连接关系、线面分析检查作图的正确性。例如：相交处是否遗漏交线，共面处是否有多余的图线，物体上斜面的投影是否具有面的投影特性，等等。

第 10 章　工程形体的表达方法

工程形体可以看作是复杂的组合体，为了清晰、完整、准确地表达工程形体的内外形状和结构，国家标准《技术制图》和《房屋建筑制图统一标准》中的图样画法对工程形体规定了一些表达方法，绘图时可根据表达对象的结构特点，在完整、清晰表达各部分形状的前提下，选用适当的表达方法，并力求绘图简便、读图方便。

10.1　基本视图和辅助视图

10.1.1　基本视图

在工程制图中，将工程形体向投影面投射所得到的图形称为视图。对形状比较复杂的工程形体，用三个视图不能完整、清晰地表达它们的形状时，可在已有的三个基本投影面上再增加三个投影面（分别平行于 V、H、W 面），组成一个六面体，即六个基本投影面。将工程形体置于其中，工程形体在六个基本投影面上的投影称为基本视图。

自前向后投射所得的视图称为正立面图。

自上向下投射所得的视图称为平面图。

自左向右投射所得的视图称为左侧立面图。

自右向左投射所得的视图称为右侧立面图。

自下向上投射所得的视图称为底面图。

自后向前投射所得的视图称为背立面图。

将六个基本投影面按图 10-1 所示的方向展开到一个平面上，六个基本视图的配置关系如图 10-2 所示。

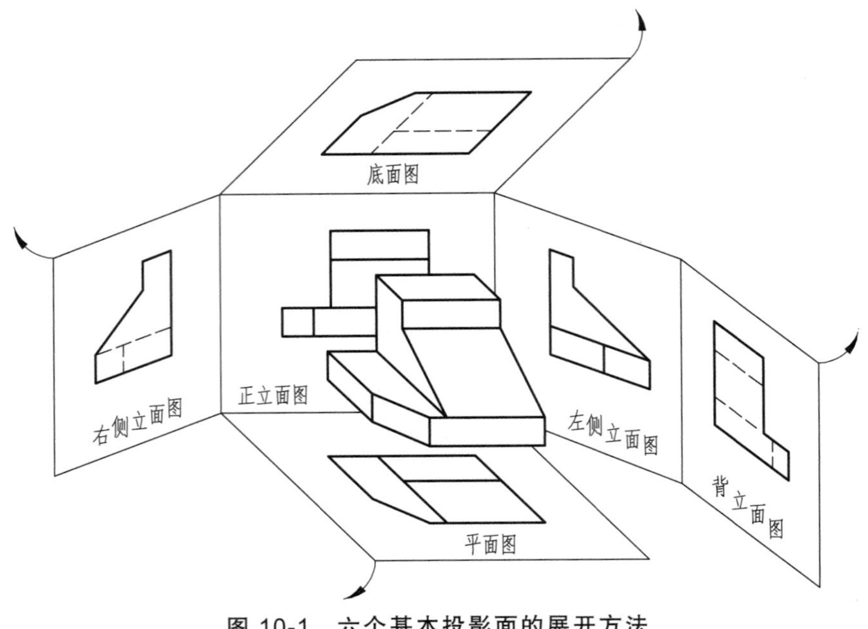

图 10-1　六个基本投影面的展开方法

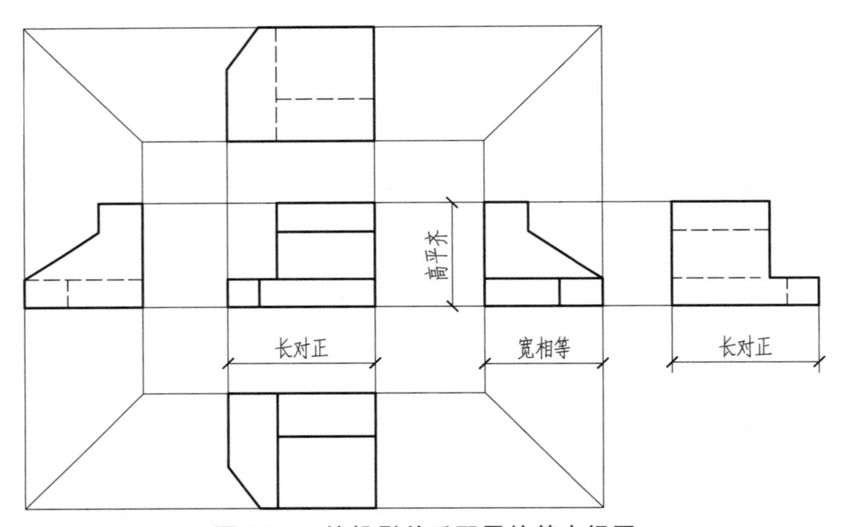

图 10-2　按投影关系配置的基本视图

同三面投影图一样，六个基本视图之间仍保持“长对正、高平齐、宽相等”的投影规律。

六个基本视图的方位关系：正立面图、平面图、左侧立面图与前述的三面投影图相同，右侧立面图表示物体的上下、前后关系，底面图表示物体的左右、前后关系，背立面图表示物体的上下、左右关系。

在同一张图纸内六个基本视图按基本投影面展开后的位置如图 10-2 配置时，可省略注写视图的名称。但在实际工作中，为了合理地利用图纸，在同一张图纸上绘制六个基本视图或其中的某些视图时，其布局宜按主次关系从左至右排列：通常形体的正立面图、平面图、左侧立面图的相对位置关系不能改变，其他视图可按一定的投影关系配置在适当的位置上，如图 10-3 所示。这时每个视图应在图形的正下方标注图名，并在图名下绘制粗横线，其长度与图名的长度一致。

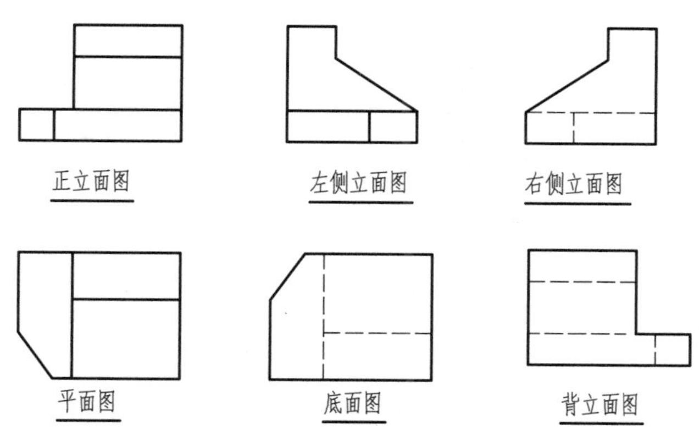

图 10-3　不按投影关系配置的基本视图

用基本视图表达工程形体时，正立面图应尽可能反映工程形体的主要特征；其他视图的选用，应在保证形体表达完整、清晰的前提下，使视图数量最少，力求制图简便。

10.1.2　辅助视图

1. 斜视图和局部视图

（1）斜视图。

如图 10-4 中，建筑形体的左前墙面与正立投影面和侧立投影面都不平行，所以它在正立面图和左侧立面图中都不能反映真形。为了得到真形的图样，可运用已学过的换面法，与该墙面平行设立一个新投影面，然后将工程形体向该投影面投射，即可得到反映该墙面真形的投影图。

形体向不平行于任何基本投影面投射所得的视图称为斜视图。为了表达斜视图与其他视图的对应关系，要在斜视图上方标注出“×”（×为大写的拉丁字母），在相应的视图附近用箭头指明投射方向，并注上相同的字母。

在斜视图中，可以将整个工程形体的投影全部画出，也可以将工程形体上反映真形的表面画出后，再向两侧扩展画出一小部分，用波浪线或折断线断开。当斜视图所反映真形的表面外轮廓线封闭时，也可只画出这个表面的投影，如图 10-4 中的 *A* 向斜视图。

（2）局部视图。

将形体的某一部分向基本投影面投射所得的视图称为局部视图。如图 10-5 中形体的主要形状已表达清楚，只有 *A*、*B* 两箭头所指的局部形状还没表达清楚，这时可不画出整个的左侧立面图和右侧立面图，而只需画出没有表达清楚的那一部分即可，用波浪线或折断线将其与邻接部分假想断开，如局部视图 *A* 所示。当所表达的局部结构外轮廓线自成封闭时，可省略波浪线或折断线，如局部视图 *B* 所示。

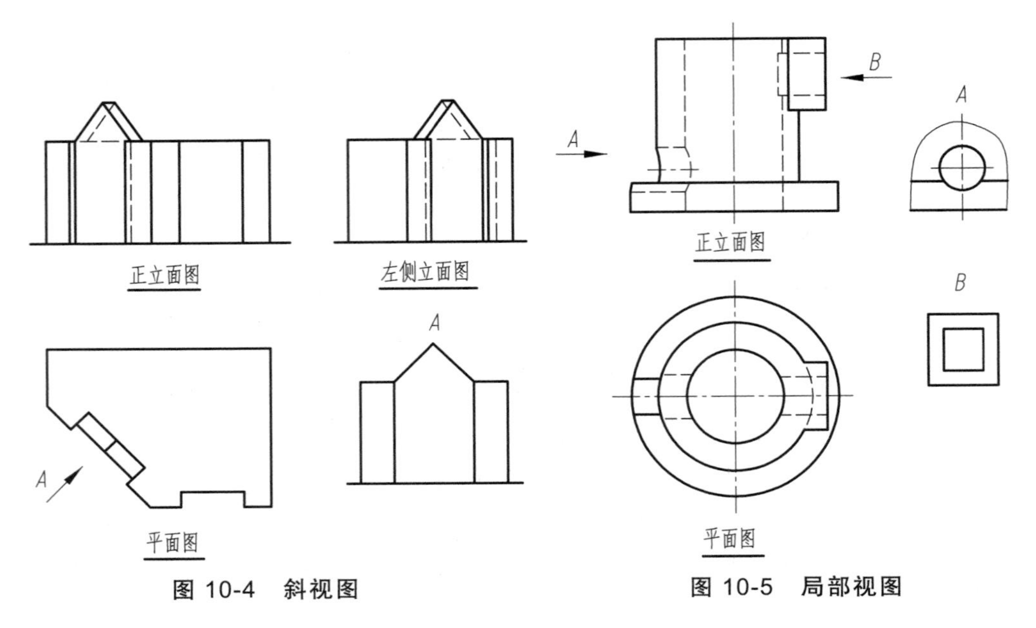

图 10-4　斜视图　　　　图 10-5　局部视图

局部视图可按投影关系配置，如局部视图 *A*；也可不按投影关系配置，如局部视图 *B*。标注方法与斜视图相同。

2. 展开视图

墙面曲折的建筑物，在画立面图时，可将该部分展开至与基本投影面平行后，再用正投影法向投影面投射，这样得到的视图称为展开视图。如图 10-6 的主楼两侧副楼的墙面与主楼偏转一个角度，在画正立面图时，可将两侧副楼的墙面展到与主楼的墙面平齐后再进行投影，由此得到的正立面图的图名后面要加注“展开”两字。

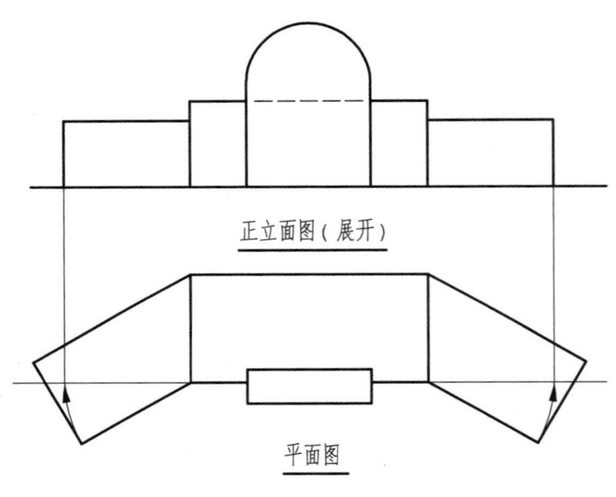

图 10-6　展开视图

3. 镜像视图

某些工程构造，如图 10-7（a）所示的梁板柱构造节点，当按第一角画法绘制平面图时，因梁、柱在板的下方，需用虚线画出，这样的表达既不清楚，又不方便看图。这时可用镜像投影法绘制，即假想将一镜面放在工程形体的下方代替水平投影面，则该形体在镜面中的反射图形的正投影，称为镜像视图。用镜像投影法绘制的图形，应在图名后注写“镜像”两字，如图 10-7（b）所示。

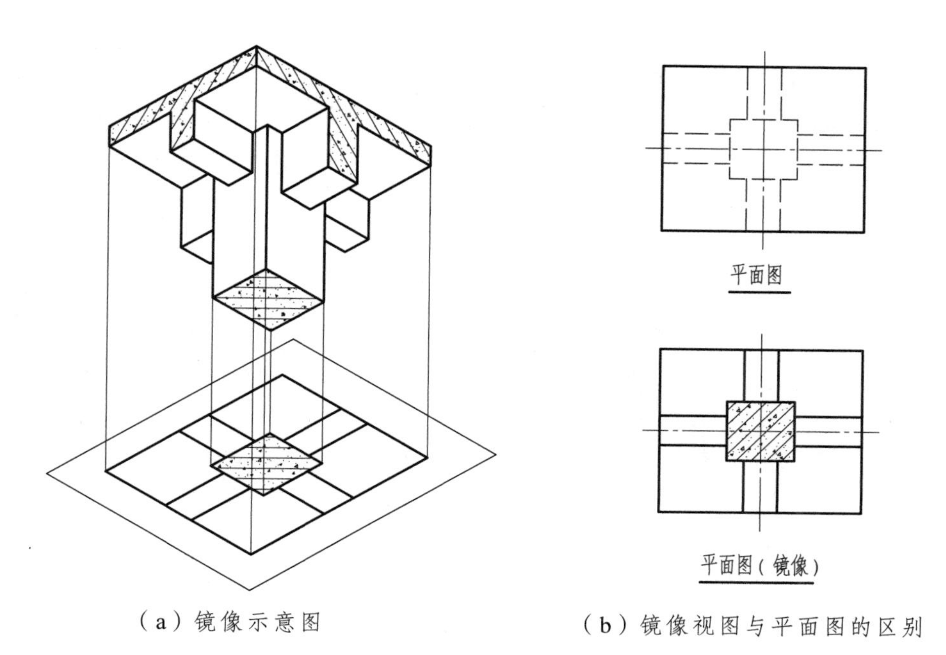

（a）镜像示意图　　（b）镜像视图与平面图的区别

图 10-7　镜像视图

10.2　剖面图和断面图

10.2.1　剖面图

1. 剖面图的用途和定义

当工程形体的内部结构复杂或被遮挡的部分较多时，视图上就会出现较多的虚线，使图上的虚线、实线交错重叠而混淆不清，既影响图形的清晰又不便标注尺寸。假想用剖切面剖开形体，把处在观察者和剖切面之间的部分移去，将剩余部分向投影面投射所得的图形，称为剖面图。

2. 剖切方法

（1）用一个剖切面剖切，如图 10-8（a）所示。

（2）用两个或两个以上平行的剖切面剖切，如图 10-8（b）所示。

（3）用两个或两个以上相交的剖切面剖切，如图 10-8（c）所示。

（4）用两个或两个以上平行的剖切面分层剖切，如图 10-8（d）所示。

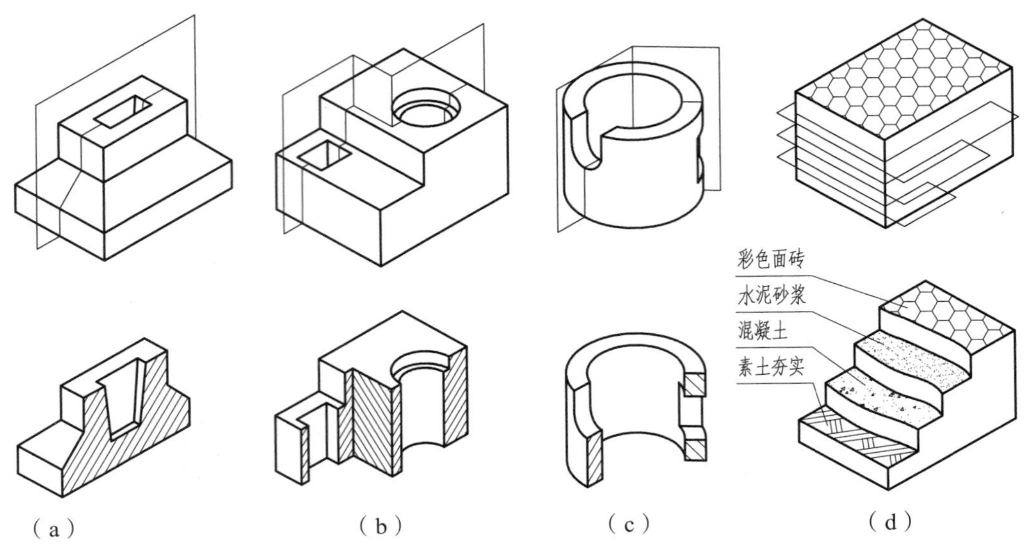

图 10-8　剖面图的剖切方法

3. 剖面图的画法

（1）确定剖切位置。

剖面图的剖切面位置应根据需要来确定。为了完整、清晰地表达内部形状，一般情况下，剖切面应平行于某一基本投影面，且尽量通过形体内部孔、洞、槽等不可见部分的轴线或对称面，如图 10-9（c）所示；必要时也可用投影面垂直面或柱面作剖切面，如图 10-9（b）中的 1—1 剖切面。

在图 10-9（a）所示的形体两面视图中，为了清楚地表示出正面投影中反映内部形状的虚线和圆孔的真形，采用平行于 V 面的正平面并通过圆孔的轴线进行剖切。

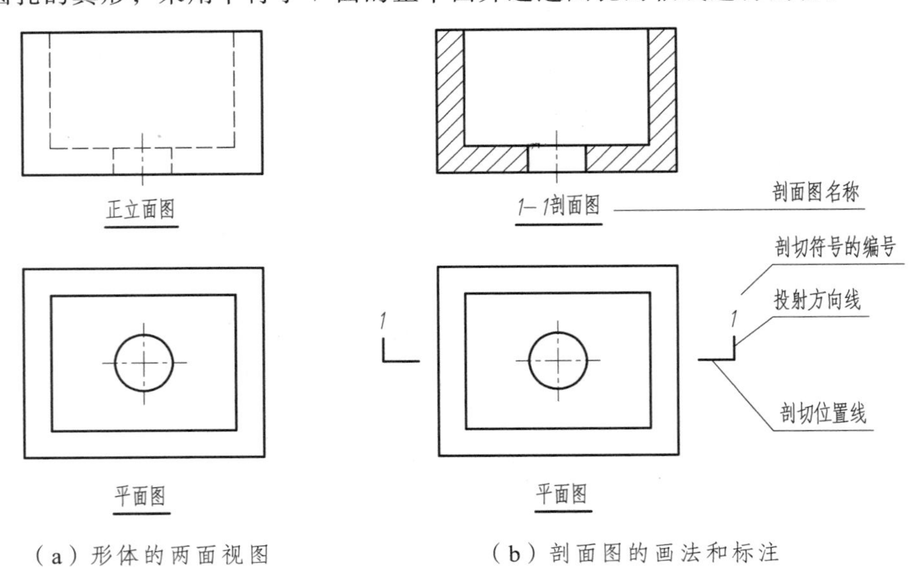

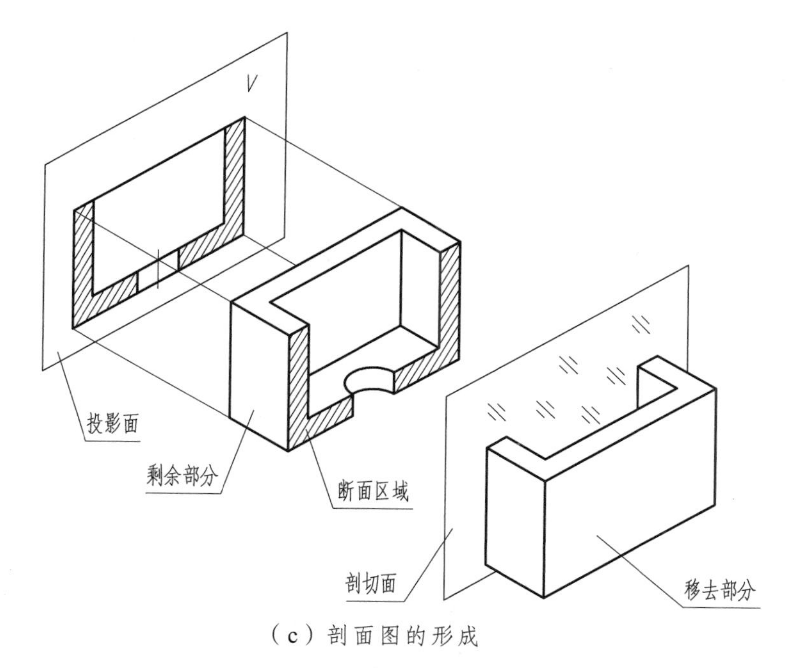

（c）剖面图的形成

图 10-9 剖面图的形成及画法

（2）画剖切符号及注写剖面图名称。

如图 10-9（b）所示，剖面图的剖切符号由剖切位置线及投射方向线组成，两者均以粗实线绘制。剖切位置线的长度宜为 6 ~ 10 mm；投射方向线应垂直于剖切位置线，长度宜为 4 ~ 6 mm。绘图时，剖切符号不能与其他图线相接触。

剖切符号的编号采用阿拉伯数字，按顺序由左至右、由下向上连续编排，并水平地注写在投射方向的端部。

剖面图的名称用与剖切符号相同的编号注写在相应剖面图的下方或上方，并在图名下方绘制一条粗实线，粗实线的长度与图名长度应一致。

（3）画剖面图。

按剖面图的剖切位置，先绘制出剖切面与形体实体接触部分（即断面）的轮廓线，断面轮廓线用粗实线画出；再绘制出形体未剖切到但可见到的轮廓线的投影，用粗实线或中实线画出；不可见的形体轮廓线，一般省略不画，必要时也可画虚线。

特别需要注意的是：剖切是一假想的过程，实际上形体并没有被切开和移去，因此，除剖面图外的其他视图应按原来形状完整画出。对照图 10-9 的（a）、（b）两组视图可以看出，（a）图中的正立面图被（b）图中的 1—1 剖面图替代，而平面图还是按原来的形状绘制。

（4）填绘材料图例。

为了使剖面图与视图有所区别，便于区分实体与空心部分，要求在断面轮廓线内（即实心部分）填绘材料图例，常用的建筑材料图例见表 10-1。当未指明形体的材料时，可用同向、等距的 45°细实线来表示。同一个形体的多个断面区域，其材料图例的画法应一致。

表 10.1　常用建筑材料图例

名称	图例	说明	名称	图例	说明
自然土壤		包括各种自然土壤	夯实土壤		
砂、灰土		靠近轮廓线的点较密	砂砾石、三合土、碎砖		
混凝土			钢筋混凝土		
普通砖		包括实心砖、多孔砖、砌块等砌体	金属		包括各种金属
饰面砖		包括铺地砖、马赛克、陶瓷锦砖、人造大理石等	空心砖		指非承重砖砌体
平砌块石		石缝要错开，空隙不涂黑	浆砌块石		石块之间空隙要涂黑
木材		上图为横断面图垫木、木砖或木龙骨；下图为纵断面	玻璃透明材料		包括平板玻璃、钢化玻璃，夹层玻璃等
防水材料		构造层次多或比例较大时采用上面图例	多孔材料		包括水泥珍珠岩、泡沫混凝土、非承重加气混凝土、软木、蛭石制品等

4. 常用的几种剖面图

画剖面图时，根据工程形体的不同形状、特征，常选用下面几种不同的剖切方法所形成的剖面图。

（1）全剖面图。

用一个剖切面完全剖开形体所画的剖面图，称为全剖面图，如图 10-10 所示。

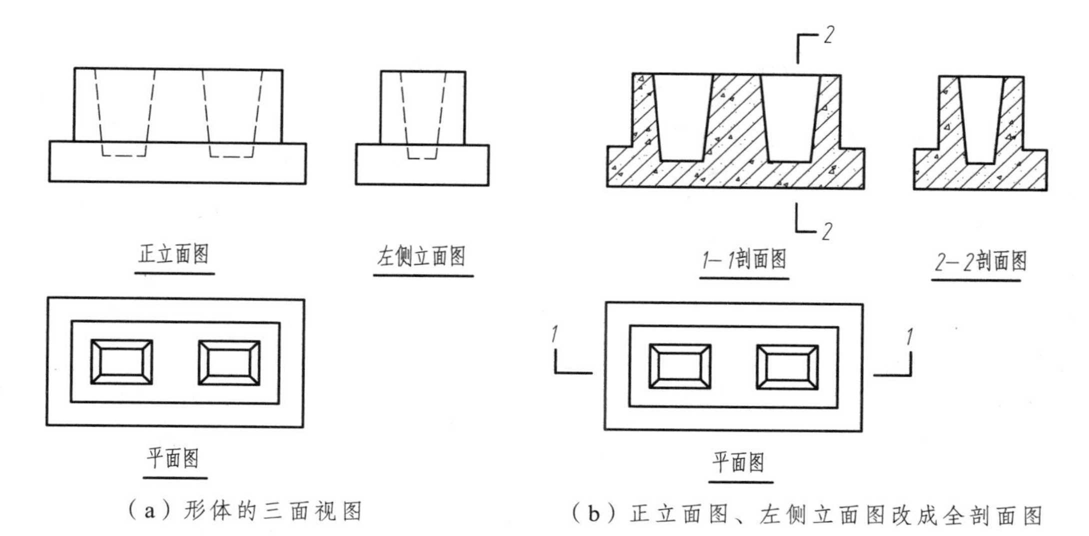

（a）形体的三面视图　　（b）正立面图、左侧立面图改成全剖面图

图 10-10　全剖面图

全剖面图一般适用于外形简单、内部结构复杂的形体。

【例 10–1】 如图 10-11（a）所示，已知房屋模型的三面视图，要求把平面图和左侧立面图画成全剖面图。

解： 该房屋模型的前墙面上有一个门洞和窗洞，门洞前有二步台阶，房屋的右墙面上有一窗洞。剖切平面应该通过门洞和窗洞进行剖切。

（1）确定剖切平面位置：平面图上的剖切平面应通过门窗洞进行剖切，编号为 1；左侧立面图上的剖切平面则通过门洞剖切，这样在左侧立面图上能看到右墙面上的窗洞形状，编号为 2。

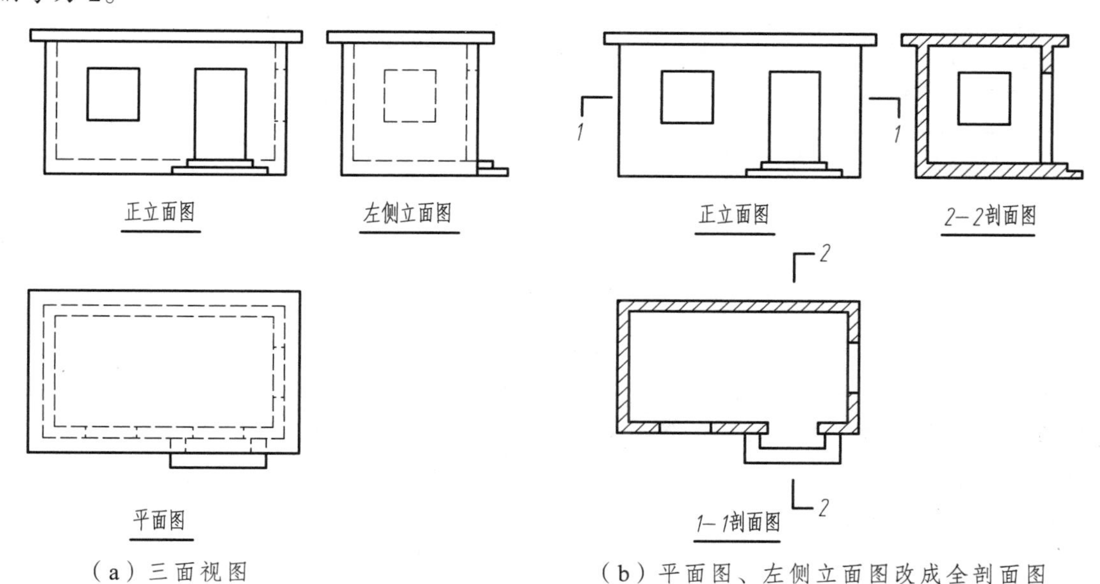

（a）三面视图　　（b）平面图、左侧立面图改成全剖面图

图 10-11　房屋模型的表达方法

（2）绘制 *1—1* 剖面图：假想将 *1—1* 剖切平面上部的结构全部移去，把剩余部分向水平投影面投射，用粗实线画出可见部分的轮廓线。

（3）绘制 *2—2* 剖面图：假想将 *2—2* 剖切平面左边的结构全剖移去，把剩余部分向左侧投影面投射，用粗实线画出可见部分的轮廓线。

（4）在 *1—1*、*2—2* 剖面图断面（即实心部分）轮廓线中绘制图例。注意：两剖面图中的图例方向、间距应保持一致。

（5）注写 *1—1* 剖面图、*2—2* 剖面图的图名，完成全图，如图 10-11（b）所示。

（2）半剖面图。

当形体对称时，在垂直于对称平面的投影面上的投影，以对称中心线为界，一半画表示内形的剖面图，一半画表示外形的视图，这种组合而成的图形称为半剖面图，如图 10-12 所示。

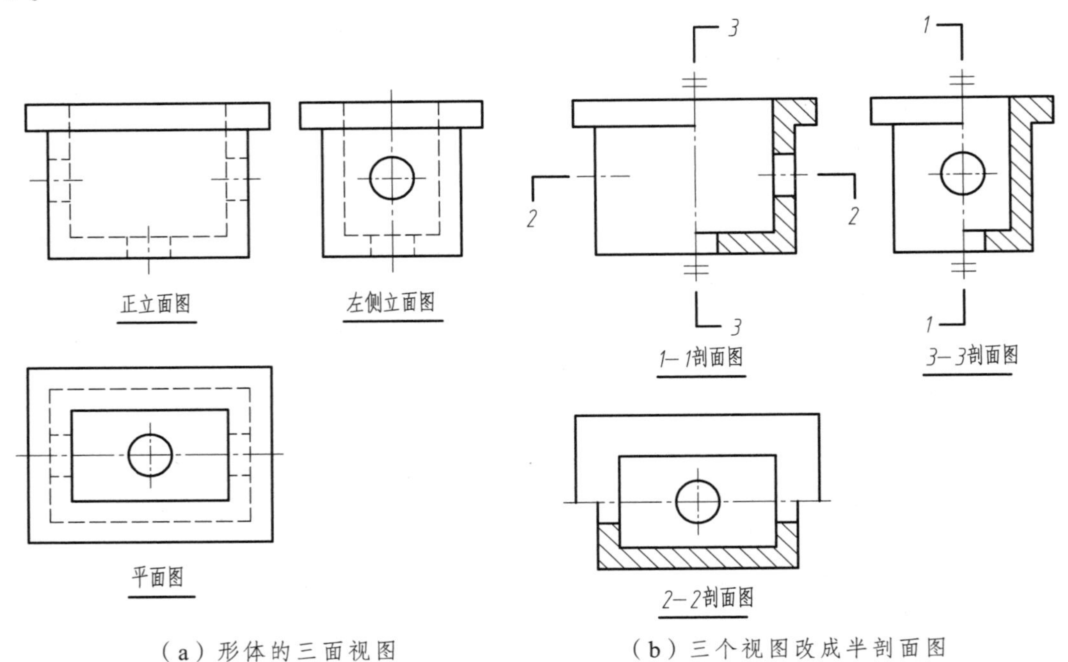

（a）形体的三面视图　　（b）三个视图改成半剖面图

图 10-12　半剖面图

半剖面图适用于内、外结构都比较复杂的对称形体。绘制半剖面图时应注意以下几点：

① 半剖面图中，视图与剖面图应以对称线（细点画线）为分界线，并在对称线两端画出对称符号（对称符号为两对平行线，用细实线绘制，长度 6 ~ 10 mm，间距 2 ~ 3 mm）。对称线垂直平分两对平行线，并宜超出平行线 2 ~ 3 mm。

② 由于图形对称，半剖面图同时表达出了形体的内部结构和外部形状，所以表示外形的半个视图中不必再画虚线，但孔、洞的轴线应画出，如图 10-12（b）中的 *1—1* 剖面图。

③ 半剖面图的剖切位置标注方法与全剖面图相同。

④ 习惯上，当图形左右对称时，将半个剖面图画在对称线的右侧；当图形前后对称时，将半个剖面图画在对称线的前方。

（3）局部剖面图。

当工程形体只有局部的内部构造需要清晰表达时，可用剖切面局部地剖开形体，所得的剖面图称为局部剖面图。

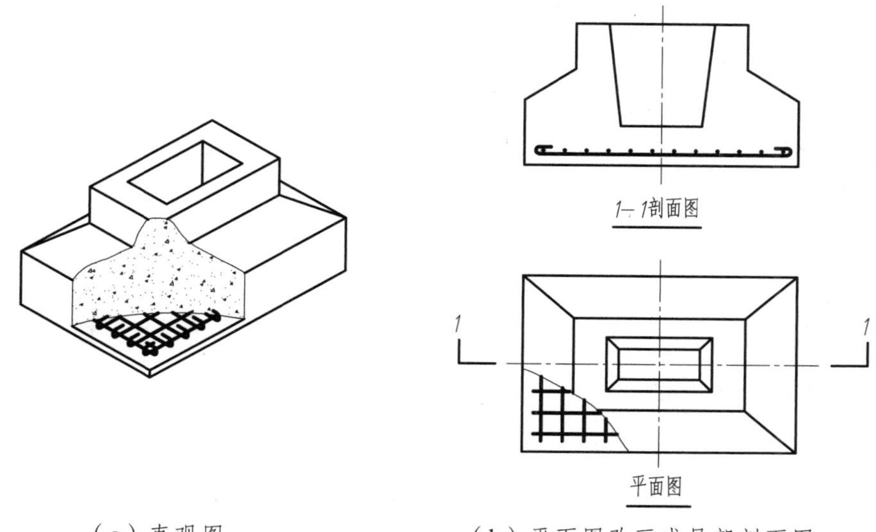

（a）直观图　　（b）平面图改画成局部剖面图

图 10-13　局部剖面图

如图 10-13（a）所示的杯形基础，在图 10-13（b）的视图表达中，为了既保留杯形基础的外观形状，又能反映其基础底板内的钢筋配置，正立面图采用全剖面图，平面图采用了局部剖面图的表达。（在 *1—1* 剖面图与平面图中，为了清晰地表达钢筋的配置，材料图例可以省略不画）

在局部剖面图中，外形视图部分和剖面图部分用细波浪线分界，波浪线表明剖切范围，所以不能超出图样的轮廓线，也不能和图样上的其他图线重合。

局部剖面图的剖切位置一般都较为明显，所以局部剖面图通常都不标注剖切符号，也不另写剖面图的图名。

（4）斜剖面图。

用不平行于任何基本投影面的剖切面剖开形体后得到的剖面图，称为斜剖面图。

图 10-14（a）所示为一金属弯管，弯管左上部的圆形凸缘与基本投影面不平行，所以平面图中不能反映真形。图 10-14（b）中对圆形凸缘采用斜剖面图后，既可表达该圆形凸缘的真形，又能表达出管道的形状和壁厚。而弯管的上部结构在 *1—1* 全剖面图和 *3—3* 斜剖面图中已表达清楚后，平面上也就不必再画出类似形了，所以平面图采用 *2—2* 全剖面图表达，这样既使弯管底部结构在 *2—2* 全剖面图中能清晰地表达，又使作图简便。

斜剖面图的剖切位置线应与要反映真形的平面平行，斜剖面图一般按投影方向布置。斜剖面图一定要做标注。

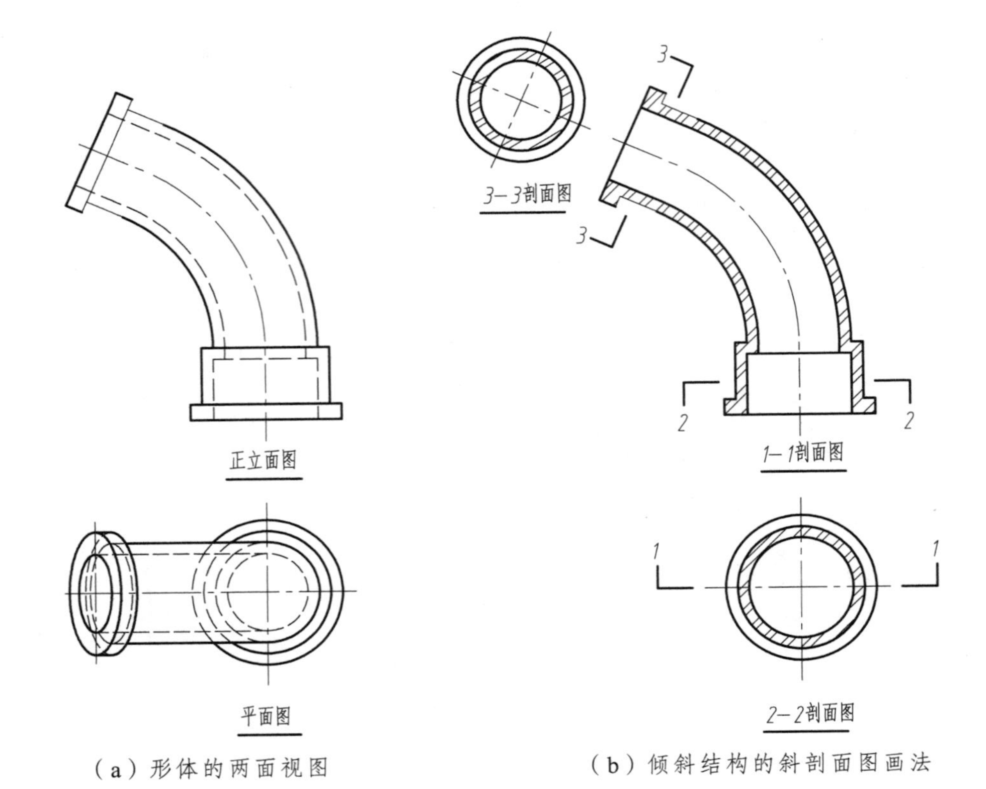

（a）形体的两面视图　　（b）倾斜结构的斜剖面图画法

图 10-14　斜剖面图

（5）阶梯剖面图。

用两个或两个以上平行的剖切面剖开形体所得的剖面图称为阶梯剖面图。

图 10-15（a）所示形体上有两个通孔，但两孔的轴线不在与 V 投影面平行的一个平面上。这时可用两个与 V 投影面平行的剖切面剖开形体，则在正立面图上就可同时得到这两个剖开孔的图形，如图 10-15（b）所示。

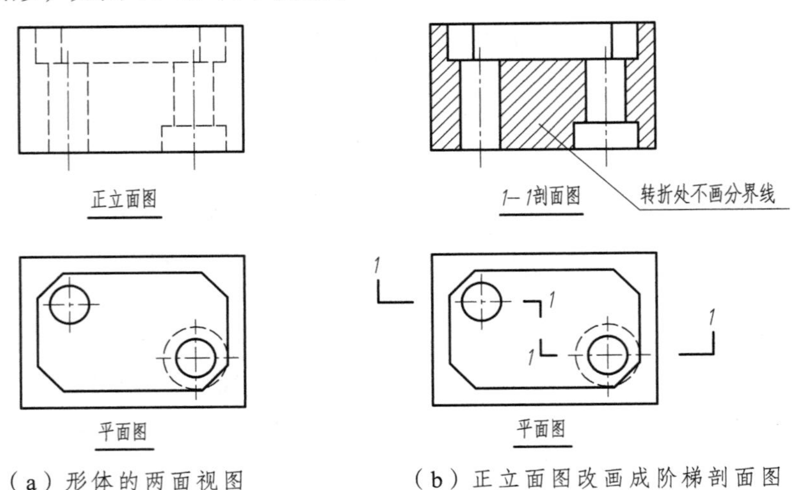

（a）形体的两面视图　　（b）正立面图改画成阶梯剖面图

图 10-15　阶梯剖面图

绘制阶梯剖面图应注意以下几点：

① 形体的剖切是假想的，在画阶梯剖面图时，可把两个平行的剖切平面当作一个剖面平面，所以它的画法和全剖面图相同。

② 两个剖切平面的转折处不能画分界线。

③ 在剖切平面的转折处画两垂直相交的粗实线，上下对齐，在转角外侧加注相同的编号。

（6）旋转剖面图。

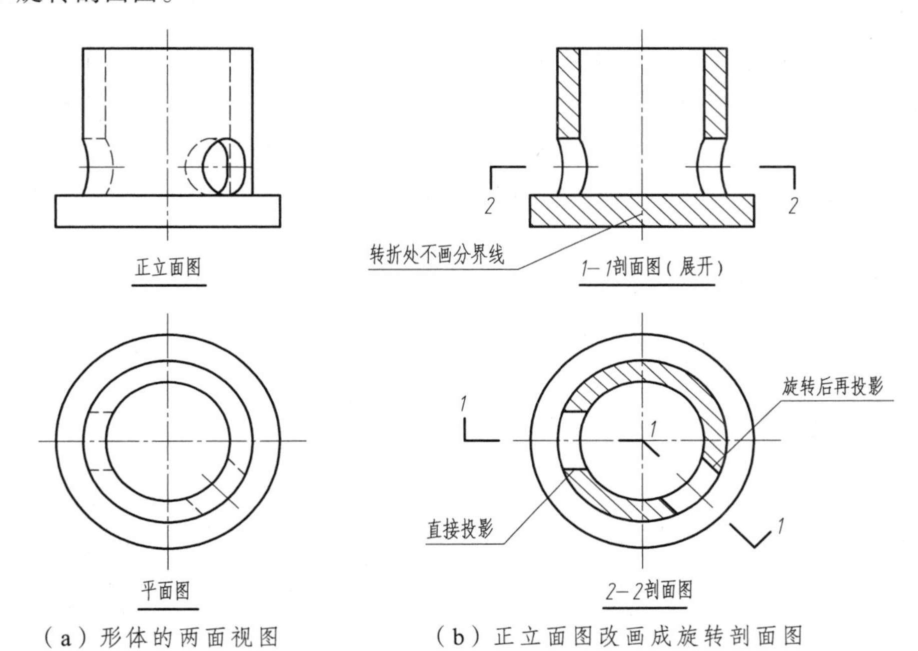

（a）形体的两面视图　　（b）正立面图改画成旋转剖面图

图 10-16　旋转剖面图

用两个或两个以上相交的剖切面（交线垂直于基本投影面，且其中一个剖切平面与基本投影面平行）剖开形体所得到的剖面图，称为旋转剖面图。

图 10-16（a）所示形体上有两个通孔，但两孔的轴线偏转了一个角度，这时可用两个相交的剖切平面剖开形体。一个剖切平面通过左孔的轴线且与 *V* 面平行，另一个剖切平面通过右前孔的轴线与 *V* 面倾斜、与 *H* 面垂直，两剖切平面的交线与 *H* 面垂直。画正立面图的旋转剖面图时，与 *V* 面平行的剖切平面剖切的结构可直接向 *V* 面进行投影，而与 *V* 面倾斜的结构则要先旋转到与 *V* 面平行后再进行投影，如图 10-16（b）所示。

绘制旋转剖面图应注意以下几点：

① 形体的剖切是假想的，所以在旋转剖面图中，两个剖切平面的转折处不画分界线。

② 在剖切平面的转折处画两相交的粗实线，在转角外侧加注相同的编号。

（7）分层剖面图。

对建筑物的多层构造，可用平行的剖切面按构造层次逐层局部剖开。用这种分层剖切的方法所得到的剖面图，称为分层剖切的剖面图。

这种剖面图常用来表达房屋的地面、墙面、屋面等处的构造，如图 10-17 所示。分层剖切的分界线用细波浪线表示。

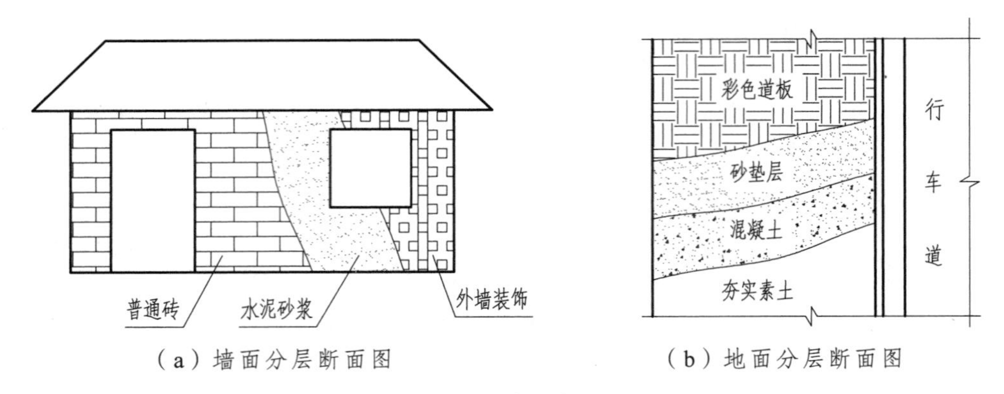

（a）墙面分层断面图　（b）地面分层断面图

图 10-17　分层剖面图

10.2.2　断面图

1. 断面图的用途和定义

假想用剖切平面将形体的某处切断，仅画出该剖切面与物体接触部分的图形，称为断面图，简称断面。

断面图主要用来表示形体（如梁、板、柱等构件）上某一局部的断面形状，它与剖面图的区别在于：剖面图是形体被剖切后剩余部分的投影，是体的投影；断面图是形体被剖切后断面形状的投影，是面的投影，即剖面图中包含了断面图，如图 10-18 所示。

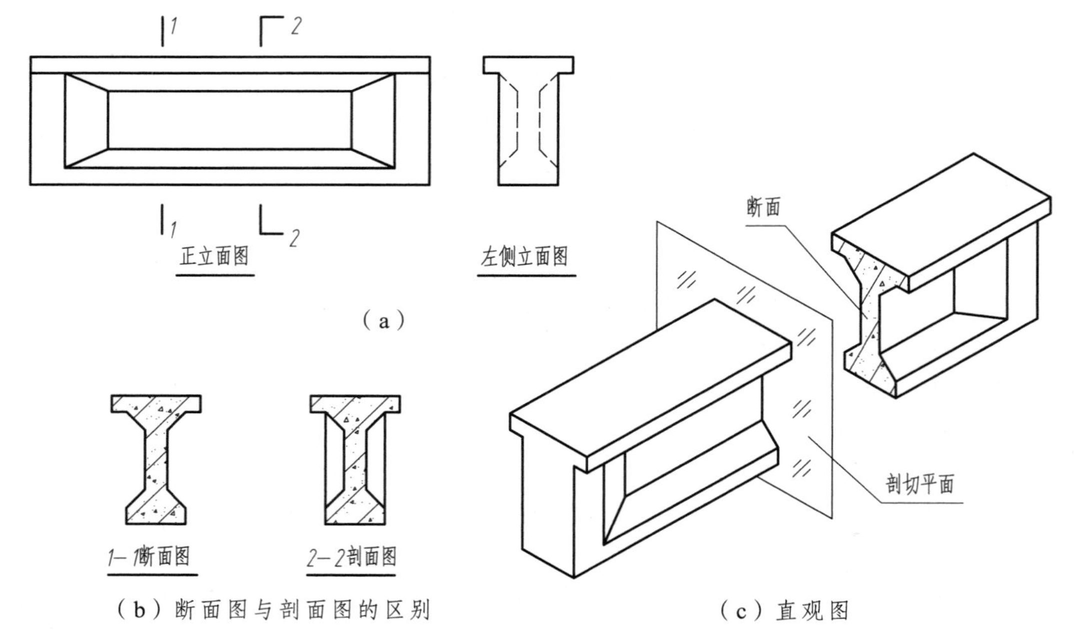

（b）断面图与剖面图的区别　（c）直观图

图 10-18　断面图与剖面图的区别

断面图的标注：以长度为 6～10 mm 的粗实线表示剖切位置，编号采用阿拉伯数字按顺序连续编排，注写在剖切位置线的一侧，编号所在的一侧即为断面图的投射方向。断面图通常以断面图剖切符号的编号命名，如图 10-18（b）中的 *1—1* 断面图。

在断面图上应画出材料图例，材料图例及其画法与剖面图中的规定相同。

2. 断面图的种类

根据断面图的配置位置不同，断面图可分为以下几种：

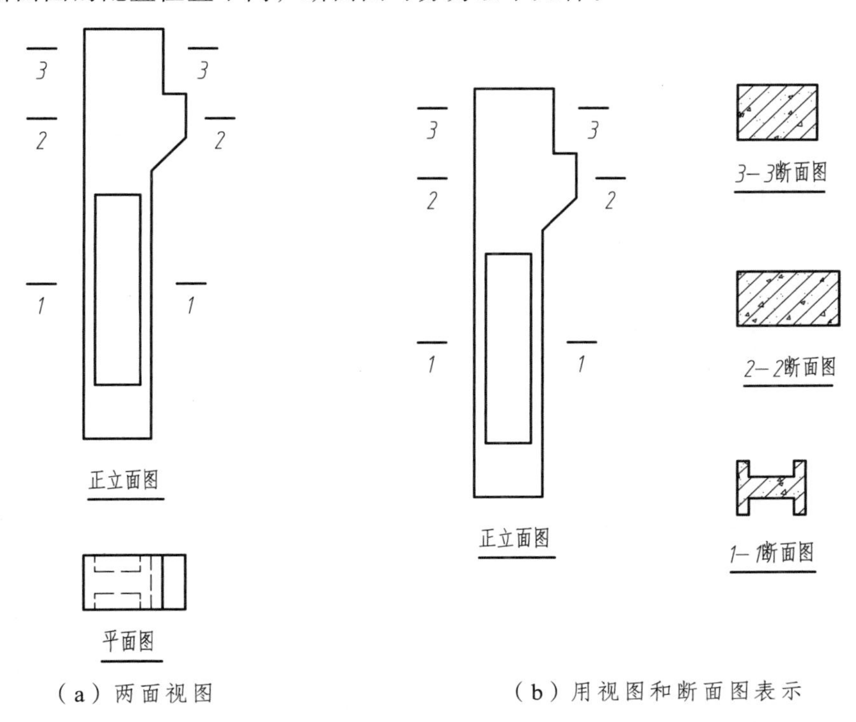

（a）两面视图　　（b）用视图和断面图表示

图 10-19　钢筋混凝土柱的表达方法

（1）移出断面图。

画在视图之外的断面图称为移出断面图，移出断面图的轮廓线用粗实线绘制。

【例 10-2】如图 10-19（a）所示，已知钢筋混凝土柱的两面视图，要求根据给出的剖切位置符号，画出钢筋混凝土柱的 *1—1*、*2—2*、*3—3* 断面图。

解：以 *1—1* 断面图为例：找到 *1—1* 断面的剖切位置线与正立面图轮廓线的交点，把交点投影到平面图上；找出 *1—1* 剖切平面剖切到的钢筋混凝土柱的断面形状，然后在图纸的合适位置用粗实线画出 *1—1* 断面的图形，并在图形中绘制材料图例；最后注写图名，完成 *1—1* 断面图。

同理，可画出 *2—2* 断面图和 *3—3* 断面图。该钢筋混凝土柱就可用一个正立面图和三个断面图表示出来，平面图则不必再画出。

注意：多个断面图在图纸上宜从左至右、从下向上编排。

（2）中断断面图。

断面图画在视图的中断处，称为中断断面图。中断断面图的轮廓线用粗实线表示，如图 10-20 所示。

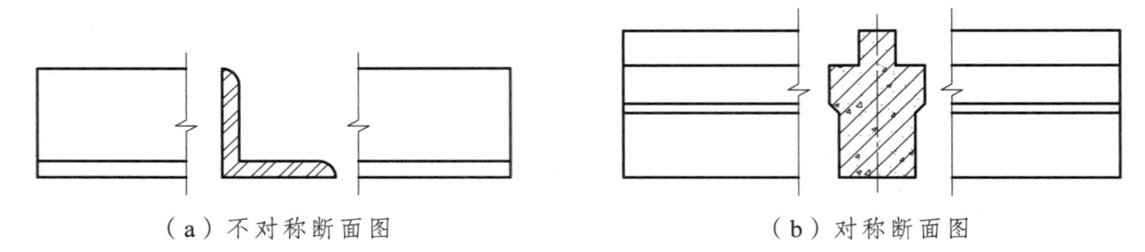

（a）不对称断面图　　（b）对称断面图

图 10-20　中断断面图

中断断面图不论断面图的形状是否对称，都不需标注断面的剖切符号。

（3）重合断面图。

画在视图之内的断面图称为重合断面图。重合断面图的轮廓线用细实线绘制。

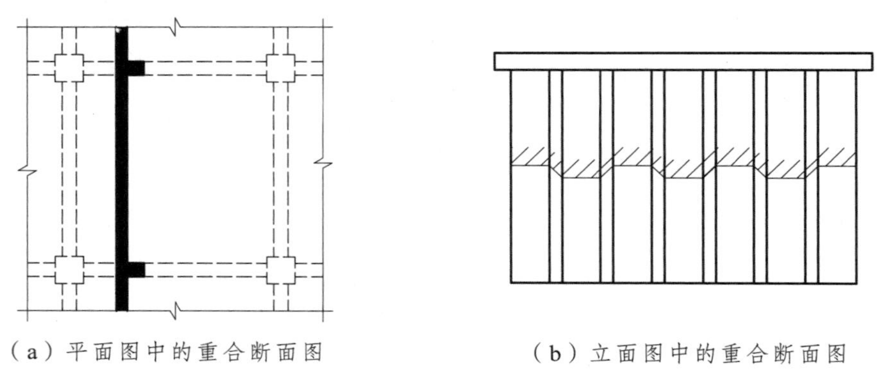

（a）平面图中的重合断面图　　（b）立面图中的重合断面图

图 10-21　重合断面图

图 10-21（a）表示钢筋混凝土屋顶结构的梁板断面图直接画在屋顶平面图上。该断面图是假想用一个侧平面剖切楼面后，再将断面旋转 90°，与基本视图重合后画出的。由于图中画出的屋面板断面很薄，梁的断面也很小，无法画清钢筋混凝土的材料图例，所以涂黑表示。

图 10-21（b）表示墙面上凹凸的装饰构造。该断面图是假想用一个水平面剖切墙面后，再将断面旋转 90°后画出的。

重合断面图不必标注剖切符号。

10.3　简化画法

在完整、清晰地表达形体结构形状的前提下，采用简化画法，可提高工作效率。建筑制图国家标准中规定了一些简化画法，常用的如下：

10.3.1 对称图形的简化画法

1. 用对称符号

构配件的图形对称时，可以对称线为界，只画该图形的一半或四分之一，并画出对称称号，如图 10-22 所示。

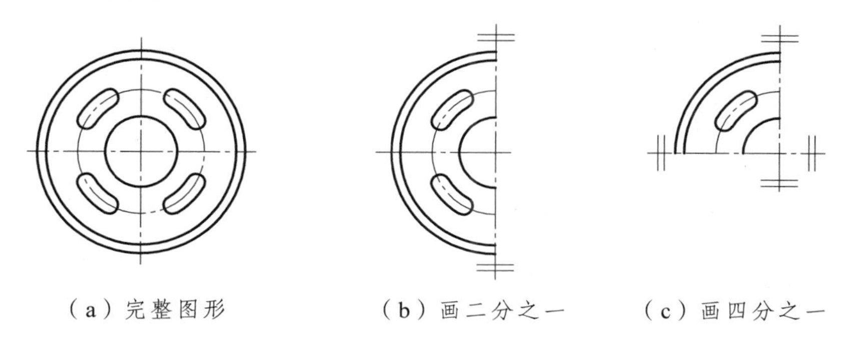

图 10-22　对称图形的简化画法（用对称符号）

2. 不用对称符号

图形也可稍超出对称线后折断（折断处要画折断线），此时可不画对称符号，如图 10-23 所示。

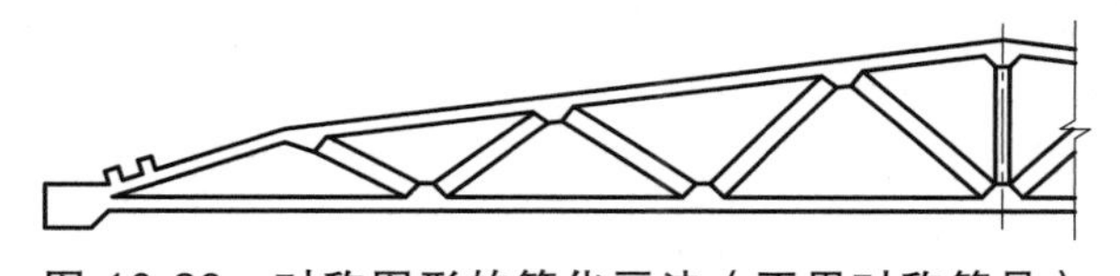

图 10-23　对称图形的简化画法（不用对称符号）

10.3.2　相同构造要素的简化

当构配件内有多个完全相同且连续排列的构造要素时，可仅在两端或适当位置画出其完整形状，其余部分以中心线或中心线交点表示，如图 10-24（a）所示。

如相同构造要素少了中心线交点，则应在中心线交点处用小圆点表示，如图 10-24（b）所示。

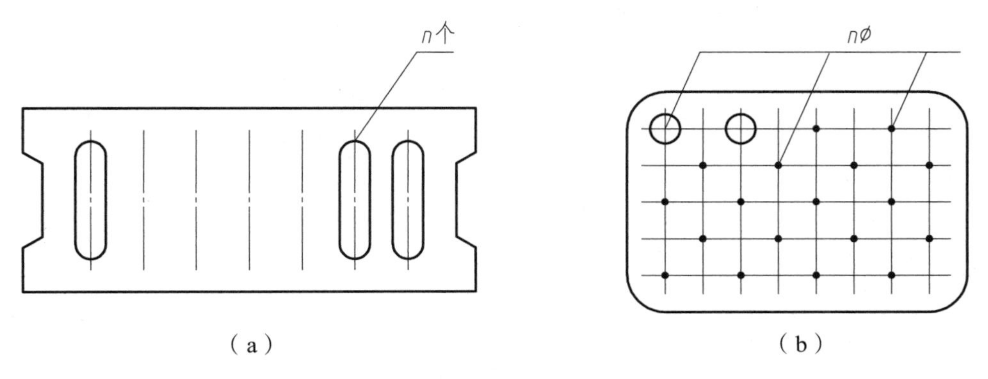

图 10-24　相同结构要素的简化

10.3.3 较长构件的画法

1. 折断画法

当只需表达形体某一部分的形状时，可假想将不要的部分折断，只画出需要的部分，并在折断处画出折断线。不同材料的形体，折断线的画法如图 10-25 所示。

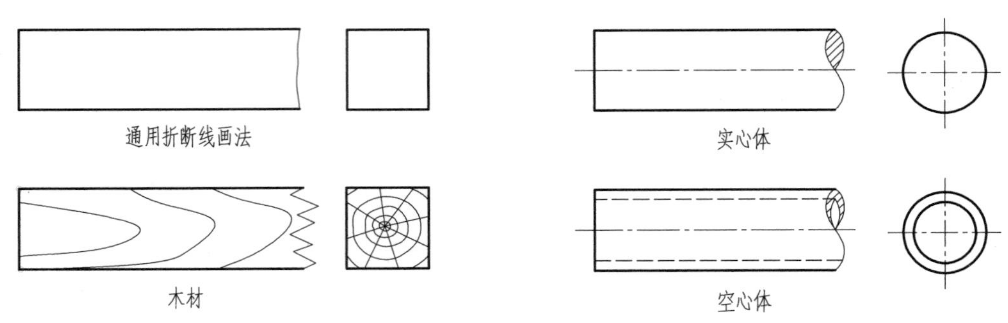

图 10-25 折断画法

2. 断开画法

较长的构件，如沿长度方向的形状相同或按一定规律变化，可断开省略绘制，断开处应用折断线表示。应注意的是，断开省略绘制的图形仍应标注实际尺寸，如图 10-26 所示。

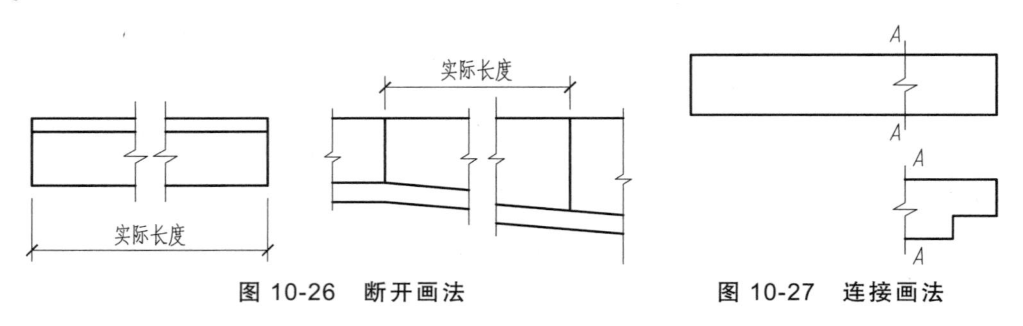

图 10-26 断开画法 **图 10-27 连接画法**

10.3.4 构件局部不同的画法

当两个构件仅部分结构不相同时，可在完整画出一个后，另一个只画不同部分；但应在两个构件的相同部分与不同部分的分界线处分别绘制连接符号（折断线），且两连接符号对准在同一线上。如图 10-27 所示。

10.3.5 规定画法

（1）在画剖面图、断面图时，如剖面区域较大，允许沿着断面区域的轮廓线或某一局部画出部分图例，如图 10-28 所示。

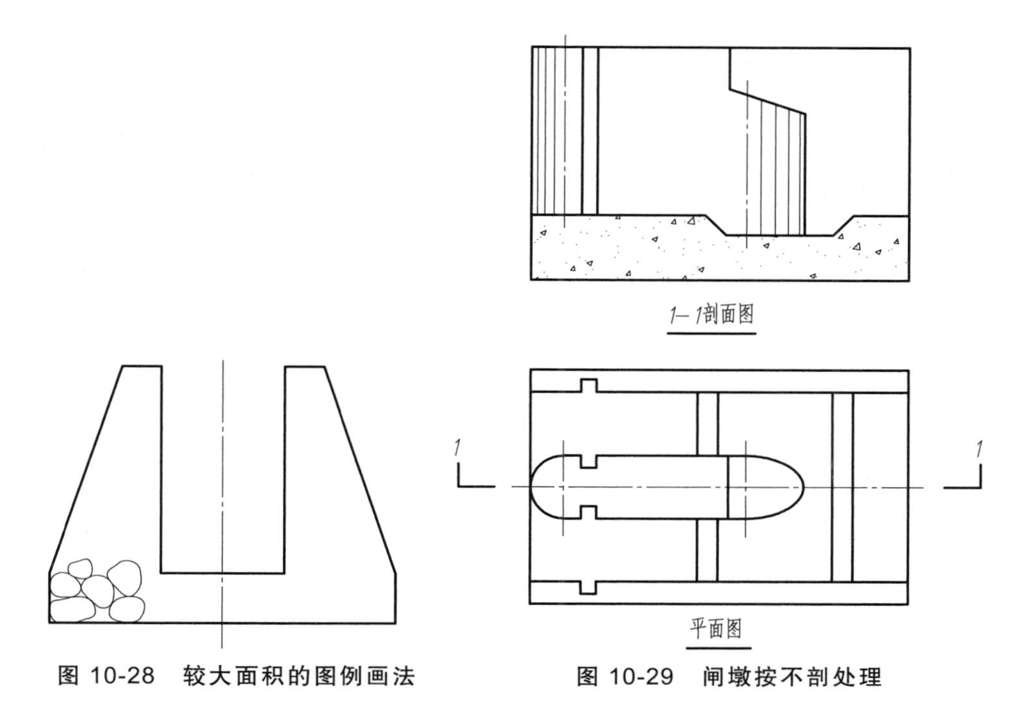

图 10-28　较大面积的图例画法　　　　图 10-29　闸墩按不剖处理

（2）对于构件上的支撑板、横隔板等薄壁结构和实心的轴、墩、桩、杆、柱、梁等，当剖切平面通过其轴线或对称中心线，或与薄板板面平行时，这些结构按不剖处理，如图 10-29 所示。

第 11 章　建筑施工图

房屋施工图是设计人员根据用户提出的要求，按照国家房屋制图标准所绘制的工程图样，它是建造房屋的技术依据。本章将介绍房屋施工图的图示方法、图示内容和图示特点，以及绘制和阅读房屋施工图的基本方法。

基本要求如下：

1. 了解房屋施工图的分类和图示特点；
2. 熟悉国家制图标准中对建筑施工图的相关规定；
3. 了解建筑施工图中各类图样的主要表达内容、表达方法和图示特点；
4. 初步掌握绘制和阅读建筑施工图的方法与步骤。

11.1 概　述

建造房屋要经过两个过程，即设计与施工。设计过程就是设计人员把构思的房屋造型和构造状况，通过合理布置、计算及各工种之间的协调配合，绘制出全套施工图。施工过程就是施工人员按施工图中的要求施工，将房屋建造起来。

11.1.1 房屋的分类、组成及其作用

1. 房屋的分类

建筑物的分类方式很多，按其使用功能可分为工业建筑、农业建筑和民用建筑。工业建筑包括各类厂房、库房、发电站等；农业建筑包括谷仓、饲养场、农机站等。民用建筑一般又分为公共建筑和居住建筑两种，其中公共建筑包括学校、商场、礼堂、运动场馆、车站、码头、机场等；居住建筑有住宅、公寓、宿舍等。

按建筑的结构形式可分为：砖混结构、框架结构、剪力墙结构、排架结构等。

按建筑的层数可分为：单层建筑、多层建筑和高层建筑。

2. 房屋的组成及其作用

各类建筑，尽管它们在使用要求、空间组合、外形处理、结构形式及规模大小等方面

各有不同的特点，但构成房屋建筑的基本构件大致相同或相似，通常有基础、墙体、楼（地）面、屋顶、梁、柱、门、窗、楼梯等。此外，一般建筑还有台阶（或坡道）、花池或花台、雨篷、阳台、雨水管、勒脚、明沟（或散水）以及其他各种构配件和装饰等。

如图 11-1 是某建筑组成的部分示意图，该建筑是一幢钢筋混凝土与砖的混合结构建筑。在图中注出了房屋的一些组成构件的名称。这些建筑构件在房屋结构中各自起着不同的作用。

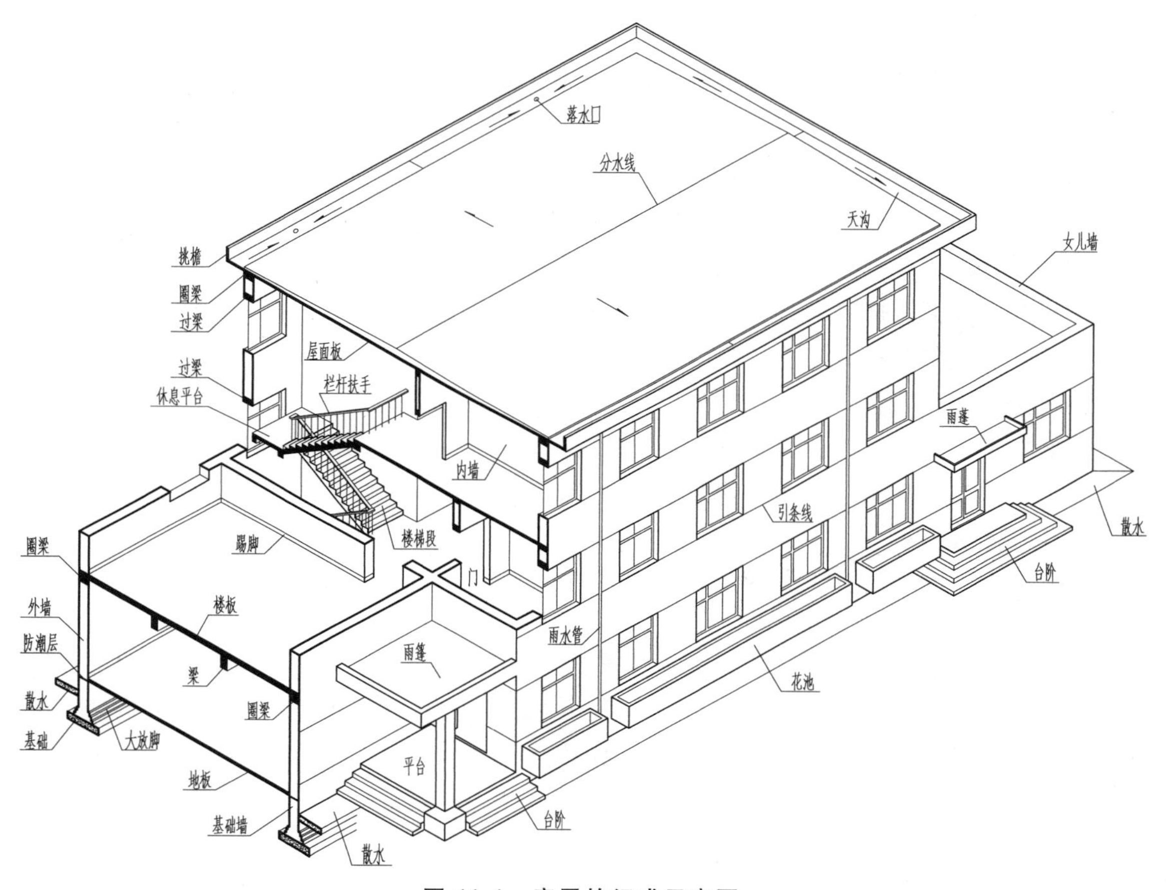

图 11-1 房屋的组成示意图

（1）基础。

基础是位于地面以下看不到的重要承重构件，承担着上部建筑的全部荷载并传递给基础下部的地基。

（2）墙体。

砖砌的内、外墙体起着承重、分隔、围护、挡风雨、隔热、保温等作用。在砖混结构的房屋中，墙体既是承重构件，也是围护构件。而在框架结构的房屋中，墙体仅仅是一种围护构件。

（3）梁和柱。

梁是房屋中水平布置的承重构件；柱是房屋中竖向布置的承重构件。它们承受楼地面和屋顶传来的各类荷载，并传递给其下部的墙体或柱下部的基础。

（4）楼面与地面。

楼面和地面是房屋中水平布置的承重构件，承担着楼面和地面上的荷载，并传递给其下部的梁、柱或墙体上。楼面与地面也是分隔房屋上、下层空间的分隔构件。

（5）楼梯。

楼梯是沟通上、下层之间联系的交通设施，也是紧急避险的逃生通道，属于承重构件。

（6）屋顶。

屋顶也称屋盖，属于承重构件。其上设有防水处理、隔热保温层，可起到挡雨雪、隔热、保温等作用。

（7）门、窗。

在相关墙体上依据不同要求设有各种类型的门和窗，为围护构件，可起到采光、通风、防风遮雨、眺望等作用。门还是联系房间的内外交通设施。

（8）附属构件。

在底层的主要出入口处通常设有台阶和雨篷，在各内、外墙下均设有保护墙脚的踢脚和勒脚。此外还有雨水管、明沟或散水和勒脚，可起到排水和护墙的作用。

11.1.2 房屋施工图的组成内容和用途

建筑物是依据一套完整反映建筑物整体及其细部构造的施工图样进行施工、建造的。一套完整的房屋施工图，按专业不同可划分为建筑施工图、结构施工图和设备施工图（包括给水排水施工图、采暖通风施工图和建筑电气施工图）。

1. 建筑施工图

建筑施工图简称“建施”，主要用于表达建筑物的总体布局、外部造型、内部布置、细部构造、内外装饰以及一些固定设施和施工要求。其基本图样包括首页图、总平面图、建筑平面图、建筑立面图、建筑剖面图和建筑详图。

在建造房屋时，建筑施工图是进行定位放线、砌筑墙体、制作楼梯、屋面等构件、安装门窗、固定设施以及进行室内外装饰的依据，也是编制工程预算和施工组织计划等的依据。

2. 结构施工图

结构施工图简称“结施”，主要用于表达建筑物内各类承重构件（如基础、承重墙、柱、梁、板等）的平面布置、形状大小、材料、构造做法，并反映其他专业（如建筑、给水排水、采暖通风、建筑电气等）对结构设计的要求。其基本图样包括首页图、基础图、楼层和屋盖结构平面布置图和构件详图。

在建造房屋时，结构施工图是开挖地基、制作构件、绑扎钢筋、设置预埋件和安装各类梁、板、柱等构件的依据，也是编制工程预算和施工组织计划等的依据。

3. 设备施工图

设备施工图主要表达房屋室内上水、下水、供暖、供煤气管线、电气线路等的平面布置和设备安装要求。设备施工图包括给水排水、采暖通风、建筑电气等专业的施工图，分别简称为“水施”“暖施”和“电施”。其基本图样包括首页图、管道和线路的平面布置图、系统图和详图。

设备施工图是室内铺设管道或电气线路以及安装管道配件和电气配件的依据，也是编制工程预算的主要依据。

11.1.3 房屋施工图的编排顺序

一套完整的房屋施工图，其编排顺序通常是：首页图、建筑施工图、结构施工图、设备施工图。其中，首页图包括图纸目录、设计总说明、汇总表等。

图纸目录用以说明该项目工程是由哪几个专业的图纸组成的，以及各专业图纸的张数、图纸的编号等内容，目的是方便施工图纸的查阅。

设计总说明主要说明该项工程的总体概况和施工要求。主要对施工图中未能表述清楚的部分，如设计依据、结构类型、构造做法、建筑材料的选择、标准图集的使用情况、建筑节能的要求等方面，用文字加以说明。

各专业施工图编排顺序是：设计说明、基本图在前，详图在后；总体图在前，局部图在后；先施工的图在前，后施工的图在后。

11.1.4 房屋施工图的图示特点

由于建筑体型较大，涉及的建筑构件及建筑材料的种类繁多，要表述清楚房屋的整体状况以及其建筑细部构造做法，房屋施工图具有以下几个图示特点：

（1）各类施工图样主要是运用正投影法原理绘图的。

（2）用小比例绘制的基本图样（如建筑平、立、剖面图等）表达房屋建筑的整体状况；而用大比例绘制的建筑详图，用来表达房屋建筑的各个细部构造。

（3）房屋施工图中，采用了国标规定的图例及代号来表示各类建筑构件及建筑材料。

（4）为了使施工图的表述重点突出、层次清晰，施工图的绘制运用了多种的线型或多种线宽的图线。

11.1.5 房屋施工图的阅读基本方法

一幢房屋从施工到建成，需要有全套房屋施工图纸作指导。阅读这些施工图纸时，一般应按房屋施工图编排的顺序进行阅读，即设计总说明、建筑施工图、结构施工图、设备施工图。阅读时应遵循“先文字，后图样；先整体图样，后局部详图；先图形，后尺寸”的原则。

首先阅读设计总说明，了解该项工程的总体概况和施工要求；其次阅读建筑施工图时，应从总平面图入手，看清新建建筑的具体位置、标高、朝向以及周边的建筑环境；再次阅读建筑平、立、剖面图。对照建筑平面图，看清建筑物的内部房间的平面布置、门窗的位置、附属构件（如台阶、楼梯等）的位置等，对照建筑立面图，看清建筑的外观及材料做法；配合建筑剖面图，看清室内分层结构；最后看详图，弄清其细部构造和具体尺寸与做法。阅读结构施工图时，同样应由粗读到细读，相互对照，仔细阅读。若在阅读建筑施工图和结构施工图中发生矛盾时，要以结构施工图中的尺寸为依据，以保证建筑物的强度和施工质量。

11.1.6 房屋施工图中的有关规定

建筑施工图除了要符合投影原理，以及基本视图、剖面图和断面图等图示方法外，为了统一房屋建筑制图的规则，保证制图质量，提高制图效率，做到图面清晰、简明，符合设计、施工、存档的要求，适应工程建设的需要，在绘制施工图时，还应严格遵守《建筑制图标准》（GB50104—2010）、《房屋建筑制图统一标准》（GB50001—2017）中的相关规定。

下面介绍国标中有关建筑施工图的一些规定和表示方法。

1. 定位轴线及其编号

建筑施工图中的定位轴线是确定建筑物主要承重构件的平面定位基准线。凡是承重墙、柱、梁、屋架等主要承重构件，都要画出定位轴线来确定其位置。

定位轴线采用细单点长画线表示，轴线末端画一直径为 8 ~ 10 mm 的细实线圆，其圆心应在定位轴线的延长线上或延长线的折线上，并在圆圈内注写定位轴线编号。

定位轴线编号的规则：横向编号应用阿拉伯数字，按从左至右的顺序编写；竖向编号应用大写的拉丁字母，按从下至上的顺序编写。拉丁字母中不得使用 *I*、*O*、*Z* 字母，以避免与数字 1、0、2 混淆。定位轴线编号顺序如图 11-2 所示。

附加定位轴线的编号应以分数表示。在两个轴线间的附加轴线，应以分母表示前一轴线的编号，分子表示附加轴线的编号，其编号采用阿拉伯数字，如图 11-3 所示中的 1/2、1/*A*。

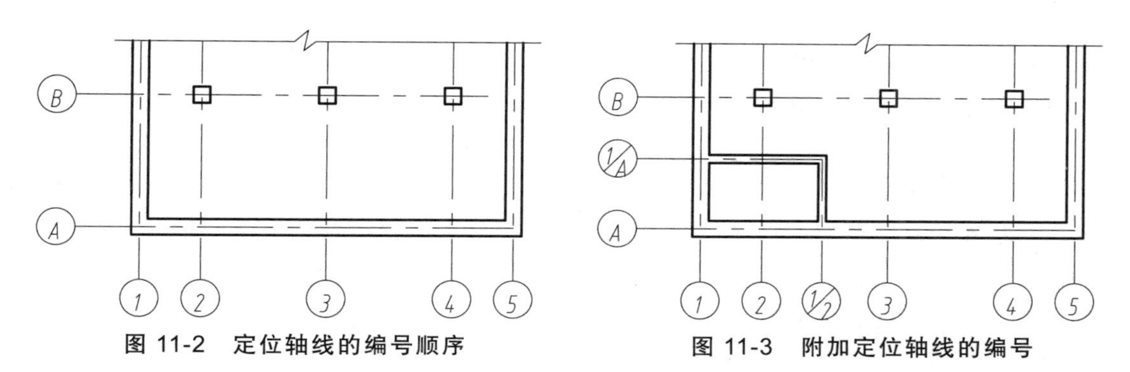

图 11-2　定位轴线的编号顺序　　　　图 11-3　附加定位轴线的编号

若位于 1 号轴线或 *A* 号轴线之前的附加定位轴线，则应以分母 01 或 0*A* 表示，附加轴线的编号宜用阿拉伯数字编写，如图 11-4 所示。

1/2　表示位于2号定位轴线之后的第一根附加轴线　　　1/02　表示位于2号定位轴线之前的第一根附加轴线

1/A　表示位于A号定位轴线之后的第一根附加轴线　　　1/0A　表示位于A号定位轴线之前的第一根附加轴线

图 11-4　附加定位轴线的含义

对组合较为复杂的平面图，其定位轴线也可采用分区编号，如图 11-5 所示。

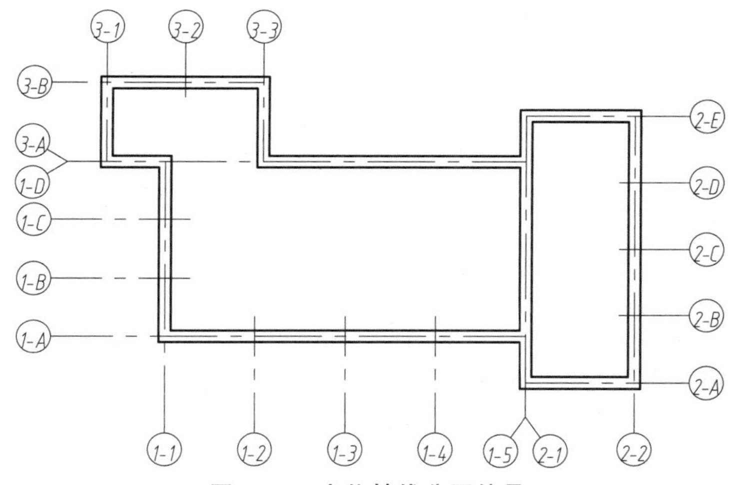

图 11-5　定位轴线分区编号

若某个详图适合多根定位轴线，应同时注明各相关轴线编号，如图 11-6（a）、（b）、（c）所示。对于通用详图的定位轴线，只画圆圈，不注写编号，如图 11-6（d）所示。

（a）适用于 2 根定位轴线时　（b）适用于 3 根或 3 根以上定位轴线时　（c）适宜于 3 根以上连续编号的定位轴线时　（d）适用于通用的定位轴线时

图 11-6　详图的定位轴线各种编号注写

2. 尺寸与标高

除标高及总平面图中尺寸是以 m（米）为单位外，其余的施工图中尺寸一律以 mm（毫米）为单位。

标高是反映建筑物高度方向的一种尺寸标注形式。按参照基准的不同，标高可分为绝对标高和相对标高。绝对标高是以我国青岛附近黄海平均海平面为零点，以此为基准的标高；而相对标高通常是以新建建筑的首层室内主要地面为零点基准的标高。在施工图样中，除总平面图中标注的是绝对标高外，其他施工图中标注的均是相对标高，并应在施工总说明中说明绝对标高与相对标高的关系。

按施工图类别不同，相对标高还有建筑标高和结构标高之分。建筑标高是指包括粉刷层在内的、装修完工后的标高；结构标高是指不包括构件表面粉刷层厚度的结构毛坯表面的标高，如图 11-7 所示。

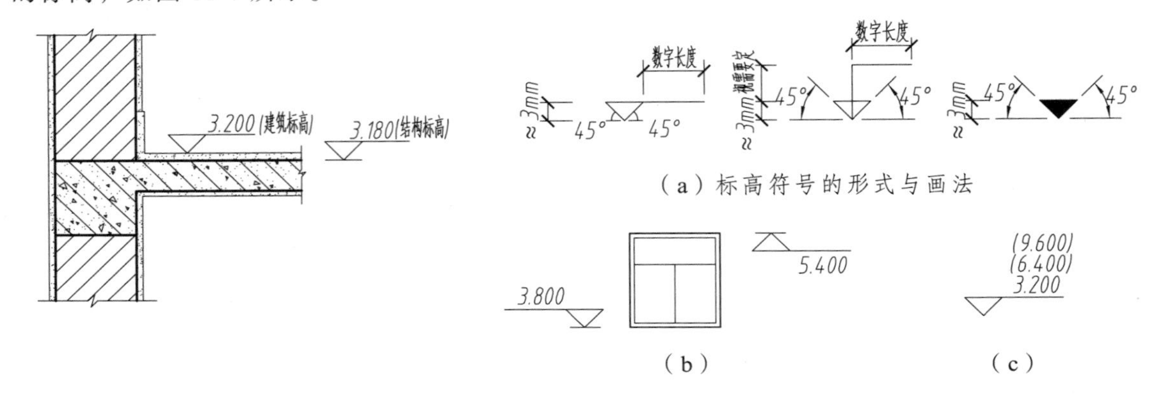

图 11-7　建筑标高与结构标高示例

图 11-8　标高符号的画法及标高数值注法

标高符号应用细实线绘制，其尺寸大小如图 11-8（a）所示，左起第一、第二种标高形式一般应用于个体的建筑图样上，左起第三种标高形式用于总平面图的室外地坪标高的标注。

标高符号的尖端应由外部指向该物体的表面或延长线上，如图 11-8（b）所示，窗台标高的尖端由上指向下，窗顶标高的尖端则由下指向上，标高的数值应注写在标高符号的左侧或右侧，一般保留至小数点后三位，而总平面图中标高数值只保留至小数点后两位。零点标高应注写成 ± 0.000，正数标高前不注“+”，而负数标高前应加注“－”，如 3.000、－0.600。

在图样同一位置处需表示几个不同标高时，标高数字可按图 11-8（c）的形式注写。

3. 详图索引符号和详图符号

在房屋施工图中，有些细部构造或构件无法表达清楚时，需对这些细部构造或构件采用较大比例单独绘制出来，这种图样称为详图。为了便于查阅和对照阅读，在施工图中，通常采用详图索引符号和详图符号来表明基本图样与详图之间的联系。

（1）详图索引符号。

详图索引符号用于指引详图所画的位置。当图样中某个部位另有详图时，需在该部位加注一个索引符号。详图索引符号是由直径为 10 mm 的细实线圆圈、水平直径、引出线和编号所组成，如图 11-9（a）所示。

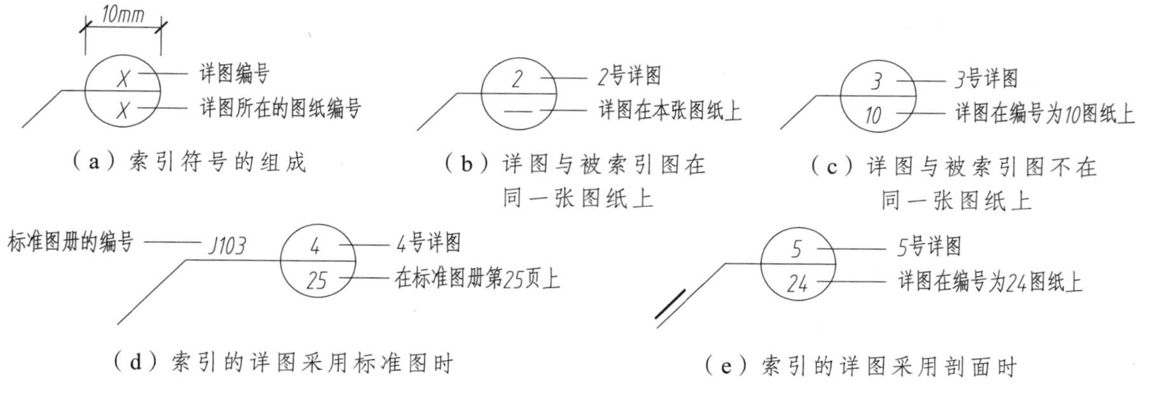

图 11-9　索引符号的组成及应用

如图 11-9（b）所示，表示 2 号详图绘制在本张图纸上；如图 11-9（c）所示，表示 3 号详图绘制在图纸编号为“10”的图纸上；如图 11-9（d）所示，表示 4 号详图采用标准图集中图样，位于 J103 标准图集第 25 页；如图 11-9（e）所示，表示 5 号详图为剖面详图，引出线位于剖切位置线的一侧即为剖面详图的投射方向。

（2）详图符号。

详图符号可作为详图的图名，用于表示详图所表达的部位和编号。详图符号是由直径 14 mm 的粗实线圆圈、细实线画的水平直径及编号组成，如图 11-10（a）所示。

图 11-10　详图符号

若详图与被索引的图样位于同一张图纸上，圆圈内不画水平直径，仅在圆圈内用阿拉伯数字来注写详图的编号。如图 11-10（b）所示，表示 3 号详图是从本张图纸上索引来的。

若详图与被索引的图样位于不同的图纸上，圆圈内应画水平直径，分子注写详图的编号，分母注写被索引图样的图纸编号。如图 11-10（c）所示，表示 4 号详图是从图纸编号为 5 的图纸上索引来的。

详图索引符号与详图符号的关系，如图 11-11 所示。

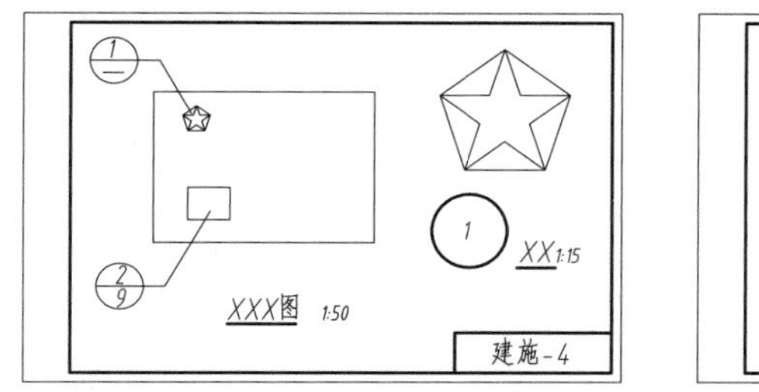

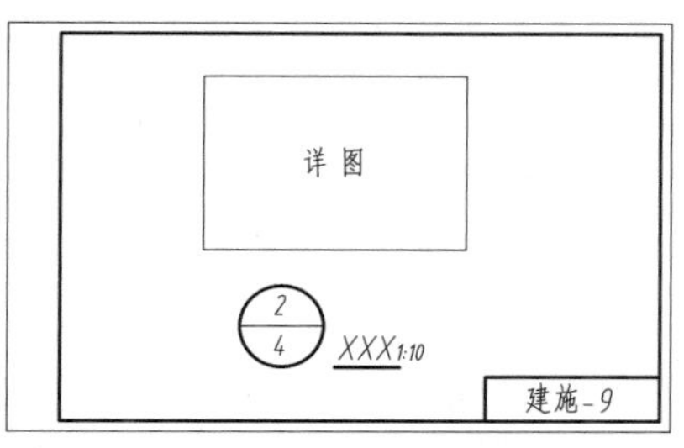

图 11-11　详图索引符号与详图符号的应用

4. 引出线标注

图样中的某些部位的具体内容或要求无法标注时，通常采用引出线加注文字说明。引出线应以细实线绘制，宜采用水平方向的直线，或与水平方向成 30°、45°、60°、90°的直线，或经上述角度再折为水平线。文字说明注写在水平线的上方或端部，如图 11-12（a）所示。

（a）单根引出线　　（b）共用引出线

图 11-12　引出线标注

同时引出几个相同部分的引出线，一般宜互相平行，或画成集中于一点的放射线，如图 11-12（b）所示。

对于多层构造的共用引出线，应通过被引出的各层，文字说明注写在水平线的上方或端部。说明的顺序应由上至下，并应与被说明的层次相互一致；若层次为横向排列，则由上至下的说明顺序应与由左至右的层次相一致，如图 11-13 所示。

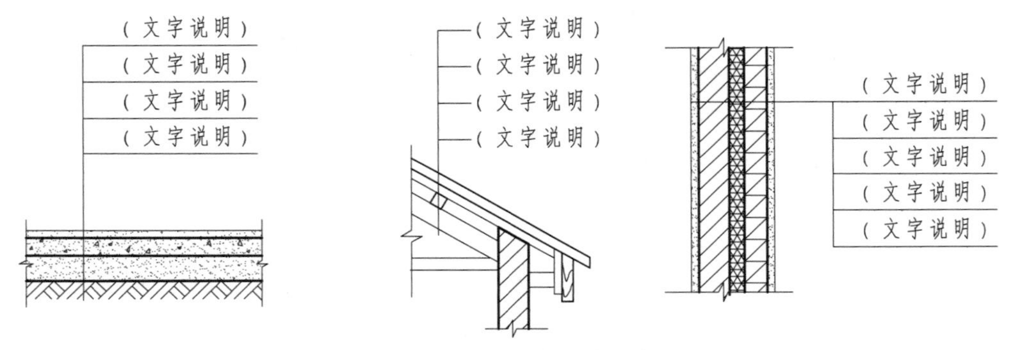

图 11-13　多层结构引出线标注

5. 指北针与风玫瑰图

为了表明建筑物的朝向，常在首层平面图上画指北针。指北针的圆圈为直径 24 mm 的细实线圆，指针尾端宽度为 3 mm，尖端为正北方向，如图 11-14 所示。

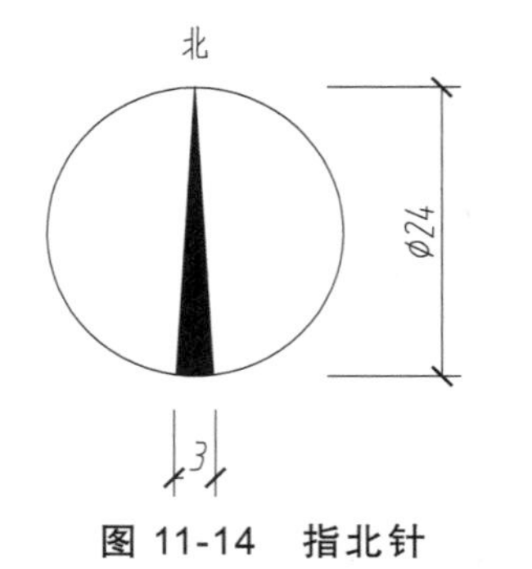

图 11-14　指北针

图 11-15　风向频率玫瑰图

在总平面图上应画出风向频率玫瑰图（简称风玫瑰图）。风玫瑰图是由当地气象部门提供的，粗实线表示全年主导风向频率，细虚线表示 6 月、7 月、8 月的夏季风向频率。风玫瑰图可兼作指北针，如图 11-15 所示。

6. 折断符号、连接符号和对称符号

在工程图中，为了省略不需要表达的部分，需要用折断符号将图形断开，以提高绘图的效率。折断符号的画法如图 11-16 所示。

对于较长的构件，可断开绘制，在断开处画出折断线，并用大写的拉丁字母标注连接编号。两个被断开的图样，应用相同的连接编号，如图 11-17 所示。

为了提高绘图效率，对称图形可以只画其一半，并画出对称符号。对称符号是在单点长画线的两端绘制长度为 6 ~ 10 mm 的平行线，平行线的间距为 2 ~ 3 mm，如图 11-18 所示。

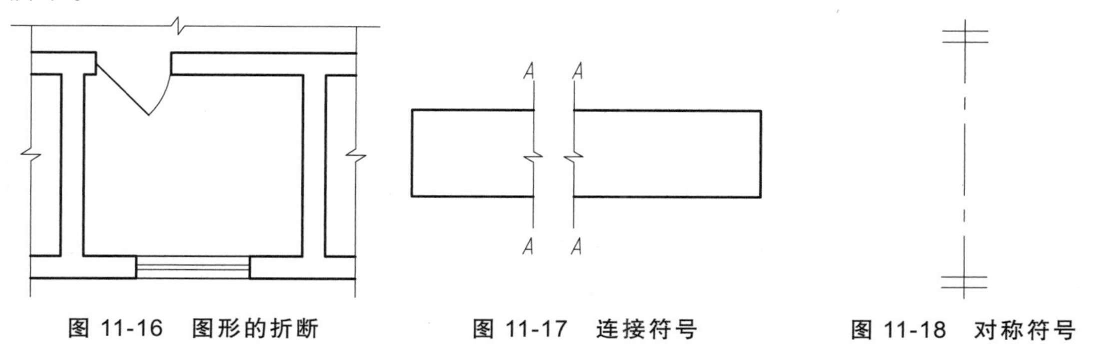

图 11-16　图形的折断　　图 11-17　连接符号　　图 11-18　对称符号

7. 图例与代号

在房屋施工图中，有些建筑细部、建筑构件、建筑材料等是很难用正投影法原理绘制的图样来表述清楚的，即便能够表述清楚，但绘图效率也低下。为提高绘图效率、简明扼要，在建筑施工图样的绘制过程中，采用了国标规定的图例。常用图例见表 11-1、表 11-2。此外，在建筑施工图中，还使用构件代号来表示，如 M 表示门、C 表示窗等。

表 11-1　常用建筑材料图例（部分）

序号	名称	图例	备注
1	自然土壤		包括各种自然土壤
2	夯实土壤		
3	砂、灰土		

续表 11-1

序号	名称	图例	备注
4	粉刷	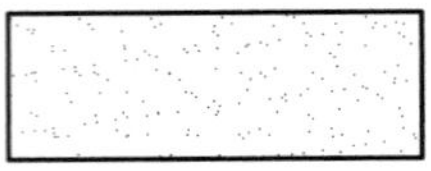	图例中的点较为稀疏
5	混凝土	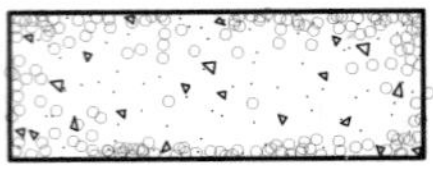	1. 本图例指能承重的混凝土地； 2. 包括各种强度等级、集料、添加剂的混凝土； 3. 在剖面图上画钢筋时，不画图例线； 4. 断面图形小，不宜画出图例线时，可涂黑
6	钢筋混凝土	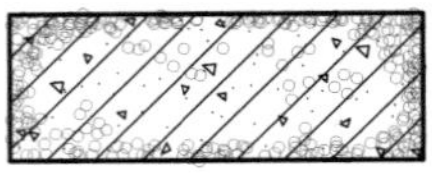	
7	普通砖	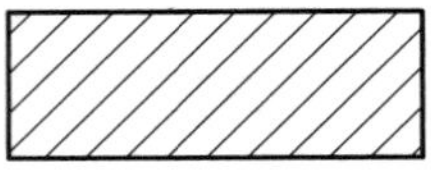	包括实心砖、多孔砖、砌块等砌体。断面较窄不易绘出图例线时，可涂红，并在图纸备注中加注说明，画出该材料图例
8	耐火砖砖	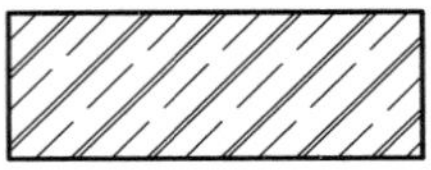	包括耐酸砖等砌体
9	空心砖		指非承重砖砌体
10	多孔材料	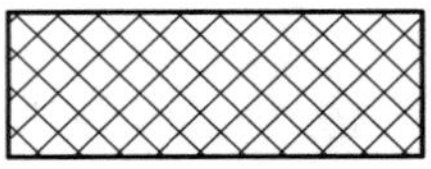	包括水泥珍珠岩、泡沫混凝土、非承重加气混凝土、软木、蛭石制品等
11	毛石	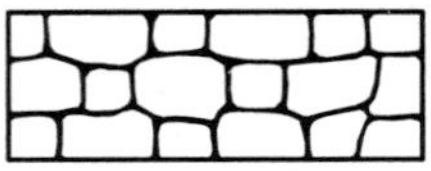	
12	木材	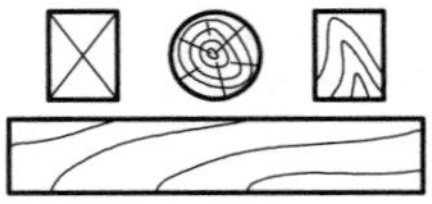	1. 上图为横断面，左上图为垫木、木砖或木龙骨； 2. 下图为纵断面
13	金属	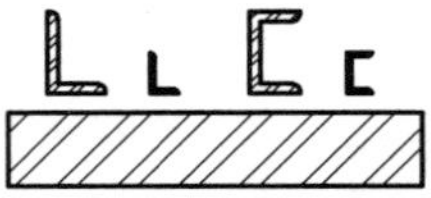	1. 包括各种金属 2. 图形小时，可涂黑
14	防水材料		构造层次多或比例较大时，采用上面图例

表 11-2　建筑构件及配件图例（部分）

序号	名称	图例	备注
1	墙体		1. 上图为外墙，下图为内墙； 2. 外墙细线表示有保温层或幕墙； 3. 应加注文字或涂色或图案填充表示各种材料的墙体； 4. 在各层平面图中防火墙宜着重以特殊图案填充表示
2	隔断		1. 加注文字或涂色或图案填充表示各种材料轻质隔断； 2. 适用于到顶与不到顶隔断
3	栏杆		
4	楼梯	上 下 上 下	1. 上图为底层楼梯平面图，中图为中间层楼梯平面图，下图为顶层楼梯平面图； 2. 需设置靠墙扶手或中间扶手时，应按实际情况绘制
5	检查口		左图为可见的检查口，右图为不可见的检查口
6	孔洞		阴影部分宜可填充灰色或涂色代替
7	坑槽		
8	堵预留洞	宽×高或Ø 标高	1. 上图为预留洞，下图为预留槽； 2. 平面以洞（槽）中心定位； 3. 标高以洞（槽）底或中心定位； 4. 宜以涂色区别墙体和预留洞（槽）
9	堵预留槽	宽×高或Ø×深 标高	

续表 11-2

<table>
<tr><th>序号</th><th>名称</th><th>图例</th><th>备注</th></tr>
<tr><td>10</td><td>烟道</td><td></td><td rowspan="2">1. 阴影部分可以涂色代替；
2. 烟道、风道与墙体为相同材料，其相接处墙身线应连通；
3. 烟道、风道根据需要增加不同材料的内衬</td></tr>
<tr><td>11</td><td>通风道</td><td></td></tr>
<tr><td>12</td><td>单扇平开或单向弹簧门</td><td></td><td rowspan="4">1. 门的名称代号用 M 表示。
2. 平面图中，下为外、上为内，门开启线为 90°、60°或 45°。
3. 立面图中，开启线实线为外开，虚线为内开，开启线交角的一侧为安装合页的一侧。开启线在建筑立面图中可不表示，在立面大样图中可根据需要绘出。
4. 在剖面图中，左为外，右为内。
5. 附加纱扇应以文字说明，在平、立、剖面图中均不表示。
6. 立面形式应按实际情况绘制</td></tr>
<tr><td>13</td><td>单扇平开或双向弹簧门</td><td></td></tr>
<tr><td>14</td><td>单面开启双扇门（包括平开或单面弹簧）</td><td></td></tr>
<tr><td>15</td><td>双面开启双扇门（包括双面平开或双面弹簧）</td><td></td></tr>
</table>

续表 11-2

序号	名称	图例	备注
16	上悬窗		1. 窗的名称代号用 C 表示。 2. 平面图中，下为外，上为内。 3. 立面图中，开启线实线为外开，虚线为内开，开启线交角的一侧为安装合页的一侧。开启线在建筑立面图中可不表示，在门窗立面大样图中需绘制。 4. 剖面图中，左为外、右为内，虚线仅表示开启方向，项目设计不表示。 5. 附加纱窗应以文字说明，在平、立、剖面图中均不表示。 6. 立面形式应按实际情况绘制
17	中悬窗		
18	单层外开平开窗		
19	双层内外开平开窗		
20	单层推拉窗		1. 窗的名称代号用 C 表示； 2. 立面形式应按实际情况绘制
21	高窗	h=	1. 窗的名称代号用 C 表示。 2. 立面图中，开启线实线为外开，虚线为内开。开启线交角的一侧为安装合页一侧。开启线在建筑立面图中可不表示，在门窗立面大样图中需绘制。 3. 剖面图中，左为外，右为内。 4. 立面图形式按实际情况绘制。 5. h 表示高窗底距本层地面标高。 6. 高窗开启方式参考其他窗型

在绘制材料图例时应注意：

（1）图例线应间隔均匀、疏密适度；

（2）两个相同图例相接时，图例线宜错开或倾斜方向相反绘制；

（3）两个相邻的涂黑图例间应留有空隙，其宽度不得小于 0.7 mm。

11.2 总平面图

总平面图是用于表达新建房屋及其周边建筑环境（如原有建筑、构筑物、道路与绿化、地形与地貌等）的总体布置图。它是新建房屋施工定位、土方施工及其他专业的管线或电气线路总平面图的重要设计依据。

11.2.1 总平面图的图示方法

总平面图是采用俯视投影的方式，将新建房屋周边一定范围内的原有、新建、拟建、即将拆除的建筑物或构筑物，以及周边的道路、绿化、地形与地貌等投射到一个水平的投影面上，以反映新建房屋与原有建筑及周边环境的关系，表达新建房屋的具体位置、朝向、占地范围以及室外场地、道路、绿化等状况。

11.2.2 总平面图的基本内容

（1）表明规划用地的周边环境。如新建房屋的位置、用地范围、周边的地形地貌，原有建筑物、构筑物、道路、绿化以及水、暖、电等基础设施干线。

（2）表明计划拆除的原有建筑物和构筑物。

（3）表明新建房屋及其周边建筑环境的总体布置。如新建建筑、原有建筑、构筑物、道路、绿化、地形地貌等情况。

（4）新建建筑的定位与层数。新建建筑的定位有两种方法：一种是利用新建建筑与原有建筑、构筑物、道路等的相对位置进行定位；另一种是利用坐标网进行定位。

坐标网分测量坐标网和施工坐标网两种。测量坐标网是由测绘部门在大地上测设的，测量坐标网一般以 X、Y 表示，X 轴为南北方向，Y 轴为东西方向，一般以 100 m × 100 m 为一个测设网格，在总平面图上方格网的交点用十字线表示。新建建筑的位置可用其两个角点的坐标来定位，如图 11-19（a）所示。施工坐标网一般以 A、B 表示，且分别平行于建筑物的长度和宽度方向。在总平面图中，施工坐标网一般用细实线方网格表示，新建建筑仍用建筑物的角点坐标来定位，如图 11-19（b）所示。

建筑物的层数通常在其图例内右上角用黑点数或数字表示。

（5）标注尺寸与标高。在总平面图中，应标注新建建筑首层地面、室外地坪和道路中心线处的绝对标高，以及新建建筑与原有建筑或构筑物相对位置的定位尺寸和新建建筑自身大小的尺寸，单位均为 m（米），保留至小数点后两位。

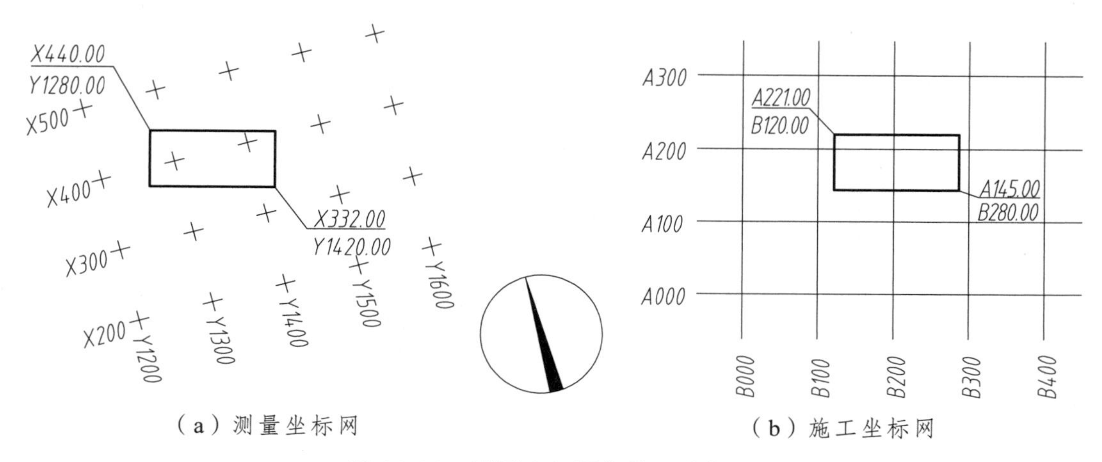

（a）测量坐标网　　（b）施工坐标网

图 11-19　测量坐标网与施工坐标网

（6）指北针或风向频率玫瑰图。用于表明建筑地域的整体朝向及当地的常年风向频率。

（7）图例。在总平面图中，建筑物、构筑物、道路、绿化、地物等均采用国标规定的图例来表示的，表 11-3 列出了总平面图中常用的图例。

（8）比例。总平面图的比例比较小，常用比例有 1∶500、1∶1 000、1∶1500、1∶2 000 等。

表 11-3　常用总平面图例

序号	名称	图例	备注
1	新建的建筑物		1. 上图为不画出入口的图例，下图为画出入口的图例； 2. 需要时，可在图形内右上角以点数或数字（高层宜用数字）表示层数； 3. 用粗实线表示
2	原有的建筑物		1. 应注明拟利用者； 2. 用细实线表示
3	计划扩建的预留地或建筑物		用中虚线表示
4	拆除的建筑物		用细实线并加“×”号表示
5	铺砌场地		

续表 11-3

序号	名称	图例	备注
6	敞棚或敞廊	+ + + + + + + + + + + + + +	
7	围墙及大门		1. 上图为砖石、混凝土或金属材料的围墙； 2. 下图为镀锌铁丝网、篱笆等围墙； 3. 如仅表示围墙时不画大门
8	坐标	X105.00 Y425.00 A131.52 B278.25	上图表示测量坐标 下图表示施工坐标
9	填挖边坡		边坡较长时，可在一端或两端局部表示
10	护坡		
11	雨水井		
12	消火栓井		
13	室内标高	17.45	
14	室外标高	143.00	
15	新建道路	0.6 101.00 R9 150.00	“*R*9”表示道路转弯半径为 9 m，“150.00”为路面中心标高，“0.6”表示 0.6%，为纵向坡度，“101.00”表示变坡点间距离； 图中斜线为道路断面示意，根据实际需要绘制

续表 11-3

序号	名称	图例	备注
16	原有道路		
17	计划扩建的道路		
18	桥梁		上图为公路桥； 下图为铁路桥； 用于旱桥时应注明
19	修剪的树篱		
20	树木 花卉 草地		各种不同的树木有多种图例

11.2.3 总平面图的阅读

总平面图中的内容，多数是用图例符号表示的。阅读前，首先必须熟悉这些图例符号的含义，阅读步骤如下：

（1）阅读标题栏和图名、比例，了解该项工程的名称、性质、类型等。

（2）了解新建房屋的具体位置、层数、朝向等。

（3）了解新建房屋周边的环境状况，如原有建筑、构筑物、道路、绿化等。

（4）了解新建房屋的首层地面、室外设计地坪的标高及周边的地形地貌、等高线等。

（5）了解本次项目工程中，哪些是要拆除的建筑物、构筑物等，哪些是计划扩建的项目等；

（6）了解当地常年主导风向。

图 11-20 是某科研所办公楼的工程建设总平面图。图中用粗实线画出的图形是要新建的办公楼底层外形轮廓。办公楼共三层，用三个小黑点表示，首层地面的绝对标高是 5.00 m，室外地坪的绝对标高是 4.40 m，其室内、外地面高差为 0.6 m，新建的办公楼距离试验车间 12.50 m，距科研楼 14.00 m。办公楼总长 28.38 m，总宽 11.88 m。原有建筑除科研楼、试验车间外，还有锅炉房、车库及传达室等。由风向频率玫瑰图可了解到当地常年主导风向和夏季的主导风向。

图 11-21 是某小区的总平面图。由于建设用地位于一坡地上，故图中画有等高线，用来表明建设用地的地形地貌状况。在该总平面图中，新建房屋采用了施工坐标网进行定位。

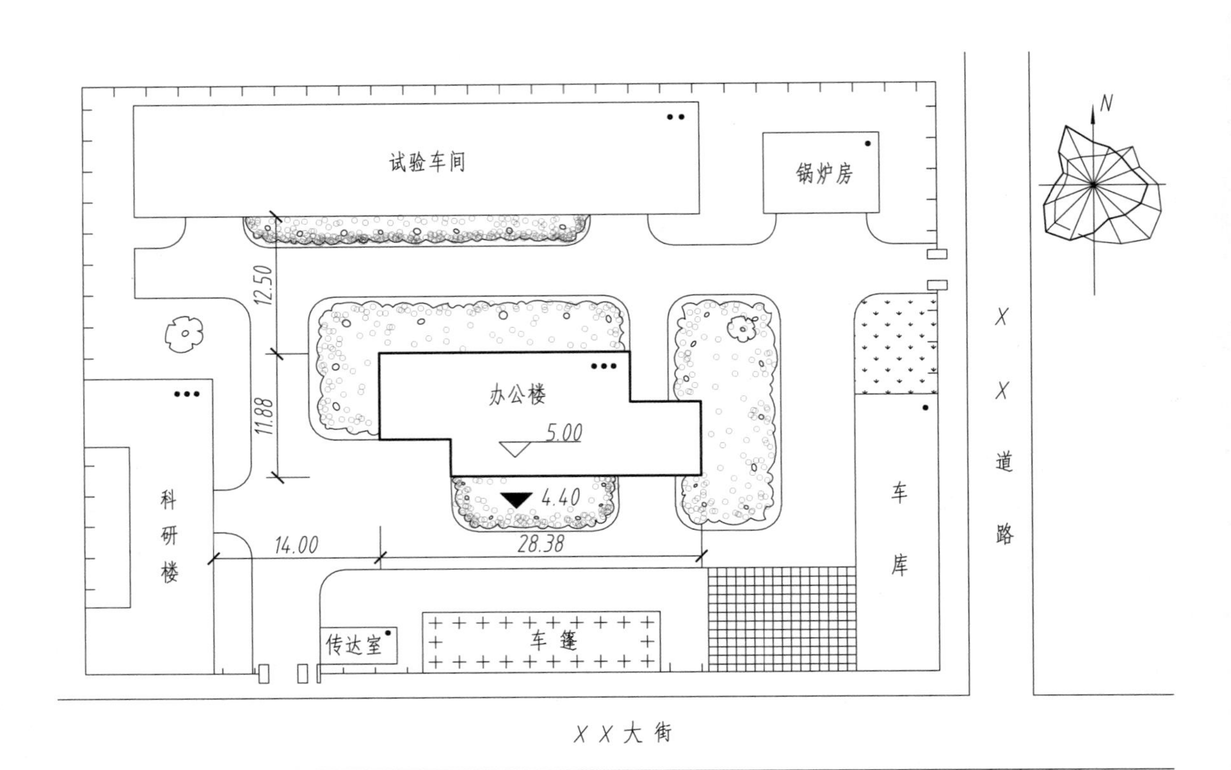
试验车间
锅炉房
N
12.50
11.88
办公楼
5.00
4.40
科研楼
14.00
28.38
X
X
道
路
车库
传达室
车篷
XX大街
总平面图 1:500

图 11-20 总平面图

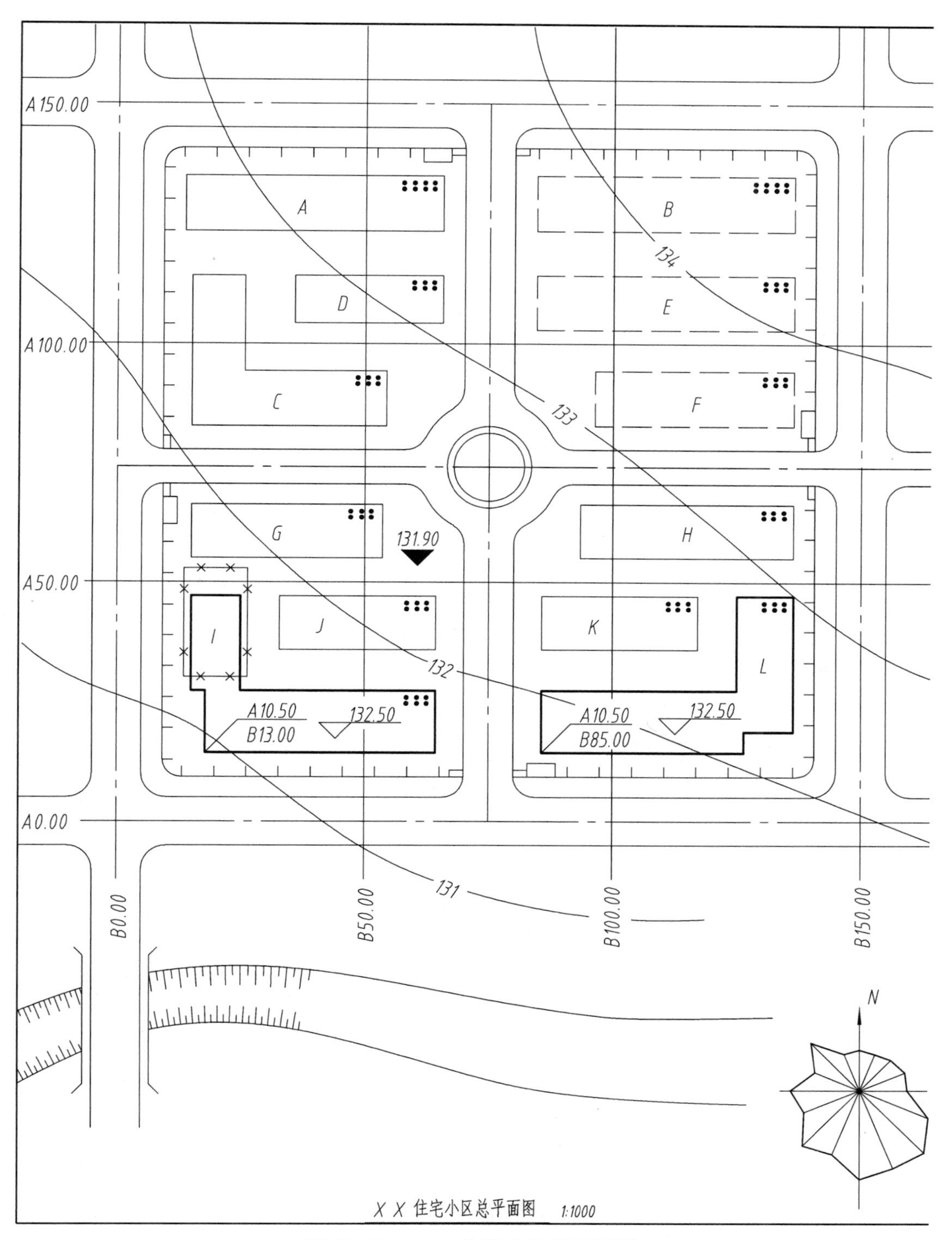

图 11-21 ×× 住宅小区总平面图

11.3 建筑平面图

建筑平面图是房屋施工图中的基本图样，它是建造房屋时进行施工时放线、砌筑墙体、安装门窗、进行室内装修、编制预算、施工备料等的重要依据。

11.3.1 建筑平面图的图示方法和用途

房屋的水平投影图称为屋顶平面图，如图 11-26 所示。它主要表达屋面的排水情况及突出屋面部分的位置，如排水分区、天沟、屋面坡度及分向、落水口的位置、检修口的位置，以及避雷带或避雷针的布置、电梯间、屋顶水箱的位置等。但是，屋顶平面图不能反映建筑物内部的平面布置状况。要将房屋内部的布置等情况表述清楚，则需采用剖面图的表达方式予以表达。

假想用一水平剖切面在窗台上方略高一点位置处将房屋剖切开，移去上部屋盖部分，对其余部分所作的水平投影称为建筑平面图，简称平面图，如图 11-22 所示。

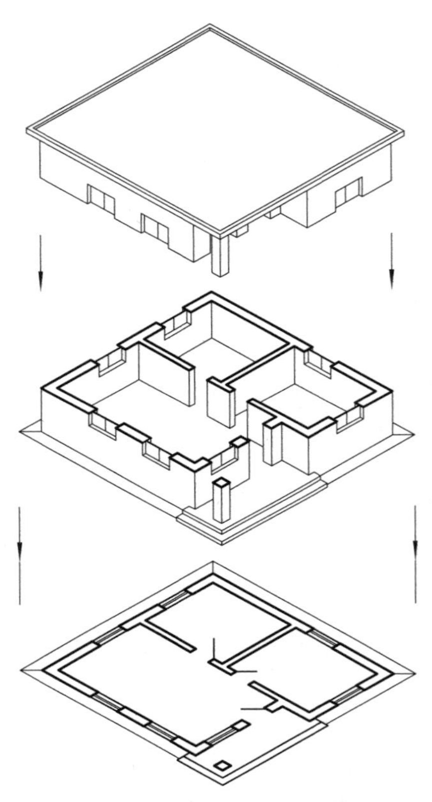

图 11-22 建筑平面图的形成

对于多层建筑而言，原则上每一层均应建立一个平面图，并应在图的正下方书写图名及绘图比例。在一幢多层建筑中，若有几个楼层平面布置完全相同，或仅有局部不同时，则可以共用一个平面图来表示，该平面图称为标准层平面图，也可称为中间层平面图。对于局部不同之处，可另绘一个局部平面图补充表达。

因此，一般情况下，3 层及 3 层以上的建筑物，至少应绘制 3 个楼层的平面图，即底层平面图、中间层平面图和顶层平面图。

11.3.2 建筑平面图的基本内容

建筑平面图主要表达新建房屋的平面形状、室内房间的平面布置及大小、墙体的厚度及墙体上门窗的位置与大小以及其他固定设施和附属设施的平面布置状况。其基本内容有：

1. 图名及绘图比例

图名是用于说明建筑平面图所表达的房屋建筑的哪个楼层，如底层平面图、二层平面图、…、顶层平面图。

建筑平面图的绘图比例应视房屋建筑体型的大小以及内、外复杂程度选定，通常可选择的比例有 1∶50、1∶100、1∶150 和 1∶200。

2. 定位轴线及其编号

对于承重构件的位置，如墙体、柱等应画出其定位轴线，并按国标要求进行编号，作为定位、放线、施工的重要依据。

3. 标明房间的布置，墙、柱断面形状与大小

建筑平面图反映房屋某一层的平面形状以及室内各房间的位置、用途等。对于墙体、柱子等建筑构件还应标明其位置、材料、形状、厚度或大小。

4. 图例与代号

各房间的门、窗构件均采用国标规定的图例来表示，并标明门、窗的代号，如“M”表示门，“C”表示窗。不同类型或大小的门、窗代号，可用带阿拉伯数字下注码方式加以区分，如 M_1、M_2、…、C_1、C_2 等。

5. 室内外的固定设施和附属设施

建筑室内外还有许多其他建筑构件，包括：固定设施，如厨、卫设备等构件；附属设施，如楼梯、阳台、雨篷、台阶、散水、雨水管等构件。

6. 标注尺寸和标高

建筑平面图中的尺寸分外部和内部两种。外部尺寸为典型的三道尺寸，内侧的第一道反映外墙面上门、窗的细部尺寸；中间的第二道反映室内房间的开间和进深尺寸，称为定位轴线间尺寸；外侧的第三道尺寸反映房屋建筑的总长和总宽尺寸，称为总尺寸，此外，还有位于室外建筑构件的定型尺寸和定位尺寸，如台阶、散水、花台等构件的尺寸。内部尺寸主要涉及内墙上门、窗以及其他构件的定型尺寸和定位尺寸。

建筑平面图中还应注明主要楼地面、室外地坪、楼梯休息平台等的标高尺寸。

7. 表明详图索引符号

对于建筑平面图中的某些细部构造需用详图来表达的部位应添加索引符号，用于指引该详图所画的位置。

8. 剖切符号和指北针

对于底层平面图而言，应画出建筑剖面图的剖切符号，以表明建筑剖面图的剖切位置与剖面图的投影方向。此外，为表明建筑的朝向，底层平面图中应画出指北针符号。

11.3.3 建筑平面图的图示特点

在绘制和阅读建筑平面图时，应弄清各类建筑构件应在哪一层平面图中表述，以及表述的方式、图线画法等要求，以满足工程设计的需要。

1. 建筑平面图只表达所在层的建筑构件

对于多层建筑或高层建筑而言，原则上，上一层的平面图不再重复表述下一层平面图表述清楚的内容。如图 11-23 ~ 图 11-26 是某科研所办公楼的底层、二层、顶层和屋顶平面图，其房屋底层的台阶、散水等构件只在底层平面图中表达，二层和顶层平面图均不再重复表达。同样，二层平面图中表达了的雨篷，不在顶层平面图中重复表达。

2. 建筑平面图采用了多种线宽的图线

为了突出平面图的主要表达内容，在建筑平面图中采用了多种线宽的图线。规定：被剖切到的墙体、柱子的断面轮廓用粗实线表示；未被剖切到的投影可见的主要轮廓如窗台、门线、台阶、雨篷、阳台等用中实线表示；其余投影可见的轮廓及图例用细实线表示。

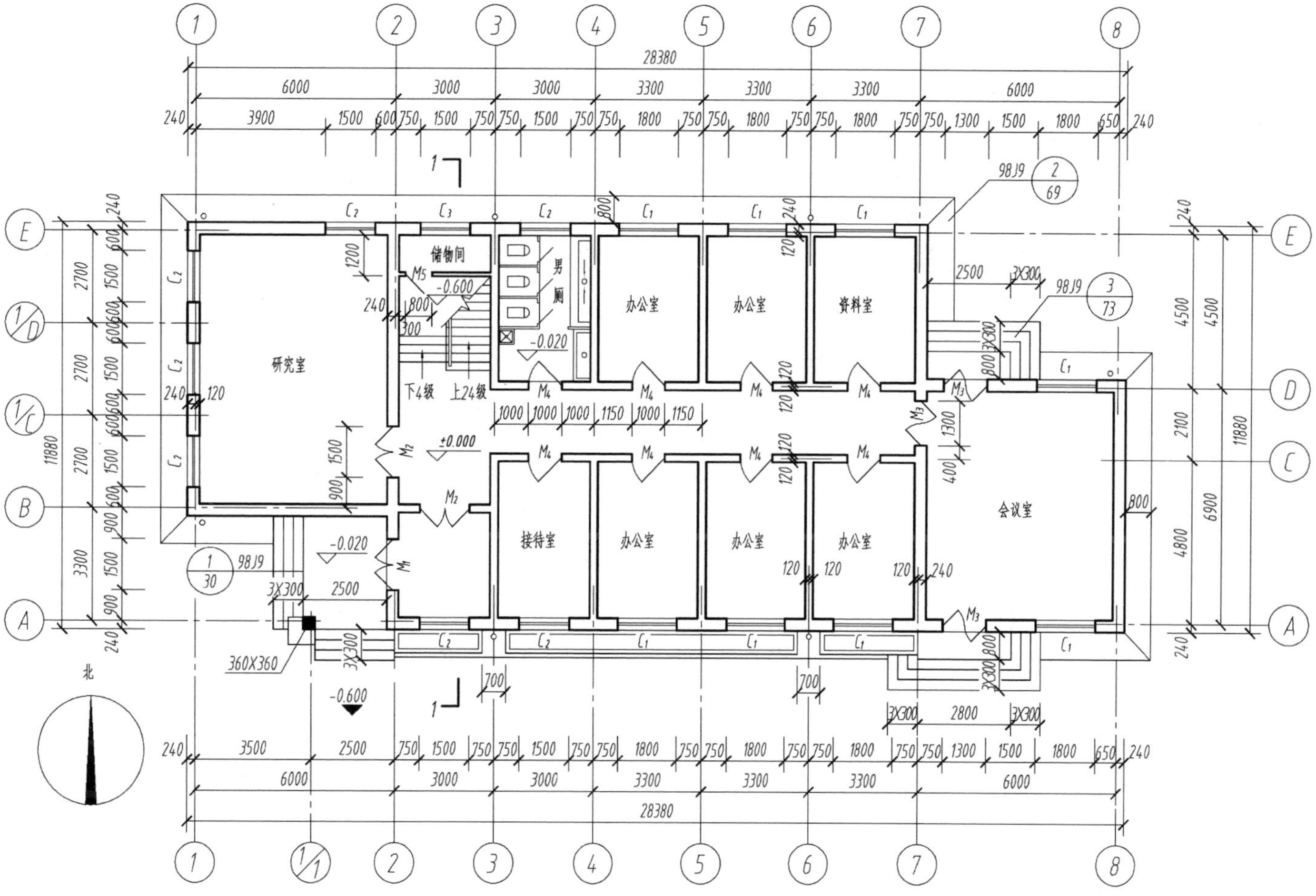

底层平面图 1:100

图 11-23　底层平面图

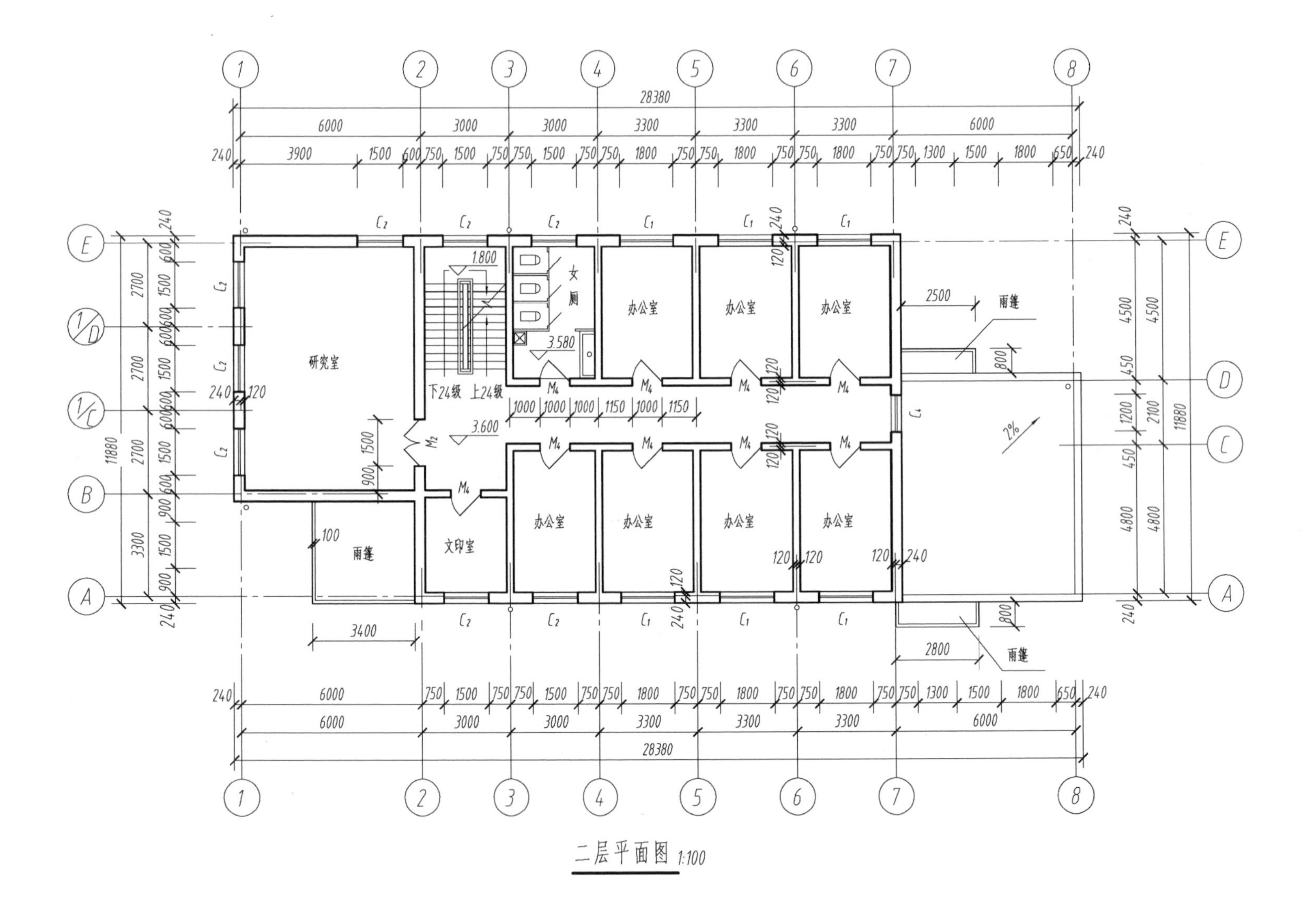

图 11-24 二层平面图

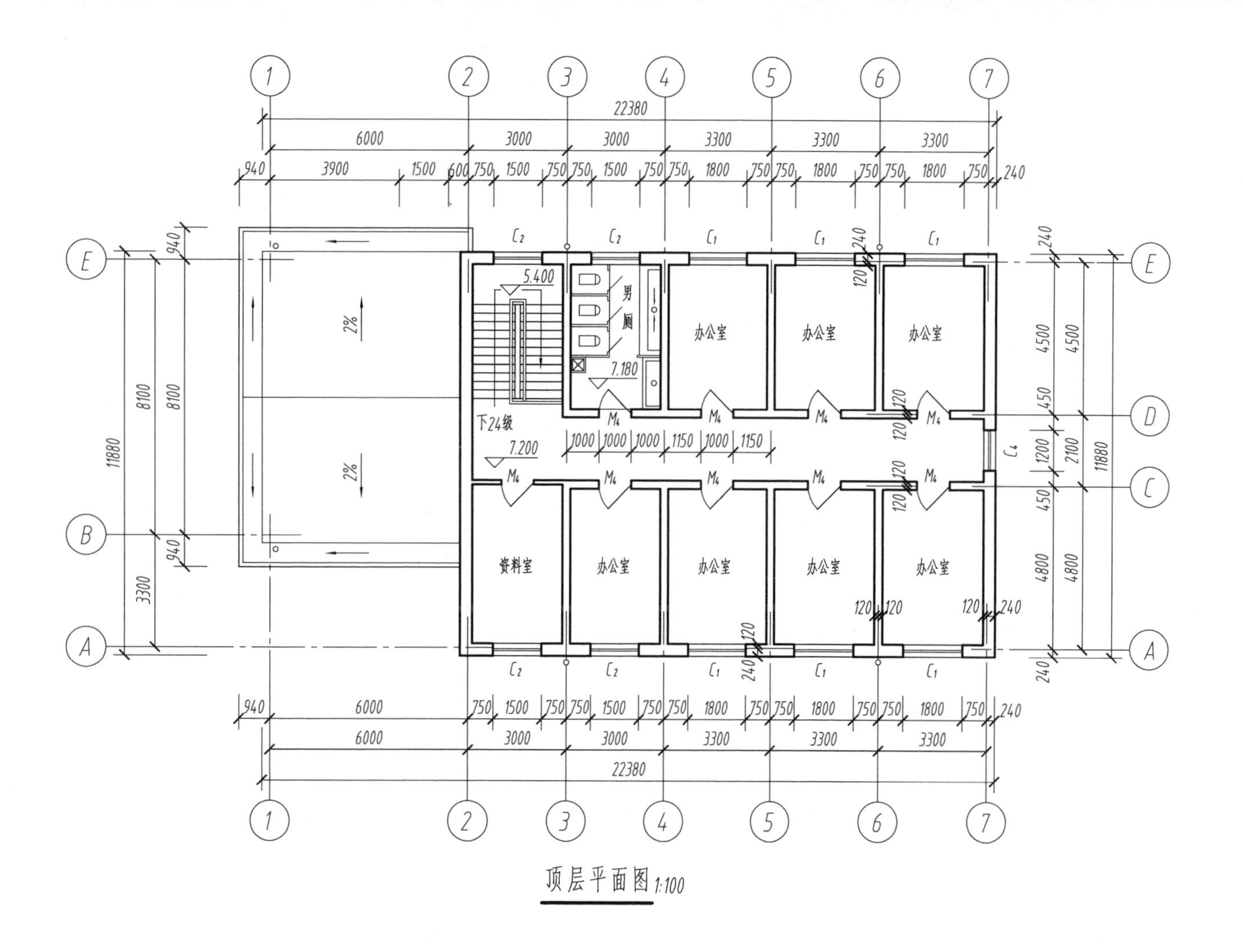

图 11-25 顶层平面图

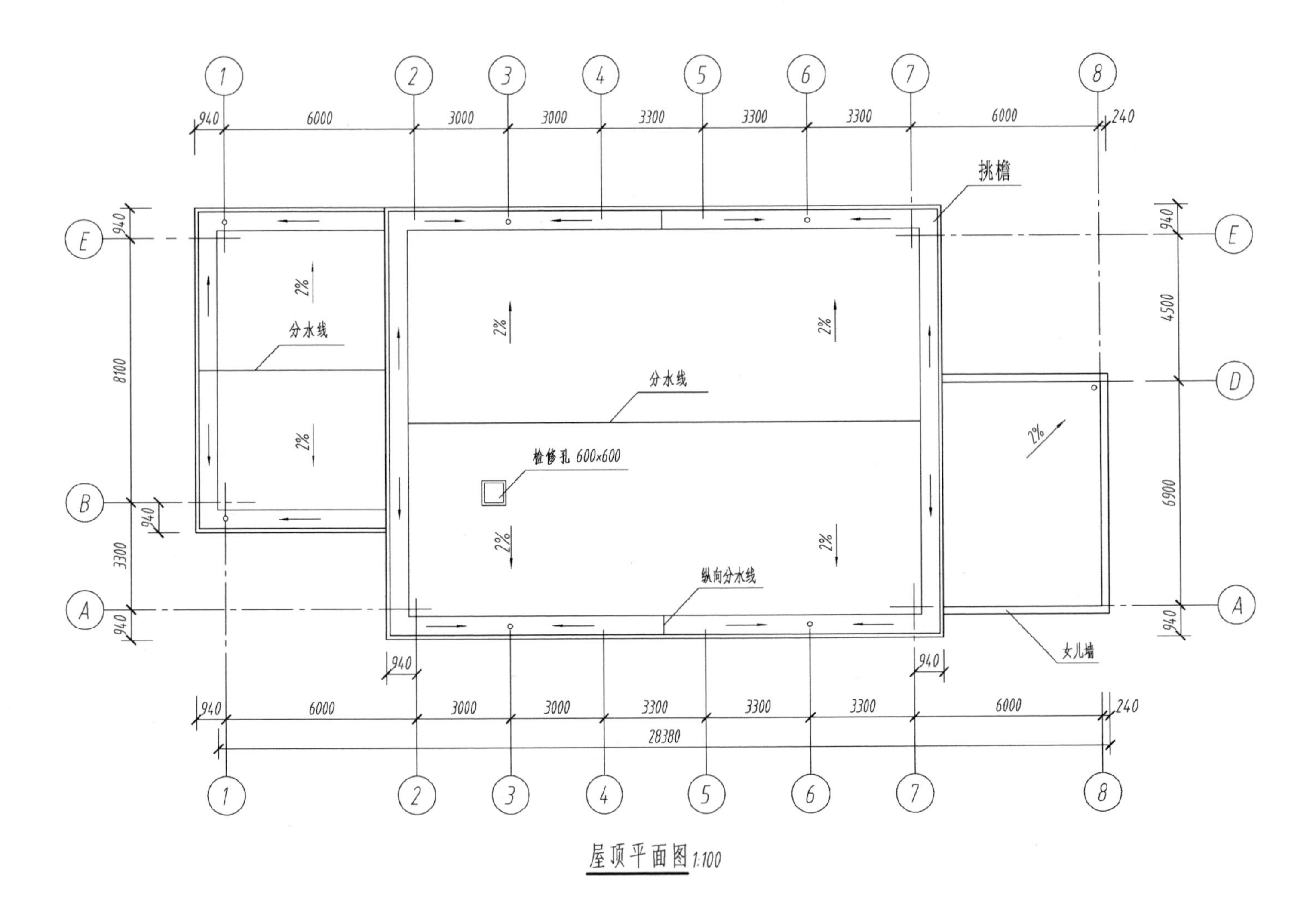
挑檐
分水线
分水线
检修孔 600×600
纵向分水线
女儿墙
2%
940
6000
3000
3300
240
28380
8100
4500
6900
屋顶平面图 1:100

图 11-26 屋顶平面图

3. 简化建材图例

按照剖面图的画图规则，应在剖切断面上填充相应的建筑材料图例。但是，当平面图的绘图比例小于 1∶50 时，通常需对砖墙、钢筋混凝土柱子的材料图例进行简化，即砖墙剖切断面轮廓用粗实线绘制，省略砖墙材料图例；钢筋混凝土柱的断面则用涂黑方式的表示。本例中的办公楼采用了简化处理。若绘图比例大于 1∶50，则必须按照相应的材料图例绘制。

11.3.4 建筑平面图的阅读

建筑平面图是一个总称，对多层建筑而言，原则上应采用由下至上的顺序阅读。具体步骤如下：

（1）从图名、比例、文字说明入手，了解建筑平面图属于哪一层平面图。

（2）查看房屋的平面形状、总体尺寸及朝向。

（3）由定位轴线查看各房间的开间与进深尺寸，了解各房间的形状、位置、用途及相互关系和交通联系。

（4）了解墙体、柱子等的定位和尺寸，以及定位轴线是位于墙体的中心位置还是偏心位置。查看室内、外的地面的标高。

（5）查看门窗图例及编号，了解门窗的型号、位置、大小和数量，查看门的开启方向。

（6）查看室内、外的固定设施和附属设施的位置、形状、大小等。

（7）从详图索引符号入手，了解房屋中哪些部位设有详图、详图画在何处。

下面以图 11-23 为例进行阅读。首先由图名可知，是一张办公楼的底层平面图；由指北针可知办公楼为坐北朝南，主要出入口在南侧朝西；建筑平面由三部分组成，中部为办公用房、东部为会议室，西部为研究室，各房间由走廊与门厅联系起来，由楼梯上 24 步级可到达二层楼；横向轴线①～⑧确定了横墙的位置，办公房间的开间有 3 m 和 3.3 m 两种，纵向轴线Ⓐ～Ⓔ确定了纵墙的位置，办公房间的进深有 4.8 m 和 4.5 m 两种；外墙及②、⑦号轴线的内墙为三七墙，即墙厚 360，其定位轴线距墙外侧 240、距墙内侧 120。其余内墙均为二四墙，即墙厚 240，其定位轴线与墙体中心线重合；由门窗图例及编号可知，底层共有 M_1、M_2、M_3、M_4、M_5 五种门，其中 M_1、M_2、M_3 为双扇弹簧门，M_4、M_5 为平开门，窗户有 C_1、C_2、C_3 三种；底层室内设有楼梯间和男卫生间，室外设有花台、台阶、散水等附属设施；从标高尺寸可知底层室内地面标高为 ±0.000，厕所地面为 −0.020，以防地面积水流向走廊，楼梯间的储物间地面为 −0.600，以便提高储物间的净空高度；在②与③之间设有剖切标注符号，表明此处设有 1—1 剖面图，并通过第一梯段，向左投影。一些细部的详细构造如台阶、散水处标有索引符号，表明此处细部构造引用了标准图集中的详图。

11.3.5 建筑平面图的画图步骤

绘图前，应依据建筑体型的大小，选择图幅、确定绘图比例、进行图样布局。首先用底稿线绘制建筑平面图，具体画图步骤如下：

1. 画定位轴线

依据定位轴线间的距离，画出建筑平面图的横向和纵向的定位轴线，如图 11-27（a）所示。

2. 画墙体和柱

依据墙体的厚度、柱子的大小，画出墙身线和柱子的轮廓线，如图 11-27（b）所示。

3. 画门、窗图例

依据门、窗的定位尺寸和门、窗的宽度尺寸，画出门、窗洞口线，并在洞口处添加门、窗图例符号，如图 11-27（c）所示。

4. 画固定设施和附属设施

绘制室内厨房、卫生间等固定设施的图例，以及附属设施如楼梯、阳台、台阶、散水、花台、雨水管等，如图 11-27（d）所示。

5. 按规定加深图线

经检查无误后，擦除多余的底稿线，按规定线型、线宽加深图线。

6. 各种标注

加深图线后进行各种标注，如房间功能、尺寸、标高、轴线编号、门窗编号、索引符号等。对于底层平面图，还应标明建筑剖面图的剖切标注和指北针，完成标注后如图 11-27（e）所示。

7. 书写图名及绘图比例

在所画的平面图正下方书写图样名称及绘图比例，如图 11-27（e）所示。

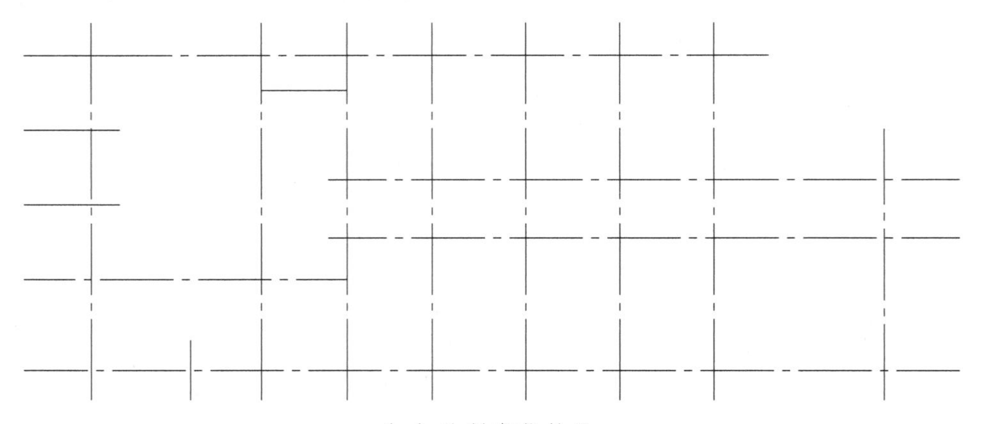

（a）绘制定位轴线

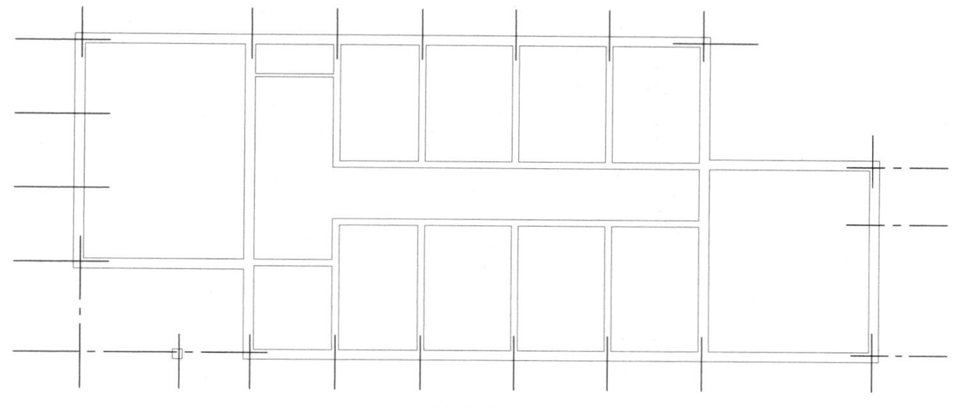

（b）绘制墙身线及柱子

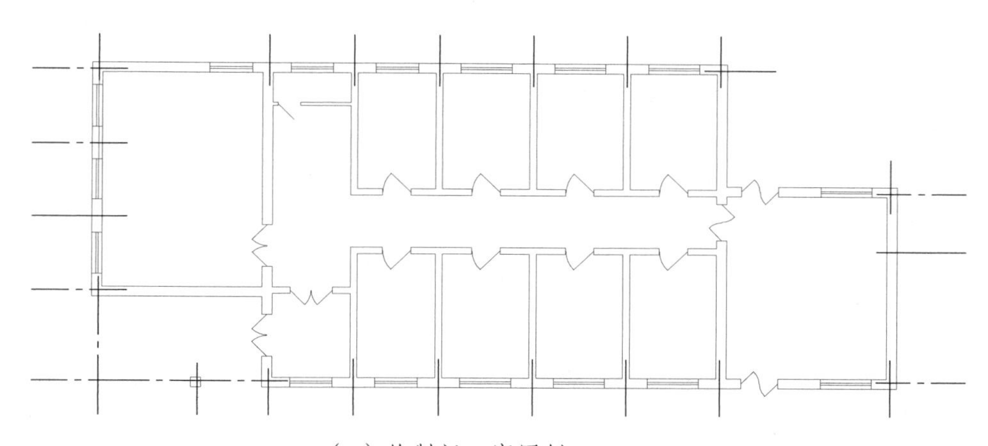

（c）绘制门、窗图例

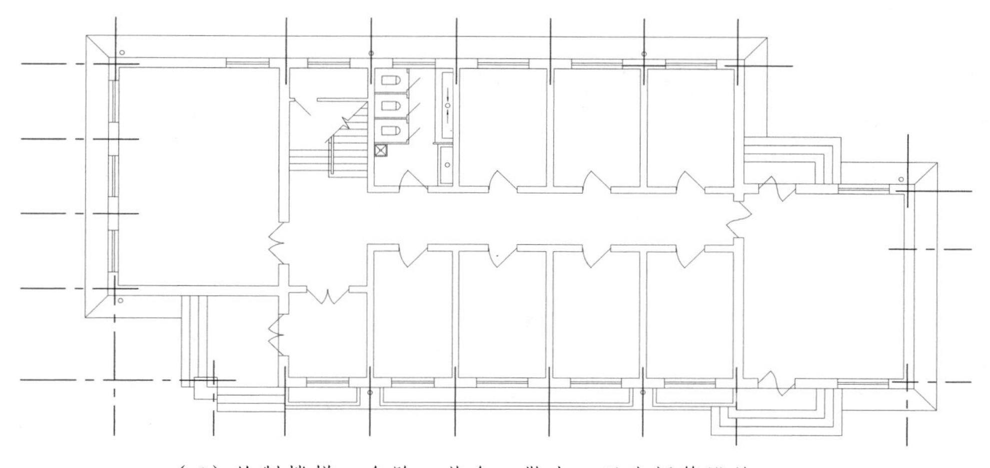

（d）绘制楼梯、台阶、花台、散水、卫生间等设施

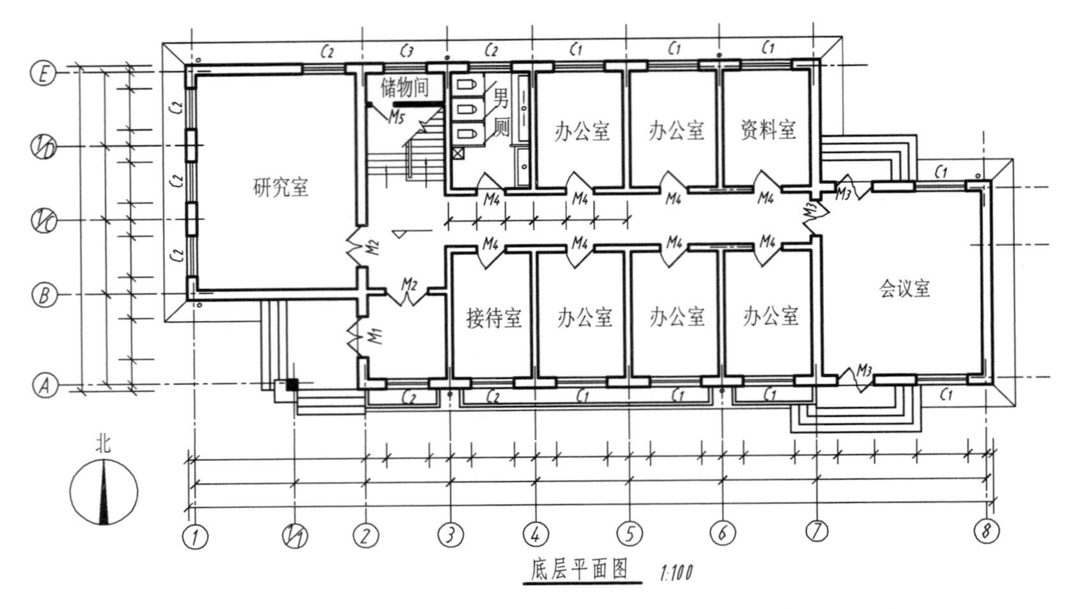

(e) 按规定加深图线后，进行文字注释、尺寸标注、轴线编号等

图 11-27 建筑平面图的画图步骤

11.4 建筑立面图

建筑立面图是房屋的外观图，建筑的外观特征、艺术效果全靠立面图反映出来。建筑立面图是建筑施工中进行高度控制与外墙装饰的技术依据。

11.4.1 建筑立面图的图示方法

如图 11-28 所示，将房屋建筑的外墙面向与其平行的投影面投射所得的正投影图，称为建筑立面图。由于建筑物的四个外墙面上的门、窗等建筑构件或墙面装饰各有不同，故需对其各外墙作相应的立面图。当建筑物有曲线或折线形的外墙时，可以将曲面或折面形的立面绘制成展开立面图，以使各部分反映实形。

建筑立面图通常依据其两端的轴线编号来命名，如①～⑧立面图、Ⓐ～Ⓔ立面图等。如果建筑物朝向比较正，也可用其朝向来命名，如南立面图、西立面图、东立面图和北立面图。

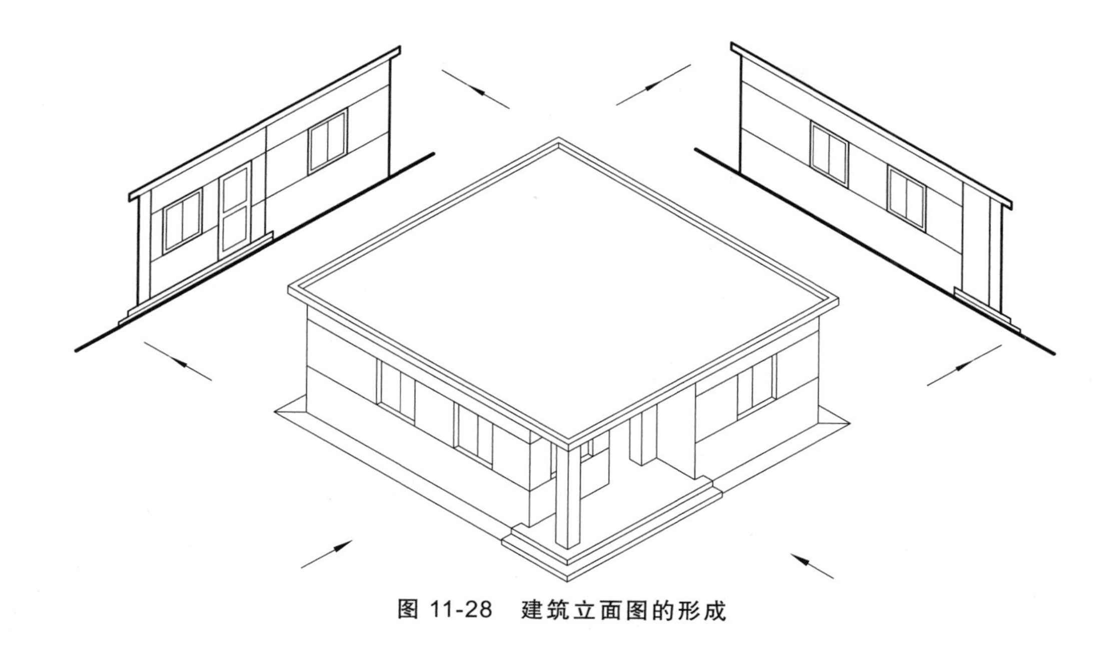

图 11-28 建筑立面图的形成

11.4.2 建筑立面图的基本内容

建筑立面图主要表达外墙面上各种建筑构件在高度方向上的布置状况以及外墙面的装饰与装修情况。其基本内容如下：

1. 表达建筑立面的外轮廓形状

立面图的外形轮廓反映了房屋建筑的主要外貌与体型特征，它可以帮助读者构思建筑的总体构造与造型。

2. 表达外墙面上可见的全部建筑构件

在外墙面上，从室外地坪至檐口顶部之间的全部构件，通常有梁、柱、挑檐、雨篷、阳台、门窗、遮阳板、台阶、花台等。其中，门、窗构件采用国标规定的图例表示，其余构件需按实际尺寸画出。

3. 表明外墙面上的装饰、装修做法、材料、色调等

墙面上的装修做法、材料、色调等都无法用图形表述清楚，在施工图中，通常采用引出线标注方式进行说明。

4. 标注各主要部位的标高

从室外地坪至檐口顶部的各个主要部位均应标注标高尺寸，如室外地坪、台阶、雨篷、窗台、窗顶、门顶、檐口顶部等部位的标高。

5. 表明索引符号、立面图两端的轴线及编号

需用详图表达的部位应加详图索引符号，用以指明详图所在的位置，方便查阅详图细节。建筑立面图中，两端外墙的轴线应编号，并应与建筑平面图中对应的轴线编号保持一致。

6. 书写图名及绘图比例

图名用于说明立面图是表达房屋建筑的哪个侧立面，图名通常有定位轴线命名和朝向命名两种。建筑立面图的绘图比例一般与建筑平面图的比例保持一致，通常为 1∶50、1∶100、1∶150 和 1∶200。

11.4.3 建筑立面图的图示特点

为了突出建筑立面的层次效果，规定房屋的外形轮廓线采用粗实线表示；外墙面上门窗洞口、台阶、雨篷、阳台等较大构件的轮廓采用中实线表示；较大构件的建筑细部（如门窗细部、阳台细部等）、小构件的轮廓（如雨水管、墙面引条线等）以及外墙面上的装饰等均采用细实线表示；室外地平线采用特粗线表示。

11.4.4 建筑立面图的阅读

建筑立面图与建筑平面图有着密切的联系，阅读时，必须结合建筑平面图才能弄清建筑外墙的造型。读图步骤如下：

（1）由图名、比例，明确该立面图是表达房屋建筑的哪个侧面，绘图比例是多大。

（2）查阅建筑平面图，弄清建筑的立面造型。

（3）了解外墙面上门、窗的类型、数量，并应与各层建筑平面图中的门、窗对应一致。

（4）分析立面图中的其余建筑构件，如挑檐、雨篷、台阶、花台、勒脚等的形式与大小。

（5）了解外墙面上的装饰、装修做法、材料的使用等情况。

（6）通过详图索引符号，查阅建筑立面图中的细部构造。

图 11-29 ~ 11-32 分别为办公楼的四个外墙的立面图。现以图 11-29 所示的①~⑧立面图为例进行阅读说明。

①~⑧立面图是办公楼南侧外墙的立面图，也是位于主要出入口一侧的立面图，因此是建筑物的主要立面图。由图中可看出，建筑的立面造型为山字形，中间高、两头低，东侧仅有一层，西侧有两层，中间为三层，这三部分组成建筑的总体立面，显得均衡而稳定。

①~⑧立面图中的窗户有两种形式，即带有上亮子的两扇窗和四扇窗，均为推拉式窗。而位于立面图右侧的门是上部带亮子的双扇弹簧门。

在该立面上还有一些其他建筑构件，如三层和西侧二层的檐口设有挑檐，而东侧的一层檐口为女儿墙；位于西侧的主要出入口处及东侧辅助出入口处，均设有台阶和雨篷；在底层窗台下方设有花台。此外，外墙面上还设有三根雨水管。

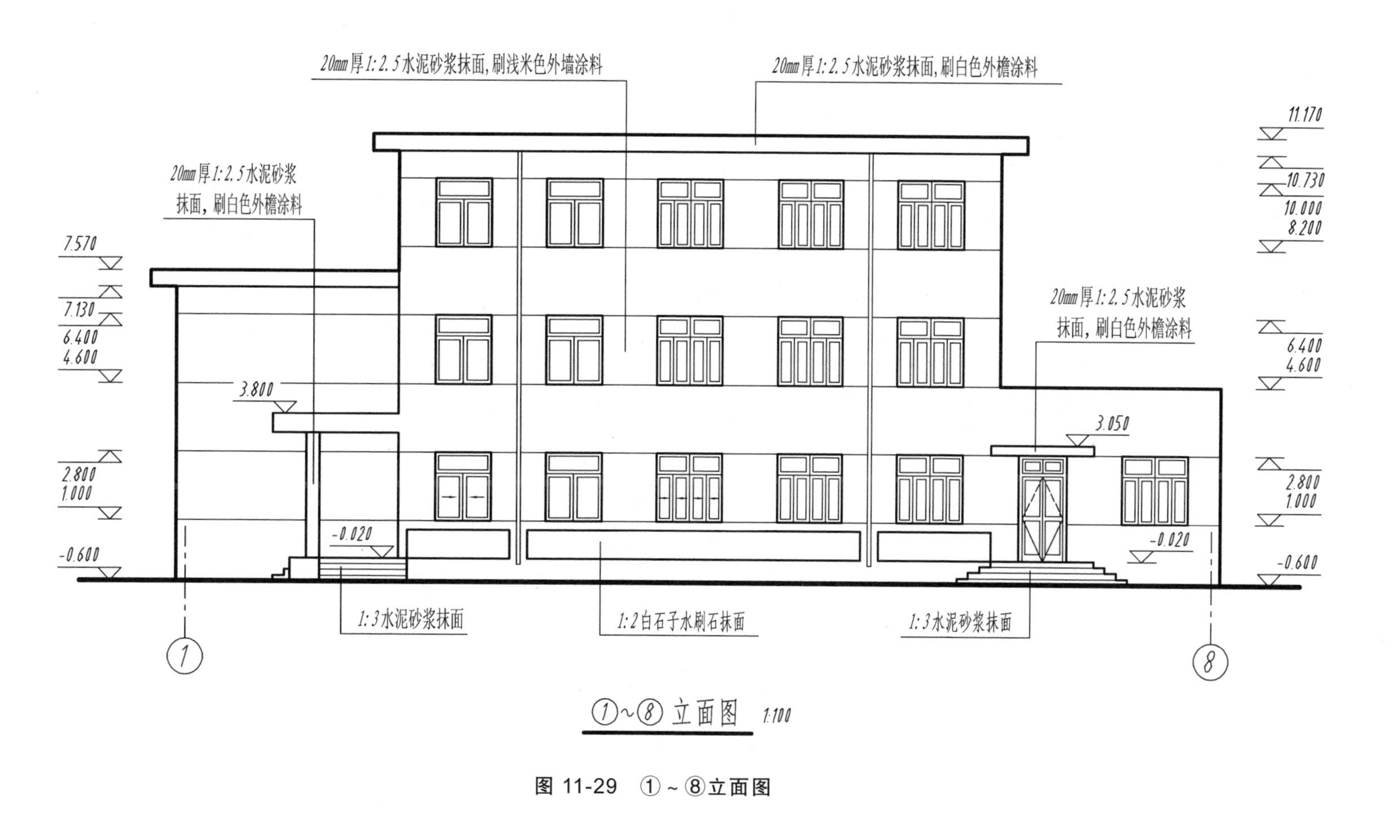
20mm厚1:2.5水泥砂浆抹面,刷浅米色外墙涂料
20mm厚1:2.5水泥砂浆抹面,刷白色外檐涂料
11.170
10.730
10.000
8.200
20mm厚1:2.5水泥砂浆
抹面,刷白色外檐涂料
7.570
7.130
6.400
4.600
3.800
20mm厚1:2.5水泥砂浆
抹面,刷白色外檐涂料
6.400
4.600
3.050
2.800
1.000
2.800
1.000
-0.020
-0.600
-0.020
-0.600
1:3水泥砂浆抹面
1:2白石子水刷石抹面
1:3水泥砂浆抹面
1
8
①~⑧立面图 1:100

图 11-29 ①~⑧立面图

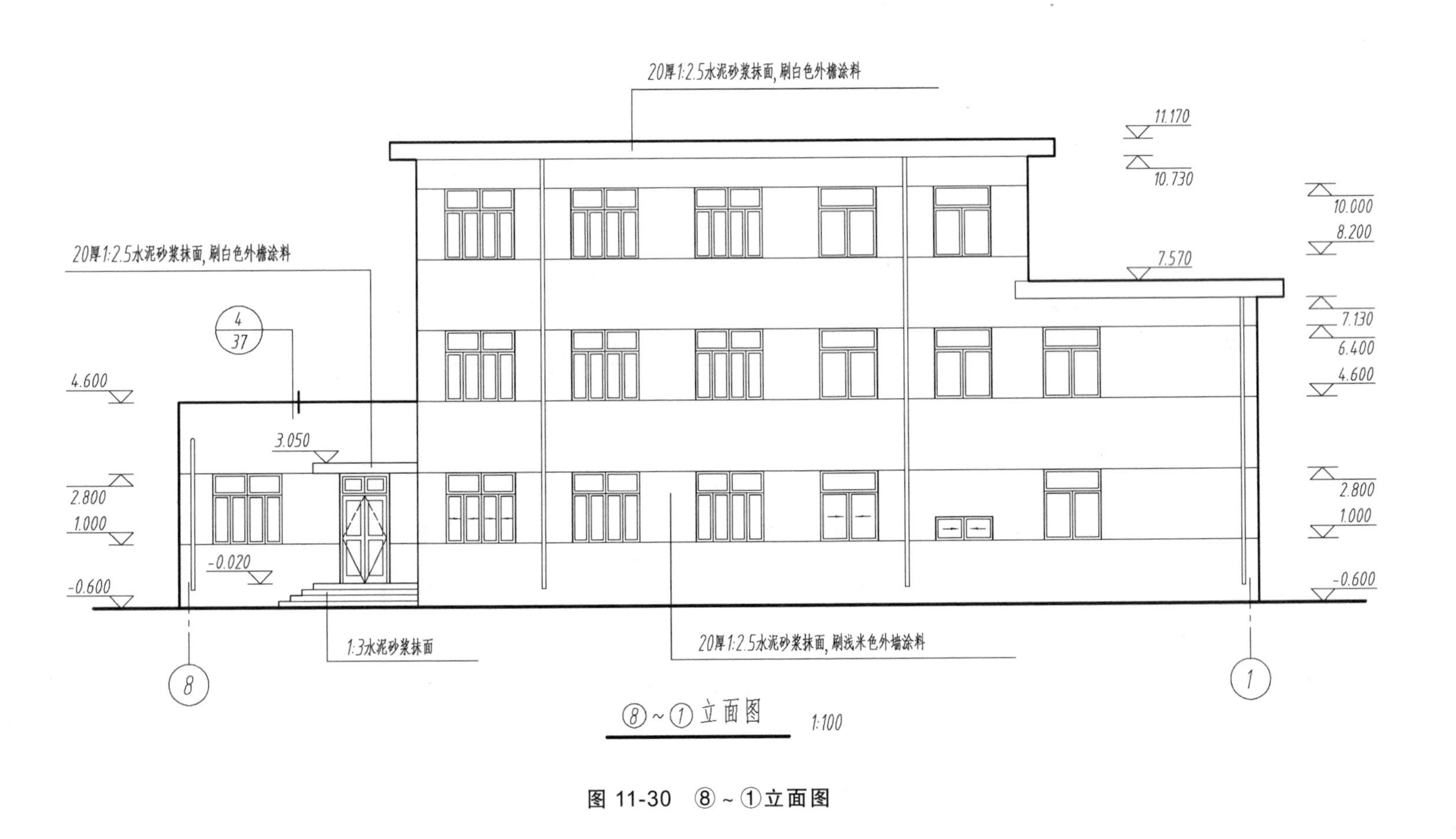
20厚1:2.5水泥砂浆抹面，刷白色外檐涂料
11.170
10.730
10.000
8.200
20厚1:2.5水泥砂浆抹面，刷白色外檐涂料
7.570
4
37
7.130
6.400
4.600
4.600
3.050
2.800
2.800
1.000
1.000
-0.020
-0.600
-0.600
1:3水泥砂浆抹面
20厚1:2.5水泥砂浆抹面，刷浅米色外墙涂料
8
1
⑧～①立面图 1:100

图 11-30 ⑧～①立面图

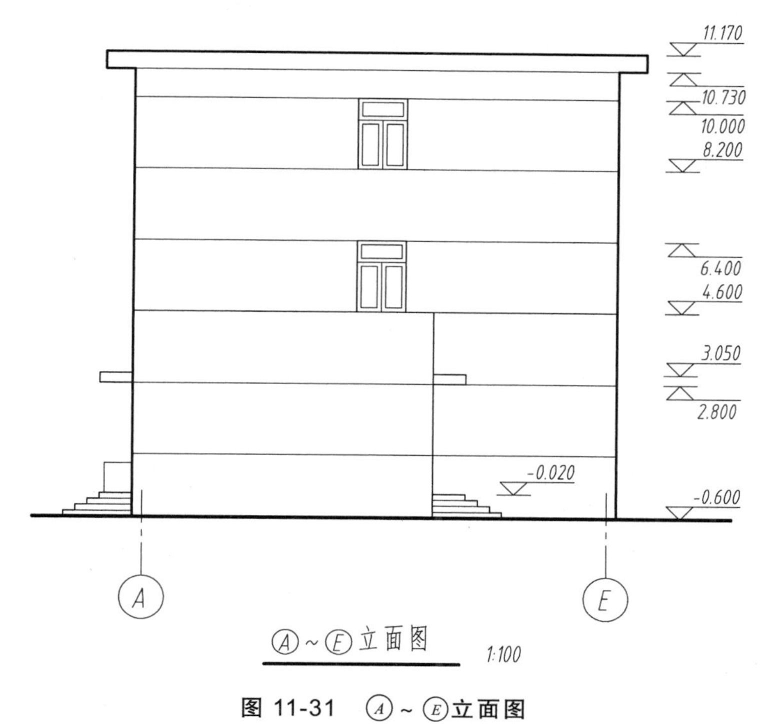

图 11-31 Ⓐ~Ⓔ立面图

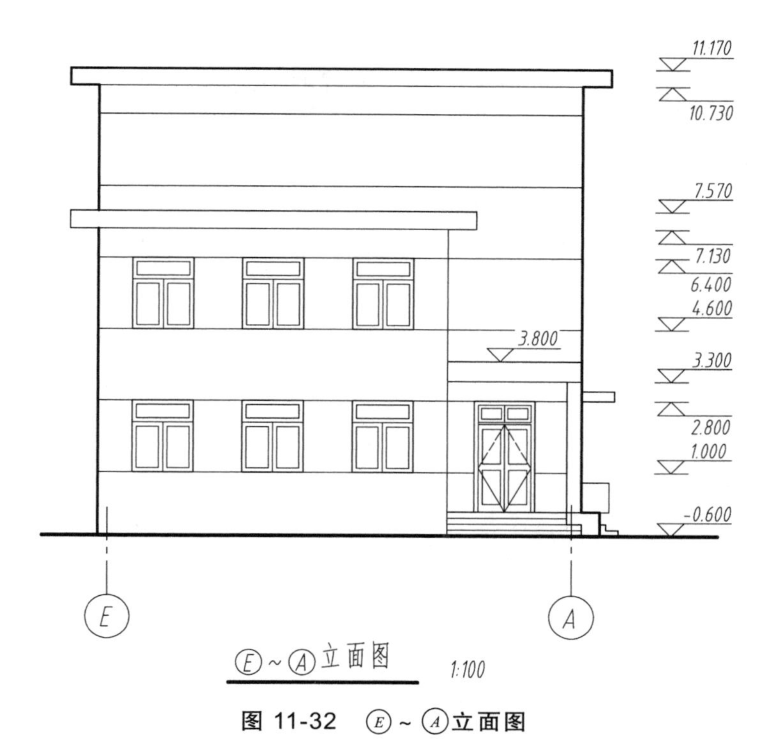

图 11-32 Ⓔ~Ⓐ立面图

在立面图中，外墙面部分装修做法为 1∶2.5 水泥砂浆抹面、20 厚刷浅米色外檐涂料；局部构造如挑檐、雨篷的立面刷白色外檐涂料；而花台立面则为 1∶2 白石子水刷石。

在立面图的左、右两侧，标注了各主要部位的标高尺寸，如室外地坪、各层楼面、窗台、窗顶、门顶、雨篷、挑檐等处的标高。

11.4.5 建筑立面图的画图步骤

首先用底稿线来绘制立面图，具体步骤如下：

（1）画立面图的定位线及外轮廓线。

依据定位轴线间的尺寸，画出必要的墙体定位轴线，依据室内、外地面标高和层高，画出底层地面线、室外地平线、楼面线、屋顶面线和檐口顶面线，并依据墙体尺寸画出墙体轮廓线，如图 11-33（a）所示。

（2）画门、窗洞口。

依据门、窗洞口的标高，确定门窗洞口的窗台线、窗顶线、门顶线；依据门窗洞口在平面图中的定位尺寸和宽度尺寸，画出立面图中的门窗洞口，如图 11-33（b）所示。

（3）画门窗图例及其他附属设施。

在门窗洞口内添加门窗图例，可有代表性地详细地画出几个，其余门窗则用简化的图例表示。画雨篷、台阶、阳台、花台等附属设施以及墙面上的装饰等，如图 11-33（c）所示。

（4）按规定加深图线。

检查无误后，按规定的线型与线宽加深立面图的图线。

（5）标注。

加深图线后进行各类标注，如主要部位的标高、墙面装修做法、详图索引符号等。

（6）书写图名及绘图比例。

按规定格式书写图名及绘图比例，完成全图，如图 11-33（d）所示。

（a）绘制相关墙体的定位轴线、楼地面线、室外地平线及建筑外轮廓线

（b）绘制门、窗洞口及分格线

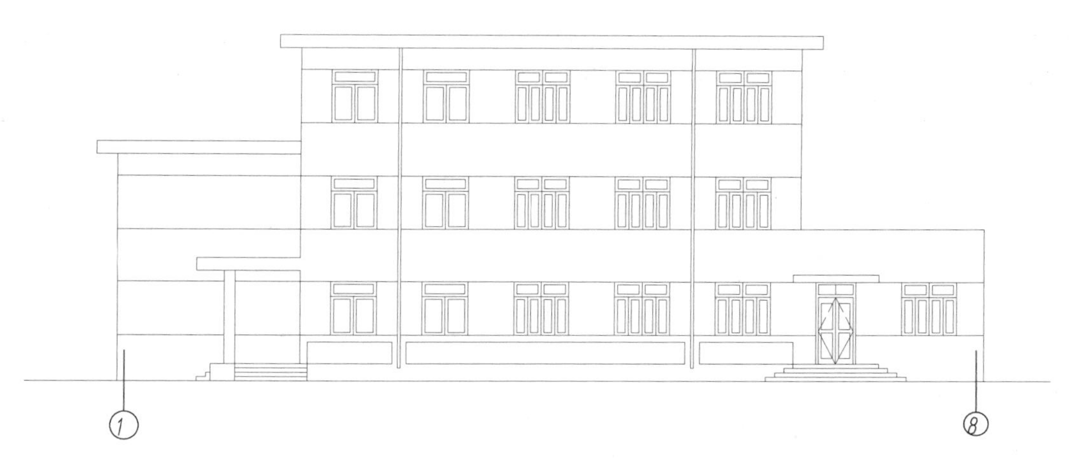

（c）绘制门、窗、台阶、雨篷、花池、雨水管等构件的建筑细部

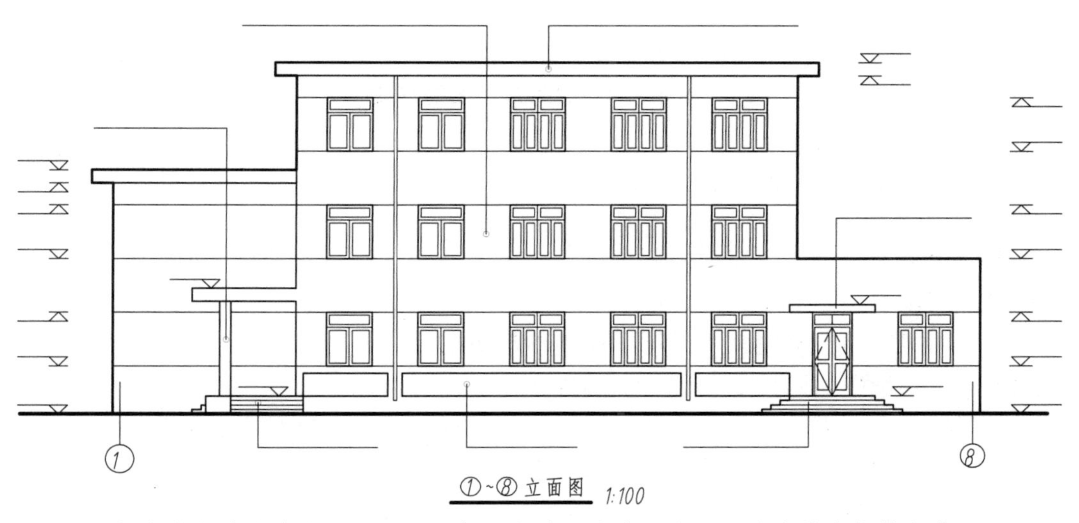

（d）按规定线宽加深图线后，标注尺寸、文字注释、两端外墙定位轴线等

图 11-33 建筑立面图的画图步骤

11.5 建筑剖面图

建筑剖面图与各层建筑平面图、立面图是一起共同表达房屋建筑整体概况的三个最基本图样，简称建筑的“平、立、剖”。

11.5.1 建筑剖面图的图示方法

假想用一垂直于墙身轴线的铅垂面将房屋剖开，移去剖切面与观察者之间的部分，对余下的部分建筑向基本投影面投射所得的正投影图，称为建筑剖面图，简称剖面图。如图11-34 所示是建筑剖面图形成的示意图。

剖面图的剖切位置通常选择在房屋建筑内部构造较为复杂和有代表性的部位，并应通过门窗洞口；多层建筑的剖面图中，至少需要有一张剖面图通过楼梯间的楼梯段。剖面图的图名及投影方向应与底层建筑平面图上的标注相一致。

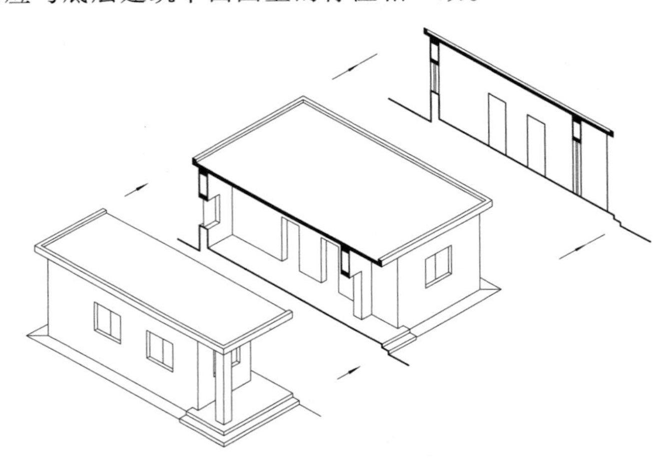

图 11-34　建筑剖面图的形成

11.5.2 建筑剖面图的基本内容

建筑剖面图主要表达房屋的内部构造、上下分层情况以及各种建筑构件在高度方向的布置状况。其基本内容如下：

（1）表明房屋建筑室内上下分层、屋顶的构造及层高。

（2）表明各种剖切到的建筑构件在高度方向的布置情况。

剖切到的室内地面、台阶、室内外墙体、楼层板、阳台、屋顶板、檐口及女儿墙、雨篷、楼梯、散水或明沟等的位置、形状及相互关系。

（3）表明投影可见的各种建筑构件在高度方向的布置情况。

投影可见的室内外墙面、柱子、墙面上的门窗、楼梯段及栏杆扶手、檐口及女儿墙、墙面上装饰、雨水管等建筑构件的位置、形状及相互关系。

（4）标高及尺寸标注。

对剖面图中的室内外地坪、楼地面、楼梯休息平台、阳台、台阶、雨篷、屋顶、檐口及女儿墙顶等部位应注写标高。

标注室内、外各部分的高度尺寸。室外三道尺寸，即外墙上门窗洞口的高度尺寸与楼地面的定位尺寸、楼层间的层高尺寸、室外地坪至檐口顶面间的总高尺寸。此外，外部还应标注墙体定位轴线间的尺寸。室内尺寸，如内墙上门窗洞口高度尺寸和定位尺寸等。

（5）标注轴线编号和详图索引符号。

标明剖切到的两端外墙轴线的编号，应与建筑平面图中的轴线编号保持一致。对需要用详图表达的部位，应加注详图索引符号，以说明详图所画的位置，便于查阅。

（6）书写图名及绘图比例。

剖面图的图名必须与底层建筑平面图中剖面图标注符号相一致。剖面图的绘图比例通常选择 1∶50、1∶100、1∶150、1∶200，且应与建筑平面图、建筑立面图相一致。

建筑剖面图一般不表达地面以下的基础，故通常墙身画到地面以下适当部位，即用折断线进行断开处理。

11.5.3　建筑剖面图的图示特点

为突出房屋内部结构，区分剖切到的和投影可见的各类构件在高度方向的布置，建筑剖面图采用了多种线宽的图线来表示。

规定剖切到的室内外地面、楼板、屋面板、梁、墙体、楼梯、台阶、阳台、雨篷等建筑构件的断面轮廓采用粗实线表示；投影可见的墙面、门窗洞口、楼梯段等较大构件轮廓采用中实线表示；其余投影可见的门窗细部、踢脚板、楼梯的栏杆扶手、墙面装饰等小构件或建筑细部采用细实线表示。

此外，绘图比例小于 1∶50 的建筑剖面图，其剖切断面上的材料图例可简化处理，即砖墙的断面轮廓用粗实线画出，省略砖的材料图例；对于钢筋混凝土构件，其剖切断面轮廓内涂黑表示。

11.5.4　建筑剖面图的阅读

阅读建筑平面图时，必须将各层建筑平面图、立面图联系在一起进行阅读，不能孤立地阅读剖面图。读图步骤如下：

1. 从图名、比例入手

阅读图名、比例以及轴线编号，查阅底层建筑平面图，并与图中的剖切标注符号相互对照，明确建筑剖面图的剖切位置及投影方向。

2. 了解房屋上下分层情况、内部的构造、结构形式

结合各层平面图、剖切位置和投影方向，弄清房屋建筑的分层情况和内部空间组合、结构构造形式以及墙、柱、梁、板、楼梯等之间的相互关系及相应的建筑材料。

3. 了解各部位的标高和尺寸

通过标高和尺寸，弄清楼层的层高，门、窗等构件高度及位置，台阶、阳台、雨篷的位置和大小，楼梯的形式等。

4. 由详图索引符号查阅建筑细部

依据索引符号进一步了解相关建筑细部的构造、大小、材料及施工方法等。

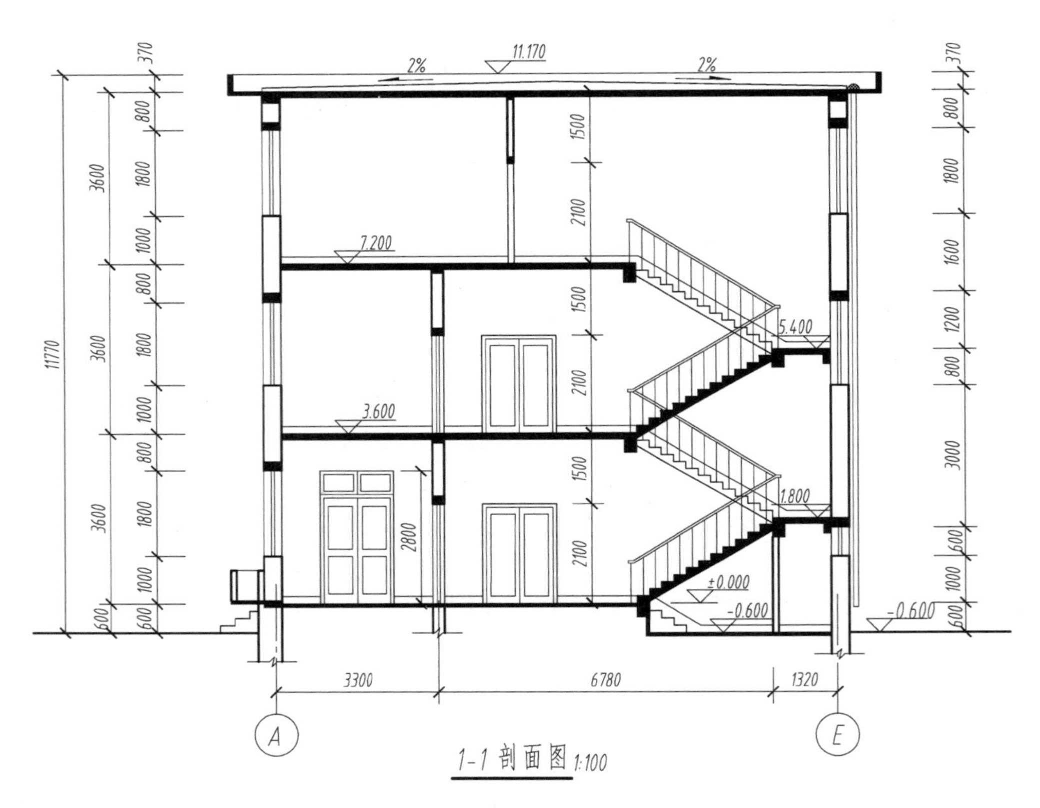

图 11-35　建筑剖面图

图 11-35 是办公楼的 *1—1* 剖面图，依据轴线编号查阅图 11-23 底层平面图可知，*1—1* 剖切位置设在②号轴线与③轴线之间，并向②号轴线一侧方向进行投影。*1—1* 剖切平面剖切到了门厅、楼梯间的第一梯段、地面、楼面、屋面和此开间的外墙。剖面图显示出办公楼为三层楼，是钢筋混凝土砖砌体的混合结构。楼板、屋面板、楼梯、梁等均为钢筋混凝土构件，墙体用砖砌筑，楼梯为双跑楼梯，即由两个梯段和一个休息平台组成。由标高和尺寸可知地面、楼面、门窗洞口、挑檐等处的标高及定形尺寸。

11.5.5 建筑剖面图的画图步骤

首先应用底稿线绘制剖面图，具体步骤如下：

（1）画地面线、楼面线、屋面线、内外墙轴线及休息平台线，如图 11-36（a）所示。

（2）画墙身线、楼板层、屋面层、休息平台的厚度线，如图 11-36（b）所示。

（3）画门窗洞口及较大构件轮廓。

画出剖切到的和投影可见的门窗洞口，以及楼梯段、阳台、雨篷、台阶等附属设施的轮廓线。

（4）画门窗细部及较小构件、其他建筑细部。

门窗细部采用国标规定图例表示。画墙面装饰、踢脚板、雨水管等较小构件以及较大构件的细部，如阳台细部、楼梯的栏杆和扶手等。如图 11-36（c）所示。

（5）按规定加深图线。

检查无误后，按规定线宽要求加深图线。

（6）标注尺寸、标高、详图索引符号、轴线编号。

室外三道尺寸：第一道是外墙上门窗细部尺寸，第二道是层高尺寸，第三道是总高尺寸；室内墙体上门窗洞口的定位和高度尺寸等。此外，标注如室内外地面、楼面、屋面、楼梯休息平台面、檐口顶面等处的标高。对需用详图表达的部位，添加详图索引符号。标注两端剖切到的外墙轴线编号，与平面图中对应轴线编号相一致。完成标注，如图 11-36（d）所示。

（7）书写图名及绘图比例。

剖面图的名称必须与底层平面图的剖切标注相一致。

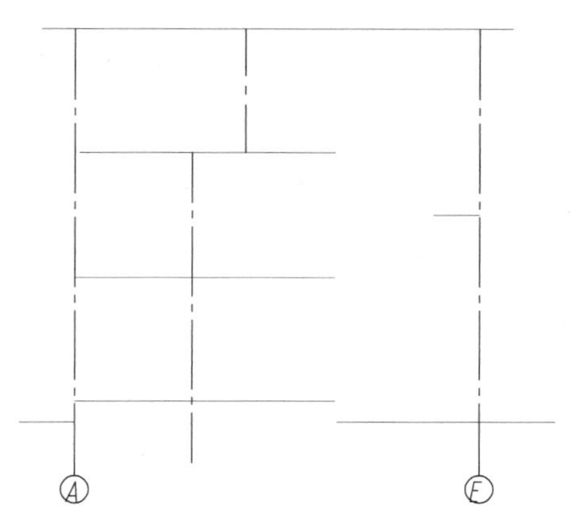

（a）画轴线、楼地面线、屋面线及休息平台线

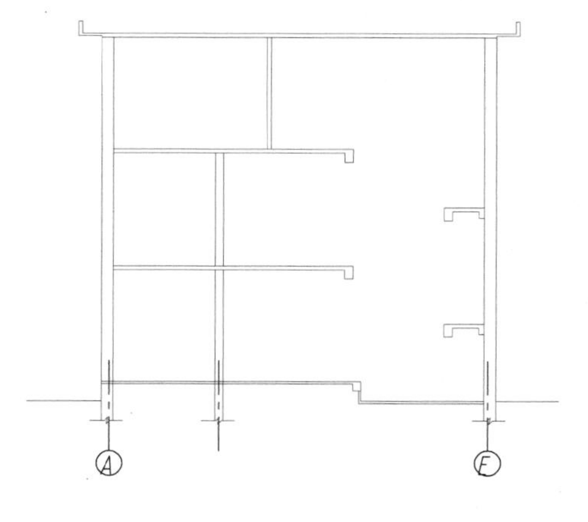

（b）画墙身、楼板、屋面板、地面及休息平台板

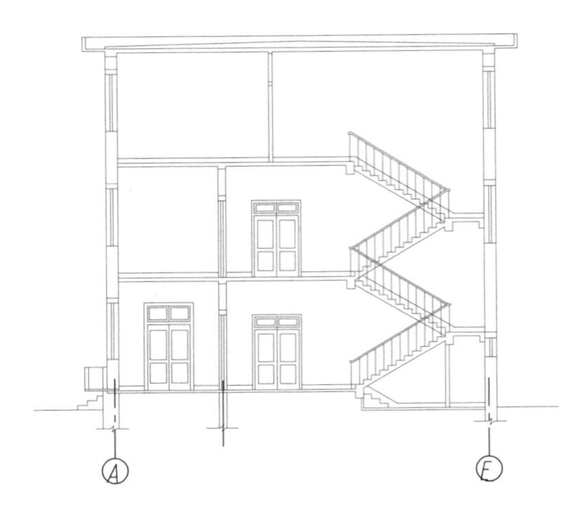

(c)画门窗、楼梯、台阶、花池等构件及细部

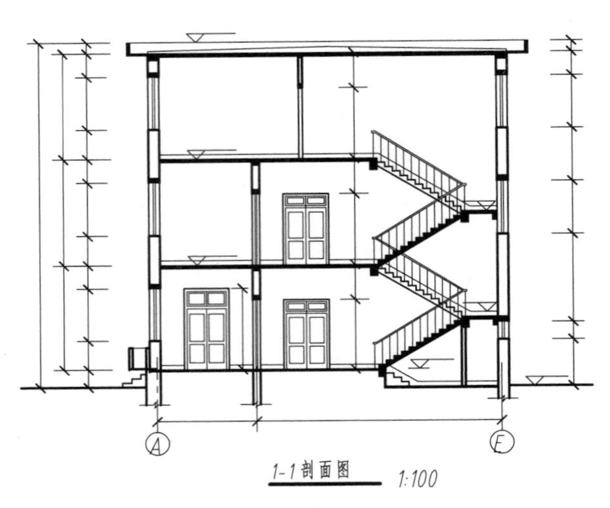

(d)按规定线宽加深图线后，进行尺寸标注

图 11-36　建筑剖面图的画图步骤

11.6　建筑详图

建筑平面图、立面图、剖面图是建筑施工图中最基本的图样，表达了房屋建筑的整体状况，由于绘图比例较小，房屋的许多建筑细部在此比例下无法表示清楚。因此，须用较大比例绘制的图样来进一步表述建筑细部的详细构造、形状、大小、材料、色调等，这种大比例绘制的图样称为建筑详图，简称详图。建筑详图是建筑平面图、立面图、剖面图的一种补充图样，其特点是图样清晰、尺寸齐全、文字注释详尽。

一套房屋施工图中，详图的数量应视房屋的具体情况来确定。建筑详图通常有三种类型即节点详图（如外墙剖面节点详图）、房间详图（如楼梯间详图、厨卫详图等）和构配件详图（门窗详图、阳台详图、台阶详图等）。如果详图采用的是标准图集或通用图集中的详图，则不必另外画出，只需注明所采用的标准图集的名称、型号、页数即可。

11.6.1　外墙剖面节点详图

图 11-37 是办公楼的一个节点的详图，它是从图 11-30 索引来的详图，表达了屋面及女儿墙节点的构造。

外墙剖面节点详图是由沿外墙各主要建筑细部的剖面节点详图所组成。图 11-38 是办公楼的外墙剖面节点详图，表达了Ⓐ轴线外墙与地面、楼面、屋面的连接处及檐口、窗过梁、窗台、花台、勒脚、散水等局部的尺寸、材料、施工做法等详细情况。

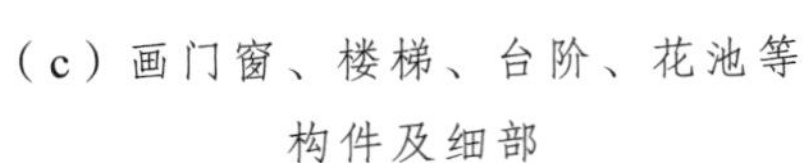

由图 11.37 可见，外墙剖面节点详图通常将不需要表达的或另有详图表达的部分省略，如窗下墙体、挑檐等都用双折断线省略不需要表达的部分；通常，相同的节点只画出一个。外墙剖面节点详图一般包括室内外地面处节点详图、楼层处节点详图和檐口处节点详图。

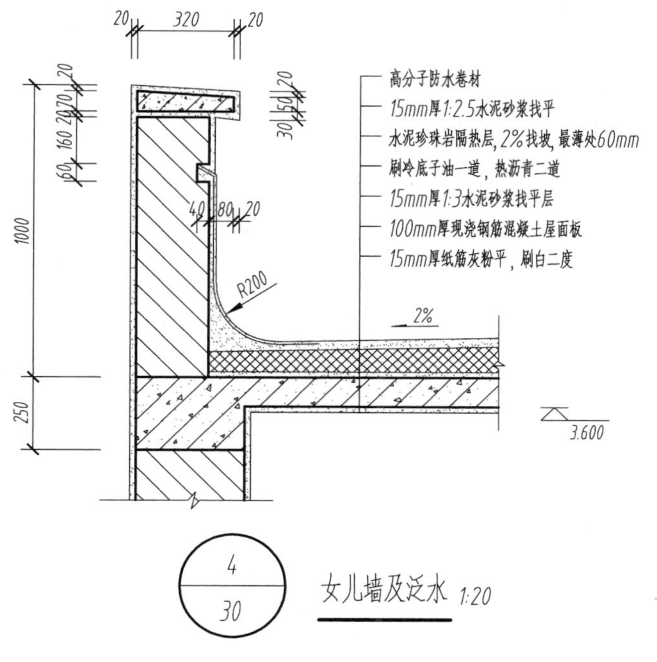

图 11-37　女儿墙及泛水

室内外地面处节点是指底层窗台至室外地坪之间部分，通常涉及窗台的构造、室内外地面的构造、防潮层等，如图 11-38 的下部图样所示。

楼层处节点是指下一层的窗顶至上一层的窗台之间部分，通常涉及窗顶、窗过梁、窗帘盒、楼层板、窗台等构造，如图 11-38 的中部图样所示。

檐口处节点是指顶层的窗顶至檐口顶面之间部分，通常涉及顶层的窗顶、窗过梁、窗帘盒、屋面板、檐口或女儿墙、天沟、入水口等构造，如图 11-38 的上部图样所示。

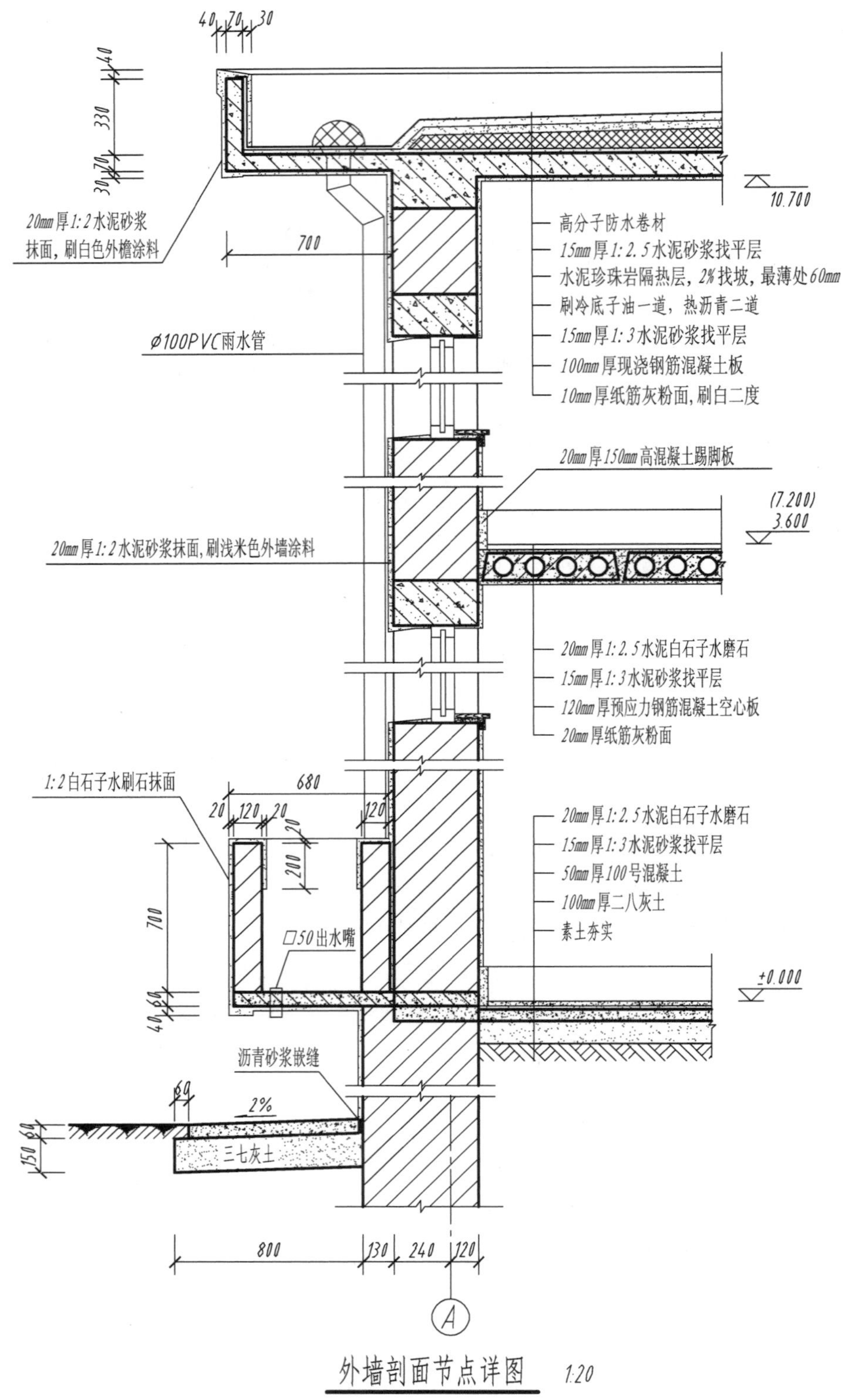

图 11-38 Ⓐ轴线外墙剖面节点详图

11.6.2 楼梯详图

楼梯是多层建筑交通设施的主要构件，通常由若干梯段、休息平台、栏杆扶手（或栏板）、踏步和防滑条等构件组成。梯段是联系两个不同标高平台的斜置构件，其上设有若干步级，每个步级又由一个踏面和一个踢面组成。休息平台是供行人暂短休息和楼梯的转向用的。

由于楼梯的构造较为复杂，故在建筑平面图、立面图、剖面图中不易表达清楚，一般需要另绘详图。楼梯详图通常由楼梯平面图、剖面图和栏杆、扶手、踏步等构造详图组成，主要用于表达楼梯各组成构件的水平布置、竖向布置状况以及各组成的构造、形状、大小、材料等。

1. 楼梯平面图

楼梯平面图主要表达楼梯段、休息平台、楼地面、扶手栏杆等构件在平面方向的布置状况。楼梯平面图是各层楼梯的水平剖面图，其剖切位置位于本层休息平台的下方略低处，被剖切梯段的断开处应按规定采用 30°或 45°的折断线表示。原则上每一层均画一个平面图，若中间几层楼梯的平面布置相同时，可共用同一个平面图来表示中间各层平面，也称为楼梯的中间层平面图或标准层平面图。因此，对多层建筑而言，至少应画楼梯的底层平面图、中间层平面图和顶层平面图。

图 11-39、图 11-40、图 11-41 分别是办公楼的楼梯底层平面图、二层平面图和顶层平面图。读图时应注意各层楼梯平面图的图示方法。图 11-39 所示为底层平面图，由于其剖切位置设在底层休息平台的下部，故楼梯的底层平面图中仅有上行的第一梯段，而没有休息平台和第二梯段的投影。图中注有上行箭头和“上 24 级”，表示从底层沿箭头方向上行 24 级到达二层楼面。楼梯的水平投影长度采用踏面数乘以踏面宽的形式表示，如 11 × 250 = 2 750 表明第一梯段有 11 个踏面、踏面宽 250、梯段水平投影长度 2 750。

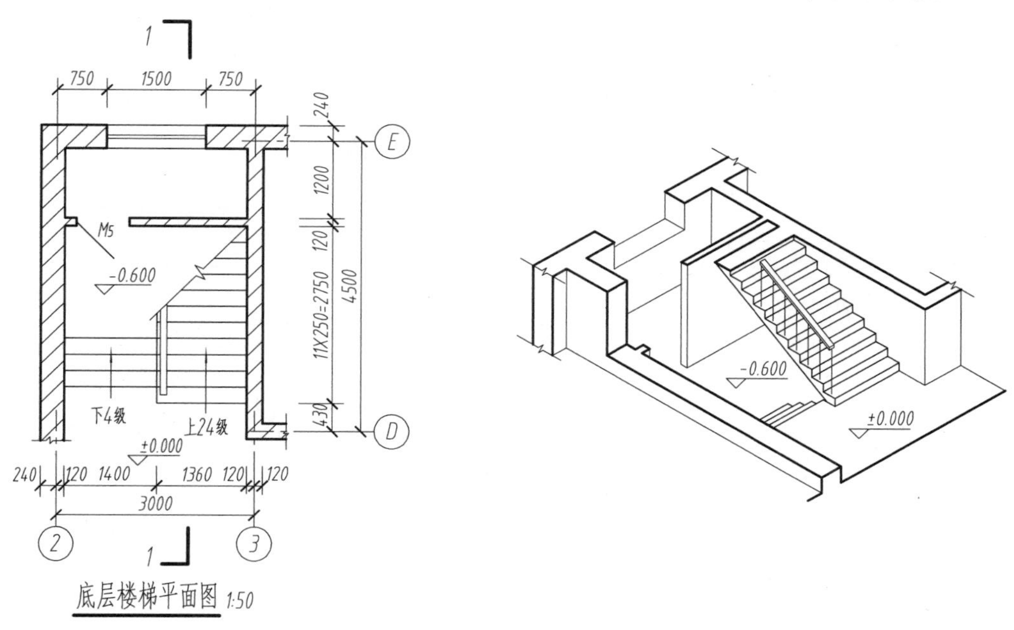

图 11-39 底层楼梯平面图

图 11-40 是办公楼的二层楼梯平面图，剖切位置设在二层休息平台的下部，故在二层平面图中，既有剖切到的上行梯段，也有底层至二层的休息平台和第二梯段。图中同时注有上行、下行箭头和上、下行步级数。

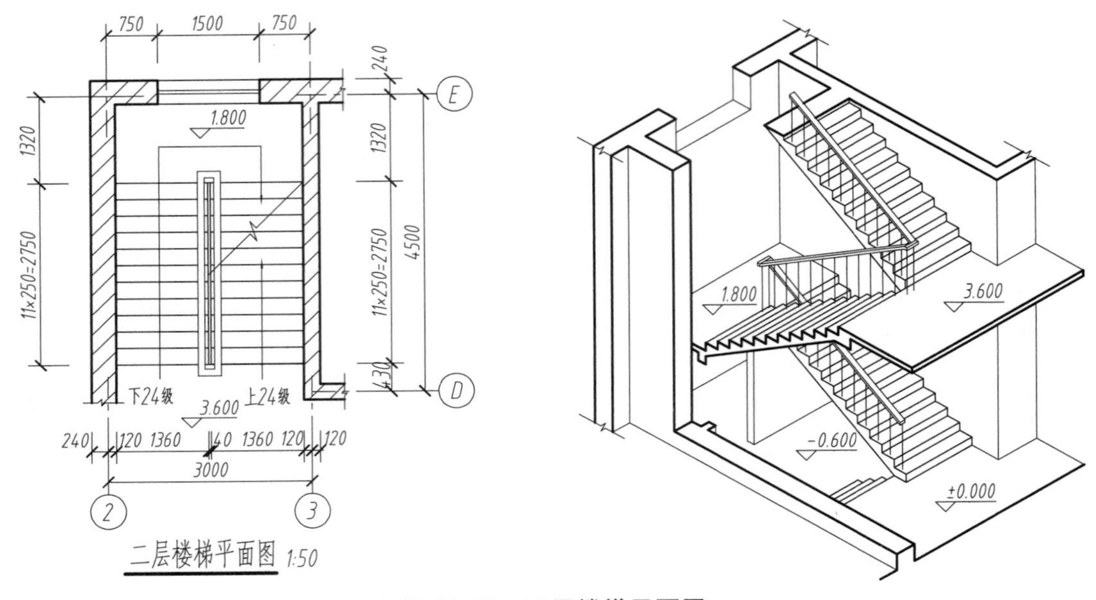

图 11-40　二层楼梯平面图

图 11-41 是办公楼的顶层楼梯平面图，其剖切位置设在顶层的安全栏杆上部，没有剖切到楼梯段，故在顶层平面图中有下行的完整梯段，并仅注有下行箭头和下行步级数 24 级，而没有上行箭头和上行步级数。

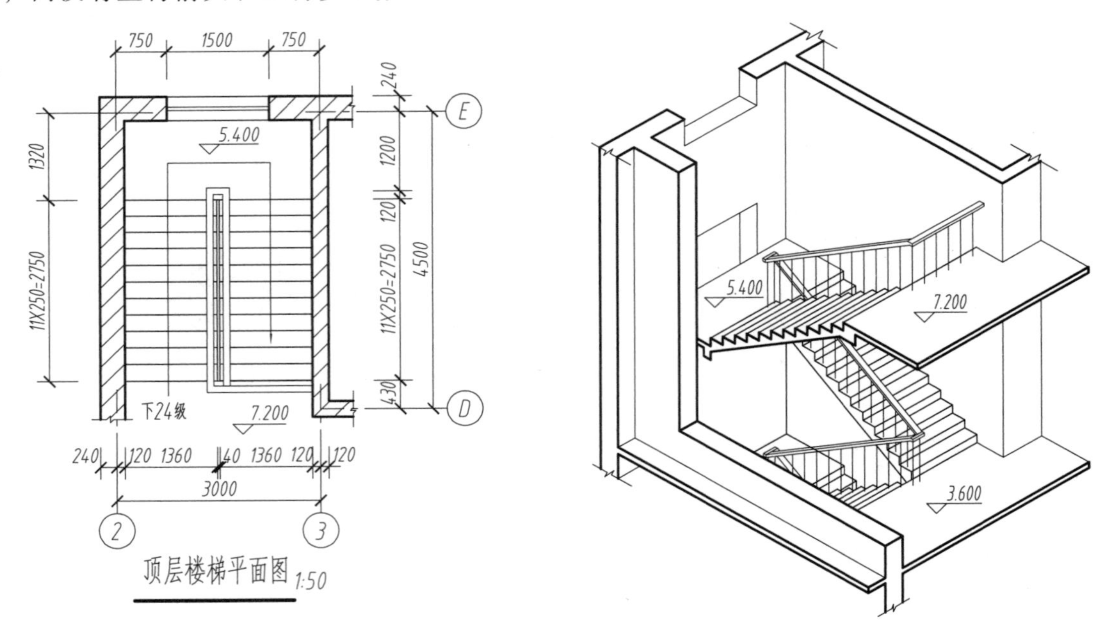

图 11-41　顶层楼梯平面图

由于楼梯段的最高一级的踏面与平台面重合，故梯段的步级数总是比踏面数多一个，在上述楼梯平面图中，可知双跑楼梯的每个梯段的踏面数均为 11 个，则其步级数为 12 级，两个梯段的步级数共计为 24 级。

2. 楼梯剖面图

指假想用一铅垂的剖切面通过各层的第一梯段或第二梯段、楼梯间的门窗洞口垂直剖开，并向未剖切到的梯段一侧方向投射所得的投影图。其剖切位置及投影方向必须在底层楼梯平面图中标明。

楼梯剖面图主要表达楼梯间的层数、梯段数、各梯段的步级数、楼梯的类型和结构形式。图 11-42 是办公楼楼梯的 *1—1* 剖面图，查阅图 11-39 可知，剖切平面是经楼梯间的窗洞口、楼梯的第一梯段剖开，并向第二梯段方向投影。

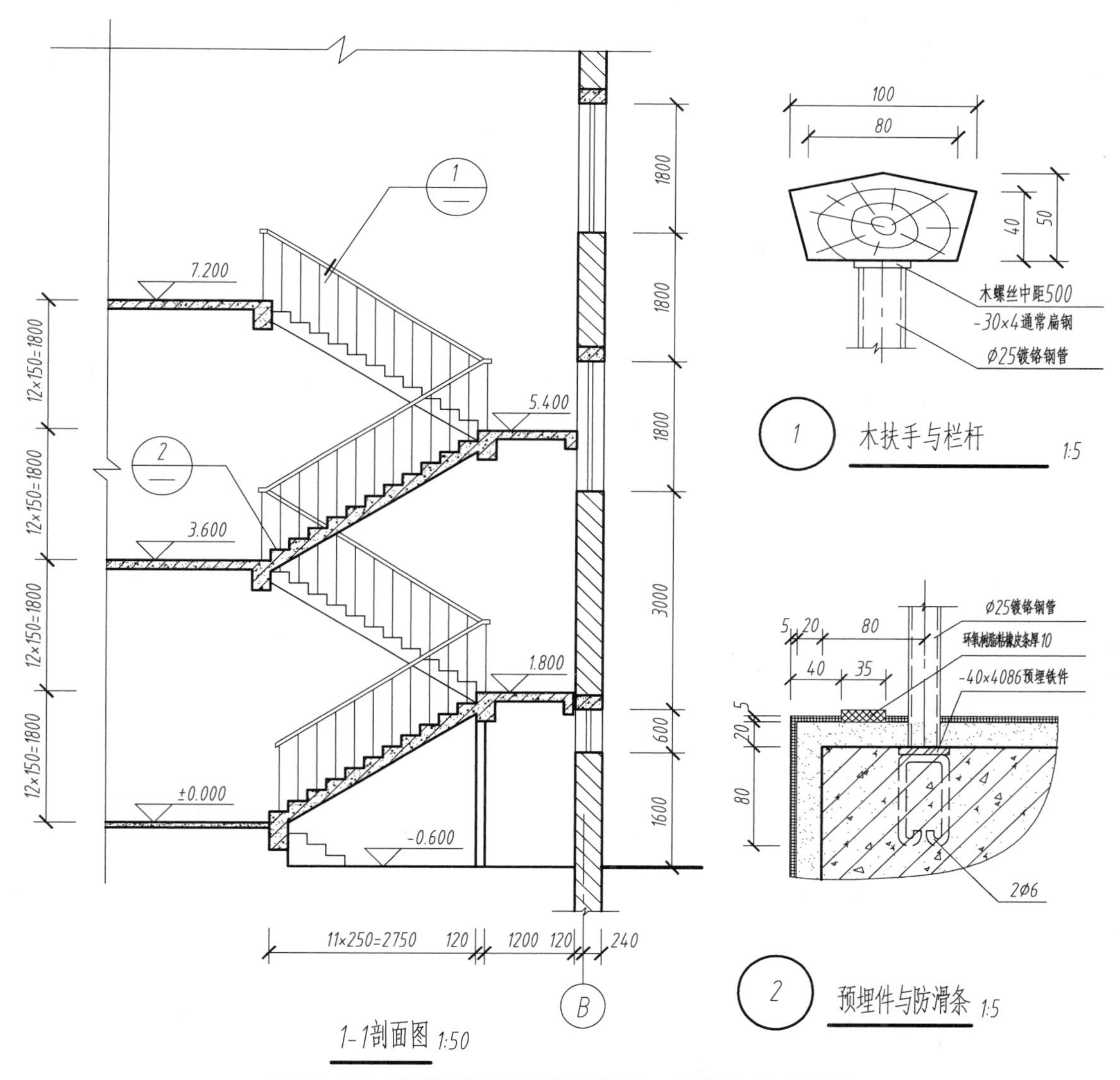

图 11-42　楼梯剖面图及扶手栏杆、防滑条构造详图

3. 栏杆、扶手、踏步防滑条等构造详图

在楼梯平面图和剖面图中，一些细部构造仍表达不清楚，需另配详图表达。如图 11-42 所示楼梯的 1—1 剖面图中，标有 1 号和 2 号详图索引符号，并出具了木扶手、栏杆、踏步防滑条等构造详图。

4. 楼梯剖面图的绘制

楼梯的步级是一个均布结构，通常可用等分线法进行绘制。首先应依据梯段的水平尺寸、楼地面和休息平台的标高确定梯段的起始端点，然后将梯段水平方向等分踏面数，梯段的高度方向等分踢面数（等于踏面数+1）。其画图步骤如图 11-43 所示。

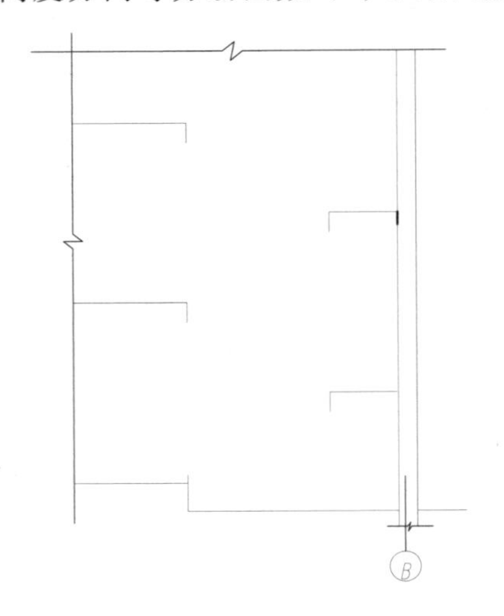

（a）画楼地面线平台线，确定梯段的起始点

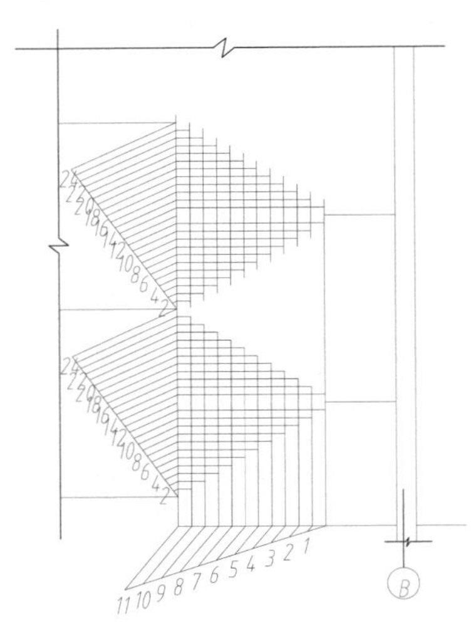

（b）用等分线法划分梯段的路面和踢面

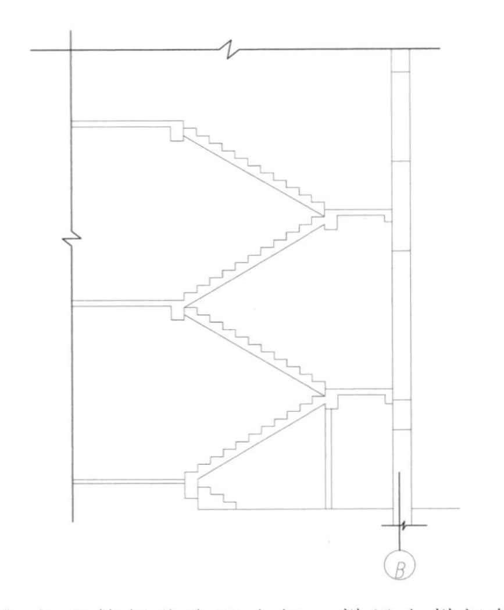

（c）画楼板休息平台板、梯梁和梯板等

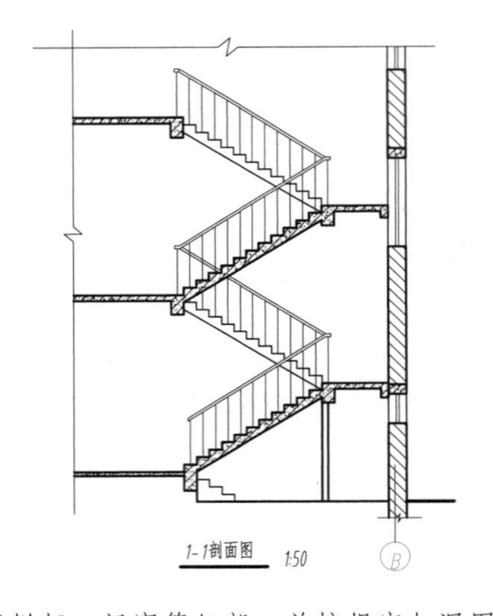

（d）画栏杆、门窗等细部，并按规定加深图线

图 11-43　楼梯剖面图的画图方法与步骤

第 12 章　结构施工图

结构施工图也是房屋设计与施工过程中不可缺少的重要技术图样。本章将介绍结构施工图的分类、内容和用途，钢筋混凝土构件的基本知识和图示方法，结构施工图的图示特点和阅读方法。

基本要求

1. 了解房屋结构的组成和分类；
2. 熟悉国家制图标准中对结构施工的有关规定；
3. 了解结构施工图的图示方法、基本内容和图示特点，以及平面整体表示方法；
4. 初步掌握绘制和阅读结构施工图的方法及步骤。

12.1 概　述

一套完整的房屋施工图，除了包括前述的建筑施工图之外，还必须根据建筑设计的要求，通过计算确定房屋中各种承重构件（如基础、梁、板、柱、屋架等）的形状、大小、材料以及构造要求，并将结构设计的结果绘制成工程图样，这种图样称为结构施工图，简称“结施”。

12.1.1 房屋结构的基本知识

房屋结构是由地下结构和上部结构两部分组成的。上部结构由屋盖、楼盖、梁、板、柱、墙体等构件组成；地下结构由基础和地下室组成。

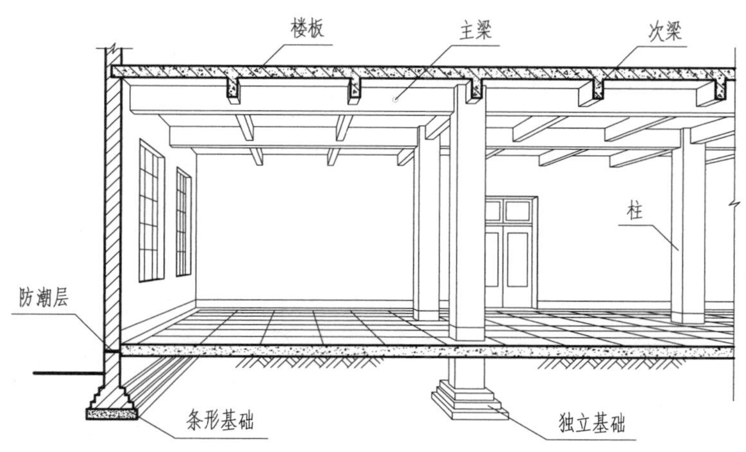

图 12-1　房屋结构受力示意图

由图 12-1 可以看出，房屋各部分的自重、室内设备和家具等重量、人的自重及活动等所产生的荷载，都是由楼板、梁、柱或墙体传递给基础，再由基础传递给其下部的地基，这些构件称为承重构件。按承重构件使用的材料不同，房屋结构可分为钢筋混凝土结构、钢结构、木结构和砖混结构等。结构形式不同，其结构施工图纸也不尽相同。

12.1.2 结构施工图的内容组成与用途

结构施工图是关于承重构件的布置、使用材料、形状、大小及内部构造的工程图样。主要包括：

1. 结构设计说明

主要用于说明建筑物的地基情况、设计荷载的取值、结构的类型、材料规格、强度等级、标注图集的选用及施工注意事项等。

2. 结构平面布置图

结构平面布置图是指同一层次各类承重构件的整体布置图，如基础平面布置图、楼层结构平面布置图、屋面结构平面布置图等。

3. 构件详图

结构平面布置图中不宜表达或表达不清晰的承重构件则必须用详图来表达，如基础、梁、板、柱、楼梯等结构详图，它们是施工时制作构件的主要依据。

结构施工图主要用于施工放线、开挖基槽、支模板、绑扎钢筋、设置预埋件和预留孔洞、浇捣混凝土，安装各类梁、板、柱等承重构件，以及编制预算和施工组织设计等的重要依据。

12.1.3 结构施工图的有关规定

结构施工图必须遵守《建筑结构制图标准》(GB/T50105—2010)、《混凝土结构设计规范》(GB/T50010—2010)以及国家现行的相关标准、规范的规定。

1. 构件代号

房屋结构的基本构件种类繁多，布置也较为复杂，为了做到图样简明、清晰、统一，构件的名称通常采用构件代号来表示。表 12-1 是国标中规定的一些常用构件的代号。

表 12-1 常见构件的代号

序号	名称	代号	序号	名称	代号	序号	名称	代号	序号	名称	代号
1	板	B	7	堵板	QB	13	连系梁	LL	19	柱	Z
2	屋面板	WB	8	梁	L	14	基础梁	JL	20	框架柱	KZ
3	空心板	KB	9	屋面梁	WL	15	楼梯梁	TL	21	基础	J
4	密肋板	MB	10	吊车梁	DL	16	框架梁	KL	22	雨篷	YP
5	楼梯板	TB	11	圈梁	QL	17	屋架	WJ	23	阳台	YT
6	盖板或沟盖板	GB	12	过梁	GL	18	框架	KJ	24	预埋件	M

注：预应力钢筋混凝土构件代号，应在构件代号前加注“Y-”，如 Y-KB 表示预应力钢筋混凝土空心板。

2. 钢筋分类及符号

钢筋按强度可分成不同品种，钢筋符号是由直径符号演变而来。常见的钢筋符号见表 12-2。

表 12-2 普通钢筋种类、牌号和符号

钢筋种类	牌号	符号	直径 d/mm	屈服强度标准值/(N/mm^2)	极限强度标准值/(N/mm^2)
热轧光圆钢筋	HPB300	A	6～22	300	420
普通热轧带助钢筋	HRB335	B	6～50	335	455
细晶粒热轧带助钢筋	HRBF335	B^F			
普通热轧带肋钢筋	HRB400	C	6～50	400	540
细晶粒热轧带肋钢筋	HRBF400	C^F			
余热处理带肋钢筋	RRB400	C^R			
普通热轧带肋钢筋	HRB500	D	6～50	500	630
细晶粒热轧带肋钢筋	HRBF500	D^F			

钢筋按在构件中所起的作用，又可分为受力筋、箍筋、架立筋、分布筋和构造筋，如图 12-2 所示。

（1）受力筋：在构件中主要承受抗拉、抗压作用的钢筋。在梁、板构件内，受力筋承受抗拉作用；在柱子内，受力筋承受抗压作用。

（2）箍筋：在构件中承受剪切力或抗扭作用的钢筋，同时用来固定受力筋位置，一般用于梁和柱内。

（3）架立筋：一般用于梁内，它与梁内的受力筋、箍筋一起绑扎构成钢筋龙骨。

（4）分布筋：一般用于板内，它与板内的受力筋一起绑扎构成钢筋网，分布筋一般与受力筋垂直布置。

（5）构造筋：因构件的构造要求或施工需要而配置的钢筋，如预埋锚固筋、吊环等。

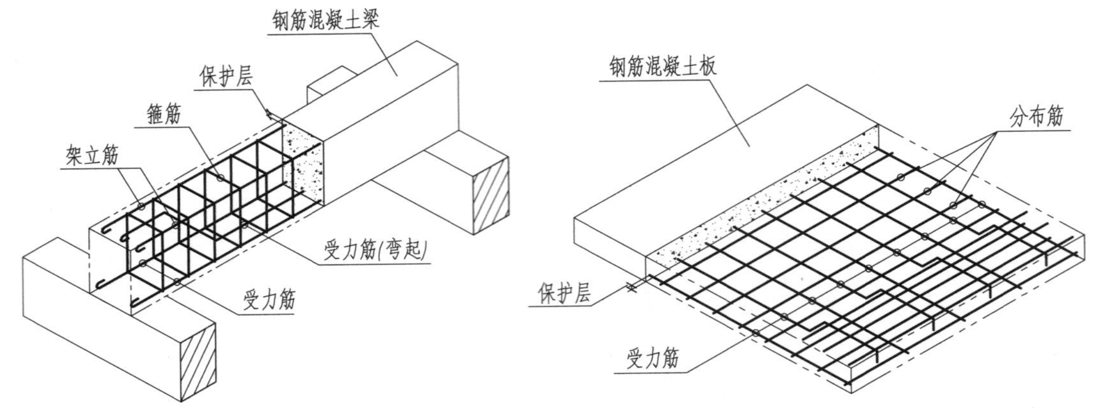

图 12-2　构件中钢筋配置构造示意图

3. 钢筋的图例

在构件图中，钢筋不论粗细、级别均采用单根粗实线绘制。为了清楚表达钢筋端部的构造，如弯钩、接头等，国标规定了钢筋的图示方法，表 12-3 列出了一般钢筋的常用图例。

表 12-3　一般钢筋常用图例

序号	名称	图列	说明
1	钢筋断面	•	
2	无弯钩的钢筋端部		下图表示长短钢筋投影重叠时，可在短钢筋的端部用 45°短画线表示
3	带半圆形弯钩的钢筋端部		
4	带直钩的钢筋端部		
5	带丝扣的钢筋端部		
6	无弯钩的钢筋搭接		
7	带半圆弯钩的钢筋搭楼		
8	带直钩的钢筋搭接		
9	套管接头（花兰螺丝）		

4. 钢筋的画法

在钢筋混凝土构件图中，钢筋的画法应符合表 12-4 的规定。

表 12-4 钢筋的画法

序 号	图 例	说 明
1	(底层) (顶层)	在配置双层钢筋的板中，弯钩向上或向左的表示板内底层钢筋，弯钩向下或向右的钢筋表示板内顶层钢筋
2	JM YM	钢筋混凝土配置双层钢筋时，在配筋立面图中，远面（YM）钢筋的弯钩应向上或向左，而近面（JM）钢筋的弯钩向下或向右
3		若在断面图中不能表达清楚的钢筋布置，应在断面图外增加钢筋大样图（如钢筋混凝土墙、楼梯等）
4	或	图中所表示的箍筋、环筋等布置复杂时，可加画箍筋的大样图或说明
5		每组相同的钢筋、箍筋或环箍，可用一根粗实线表示，并用横穿钢筋的尺寸线、两端的尺寸界线及起止符号表示该组钢筋的起止范围

5. 混凝土保护层

最外层钢筋的外缘到混凝土表面的距离称为混凝土保护层。混凝土保护层的作用就是保护钢筋，起到防锈、防火和防腐蚀，同时也增强钢筋与混凝土间的黏结力。保护层的厚度不应小于钢筋的公称直径，按《混凝土结构设计规范》(GB50010—2010）要求，设计使用年限为 50 年的钢筋混凝土构件，最外层钢筋的保护层厚度应符合表 12-5。

表 12-5 混凝土保护层的最小厚度

环境类别	板、墙、壳	梁、柱
一	15	20
二 a	20	25
二 b	25	35
三 a	30	40
三 b	40	50

注：1. 环境类别是指混凝土构件暴露的环境，具体可查阅《混凝土结构设计规范》(GB50010—2010)。
2. 混凝土强度等级不大于 C25 时，表中保护层厚度应加 5 mm。
3. 钢筋混凝土基础宜设置混凝土垫层，其受力筋的混凝土保护层厚度应从垫层顶面算起，且不应小于 40 mm。
4. 设计使用年限为 100 年的钢筋混凝土构件，其最外层钢筋的保护层厚度不应小于表中数值的 1.4 倍。

6. 钢筋的弯钩

为了防止钢筋在受力时滑动，凡是光圆钢筋，其端部应制作弯钩。弯钩的形式有 180°、135°和 90°三种弯钩。半圆钩的设计长度一般取 6.25*d*，直钩的设计长度取 12.9*d*，其中 *d* 为钢筋的公称直径，如图 12-3 所示。

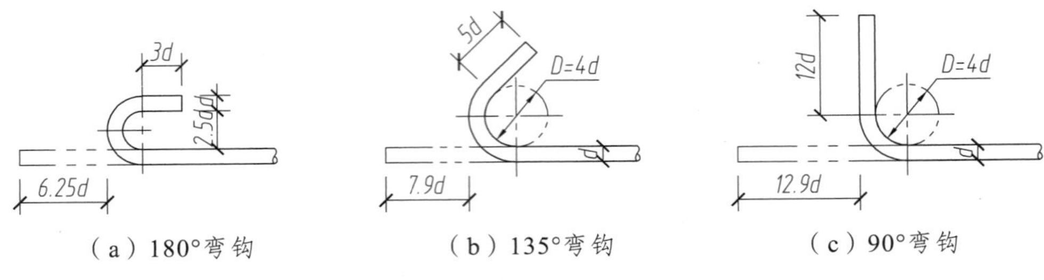

（a）180°弯钩　（b）135°弯钩　（c）90°弯钩

图 12-3　钢筋的弯钩

7. 钢筋的标注和编号

为了便于区分钢筋的级别、直径、数量，需要对钢筋进行标注和编号。同类型的钢筋（级别、直径、形状、大小均相同）编同一个号。钢筋一般采用引线标注，并在水平引线的端部画一直径 6 mm 的圆圈，在圆圈内用阿拉伯数字编号，如图 12-4（a）所示。钢筋标注格式通常有两种方式：

（1）标注钢筋的根数、级别和直径。

通常用于标注梁、柱内受力筋或架立筋。如图 12-4（b）所示②筋为 3 根直径 16 mm 的 HRB335 钢筋。

（2）标注钢筋的级别、直径和钢筋的中心距。

通常用于标注板内受力筋和分布筋以及梁、柱内箍筋。如图 12-4（c）所示⑤筋为直径 6 mm 的 HPB300 钢筋，相邻钢筋的中心距为 150 mm。

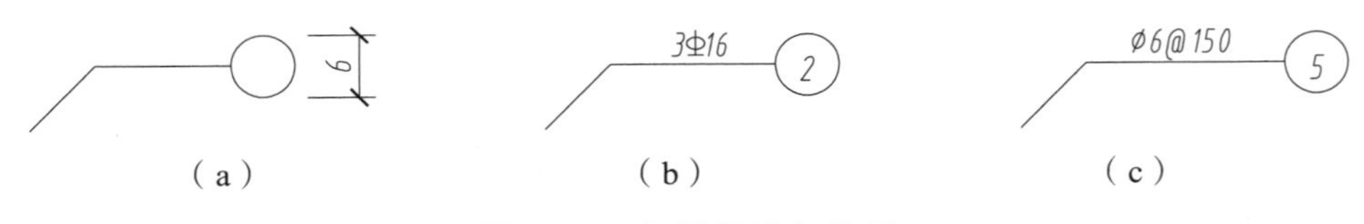

（a）　（b）　（c）

图 12-4　钢筋标注与编号

12.2　钢筋混凝土构件图

12.2.1　钢筋混凝土结构的基本知识

钢筋混凝土构件由钢筋和混凝土两种材料组合而成。混凝土由水泥、砂、石子和水按一定比例配合，经搅拌、注模、振捣、养护等工序制作而成。《混凝土结构设计规范》GB50010

—2010）中规定混凝土的强度等级按混凝土的抗压强度可分为 C15、C20、C25、C30、C35、C40、C45、C50、C55、C60、C65、C70、C75、C80，共计 14 个等级，数字越大，表明混凝土的抗压强度越高。试验表明混凝土的抗压能力很高，但其抗拉能力很小。

图 12-5（a）是素混凝土梁，在荷载作用下，梁的底部受拉、顶部受压，由于混凝土的抗拉性能差，因此素混凝土梁很容易断裂。如图 12-5（b）所示，若在混凝土梁的底部受拉区布置一定数量的钢筋，钢筋有着良好的抗拉和抗压能力，其与混凝土黏结成一个整体共同来抵御外来荷载的作用，这种由钢筋和混凝土制作的构件称为钢筋混凝土构件。工程中许多构件均采用钢筋混凝土构件。

图 12-5 梁的受力示意图

钢筋混凝土构件根据制作方式不同，分为现浇构件和预制构件两种。如在制作时，通过对钢筋施加一定的张力预加给混凝土，提高钢筋混凝土构件的抗裂性能，这种构件称为预应力钢筋混凝土构件。

12.2.2 钢筋混凝土构件图的图示方法与图示特点

钢筋混凝土构件图主要用于表达梁、板、柱、基础等各类承重构件的形状、大小、材料、内部构造等情况。

1. 图示方法

假设混凝土为透明体，构件内的钢筋是可见的，并用正投影法表达构件的形状及构件内部钢筋的配置状况，这种投影图称为构件的配筋图。

配筋图是钢筋混凝土构件详图的最主要的图样，通常由配筋平面图、立面图和断面图组成。必要时，还需绘制构件中的钢筋详图和钢筋表；对于复杂的构件或设有预埋件的构件，还应绘制构件的模板图和预埋件详图，以表达构件的形状、大小、预埋件构造及安装位置。

2. 图示特点

为了突出钢筋混凝土构件内钢筋的配置，画构件配筋图时，规定构件的外形轮廓采用细实线表示；钢筋采用单根粗实线表示，而钢筋断面用涂黑的圆点表示，并按规定格式标注钢筋的级别、直径、根数或钢筋中心距等；在配筋断面图上不画钢筋混凝土的材料图例。

12.2.3 钢筋混凝土构件详图示例

钢筋混凝土构件分为定型构件和非定型构件。定型预制构件或现浇构件可直接引用标准图或本地区通用图来指导施工；而对自主设计的非定型构件，则必须绘制构件结构详图。

1. 钢筋混凝土梁的结构详图

钢筋混凝土梁的结构图一般由梁的立面图、断面图和钢筋详图组成。由于梁的跨度尺寸远大于其断面尺寸，因此，在梁的配筋图中，立面图和断面图通常采用不同比例绘制，断面图的画图比例要比立面图的比例略大些。由于梁在工作过程中是水平放置的，因此在绘制梁的结构图时，梁的立面图应水平放置。

图 12-6 为钢筋混凝土主梁的配筋立面图和断面图。由图可知，主梁高 550 mm、宽 300 mm，跨长 5 100 mm；梁两端搁置在砖墙上，在主梁上部的角部放置了 2 根②筋，为直径 12 mm 的 HPB300 架立筋；在主梁下部的角部及中间放置了 3 根①筋，为直径 22 mm 的 HRB335 受力筋；在主梁与次梁交接处，放置了 2 根③筋，为直径 20 mm 的 HRB335 吊筋，并与①受力筋相隔放置。由于主梁上部的③筋与②筋投影重叠，且③吊筋的端部不做弯钩，为了表明③吊筋的起始位置，故在③吊筋的端部画有 45°方向斜粗短画线。由 2—2 断面图也可看出，此断面上未剖切到③吊筋。在主梁整个跨度上均布了④筋，为直径 8 mm 的 HPB300 的箍筋。其中，在主梁支座附近为箍筋加密区，间距 100 mm；而在主梁的中部区域为箍筋非加密区，其间距 200 mm。

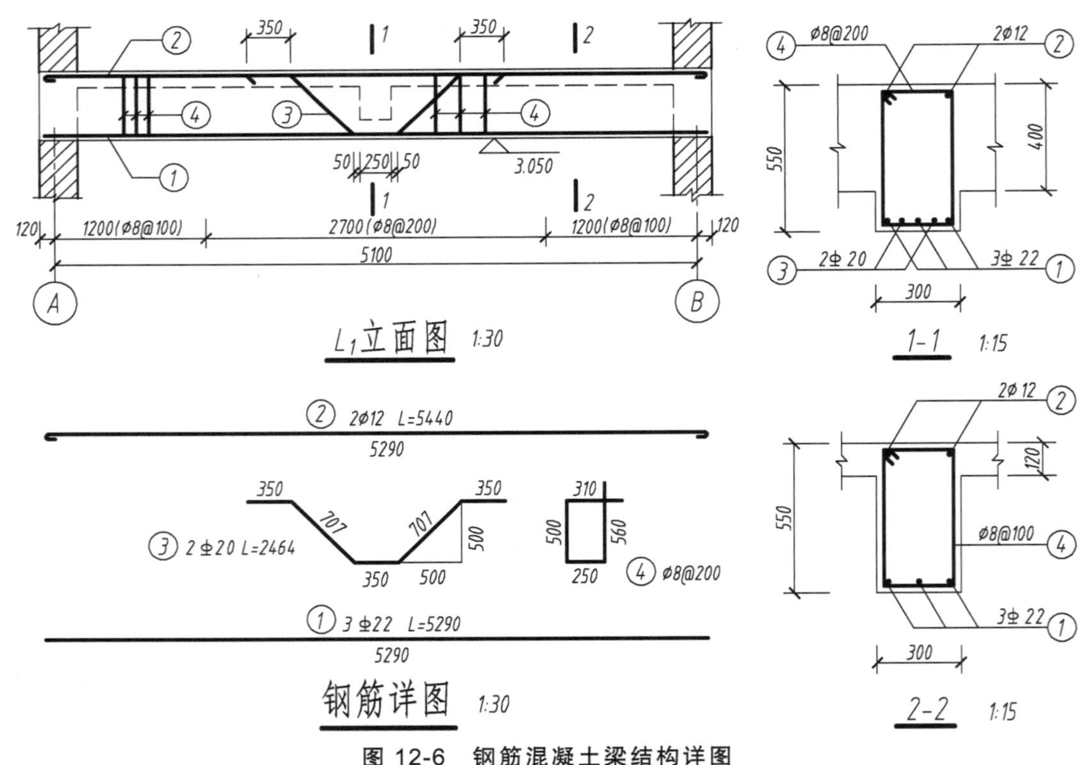

图 12-6 钢筋混凝土梁结构详图

除钢筋标注外，还应标注梁的定形尺寸、梁底标高以及与定位轴线的关系等。梁内钢筋布置较为复杂时，还应画出梁内钢筋详图。

2. 钢筋混凝土柱的结构详图

钢筋混凝土柱的结构图一般由柱的配筋立面图和断面图组成。通常柱子立面图和断面图采用不同比例绘制。由于柱工作时是竖直放置的，因此绘制梁的立面图时应将梁的立面图竖直安放。

如图 12-7 所示是一现浇钢筋混凝土柱的配筋立面图和断面图。从图中可知，该柱从独立基础起直通三层的屋面。

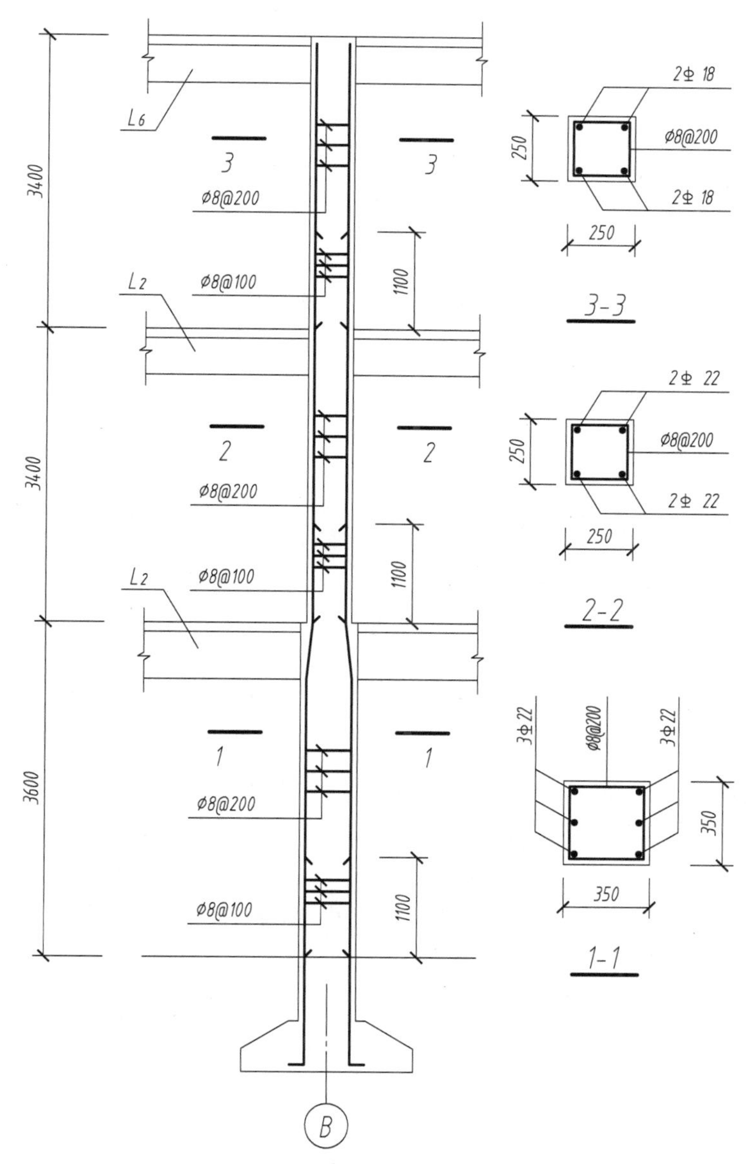

图 12-7　钢筋混凝土柱结构详图

底层的柱断面为 350 mm × 350 mm，柱内配置了 6 根直径 22 mm 的 HRB335 受力筋，其下端与从基础伸出的钢筋搭接，搭接长度为 1 100 mm，其上端伸出二层楼面 1 100 mm，以便与二层柱内的 4 根直径 22 mm 的 HRB335 受力筋搭接；二、三层柱断面均为 250 × 250 mm，二层柱内受力筋上端伸出三层楼面 1 100 mm，与三层柱内 4 根直径 18 mm 的 HRB335 受力筋搭接；柱子上的箍筋均为直径 8 mm 的 HPB300 钢筋。在受力筋搭接区间（1 100 mm）为箍筋加密区，间距为 100 mm，柱子上其余部分为箍筋非加密区，间距为 200 mm。

此外，从柱子的立面图还可看出，该柱子与二、三层的楼面梁 L_2 和屋面梁 L_6 相连。

3. 钢筋混凝土板的结构详图

依据施工场地、施工方法的不同，钢筋混凝土板分预制板和现浇板两种，在结构施工图中表述方法也各不同。

（1）钢筋混凝土预制板。

钢筋混凝土预制板是一种工业定型产品，在施工图中只需注明其规格型号。下面选自结构构件通用图集《预应力多孔板》（沪 G303）中的预应力多孔板。沪 G303 为图集编号，该图集的板宽分为 400 mm、500 mm、600 mm、800 mm、900 mm、1200 mm 六种，分别用 4、5、6、8、9、12 表示板宽代号，板厚 120 mm，其断面形状如图 12-8 所示。通常预制板的标注格式及含义如下：

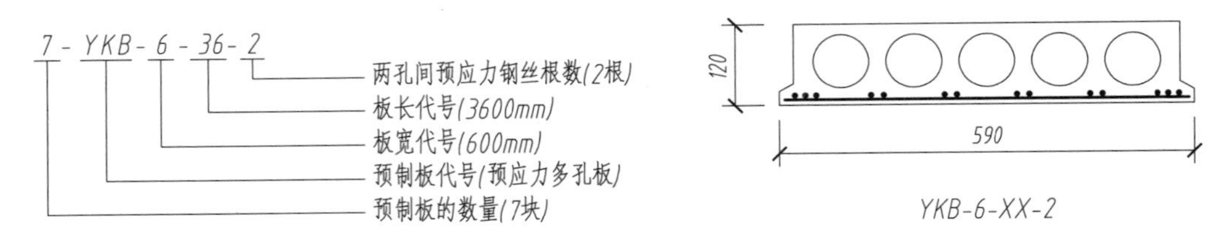

图 12-8 预应力多孔板

（2）钢筋混凝土现浇板。

钢筋混凝土现浇板必须标明板内的钢筋配置情况，通常采用配筋平面图来表述。

图 12-9 为现浇板 B_1 的配筋图。图中左下角至右上角的对角线上注写“B_1（$h = 100$）”表明现浇板 B_1 的位置，现浇板厚 100 mm。该现浇板配置了双层钢筋。

在板的底部，沿板的短方向配有①筋，为直径 8 mm 的 HPB300 钢筋，间距为 150 mm；沿板长方向配有②筋，为直径 8 mm 的 HPB300 钢筋，其间距为 200 mm。

在板的顶部，沿Ⓐ轴线配有③筋和沿Ⓑ轴线配有⑤筋，均为直径 8 mm、间距 150 mm 的 HPB300 钢筋；沿①号轴线方向配有③筋，为直径 8 mm、间距 150 mm 的 HPB300 钢筋；沿②号轴线配有④筋，为直径 10 mm、间距 150 mm 的 HPB300 钢筋，并伸入②号轴线右侧现浇板内。

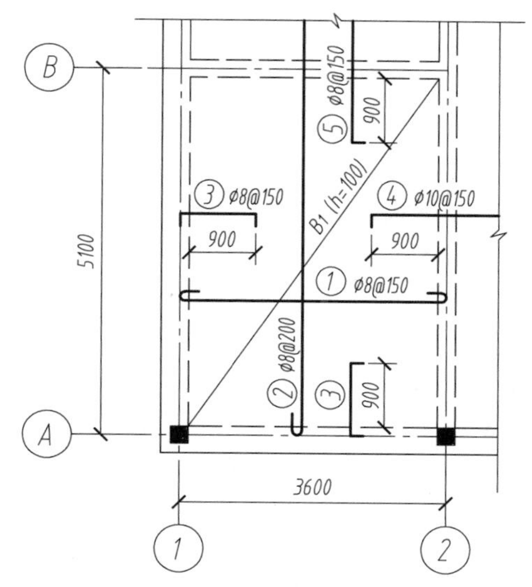

图 12-9　现浇板 $B1$ 的配筋图

12.3　基础图

基础是房屋的地下承重结构部分，它把房屋的各种荷载传递给地基，起到承上传下的作用。基础图是表示建筑物室内地面以下基础部分的平面布置和构造的图样，是施工时在基地上放置灰线、开挖基坑和施工基础的依据。

基础的形式一般取决于上部承重结构的形式和下部的地质状况。常见的基础形式有条形基础、独立基础、桩基础，如图 12-10 所示。此外，按需要还可采用片筏基础和箱形基础。

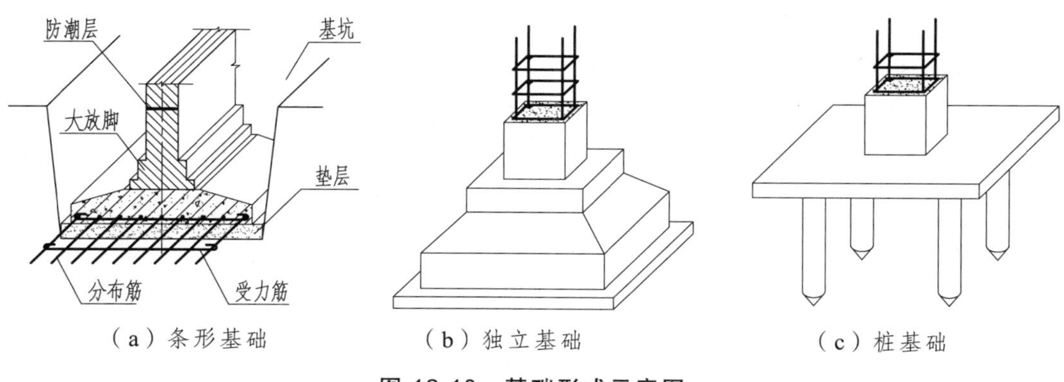

图 12-10　基础形式示意图

表达基础结构布置及构造的图称为基础结构图，简称基础图。基础图由基础平面图和基础详图组成。

12.3.1 基础图的图示方法

基础平面图是采用剖面图的方式表达的，即假想用一水平剖切平面沿首层地面将房屋水平剖开，移去上部建筑，将基础周边的土质去除，对余下裸露的基础所作的水平投影图。

基础详图是采用断面图方式表达的，即假想用一与墙身轴线垂直的铅垂剖切平面，剖开基础所作的断面图。

原则上，每道内、外墙的基础均应画出基础详图，若基础的构造样式完全相同，可共用一个详图；若基础构造样式相同，仅各部分尺寸或配筋规格型号不同时，也可共用一个基础通用详图，并用列表法标注出各自的尺寸或配筋。在基础施工图中，通过基础平面图来表达基础、基础墙、基础圈梁、柱子等构件的平面布置状况，而通过基础详图来表达各部位基础的详细构造、形状、大小和材料及基础的埋设深度等。

12.3.2 基础图的基本内容

图 12-11 是办公楼的基础平面图。办公楼的承重墙下部均为条形基础，雨篷柱子下部为独立基础。

1. 基础平面图的基本内容

（1）表明基础的定位轴线及编号。

在基础平面图中应画出基础的定位轴线，以表明基础的具体位置，并应与底层平面图的定位轴线及编号保持一致。

（2）表明基础墙、基础梁、柱及基础底面的位置。

基础平面图中一般仅画出基础墙身线、基础底面轮廓线（表示基坑开挖的最小宽度）、柱轮廓线等。对于基础上的细部构造，如基础大放脚、独立基础的锥形轮廓线等一般省略表示，其具体构造细部可通过基础详图表达。

（3）表明基础详图的剖切位置。

对于条形基础的底面宽度、基础配筋、基础埋设深度、大放脚构造不同等部位，均应设置基础详图。并在基础平面图中表明基础详图的剖切位置和编号。

（4）标注尺寸。

基础平面图应表明基础的定位尺寸、基础墙厚度、基础底面宽等尺寸。

（5）标注构件代号。

基础上的构件如基础梁、柱等，应注写构件代号。

（6）图名和绘图比例。

在基础平面图正下方书写图名及绘图比例。基础平面图的绘图比例应与建筑平面图的画图比例保持一致，常用比例有 1∶100、1∶150 和 1∶200。

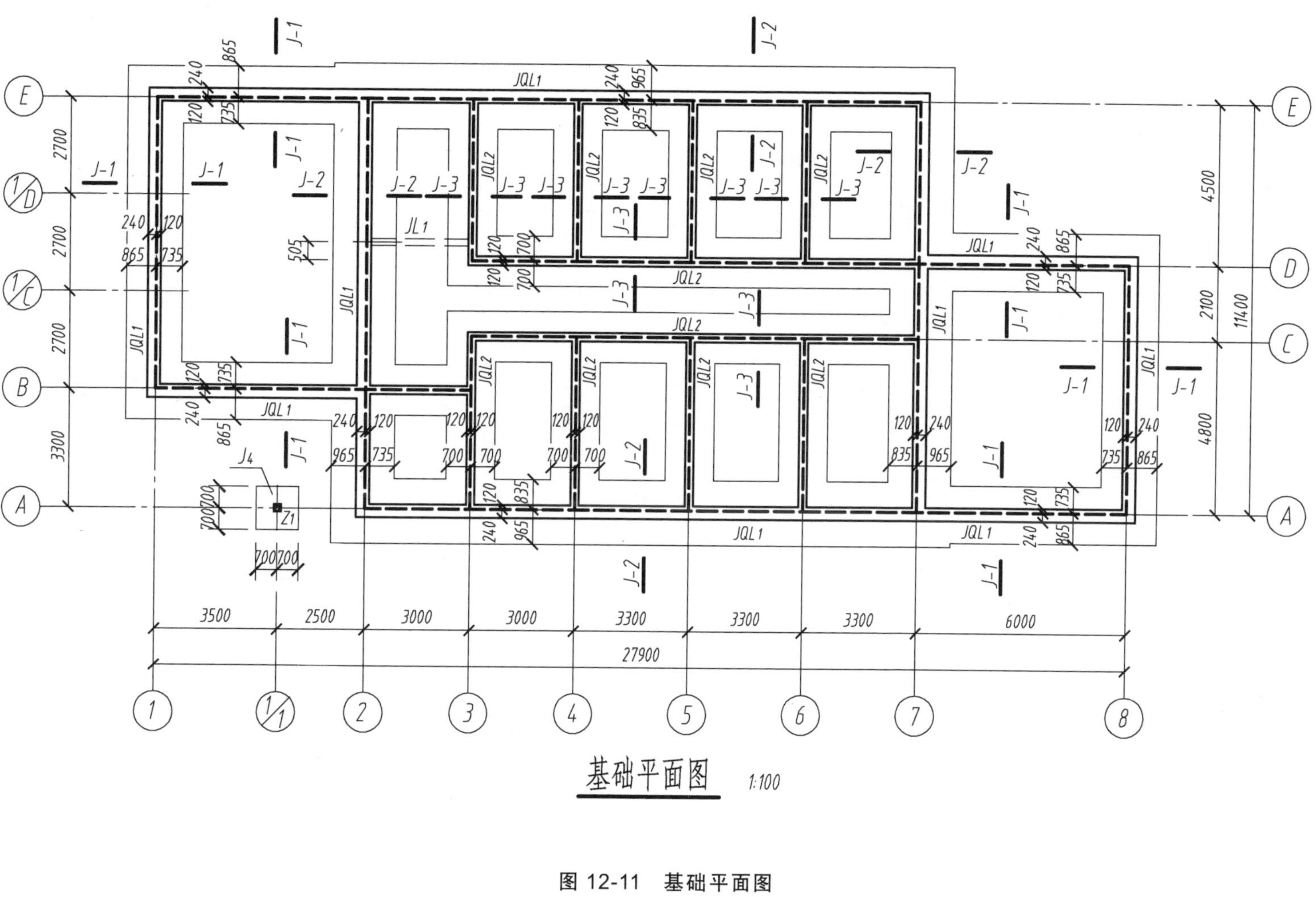

图 12-11　基础平面图

2. 基础详图的基本内容

基础详图用以表达基础的详细构造、形状、大小和材料的使用以及基础的埋设深度等。如图 12-12 为办公楼的部分基础详图，一般条形基础详图的基本内容如下：

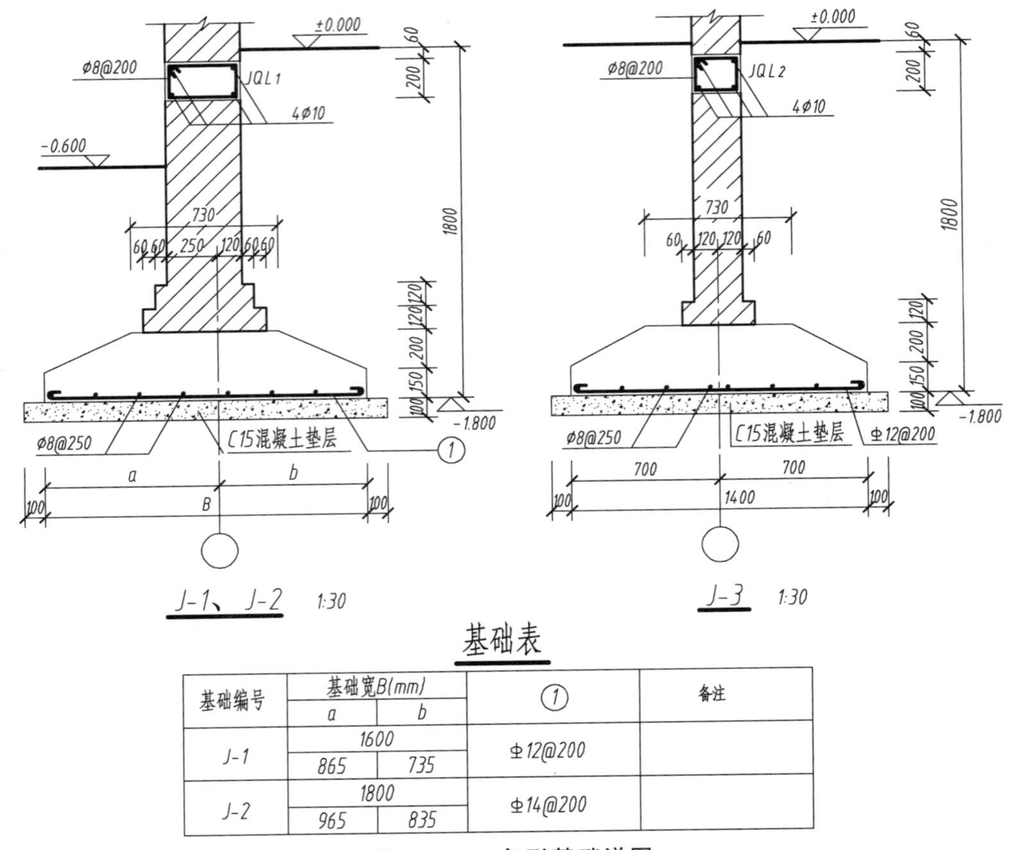

基础表

基础编号	基础宽B(mm) a	基础宽B(mm) b	①	备注
J-1	1600		Φ12@200	
	865	735		
J-2	1800		Φ14@200	
	965	835		

图 12-12 条形基础详图

（1）画定位轴线及编号。

标注轴线编号，便于基础详图的定位和查阅。如图 12-12 中的独立基础 J_4，通过基础平面图可知，J_4 详图表达的是雨篷柱下的独立基础。若轴线编号空缺，仅画出轴线圆圈，则表示该基础详图为通用图，适用于所有相同剖切编号的基础，如图 12-12 中的 J-1、J-2 和 J-3，其中 J-1 和 J-2 表述外墙和②、⑦轴线墙下的条形基础的详细构造，J-3 主要表述内墙下的条形基础的详细构造。

（2）表明基础上各类构件的形状、构造和材料。

基础上通常涉及基础垫层、基础、基础墙及大放脚、基础圈梁、基础梁、防潮层等构件，基础详图应表达清楚这些构件的形状、构造、材料等。对于钢筋混凝土构件，应标明其内部的钢筋配置情况，其断面上不画钢筋混凝土材料图例；其他构件如基础墙、基础垫层等，其断面上应画出相应的材料图例。此外，还应画出室内、外地面线，以便于基础上各类构件的在高度方向的定位。

（3）标注尺寸及标高。

应标明基础上各组成构件的形状尺寸和定位尺寸，如基础及垫层、基础墙及大放脚等的定形与定位尺寸。标明基础底面标高、室内外地面标高、基础圈梁底面等标高。

（4）图名及绘图比例。

基础详图的名称采用断面图的命名规则，如 1—1、2—2 等，并应与基础平面图中的详图剖切编号保持一致。基础详图的绘图比例通常为 1∶20、1∶30、1∶50。

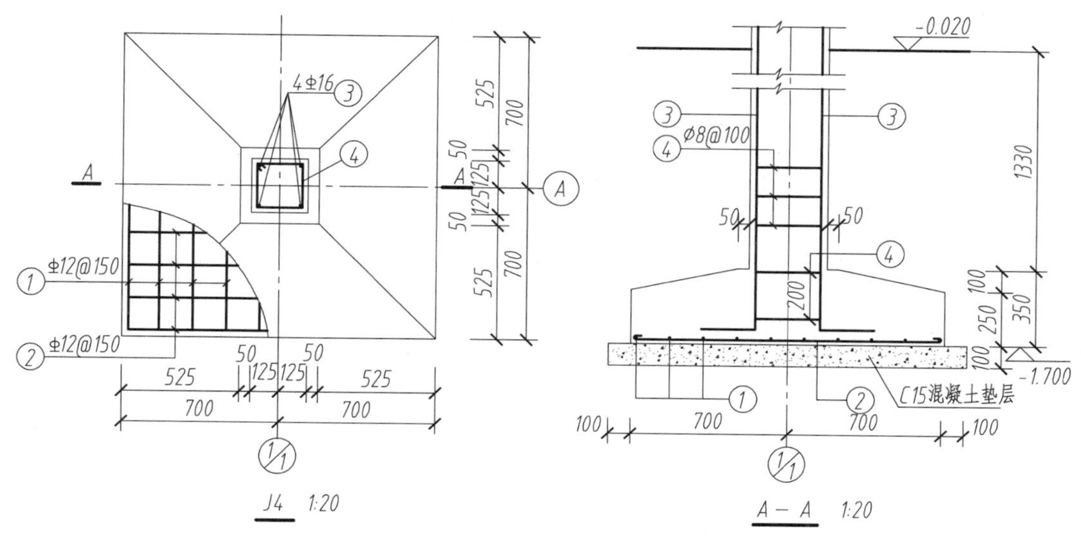

图 12-13 独立基础详图

12.3.3 基础图的图示特点

画基础平面图时，规定凡剖切到的基础墙、柱的断面轮廓线采用中实线表示；基础底面轮廓线采用细实线表示；投影不可见的基础圈梁、基础梁等可采用单根粗虚线表示；柱子的断面涂黑表示。

画基础详图时，规定钢筋混凝土基础、基础圈梁的轮廓线以及基础垫层的轮廓线采用细实线表示；构件内的钢筋采用单根粗实线表示，而钢筋断面则采用涂黑圆点表示，构件轮廓内不画钢筋混凝土材料图例。基础墙的断面轮廓采用中实线表示，并画出砖墙材料图例。此外，室内外地面线采用粗实线表示。

12.3.4 基础图的阅读

基础图的阅读应从基础平面图入手，弄清基础的类型、基础的平面的布置等状况，然后依据基础详图的剖切编号，查阅该基础的详图，看清基础的构造、形状、大小、材料等。

由图 12-11 可看出，办公楼的墙体下采用的是条形基础，柱下为独立基础。在该办公楼的中部区域的基础（②至⑦轴线的区间），外墙的基础及内墙②、⑦轴线的基础宽为 1 800 mm，查阅该部分的基础详图 J-2 可知，基础墙宽 370 mm，轴线距墙外皮 250 mm、距墙内皮 120 mm，大放脚为 2 级二皮一收；基础内配有直径 14 mm、中心距 200 mm 的 HRB335 受力筋和 A8@200 的分布筋；在基础墙上距室内地面下 60 mm 处设有基础圈梁（370 × 200 mm），配有 4 根直径 10 mm 的 HPB300 钢筋和 A8@200 钢筋。其余内墙下的基础宽均为 1400 mm，查阅其基础详图 J-3 可知，基础墙宽 240 mm，轴线距离墙内、外皮均 120 mm；大放脚为 1 级二皮一收；基础内配有直径 12 mm、中心距 200 mm 的 HRB335 受力筋和 A8@200 的分布筋；在基础墙上距室内地面下 60 mm 处设有基础圈梁（240 × 200 mm），配有 4 根直径 10 mm 的 HPB300 钢筋和 A8@200 钢筋。在办公楼的两边基础（即①至②轴线区间、⑦至⑧轴线区间），基础宽 1 600 mm，其内部构造、配筋可查阅基础详图 J-1；此外，雨篷柱下的独立基础，其构造与配筋详见 J_4 详图，此处不再一一赘述，读者可自行阅读。

12.3.5 基础平面图的画图步骤

绘图前，选择好图纸幅面大小及绘图比例。首先用底稿线绘制基础平面图，具体画图步骤如下：

（1）画定位轴线，确定各基础的位置及与定位轴线的关系。

（2）画出基础墙、柱子的断面轮廓线和基础底面轮廓线。

（3）检查无误后，按规定要求加深图线。

（4）完成各项标注。如基础圈梁、柱等构件代号，基础详图剖切位置及编号，标注轴线尺寸、总体尺寸、基础墙、基础底面宽尺寸以及它与轴线的定位尺寸，标注基础详图剖切线及编号，标注定位轴线的编号等。

（5）书写图名及绘图比例。

12.4 楼层结构平面图

楼层结构平面图也称楼层结构平面布置图，主要表达各层楼面承重构件，如梁、板、柱、构造柱、门窗过梁和圈梁等的平面布置情况，是施工布置和安放各层承重构件的重要依据。

12.4.1 楼层结构平面图的图示方法

楼层结构平面图是假想沿房屋每层楼板面作水平剖切并向下投影所得的图样，是用以表示每个楼层的承重构件平面布置的全剖面图。

12.4.2 楼层结构平面图的基本内容

楼层结构平面图主要表达楼层板处各种承重构件在楼层平面方向的布置状况，其基本内容如下：

1. 定位轴线与编号

定位轴线及编号用以确定各类承重构件的位置，且轴线编号应与相应层的建筑平面图保持一致。

2. 表明承重构件梁、柱、圈梁、门窗过梁的位置

在结构平面图中，各类构件通常采用国标规定的构件代号来表示。例如梁（L）、圈梁（QL）、过梁（GL）等，这些承重构件的具体构造由索引出的构件详图来表达。

3. 表明预制板和现浇板

在结构平面图中，对于预制板应表明其铺设方向、预制板的数量和规格型号，如"9-YKB-5-33-2"表示有9块预应力空心板，板宽500 mm、板长3 300 mm、板内两孔间放置2根高强钢筋。若多个房间的预制板铺设相同，可画出其中一个房间的详细布置，其余房间可省略不画，可用房间编号"㊙、㊚、㊛…"进行标识。

在结构平面图中，对于现浇板通常应注写板的代号，并在板内画出其钢筋配置状况；若现浇板过小，无法表达清楚钢筋配置状况时，则应在现浇板内画一对角线并注写板的代号，其板内配筋可另画详图来表达。

4. 标注尺寸和结构标高

应标注定位轴线间尺寸和总体尺寸。此外，还应注写承重构件的结构标高，如楼面、梁底的结构标高。

5. 书写图名和绘图比例

结构平面图的绘图比例一般选择 1：100、1：150、1：2000，通常与相应楼层的建筑平面图的绘图比例保持一致。

12.4.3 结构平面图的图示特点

在结构平面图中，可见的墙体、雨篷等轮廓线采用中实线表示；不可见的墙体轮廓线采用中虚线表示；板的轮廓线采用细实线表示，板内钢筋采用单根粗实线表示；不可见的圈梁、过梁等采用单线的粗虚线表示；柱子断面涂黑表示。

12.4.4 结构平面图的阅读

如图12-14是办公楼二层结构平面图（局部），其中部办公区域的楼板（除卫生间外）均采用预应力空心板。以南面的一房间（标识板块编号㊚的房间）为例，说明如何选择和计算预制板的数量。

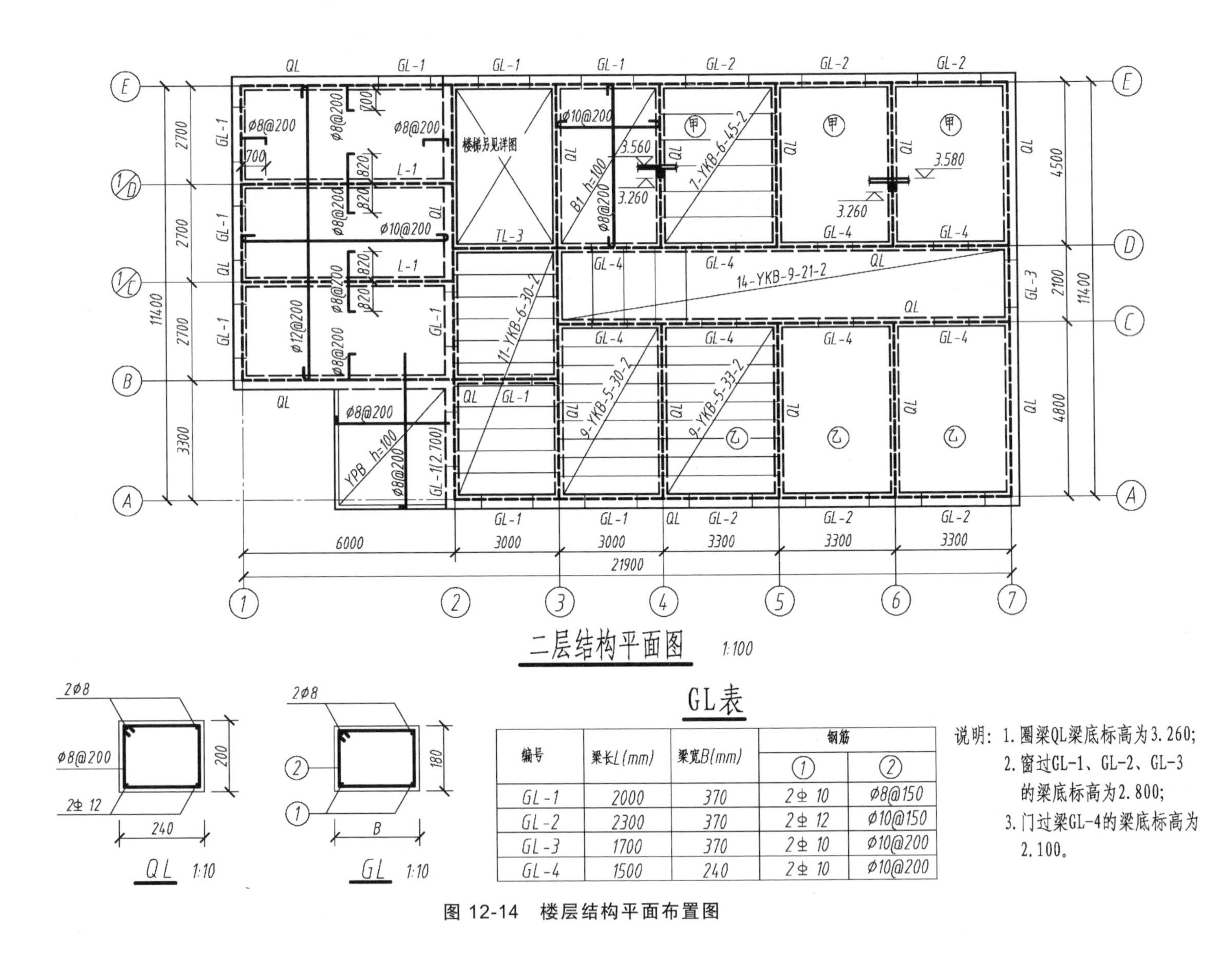

GL表

编号	梁长L(mm)	梁宽B(mm)	钢筋 ①	钢筋 ②
GL-1	2000	370	2Φ10	Φ8@150
GL-2	2300	370	2Φ12	Φ10@150
GL-3	1700	370	2Φ10	Φ10@200
GL-4	1500	240	2Φ10	Φ10@200

说明：1. 圈梁QL梁底标高为3.260；
2. 窗过GL-1、GL-2、GL-3的梁底标高为2.800；
3. 门过梁GL-4的梁底标高为2.100。

图 12-14　楼层结构平面布置图

在房间对角线上注写“9-YKB-5-33-2”，表明该房间铺设了 9 块预应力空心板，其板宽为 500 mm，板长为 3 300 mm，板内两孔间配有 2 根高强钢筋。由于预制板是架设在两端④和⑤轴线的内墙上（内墙上设有圈梁 QL），④和⑤轴线的距离为 3 300 mm，即该房间的开间尺寸与预制板的板长代号对应一致；Ⓐ和Ⓒ轴线的距离为 4 800 mm，是房间的进深尺寸，预制板铺设在房间Ⓐ和Ⓒ轴线墙的内皮之间，可用于铺设预制板的总宽为 4 800 − 120 − 120 = 4 560 mm（即开间尺寸减去两端的半墙宽度），考虑到施工时两块预制板的间隙不应大于 20 mm 的要求，可选用 9 块 500 mm 的板宽，合计总宽为 9 × 500 = 4 500 mm，这样余下板缝的总间隙为 60 mm，满足施工要求。对于多间大小相同的房间，只需详细标注其中一间并注写房间编号㊡，其余两间相同铺设房间可不标注，仅需注写相同房间编号㊡即可。

由二层结构平面图左侧可知，其楼板、雨篷板以及卫生间楼板均为现浇板。对现浇板而言，应表明现浇板内的钢筋配置，即应画出板的配筋图。板的配筋图通常采用平面图表示，当板内钢筋铺设有上、下层之分时，应遵循板内上层钢筋弯钩向下或向右，下层钢筋弯钩向上或向左的规则。阅读现浇板的配筋图时可参见图 12-9 的方法。

此外，由结构平面图可知，办公楼的内外墙上均设有圈梁 QL，梁底标高为 3.260，其断面尺寸 240 mm × 200 mm，圈梁上部配有 2 根直径 8 mm 的 HPB300 钢筋，下部配有 2 根直径 12 mm 的 HRB335 钢筋，箍筋为ϕ8@200 的 HPB300 钢筋。在窗顶上设有窗过梁 GL-1、GL-2、GL-3，其梁底标高 2.800；在门顶上设有门过梁 GL-4，其梁底标高 2.100。

12.4.5　楼层结构平面图的画图步骤

绘图前，选择好图幅及绘图比例，并做好图样的布局。首先用底稿线绘制结构平面图，具体画图步骤如下：

（1）画定位轴线，以确定各墙体位置及与定位轴线的关系。

（2）画出墙、柱子的断面轮廓线。

（3）画出现浇板内的钢筋配置和预制板的轮廓线。

（4）经检查确认无误后，按规定要求加深图线。

（5）标注梁、圈梁、过梁、柱等构件的代号，现浇板内的钢筋，以及各房间预制板的数量和规格型号。

（6）标注轴线尺寸、总体尺寸，标注楼面、梁底等结构的标高，定位轴线编号。

（7）书写必要的文字说明。

（8）书写图名及绘图比例。

12.5　钢筋混凝土结构平面整体表示

钢筋混凝土结构平面整体表示方法简称“平法”，就是将结构构件的尺寸和配筋，按照平面整体表示方法的制图规则，整体直接将各类构件表达在结构平面布置图上，再与标准构造详图相配合，构成一套新型完整的结构设计表示方法。改变了传统设计中将各类构件（柱、剪力墙、梁）从结构平面设计图中索引出来，再逐个表达各类构件的尺寸、配筋和构造等详图的烦琐办法。平法表示简化了结构设计过程，大大减少了结构图纸量。

2011 年国家推出了《混凝土结构施工图平面整体表示方法制图规则和构造详图》11G101、11G102 和 11G103 标准图集，现已广泛应用于现浇钢筋混凝土结构的基础、梁、板、柱、剪切墙等构件的施工图设计中。本节将对常用的梁、板、柱的平法制图规则进行介绍。

12.5.1 梁平法施工图

梁平法施工图是采用平面注写方式或截面注写方式从不同编号的梁中各选一根梁，将编号、截面尺寸、定位尺寸、配筋规格、数量等信息，按照制图规则直接标注在梁的平面布置图上。

1. 平面注写方式

平面注写方式包括集中标注和原位标注，如图 12-15 所示。集中标注表达梁的通用数值，而原位标注表达梁的特殊数值；若集中标注中的个别数值不适合于梁的某些部位时，则将其原位标注。施工时原位标注取值优先于集中标注。

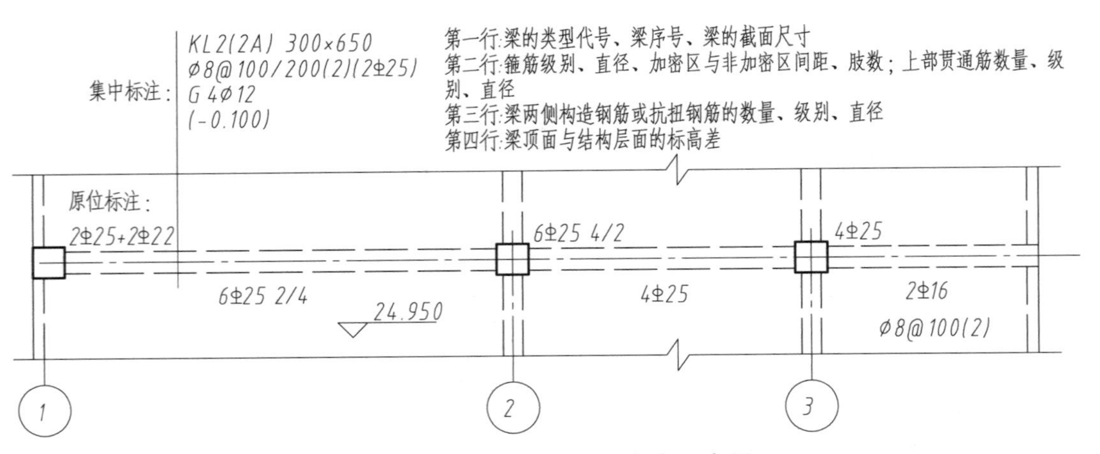

图 12-15　梁的平面注写方式示意图

（1）集中标注。

集中标注包括五项必注值和一项选注值。集中注写的内容及制图规则如下：

① 梁的编号，应按表 12-6 规定要求编号，该项为必注值。

如图 12-15 中集中标注的第一行“KL2（2A）”，表示第 2 号框架梁有 2 跨，一端有悬挑。

表 12-6 梁编号

梁类型	代号	序号	跨数及是否带有悬挑
楼层框架梁	KL	××	(××),(××A)或(××B)
屋面框架梁	WKL	××	(××),(××A)或(××B)
框支梁	KZL	××	(××),(××A)或(××B)
非框架梁	L	××	(××),(××A)或(××B)
悬挑梁	XL	××	(××),(××A)或(××B)
井子梁	JZL	××	(××),(××A)或(××B)

注:(××A)为一端有悬挑,(××B)为两端有悬挑,悬挑不计入跨数。

② 梁截面尺寸，该项为必注值。

当为等截面梁时，用 $b\times h$ 表示。如图 12-15 中第一行的“300×650”，表示等截面梁的截面尺寸，梁宽 300 mm，梁高 650 mm。

当为竖向加腋梁时，用 $b\times h$ GY$c_1\times c_2$ 表示。如图 12-16（a）所示，竖向加腋梁的截面注写方式为 300×750 GY500×250。

当为水平加腋时，一侧加腋时用 $b\times h$ PY$c_1\times c_2$ 表示。如图 12-16（b）所示，水平加腋梁的截面注写方式为 300×750 PY500×250。

当有悬挑梁且根部和端部的高度不同时，用 $b\times h_1/h_2$ 表示。如图 12-16（c）所示，变截面悬挑梁截面注写方式为 300×700/500。

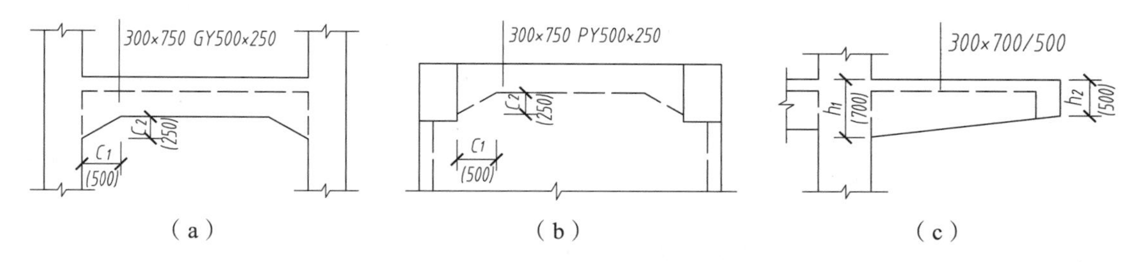

（a）（b）（c）

图 12-16 梁截面尺寸注写示意图

③ 梁箍筋，包括箍筋级别、直径、加密区与非加密区间距及肢数，箍筋加密区与非加密区的不同间距及肢数需用斜线“/”分隔；若梁箍筋为同一间距及肢数时，则不画斜线。

如图 12-15 中集中标注的第二行“A8@100/200(2)”表示箍筋为直径 8 mm 的 HPB300 钢筋，加密区间距 100，非加密区间距 200，均为两肢箍。

若标注为 A8@100（4）/150（2），则表示箍筋为直径 8 mm 的 HPB300 钢筋，加密区间距 100，为四肢箍；非加密区间距 150，为两肢箍。

④ 梁上部通长筋或架立筋配置，该项为必注值。

当同排纵筋中既有通长筋又有架立筋时，应用加号“+”将通长筋和架立筋相联，且角部纵筋写在加号“+”的前面，架立筋写在加号“+”后面的括号（ ）内；若全部采用架立筋时，则将其注写在括号（ ）内。

例如：2C20 表明梁上部有 2 根直径为 20 mm 的 HRB400 通长筋；2C20+（4A12）则

表示梁上部既有通长筋又有架立筋，架立筋注写在括号内，其中 2C20 为通长筋，4A12 为架立筋；在图 12-15 中，集中标注的第二行“(2B25)”，表示梁的上部配置 2 根直径 25 的 HRB335 架立筋。

当梁的上部纵筋和下部纵筋为全跨相同，且多数跨配筋相同时，此项也可以加注下部纵筋的配筋值，并用“；”将上部与下部纵筋的配筋值分隔开。

例如：3C20；3C22 表示梁的上部配置 3C20 的通长筋，梁的下部配置 3C22 的通长筋。

⑤ 梁的侧面纵向构造钢筋或抗扭钢筋配置，该项为必注值。

当梁腹板高度大于 450 mm 时，需配置纵向构造钢筋，此项应以大写“G”开头；当梁侧面需配置抗扭纵向钢筋时，此项应以大写“N”开头。

例如：G4A12，表示梁的两个侧面共配置 4A12 的纵向构造钢筋，即每侧各配置 2A12；
N6C22，表示梁的两个侧面共配置 6C22 的抗扭纵向钢筋，即每侧各配置 3C22。

⑥ 梁顶面标高高差，该项为选注值。

梁顶面标高高差是指相对于结构层楼面标高的高差值。有高差时，书写在括号内，无高差时不注；高于结构层楼面的高差为正，低于结构层楼面的高差为负。如图 12-15 中，集中标注的第四行（ – 0.100），表明梁顶面相对于结构层楼面标高（ 24.950 ）低 0.100 m，即该梁顶面标高为 24.850。

（2）原位标注。

原位标注表达梁的特殊数值，即将梁上部受力筋（支座和跨中）、下部受力筋逐跨注写在梁上和梁下相应位置。具体注写的制图规则如下：

① 当上部或下部受力筋多余一排时，可用斜线“/”将各排纵筋自上而下分开。

如图 12-15 所示，在①至②轴线间梁下跨中的 6B25 2/4 为该跨梁下部配置的钢筋，表示上一排纵筋为 2B25，下一排纵筋为 4B25 全部伸入支座。

② 当同排纵筋有两种直径时，可用加号“+”将两种直径的纵筋相连，注写时角筋写在加号前面。

如图 12-15 所示，在①轴线梁的上部注写的 2B25+2B22，表示在梁支座上部有四根纵筋，其中 2B25 纵筋放在角部，2B22 放在中部。

③ 当梁中间支座两边的上部纵筋相同时，可在支座的一边标注配筋值，另一边可省略标注。

如图 12-15 所示，在②轴线梁的上部，仅右侧标注 6B25 4/2，而左侧未标注，表明梁支座上部纵筋的左侧配置与右侧相同。

④ 当梁下部纵筋不全部伸入支座时，可将梁支座下部纵筋减少的数量写在括号( )内。

例如：梁支座下部纵筋注写为 2C25+3C22（ – 3 ）/5C25，表示上一排纵筋为 2C25 和 3C22，其中 3C22 不伸入支座；下一排纵筋为 5C25，全部伸入支座。

⑤ 在集中标注中，已分别注写了梁上部和下部的通长纵筋值，则不需在梁下部重复做原位标注。

⑥ 当竖向加腋梁在加腋部位下部设有斜向纵筋时，则应在支座下部以 Y 打头，并注写在括号（ ）内。如图 12-17 中左侧第一跨两端支座下部注写（ Y4C25)，表明梁的加腋部位放置了四根直径为 25 mm 的 HRB400 斜向纵筋。

⑦ 当梁上集中标注的内容不适用某跨或悬挑部分时，则将其不同数值原位标注在该跨

或悬挑部位，施工时按原位标注数值取用。

如图 12-15 所示，③轴线右侧悬挑部分，下部标注 2B16 A8@100（2），表明悬挑梁下部放置 2B16，箍筋为直径 8 mm 的 HPB300 钢筋，为双肢箍，间距 100 mm。

若多跨梁的集中标注已注明加腋，而该梁的某跨的根部不需要加腋时，可在该跨原位标注等截面 $b \times h$，以修正集中标注中的加腋信息。

如图 12-17 所示，集中标注表明 7 号框架梁有 3 跨，设有竖向加腋，腋长 500 mm、腋高 250；梁内箍筋为双肢箍，加密区间距 100 mm，非加密区间距 200；梁上部设有 2C25 通长筋；梁两侧分别设有 2C18 抗扭钢筋；梁顶面比楼层结构面低 0.100 m。而从中间跨的原位标注又可知，中间跨为等截面梁 300 mm × 700 mm，且梁的两侧抗扭钢筋为 2C10。依据原位标注优先原则，该梁的中间跨，通过原位标注已对其集中标注中的加腋信息和抗扭钢筋的规格进行了修正。

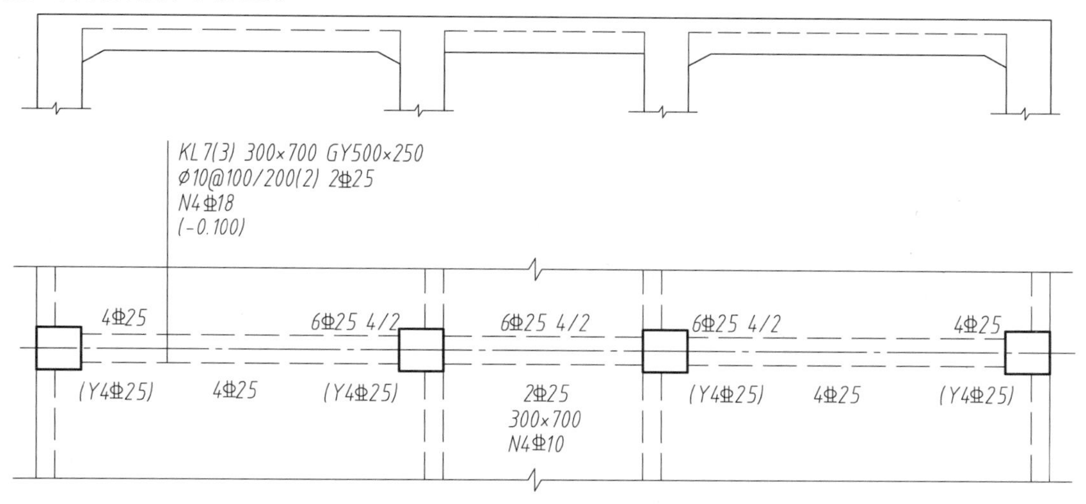

图 12-17　加腋梁平面注写表达

⑧ 附加箍筋或吊筋，通常直接画在平面图中的主梁上，并用引线注写总配筋值，如图 12-18 所示。

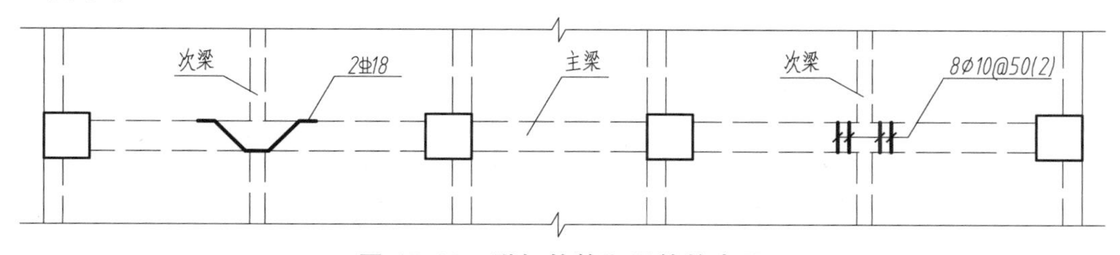

图 12-18　附加箍筋和吊筋的表示

（3）梁平法施工图阅读。

如图 12-19 是某高层建筑的结构施工图，采用平法注写方式表达了五层至八层梁的施工图。在结构平面图中，各类梁的序号编写通常采用阿拉伯数字，并按从上至下、从左至右顺序编号，这样便于查阅和施工。阅读时可按梁的序号依次进行，如框架梁 KL_1 位于②至⑥轴线间的Ⓓ轴线上。从其引线集中标注可知：

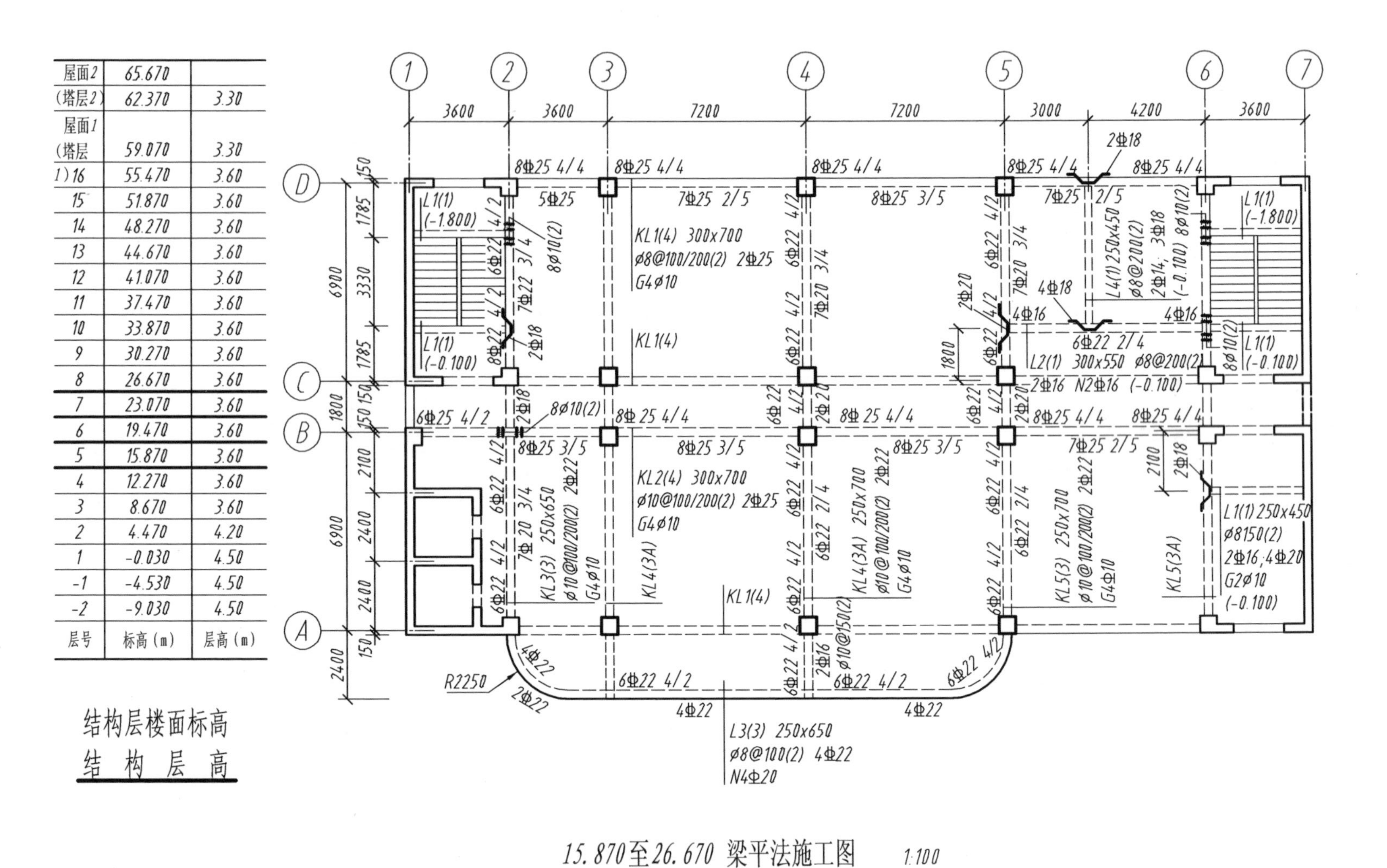

层号	标高(m)	层高(m)
屋面2	65.670	
(塔层2)	62.370	3.30
屋面1 (塔层1) 16	59.070	3.30
16	55.470	3.60
15	51.870	3.60
14	48.270	3.60
13	44.670	3.60
12	41.070	3.60
11	37.470	3.60
10	33.870	3.60
9	30.270	3.60
8	26.670	3.60
7	23.070	3.60
6	19.470	3.60
5	15.870	3.60
4	12.270	3.60
3	8.670	3.60
2	4.470	4.20
1	-0.030	4.50
-1	-4.530	4.50
-2	-9.030	4.50

图 12-19 梁平法施工图平面注写方式示例

第一行：“KL_1（4）300×700”，表示 1 号框架梁，有四跨无悬挑，其截面尺寸为 300×700 mm。

第二行：“A8@100/200（2）2C25”，表示梁内箍筋为直径 8 mm 的 HPB300 钢筋，为双肢箍，加密区间距 100 mm，非加密区间距 200 mm；在梁的上部放置 2 根直径 25 mm 的 HRB400 贯通筋。

第三行：“G4A10”，表示在梁的两侧各放置 2 根直径为 10 mmm 的 HPB300 构造筋。

原位标注可知，梁的上部放置 8 根通长筋，分两排安放，每排为 4C25，其中包含了集中标注中的 2C25 贯通筋。

从原位标注可知，除②至③轴线一跨，梁的下部放置一排钢筋外，其余三个跨均安放了两排钢筋，并全部伸入支座内。四跨梁下部的下排均安放 5C25 贯通筋；其中③至④轴线、⑤至⑥轴线的两个跨，其下部的上排放置 2C25 通长筋；而④至⑤轴线的梁跨，其下部的上排放置 3C25 通长筋。

在 KL_1 与 L_4（次梁）交接处，放置 2C18 的吊筋。

图中其他梁，读者可结合平面注写规则自行阅读。

2. 梁的截面注写方式

截面注写方式是在梁的平面布置图上，对所有的梁进行编号，分别在不同编号的梁中各选择一根梁，用单边剖切符号表示其断面位置，画出配筋断面图，并在配筋断面图上注写梁的截面尺寸、上部钢筋、下部钢筋、侧面钢筋和箍筋的具体数值。如图 12-20 所示，上图采用梁平面注写方式，下图采用梁截面注写方式。前者注写在梁结构平面布置图上，后者注写在梁断面图上，二者的注写制图规则均相同。

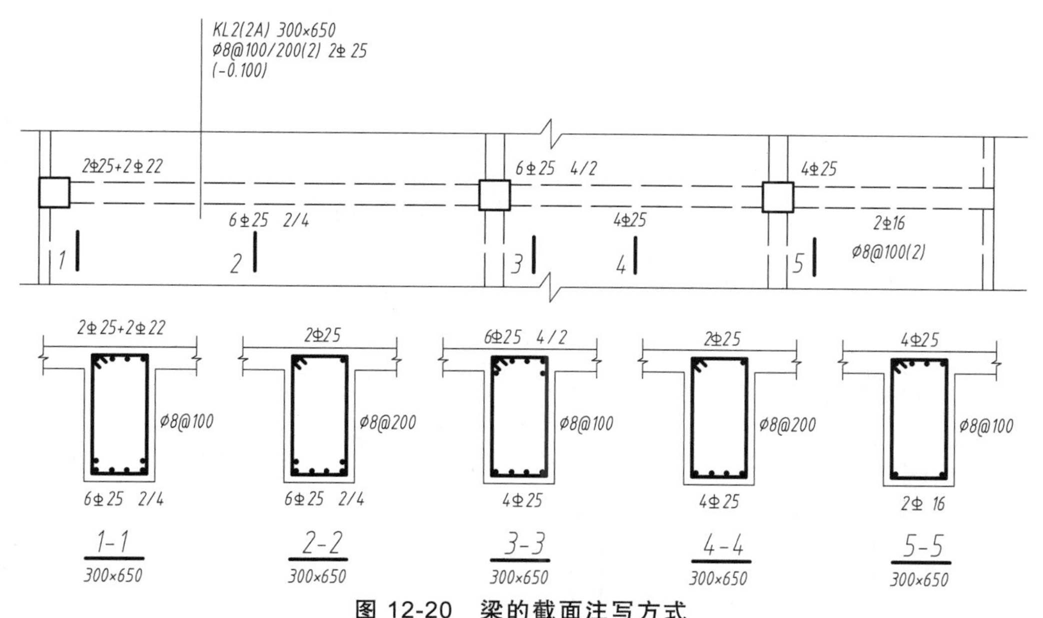

图 12-20　梁的截面注写方式

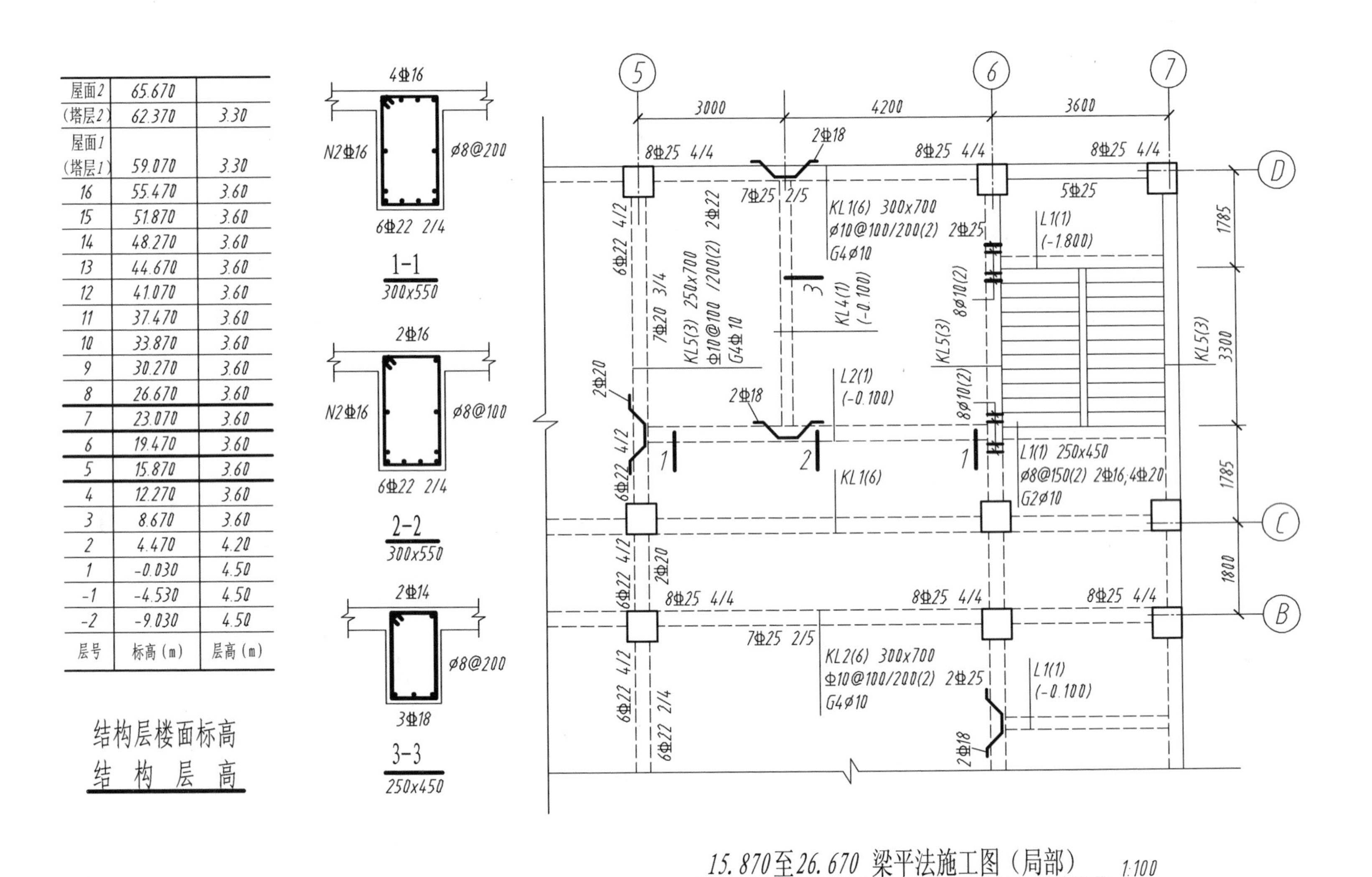

层号	标高（m）	层高（m）
屋面2	65.670	
（塔层2）	62.370	3.30
屋面1 （塔层1）	59.070	3.30
16	55.470	3.60
15	51.870	3.60
14	48.270	3.60
13	44.670	3.60
12	41.070	3.60
11	37.470	3.60
10	33.870	3.60
9	30.270	3.60
8	26.670	3.60
7	23.070	3.60
6	19.470	3.60
5	15.870	3.60
4	12.270	3.60
3	8.670	3.60
2	4.470	4.20
1	-0.030	4.50
-1	-4.530	4.50
-2	-9.030	4.50

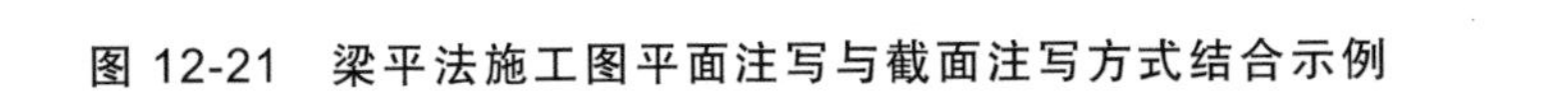

图 12-21 梁平法施工图平面注写与截面注写方式结合示例

梁截面注写方式既可单独使用，又可与平面注写方式结合起来使用。如果布梁的区域较密，采用截面注写方式可使图面比较清晰。图 12-21 为平面注写方式和截面注写方式结合的示例。图中将附加箍筋和吊筋直接画在结构平面图的主梁上，并引线注写总配筋值。

12.5.2 柱平法施工图

柱平法施工图就是在柱的结构平面布置图上采用列表注写方式或截面注写方式表达柱的截面尺寸和钢筋配置状况。

1. 列表注写方式

列表注写方式是指在柱的结构平面布置图上，分别在同一编号的柱中选择一个截面，标注几何参数代号；在柱表中注写柱编号、柱段起止标高、几何尺寸及配筋的具体数值，并配以各种柱截面形状及其箍筋类型图的方式来表达柱平法施工图。列表注写方式的内容及制图规则如下：

（1）柱编号。

柱编号是由柱的类型代号和序号组成，应符合表 12-7 的规定。

表 12-7 柱编号

柱类型	代号	序号
框架柱	KZ	××
框支柱	KZZ	××
芯 柱	XZ	××
梁上柱	LZ	××
剪力墙上柱	QZ	××

注：编号时，当柱的总高、分段截面尺寸和配筋均对应相同，仅截面与轴线的关系不同时，仍可将其视为同一柱号，但应在图中注明截面与轴线的关系。

（2）各段柱的起止标高。

注写各段柱的起止标高，应以柱根部往上，并以变截面位置或截面未变但配筋改变处为界分段注写。框架柱和框支柱的根部标高是指基础顶面标高；芯柱的根部标高应根据结构实际需要而定的起始位置标高；梁上柱的根部标高是指梁顶面标高。

（3）柱截面尺寸 $b \times h$ 及与轴线关系的几何参数代号 b_1、b_2 和 h_1、h_2 的具体数值

各项具体数值要对应于各段柱分别注写。其中 $b = b_1+b_2$，$h = h_1+h_2$。当截面的某一边收缩变化至轴线重合或偏到轴线的另一侧时，b_1、b_2、h_1、h_2 中的某项为零或负值。

（4）柱纵筋。

当柱纵筋的直径、各边根数相同时，将纵筋注写在“全部纵筋”一栏中；除此之外，柱纵筋应按角筋、截面 b 边中部筋和 h 边中部筋三项应分别注写。

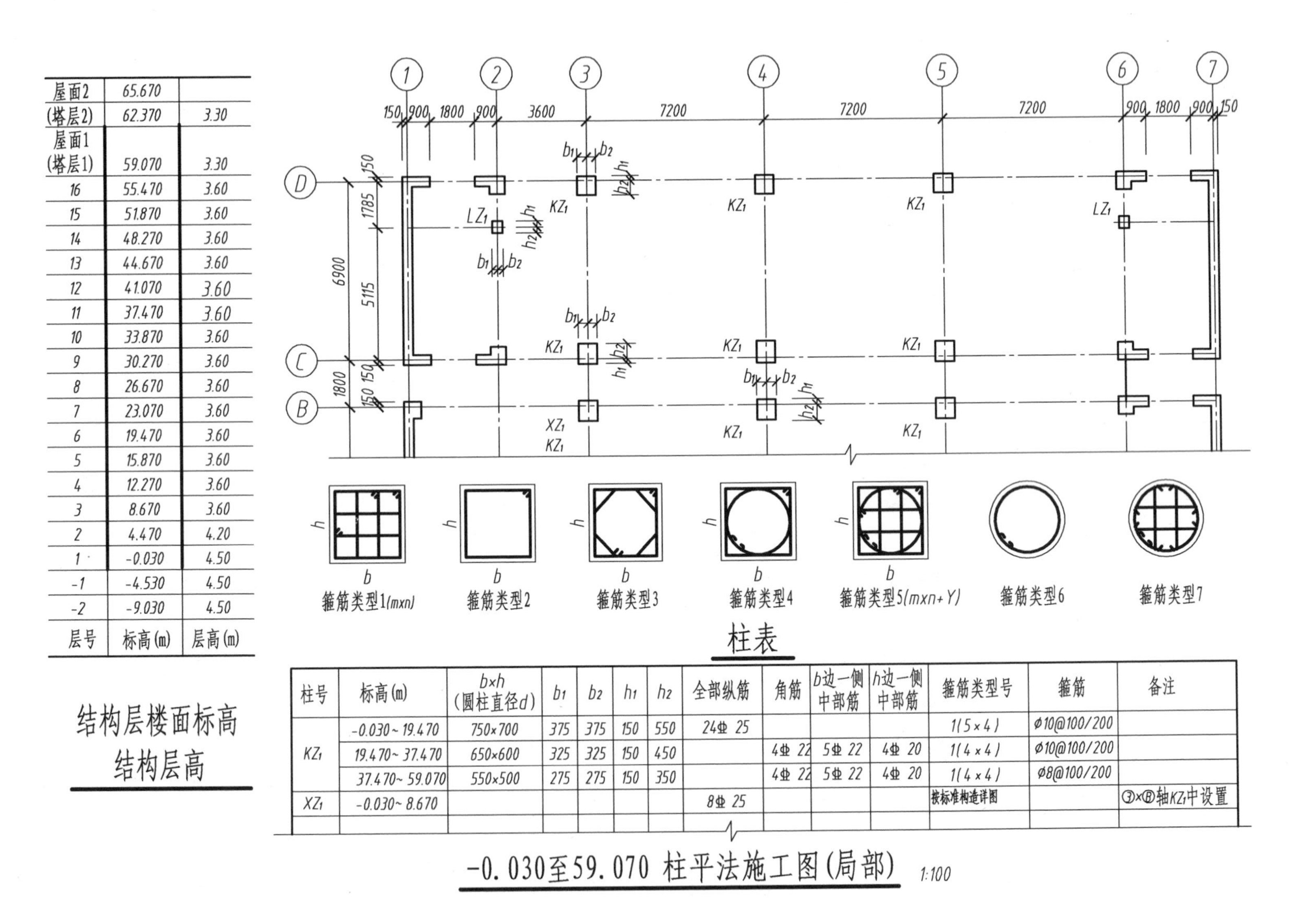

层号	标高(m)	层高(m)
屋面2	65.670	
(塔层2)	62.370	3.30
屋面1 (塔层1)	59.070	3.30
16	55.470	3.60
15	51.870	3.60
14	48.270	3.60
13	44.670	3.60
12	41.070	3.60
11	37.470	3.60
10	33.870	3.60
9	30.270	3.60
8	26.670	3.60
7	23.070	3.60
6	19.470	3.60
5	15.870	3.60
4	12.270	3.60
3	8.670	3.60
2	4.470	4.20
1	-0.030	4.50
-1	-4.530	4.50
-2	-9.030	4.50

结构层楼面标高
结构层高

柱表

柱号	标高(m)	b×h (圆柱直径d)	b_1	b_2	h_1	h_2	全部纵筋	角筋	b边一侧 中部筋	h边一侧 中部筋	箍筋类型号	箍筋	备注
KZ_1	-0.030~19.470	750×700	375	375	150	550	24Φ25				1(5×4)	Φ10@100/200	
	19.470~37.470	650×600	325	325	150	450		4Φ22	5Φ22	4Φ20	1(4×4)	Φ10@100/200	
	37.470~59.070	550×500	275	275	150	350		4Φ22	5Φ22	4Φ20	1(4×4)	Φ8@100/200	
XZ_1	-0.030~8.670						8Φ25				按标准构造详图		③×Ⓑ轴KZ_1中设置

-0.030至59.070 柱平法施工图(局部) 1:100

图 12-22　柱平法施工图列表注写方式示例

（5）箍筋类型号及箍筋肢数。

（6）柱箍筋包括箍筋级别、直径与间距。

图 12-22 为柱平法施工图的列表注写方式示例。通过柱结构平面图可知柱的类型、序号、位置和布置情况；而通过柱表可知柱截面尺寸、柱内配筋状况等。下面以框架柱 KZ_1 为例，阅读方法如下：

如图 12-23 所示，在结构平面图中，KZ_1 位于轴线Ⓑ、Ⓒ和Ⓓ与轴线③、④、⑤的相交处，其中Ⓒ轴线上的 KZ_1 与Ⓑ、Ⓓ两轴线上的 KZ_1，仅仅是截面与轴线的关系不同，其柱总高、柱分段、截面尺寸和配筋情况均对应相同，故采用相同的柱编号。从柱列表中查阅 KZ_1 可知，按柱截面尺寸或配筋状况的变化，框架柱 KZ_1 可分为三段。

在 -0.030—19.470 标高区段，柱截面尺寸改为 750 mm × 700 mm，截面与轴线的几何参数 $b_1 = b_2 = 375$ mm，$h_1 = 150$ mm、$h_2 = 550$ mm；柱内配置了 24 根直径 25 mmHRB400 的竖向纵筋，箍筋采用 1 型（5 × 4），直径 10 mmHPB300 钢筋，加密区间距 100 mm，非加密区 200 mm。

在 19.470—37.470 标高区段，柱截面尺寸变为 650 mm × 600 mm，截面与轴线的几何参数 $b_1 = b_2 = 325$ mm，$h_1 = 150$ mm、$h_2 = 450$ mm；框架柱内布置 4 根直径 22 mmHRB400 角筋，且在 b 边各侧布置 5 根直径 22 mmHRB400 中部筋，在 h 边各侧布置 4 根直径 20 mmHRB400 中部筋，共计 22 根竖向纵筋；箍筋采用 1 型（4 × 4）的 A10 钢筋，加密区间距 100 mm，非加密区 200 mm。

在 37.470—59.070 标高区段，柱截面尺寸变为 550 mm × 500 mm；截面与轴线的几何参数 $b_1 = b_2 = 275$ mm，$h_1 = 150$ mm，$h_2 = 350$ mm；柱内布置 4 根直径 22 mmHRB400 的角筋，在 b 边各侧布置 5 根直径 22 mmHRB400 的中部筋，在 h 边各侧布置 4 根直径 20 mmHRB400 的中部筋，合计 22 根竖向纵筋。箍筋采用 1 型（4 × 4）的 A8 钢筋，加密区间距 100 mm，非加密区 200 mm。

施工时，施工人员应依据《混凝土结构施工图平面整体表示方法制图规则和构造详图》11G101 图集中的标准构造详图要求施工。

2. 柱截面注写方式

柱截面注写方式就是在柱结构平面布置上，分别在同一编号的柱中选择一个截面，并将截面尺寸和配筋具体数值直接注写在柱截面上，以表达柱平法施工图。

柱截面配筋图通常采用另一较大的比例在柱结构平面图中的原位放大绘制，并在各配筋图上注写柱编号、截面尺寸 $b \times h$、角筋或全部纵筋、箍筋的具体数值，以及在柱截面配筋图上标注柱截面与轴线关系 b_1、b_2、h_1、h_2 几何参数的具体数值。

图 12-23 为柱平法施工图的截面注写方式示例。从结构平面图中可查阅到各种柱的位置及布置状况。本图中涉及框架柱 KZ_1、KZ_2、KZ_3 和梁上柱 LZ_1、芯柱 XZ_1 五种柱的平面布置。

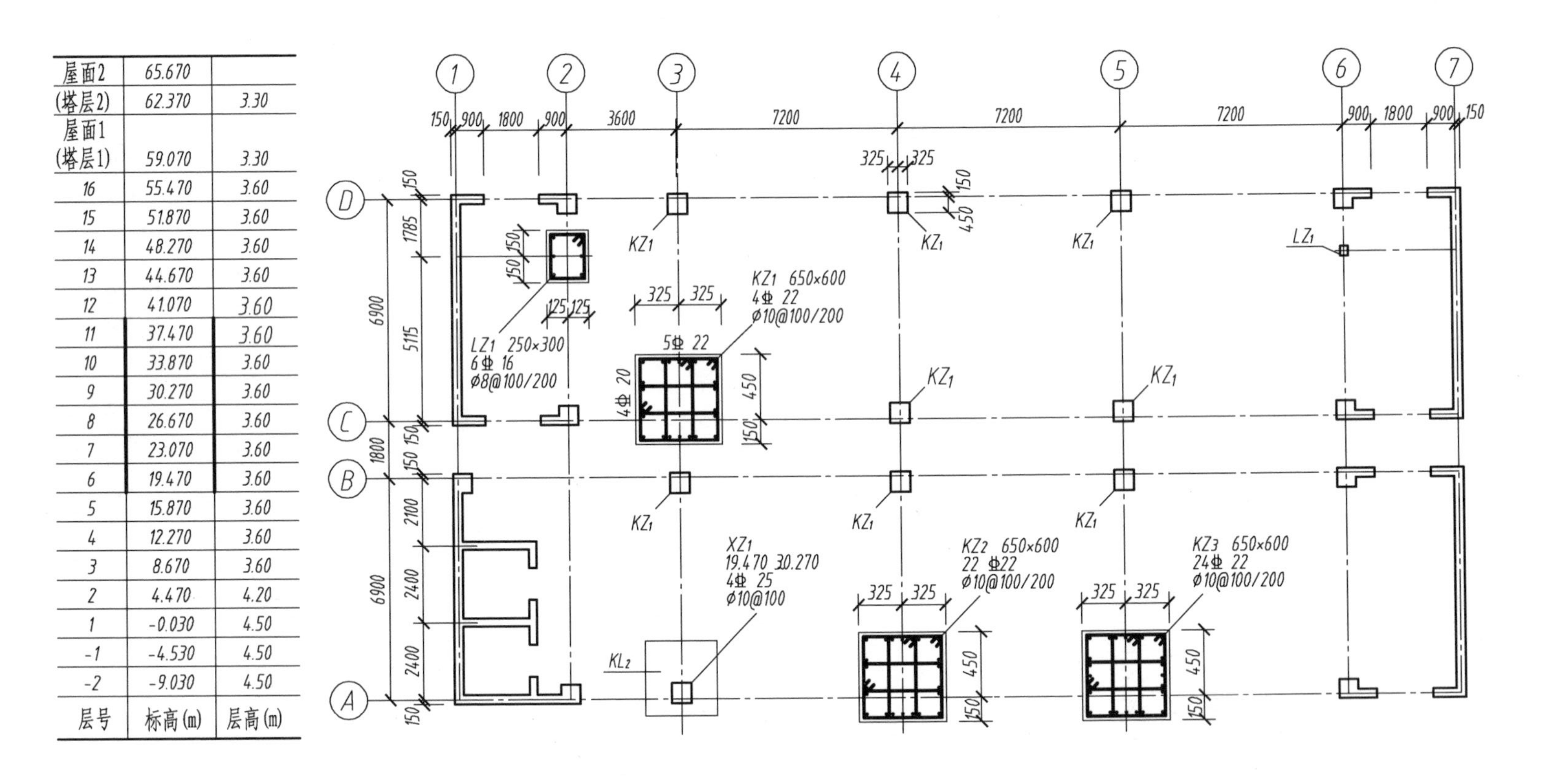

层号	标高(m)	层高(m)
屋面2	65.670	
(塔层2)	62.370	3.30
屋面1 (塔层1)	59.070	3.30
16	55.470	3.60
15	51.870	3.60
14	48.270	3.60
13	44.670	3.60
12	41.070	3.60
11	37.470	3.60
10	33.870	3.60
9	30.270	3.60
8	26.670	3.60
7	23.070	3.60
6	19.470	3.60
5	15.870	3.60
4	12.270	3.60
3	8.670	3.60
2	4.470	4.20
1	-0.030	4.50
-1	-4.530	4.50
-2	-9.030	4.50

结构层楼面标高
结构层高

图 12-23 柱平法施工图的截面注写方式示例

以框架柱 KZ_1 为例，在结构平面图中，选择同一编号柱中的其中一个截面，如位于ⓒ轴线与③轴线的交点处的 KZ_1 截面，将其用适当比例原位放大绘制，画出其配筋截面图。并采用引线直接在配筋截面图上注写柱截面尺寸、截面与轴线几何参数尺寸和柱内钢筋配置值。

第一行“KZ_1 650×600”，表示序号 1 的框架柱，柱截面尺寸为 650 mm×600 mm。

第二行“4C22”，表示柱内配有 4 根直径 22 mmHRB400 的角筋。

第三行“A10@100/200”，表示柱内箍筋为直径 10 mmHPB300 钢筋，加密区间距 100 mm，非加密区间距 200 mm。

此外，在 KZ_1 配筋截面图的 b 边一侧注写“5C22”、h 边一侧注写“4C20”，表示柱内 b 边各侧布置 5 根直径 22 mmHRB400 的中部筋，h 边各侧布置 4 根直径 20 mmHRB400 的中部筋，合计柱内竖向纵筋为 22 根。

若柱内侧面中部筋与角筋的级别、直径相同，可按全部纵筋注写。如图 12-23 中，位于②轴线上的梁上柱 LZ_1 的引线注写部分。

12.5.3 板平法施工图

板的平法施工图是在楼面板和屋面板平面布置图上，采用平面注写的方式表达的。板平面注写主要包括板块集中标注和板支座原位标注。为了便于设计表达和施工阅读，通常将正交布置的轴线，从左至右方向定为 X 向，从下至上方向定为 Y 向。

1. 板块集中标注

板块集中标注内容包括：板块编号、板厚、贯通纵筋以及当板面标高不同时的标高高差。

（1）板块编号。

所有板块应逐一编号，并选择相同编号中的一块做集中标注，其余板块注写带有圆圈的板编号。板块编号由板类型代号和序号组成，应符合表 12-8 的规定。

表 12-8　板块编号

板类型	代号	序号
楼面板	LB	××
屋面板	WB	××
悬挑板	XB	±±

（2）板厚。

板厚尺寸注写为 h=×××；当悬挑板的端部改变截面厚度时，应用斜线分隔根部与端部的高度值，注写为 h=×××/×××；若设计已统一说明，则此项可不注写。

（3）贯通纵筋。

贯通纵筋按板的上部和下部分别注写（板块上部不设贯通筋时则不注写），并以大写字母 B 代表下部，以大写字母 T 代表上部，以大写字母 B&T 代表下部与上部。

X 向贯通纵筋以 *X* 打头，*Y* 向贯通纵筋以 *Y* 打头。例如：一楼面板块注写为

LB_5 h = 110

B：XC12@120；YC10@150

表示 5 号楼面板，板厚 110 mm；板下部配置的贯通纵筋，*X* 向为 C12@120，*Y* 向为 C10@150。板的上部未配置钢筋。

当两向贯通纵筋配置相同，则以 X&Y 打头。例如：一楼面板块注写为

LB_3h = 110

B：X&YA10@200

T：X&YA8@200

表示 3 号楼面板，板厚 110 mm；板下部配置的贯通纵筋，双向均为 A10@200，板的上部配置贯通纵筋，双向均为 A8@200 的。

当某些板内配置有构造筋（如悬挑板的下部）时，则 *X* 向以 XC，*Y* 向以 YC 打头注写。例如：一悬挑板注写为

XB_2 h = 150/100

B：XC&YCB10@200

表示 2 号悬挑板，板的根部厚 150 mm，端部厚度 100 mm；板的下部配置构造钢筋，双向均为Φ10@200；上部受力筋见板支座原位标注。

当贯通筋采用两种规格的钢筋，且采取“隔一布一”方式时，可注写为 A*xx*/*yy*@×××形式，表示直径 *xx* 的钢筋和直径 *yy* 的钢筋二者之间间距为×××。例如：一楼面板块注写为

LB_7 h = 110

B：XA10/12@100；YA10@150

表示 7 号楼面板，板厚 110 mm；板下部配置贯通纵筋，*X* 向为 A10、A12 隔一布一，二者间距为 100；*Y* 向为 A10@150；板上部未配置贯通纵筋。

（4）板面标高高差。

是指相当于结构层楼面标高的高差，应将其注写在括号（ ）内，且无高差时则不注写。

2. 板支座原位标注

板支座原位标注的内容包括板支座上部非贯通纵筋和悬挑板上部受力筋。板支座原位标注的钢筋应在配置相同的第一跨中表达，沿垂直于板支座方向绘制一条长度适宜的中粗实线，以表示支座上部的非贯通纵筋，并在该线段上方注写箍筋编号、配筋值、横向连续布置的跨数（注写在括号内，当一跨时可不注），以及是否布置到梁的悬挑端；在线段的下

方注写板支座上部非贯通纵筋自支座中线向跨内伸入的长度值。

（1）当中间支座上部非贯通纵筋向支座两侧对称伸出时，可仅在支座一侧线段下方注写伸出长度，另一侧不注写，如图 12-24（a）所示。

（2）当中间支座上部非贯通纵筋向支座两侧非对称伸出时，应分别在支座两侧线段下方注写伸出长度，如图 12-24（b）所示。

（3）当上部贯通纵筋贯通全跨或贯通整个悬挑板时，贯通全跨或伸入至全悬挑一侧的长度值不注写，仅注明非贯通筋另一侧的伸入长度，如图 12-25 所示。

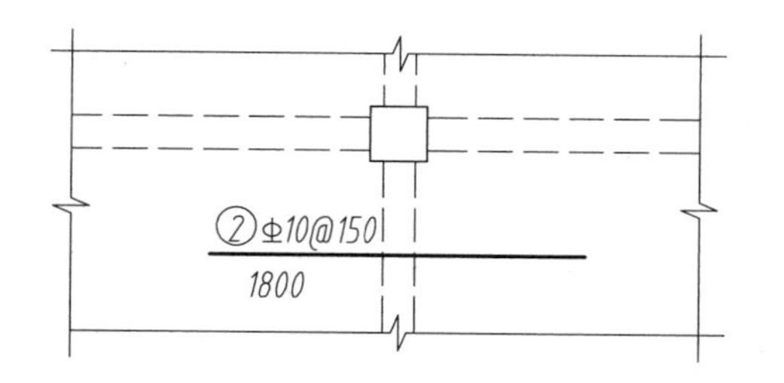

（a）板支座上部非贯通纵筋对称伸出

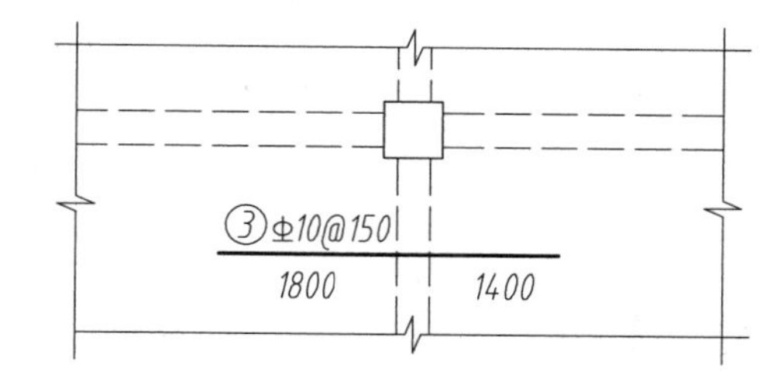

（b）板支座上部非贯通纵筋作对称伸出

图 12-24　板支座上部非贯通纵筋两侧伸出长度注写

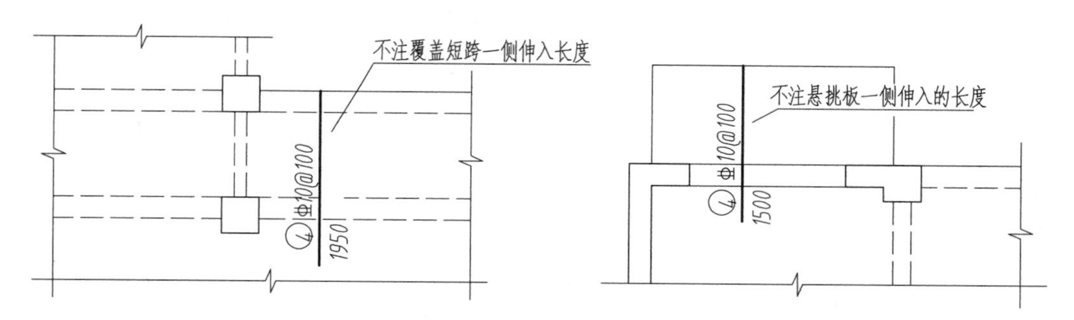

图 12-25　板支座上部非贯通筋贯通全跨或伸入至悬挑端时伸入长度注法

图 12-26 是板平法施工图的平面注写方式示例。图中表达了建筑 5 ~ 8 层楼板结构施工图，各层有 LB_1、LB_2、LB_3、LB_4、LB_5 五种楼面板。LB_4 为悬挑板的配筋，悬挑板厚 80 mm，板下部配置双向贯通纵筋均为 C8@150，上部配置 *X* 向 C8@150 和板支座处⑥号非贯通筋 C10@100。

其他板块的配筋情况，读者可依据板平面注写规则自行阅读。

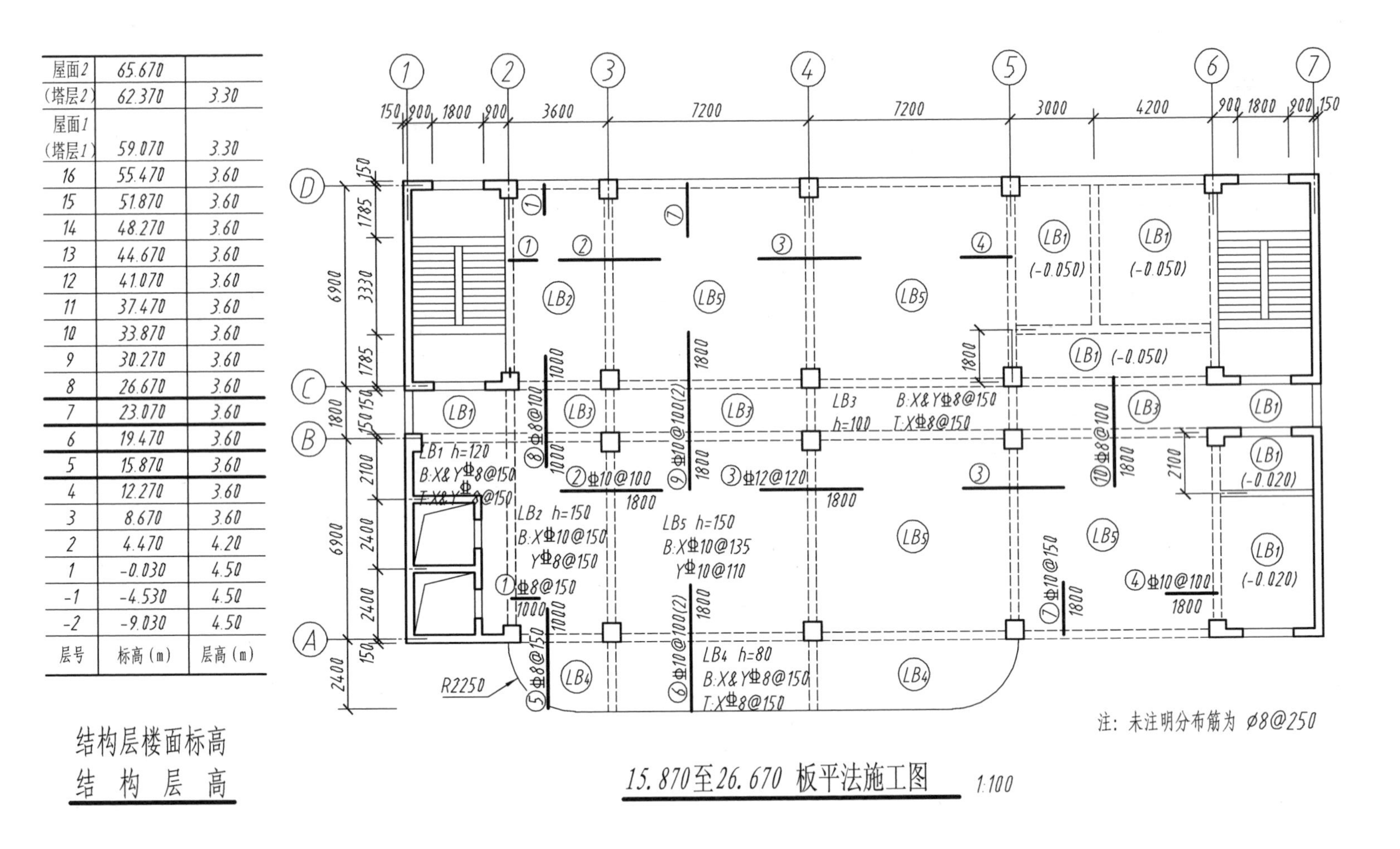

屋面2	65.670	
(塔层2)	62.370	3.30
屋面1 (塔层1)	59.070	3.30
16	55.470	3.60
15	51.870	3.60
14	48.270	3.60
13	44.670	3.60
12	41.070	3.60
11	37.470	3.60
10	33.870	3.60
9	30.270	3.60
8	26.670	3.60
7	23.070	3.60
6	19.470	3.60
5	15.870	3.60
4	12.270	3.60
3	8.670	3.60
2	4.470	4.20
1	-0.030	4.50
-1	-4.530	4.50
-2	-9.030	4.50
层号	标高(m)	层高(m)

图 12-26 板平法施工图平面注写方式示例

12.6 钢结构图

钢结构是由各种型钢组合而成的工程结构物。钢结构主要用于大跨度建筑、超高层建筑工业厂房及塔桅结构等。钢结构因具有轻型、高强、制作方便等优点被越来越多地应用到土木工程中，如体育场馆、大型飞机检修库、铁路公路桥梁等。

12.6.1 型钢及标注方法

钢结构中所用的钢材主要是热轧成型的钢板和型钢。其中，型钢是由轧钢厂按标准规格（型号）轧制而成的。在工程中，将这些型钢和钢板加工、组装起来形成钢结构。

常用的型钢有角钢、工字钢、槽钢等，各类型钢的标注方法应符合《建筑结构制图标准》(GB/T50105—2010)。常见型钢及标注方法见表12-9。

表 12-9　型钢的图例及标注

序号	名称	截面	标注	立体图	说明
1	等边角钢	∟	∟ $b\times t$		b—肢宽； t—肢厚
2	不等边角钢	∟	∟ $B\times b\times t$		B—长肢宽； b—短肢宽； t—肢厚
3	工字钢	I	I N　Q I N		轻型工字钢加注 Q 字
4	槽钢	[	[N　Q [N		轻型槽钢加注 Q 字
5	钢板	—	$\frac{-b\times t}{l}$		$\frac{\text{宽}\times\text{厚}}{\text{板长}}$

12.6.2 钢结构的连接及标注

钢结构的连接方式通常有：螺栓连接、铆钉连接和焊接等。其中，螺栓连接和焊接应用较为广泛。其标注方法应符合《建筑结构制图标准》(GB/T50105—2010)和《焊缝符号表示法》(GB/T324—2008)的有关规定。

1. 螺栓与电焊铆钉连接

螺栓连接可分为普通螺栓连接和高强螺栓连接。其优点是安装方便，便于拆卸。螺栓由螺杆、螺母和垫圈组成。电焊铆钉连接是永久性连接。螺栓、孔、电焊铆钉连接的图例按表 12-10 规定画出。

表 12-10 螺栓、孔、电焊铆钉图例

序号	名称	图例	说明
1	永久螺栓	M ø	1. 细“+”线表示定位线； 2. M 表示螺栓型号； 3. ø表示螺栓孔直径； 4. d 表示电焊铆钉直径； 5. 采用引出线标注螺栓时，横线上标注螺栓规格，横线下标注螺栓孔直径
2	高强螺栓	M ø	
3	安装螺栓	M ø	
4	圆形螺栓孔	ø	
5	长圆形螺栓孔	ø	
6	电焊铆钉	d	

2. 焊缝代号及标注

焊接是钢结构中最常见的连接方法。两型钢焊接时的接头形式，有对接接头、T 形接头、角接接头和搭接接头。型钢熔接处称为焊缝。焊缝按结合形式分为对接焊缝、角焊缝和点焊缝三种，如图 12-27 所示。

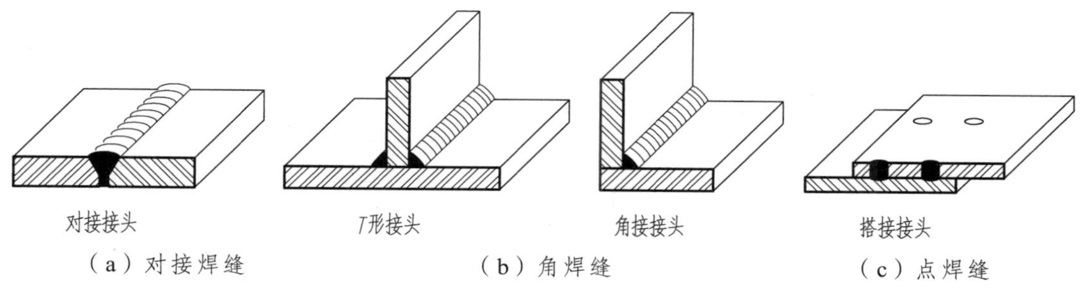

图 12-27　焊缝接头与焊缝形式

在钢结构图中，常采用焊缝代号来表明焊接接头型式、焊缝型式、位置和焊缝尺寸，有时还要注明施焊方法等。焊缝代号通常由指引线、基本符号和补充符号组成。

（1）指引线。

指引线由箭头线和基准线（一条细实线和一条细虚线）组成，如图 12-28 所示。

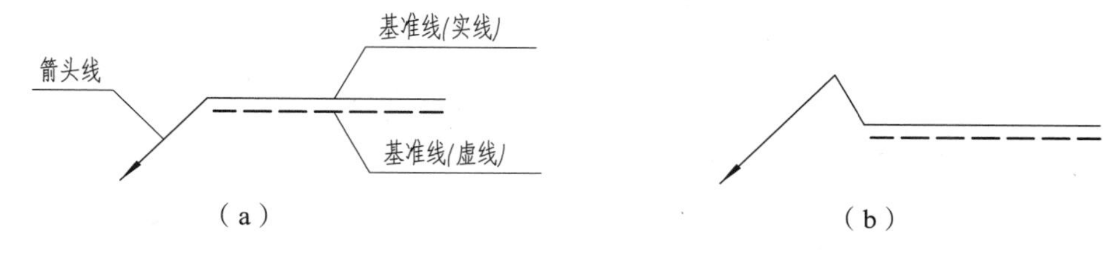

图 12-28　指引线

（2）基本符号及其使用。

基本符号是表示焊缝横截面形状的符号，采用近似于焊缝横截面实际形状的符号表示。常用基本符号如表 12-11 所示。

表 12-11　常用焊缝的基本符号及标注

序号	焊缝名称	基本符号	示意图	形式	标注法	基本符号尺寸
1	I 形焊缝			b	b	1~2 4
2	单边 V 形焊缝			β b	β b	45° 4
3	带钝边单边 V 形焊缝			β p b	β p b	45° 1~3

续表 12-11

序号	焊缝名称	基本符号	示意图	形式	标注法	基本符号尺寸
4	角焊缝	△	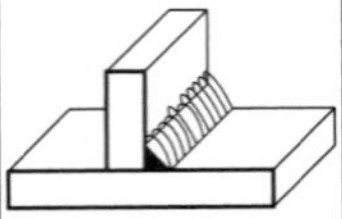	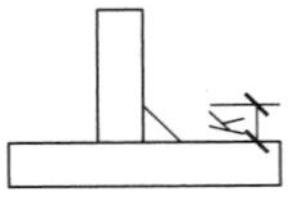 K	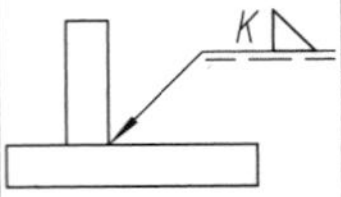 K△	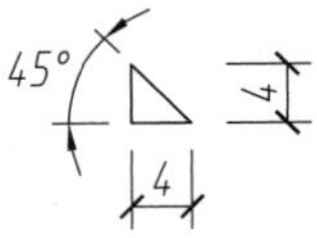 45° 4 4
5	塞焊	 ▽	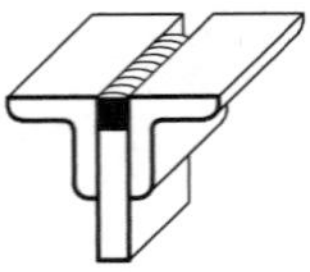	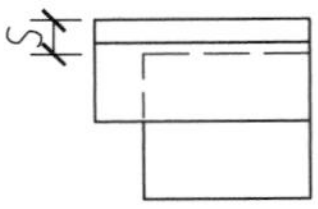 S	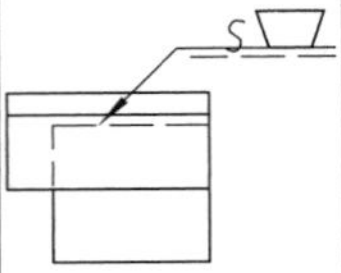 S▽	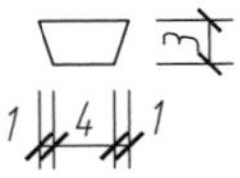 3 1 4 1

（3）补充符号及其使用。

补充符号用于补充说明有关焊缝或接头的某些特征，如表面形状、衬垫、焊缝分布、施焊地点等，补充符号见表 12-12 所示。

图 12-12　补充符号及标注

序号	名称	补充符号	形式及标注示例	说明
1	平面符号	—	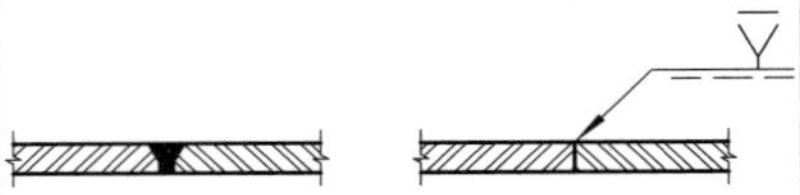	表示带印边 V 形焊缝表面平齐
2	凹面符号	◡	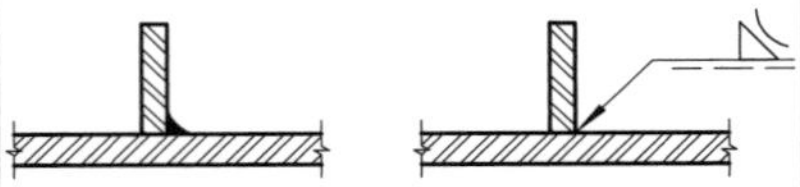	表示角焊缝表面凹陷
3	凸面符号	◠	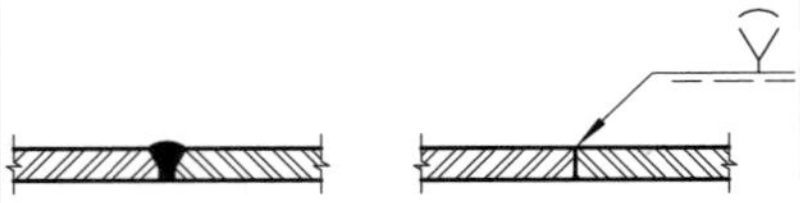	表示带印边 V 形焊缝表面凸起
4	三面焊缝符号	⊏		表示工件三面施焊，开口方向与实际方向一致
5	周围焊缝符号	○	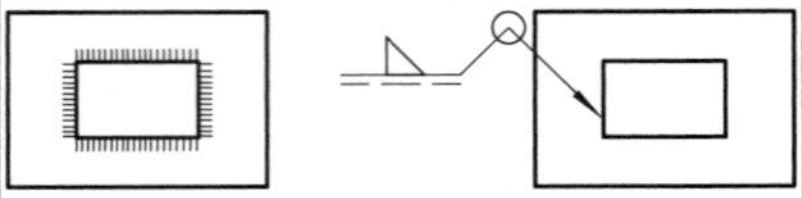	表示环绕工件周围施焊
6	现场焊缝符号	⚑	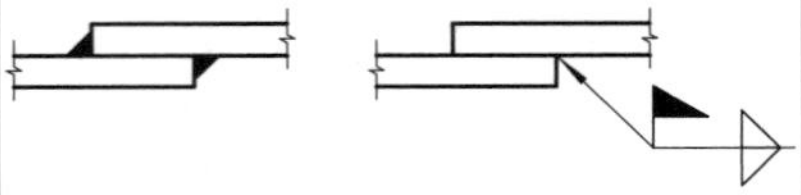	表示施工现场施焊

（4）有关焊缝的其他规定。

① 单面焊缝的标注。在标注焊缝符号时，如箭头指向施焊面，则焊缝符号应标注在基

准线的实线一侧；若欲标注的是箭头所指的施焊面的背面，则将焊缝符号标注在基准线的虚线一侧，如图 12-29 所示。

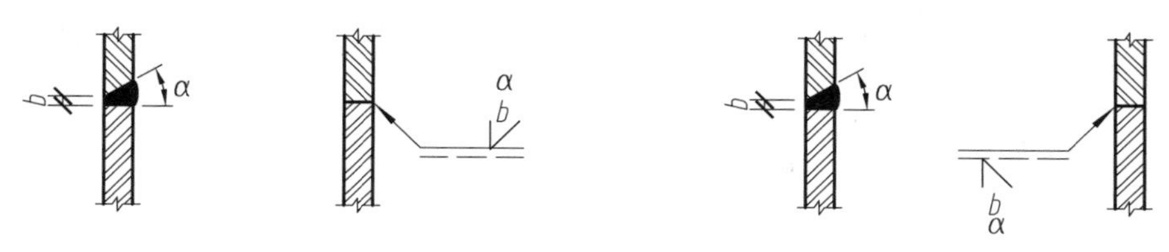

（a）施焊面在正面时的标注　　（b）施焊面在背面时的标注

图 12-29　单面焊缝的标注方法

② 相互焊接的两个焊件中，当只有一个焊件带坡口时（如单面 V 形），引出线箭头应指向带坡口的焊件，如图 12-29 所示。

③ 互相焊接的两个焊件，当为单面带双边不对称坡口焊缝时，箭头必须指向较大坡口的焊件，如图 12-30 所示。

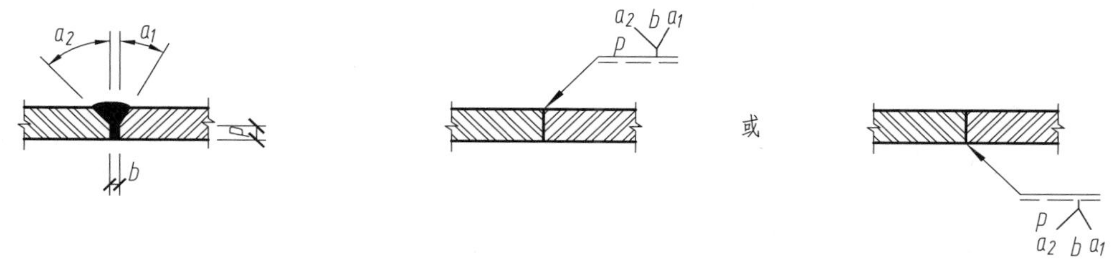

图 12-30　单面带双边不对称坡口焊缝的标注方法

④ 标注对称焊缝及双面焊缝时，基准线的虚线可以省略不画。应在横线上方表示箭头一面的符号和尺寸，横线下方表示另一面的符号和尺寸；当两面的焊缝尺寸相同时，只需在横线上方标注焊缝的符号和尺寸，如图 12-30 所示。

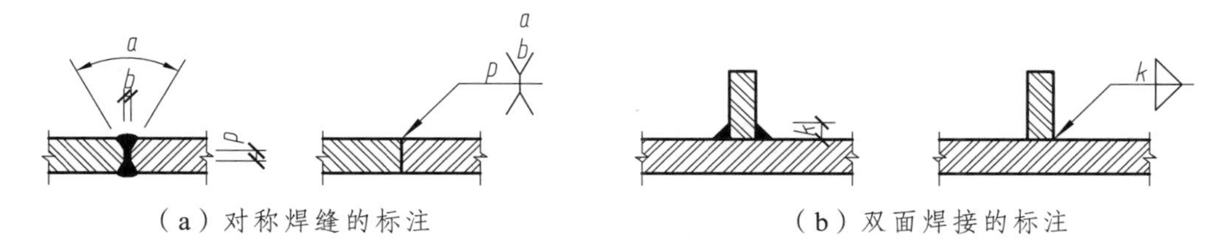

（a）对称焊缝的标注　　（b）双面焊接的标注

图 12-31　对称焊缝和双面焊缝的标注方法

⑤ 3 个和 3 个以上的焊件互相焊接的焊缝，不得作为双面焊缝标注。其焊缝符号和尺寸应分别标注，如图 12-31 所示。

图 12-32　3 个和 3 个以上焊件的焊缝标注方法

⑥ 当焊缝分布不规则时，在标注焊缝符号的同时，宜在焊缝处加中实线，表示可见焊缝；或加细栅线，表示不可见焊缝。如图 12-32 所示。

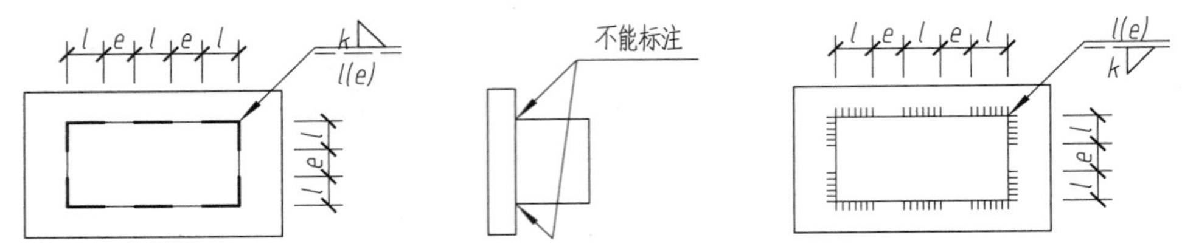

图 12-33 分布不规则的焊缝标注方法

⑦ 在同一图形上，当焊缝形式、断面尺寸和辅助要求均相同时，可只选择一处标注焊缝的符号和尺寸，并加注“相同焊缝符号”相同焊缝符号为 3/4 圆弧，画在引出线的转折处，如图 12-34（a）所示。

图 12-34 相同焊缝符号的标注

⑧ 在同一图形上，当有数种相同的焊缝时，宜将焊缝分类编号标注。在同一类焊缝中可选择一处标注焊缝符号和尺寸。分类编号采用大写的拉丁字母 *A*、*B*、*C*、…，如图 12-34（b）所示。

⑨ 图形中较长的贴角焊缝（如焊接实腹梁的翼缘焊缝），可不用引出线标注，而直接在贴角焊缝旁标出焊缝高度值，如图 12-35 所示。

⑩ 熔透角焊缝的符号及其标注如图 12-36 所示。

⑪ 局部焊缝应按图 12-37 的方法标注。

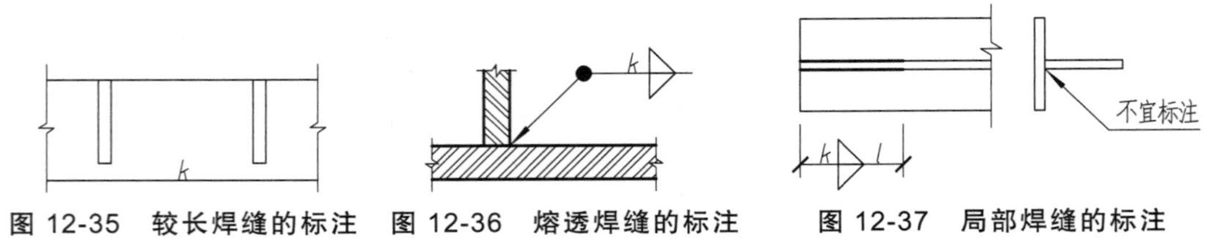

图 12-35 较长焊缝的标注　图 12-36 熔透焊缝的标注　图 12-37 局部焊缝的标注

（5）在钢结构图上焊缝代号标注示例。

图 12-38 是一实腹式吊车梁的钢筋图。该梁由钢板焊接而成，图中带圆圈的指引符号是焊件的编号。由于比例较小，在 *1—1*、*2—2* 的剖面图内没有画金属材料图例。

3. 钢构件图的尺寸标注

钢构件图的尺寸标注，除遵守一般规定外，还应注意对节点详图的一些特殊要求，其标注应符合《建筑结构制图标准》（GB/T50105—2010）的相关规定。

（1）切割板材应标注各线段的长度及位置，如图 12-39 所示。

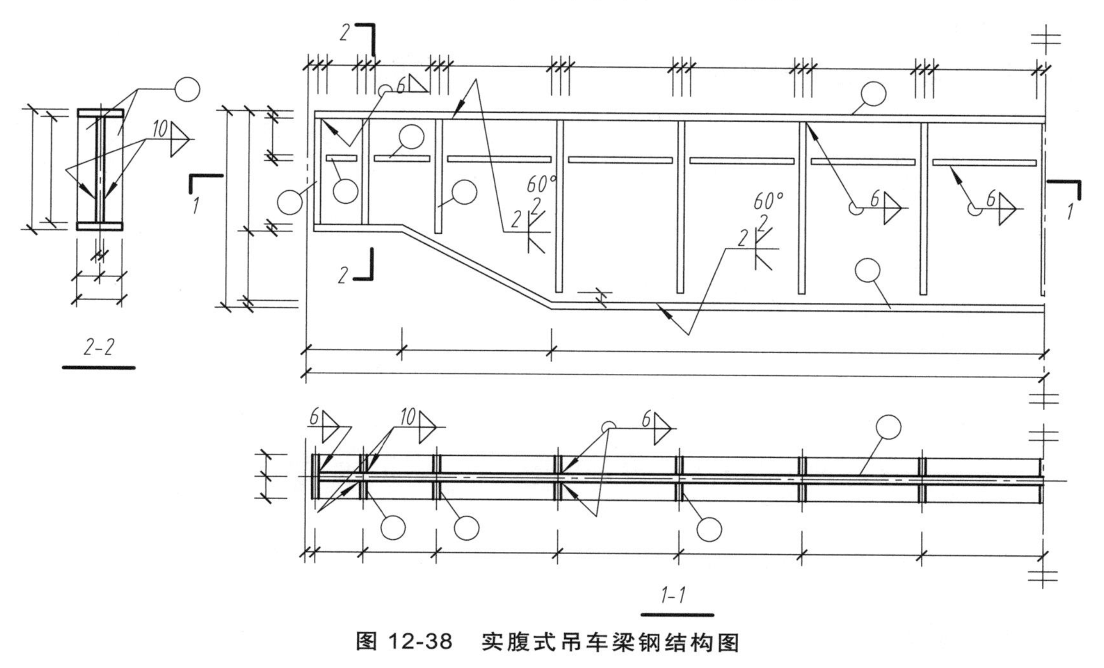

图 12-38　实腹式吊车梁钢结构图

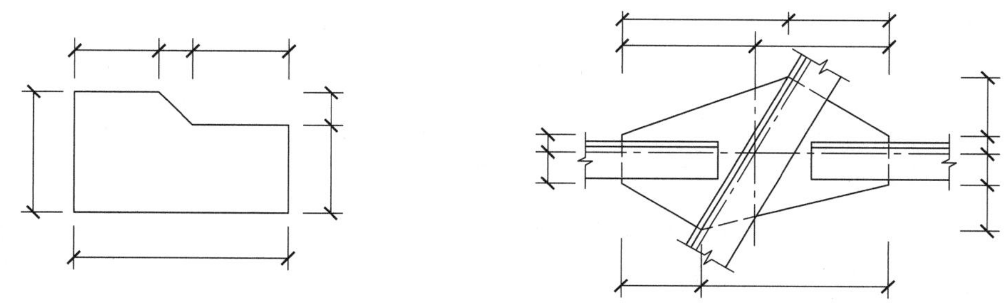

图 12-39　切割板材尺寸的标注方法

（2）节点尺寸，应注明节点板的尺寸和各杆件螺栓孔中心以及杆件端部至几何中心线交点的距离，如图 12-40 所示。

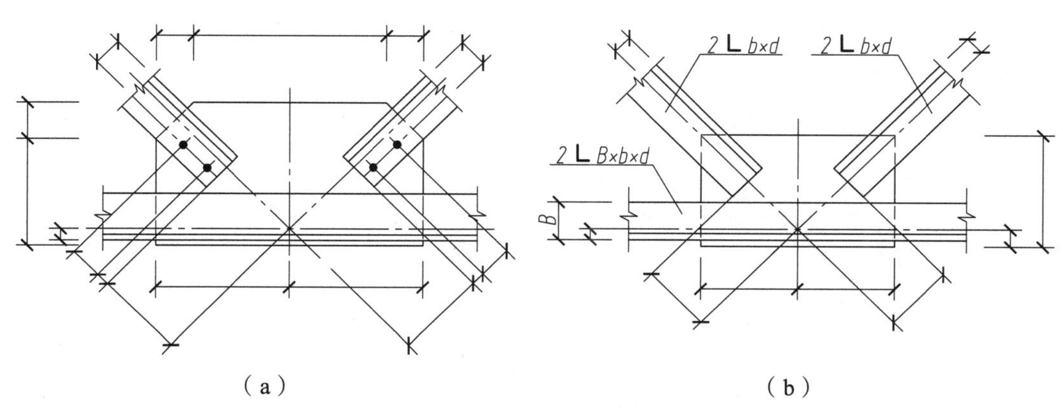

图 12-40　节点尺寸的标注方法

（3）不等边角钢的构件，应标注出角钢一肢的尺寸，如图 12-40（b）所示。

（4）双型钢组合截面的构件，应注明缀板的数量及尺寸。在引出横线上方标注缀板的数量及缀板的宽度、厚度，在引线横线下方标注缀板的长度尺寸，如图 12-41 所示。

（5）非焊接节点板应注明节点板尺寸和螺栓中心与几何中心线交点的距离，如图 12-42 所示。

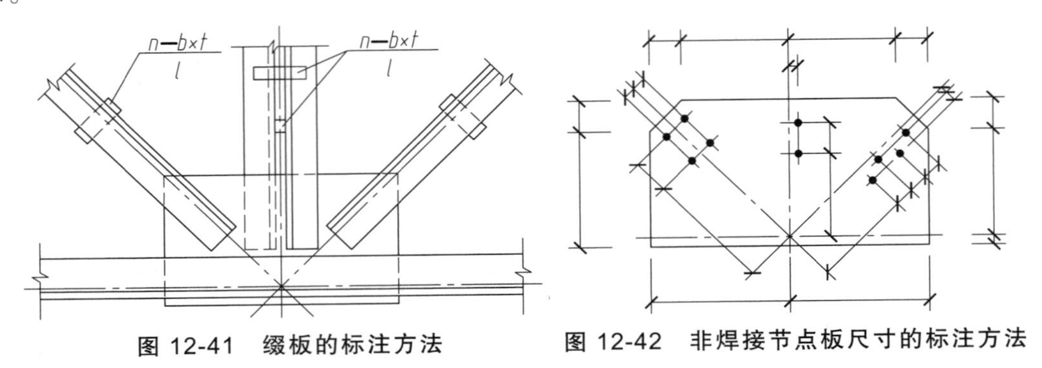

图 12-41　缀板的标注方法　　图 12-42　非焊接节点板尺寸的标注方法

4. 钢屋架结构详图

钢屋架结构详图是表示钢屋架的形式、大小、型钢的规格、杆件的组合和连接情况的图样，其主要内容包括屋架简图、屋架详图、杆件详图、连接板详图、预埋件详图以及钢材用料表等。本节主要介绍屋架详图的内容和绘制。

图 12-43 中画出了用单线表示的钢屋架简图，用以表达屋架的结构形式、各杆件的计算长度，作为放样的一种依据。该梯形屋架由于左右对称，故可采用对称画法只画出一半多一点，用折断线断开。屋架简图的比例一般采用 1∶100 或 1∶200，习惯上放在图纸的左上角或右上角。图中要注明屋架的跨度与高度尺寸以及节点之间杆件的长度尺寸等。

屋架详图是用较大的比例画出的屋架立面图，应与屋架简图相一致。本例只是为了说明钢屋架结构详图的内容和绘制，故只选取了左端一小部分。

在同一钢屋架详图中，因杆件长度与断面尺寸相差较大，故绘图时经常采用两种比例。即屋架轴线（杆件几何中心线）长度采用较小的比例，一般采用 1∶50 绘制；而杆件的断面、节点板等则采用较大的比例，一般采用 1∶20、1∶25 绘制。这样既可节省图纸，又能将细部表达清楚。

图 12-44 是屋架简图中编号为Ⅱ的一个下弦节点的详图。这个节点是由两根斜腹杆和一根竖腹杆通过节点板和下弦杆焊接而形成的。两根斜腹杆都分别用两根等边角钢（90×6）组成；竖腹杆由两根等边角钢（75×5）组成；下弦杆由两根不等边角钢（100×80×8）组成，由于每根杆件都由两根角钢所组成，所以在两角钢间有连接板。图中画出了斜腹杆和竖腹杆的扁钢连接板，且注明了它们的宽度、厚度和长度尺寸。节点板的形状和大小，根

据每个节点杆件的位置和计算焊缝的长度来确定，如图中的节点板为一矩形板，且注明了它的尺寸。

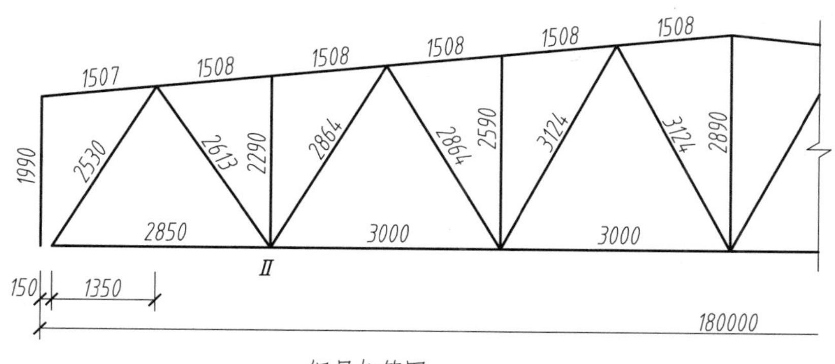

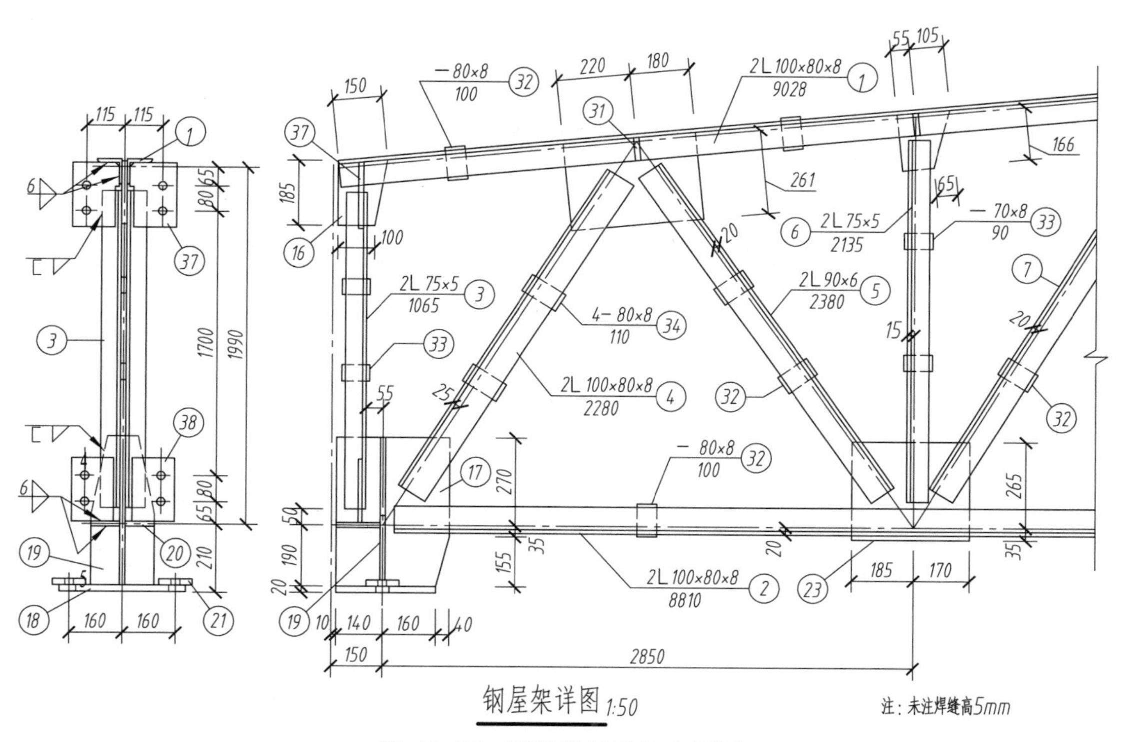

图 12-43　钢屋架简图和立面图

图中应注明各型钢的长度尺寸，如 2 380、2 135、2 615、8 810。除了连接板按图上所标明的块数沿杆件的长度均匀分布外，也应注明各杆件的定位尺寸（如 135、129、80）和节点板的定位尺寸（如 265、35、185、175）。图中还对各种杆件、节点板、连接板编绘了零件编号，标注了焊缝符号。

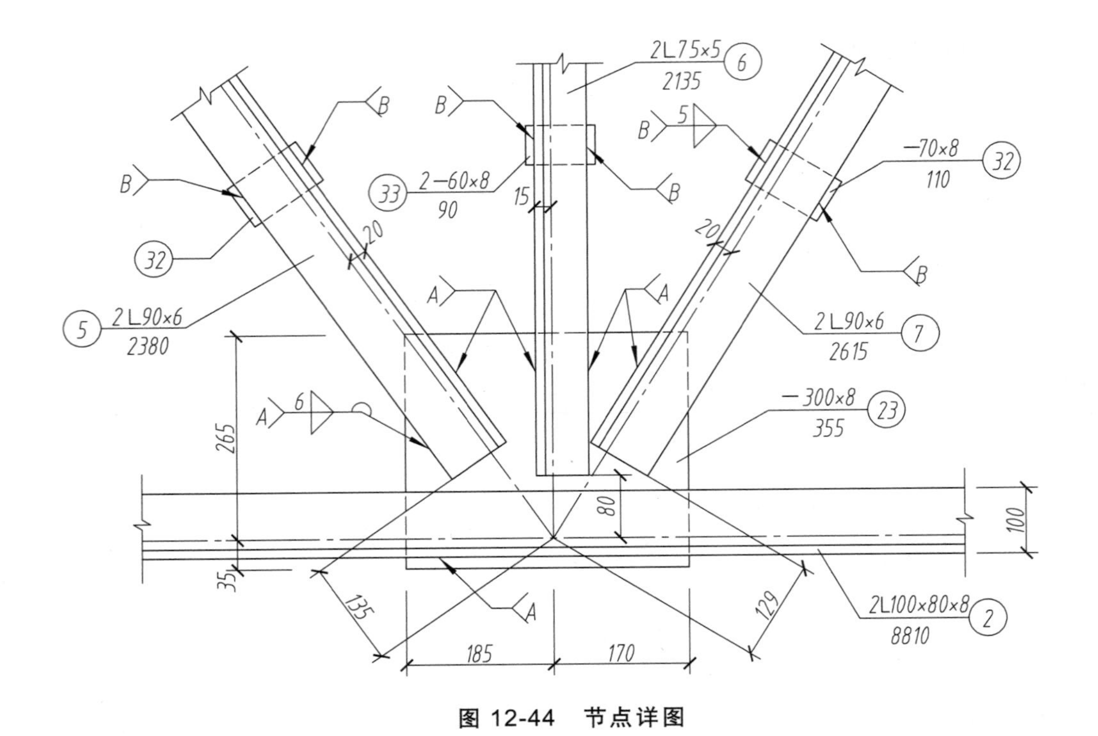
2L75×5
6
2135
B
B
5
B
−70×8
32
110
B
33
2−60×8
90
B
15
32
20
20
B
A
A
5
2L90×6
2380
2L90×6
7
2615
A
6
−300×8
23
355
265
80
100
35
135
A
129
2L100×80×8
2
8810
185
170

图 12-44 节点详图

第 13 章　设备施工图

在现代房屋建筑中，都需要安装给水排水、采暖通风和建筑电气等工程设施。各项工程设施都必须经过专业设计，并将设计结果通过工程图样表达在图纸上，以指导各项工程设施的安装与施工。这些图纸统称为设备施工图，按其专业不同可分为建筑给水排水施工图（简称水施）、建筑采暖通风施工图（简称暖施）和建筑电气施工图（简称电施）。

基本要求如下：

1. 了解设备施工图的分类和组成；
2. 熟悉国家制图标准中对设备施工图的相关规定；
3. 了解设备施工图的表达方法、主要表达内容和图示特点；
4. 初步掌握绘制和阅读设备施工图的方法与步骤。

13.1　建筑给水排水施工图

13.1.1　概　述

给水排水工程是现代城镇建设和工矿企业建设中重要的基础设施之一。整个工程与房屋建筑、水利机械、水工结构等工程密切联系，在设计过程中，应注意与建筑工程和结构工程的紧密配合、协调一致。它包括给水工程、排水工程和室内给水排水工程三个方面。

给水工程是为满足城镇居民生活和工业生产等用水需要而建造的工程设施，包括水源取水、净水处理、加压泵站、市政给水管网等。排水工程是用于汇集生活、生产的污水（废水）和雨、雪水，并将其经过处理达标后，集中排泄的工程设施。

室内给水排水工程是指室内给水、室内排水、热水供应、消防用水及屋面排水等工程。其施工图主要有给水排水管道平面图、系统图以及安装详图等。

1. 给水排水工程图的分类

给排水施工图按其作用和内容分为以下几种：

（1）室内给排水施工图。

主要表达建筑室内的配水房间、工矿企业中的锅炉间、用水车间等部门的管道、用水设备的布置。一般包括管道平面布置图、管网系统轴测图、卫生设备或用水设备安装详图等。

（2）室外管网及附属设备图。

主要表达敷设在室外地下各种管道的平面及高程布置，一般包括市政管网平面图、工矿企业内的厂区管网平面图以及相应的管道纵断面图。此外，还有管网上的附属设施如消防栓、闸门井、检查井、排放口等的施工图。

（3）水处理工艺设备图。

主要指自来水厂和污水处理厂等的设计图样，如水处理厂工艺流程图，取水构筑物、投药间、泵房等单项工程设计图，水处理构筑物（如沉淀池、过滤池等）的工艺设计图等。

2. 室内给水排水系统的组成

室内给水排水施工图，也称建筑给水排水施工图。对于一般建筑物而言，室内给水排水系统的组成，如图 13-1 所示。

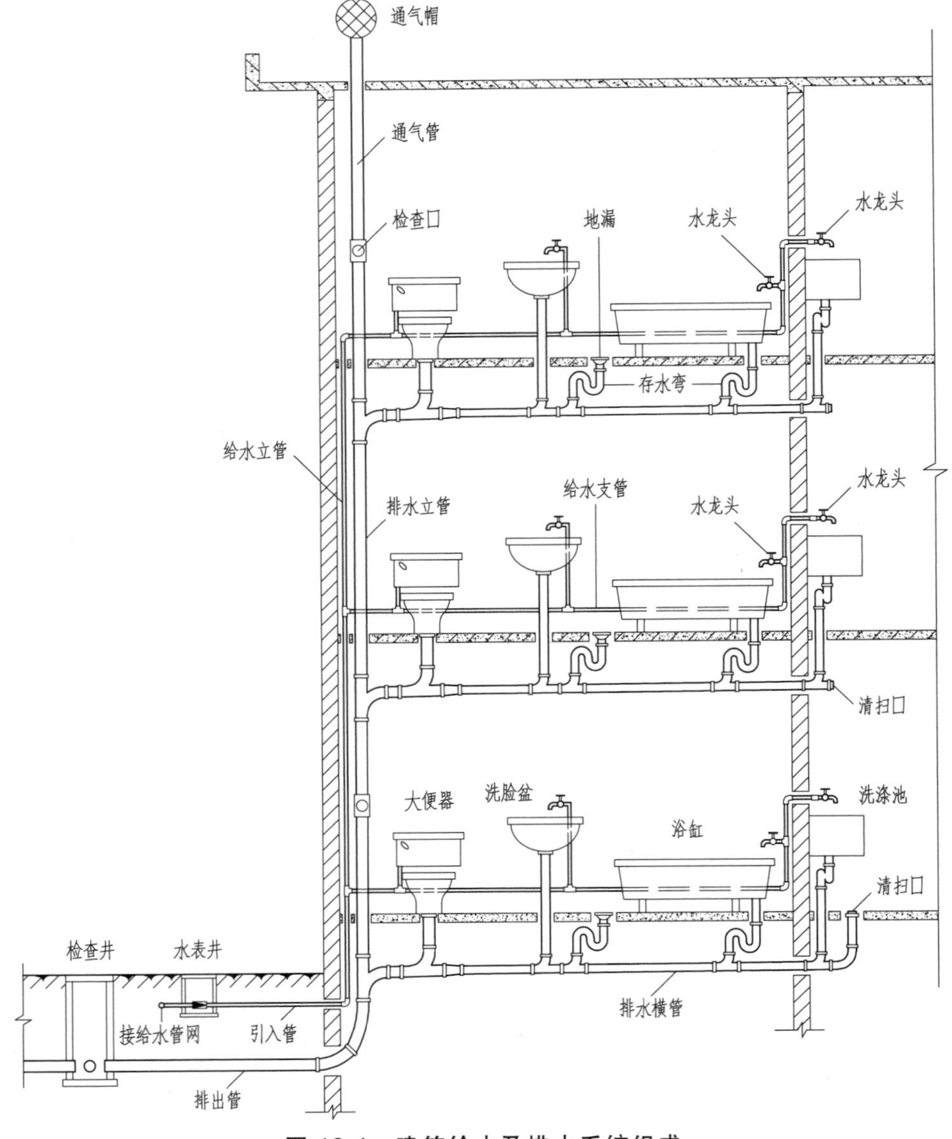

图 13-1 建筑给水及排水系统组成

（1）室内给水系统。

民用建筑室内给水系统按供水对象可分为生活用水系统和消防用水系统。对于一般民用建筑，两系统可合并设置。室内给水系统的组成如下：

① 引入管。指自室外（厂区、校区、住宅小区）管网引入房屋内部的一段水平管。引入管应有不小于 0.003 的坡度。

② 水表节点。指引入管上装设的水表、表前后阀门和泄水口等，通常集中放置在一个水表井内。根据用水情况可在每户、每个单元、每幢建筑物或在一个住宅小区内设置水表。

③ 室内输配水管。包括水平干管、立管和支管。

④ 给水配件和设备。如配水龙头、阀门、管接头、分户水表、卫生设备等。

⑤ 升压及储水设备。当水压不足或对供水的压力有稳定性要求时，需要设置水箱、水池、水泵、气压装置等。

⑥ 室内消防给水系统。根据建筑物的防火等级要求，有的需要设置独立的给水系统，配备消火栓、自动喷淋灭火设施等。

室内给水系统通常有三种供水方式，即下行上给式给水系统、上行下给式给水系统和分区式给水系统，如图 13-2 所示。

对于一般低层建筑，市政管网水压能够满足顶层水压要求，给水管网水压较为稳定，给水系统通常采用下行上给式，由市政管网直接供水；若市政管网水压不够稳定，可在建筑屋顶设置屋顶水箱，当管网水压较低时，可由屋顶水箱供水，其给水系统可采用上行下给式的供水方式。对于高层建筑，其下面几层由市政管网直接供水，上面各层可分若干区，由水泵加压供水，其给水系统可采用分区式供水方式。

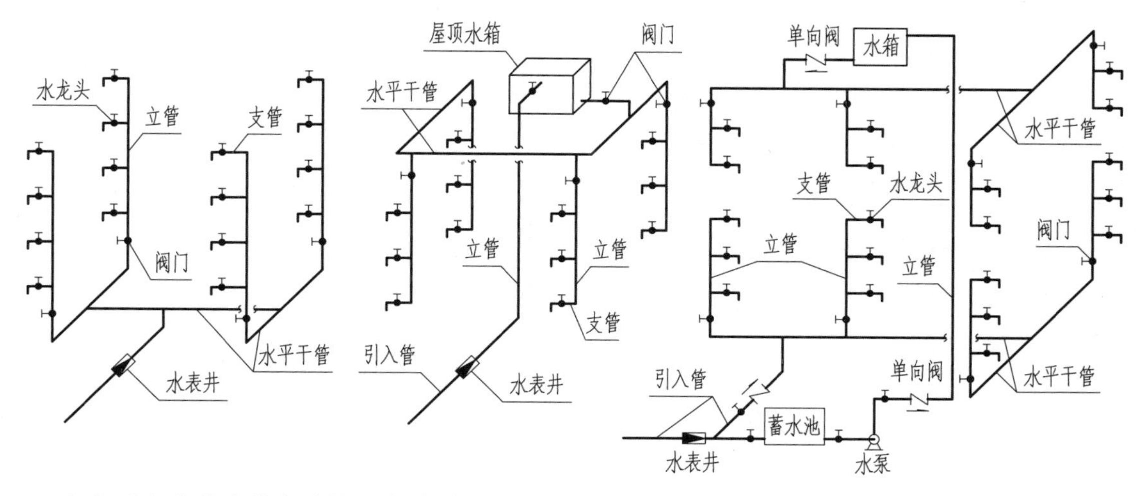

（a）下行上给式给水系统　（b）上行下给式给水系统　（c）分区式给水系统

图 13-2　给水系统供水方式

（2）室内排水系统。

民用建筑室内排水系统通常用于排除生活污水。室内排水系统的组成如下：

① 卫生设备。用于接纳、收集污水的设备，它是排水系统的起点。

② 排水横管。指接纳用水设备排出污水的水平管道，应有一定坡度（2%左右）指向排水立管。当卫生器具较多时，在排水横管的端部应设置清扫口，方便排水管的检修和疏通处理。

③ 排水立管。用于接纳各种排水横管排来的污水，并将其排入排出管。为了方便排水管的检修和疏通，排水立管应在底层和顶层处各设置一个检查口；对于多层房屋应每隔一层设置一个检查口。一般检查口距楼地面高度为 1 m。

④ 排出管。指室内排水立管与室外排水检查井之间的一段连接管段。排出管向检查井方向应有一定的坡度，一般为 1% ~ 2%。

⑤ 通气管。指排水立管上端通向屋面的一段立管，用于排除管道中的有害气体和防止管道内产生负压。在通气管的顶部设有风帽或网罩，一般通气管应高出平屋面 300 mm 左右，高出斜坡屋面 700 mm。

⑥ 检查井或化粪池。生活污水由排出管排至室外的检查井或化粪池。

13.1.2 给水排水施工图的基本规定

给水排水施工图中，各种管道及其上的各种管道配件或附件的表示，以及管材、管径、标高等标注方式均应符合国家标准《总图制图标准》（GB/T50103—2010）、《房屋建筑制图统一标准》（GB50001—2010）、《建筑给水排水制图标准》（GB/T50106—2010）中的相关规定。

1. 图　线

建筑给水排水专业制图，常用的线型宜符合表 13-1 的规定。其中线宽 b 宜为 0.7 或 1.0 mm。

表 13-1　线型及用途

名称	线型	线宽	用途
粗实线	————————	b	新设计的各种给水和其他压力流管线
粗虚线	— — — — — —	b	新设计的各种排水和其他重力流管线
中粗实线	————————	$0.7b$	原有的各种给水和其他压力流管线
中粗虚线	— — — — — —	$0.7b$	原有的各种排水和其他重力流管线
中实线	————————	$0.5b$	给水排水设备、零（附）件的可见轮廓线；总图中新建的建筑物和构筑物的可见轮廓线；原有的各种给水和其他压力流管线
中虚线	— — — — — —	$0.5b$	给水排水设备、零（附）件的不可见轮廓线；总图中新建的建筑物和构筑物的不可见轮廓线；原有的各种给水和其他压力流管线的不可见轮廓线

续表 13-1

名 称	线 型	线 宽	用 途
细实线	————————	0.25b	建筑的可见轮廓线；总图中原有的建筑物和构筑物的可见轮廓线；制图中的各种标注线
细虚线	— — — — — —	0.25b	建筑的不可见轮廓线；总图中原有的建筑物和构筑物的不可见轮廓线；
单点长画线	———-——-———	0.25b	中心线、定位轴线
折断线	————\/————	0.25b	断开界线
波浪线	～～～～～	0.25b	平面图中水画线；局部构造层次范围线；保温范围示意线

2. 比　例

建筑给水排水施工图常用比例宜应符合表 13-2 的规定。

表 13-2　比　例

名　称	比　例	备　注
小区总平面图	1∶300、1∶500、1∶1 000	宜与总图专业一致
建筑给水排水平面图	1∶100、1∶150、1∶200	宜与建筑专业一致
建筑给水排水轴测图	1∶50、1∶100、1∶200	宜与相应图纸一致
管道纵断面图	竖向：1∶50、1∶100、1∶200 纵向：1∶300、1∶500、1∶1000	
详图	1∶1、1∶2、1∶5、1∶10、1∶20、1∶30、1∶50	

3. 标　高

在总平面图中室内管道一般宜标注相对标高，室外管道工程宜标注绝对标高。给水管道宜标注管中心的标高，排水管道和沟渠宜标注管（沟）内底标高，标高以“m”（米）为单位，可注写至小数点后两位。通常标高宜注写在管道或沟渠的起迄点、变径（或变尺寸）点、变坡点、穿外墙及剪力墙处。

在给水排水平面图、系统图中，标注管道标高应按图 13-3 所示的方式标注；标高符号可直接标注在管道图例线上，也可标注在引线上。

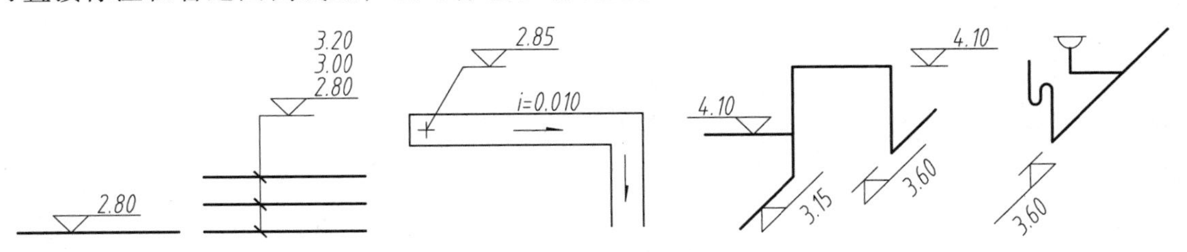

（a）平面图中管道标高注法　（b）平面图中沟渠标高注法　（c）系统图中管道标高注法

图 13-3　平面图、系统图中管道（沟渠）标高的注法

建筑物室内的管道也可以按本层建筑地面的标高加“+”管道安装高度的方式来标注管道标高，标注方法应为 H+×××，H 表示本层建筑地面标高。

4. 管　径

在给水排水施工图中，管道应注明直径，单位为“mm”。对于水煤气输送钢管、铸铁管等管材，管径宜以公称直径 DN 表示，如 DN32 表示水煤气管道公称直径 32 mm；无缝钢管、焊接钢管等管材，管径宜以外径 D×壁厚表示，如 D108×4 表示钢管的外径 108 mm、管壁厚 4 mm；建筑给水排水塑料管材，管径宜以公称外径 dn 表示，如 dn50 表示塑料管的公称外径 50 mm。 在给排水施工图中，涉及单管或多管的管径标注应按图 13-4 所示的方法标注。

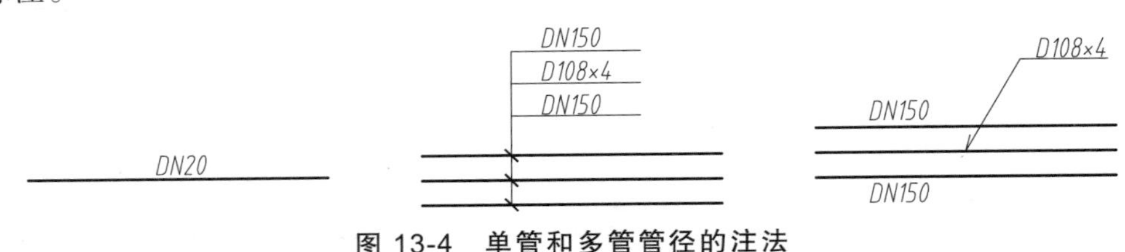

图 13-4　单管和多管管径的注法

5. 管道系统与立管的编号

当建筑物的给水引入管或排水排出管的数量超过一根时，应进行管道系统类别编号。细实线圆圈直径一般为 10～12 mm，在水平直径线的上方书写管道类别代号，其中 J 表示给水管、W 表示污水管、P 表示排水管；水平直径线下方书写管道系统编号，如图 13-5 所示。

当建筑物内穿越地面、楼层的立管，其数量超过一根时，应进行立管编号，编号应按图 13-5 和图 13-6 的方法表示，图（a）为平面图注法，图（b）为系统图注法。其中，JL 表示给水立管；WL 表示污水立管；PL 表示排水立管。

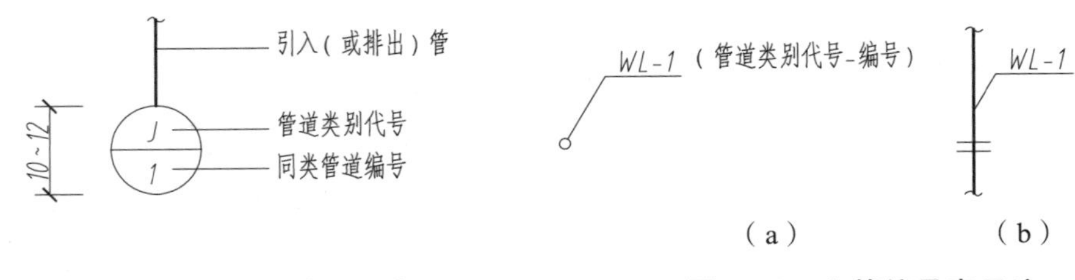

图 13-5　管道系统编号表示

图 13-6　立管编号表示法

给水排水附属构筑物，如阀门井、检查井、水表井、化粪池等多于一个时，应编号。编号宜采用构筑物代号后加注阿拉伯数字表示，如污水检查井 W-1、W-2…，化粪池 HC-1、HC-2…。

给水构筑物的编号顺序宜为水源到干管，再从干管到支管，最后到用户；而排水构筑物的编号顺序宜为从上游到下游，先干管后支管。

6. 图　例

建筑给水排水施工图中，管道、管道附件、设施均采用图例表示，常用的图例见表 13-3。

表 13-3　给水排水常用图例

序号	名称	图例	序号	名称	图例
1	给水管	J	15	室外消防栓	
2	污水管	W	16	室内消防栓	平面图　系统图
3	多孔管		17	自动喷洒头	平面图　系统图
4	立管	XL-x 平面图　XL-x 系统图	18	水表井	
5	立管检查口		19	阀门井及检查井	J-xx W-xx Y-xx　J-xx W-xx Y-xx
6	清扫口	平面图　系统图	20	洗脸盆	立式　台式
7	圆形地漏	平面图　系统图	21	污水池	
8	存水弯	P形　S形	22	盥洗槽	
9	通气帽	成品　蘑菇形	23	浴盆	
10	角阀		24	小便器	立式　壁挂式
11	截止阀		25	小便槽	
12	止回阀		26	大便器	蹲式　坐式
13	水龙头	（平面图）（系统图）	27	矩形化粪池	HC
14	淋浴喷头	（平面图）（系统图）	28	雨水口	单算　双算

13.1.3 室内给水排水施工图

室内给水排水施工图通常由室内给水排水平面图、管道系统图、安装详图和施工说明等内容组成。

1. 室内给水排水平面图

（1）室内给水排水平面图的内容。

图 13-7 是科研所办公楼的给水排水平面图。室内给水排水平面图主要表达建筑室内给水管道、排水管道和给水排水设备的平面布置图样。其基本内容如下：

① 表明配水房间的建筑平面图。

室内给水排水平面图是在建筑平面图的基础上，表达室内给水排水管道在房间内的布置和卫生设备的位置情况。建筑平面图只是辅助资料，因此，建筑平面图中的墙、柱等轮廓线、台阶、楼梯、门窗等内容都用细实线画出，其他一些细部可以省略不画。为使土建施工和管道设备的安装能够相互对照、核实，在给水排水平面图上应标注轴线编号、轴线间的尺寸，且必须与建筑平面图一致。

② 表明给水排水设备的平面布置。

应画出配水房间的用水设备和卫生设备，如洗脸盆、盥洗槽、污水池、小便器、小便槽、大便器等。由于这些设备通常都是工业定型产品，不必详细画出，可按国标规定的图例表示，图例轮廓用中实线画出。施工时按照《给水排水国家标准图集》来安装。给水排水施工图常用的图例如表 13-3 所示。

③ 表明给水排水管道及管道配件或附件的平面布置。

管道是室内给水排水平面图的主要内容。给水管道，应画出水平干管、给水立管以及本层的给水支管和给水配件；对排水管道，应画出排水立管、排出管以及铺设在下一层且为本层服务的排水横管、支管和管道配件。通常，给水支管画至设备的放水龙头或冲洗水箱的接口处，而排水管道则应画至卫生器具的排出口处。管道及配件或附件如水龙头、截止阀、多孔管、消火栓、地漏、清扫口等应按国标规定的图例画出。此外，对于首层给水排水平面图还应画出给水管道的引入管、水平干管和排水管道的排出管及室外检查井。

④ 标注管道系统和立管的编号。

在首层给排水平面图中，当室内给水引入管或排水排出管多于一个时，应按规定进行管道系统编号；在各楼层给排水平面图中，室内给水立管或排水立管多于一个时，应按规定进行立管类别编号。注意。立管是指每个管道系统穿过地坪及各楼层的竖向干管，仅在空间竖向转折的各种管道不能算为立管。

（2）室内给水排水平面图的画法。

① 室内给水排水平面图的绘图比例一般采用 1∶100、1∶150、1∶200，并宜与建筑平面图的绘图比例保持一致。

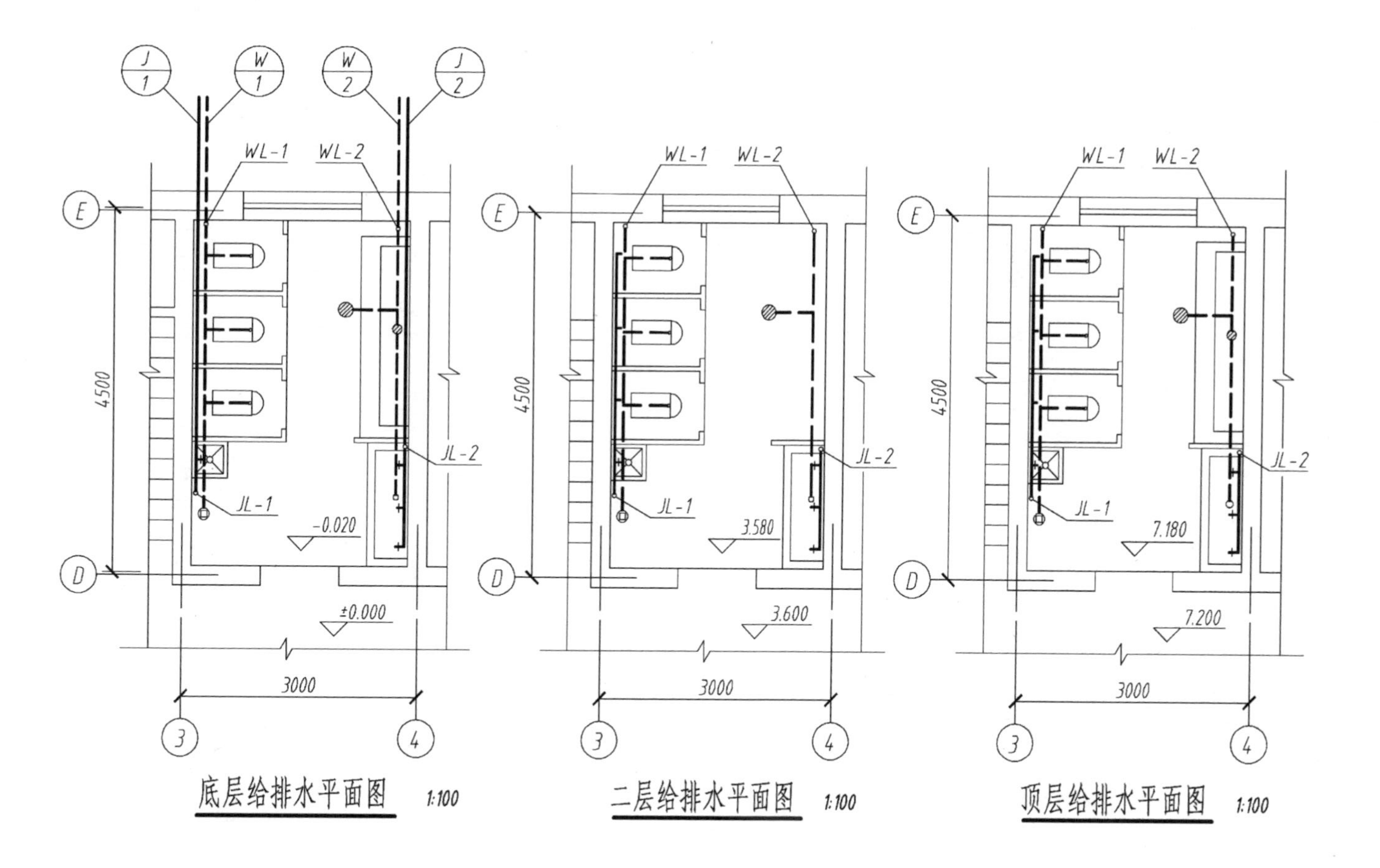

图 13-7 室内给水排水平面图

② 多层建筑的室内给排水平面图，原则上每一层应绘制一个平面图。对于管道系统布置及给排水设备布置相同的楼层，可共用一个平面图。非本专业的建筑部分仅用作管道系统及设备的水平布置和定位的基准，因此建筑部分仅需画出定位轴线及编号、墙体、柱、门窗洞、楼梯等主要建筑构件。

③ 在室内给水排水平面图中，应画出位于本层楼面上的给水管及配件和位于楼层下且为本层服务的排水管道及配件。图中的管道、配件和设备等采用国标规定的图例表示。

④ 在管道平面布置图中，不同管径的管道均采用单线表示。一般，给水、排水管道分别采用粗实线、粗虚线表示。

⑤ 对于同一楼层不同高度的管道投影重叠时，应将这些管线错开且平行画出。管道与墙的距离示意性绘出，安装时按有关施工规范确定，即使暗装管道也与明装管道一样画在墙外，但应附加说明。

（3）室内给水排水平面图的画图步骤。

① 用细实线抄绘建筑平面图的主要组成部分；

② 用中实线画出用水器具和洁具；

③ 用粗实线画出给水管道，用粗虚线画出排水管道；

④ 用中实线画出管道上的配件或附件；

⑤ 标注必要的尺寸和标高、管道系统编号、立管编号等，以及必要的文字说明。

2. 室内给水排水系统图

室内给水排水系统图是采用正面斜轴侧投影绘制的，主要用于表明给水管道、排水管道在室内空间的走向、上下层的布置状况，以及管道配件或附件位置。图 13-8、图 13-9 为办公楼的给水和排水系统图。

（1）系统图的主要内容。

管道系统图应按管道系统类别及编号不同逐个表达。其主要内容如下：

① 表明管网系统的空间布置。

通过管道系统表明给水引入管（或排水排出管）、水平干管（或排水横管）、立管和支管在室内的空间走向。

② 表明管道穿越的地面、楼板、内外墙的位置。

在管道系统图中应画出管道穿越的地面、楼板、墙体的断面，以确定给水支管或排水横管在高度方向的位置和走向。

③ 表明管道的管材、管径和标高，以及管道配件或附件的规格型号。

在管道系统图上，可将管材、管径、标高直接注写或引线注写在各管段上，以表明管网中各管段的管材、管径和安装高度。对于排水横管，还应注写管道坡度。

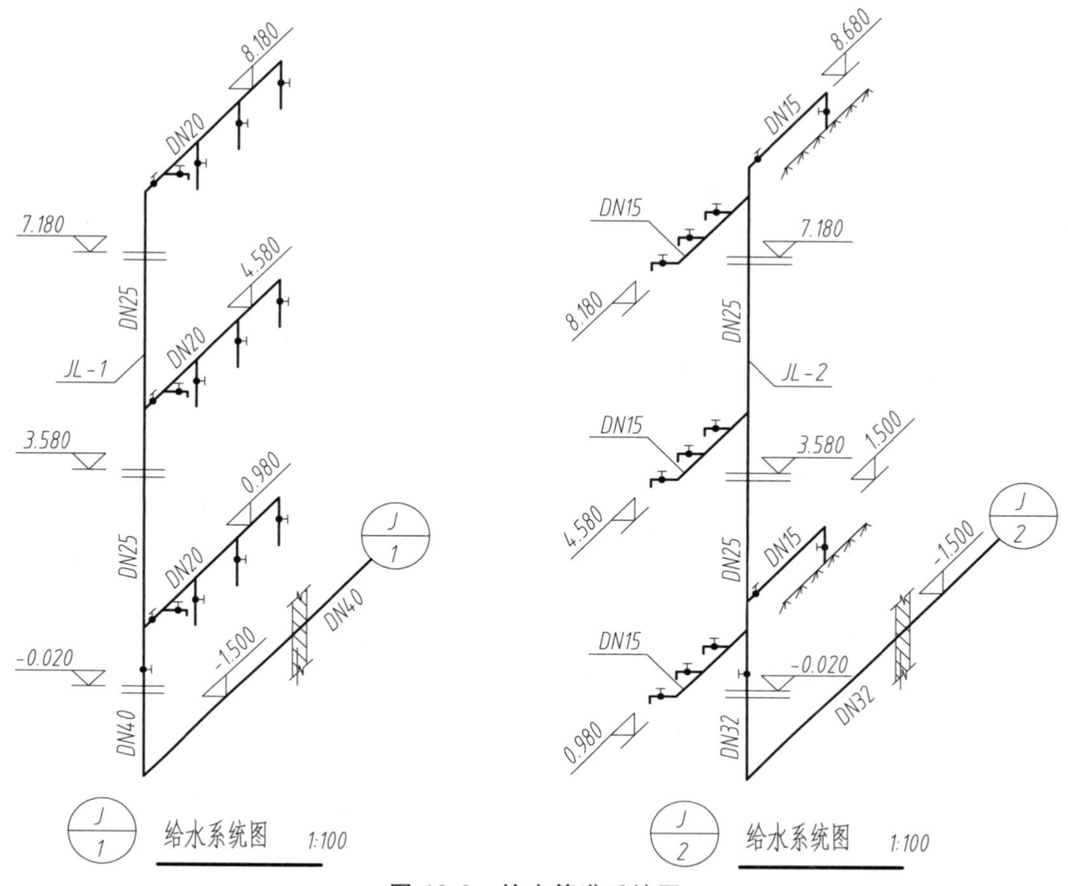

图 13-8　给水管道系统图

（2）系统图的画法。

给排水系统图一般采用正面斜等轴测投影绘制，即 X 轴为水平方向，Z 轴为竖向层高方向，Y 轴与水平方向成 45°夹角，三个轴向的伸缩系数均为 1。一般，给排水平面图的长度方向与 X 轴一致，宽度与 Y 方向一致。

为方便给排水系统图的绘制和量取，其绘图比例通常与给排水平面图的比例保持一致。当管道系统图较复杂时，也可采用较大比例绘制。

管道系统图采用单线绘制，其线型应与给排水平面图一致。通常，给水管道采用粗实线表示，排水管道采用粗虚线表示。

对于多层建筑的给排水系统图，若多个层的管网布置相同时，可只画其中一层的管网系统，其他各层只需用折断线断开，并注明“同××层”即可，而无须层层重复画出。如图 13-9 中，1 号污水系统图中的二层管网的表示，当空间交叉管道在系统图中相交时，被遮挡的管道应断开绘制。当系统图中的管道过于集中或有重叠部分时，可将重叠部分断开，移至空白处绘制，并加注连接符，如图 13-10 所示。

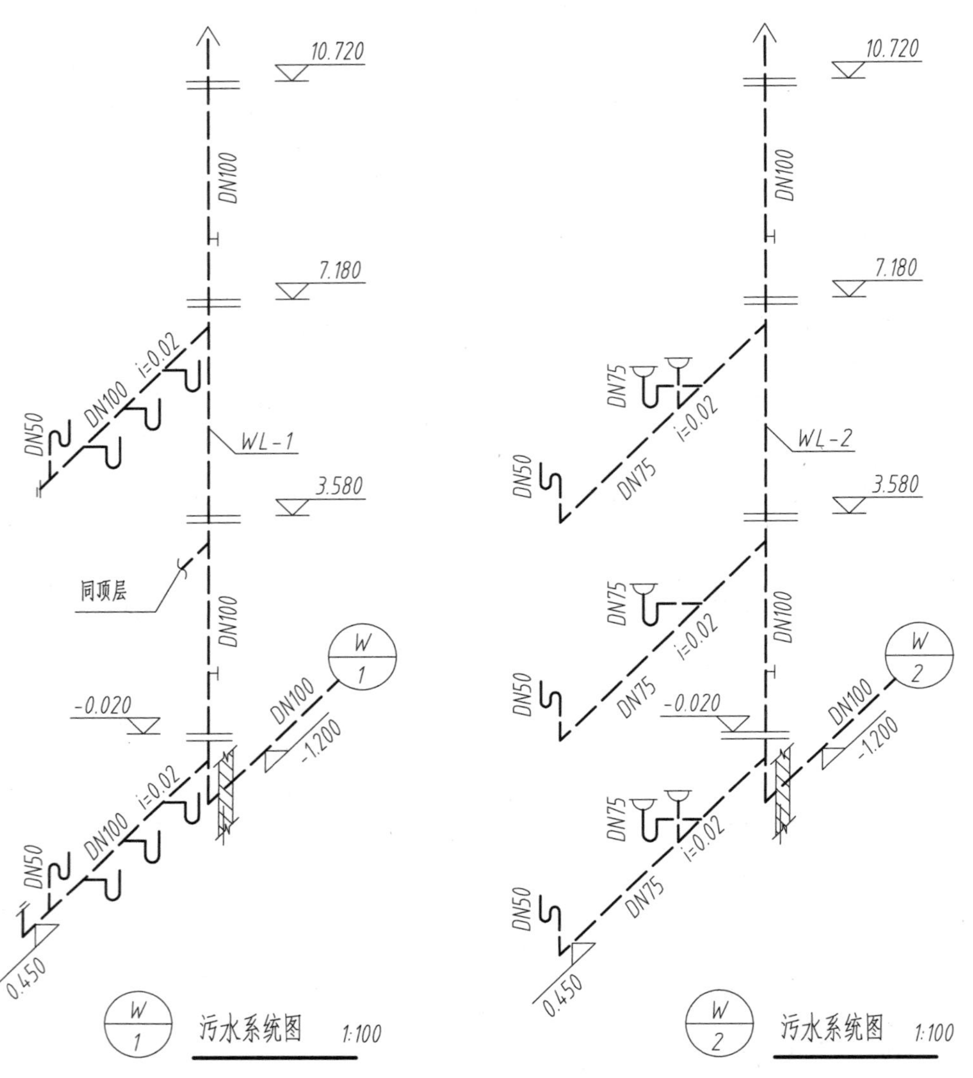

图 13-9　污水管道系统图

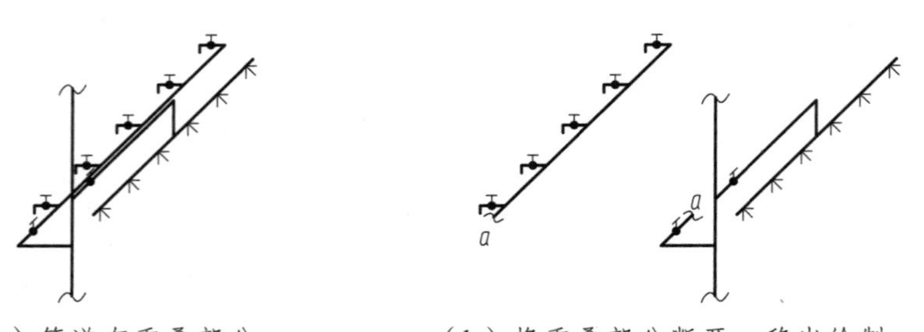

（a）管道有重叠部分　　（b）将重叠部分断开，移出绘制

图 13-10　系统图中重叠或密集处的引出画法

此外，系统图中应标注管径和标高。若连续几段管径相同时，可仅注两端的管径，中间管段可省略；当排水管道按标准坡度铺设时，可在设计说明中注明，系统图中可省略不注；在排水管道系统图中，排水横管的位置通常是由洁具的安装高度和管件尺寸决定的，可不注写排水横管的标高，但应注写排出管起点的标高。对给水管道，应标注出各支管的管中心标高。

（3）系统图的画图步骤。

管道系统图应依据平面图中管道类别和编号，依次绘制各类管道的系统图。管道系统图的画图步骤如下：

① 画出立管；

② 依据楼地面、屋面标高，画出地面线、楼面线和屋面线；

③ 画出给水管的引入管或排水管的排出管和通气管；

④ 画出给水支管或排水横管以及用水设备的支管或排水承接支管；

⑤ 画出管道系统上的配件，如阀门、水龙头、检查口、清扫口、地漏等；

⑥ 标注管径、标高、坡度等尺寸，以及立管、管道系统的编号。

3. 室内给水排水施工图的阅读

室内给水排水施工图的阅读一般按给水系统和排水系统分别阅读。读图时，应注意将平面图与系统图联系在一起，并按流水方向顺序阅读。给水系统的阅读顺序：室外管网→引入管→水平干管→立管→支管→配水龙头或其他用水设备；排水系统的阅读顺序：卫生器具的排出管→排水横管→立管→排出管→检查井。

下面以科研所办公楼的给排水施工图为例进行说明。阅读时，首先查阅给排水平面图，如图 13-7 可知，办公楼的卫生间设有给水排水设施，并布置有给水和排水管道。其中，底层和顶层为男卫，二层为女卫；卫生间分前室和内室，前室设有一个污水池和一个盥洗槽；男卫内室设有三个蹲式大便器和一个小便槽，女卫内室设有三个蹲式大便器。各类设施均沿③、④轴线墙顺序排列。由底层平面图可知，从Ⓔ轴线外墙穿入两根给水引入管$\left(\frac{J}{1}\right)$、$\left(\frac{J}{2}\right)$，并在卫生间前室分别竖起两根给水立管 JL-1 和 JL-2，即卫生间设有两个给水系统；卫生间还设有两个污水系统$\left(\frac{W}{1}\right)$、$\left(\frac{W}{2}\right)$，分别接纳位于Ⓔ轴线墙角处的立管 WL-1 和 WL-2 排来的污水。

结合图 13-8 可知，$\left(\frac{J}{1}\right)$引入管在③轴线墙附近穿越外墙进入室内，管径为 DN40，管中心标高 - 1.500 m，与前室的立管 JL-1 连接。立管出地面后设一阀门，并在距地面 1 m 处引出给水支管，管径为 DN25，并沿③轴线墙布置，为污水池上水龙头及三个大便器的冲洗阀门供水；立管 JL-1 继续向上穿过二、三层楼板，立管管径改为 DN25，并在距离楼面 1 m 处引出二层和三层支管，支管上供给的用水设备与底层相同。

系统$\frac{J}{2}$的引入管，主管在位于④轴线墙附近穿越外墙进入室内，其管中心标高 – 1.500，与前室立管 JL-2 连接。主管出地面后设一阀门，在距地面 1 m 处沿④轴线墙向盥洗槽引出支管，管径 DN15，支管上设有三个水龙头，为盥洗槽供水；在距地面 1.520 m 处，沿④轴线墙向小便槽方向引支管，管径 DN15，为小便槽上的多孔管供水；立管 JL-2 向上穿过二、三层楼板，其管径改为 DN25，在距离二层楼面 1 m 处向盥洗槽引一支管，其配置与底层相同；三层的两根支管与底层完全相同。

结合图 13-9 可知，污水系统$\frac{W}{1}$底层的排水横管承接一个污水池和三个大便器的污水，其端部设一清扫口。污水池下部设 S 形存水弯通过排出支管与排水横管相接，大便器下设 P 形存水弯通过排出支管与排水横管相接。排水横管管径 DN100，铺设坡度 i = 0.02，与立管 WL-1 相接；二层、三层的排水横管及管道配件均与底层相同。立管管径 DN100，其上部设通气管伸出屋面，其下部与室外排出管相接。排出管管径为 DN100，按标准坡度（2%左右）坡向检查井，在与检查井相接处，排出管管内底标高为 – 1.200 m。此外，为方便检修与疏通管道，在位于底层和顶层的立管上，距楼地面 1 m 处均设有一个检查口。

污水系统$\frac{W}{2}$的阅读，读者可按上述方式自行进行。

13.1.4　室外给水排水施工图

室外给水排水施工图主要表达房屋室外给水排水管道、给排水设施以及区域性给水排水管网、设施的连接和构造情况。一般，室外给水排水施工图包括室外给水排水平面图、高程图、纵断面图及给水排水管道节点详图。

1. 室外给水排水平面图

室外给水排水平面图通常以建筑总平面图为基础，标明建筑小区或新建房屋室外给水排水管道的布置情况。图 13-11 是某科研所的给水排水管网平面图。

（1）室外给水排水平面图的主要内容。

① 标明区域内建筑总平面图的主要内容，如地形与地貌、建筑物、构筑物、道路、绿化等的布置，以及相关的标高。

② 标明区域内新建和原有给水管、排水管、雨水管及设施的平面布置，以及其规格、数量、标高、坡度、流向等。

③ 当给水排水管道种类较多或地形复杂时，给水和排水可以分别绘制平面图或增加局部放大图、纵断面图。

（2）室外给水排水平面图的画法及步骤。

① 室外给水排水平面图的绘图比例一般采用 1∶300、1∶500、1∶1 000，宜与建筑总平面图的绘图比例保持一致。

② 抄绘建筑总平面图主要内容，如建筑物、道路等。为突出各类管网的平面布置，新建建筑采用中实线绘制，原有建筑、构筑物、道路等采用细实线绘制。

③ 依据各建筑的底层给排水平面图，画出其给水系统的引入管和排水系统的排出管。

④ 画出给水系统的水表井、消火栓，排水系统的检查井、化粪池及雨水口等。

⑤ 标注管道类别、控制尺寸、检查井编号、建筑物的管道进出口位置等。若无给水排水管道纵断面图时，室外给水排水平面图上应标注各管道的管径、坡度、管长、标高等。

2. 室外给水排水平面图阅读

阅读室外给水排水管网平面图时，首先应熟悉平面图中相关图例，了解管道系统的种类，分清哪些是原有管道、哪些是新建管道。对于新建管道，应按管道类别逐一了解新建的阀门井、水表井、消火栓、检查井、化粪池等的布置，了解管道的位置、直径、坡度、标高、连接等情况。

对复杂地形区域的排水管道系统，可查阅排水管道纵断面图，以了解路面的起伏、管道铺设的坡度、埋深和管道交接等情况。

图 13-11 是某科研所的室外给水排水管网平面图，在该小区内布置有给水管道系统、污水管道系统和雨水管道系统。

给水管道系统中，原有给水管道由东面市政给水管网接入，管道中心距锅炉房 2 m，管径为 DN75。给水管道进入围墙后设一水表井，给水管由东向西铺设，再折向南，沿线分别由支管（DN50）接入锅炉房、库房（DN75）、试验车间（2 × DN40）和科研楼（2 × DN32），且分别在库房、试验车间和科研楼前各设置一个室外消防栓。新建给水管道是由试验车间南面接支管引入新建办公楼，支管管径 DN40。

排水管道系统采用分离制，即污水管道系统和雨水管道系统。其中，原有污水管道分两路汇入位于西面的化粪池：北路污水管道接纳锅炉房、库房、试验车间排水的污水（W-1→W-2→W-3→W-4→W-5）；南路污水管道接纳科研楼排出的污水并排入化粪池（W-8→W-9→W-5）。在各检查井处引线标注的是污水管与检查井连接处的管内底标高。新建污水管道是新建办公楼的配套工程，接纳办公楼排出的污水由南向北再折向西（W-6→W-5）排入化粪池。汇入化粪池的污水经预处理排入市政污水管网。

雨水管道系统承接建筑屋面雨水管排泄至地面、汇合地面上的雨水，由庭院路边的雨水口进入雨水管网。并分两路排入庭院围墙外面的市政雨水管网。

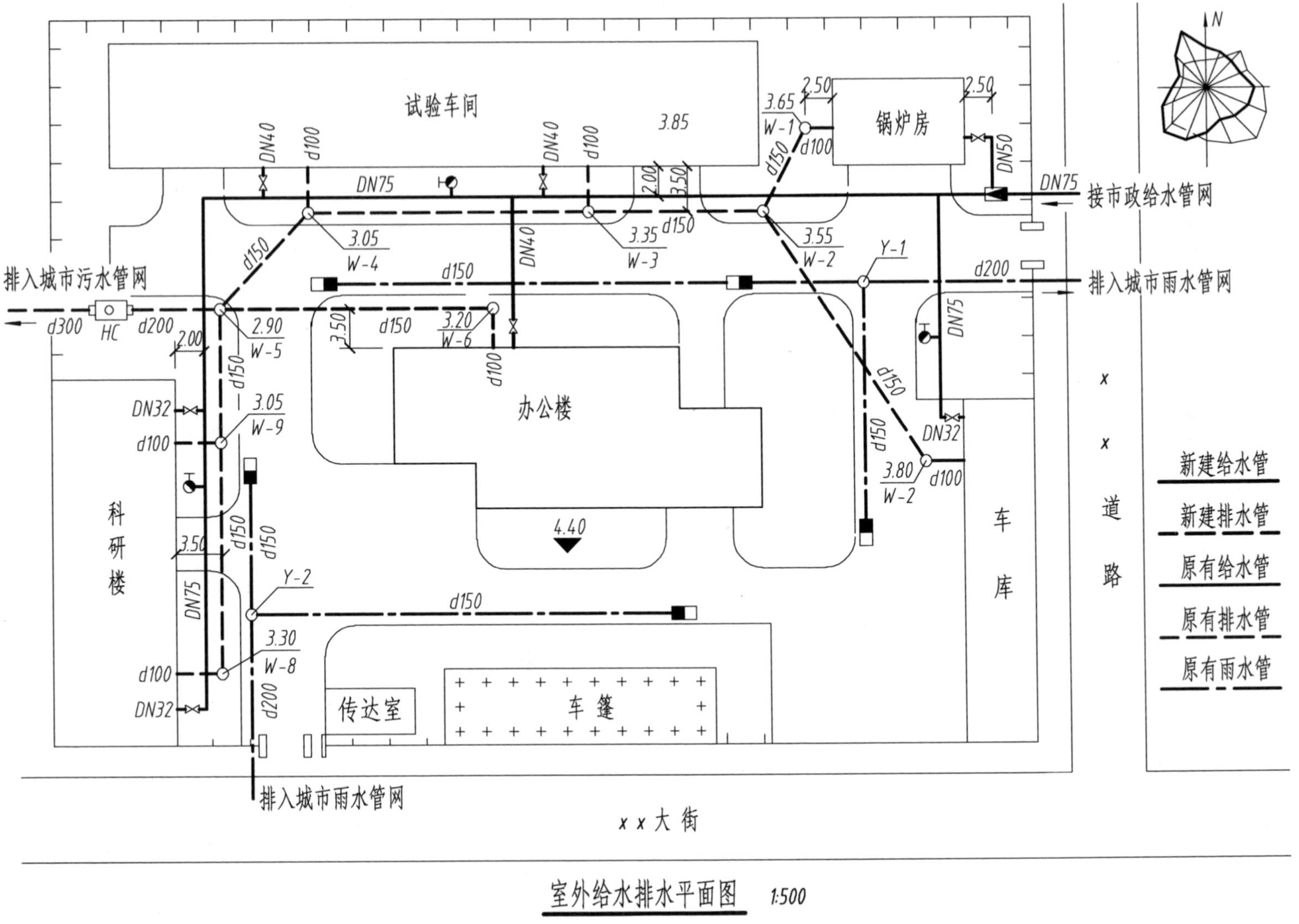

室外给水排水平面图 1:500

图 13-11 室外给水排水管网平面图

13.2 采暖通风施工图

13.2.1 概 述

采暖与通风工程是为了改善人们的生活和工作条件，满足生产工艺的环境要求而布置的一项设施。供暖工程通常由热源（如锅炉房、热电厂余热）、输热管网和散热设备组成。按热媒的不同，可分为热水采暖和蒸汽采暖。在热水采暖系统中，按热水循环的原动力分为自然循环系统和机械循环系统。通风工程是将室内污浊或有害气体、粉尘排至室外，再把新鲜或经处理的空气送入室内，使其达到卫生标准和生产工艺要求。通风分自然通风和机械通风两种。将室内空气的温度、湿度、清洁度均保持在一定范围内的全面通风称为空气调节。

采暖通风施工图主要包括设计说明、供暖或通风管道平面图、供暖或通风管道系统图、详图、设备及主要材料表组成。

13.2.2 采暖通风施工图的基本规定

采暖通风施工图中，各类采暖通风设备、各种管道及其上的各种配件或附件的表示，以及管材、管径、标高等的标注方式均应符合《房屋建筑制图统一标准》（GB50001—2010）、《暖通空调制图标准》（GBT50114—2010）中的相关规定。

1. 线 型

采暖通风制图采用的线型及其含义应符合表 13-4 中的规定。图样中也可以使用自定义图线，但其含义必须说明，且不得与标准发生矛盾。

表 13-4 线型及用途

名称		线型	线宽	一般用途
实线	粗	————	b	单线表示供水管线
	中粗	————	$0.7b$	本专业设备轮廓、双线表示的管道轮廓
	中	————	$0.5b$	尺寸、标高、角度等标注线及引出线，建筑物轮廓
	细	————	$0.25b$	建筑布置的家具、绿化等，非本专业设备轮廓

续表 13-4

名称		线型	线宽	一般用途
虚线	粗	——— ——— ———	b	回水管线及单根表示的管道被遮挡的部分
	中粗	——— ——— ———	$0.7b$	本专业设备及双线表示管道被遮挡的部分
	中	——— ——— ———	$0.5b$	地下管沟、改造前风管的轮廓线；示意性连线
	细	——— ——— ———	$0.25b$	非本专业虚线表示的设备轮廓等
波浪线	中	～～～	$0.5b$	单线表示的软管
	细	～～～	$0.25b$	断开界线
单点长画线		———— - ————	$0.25b$	轴线、中心线
双点长画线		———— - - ————	$0.25b$	假想或工艺设备轮廓线
折断线		——√——	$0.25b$	断开界线

注：b 为基本线宽，线宽 b 宜选用 0.18 mm、0.35 mm、0.5 mm、0.7 mm、1.0 mm。

2. 比　例

总平面图、平面图的绘图比例宜与项目设计主导专业保持一致，其余按表 13-5 选用。

表 13-5　比　例

图　名	常用比例	可用比例
剖面图	1∶50、1∶100	1∶150、1∶200
局部放大图、管沟断面图	1∶20、1∶50、1∶100	1∶25、1∶30、1∶150、1∶200
索引图、详图	1∶1、1∶2、1∶5、1∶10、1∶20	

3. 代号与图例

采暖通风工程施工图中，常见的各类管道代号如表 13-6 所示，常用的管道配件和附件如表 13-7 所示。

表 13-6　常用管道代号

序号	代号	管道名称	序号	代号	管道名称
1	RG	采暖热水供水管	7	SF	送风管
2	RH	采暖热水回水管	8	HF	回风管
3	LG	空调冷水供水管	9	PF	排风管
4	LH	空调冷水回水管	10	XF	新风管
5	KRG	空调热水供水管	11	PY	消防排烟风管
6	KRH	空调热水回水管	12	XB	消防补风风管

表 13-7　常见管道配件和附件图例

序号	名称	图例	备注	序号	名称	图例	备注
1	截止阀			18	消音静压箱		
2	闸阀			19	风管软接头		
3	止回阀			20	对开多叶调节风阀		
4	自动排气阀			21	蝶阀		
5	集气罐、放气阀			22	三通调节阀		
6	减压阀		左高右低	23	方形风口		
7	固定支架			24	圆形风口		
8	金属软管			25	条缝形风口		
9	矩形补偿器			26	矩形风口		
10	坡度及坡向	i=0.003或 i=0.003		27	侧面风口		
11	散热器及手动放气阀	15　15　15	从左到右为平面图、剖面图及系统图画法	28	检修门		
12	矩形风管	xxxxxxx	宽×高（mm）	29	气流方向		
13	圆形风管	ϕxxx	ϕ直径（mm）	30	轴流风机		
14	风管向上			31	离心式管道风机		
15	风管向下			32	空调机组加热、冷却盘管		从左到右为加热，冷却及双功能盘管
16	天圆地方		左接矩形风管右接圆形风管	33	立式风机盘管		左为暗装右为明装
17	消音器			34	卧式风机盘管		左为暗装右为明装

4. 标高、管径、风管风口的尺寸注法

在采暖通风施工图中，水、气管道标注管外底或顶标高时，应在标高数值前加“底”或“顶”字样；未予以说明时，则表示为管中心标高。对于矩形风管，应标注管底标高；对于圆形风管，应标注管中心标高。

在采暖通风施工图中，对于水、气管道应标注公称管径，公称直径的标记由字母“DN”后跟一个以毫米表示的数值组成，如 DN32；对于无缝钢管、铜管、不锈钢管，应注明外径和壁厚，标记为“A 外径×壁厚”，如 A273×6；对矩形风管，应注写截面尺寸，标记为“$A \times B$”，单位均为毫米，如 800×400。

管径的标注方法如图 13-12 所示。对单线表示的管道，水平管道的规格尺寸注在管道的上方，竖向管道的规格尺寸宜注写在管道的左侧；对双线表示的管道，其规格尺寸也可标注在管道轮廓线内。

对于多条单线表示的管道，其规格尺寸的标注方法如图 13-13 所示。

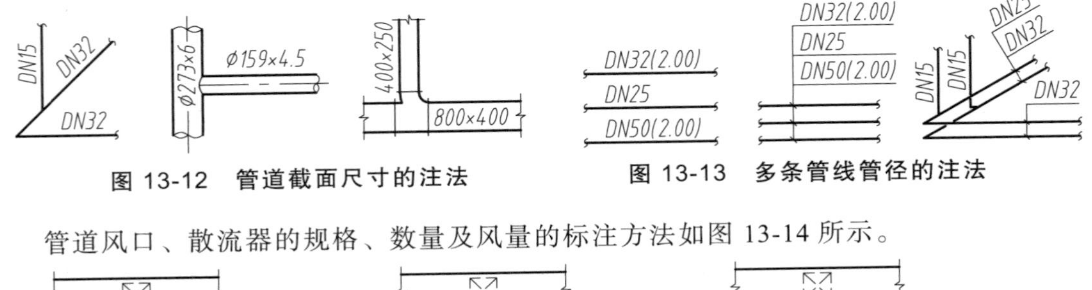

图 13-12　管道截面尺寸的注法　　　图 13-13　多条管线管径的注法

管道风口、散流器的规格、数量及风量的标注方法如图 13-14 所示。

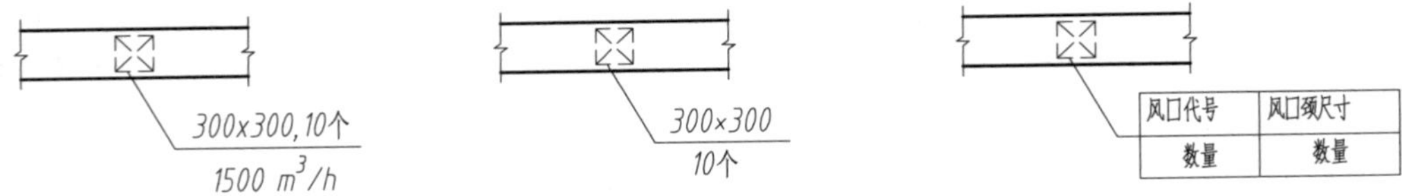

图 13-14　风口、散流器的标注方法

5. 系统编号和立管编号

一个工程设计中若有供暖、通风、空调等两个以上的不同系统，应进行系统编号，编号宜标注在系统的总管处。系统编号是由系统代号和顺序号组成，系统代号如表 13-8 所示。

表 13-8　系统代号

序号	系统代号	系统名称	序号	系统代号	系统名称
1	N	（室内）供暖系统	9	X	新风系统
2	L	制冷系统	10	H	回风系统
3	R	热力系统	11	P	排风系统
4	K	空调系统	12	JS	加压送风系统
5	T	通风系统	13	PY	排烟系统
6	J	净化系统	14	P（Y）	排风兼排烟系统
7	C	除尘系统	15	RS	人防送风系统
8	S	送风系统	16	RP	人防排风系统

系统编号的画法如图 13-15 所示。系统编号的圆圈为直径 6 ~ 8 mm 的中粗实线圆。当一个系统出现分支时，可采用右图画法。

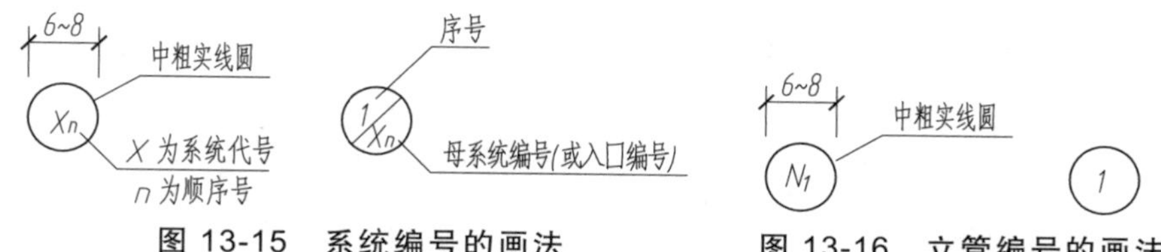

图 13-15 系统编号的画法　　图 13-16 立管编号的画法

竖向布置的垂直管道系统应进行立管编号，立管编号的画法如图 13-16 所示。立管编号的圆圈为直径 6 ~ 8 mm 的中粗实线圆。在不引起误解时，可如图 13-16（b）中只标注序号，但应与建筑轴线编号明显区分。

13.2.3 室内采暖工程施工图

室内采暖工程包括采暖管道系统和散热设备。室内采暖工程图由设计总说明、采暖平面图、采暖系统图、详图及主要材料表组成。

设计总说明是用文字对施工图样上无法表示的内容予以说明，如建筑物的采暖面积、热源种类、热媒参数、系统总热负荷、系统形式、进出口压力差、散热器形式与安装方式、管道铺设方式等，以及需查看的专业施工图号或标准图号和设计上对施工的特殊要求等。

采暖平面图主要表达建筑物各层供暖管道和采暖设备在平面上的分布以及管道的走向、排列和各部分的尺寸。

采暖系统图主要表达采暖系统的组成及管线的空间走向和实际位置。包括采暖系统中的干管、立管与支管的编号、管径、标高、坡度，散热器的型号与数量，膨胀水箱、集气罐与阀件的型号、规格、安装位置及形式。

详图分标准图和非标准图，主要表述采暖系统及散热器的安装，疏水器、减压阀和调压板的安装，膨胀水箱的制作和安装，集气罐的制作和安装等。

设备及主要材料表是用表格的形式反映采暖工程所需的主要设备、各类管道、管件、阀门以及其他材料的名称、规格、型号和数量。

1. 室内采暖系统的布置形式

在室内采暖系统管道的布置形式通常有：

（1）上供下回双管式供暖系统，如图 13-17（a）所示。供热总管上行经水平干管输送至各供热立管，然后经供热支管进入散热器内，热水在散热器内放出热量后，经回水支管进入回水立管，再沿回水干管返回锅炉再加热。

（2）下供下回双管式供暖系统，如图 13-17（b）所示。供暖总管经底部水平干管输送至各供热立管，然后经散热器供水支管进入散热器内，热水在散热器内放出热量后，经回水支管进入回水立管，流入底部回水干管返回锅炉再加热。

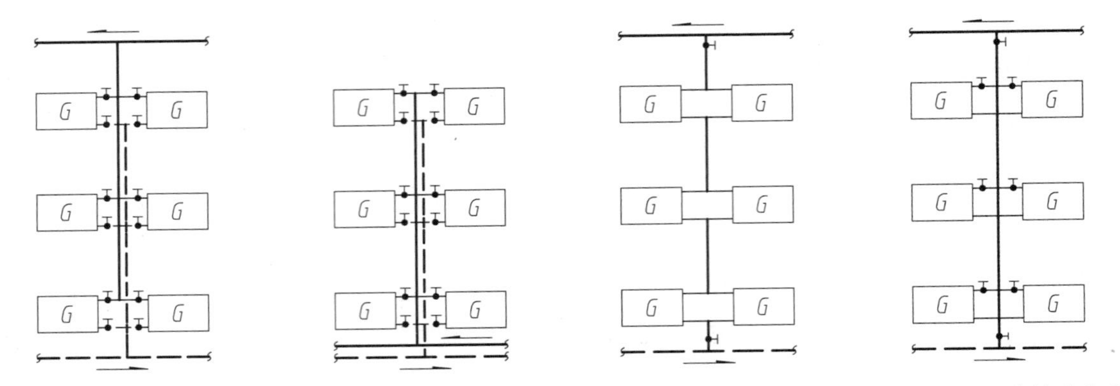

图 13-17　室内采暖系统的布置形式

（3）上供下回单管顺流式供暖系统，如图 13-17（c）所示。供热总管上行经水平干管输送至各供热立管，先由顶部干管流入顶层散热器，然后再顺次流入下面各层散热器内，最后经底部的回水干管返回锅炉再加热。

（4）上供下回单管跨越式供暖系统，如图 13-17（d）所示。供热总管上行经顶部供热干管输送至各供热立管，立管中的热水在该层散热器进口处分成两路，一路流入该层散热器，另一路流入该层散热器进、出口之间的跨越管内。两路水在跨越管出口端混合后，流向下一层供水立管内。

2. 室内采暖平面图

采暖平面图主要表达建筑物各层供暖管道和采暖设备在平面上的分布以及管道的走向、排列和各部分的尺寸。

（1）采暖平面图的基本内容。

① 散热器的平面位置、规格、数量及安装方式（明装或暗装）。

② 采暖管道系统的干管、立管、支管的平面位置和走向，立管编号和管道安装方式。

③ 采暖干管上的阀门、固定支架、补偿器等的平面位置。

④ 采暖系统有关设备，如膨胀水箱、集气罐、疏水器的平面位置和规格、型号。

⑤ 热媒入口及入口地沟情况，热媒来源、流向及与室外热网的连接。

⑥ 管道及设备安装所需的留洞、预埋件、管沟等与土建施工的关系和要求。

图 13-18、图 13-19 和图 13-20 分别为某科研所办公楼的底层、二层和顶层采暖平面图。它表明了供热干管、回水干管在室内的平面布置、走向以及进出位置，立管的布置及与供热干管、回水干管的连接，散热器的平面位置及与立管的连接关系等。

（2）室内采暖平面图的画法。

① 绘制本专业所需的建筑平面图部分。多层建筑的管道平面图应分层绘制，管道系统布置相同的楼层平面图可绘制一个标准层平面图。该建筑部分仅用作管道系统及设备的水平布置和定位的基准，因此建筑部分仅需画出定位轴线与编号、建筑墙体、柱、门窗洞、楼梯等主要建筑构件，且建筑部分均采用细实线绘制。

② 绘制散热器等主要设备图例，标注散热器的规格和数量。通常，散热器的规格、数量应注写在本组散热器所靠外墙的外侧；对于沿内墙布置的散热器，应注写在散热器的上侧（横向放置）或右侧（竖向放置）。常见散热器规格及数量格式如下：

a. 柱式散热器只注数量，如 15；

b. 圆翼形散热器的注写格式为“根数 × 排数”，如 3 × 2；

c. 光管散热器的注写格式为“管径 × 长度 × 排数”，其中管径和长度的单位为“mm”，如 D108 × 3000 × 4；

d. 串片式散热器的注写格式为“长度 × 排数”，其中长度的单位为米，如 1.0 × 3。

③ 绘制由干管、立管、支管组成的管道系统平面图。室内采暖平面图是在管道系统之上水平剖切后的水平投影，各种管道不论在楼地面之上或之下，均不考虑可见性，应按管道类别以规定线型表示。一般供热管线采用单根粗实线表示；回水管道采用单根粗虚线表示。表 13-19 是采暖系统管道与散热器连接画法。

表 13-9　采暖系统管道与散热器连接的画法

系统形式		顶层平面图	中间层平面图	底层平面图
上供下回双管式	平面图	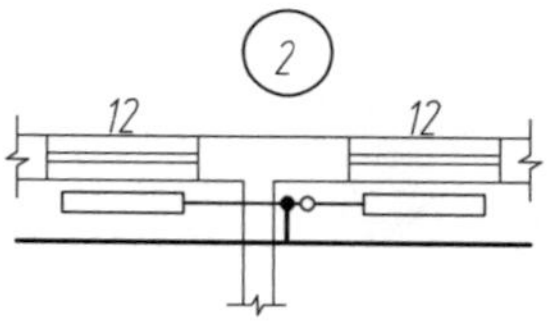	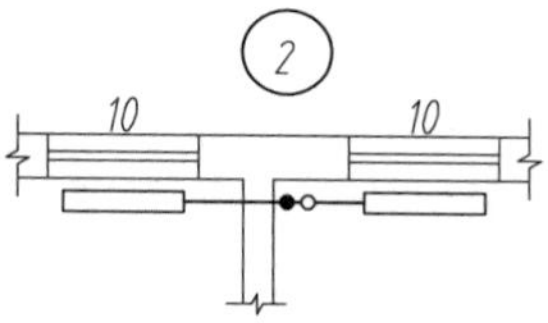	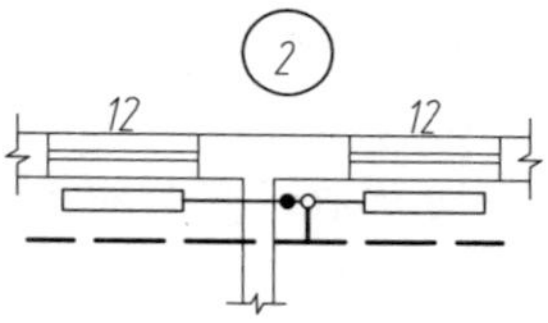
	系统图	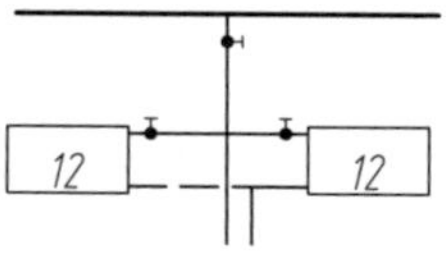	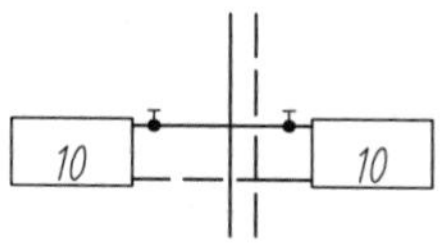	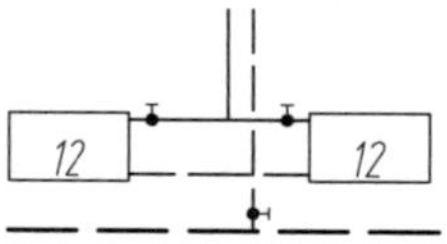
下供下回双管式	平面图	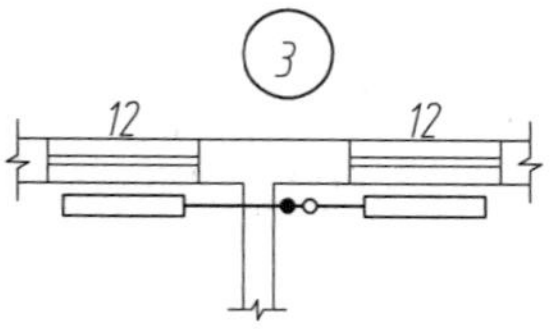	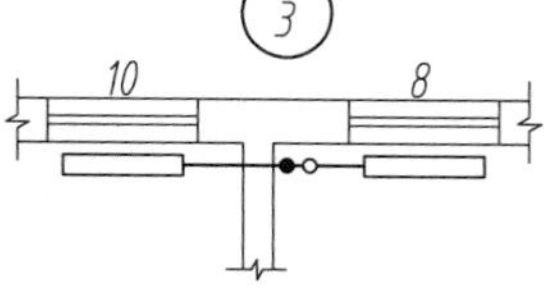	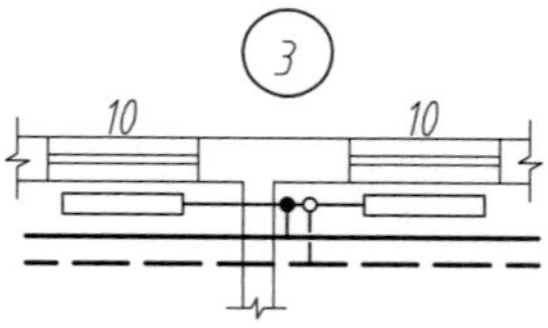
	系统图	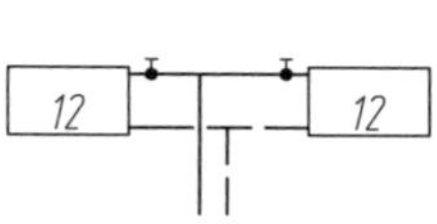	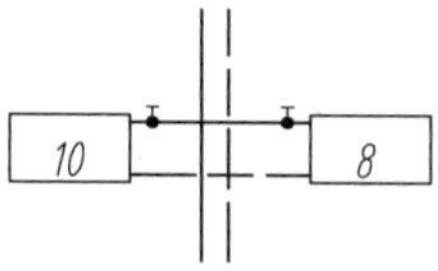	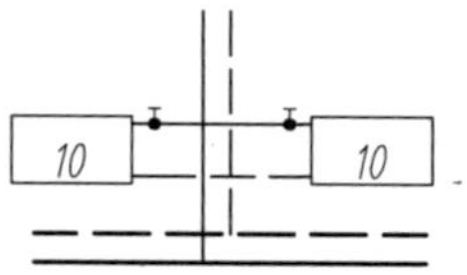

续表 13-9

系统形式		顶层平面图	中间层平面图	底层平面图
上供下回单管顺流式	平面图	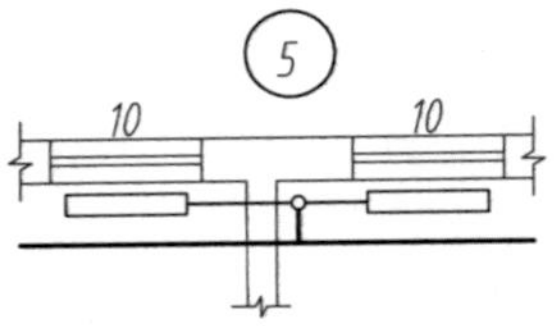 5 10 10	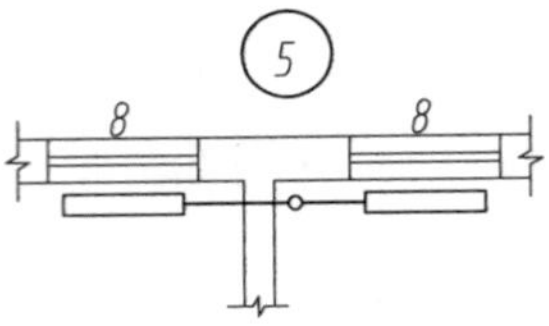 5 8 8	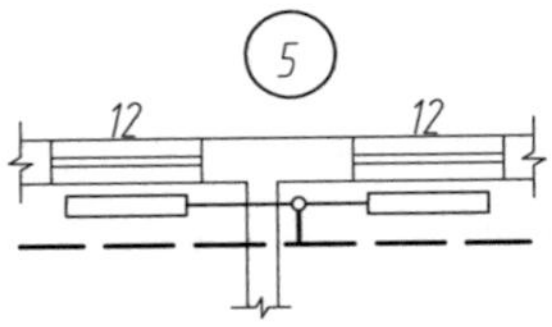 5 12 12
	系统图	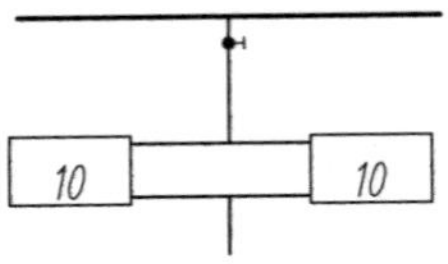 10 10	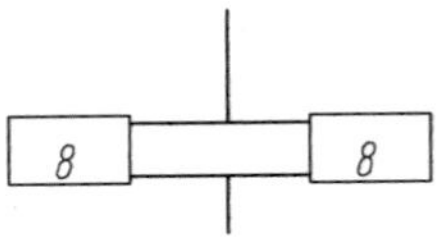 8 8	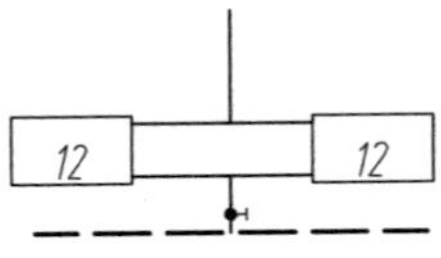 12 12

④ 尺寸标注。采暖平面图一般需标注底层平面图中轴线间的尺寸、室外地面标高与各层楼面标高、散热器规格与数量、采暖入口定位尺寸。管道及设备一般都沿墙铺设，不必标注定位尺寸。管道的管径、坡度和标高通常标注在采暖系统图中，平面图中不必标注。管道长度是以安装时实测尺寸为依据，平面图中不予标注。

（3）室内采暖平面图的画图步骤。

① 抄绘与本专业相关的土建平面图；

② 画出采暖设备平面；

③ 画出由干管、立管、支管组成的管道系统平面图；

④ 标注尺寸、标高、管径、坡度、注写系统和立管编号，以及所用图例的说明、文字说明等。

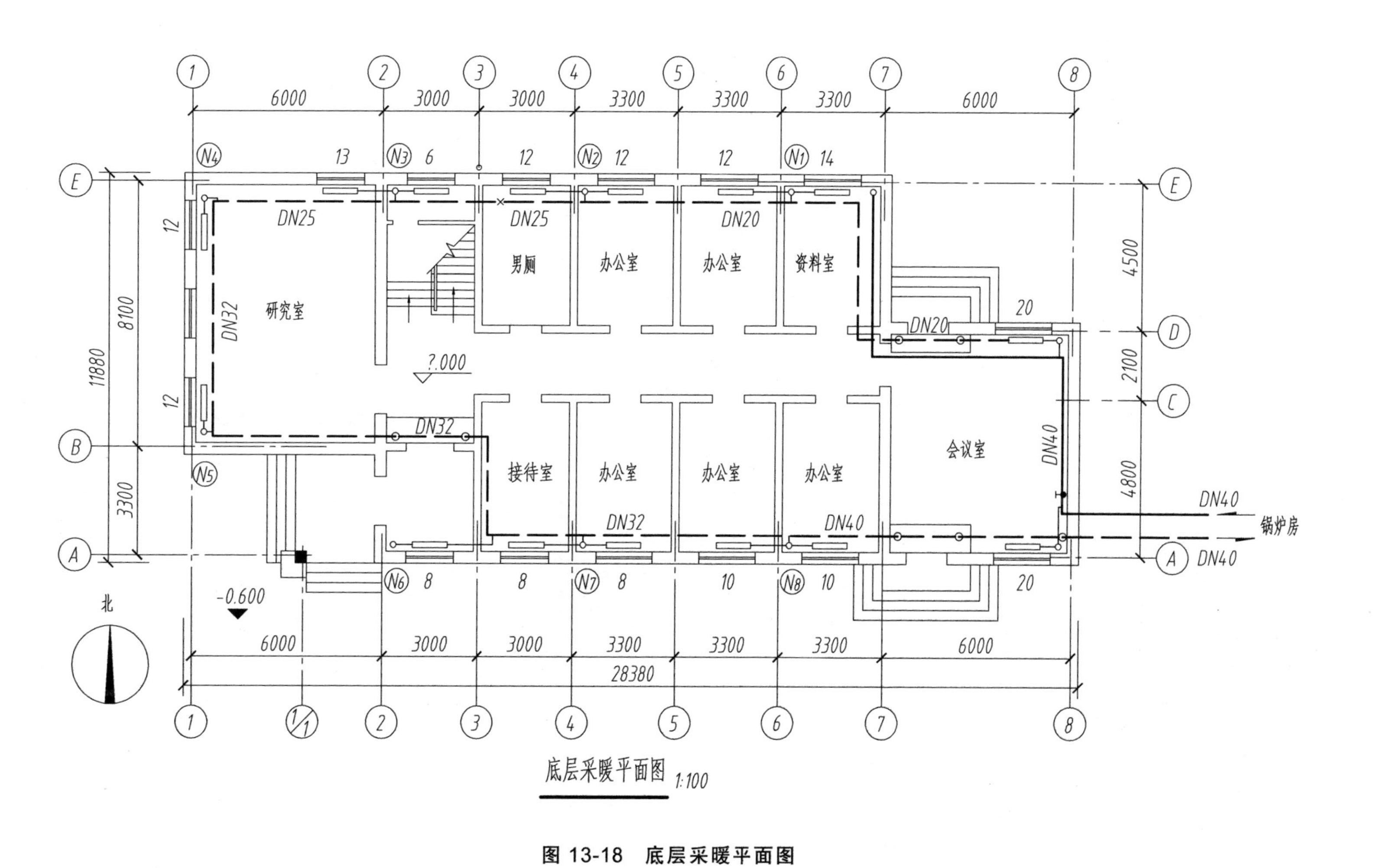

图 13-18　底层采暖平面图

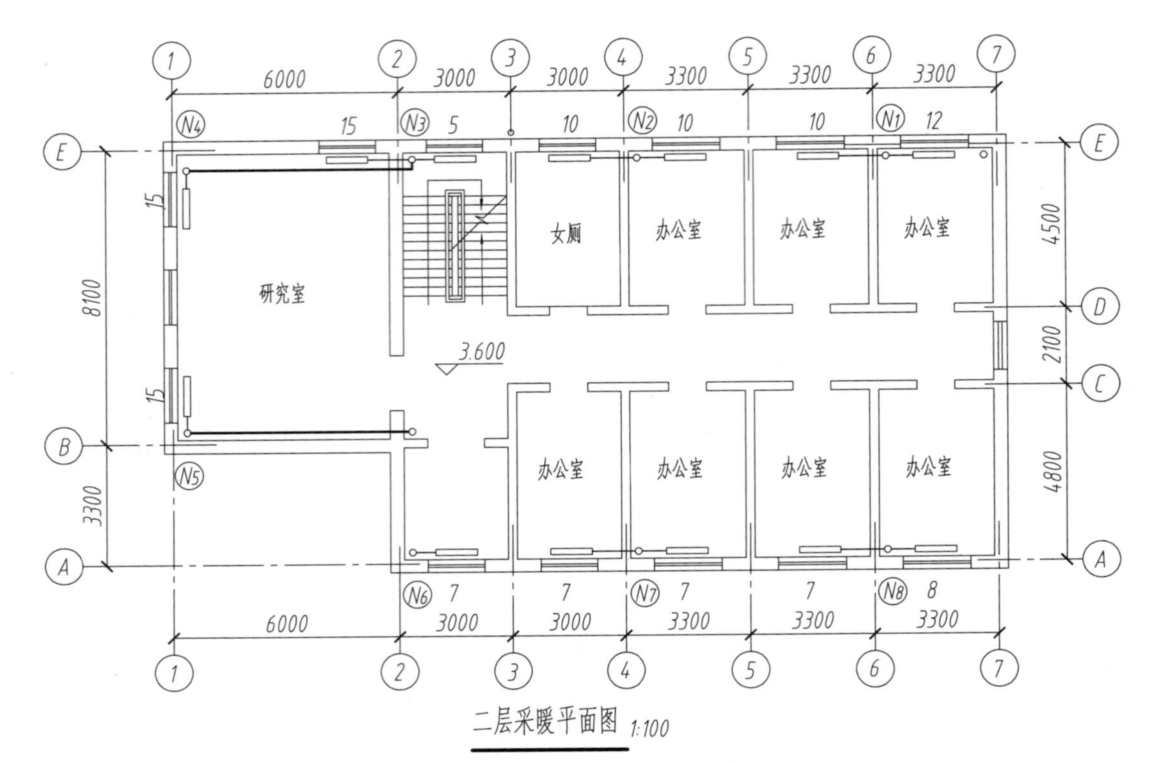

图 13-19 二层采暖平面图

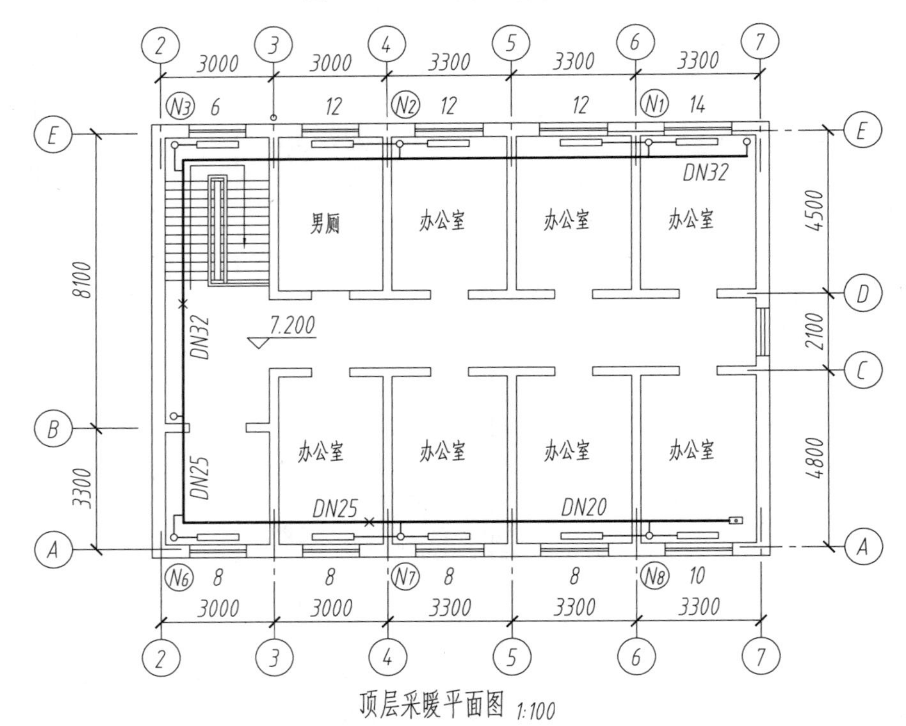

图 13-20 顶层采暖平面图

（4）室内采暖平面图的阅读。

① 查明采暖入口及入口地沟或架空情况。若采暖入口装置采用标准图集，则可按注明的标准图号查阅标准图；若有采暖入口详图，可按图中所注索引符号查阅采暖入口详图。

② 了解水平干管的布置形式。依据采暖平面图中供热干管、回水干管所在楼层，以了解采暖系统是上供下回式还是下供下回式，是双管式还是单管式。此外，应弄清干管上的阀门、固定支架、补偿器的位置、规格及安装要求等。

③ 查明室内各层散热器的平面位置、规格、数量以及散热器的安装方式（明装、暗装）。散热器一般布置在窗台下，其规格较多，除依据图例加以识别外，一般在施工说明均有注明，其数量均标注在散热器旁，可一目了然。

④ 依据立管编号查明立管的数量和位置。

⑤ 了解采暖系统中其他设备，如膨胀水箱、集气罐等的位置、规格以及设备管道的连接情况。

3. 室内采暖系统图

室内采暖系统图主要用于表达各层采暖平面中管道空间走向、管道与散热设备的连接关系、管道的规格、散热器的规格与数量等。

（1）采暖系统图的基本内容。

① 采暖系统中的所有管道、管道附件、散热设备等；

② 表明管道的规格、水平管道标高、坡向与坡度；

③ 散热设备的规格、数量、标高，散热设备与管道的连接方式；

④ 采暖系统中膨胀水箱、集气罐等与系统的连接方式。

图 13-21 是科研所办公楼的采暖系统图，采用的是上供下回单管顺流式供热系统。系统图清楚反映了采暖系统的形式和管道连接的全貌。

（2）采暖系统图的画法。

① 采暖系统图采用轴测投影原理进行绘制，并宜采用正面斜轴测或正等测投影法。当采用正面斜轴测时，*OX* 轴处于水平，与平面图的长度方向一致；*OY* 轴与水平线夹角应选用 45°或 30°，与平面图的宽度方向一致；*OZ* 轴竖直放置，与建筑层高方向一致。三轴的轴向伸缩系数均取 1。

② 采暖系统图的绘图比例宜与对应平面图的绘图比例一致，水平的轴向尺寸可直接从平面图上量取，竖向的轴向尺寸可依据层高和设备安装高度量取。

③ 采暖系统图宜用单线绘制。供水干管、立管采用单根粗实线绘制，回水干管采用单根粗虚线绘制，散热器支管、散热器、膨胀水箱等设备采用中实线绘制。

采暖系统图一般按管道系统分别绘制，以避免过多的管道重叠和交叉。当空间交叉的管道在图中相交时，在相交处将被挡住的后面或下面的管线断开；当管道过于集中无法画清楚时，可将某些管段断开，引出绘制，并在断开处用相同小写字母注明；具有坡度的水平横管可水平画出，但应注写其坡度。

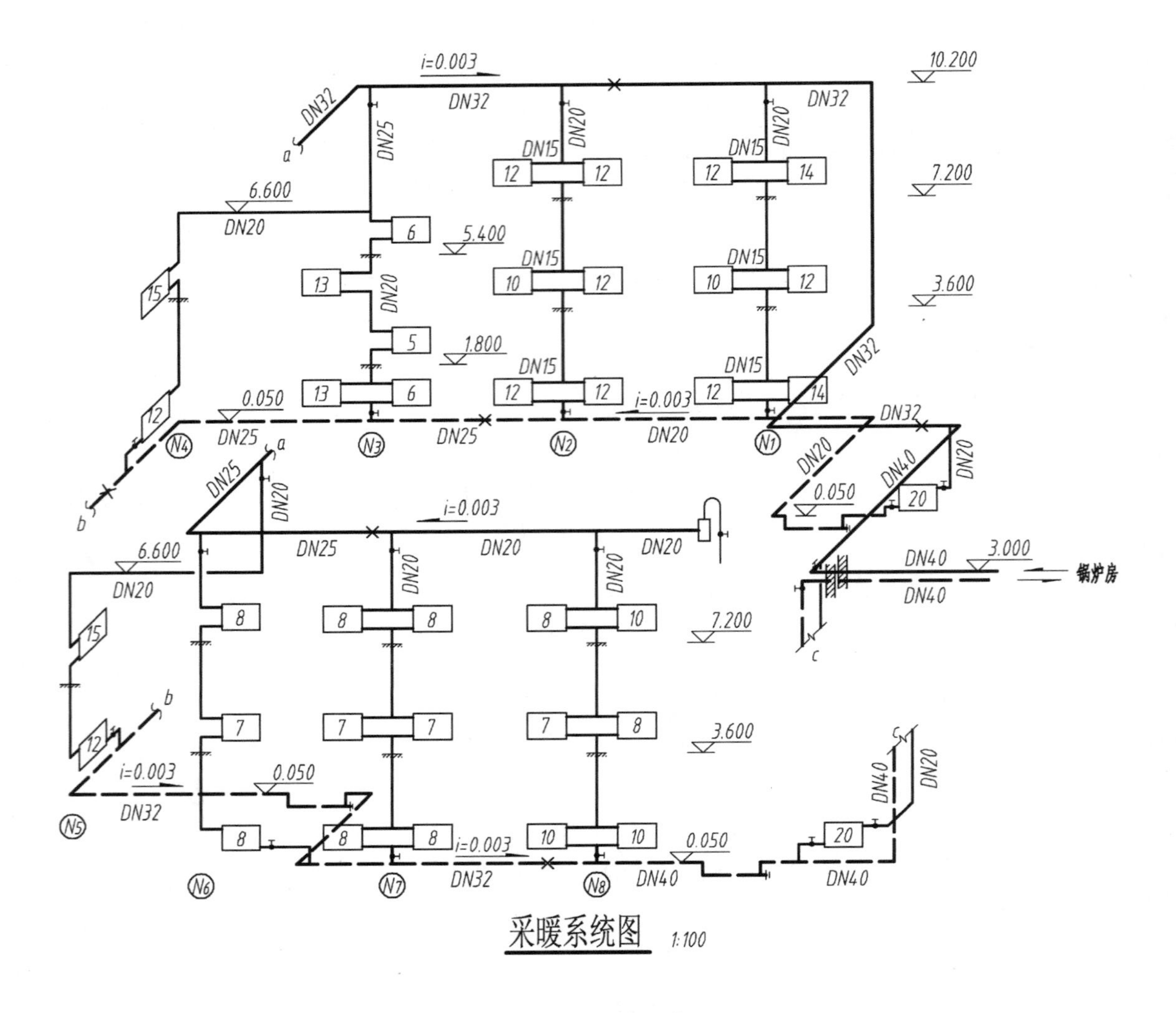

图 13-21　采暖系统图

④ 标注尺寸。管道系统中所有管段均需标注管径，当连续几段管径相同时，可仅标注其两端管段的管径；对于横管，还需注写其坡度、标高。对于柱式、圆翼形散热器的数量，应注写在散热器内；光管式、串片式散热器的规格、数量，应注写在散热器的上方。

（3）采暖系统图的画图步骤：

① 选择轴测类型，画出轴测轴方向；

② 按比例画出建筑楼层地面线；

③ 按平面图上管道的位置，依据系统及编号画出水平干管和立管；

④ 依据散热器安装位置及高度画出各层散热器及散热器支管；

⑤ 按设计位置画出管道系统中的控制阀门、集气罐、补偿器、固定支架等；

⑥ 画出管道穿越房屋构件的位置；

⑦ 标注管径、标高、坡度、散热器规格、数量以及管道系统、立管编号等。

（4）采暖系统图的阅读。

采暖系统图一般按热媒的流向顺序阅读：

① 按热媒的流向确认采暖管道系统的形式及其连接情况，各管段的管径、坡度、坡向，水平横管和设备的标高，查明立管的编号等。采暖管道系统图完整地表达了采暖系统的布置形式、干管与立管以及立管、支管与散热器的连接方式。

② 查明散热器的规格及数量。对于柱形或圆翼形散热器，应弄清散热器的规格与片数；对于光管散热器，应弄清其型号、管径、排数及长度；对于其他采暖设备，应弄清设备的构造和底部或顶部的标高。

③ 查明采暖系统中其他附件的位置、规格，并与采暖平面图和材料表等加以核对。

④ 查明采暖入口的设备、附件、仪表之间的关系以及热媒来源、流向、坡度、标高、管径等。如有节点详图，依据索引符号，查阅该节点详图。

4. 室内采暖工程施工图的阅读

阅读室内采暖工程施工图需先熟悉图纸目录，了解设计说明、主要建筑图样，在此基础上将采暖平面图和系统图联系对照阅读，同时再辅以有关详图配合阅读。

图 13-18 ~ 13-21 是某科研所办公楼的采暖工程施工图，包括室内采暖底层、二层、顶层平面图和采暖系统图。该项工程的热媒为热水，由锅炉房通过室外架空管道集中供热。室内采暖系统采用上行下回单管顺流式供热系统，供热干管铺设在顶层顶棚下、回水干管铺设在底层地面之上，在通过门时伸入地下管沟内。散热器采用柱式散热器，明装在窗台之下。

供热干管从办公楼东南角标高 3.000 m 处架空进入室内，然后向北通过控制阀门沿墙布置至轴线⑦和Ⓔ的墙角处抬头向上穿越楼层直通顶层顶棚下标高 10.200 m 处，由竖直折向水平，向西环绕外墙内侧布置，先折向南再折向东形成上行水平干管。通过 8 根立管将热水供给各层房间的散热器。所有立管均设在房间的外墙角处，通过支管与散热器连接，热水经散热器散热后的回水，由铺设在地面之上沿外墙内侧布置的回水干管自办公楼底层东南角流至室外，通过架空管返回锅炉房再加热。

采暖平面图表明了底层、二层和顶层散热器的平面位置和散热器的片数（注写在外墙外侧）。顶层平面图反映了供热干管与各立管的连接关系；底层平面图反映了供热干管及回水干管的进出口位置、回水干管的平面布置及与各立管的连接。从采暖系统图可清楚看到整个采暖系统的形式和管道连接的全貌，从图中表明管道系统各段管道的管径、坡度和坡向，以及管道附件如阀门、固定支架、集气罐等的位置和规格。

13.2.4 通风工程施工图

通风工程施工图包括设计施工说明、设备材料明细表、通风系统的平面图、剖面图、通风系统图和设备、构件制作安装图等。

设计施工说明主要包括通风空调的建筑概况、设计气象参数、设计条件、空调系统的划分与组成、系统的设计运行工况、风管材料及加工方法、设备的安装要求等。设备材料明细表是以表格的方式列出通风工程中所用设备与主要材料的型号、数量等。

1. 通风系统平面图

通风系统平面图主要标明通风管道及管道上各部件、设备在室内的平面布置情况以及通风设备、风管等的规格、型号与尺寸。

（1）通风平面图的基本内容。

① 标明空调器、通风机、消声器、调节阀、防火阀、异径管、弯头、三通或四通管接头、送风口、回风口等部件或设备的位置和规格型号，以及送、回风口的空气流动方向。

② 标明通风管道的平面布置和断面尺寸，以及通风管道与建筑轴线或有关部位之间的定位尺寸。

③ 如有两个以上的进、排风系统或空调系统，应加注系统编号。

图 13-22 是某大厦多功能会议厅空调平面图。

（2）通风平面图的画法。

① 通风系统平面图一般是在建筑专业提供的建筑平面图上，按本层平顶以下以正投影法俯视绘出。

② 通风管道一般以双线表示并采用中粗实线绘制，风管法兰盘用单线以中实线绘制；风管上的空调器、通风机、除尘器等部件设备采用图例表示，并以中粗实线绘制其主要轮廓。各类设备部件均应编号并列表表示。

③ 当建筑平面体型较大，建筑图纸采取分段绘制时，通风系统平面图亦可分段绘制。分段部分应与建筑图纸一致，并应绘制分段示意图。

④ 多根风管在图上重叠时，可根据需要将上面（下面）或前面（后面）的风管用折断线断开，断开处需用文字注明。

⑤ 两根风管交叉时，可不断开绘制，交叉部分的不可见轮廓可不画出。

（3）通风平面图的画图步骤。

① 抄绘建筑平面图的墙身、柱、门窗、楼梯、台阶等主要轮廓线，以及建筑轴线及编号、轴线尺寸和房间名称，其他细部均可省略。

② 用图例画出有关设备轮廓线。

③ 画出风管及风管上附件、接头等，将各设备连接起来。

④ 标注设备的名称、型号，风管的尺寸以及定位尺寸。

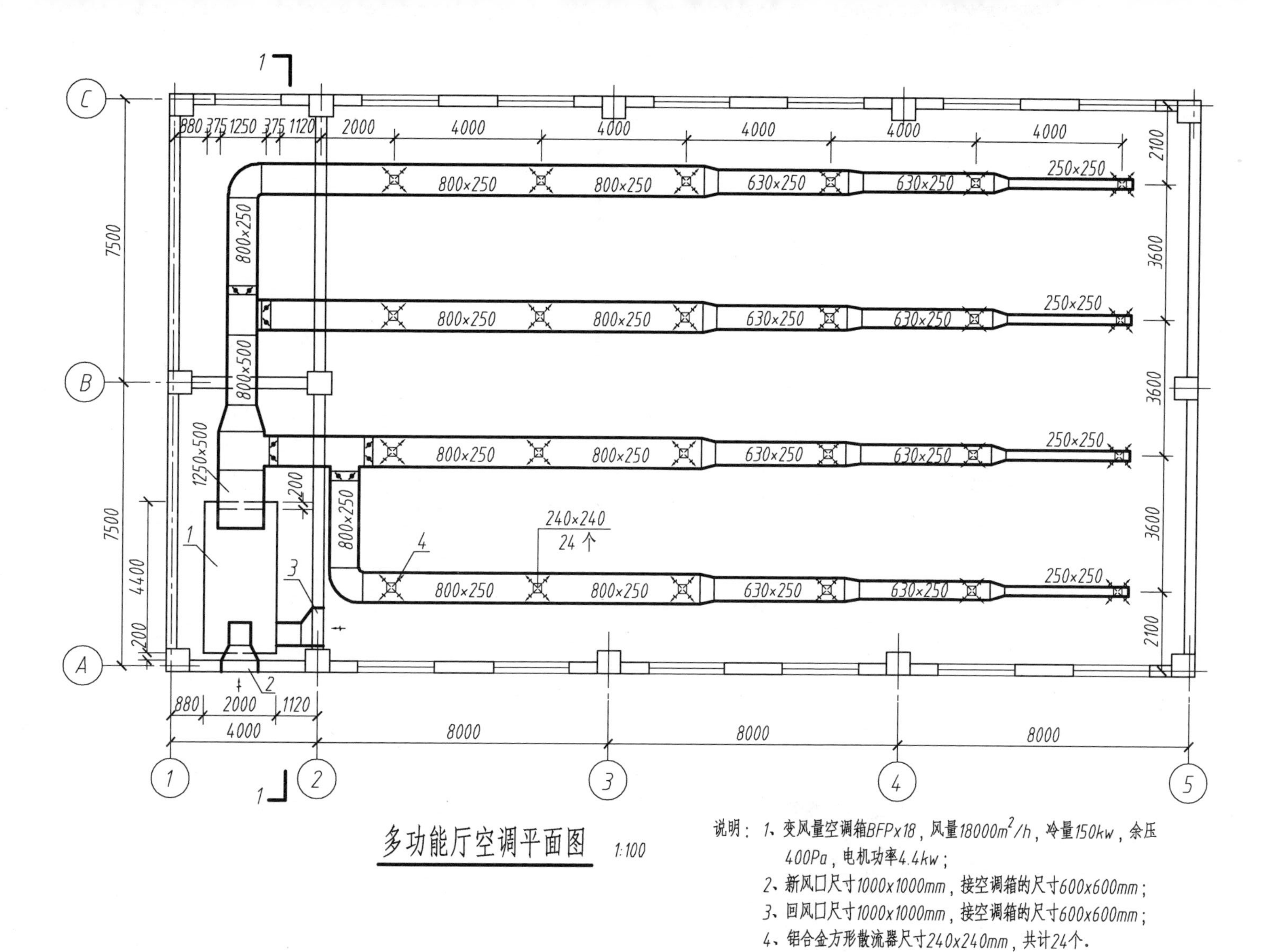

图 13-22　通风系统平面图

2. 通风系统剖面图

通风系统剖面图主要表达通风管道及通风设备在高度方向的布置状况。它常用于说明管道系统复杂、部件多以及设备、管道、风口等纵横交错时垂直方向上的定位问题。

（1）通风系统剖面图的基本内容。

① 标明在平面图上被剖到或投影可见的有关建筑、结构构件（如楼地面、柱、门窗、顶棚等）以及建筑定位轴线与轴线编号、与通风相关的建筑标高。

② 标明通风系统部件或设备在高度方向的布置。

③ 标明通风系统风管及风管上送风口、回风口安装高度。对于圆管应注写管中心标高，管底保持水平的变截面矩形风管应注写管底标高。

④ 标明剖面图的剖切符号。剖面图应能够反映通风系统全貌。

图 13-23 是某大厦多功能厅的 *1—1* 剖面图，用于说明设备的位置、风管及风管上送风口、回风口的安装高度。

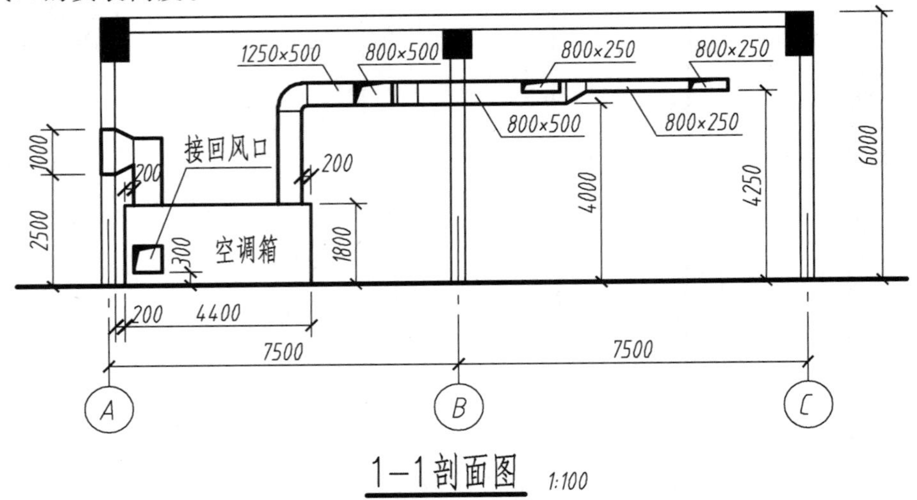

图 13-23　通风系统剖面图

（2）通风系统剖面图的画法。

① 简单的通风系统可省略剖面图。对于比较复杂的通风系统，当平面图和系统轴测图不足以表达清楚时，需要用剖面图表达。

② 与通风系统相关的建筑部分，如采用中实线绘制。

③ 通风管道采用双线表示并以中粗实线绘制，风管法兰盘用单线以中实线绘制；风管上的空调器、通风机、除尘器等部件设备采用图例表示，并以中粗实线绘制其主要轮廓。各类设备部件均应编号并列表表示。

（3）通风系统剖面图的画图步骤。

① 画出房屋建筑剖面图的主要轮廓线。

② 画出通风系统的各种设备、部件和风管。

③ 标注必要的尺寸和标高。

3. 通风系统轴测图

通风系统轴测图是运用轴测投影原理绘制的，主要表明通风系统各种设备、管道系统及主要配件的空间位置关系。通过通风系统轴测图，便于了解整个通风工程系统的全貌。

（1）通风系统轴测图的基本内容。

① 表明通风系统中设备、配件的型号、尺寸和数量；

② 表明各设备之间管道的尺寸、标高以及管道的空间走向。

图 13-24 是某大厦多功能厅通风系统轴测图，表明通风系统的构成、管道走向及设备位置等内容。

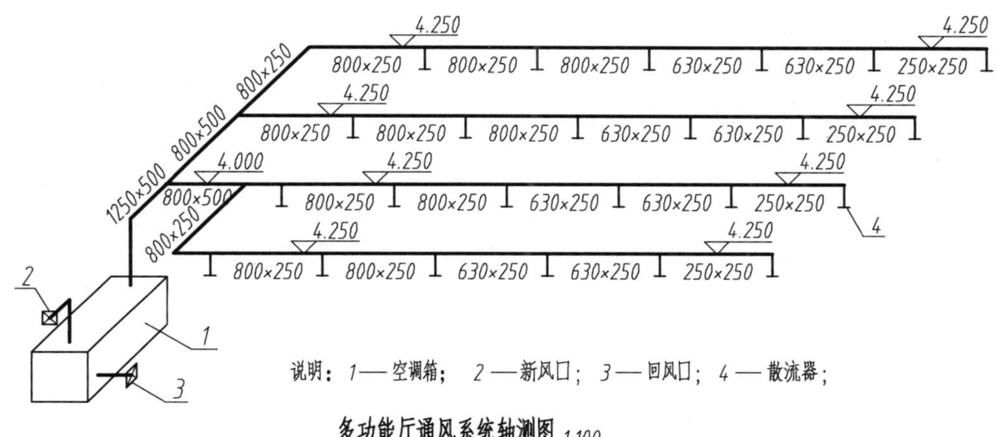

图 13-24　通风系统轴测图

（2）通风系统轴测图的画法。

① 通风系统轴测图一般采用正面斜等测或正等测绘制，用 OX 轴表示建筑的长度方向、OY 轴表示建筑的宽度方向、OZ 轴表示建筑的层高方向。

② 通风管道宜按比例以单线条的粗实线绘制。

③ 通风系统图中设备、三通、弯头、变径管等配件采用图例表示。

④ 系统图允许分段绘制，但分段的接头处必须用细虚线连接或用文字注明。

⑤ 表明管径或断面尺寸、标高、坡度，以及主要设备的编号。

4. 通风工程施工图阅读

图 13-22～图 13-24 所示分别为某大厦多功能厅空调系统的平面图、剖面图及系统轴测图。

由图 13-22 可以看出，该空调系统的空调箱 1 设在机房内，通风管道从空调箱 1 起向后分四条支路延伸到多功能厅右端，通过散热器 4 向多功能厅输送经过处理的风。空调机房南墙设有新风口 2，尺寸为 1 000 mm×1 000 mm，通过变径接头与空调箱 1 相连接，连接处尺寸为 600 mm×600 mm，空调系统由此新风口从室外吸入新鲜空气以改善室内的空气质量。在空调机房右墙前侧设有一个回风口，通过变径接头与空调箱相连接，连接处尺寸为 600 mm × 600 mm，新风与回风在空调箱 1 混合段混合，经冷却、加热、净化等处理后由空调箱顶部的出风口送至送风干管。

空调箱 1 距离前墙 200 mm、左墙 880 mm、右墙 1 120 mm，空调箱 1 的平面尺寸为 4 400 mm × 2 000 mm。其他尺寸读法相同。送风干管从空调箱 1 起向后分出第一个分支管，第一个分支管向右通过三通向前分出另一分支管，前后的分支管向前后、向右。送风干管再向后又分出第二个送风支管。四路分支管一直通向多功能厅的右侧。在四路分支管上布置有尺寸为 240 mm × 240 mm 的散热器 4。每条分支管从起始端到末端逐渐缩小。

由图 13-23 可看出，空调箱的高度为 1 800 mm，送风干管从空调箱上部接出，送风干管断面尺寸分别为：1 250 mm × 500 mm、800 mm × 500 mm、800 mm × 250 mm，高度分别为 4 000 mm、4 250 mm。三路分支管从送风干管接出，前一路接口尺寸为 800 mm × 500 mm，后两路接口尺寸为 800 mm × 250 mm。从该剖面图上可以看出三个送风支管在总风管上接口的位置，并在图中标有新风口、回风口接口的高度等尺寸。

由图 13-24 可看出，该空调系统的构成、管道空间走向及设备的布置情况，如各管道标高分别为 4.000 m、4.250 m，各段管道断面尺寸分别为 1 250 mm × 500 mm、800 mm × 250 mm、630 mm × 250 mm、500 mm × 250 mm、250 mm × 250 mm 等。

在阅读通风工程施工图时，应将平面图、剖面图、系统轴测图等对照起来综合阅读，这样才能清楚地了解到这个带有新风、回风的空调系统的情况。

13.3 建筑电气施工图

13.3.1 概　述

房屋建筑中需要安装多种电气设施，如照明灯具、电源插座、电视线路、控制设备等。尤其是智能化建筑，涉及电气的内容和要求更加丰富。建筑电气工程需要经过专业设计，将室内布置的各类电气设备、装置和电气线路表达在图纸上，这类图纸称为建筑电气施工图。一般建筑电气施工图由以下几部分内容组成：

1. 首页图

首页图包括电气工程图纸目录、设计施工说明、设备明细表。设计说明主要阐述电气工程设计依据、基本指导思想与原则以及图纸中未能表达清楚的工程特点、安装方法、工艺要求、特殊设备的使用方法及维护注意事项等。设备明细表列出了电气工程中一些主要电气设备的名称、型号、规格和数量等。

2. 配电系统图

采用图例符号示意性表达整幢建筑的配电系统供电方式、配电回路分布与电能输送关系，集中反映照明的配电方式以及导线或电缆的型号、规格、数量、敷设方式及穿管管径的规格型号等。

3. 室内电力平面图

指用于表达各种照明、动力、电话等各类电气设备以及线路在建筑平面上的布置与走向、型号、数量、敷设位置的平面布置图。

4. 避雷平面图

指在建筑屋顶平面图上，表达避雷带、避雷网的敷设平面图。

5. 施工安装详图

指用以详细表示电气设施安装方法和施工工艺要求的图。通常选用通用电气设施标准图集，无标准图的由设计部门另行设计。

本节主要介绍室内照明系统平面图及系统图的图示方法、图示内容以及阅读方法。

13.3.2 建筑电气施工图的基本规定

建筑电气施工图中涉及的电气设备、线路及其标注等内容，应遵守《房屋建筑制图统一标准》（GB50001—2010）和《建筑电气制图标准》（GB/T50786—2012）的相关规定。

1. 图　线

建筑电气专业常用的制图图线、线型及线宽应符合表13-10的规定。线宽 b 宜为0.5 mm、0.7 mm、1.0 mm。

表 13-10　图线及用途

<table>
<tr><th colspan="2">名　称</th><th>线　型</th><th>线宽</th><th>一般用途</th></tr>
<tr><td rowspan="6">实线</td><td>粗</td><td></td><td>b</td><td rowspan="2">本专业设备之间电气通路连接线、本专业设备可见轮廓线、图形符号轮廓线</td></tr>
<tr><td rowspan="2">中粗</td><td rowspan="2"></td><td>$0.7b$</td></tr>
<tr><td>$0.7b$</td><td rowspan="2">本专业设备可见轮廓线、图形符号轮廓线、方框线、建筑物可见轮廓线</td></tr>
<tr><td>中</td><td></td><td>$0.5b$</td></tr>
<tr><td>细</td><td></td><td>$0.25b$</td><td>非本专业设备可见轮廓线、建筑物可见轮廓线；尺寸、标高、角度等标注线及引出线</td></tr>
<tr style="display:none"></tr>
<tr><td rowspan="5">虚线</td><td>粗</td><td></td><td>b</td><td rowspan="2">本专业设备之间电气通路不可见连接线；线路改造中原有的电气线路</td></tr>
<tr><td rowspan="2">中粗</td><td rowspan="2"></td><td>$0.7b$</td></tr>
<tr><td>$0.7b$</td><td rowspan="2">本专业设备不可见轮廓线、地下电缆沟、排管区、隧道、屏蔽线、连锁线</td></tr>
<tr><td>中</td><td></td><td>$0.5b$</td></tr>
<tr><td>细</td><td></td><td>$0.25b$</td><td>非本专业设备不可见轮廓线及管沟、建筑物不可见轮廓线等</td></tr>
</table>

续表 13-10

名称		线型	线宽	一般用途
波浪线	粗		0.5b	本专业软管、软护套保护的电气通路连接线、蛇形敷设线缆
	中粗		0.25b	
单点长画线			0.25b	定位轴线、中心线、对称线；结构、功能、单元相同围框线
双点长画线			0.25b	辅助围框线、假想或工艺设备轮廓线
折断线			0.25b	断开界线

2. 比　例

电气施工图的制图比例，宜与工程项目设计的主导专业一致，采用表 13-11 的规定，并应优先采用常用比例。

表 13-11　比　例

序号	图　名	常用比例	可用比例
1	电气总平面图、规划图	1∶500、1∶1 000、1∶2 000	1∶300、1∶5 000
2	电气平面图	1∶50、1∶100、1∶150	1∶200
3	电气坚井、设备间、变配电室等平、剖面图	1∶20、1∶50、1∶100	1∶25、1∶150
4	电气详图、电气大样图	10∶1、5∶1、2∶1、1∶1、1∶2、1∶5、1∶10、1∶20	4∶1、1∶25、1∶50

3. 图　例

建筑电气施工图中涉及大量的电气符号，电气符号由图形符号和参照代号组成。

（1）图形符号。

常见的电气图形符号见表 13-12。

表 13-12　常用的图形符号

名称	图形符号	说　明	名称	图形符号	说　明
1		导线组根数（表示三根导线）	4		单相二、三极电源插座
2		熔断器	5		带保护极和单极开关电源插座
3		配电箱（柜、屏）	6		开关的一般符号（单联单控开关）

续表 13-2

名称	图形符号	说　明	名称	图形符号	说　明
7	wh	电度表（瓦时计）	16		双联单控开关
8		灯具的一般符号	17		三联单控开关
9		荧光灯的一般符号	18	SL	单极声光控开关
10		二管荧光灯	19		双控单极开关
11	n	多管荧光灯，$n>3$	20		向上配线或布线
12		三管格栅灯	21		向下配线或布线
13		电源插座、插孔的一般符号	22		垂直通过配线或布线
14	3	三个电源插座	23		由下引来配线或布线
15		带保护极的电源插座	24		由上引来配线或布线

注：1. 当需要区分配电箱类型时，可在矩形框内标注下列字母：LB—照明配电箱；ELB—应急照明配电箱；PB—动力配电箱；EPB—应急动力配电箱；WB—电度表箱；SB—信号箱；TB—电源切换箱；CB—控制箱、操作箱。

2. 如需要说明光源种类，宜在符号旁标注下列字母：Na—钠气；Xe—氙；Ne—氖；IN—白炽灯；Hg—汞；I—碘；EL—电子发光的；ARC—弧光；IR—红外线的；FL—荧光的；UV—紫外线的；LED—发光二极管。

3. 当需要区分不同类型插座时，宜在图形符号旁标注下列字母：1P—单相；3P—三相；1C—单相暗敷；3C—三相暗敷；1EX—单相防爆；3EX—三相防爆；1EN—单相密闭；3EN—三相密闭。

4. 当灯具需要区分不同类型时，宜在图形符号旁标注下列字母：ST—备用照明；SA—安全照明；LL—局部照明灯；W—壁灯；C—吸顶灯；R—筒灯；EN—密闭灯；G—圆球灯；EX—防爆灯；E—应急灯；L—花灯；P—吊灯；BM—浴霸。

（2）参照代号。

参照代号主要作为检索项目信息的代码，用于表示项目的数量、安装位置、方案等信息。参照代号通常由前缀符号、字母代码和数字组成。

前缀符号："-"表示项目的产品信息；"="表示项目的功能信息；"+"表示项目的位置信息。当采用参照代号标注不会引起混淆时，参照代号的前缀符号可省略。

字母代码：按项目用途和任务划分的主类和子类字母代码。表 13-13 列出了部分常用的字母代码。

数字：用于对具有相同字母代码的项目进行编号，一般位于字母代码之后。

参照代号的应用应根据实际工程的规模确定。同一个项目其参照代号可有不同的表示方法。以照明配电箱为例，假设某一个建筑工程楼层超过 10 层，一个楼层的照明配电箱数量超过 10 个，每个照明配电箱的参照代号的编制可以有四种方式，则安装在地下二层的第 11 个照明配电箱的参照代号可表示为：AL11B2、ALB211、+B2-AL11、 AL11+B2（其中 B 表示地下层）。

表 13-13　常用参照代号的字母代码（部分）

项目种类	设备、装置和元件名称	参照代号的字母代码		项目种类	设备、装置和元件名称	参照代号的字母代码	
		土类代码	子类代码			主类代码	子类代码
两种或两种以上的用途或任务	35 kV 开关柜	A	AH	保持能量性质不变的能量变换	电力变压器	T	TA
	低压配电柜		AN		整流器、北/DC 变换器		TB
	动力配电箱(柜、屏)		AP		照明变压器		TL
	照明配电箱(柜、屏)		AL	受控切换或改变能量流	断路器	Q	QA
	电度表(柜、屏)		AW		熔断器，隔离开关		QB
提供辐射能或热能	白炽灯、荧光灯	E	EA	从一地到另一地导引或输送能量，信号、材料	高压配电线缆		WB
	电炉、电暖炉		EB		低压配电线缆		WD
提供信息	电压表	P	PV		电力(动力)线路	W	WP
	电流表		PA		照明线路		WL
	电度表		PJ	连接物	插座、插座箱	X	XD

4. 标　注

在电气施工图中，应对电气设备、电气线路进行标注，以表明电气设备参照代号、安装容量、数量、安装高度、安装方式等信息。

（1）电气线路的标注方式：

$$ab\text{-}c\,(d\times e+f\times g)\,i\text{-}jh$$

其中　a——参照代号；

b——型号；

c——电缆根数；

d——相导体根数；

e——相导体截面，mm^2；

f——N、PE 导体根数；

g——N、PE 导体截面，mm^2；

i——敷设方式和管径（mm），见表 13-14；

j——敷设部位，见表 13-15；

h——安装高度，m。

常用导线、电缆型号的代号有：

BX——铜芯橡皮绝缘线；

BV——铜芯聚氯乙烯绝缘线；

BLX——铝芯橡皮绝缘线；

BLV——铝芯聚氯乙烯绝缘线；

BBLX——铝芯玻璃丝橡皮绝缘线；

RVS——铜芯聚氯乙烯绝缘绞型软线；

RVB——铜芯聚氯乙烯绝缘平型软线；

BXF——铜芯氯丁橡皮绝缘线；

BLXF——铝芯氯丁橡皮绝缘线；

VV——铜芯导体聚氯乙烯绝缘及护套电力电缆；

VLV——铝芯导体聚氯乙烯绝缘及护套电力电缆；

YJV——铜芯导体交联聚乙烯绝缘及护套电力电缆。

表 13-14 线缆敷设方式标注的文字符号

序号	名 称	文字符号	序号	名 称	文字符号
1	穿低压流体输送用焊接钢管(钢导管)敷设	SC	8	电缆梯架敷设	CL
2	穿普通碳素钢电线套管敷设	MT	9	金属槽盒敷设	MR
3	穿可挠金属电线保护套管敷设	CP	10	塑料槽盒敷设	PR
4	穿硬塑料导管敷设	PC	11	钢索敷设	M
5	穿阻燃半硬塑料导管敷设	PPC	12	直埋敷设	DB
6	穿塑料波纹电线管敷设	KPC	13	电缆沟敷设	TC
7	电缆托盘敷设	CT	14	电缆排管敷设	CE

表 13-15 线缆敷设部位标注的文字符号

序号	名称	文字符号	序号	名称	文字符号
1	沿或跨梁(屋架)敷设	AB	7	暗敷设在顶板内	CC
2	沿或跨柱敷设	AC	8	暗敷设在梁内	BC
3	沿吊顶或顶板面敷设	CE	9	暗敷设在柱内	CLC
4	吊顶内敷设	SCE	10	暗敷设在墙内	WC
5	沿墙面敷设	WS	11	暗敷设在地板或地面下	FC
6	沿屋面敷设	RS			

例如：VV22-4 × 120+1 × 50

含义：4 根截面为 120 mm^2 和 1 根截面为 50 mm^2 的铜芯聚氯乙烯绝缘，钢带铠装聚氯乙烯护套五芯电力电缆。

例如：WL2-BLV（3 × 6+1 × 2.5）PC25-WC

含义：编号为 2 的照明线路（WL2），导线型号是铝芯聚氯乙烯绝缘线（BLV），共有 4 根导线，其中 3 根为 6 mm^2，另一根中性线为 2.5 mm^2，4 根导线穿入管径为 32 mm 的硬塑料导管（PC）内，暗敷设在墙内（WC）。

（2）配电箱的标注方式：

$$-a+b/c$$

其中：a——参照代号；b——位置信息；c——型号。

例如：AL4-2（XRM-302-20）/10.5

含义：第四层楼的 2 号照明配电箱，其型号为 XRM-302-20，功率为 10.5 kW。

（3）照明灯具的标注方式：

$$a-b\frac{c\times d\times L}{e}f$$

其中 a——数量；

b——型号；

c——每盏灯具的光源数量；

d——光源安装容量；

e——安装高度（m），"-"表示吸顶安装；

L——光源种类，FL-荧光灯，IN-白炽灯；

f——安装方式，见表 13-16。

表 13-16　灯具安装方式标注的文字符号

序号	名称	文字符号	序号	名称	文字符号	序号	名称	文字符号
1	线吊式	SW	5	吸顶式	C	9	支架上安装	S
2	链吊式	CS	6	嵌入式	R	10	柱上安装	CL
3	管吊式	DS	I	吊顶内安装	CR	11	座装	UM
4	壁装式	W	8	墙壁内安装	WR			

例如：$8\text{-Y}\ \dfrac{2\times 40\times \text{FL}}{2.8}\ \text{CS}$

含义：有 8 盏灯具，每盏灯具为双管荧光灯，容量为 40W，安装高度为 2.8 m，采用链吊式安装。

13.3.3　照明平面图

照明平面图主要表达供电线路的进出位置、规格、穿线管径，配电箱的位置、配电线路的走向、编号、敷设方式，配电线路的规格、根数、穿线管径，开关、插座、照明灯具的种类、型号、规格安装方式、位置等。

图 13-25、图 13-26 和图 13-27 分别是某科研所办公楼的底层、二层和顶层照明平面图。下面以底层照明平面图的阅读为例。

由底层照明平面图可知，进户线位于办公楼北面 – 1.5 m 深处穿过Ⓔ轴墙进入室内，进户线标注为 VV（$3\times16+1\times10$）SC50-FC、WC，表明引来 380/220V 三相四线制电源，采用三根截面 16 mm^2 和一根截面 10 mm^2 的铜芯聚氯乙烯护套电缆，穿在直径 50 mm 的焊接钢管内，沿墙、沿地面暗敷进入总配电箱 AL。

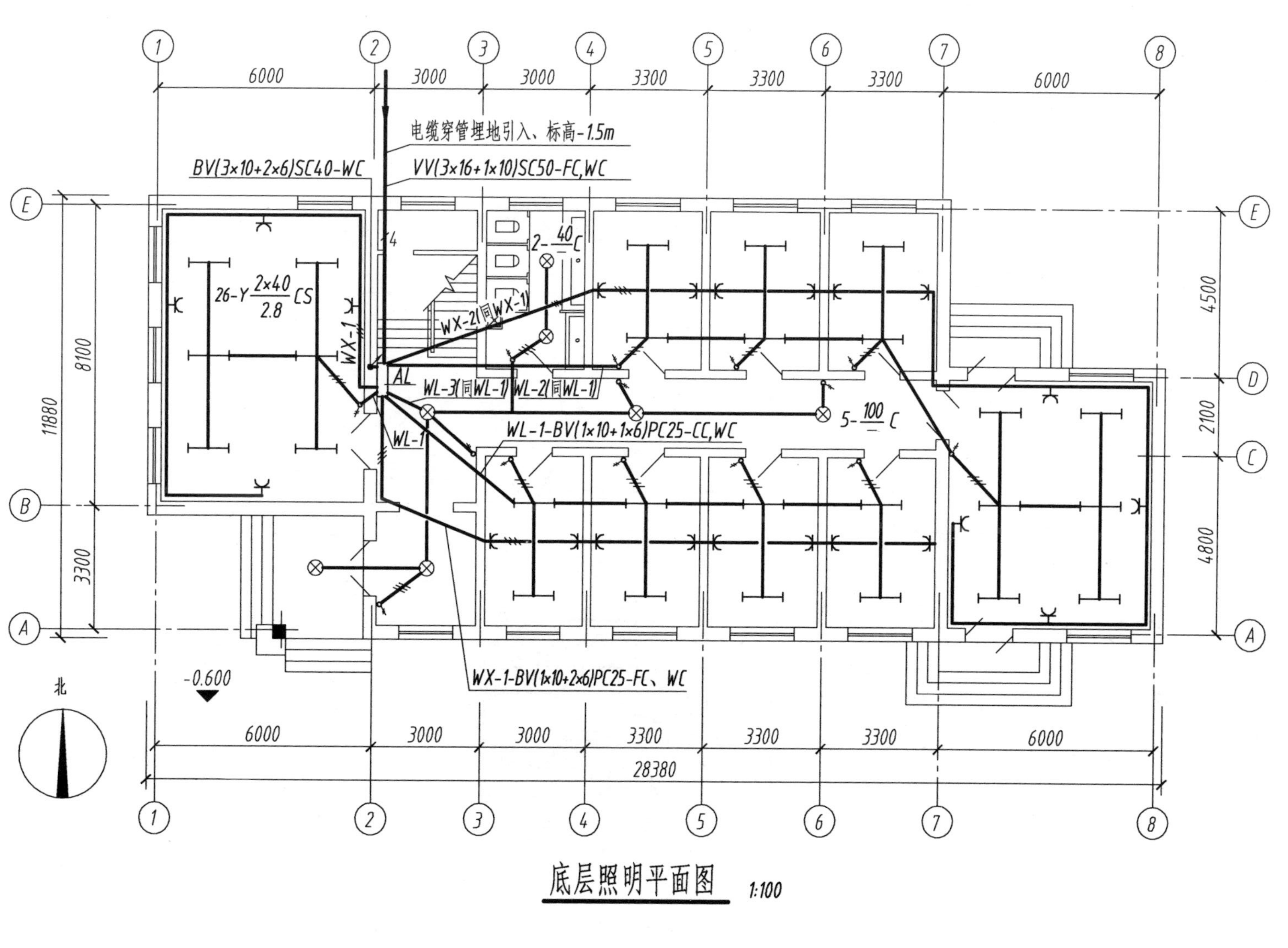

图 13-25　底层照明平面图

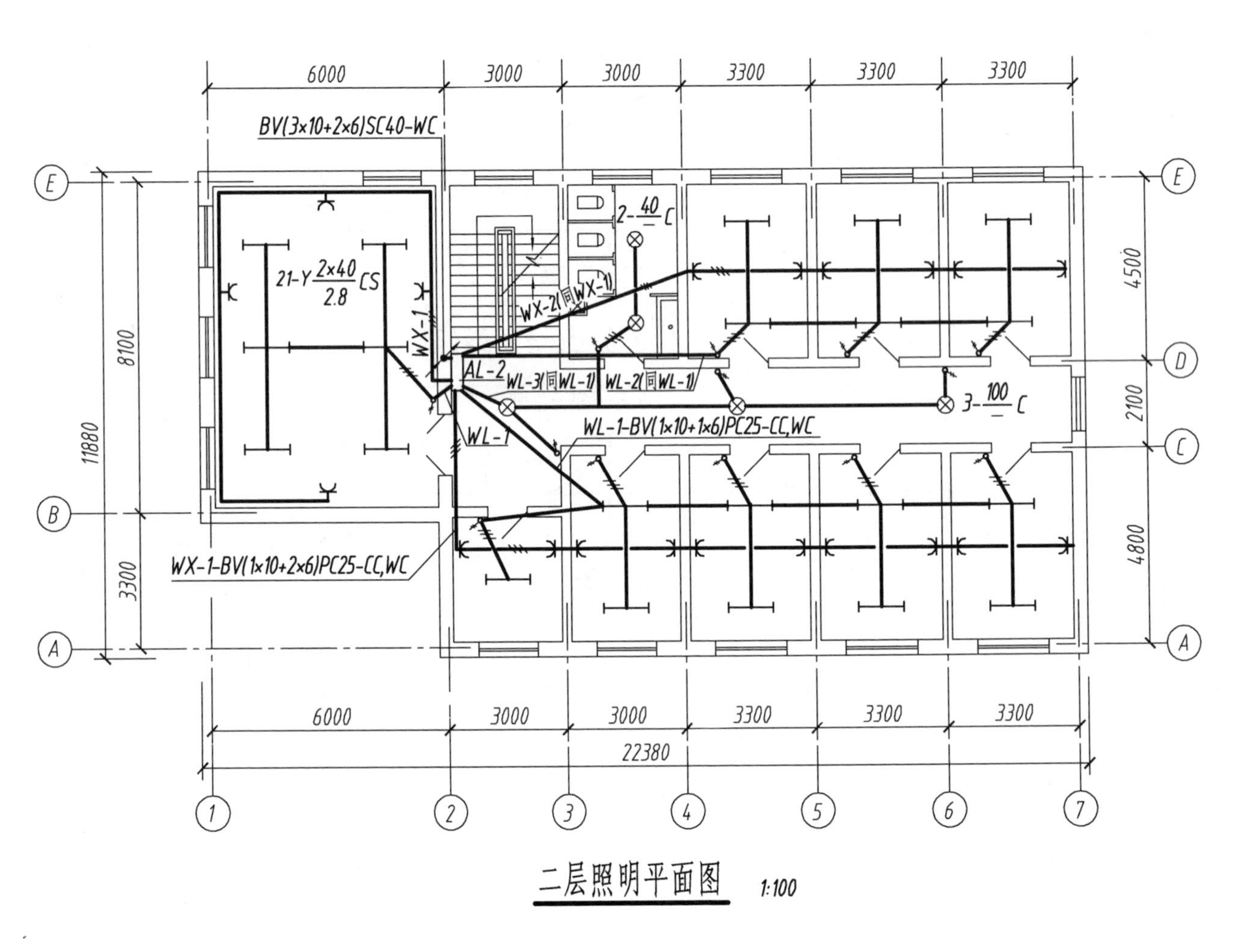

图 13-26 二层照明平面图

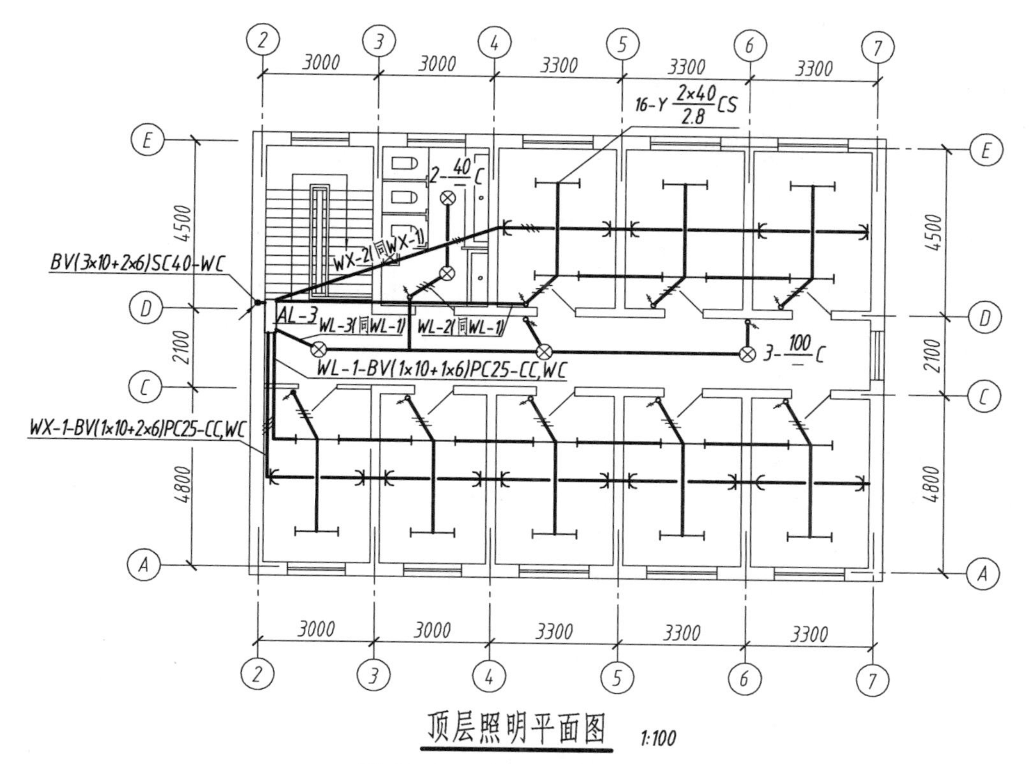

图 13-27　顶层照明平面图

在总配电箱 AL 旁有一向上引线的图形符号，并标注有 BV（$3\times10+2\times6$）SC40-WC，表明有 3 根截面 10 mm^2 和 2 根截面 6 mm^2 的铜芯塑料绝缘导线从总配电箱 AL 引出，穿在直径 40 mm 的焊接钢管内，沿墙暗敷引向上一层的配电箱 AL-2。在底层，从总配电箱 AL 共引出五个回路：

WL-1 回路向西侧研究室和南侧办公室供照明用电，WX-1 回路向这些房间的插座供电；WL-2 回路向北侧办公室及东侧会议室供照明用电，WX-2 回路向这些房间的插座供电；WL-3 回路向走道、卫生间的公共照明供电。

照明回路 WL-1、WL-2 和 WL-3 的导线均为 BV（$1\times10+1\times6$）PC25-CC、WC，即为铜芯塑料绝缘导线，一根为截面 10 mm^2 和一根截面为 6 mm^2，穿在聚氯乙烯硬质管内，并沿顶棚和墙暗敷布线。办公楼的底层共计有 33 盏灯具，其中 26 盏为双管荧光灯，每盏灯具容量 40 W，链吊式安装，距地面高度为 2.8 m；另外 7 盏为吸顶灯，走道上每盏灯具容量为 100 W，卫生间内每盏灯具容量为 40W。

插座回路 WX-1、WX-2 的导线标注为 BV（$1\times10+2\times6$）PC25-FC、WC，比照明回路多了一根 6 mm^2 的导线，为接地保护（PE）。底层共计设有 22 个带接地保护装置的单相三极暗装插座。

其余两层照明平面图的阅读不再赘述，读者可自行练习阅读。

照明平面图的画图方法与步骤如下：

（1）用细实线抄绘建筑平面图的主要内容。对于多层房屋，原则上每一层均应绘制照明平面图。对于具有相同的照明布置的各层平面图，可用一个标准层照明平面图表示。

（2）画出电气设备、灯具、插座等的图例以及照明线路。线路、灯具、插座的具体位置施工时按有关规定确定，图中无须标注其定位尺寸；灯具开关的布置，应结合门的开启方向，以安全、方便为原则。

（3）电气设备、线路的标注。应按国标规定格式标注各类电气设备、灯具、线路的规格、型号、数量、位置、敷设方式等。

13.3.4 照明系统图

对于平房或电气设备简单的建筑，用照明平面图表达即可施工；而对于多层建筑或电气设备较多的整幢建筑的供配电问题，仅依据照明平面图就难以表述其供配电系统的全貌，因此，需要用照明系统图来表述。

照明系统图主要表达整幢建筑物的配电系统和容量分配情况。即表示所用的配电装置以及配电线路导线的型号、截面尺寸、敷设方式、穿管材料及管径和总的设备容量等。

照明系统图用以表示总体供电系统的组成和连接方式，是一种示意图，无须使用投影法、绘图比例等方式进行绘制。图 13-28 是某科研所办公楼照明系统图。

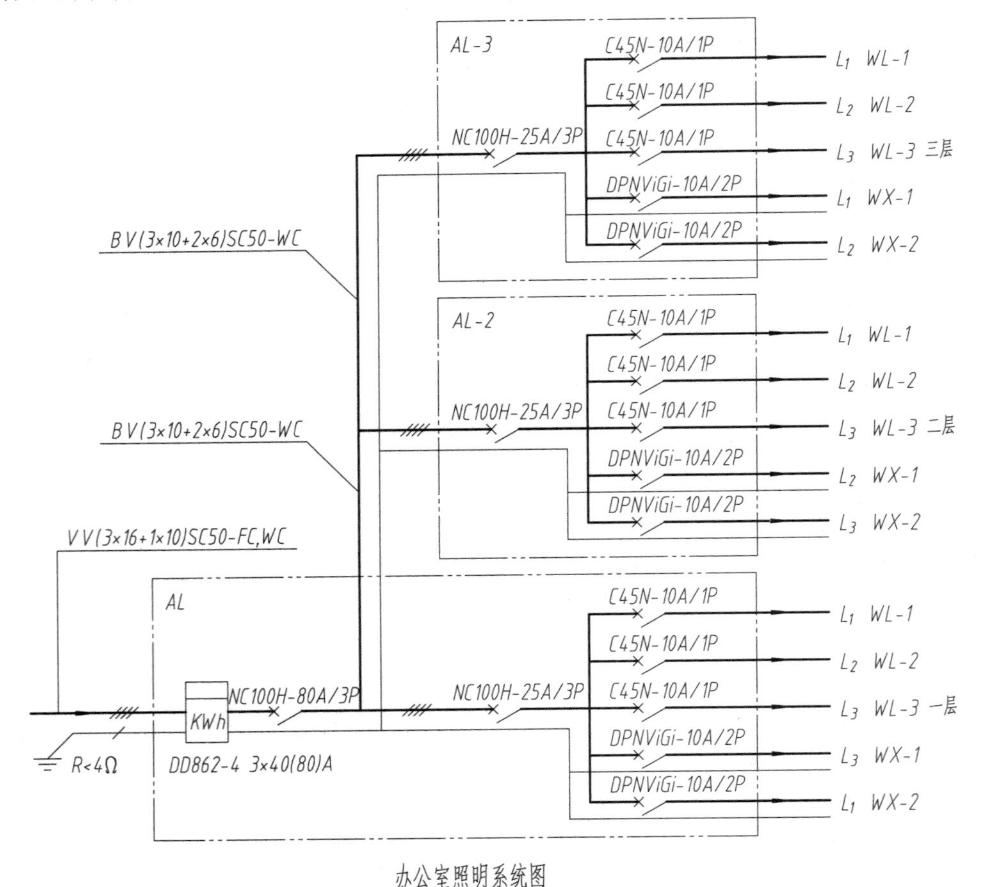

图 13-28 照明系统图

在图 13-28 中，左端的箭头表明进户线 VV($3\times16+1\times10$)SC50-FC、WC 引来 380/220V 三相四线制电源，用三根截面 16 mm^2 和一根截面 10 mm^2 的铜芯聚氯乙烯护套电力电缆，穿在直径 50 mm 的焊接钢管内，沿地、沿墙暗敷，进入一层的总配电箱 AL；另有一根接地保护线从配电箱接出，接地电阻小于 4 Ω。电表箱内设有电度表，型号为 DD862-4，3 × 40（80）A 表示三相、电流 40（80）A。电表后有一型号为 NC100H，允许电流 80 A 的带有过流保护的三极断路器。由总配电箱 AL 向上接出一路干线向二层、三层供电，各层配电箱内均设有 NC100H-25A/3P 断路器，然后分成 5 个回路，其中 3 个照明回路均设有单极过流保护断路器，2 个插座回路设有过流、漏电保护的单极断路器。为使各相线路负荷较为均衡，每一层的 2 个插座回路分别接在不同的电源相序上，使每一相电源向建筑物的不同层的 2 个插座回路供电。

第 14 章　路桥工程图

14.1　概　述

在公路、铁路、城市、乡村等道路建设中，为了跨越各种障碍物（如河流、山谷、山岭、其他交通线路等），必须修建各种类型的桥梁、涵洞和隧道等构筑物。

道路是一种供车辆行驶和行人步行的带状构筑物。由于道路的竖向高差和平面的弯曲变化均与地面的地形、地貌紧密相关，因此道路工程图的图示方法有其自身的特点，通常以地形图作为平面图，表达线路的平面走向和线路的平面线型；以道路中心线纵向展开的断面图作为立面图，表达线路中心线纵向线型和地面起伏、地质状况及沿线所设构筑物等情况；以道路的横断面图作为侧面图，表达各中心桩处横向地面起伏与设计路基横断面情况等。

桥梁种类繁多，其中梁式桥是最为常见的一种。桥梁通常由上部结构（主梁或拱圈和桥面系）、下部结构（桥台、桥墩和基础）和附属结构（栏杆、灯柱等）三部分组成。建造一座桥梁需要有桥位平面图、总体布置图、构件图和构造详图等桥梁工程图。

涵洞是用于宣泄小量流水的小型横向排水构筑物。涵洞的种类繁多，按构造形式可分为管涵、盖板涵、拱涵、箱涵等。涵洞工程图通常由洞口图和洞身纵、横断面图构成，以表达涵洞的各部分的构造形状、材料和大小。

在山岭地区或江河海域修筑道路时，有时为了缩短道路里程要求、减少土石方施工，保证车辆平稳行驶，常采取沿线路方向从地层内部或水底修筑隧道。隧道主要由洞身和洞门组成，其表达方法类似于涵洞图，除了用平面图表达其位置外，纵断面图表达其整体地质情况及纵坡变化情况，隧道的构造主要用隧道洞门图、横断面图、衬砌断面设计图及避车洞图等来表达。

绘制道路工程图时，应遵守现行的《道路工程制图标准》（GB 50162—1992）中的有关规定。本章内容主要介绍道路路线及桥梁工程图。

14.2　道路路线工程图

根据不同的组成和功能特点，道路可分为公路和城市道路两种：位于城市郊区和城市以外的道路称为公路；位于城市范围以内的道路称为城市道路。本节主要介绍公路的图示方法及表达内容。

14.2.1 道路路线工程图

道路路线是指道路沿长度方向的行车道中心线。它是一条空间曲线，反映道路路线竖向的高度变化（上坡、下坡、竖曲线）、平面弯曲（左向、右向、平曲线）变化以及沿线两侧一定范围内的地形、地物情况。道路路线设计的最后结果是以平面图、纵断面图和横断面图来表达道路的空间位置和尺寸。

1. 路线平面图的内容

路线平面图是从上向下投影所得到的水平投影图。表达道路路线的走向、平面线形（直线和左、右弯道）以及沿线两侧一定范围内的地形、地物、大型构筑物的位置以及县以上分界线等。如图 14-1 所示为某公路 K3+300—K5+200 段的路线平面图。

（1）地形部分。

① 画图比例。道路路线平面图所用比例一般较小，通常在城镇区一般为 1：500 或 1：1 000，山岭区为 1：2 000，丘陵区和平原区为 1：5 000 或 1：10 000。

② 指北针或测量坐标网。用于指明道路在该地区的方位与走向。图 14-1 采用指北针的箭头所指为正北方向，指北针宜用细实线绘制。

③ 地面等高线。平面图中地形起伏情况主要用等高线表示，图 14-1 中每两根等高线之间的高差为 2 m，每隔四条等高线画出一条粗的计曲线，并标有相应的高程数字。根据图 14-1 中等高线的疏密，可以判断地势的陡峭与平坦情况。

④ 地貌与地物。平面图中地形面上的地貌地物如河流、房屋、道路、桥梁、电力线、植被等，都是按规定图例绘制的。常见的地形图例如表 14-1 所示。

表 14-1 常见地物图例

名　称	符　号	名　称	符　号	名　称	符　号
房屋		学校	文	菜地	
大路		水稻田		堤坝	
小路		旱田		河流	
铁路		果园		人工开挖	
涵洞		草地		低压电力线 高压电力线	
桥梁		林地		水准点	

图 14-1　线路平面图

⑤ 标注水准点。为满足设计与施工的需要，沿线要设置一定数量的水准点，要求既要在沿线附近，又不至于被施工或行车破坏。在图中用符号“⊗”表示水准点的位置，标注出水准点代号 BM 并加以编号。本图水准点地面标高分别为 58.460 m、57.230 m。

（2）路线部分。

① 设计路线采用特粗线表示。由于道路的宽度相对于长度来说尺寸要小得多，公路的宽度只有在较大比例的平面图中才能画清楚，因此通常沿道路中心线画出一条特粗线（1.4*b*）表示新设计的路线。如果有比较的路线，可以用粗虚线绘出。

② 标注里程桩。道路路线的总长度和各段之间的长度用里程桩号表示。一般沿路线的前进方向从起点到终点的左侧注写公里桩，用符号“◑”表示桩位，公里注写在符号上方。如图 14-1 所示中的“K1”表示离起点 1 km。百米桩宜标注在路线前进方向的右侧，用垂直于路线的细短线表示桩位，如本图中的 K1 公里桩的前方注写的 1，表示桩号为 K1+100，说明该点距路线起点为 1 100 m。

③ 平曲线要素。道路路线在平面上是由直线和曲线段组成的。在路线的转折处应设平曲线，最常见的较简单的平曲线为圆弧，其基本几何要素如图 14-2 所示。JD 为交角点，是路线的两直线段的理论交点；α为转折角，是路线前进时向左（α_Z）或向右（α_Y）偏转的角度；R 为圆曲线半径，T 为切线长，是切点与交角点之间的长度；E 为外距，是曲线中点到交角点的距离；L 为曲线长，是圆曲线两切点之间的弧长。

在路线平面图中，转折处应注写交角点代号 JD，并依次编号；还要注出平曲线的起点 ZY（直圆）、中点 QZ（曲中）、终点 YZ（圆直）的位置，如图 14-2 所示。为了将路线上各段平曲线的几何要素值表示清楚，一般还应在图中适当的位置列出平曲线要素表。如果设置缓和曲线，则将缓和曲线与前、后段直线的切点，分别标记为 ZH（直缓点）和 HZ（缓直点）；将圆曲线与前、后段缓和曲线的切点，分别标记为 HY（缓圆点）和 YH（圆缓点）。

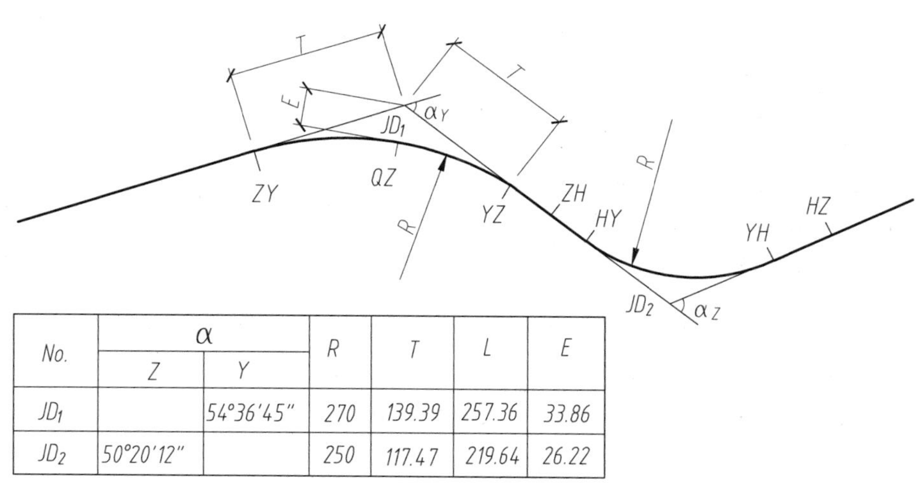

No.	α		R	T	L	E
	Z	Y				
JD_1		54°36′45″	270	139.39	257.36	33.86
JD_2	50°20′12″		250	117.47	219.64	26.22

图 14-2　平曲线几何要素

2. 路线纵断面图

路线纵断面图是假想用铅垂柱面沿道路中心线进行纵向剖切，展开后所形成的断面图。路线纵断面图主要用于表达道路的纵向设计线形以及沿线地面的高低起伏状况、地质和沿线设置构筑物的概况。

路线纵断面图包括图样和资料表两部分，图样应布置在图纸的上部，资料表应采用表格的形式布置在图纸的下部，高程应布置在资料表的上方左侧。图样与资料表的内容要对应，如图 14-3 所示。

（1）图样部分。

① 采用双比例画图。水平方向从左到右表示路线前进方向，竖直圆方向表示高程。由于路线的高差与其长度相比小得多，为了清楚地表示线路高度的变化，绘图时采用不同的垂直比例和水平比例。水平比例与平面图相同，垂直比例一般相应扩大 10 倍。例如图 14-3 中的水平比例为 1 ∶ 2 000，而竖向比例为 1 ∶ 200。

② 道路的设计线与地面线的表示。在道路纵断面图中，设计线采用粗实线表示，而地面线采用细实线表示。依据地形起伏和公路等级，按相应的工程技术标准确定，设计线上各点的标高通常是指路基边缘的设计高程。地面线是依据原地面上沿线各点的实测中心桩高程绘制。设计线与地面线的相对位置，决定了道路的填挖高度

③ 标明竖曲线要素。设计线的纵向坡度变更处（变坡点），为便于车辆行驶，应设置圆弧竖曲线。竖曲线分为凸形和凹形两种，分别用“┌┴┐”和“└┬┘”的符号表示。竖曲线要素（半径 *R*、切线长 *T*、外距 *E*）的数值标注在水平线上方。图 14-3 中的变坡点的桩号为 K6+890，竖曲线终点的高程为 47.51 m，设有凹曲线。（半径 *R* 为 6 000 m、切线长为 72.32 m、外矩 *E* 为 0.44 m）。

（4）标明沿线工程构筑物。道路沿线的工程构筑物如桥梁、涵洞等，应在设计线的上方或下方引出标注，竖直引出线应对准构筑物的中心位置，并注出构筑物的名称、规格和里程桩号，如图 14-3 中的涵洞和高峰桥。

（2）资料表部分。

资料表数据应包括“坡度（%）/距离（m）”、“竖曲线”、“填挖高度”、“设计高程”、“地面高程”、“里程桩号”和“平曲线”。

设计高程、地面高程、填挖高度的数据应对准相应的桩号，单位以 m 计。沿线各点的桩号是按测量的里程数值填入的，一般在平曲线的起点、中点、终点和桥涵等构筑物中心点等处均可设置加桩，桩号从左向右排列。平曲线一般是由直线和曲线组成的。直线用水平线表示。道路左转曲线用凹折线表示，右转曲线用凸折线表示。

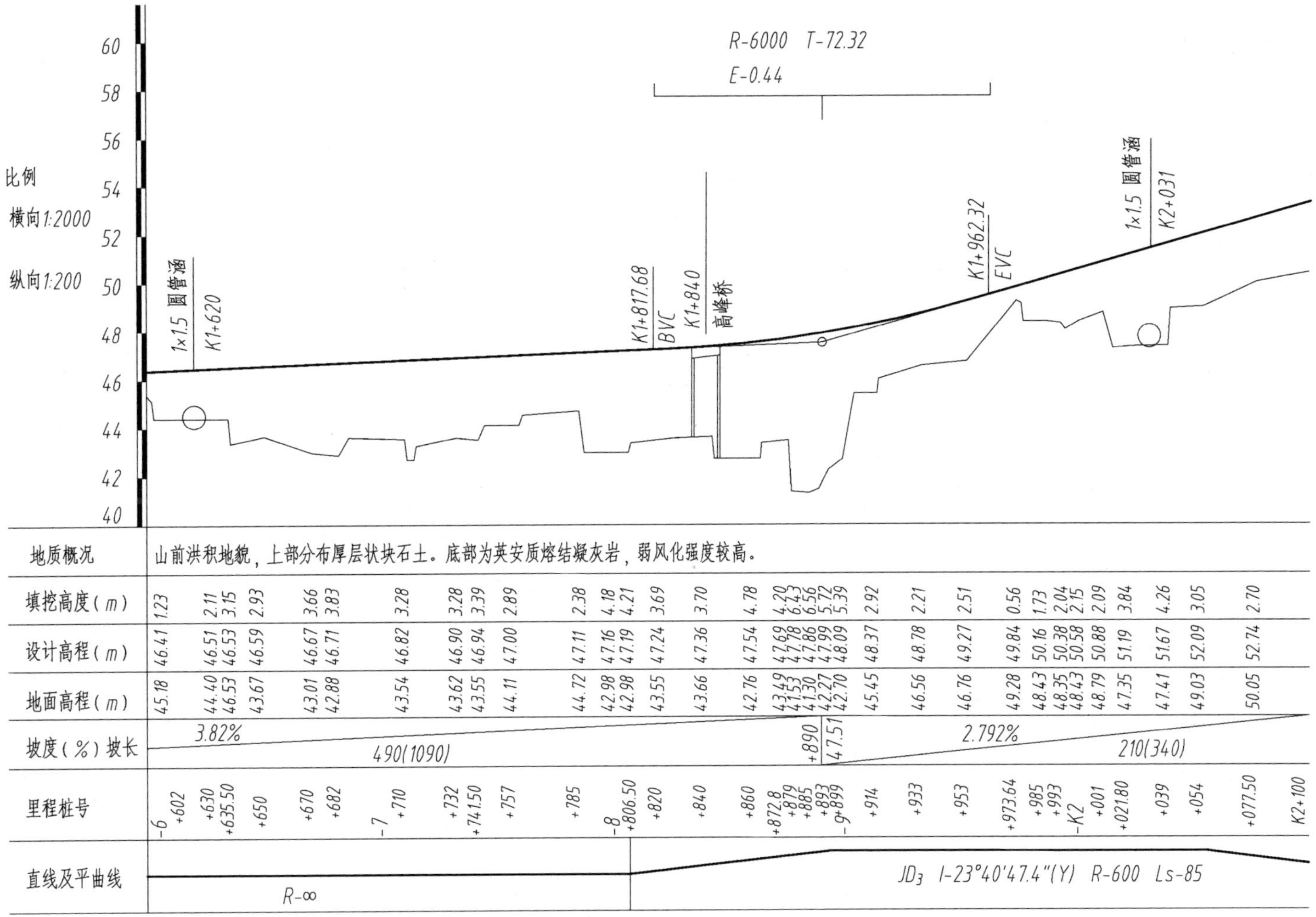

比例
横向1:2000
纵向1:200

60 58 56 54 52 50 48 46 44 42 40

R-6000 T-72.32
E-0.44

1×1.5 圆管涵 K1+620

K1+817.68 BVC

K1+840 高峰桥

K1+962.32 EVC

1×1.5 圆管涵 K2+031

地质概况：山前洪积地貌，上部分布厚层状块石土。底部为英安质熔结凝灰岩，弱风化强度较高。

里程桩号	填挖高度（m）	设计高程（m）	地面高程（m）
-6	1.23	46.41	45.18
+602			
+630	2.11	46.51	44.40
+635.50	3.15	46.53	46.53
+650	2.93	46.59	43.67
+670	3.66	46.67	43.01
+682	3.83	46.71	42.88
-7			
+710	3.28	46.82	43.54
+732	3.28	46.90	43.62
+741.50	3.39	46.94	43.55
+757	2.89	47.00	44.11
+785	2.38	47.11	44.72
-8	4.18	47.16	42.98
+806.50	4.21	47.19	42.98
+820	3.69	47.24	43.55
+840	3.70	47.36	43.66
+860	4.78	47.54	42.76
+872.8	4.20	47.69	43.49
+879	6.43	47.78	41.53
+885	6.56	47.86	41.30
+893	5.72	47.99	42.27
-9+899	5.39	48.09	42.70
+914	2.92	48.37	45.45
+933	2.21	48.78	46.56
+953	2.51	49.27	46.76
+973.64	0.56	49.84	49.28
+985	1.73	50.16	48.43
+993	2.04	50.38	48.35
-K2	2.15	50.58	48.43
+001	2.09	50.88	48.79
+021.80	3.84	51.19	47.35
+039	4.26	51.67	47.41
+054	3.05	52.09	49.03
+077.50	2.70	52.74	50.05
K2+100			

坡度（%）坡长：3.82%　490(1090)；+890　47.51；2.792%　210(340)

直线及平曲线：R-∞；JD₃ I-23°40′47.4″(Y)　R-600　Ls-85

图 14-3　路线纵断面图

3. 路线横断面图

路线横断面图是在垂直于路线中心线方向所作的断面图，其水平方向和高度方向宜采用相同比例，一般比例为 1∶50、1∶100、1∶200。路线横断面图主要表达路基横断面的形状和地面高低起伏状况，为路基施工放样和计算土石方量提供数据资料。

路基横断面的基本形式有三种：填方路基（路堤式）、挖方路基（路堑式）、半填半挖路基。路基断面图沿着桩号从下到上、从左到右布置图形，如图 14-4 所示。

如图 14-4（a）所示，整个路基全为填土区，称为路堤。填土高度等于设计标高减去路面标高。填方边坡一般为 1∶1.5。在图下注有该断面的里程桩号、中心线处的填方高度 h_T（m）以及该断面的填方面积 A_T（m^2）。

如图 14-4（b）所示，整个路基全为挖土区，称为路堑。挖土深度等于地面标高减去设计标高。挖方边坡一般为 1∶1。在图下注有该断面的里程桩号、中心线处的挖方高度 h_W（m）以及该断面的挖方面积 A_W（m^2）。

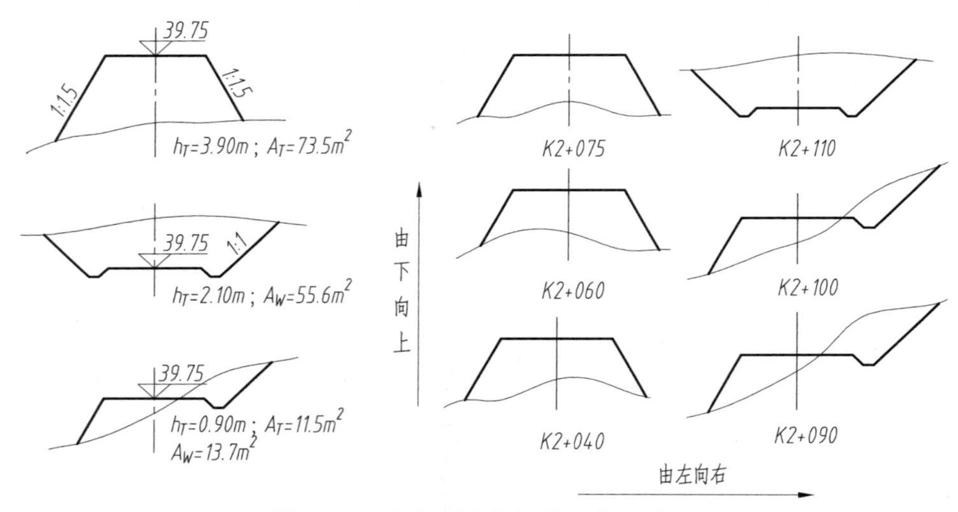

图 14-4　路基断面的基本形式及排列

如图 14-4（c）所示，路基断面一部分为填土区，一部分为挖土区，是前两种路基的综合。在图下仍注有该断面的里程桩号、中心线处的填（或挖）高度 h（m）以及该断面的填方面积 A_T（m^2）和挖方面积 A_W（m^2）。

14.2.2　道路路线工程图的绘制

1. 路线平面图的绘制与步骤

（1）先画地形图，后画路线中心线。要求等高线线条顺滑。

（2）画图路中心线，路线中心线按先曲线后直线的顺序画出路线中心线并加粗（1.4b）。

（3）路线平面图应从左向右绘制，桩号左小右大。

由于道路很长，无法将整个路线平面图画在同一张图纸内，通常需要分段绘制在若干张图纸上，使用时再将各张图纸拼接起来。平面图中的分段宜在整数里程桩处断开，断开的两端均应画出垂直于路线的细点划线作为拼接线。相邻图纸拼接，其路线中心对齐，拼接线重合，并以正北方向为准，如图 14-5 所示。

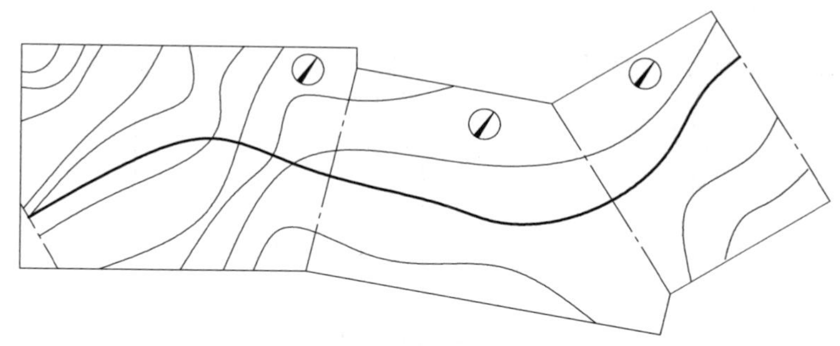

图 14-5　路线平面图的拼接

2. 路线纵断面图的绘制与步骤

（1）先画纵、横坐标，左侧纵坐标表示标高尺，横坐标表示里程桩。纵横断面的竖向比例比横向比例扩大 10 倍，纵、横向比例一般在第一张图的注释中说明。

（2）用细实线画出地面线。绘制时将各里程桩处的地面高程点到图样坐标中，用细折线连接各点即得地面线。

（3）用粗实线画出设计线。绘制时，将各里程桩处的设计高程点到图样坐标中，用粗实线拉坡，即得设计线。当路线坡度发生变化时，变坡点应用直径为 2 mm 的中粗线圆圈表示，切线应用细虚线表示，竖曲线应用粗实线表示。

3. 路线横断面图的绘制与步骤

（1）在横断面图中，路面线、路肩线、边坡线、护坡线均用粗实线表示，路面厚度用中粗实线表示，原有地面线用细实线表示，路中心线用细点画线表示。

（2）同一张图纸内绘制的路基横断面图，应按里程桩号顺序排列，从图纸的左下方开始，先由下而上，再自左向右排列。

14.3　桥梁工程图

桥梁是为道路跨越天然或人工障碍物而修建的构筑物，用于保证线路畅通，车辆行驶平稳。桥梁通常由上部结构（主梁或拱圈和桥面系）、下部结构（桥台、桥墩和基础）和附属结构（护坡、栏杆、灯柱等）三部分组成。其中以钢筋混凝土为材料的桥结构在中小型桥梁中使用较广泛，本节仅介绍钢筋混凝土桥梁的图示内容及图示办法。

图 14-6 是常见的钢筋混凝土桥梁的示意图，从图中可以看到桥梁各个组成部分和它们的名称。

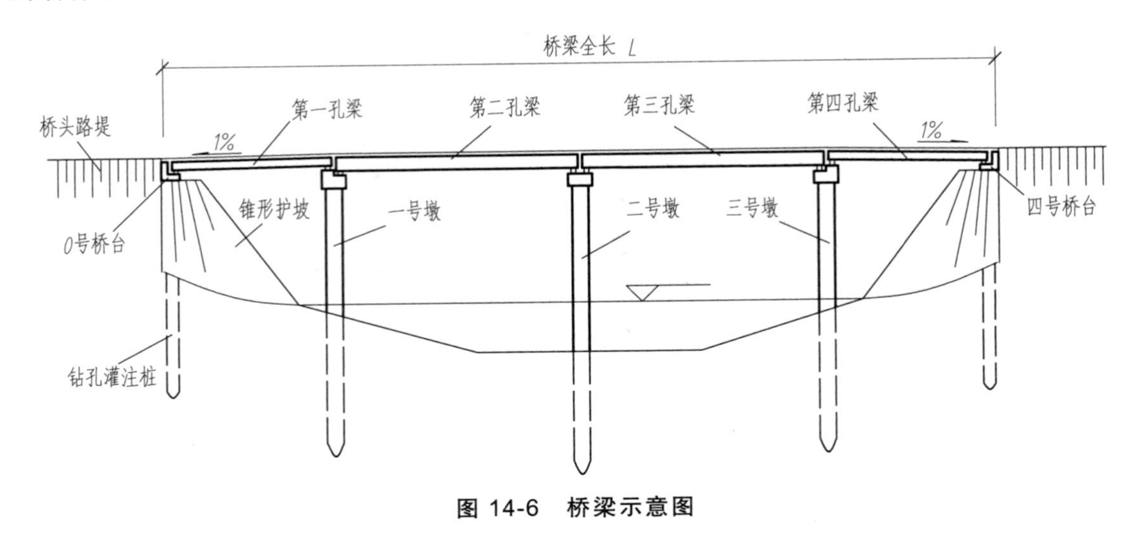

图 14-6　桥梁示意图

上部结构——用来跨越河流、山谷、铁路等，供车辆和人流通过。如图 14-6 所示的钢筋混凝土箱梁。

下部结构——用来支承上部结构，并把上部结构所承受的车辆和人群荷载安全、可靠地传递到地基。如图 14-6 所示的桥台、桥墩、基础。

在桥梁两端连接路堤和支承上部结构的部分，称为桥台，如图 14-6 中的 0 号台到四号台。中间支承上部结构的称为桥墩，如图 14-6 中的一号墩、二号墩及三号墩。一座桥梁桥台有两个，桥墩可以有多个，也可以没有。如图 14-6 所示全桥由 4 孔组成，共有 2 个桥台 3 个桥墩。在桥台的两侧，常做成石砌的锥形护坡用来保护桥头填土。

14.3.1　钢筋混凝土桥梁工程图的图示内容

建造一座桥梁需要很多图纸，从桥梁位置的确定到组成桥梁各构件图及其细部的情况，都需用图来表示，其中较为重要的是桥梁的总体布置图和构件图。

1. 总体布置图

总体布置图主要表明桥梁的形式、跨径、净空高度、孔数，桥墩和桥台的形式，总体尺寸，各主要构件的数量和相互位置关系等。总体布置图常用三个基本视图表示，一般都采用剖面图的形式。通常采用较小的比例，一般为 1 : 50 ~ 1 : 500。图中尺寸除标高用“m”为单位外，其余均以“cm”为单位。图中线型可见轮廓线用粗线表示，河床线用特粗线表示。

图 14-7 所示为某一桥梁的总体布置图，由立面图（半剖面图）、平面图（半剖面图）

和横剖面图组成，比例均采用 1∶100。

（1）立面图。

从图 14-9 中可以看出全桥由三孔组成，中间孔跨径为 20 m，两边孔跨径为 10 m，全长 40 m。

由于桥梁及其组成构件具有对称性，可采用半立面图半剖面图的图示形式。半立面图表示其外部形状，半纵剖面图表示其内部构造。由于剖切到的部分截面较小，故涂黑表示。从半纵剖面图中，可以看到中间孔的梁与边孔的梁结构是不同的；还可看到中间孔的梁高是 1.3 m，边孔的梁高是 0.9 m。图中还反映了河床的形状，根据标高尺寸，可以知道混凝土钻孔桩的埋置深度等，由于桩埋置较深，为了节省图幅，可以采用折断画法。

（2）平面图。

平面图采用半平面图半剖面图的形式来表示。在半平面图中桥台两边显示锥形护坡以及桥面上两边栏杆的布置。在半剖面图中采用了半剖面图和局部剖面的形式，桥墩是剖切在双柱式桥墩的双柱处，桥台是剖切在灌注桩处（在半剖的基础上再作局部剖），因此，在桥墩处显示出两根立柱联系梁，桥台处显示出两根灌注桩。

（3）横剖面图。

横剖面图由半 *1—1* 剖面和半 *2—2* 剖面图组成。从图 14-7 中可以看出桥梁净宽 7 m，人行道宽各为 1.2 m，左半边 *1—1* 剖面中涂黑部分表明中间孔主梁为 T 形梁，右半边 *2—2* 剖面中涂黑部分表明边孔梁为空心板梁，并显示了灌注桩的横向位置。

将三个图联系起来看，可知全桥主要由 2 个双柱式桥台、2 个双柱式桥墩、5 片 T 形梁（*1—1* 剖面中为两片半、全宽为 5 片）、10 片空心桥梁（*2—2* 剖面中为两片半，全宽为 5 片，两边共计 10 片）等构件组成。

在总体布置图中，桥梁各部分的构件是无法详细表达完整的，故单凭总体布置图是无法进行施工的。为此还必须分别把各构件（如桥台、桥墩等）的形状、大小及其钢筋配置完整地表达出来才能进行施工。

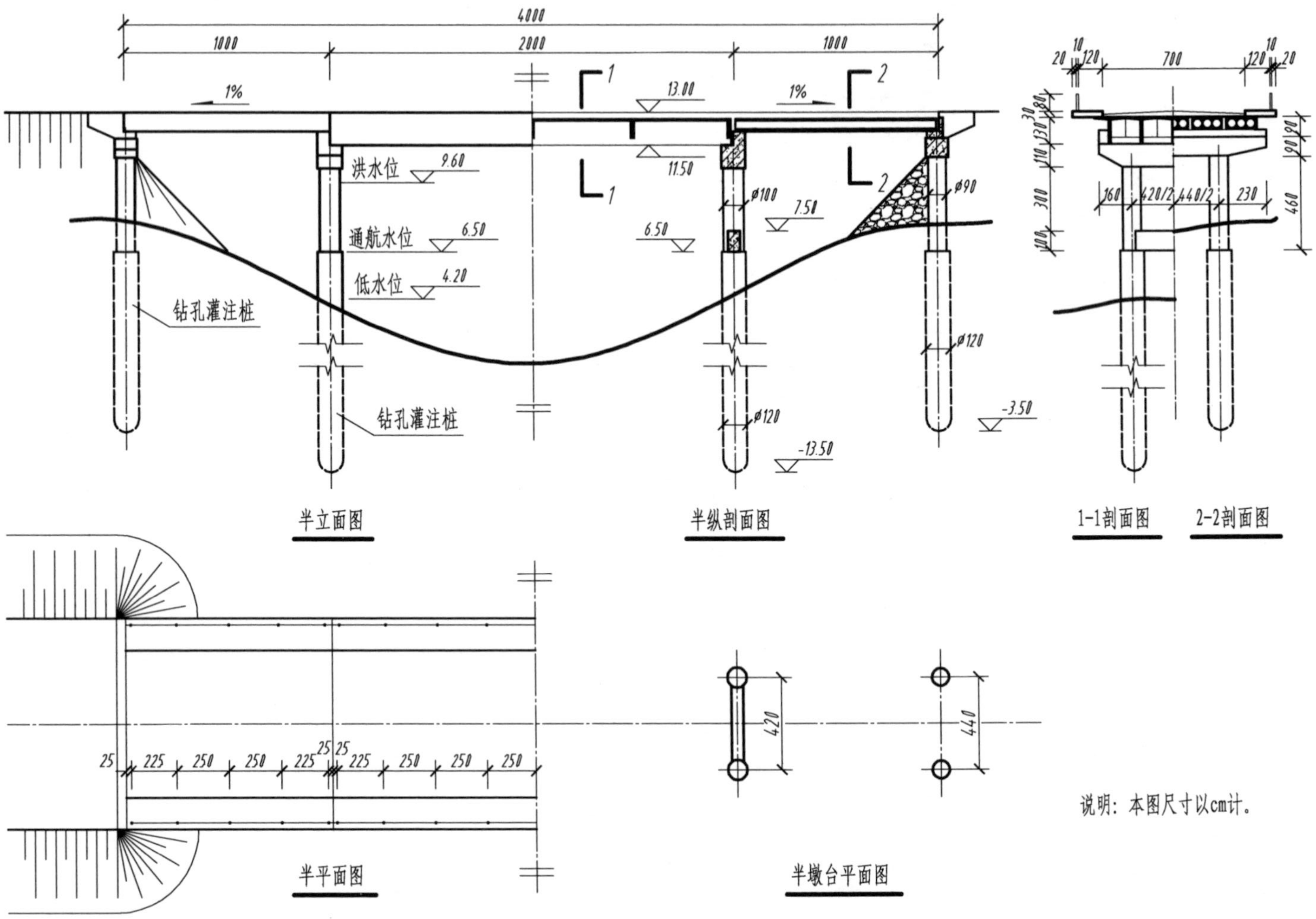

半立面图

半纵剖面图

1-1剖面图

2-2剖面图

半平面图

半墩台平面图

洪水位 9.60

通航水位 6.50

低水位 4.20

钻孔灌注桩

说明：本图尺寸以cm计。

图 14-7　桥梁总体布置图

2. 构件图

构件图主要表明构件的外部形状及内部构造。构件图又包括构造图与结构图两种。只画构件形状、不表示内部钢筋布置的称为构造图，当外形简单时可省略构造图。用于表示构件内钢筋布置情况，同时也可表示简单外形的称为结构图。结构图一般包括钢筋布置情况、钢筋编号及尺寸、钢筋详图、钢筋数量表等内容。图中钢筋直径以“mm”为单位，其余均以“cm”为单位。受力钢筋用粗实线表示，构件的轮廓线用细实线表示。

（1）桥　台。

桥台是桥梁的下部结构，位于桥梁的两端，是桥梁与路基连接处的支撑结构。公路上用得较多的是U形桥台、柱式桥台。U形桥台由基础、台身、翼墙及台帽组成，如图14-8（a）所示。柱式桥台是由台帽、柱体组成，如图 14-8（b）所示。铁路上用得较多的是T形桥台，它由基础、台身和台顶组成。台身分前墙和后墙两部分，前墙的上部设有托盘，承托着顶帽，如图14-8（c）所示。

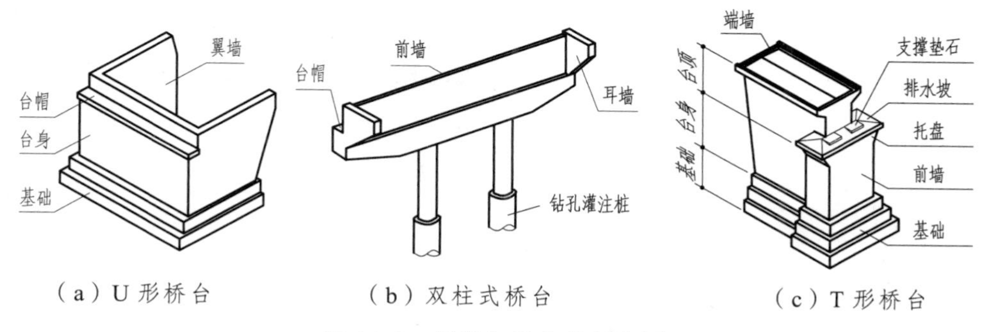

图14-8　桥墩与桥台的示意图

由于此桥台的外形较复杂，内部又有钢筋，故需分别画出构造图与结构图，图14-9为双柱式桥台的构造图。桥台由台帽（包括前墙、耳墙）、两根柱身及两根混凝土灌注桩组成，图中用立面图和侧面图表示。桥台前面是指连接桥梁上部结构的一面，后面是指连接岸上路堤的这一面。

图14-10为桥台台帽的结构图（前墙与耳墙的钢筋布置在这里未画出），包括立面图和断面图。

立面图由于左右对称，可以画一半来表示，图中钢筋编号用N指出，箍筋N6在沿台帽方向是均匀布置的，间距为20 cm，尺寸11×20说明有11个间距，每个间距20 cm布置箍筋。右边尺寸22×20/2也是同理。

在台帽的断面图中，由于钢筋种类多，布置较密集，其钢筋编号常采用列表法，表格中的数字是断面上对应钢筋的编号。如图14-10的*1—1*断面中，1号钢筋位于台帽上部中间布置2根，两边各布置一根；而2号、3号为弯起式钢筋，在*1—1*断面处钢筋弯起至台帽上部且对称放置2根；位于台帽的中部两侧各放置一根7号钢筋；位于台帽的下部放置4号钢筋，其中中间2根，两侧各1根，合计4根。在*2—2*断面图中，台帽中的2号、3号弯起式钢筋则弯起至台帽的下部，故在其下部钢筋列表中显示有2号、3号钢筋，而1号、4号和7号钢筋的布置在断面上均没有改变。

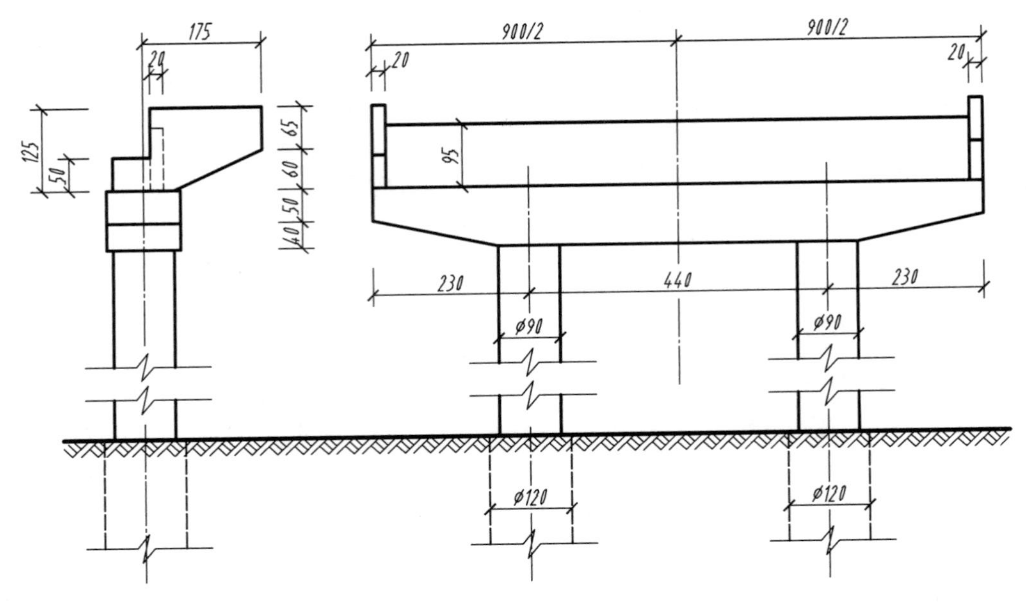

图 14-9　桥台构造图

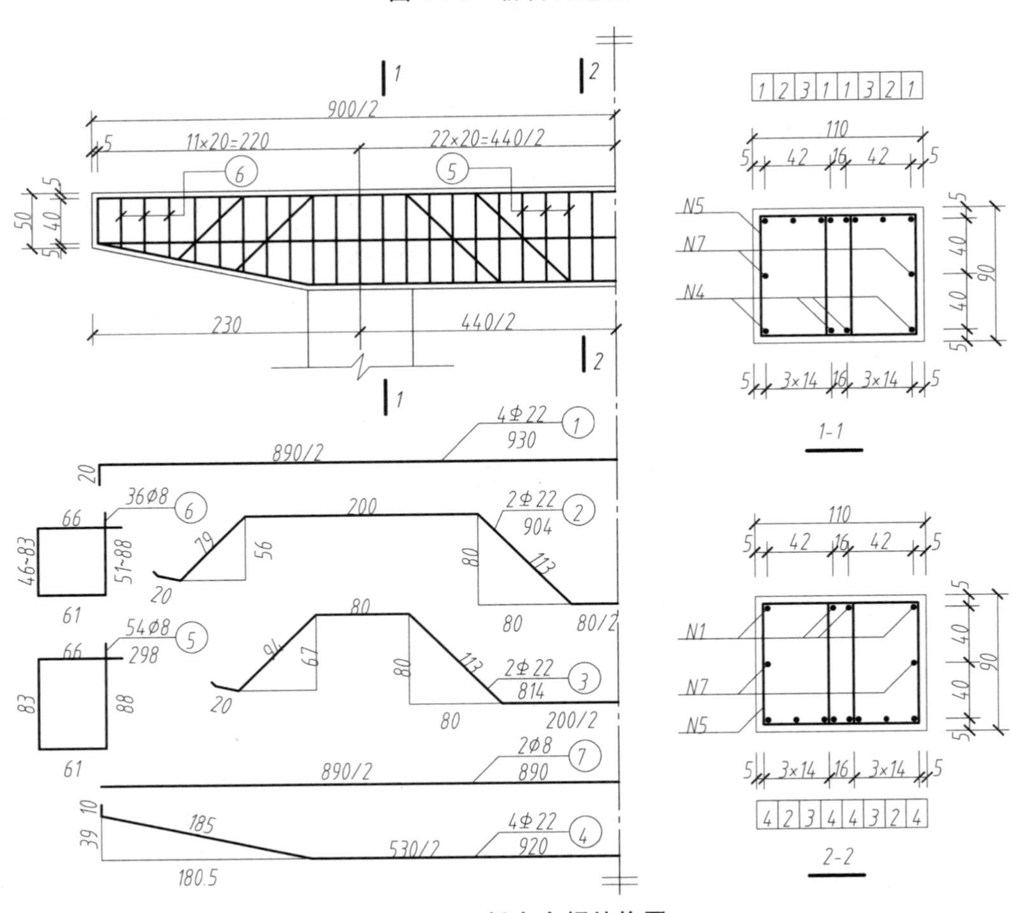

图 14-10　桥台台帽结构图

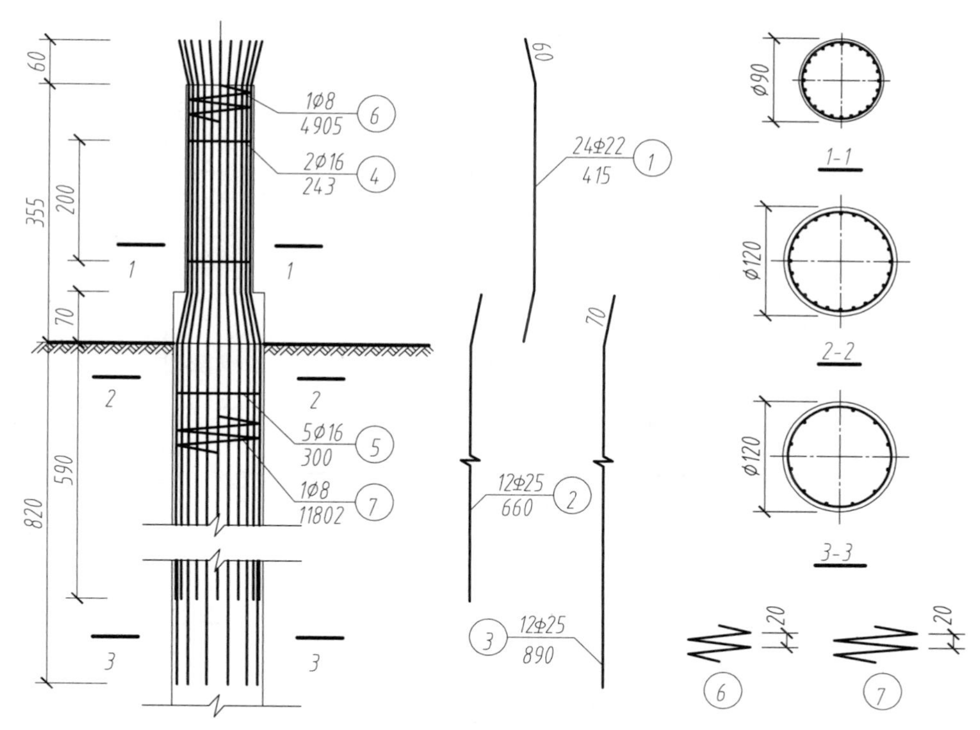

图 14-11　钢筋混凝土桩结构图

图 14-11 为钢筋混凝土桩的结构图，包括立面图和断面图，并绘有钢筋详图，钢筋数量表从略。由于桩外形较简单，不需另画构造图。图中钢筋用粗实线表示，外形轮廓线用细实线表示。柱身圆形断面直径为 0.9 m，钻孔桩圆形断面直径为 1.2 m。

（2）桥墩。

图 14-12 为桥墩的构造示意图。桥墩由墩帽、墩身（柱）和基础（桩基础）组成，桥墩的构造图通常由立面图、侧面图和墩帽详图组成。

桥墩的正立面图是按线路行进方向投射桥墩所得的投影，与线路行进方向垂直的投影图则为侧立面图。图 14-13 为双柱式桥墩构造图。桥墩的结构图需另画，由于双柱式桥墩的结构图与双柱式桥台结构图很相似，故此处从略。

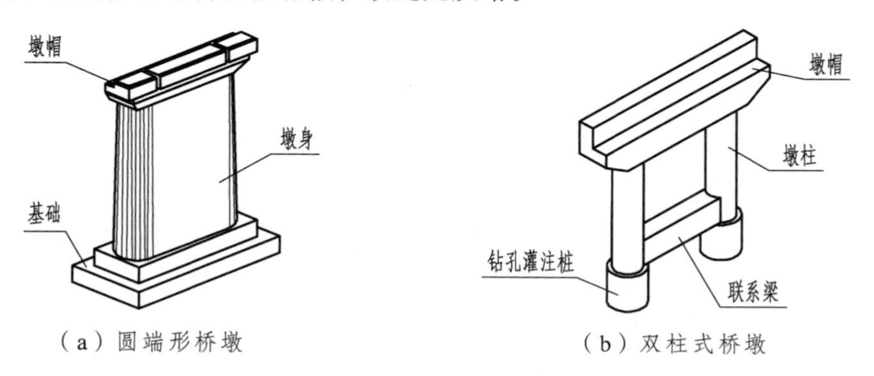

（a）圆端形桥墩　　　　（b）双柱式桥墩

图 14-12　桥墩的构造图示意图

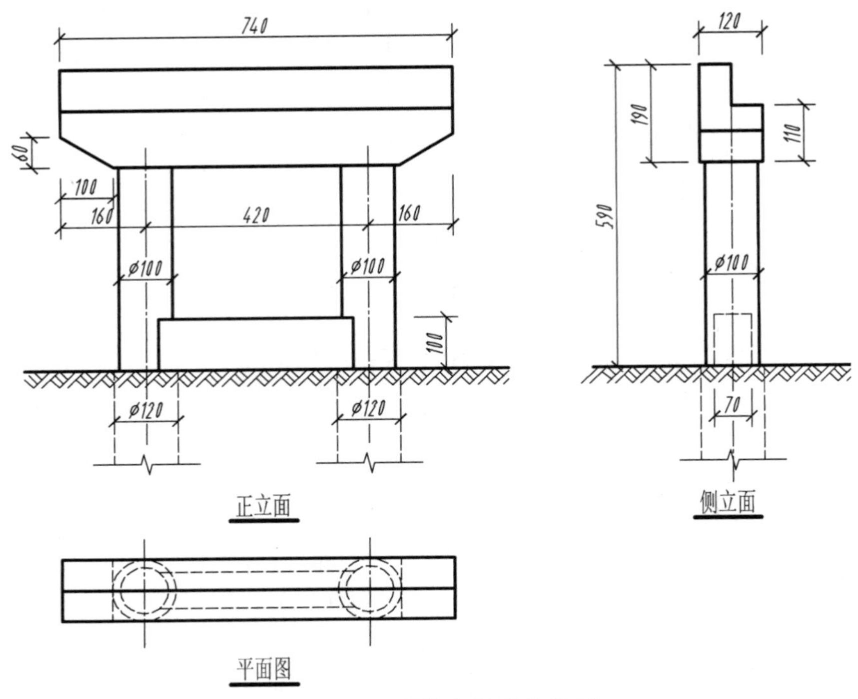

图 14-13　双柱式桥墩构造图

（3）钢筋混凝土主梁图。

图 14-14 是主梁的断面图示意图，T 形梁是由梁肋、横隔板和翼板组成。

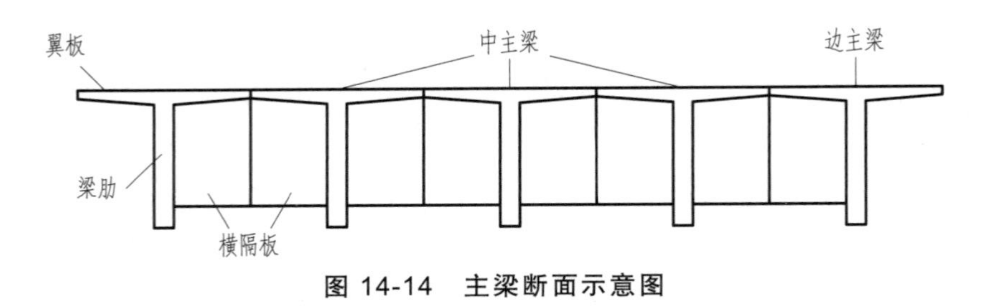

图 14-14　主梁断面示意图

由于每根 T 形梁宽度较小，故在使用时常用几根拼装在一起，其中两侧的 T 形梁为边主梁，中间的 T 形梁为中主梁。T 形梁之间主要是依靠横隔板联系在一起，所以中主梁两侧均有横隔板，而边主梁只有一侧有横隔板。

图 14-15 为钢筋混凝土 T 形梁的结构图。T 形梁结构图通常采用立面图、断面图、钢筋详图和钢筋表来表述。

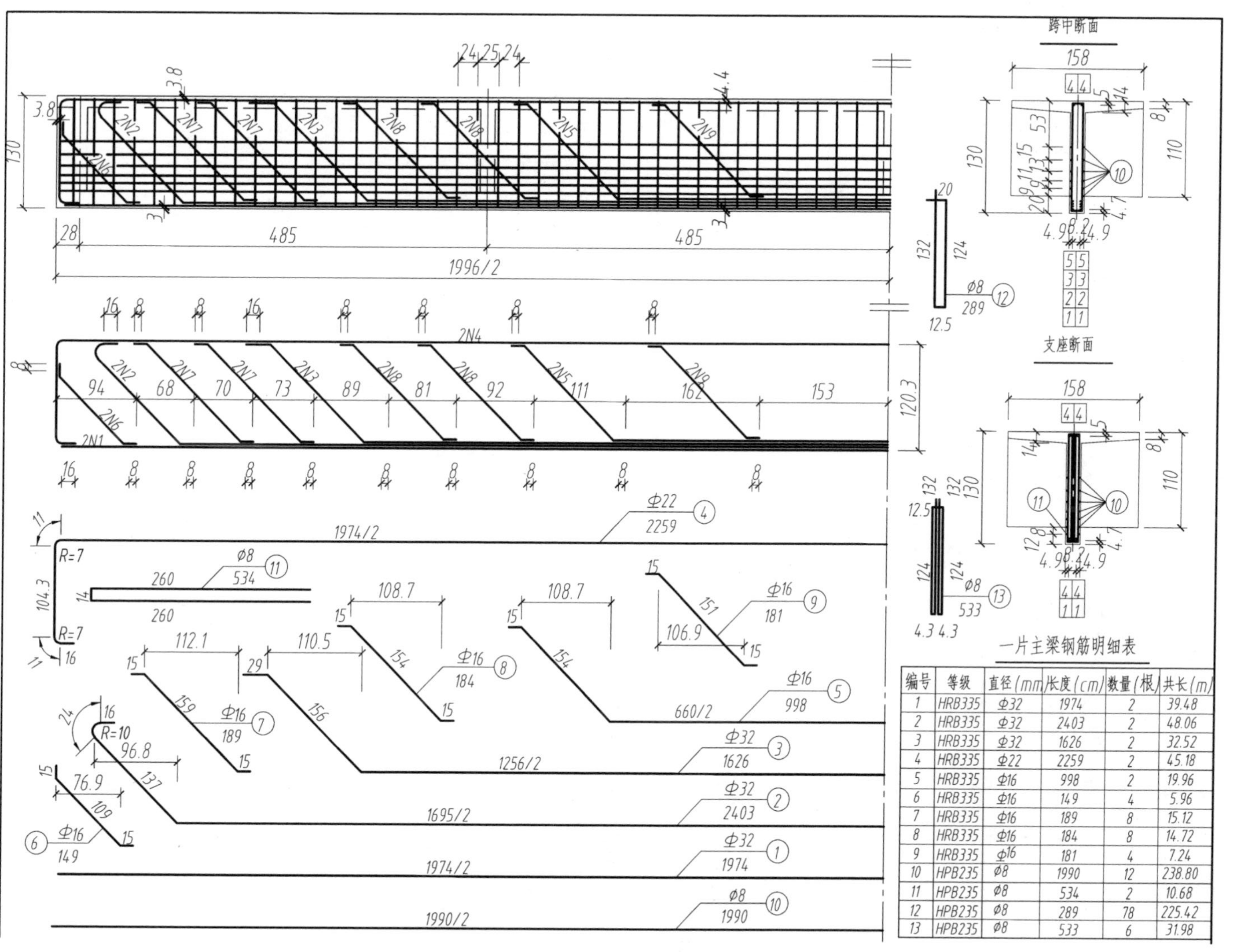

一片主梁钢筋明细表

编号	等级	直径(mm)	长度(cm)	数量(根)	共长(m)
1	HRB335	Φ32	1974	2	39.48
2	HRB335	Φ32	2403	2	48.06
3	HRB335	Φ32	1626	2	32.52
4	HRB335	Φ22	2259	2	45.18
5	HRB335	Φ16	998	2	19.96
6	HRB335	Φ16	149	4	5.96
7	HRB335	Φ16	189	8	15.12
8	HRB335	Φ16	184	8	14.72
9	HRB335	Φ16	181	4	7.24
10	HPB235	Φ8	1990	12	238.80
11	HPB235	Φ8	534	2	10.68
12	HPB235	Φ8	289	78	225.42
13	HPB235	Φ8	533	6	31.98

图 14-15 钢筋混凝土 T 形梁结构图

14.3.2 桥梁图的阅读

1. 总体布置图

可按下列步骤进行：

（1）通过标题栏，了解桥梁名称、结构、类型、比例、尺寸、单位、承受荷载级别等。

（2）弄清楚各视图之间的关系，如有剖面、断面，则要找出剖切位置和观察方向。阅图时，应先看立面图（包括纵剖面图），了解桥形、孔数、跨径大小、墩台数目、总长、河床断面等情况；再对照看平面图、侧面图和横剖面图等，了解桥的宽度、人行道的尺寸和主梁的断面形式等。同时要阅读图纸中的技术说明。这样，对桥梁的全貌便有了一个初步的了解。

2. 构件图

在看懂总体布置图的基础上，再分别读懂每个构件的构件图。结构图读图可按下列步骤进行：

（1）先看图名，了解是什么构件，再对照图中画出的主要外形轮廓线观察构件的外形。

（2）看基本视图（如立面图、断面图等），了解钢筋的布置情况、各种钢筋的相互位置、钢筋的编号等。

（3）看钢筋详图，了解每种钢筋的尺寸、完整形状，这在基本视图中是不能完全表达清楚的。有时，基本视图比较难读，需与详图一起对照起来读。

（4）将钢筋详图与钢筋数量表联系起来看，清楚钢筋的级别、直径、数量、长度等。

参考文献

[1] 谢平，涂晓斌，周慧芳. 画法几何及土建制图. 成都：西南交通大学出版社，2017.

[2] 贾洪斌，等. 土木工程制图. 北京：高等教育出版社，2006.

[3] 何名新，等. 画法几何及土木工程制图. 3 版. 武汉：武汉理工大学出版社，2009.

[4] 张会平. 土木工程制图. 北京：北京大学出版社，2009.

[5] 邓学雄. 建筑图学. 北京：高等教育出版社，2007.

[6] 王桂梅. 土木建筑工程设计制图. 天津：天津大学出版社，2003.

[7] 中华人民共和国住房和城乡建设部. 房屋建筑制图统一标准（GB/T50001—2017）. 北京：中国计划出版社，2018.

[8] 中华人民共和国住房和城乡建设部. 建筑结构制图标准（GB/T50105—2010）. 北京：中国计划出版社，2010.

[9] 中华人民共和国住房和城乡建设部. 建筑给水排水制图标准（GB/T50106—2010）. 北京：中国建筑工业出版社，2010.

[10] 中华人民共和国住房和城乡建设部. 暖通空调制图标准（GB/T50114—2010）. 北京：中国建筑工业出版社，2010.

[11] 中华人民共和国住房和城乡建设部. 建筑电气制图标准（GB/T50786—2012）. 北京：中国建筑工业出版社，2012.

[12] 中国建筑标准设计研究院. 混凝土结构施工图平面整体表示方法制图规则和构造详图（图集号：16G101—1）. 北京：中国计划出版社，2016.

[13] 中华人民共和国住房和城乡建设部. 道路工程制图标准（GB 50162—92）. 北京：中国计划出版社，1992.